토목기초설계

민선홍 · 성준현 · 홍창우

도서출판 동화기술

머리말

본 서적은 토목환경공학 전반을 응용하는 토목환경 설계와 시공을 위한 기초 학습 및 실습교재이다. 토목환경 설계는 구조, 재료, 토질 등의 역학적 해석에 의한 설계와 사용 및 처리규모 등의 시설용량 설계가 있으며, 시설물이나 구조물 등에 필요한 재료의 물량과 공량을 산출하고 공사비를 산출하는 적산설계가 있다.

많은 분야에서 비약적으로 발전하는 전산화와 이에 따른 정보화가 공학설계의 중추적인 역할을 하면서 토목환경의 건설분야에도 CAD와 함께 많은 프로그램들이 활용되고 건설CALS 등이 체계적으로 정리 발전되고 있는 실정이다.

이와 아울러 전산정보부분의 출판 및 기타 자료와 정보에 접근은 편리하며 충분한 반면, 토목환경설계에서 절실하게 필요한 설계도면의 숙지, 물량 산출의 실기와 현장실무에 적응할 수 있는 출판물은 부족한 것이 사실이다.

본 서적에서는 토목환경에 관한 도면의 숙지와 물량 산출의 능력을 배양하기 위하여 국토해양부의 표준도면, 표준시방서와 설계기준, 관련 법규 및 지침 등을 기본으로 이론적 배경을 체계적인 방법으로 정리하고 표준품셈을 중심으로 특히 공사비 산출의 적산 설계와 이를 위한 전산자료정리의 실례를 보여주므로 대학의 교재로서 뿐만 아니라 현장의 실무 지침서로서 이용할 수 있도록 하였다.

그러나 미흡한 부분이 많이 있으리라 생각되는 바, 많은 지도 편달을 바라며 부족한 부분은 차후로 보완할 것을 약속합니다.

또한, 이 책이 토목환경분야를 공부하는 학생들뿐만 아니라 건설분야의 여러 실무자들에게도 조금이라도 도움이 되길 바랍니다.

끝으로 이 책의 발간에 도움을 주신 여러분께 진심으로 감사를 드립니다.

저 자

차 례

Part 1 설계 기본

Part 2 물량 산출

Contents

Part 1

PART

1

설계 기본

Chapter 1

총 론

1.1 개 설

1) 토목환경공사(civil and environmental engineering works)

인간의 삶을 유지하기 위하여 공기 다음으로 물을 필요로 하고 있다. 일반적으로 지구상의 어디든 공기는 충분하나 물은 그렇지 않다. 물이 없는 사막은 황무지고, 물이 있는 강가는 인간이 모이게 되고 도시와 문명이 시작되는 것이다. 이것이 세계문명의 발상지이고 도시와 문명의 시작과 같이하는 토목공학(civil engineering)이 생겨났다.

서양에서 토목공학을 문명 또는 시민공학이라고 하는 것은 문명(civilization)의 사전적 의미인 인류가 이룩하는 물질적·사회조직적인 발전으로 미개와 대응하는 진보된 인간생활의 총체를 말하는 것과 어원적으로 라틴어의 civis(시민)와 civitas(도시)에서 유래한 바와 같이 특별히 도시문화를 가리키는 것에서 시작되었을 것이고, 동양의 한문문화권에서는 도시문명의 발전에 사용될 물질적 재료가 그 시대에는 흙(土)과 나무(木)에 국한되기 때문에 토목공학이라 하였을 것이다.

이처럼 토목공학은 인류의 역사와 같이 시작되어 모든 공학의 시초가 되었을 것이고 계속 발전하면서 건축, 자원, 철도, 파괴, 수력발전, 하천, 항만, 도로, 환경 등의 많은 분야로 세분되어 지고 있다. 특히 인구의 증가와 산업의 급속한 발전으로 자연환경의 극심한 오염이 가속화되면서 환경공학에 대한 관심과 연구가 급속히 발전되고 있는 실정이다.

토목환경공사는 인류가 자연의 극심한 조건인 눈, 바람, 비, 추위, 더위, 물 등으로부터 피하기 위한 구조물을 만들고, 인간의 생명 유지에 필요한 물과 공기를 공급하고 깨끗하게 하는 공사로서 자연의 힘과 자원을 인류에게 유용하게 만드는 예술과 과학이다.

이것을 내용면으로 분류하면 도로, 하천, 댐, 발전소 교량, 운하, 제방, 비행장, 항만,

기초, 터널, 관개시설, 철도, 운하, 상하수도 등을 건설하고 관리하는 것이다.

토목환경공사는 모든 산업 경제의 기초를 이루고 사회적 생활환경의 정비, 형성을 목표로 하기 때문에 거의가 공공단체에서 행하는 공사이다.

따라서 토목환경공사의 주인(owner)격인 발주자(employer)는 거의 공공기관(관공서, 공공단체, 공사 등)이다.

2) 토목환경 설계 (design of civil and environmental engineering works)

무슨 일이든지 하나의 정해진 순서에 따라서 계획적으로 일을 추진하지 않으면 기대할 만한 좋은 결과는 얻을 수 없다. 토목과 환경에 관한 구조물이나 시설물을 구축하려면 목적을 달성할 수 있을 것인가를 충분히 검토하여 확실한 방침을 결정해야 하고 그 방침에 따라서 구체적으로 구조, 재료, 공정, 공법 등을 어떻게 하면 좋을 것이며, 외형·규모는 어떻게 하면 가장 이상적인 것이 될 수 있는가를 계획 정리하는 것이 설계이다.

일반적으로 발주자의 기본계획에 의한 기본설계와 실제 시공에 관계된 내용이 정리된 실시설계가 있다. 그리고 이 설계를 통해서 정리, 완성된 설계도서가 설계도, 설계서이다.

그림 1-1-1은 토목환경공사의 계획에서부터 시공 후 관리 운영까지의 흐름도(flowchart)이고 각 항에 대한 간단한 설명은 다음과 같다.

(1) 계획 수립(planning)

토목환경공사의 계획 수립은 일반적으로 공사의 주인(master)인 발주자(employer)가 공사 전반에 관하여 생각하는 내용 즉, 사업의 구역, 목적, 효과 등을 포괄적으로 정리하는 것으로, 기본설계와 실시설계에 기초가 되는 기본 종합계획(master plan)이 이 과정에 해당된다. 그리고 토목환경공사의 대부분은 대형공사이며, 공공의 공사이므로 발주자가 공공기관인 경우가 많다.

(2) 설계회사(engineering)의 선정

토목환경공사는 복잡성과 전문화에 따라 분업화가 발달하여 발주자가 계획하는 사업을 용역 의뢰하기 위한 용역회사(조사, 설계사무소)를 선정 계약한다. 이러한 용역회사는 사업의 조사, 계획, 설계하는 consultant와 거의 설계만을 하는 engineering으로 구분되고 있으나 우리나라에서는 engineering 또는 설계회사로 통칭하고 있다. 용역회사의 선정은 입찰(bidding)에 의한 것이 바람직하다.

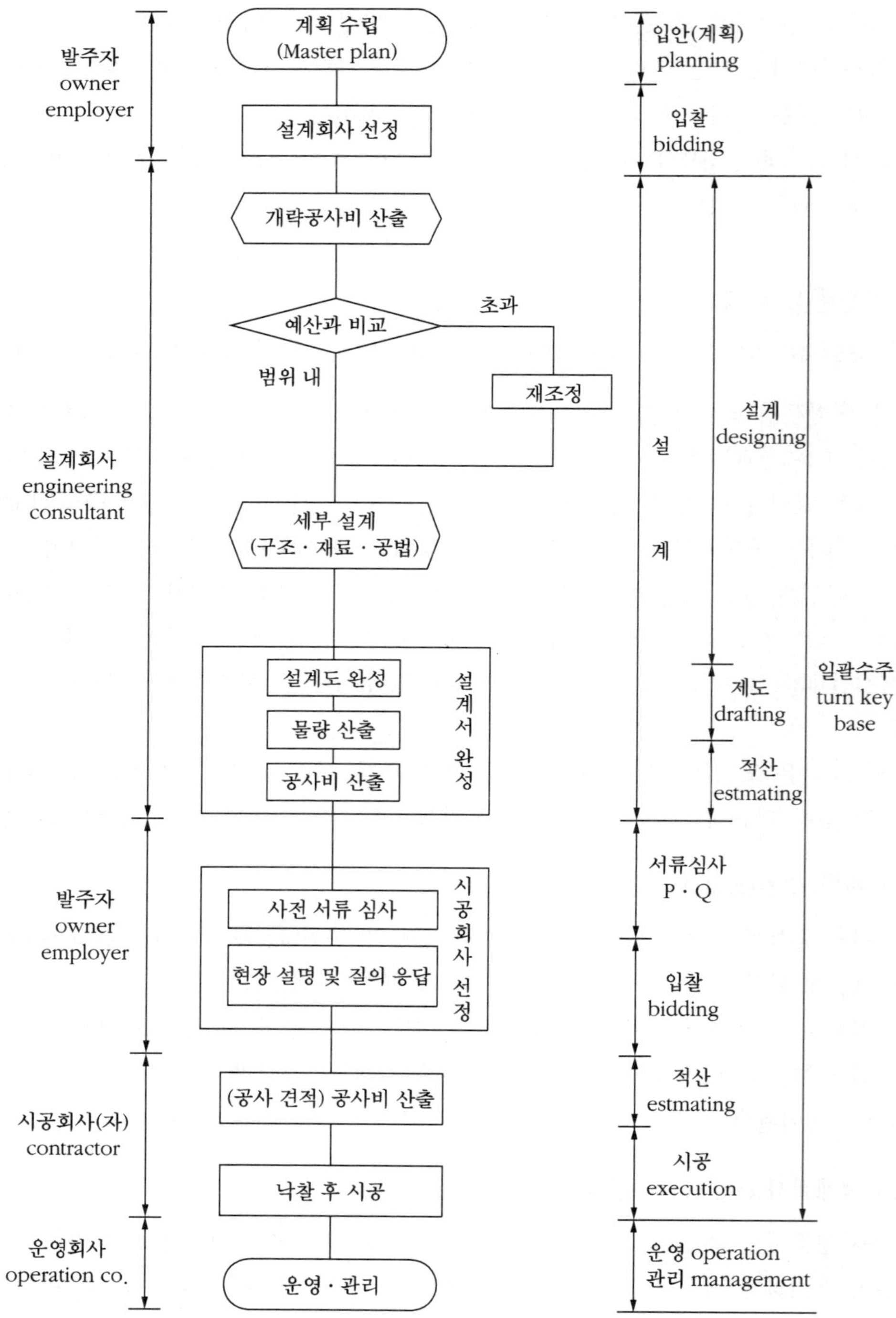

그림 1-1-1 토목공사 설계의 과정도

① Consultant(조사·설계 사무소)

업무의 분업화와 전문화에 따라 전문적으로 토목환경공사의 예비적인 조사, 측량, 공사 및 사업계획의 경제적인 평가를 위한 조사, 사업계획의 작성, 공사 설계 및 시방서의 작성, 공사의 감리(監理), 사업에 대한 조언 등의 사업을 용역 맡아서 처리하는 영리기업이다.

② Engineering(설계회사)

Consultant와 같은 내용의 업무를 용역 맡는 회사인데 근래에 와서는 consultant보다 engineering이 많이 사용되고 있다.

③ 용역회사 선정 입찰

설계용역을 의뢰할 때 과거의 실적을 고려하고 경제적으로 유리한 상황에서 계약하는 방법으로 입찰 조건을 세운다.

(3) 설계(designing)

발주자의 기본계획에 따라 기본설계를 하고 시공전반에 관한 실시설계를 한다.

기본설계란 예비타당성 조사, 기본계획 및 타당성 조사를 감안하여 시설물의 규모, 배치, 형태, 개략공사방법 및 기간, 개략 공사비 등에 관한 조사, 분석, 비교·검토를 거쳐 최적안을 선정하고 이를 설계도서로 표현하여 제시하는 설계업무로서 각종사업의 인·허가를 위한 설계를 포함하며, 설계기준 및 조건 등 실시설계용역에 필요한 기술자료를 작성하는 것을 말하는 것으로 그 업무는 다음과 같은 사항들을 포함하고 있다.

① 설계 개요 및 법령 등 제기준의 검토
② 예비타당성 조사 및 타당성 조사 결과의 검토
③ 공사지역의 문화재 등에 대한 문화재지표조사 및 설계반영 필요성 검토
④ 기본적인 구조물 형식의 비교·검토
⑤ 구조물 형식별 적용 공법의 비교·검토
⑥ 기술적 대안 비교·검토
⑦ 대안별 시설물의 규모의 검토
⑧ 대안별 시설물의 공사비 등 경제성 비교
⑨ 시설물의 기능별 배치 검토
⑩ 개략 공사비 및 공기 산정
⑪ 측량 및 지반·지질·기상·기후조사
⑫ 주요 자재·장비 사용성 검토

⑬ 설계도서 및 개략 공사시방서 작성
⑭ 설계설명서 및 계산서 작성
⑮ 관계법령 등의 규정에 따라 기본설계시 검토하여야 할 사항
⑯ 기타 발주청이 계약서 또는 과업지시서에서 정하는 사항

실질적인 시공에 관한 실시설계는 기본설계의 결과를 토대로 시설물의 규모, 배치, 형태, 공사방법과 기간, 공사비, 유지관리 등에 관하여 세부조사 및 분석, 비교·검토를 통하여 최적안을 선정하여 시공 및 유지관리에 필요한 설계도서, 도면, 시방서, 내역서, 구조 및 수리계산서 등을 작성하는 것으로 다음 각 호의 업무를 수행하는 것을 말한다.

① 설계 개요 및 법령 등 제기준 검토
② 기본설계 결과의 검토
③ 구조물 형식 결정 및 설계
④ 구조물별 적용 공법 결정 및 설계
⑤ 시설물의 기능별 배치 결정
⑥ 공사비 및 공사기간 산정
⑦ 토취장, 골재원 등의 조사확인(현지조사 및 토석정보시스템 등 이용) 샘플링, 품질시험 및 자재공급계획
⑧ 측량·지반·지장물·수리·수문·지질·기상·기후·용지조사
⑨ 기본공정표 및 상세공정표의 작성
⑩ 시방서, 물량내역서, 단가규정 및 구조 및 수리계산서 작성
⑪ 기타 발주청이 계약서 및 과업지시서에서 정하는 사항

(4) 시공회사 선정

발주자가 용역회사에서 납품받은 설계도서(설계내역서, 수량계산서, 설계예산서 설계도 등)를 근거로 해서 시공업자를 선정하고 계약한다. 시공회사의 선정방법은 일반적으로 입찰에 의한 계약을 하고 있으며, 공공기관은 일반경쟁입찰에 의한 계약을 원칙으로 하고, 예외적으로 제한 또는 지명경쟁입찰이나 수의계약방법을 허용하고 있다(입찰 및 계약방법 참고).

시공회사 선정방법은 상황에 따라 다르고, 선택된 방법이 최선이 될 수는 없으나 과정 설명을 위하여 제한경쟁입찰에 의한 계약을 예로 들었다.

시공회사 선정에 최선을 기하기 위해서 입찰참가자격 사전심사(P.Q; prequalification)를 통한 자격심사를 하여 1차 통과된 유효 회사에 한하여 현장설명과 질의응답을 하고

입찰에 의해 선정한다.

① 입찰참가자격 사전심사(P.Q; prequalification)

입찰참가자격 사전심사는 P.Q로 잘 알려져 있으며, 정확하게는 Prequalification of Pro-spective Bidders이다.

공사의 금액과 종류 등에 따라 입찰참가자격을 미리 심사하여 경쟁입찰에 참가할 수 있는 적격자를 선정하는 것으로 공사의 난이도, 이행실적, 기술능력, 재무상태 및 사회적 신인도 등을 종합적으로 고려하여 심사기준을 정하고 규정에 따라 경쟁입찰에 참가할 수 있는 적격자를 선정하는 제도이다.

즉, 공사의 규모가 대형공사이거나, 특수한 장비나 기술 등이 요구되는 공사 등에 대하여 수많은 시공회사의 입찰이 번거로움을 피하기 위하여 그 회사의 과거 실적, 재정상황, 기술 및 장비의 보유현황 등을 제한 조건으로 하여 입찰에 응할 수 있는 자격을 사전에 서류로 심사하는 것.

일반적으로 국제건설계약에서는 P.Q의 통과가 필수적이다.

② 현장설명(explanation at site)

현장설명은 건설공사를 입찰에 붙이고자 할 때에 입찰 전에 입찰참가자에게 공사현장상황과 공사에 관한 사항(견적에 필요한 내용: 골재원, 도로 사정, 관급 및 사급 자재, 보상비 등) 등을 발주자가 설명하므로 견적 및 시공 능력 판단 등을 가능하게 하는 계약 체결을 위한 전단계 절차행위를 말한다. 이때에 입찰(견적)에 필요한 설계도와 수량계산서(B.O.Q; bill of quantities)를 참가 회사들에게 배부하고 질의응답을 갖는다.

시공회사의 현장설명 참가에는 일반적으로 공인된 기술자(소정의 국가기술자격수첩을 소지한 자)를 필요로 하고 현장설명은 발주자가 입찰공고에 게시한 자격이상의 기술자가 회사 재직증명서를 첨부하여 참석하며 이때 현장에서 직접 서류를 제출하여 회사의 주소, 대표자성명, 입찰 공정 부분, 연락처, 사용인감의 서류를 만들기도 한다.

(5) 견적(estimation)

견적이란 일반적으로 설계도서에 따라 공사시공계약 조건에 맞는 구조나 시설물의 공사비를 산출하는 것으로 다음과 같은 경우에 견적을 하게 된다.

① 사업자가 예산(예정가)을 확정하려고 할 경우
② 도급인이 입찰에 응하기 위하여 입찰가를 산출할 경우
③ 시공화사에서 공사를 시공할 때 실행예산(實行豫算)을 산출할 경우

여기서는 도급인(시공회사)이 입찰에 응하기 위해서 설계도서와 현장설명이나 질의응답

을 근거로 해서 물공량(物工量)을 산출 확인하고 공사비를 산출하는 ②의 경우이다.

일반적으로 견적과 같은 의미로 적산(積算)이란 용어를 쓰고 있지만 엄밀한 의미로서는 다소 차이가 있다.

적산이란 용어에 대하여 명확한 정의는 없다. 사전적 의미는 점차로 쌓여 증가하는 수량을 차례로 더하거나 빼기 계산을 하여 누계를 내는 것으로, 영어로는 addition이 된다. 그러나 건설 용어의 해석으로 적산이란 공사에 소요되는 재료 및 품의 수량을 계산하는 것으로 영어로 estimation으로 표기한다.

적산은 건설공사에서 크게 두 가지로 구별할 수 있다. 하나는 시공계획에 따라 공사물량을 계산하여 공사비를 산출하는 것을 적산이라 하고, 또 하나는 발주자와 수주자에 따라 해석을 달리하는 것으로 공사비의 산출을 발주자의 경우에 적산이라 하며, 수주자의 경우는 견적이라 한다. 또 건축공사에서는 공사 물량을 산출하는 것을 적산이라 하고, 공사비의 산출을 견적이라 하는 경우도 있으므로 적산이란 공사의 물량(物量: 재료의 수량)과 품의 수량 즉, 물공량을 계산하고, 공사비를 산출하는 것이라 할 수 있다.

따라서 적산은 공사에 필요한 재료 및 품의 수량, 즉 공사량을 산출하는 기술활동이고, 견적은 그 공사량에 단가를 곱하여 공사비를 산출하는 기술 활동이라 할 수 있다.

적산은 설계서가 완비되어 있고 적산 능력이 기술자라면 큰 차이가 없이 비슷한 값으로 계산된다. 또 이것은 초보자라도 근면과 성실로 이룩할 수 있는 것이다. 그러나 공사비는 시공장소, 공사내용, 공사기일, 기타 조건에 따라 변할 수 있으며, 견적하는 사람의 견해에 따라 변할 수 있는 것이므로 견적은 풍부한 경험, 충분한 지식과 판단력이 있어야 한다.

이와 같이 적산은 견적의 첫 단계로서 넓은 의미의 견적은 적산을 포함하는 것이라 할 수 있다. 따라서 정밀한 적산을 하지 않고서는 정확한 견적은 할 수가 없는 것이다.

(6) 입찰(入札: bidding)

관공서 이외에서는 공사를 도급 줄 경우에 일정한 형태가 없으나 관공서에서는 원칙적으로 도급인 선정에 공개방법에 의한 입찰제도에 준하여 정한다.

관공서에서는 계약을 체결할 경우에는 공고하여 신청을 받고 경쟁입찰에 붙여야 한다. 그러나 계약 성질상 또는 목적에 따라 경쟁에 붙일 필요가 없을 때, 또는 경쟁에 붙이는 것이 불리하다고 인정할 경우에는 지명입찰 혹은 수의계약을 할 수 있다.

토목환경공사를 직영처리하지 않을 경우 공사를 도급 주기 위해서 입찰을 실시하는데 설계용역에서부터 시공까지를 함께 묶어서 입찰에 붙이는 경우도 있다. 이러한 것을 일괄입찰(turn key base)이라 한다.

일괄입찰은 정부가 제시하는 공사일괄입찰기본계획 및 지침에 따라 입찰시에 그 공사의 설계서 기타 시공에 필요한 도면 및 서류를 작성하여 입찰서와 함께 제출하는 설계·시공일괄입찰을 말하며, 일괄입찰의 기본계획 및 지침에 따라 실시설계에 앞서 기본설계와 그에 따른 도서를 작성하여 입찰서와 함께 제출하는 기본설계입찰이 있다.

1.2 입찰과 계약(Bid and Contract)

입찰(入札: bid, tender)이란 공고에 의하여 발주자에 대한 계약의 상대방이 될 것을 희망하는 자가 그 희망하는 조건을 발주자에 제시하는 것을 말하며, 입찰에 응한 응찰자 중 계약의 상대자로 선정되는 것을 낙찰(successful bid)이라 한다.

건설공사의 일반적인 입찰방법에는 공개입찰(open bid)과 특명입찰(individual negotiation)이 있으며, 공개입찰에는 일반경쟁입찰, 제한경쟁입찰, 지명경쟁입찰 등이 있고, 입찰에 참가하여 직접 현장에서 실시하는 직접투찰과 전자적으로 인터넷을 활용하는 전자입찰로 구분되고, 공사금액의 내역을 첨부하지 않고 총액을 기재해서 총액으로 입찰하는 총액입찰과 항목별 세부 내역을 제출하는 내역입찰이 있다.

입찰에서 낙찰방법과 금액에 따라서는 최저가낙찰제, 최고가치낙찰제, 부찰제(제한적 평균가낙찰제), 제한적 최저가낙찰제, 적격낙찰제도(종합낙찰제도), 저가심의제, 적격심의제 등이 있으며, 원안설계내용의 대안 허용범위내에서 입찰자의 의사에 따라 대안을 제출하는 대안입찰과 하도급에 관한 사항을 기재하여 제출하는 부대입찰이 있다.

설계와 시공을 함께하는 일괄입찰(turn key base)과 기본설계입찰 등이 있다.

계약(contract)은 두 사람 이상의 의사표시의 합치에 따라 성립하는 법률행위로서 사법상의 효과발생을 목적으로 하는 것으로 건설공사에서 일반적으로 채용되는 계약의 방법은 입찰방법에 따라 일반경쟁계약, 제한경쟁계약, 지명경쟁계약과 수의계약 등이 있다. 계약의 종류로는 공사금액과 결정방법에 따라 확정계약, 개산계약, 총액계약, 단가계약 등과 계약상대자와 발주자의 수에 따라 공동계약, 단독계약, 종합계약 등으로 구분한다.

1) 입찰방법에 의한 분류

(1) 일반(공개)경쟁입찰(general open bid)

일반경쟁(공개)입찰은 공개경쟁입찰(competitive bid)이라고도 하며 공공기관의 공사에 주로 사용되는 것으로 관보, 신문, 게시공고 등에 의하여 공사의 종류, 입찰자의 자격, 입찰규정 등을 널리 공고하여 입찰하는 방법으로 낙찰방법에 따라 입찰 후 즉시 즉석에서 개찰하거나 일단 즉석에서의 개찰을 보류하고 발주자나 설계자가 내용을 심사하여 낙찰자(落札者)를 선정하는 방법이다.

일반경쟁입찰은 일정한 자격을 갖춘 어떤 건설회사라도 공평하게 입찰에 참가할 수도 있도록 공개적으로 공고하므로 경쟁자가 많아질 수 있어 입찰수속이 복잡하고, 과당경쟁으로 인한 공사비 저하로 공사의 조잡과 부실을 우려하게 되는 단점도 있으나, 그 절차가 공정하고 새로운 낙찰자를 발견할 수 있으며, 입찰자들이 서로 상의해서 미리 투찰가격을 협정하여 경쟁자간에 미리 낙찰자를 협정하는 담합(談合: collusion)을 어느 정도는 배제할 수 있다.

① 장점

- 공개적이므로 공평하고 경제적이며 그 절차가 공정하다. (계약의 경제성과 공정성 확보)
- 다수의 응찰자에 의한 새로운 낙찰자의 발견. (계약의 민주성 확보)

② 단점

- 부실한 응찰(재정, 신용, 기술, 실적 등)이 있을 수 있다.
- 긴급을 요하는 공사에 시기를 상실하기 쉽다.
- 입찰자 담합으로 낙찰이 어려울 때가 있다.
- 공고로부터 개찰까지 절차가 복잡하다.

(2) 제한경쟁입찰(limited open bid)

입찰에 참가하는 회사의 필요한 자격을 정하여 그 자격에 따른 제한을 가하고, 자격을 갖춘 회사는 입찰에 응할 수 있도록 한 방법으로, 제한기준은 일반적으로 대형공사의 경우나 특수한 기술 또는 공법을 요하는 경우에 정해지지만 지방경제의 활성화 및 지방 중소건설업체의 육성을 위하여 지역제한을 하는 경우도 있다.

제한경쟁입찰은 입찰참가자격 사전심사(P.Q; prequalification)등을 통해서 자격을 심의하여 유자격회사만이 경재입찰을 하는 것이다.

제한경쟁입찰은 지명경쟁입찰과 내용은 비슷하지만 지명을 하지 않고 공사도급실적에 따른 순위나 회사 규모 등으로 제한해서 그 범위 내에 해당되는 회사들 만에 의해서 경쟁입찰하는 것인데, 현재 공공 공사 관계에 널리 사용되는 입찰방법이다.

제한경쟁입찰은 입찰자의 자질에 차이가 적어지고 부실하고 열등(劣等)한 회사를 배제할 수 있으나 응찰(應札)할 수 있는 유자격 회사 선정에 부정이나 정실이 있을 수 있고 또 입찰 회사들 간에 부정과 담합(談合) 등이 있을 수 있는 결점을 갖고 있다.

(3) 지명경쟁입찰(nominated open bid)

지명경쟁입찰은 일반경쟁입찰의 단점을 보완하기 위해서 사업주(발주자)가 공사의 종류, 금액 등에 따른 공사의 실적, 회사의 재정상태, 장비 및 기술 보유 현황 등에 대해서 상세히 조사하여 해당공사에 가장 적합한 입찰자를 몇 개 이상 지명하여 입찰에 응하게 하는 방법이다. 지명경쟁입찰은 관공서의 경우, 이미 제출한 지명원(指名願)에 의해서 자격 심사를 하는 경우도 있다.

지명경쟁입찰은 제한경쟁입찰과 마찬가지로 입찰자의 자질에 차이가 적어지고, 부실하고 열등한 회사를 배제할 수 있으나 응찰할 수 있는 유자격 회사 선정에 부정이나 정실이 있을 수 있고 또 입찰 회사들 간에 부정과 담합(談合) 등이 있을 수 있는 결점을 가지고 있다.

(4) 특명입찰(수의시담계약: individual negotiation)

특명입찰은 경쟁입찰의 방법으로서가 아니고 예산범위 내에서 사업자가 회사의 재산, 신용, 기술, 경력, 장비보유 등을 고려하여 가장 적합한 한 회사를 임의로 지정하여, 상대 회사와 시담(示談: negotiation)을 통해서 정당한 금액으로 계약하는 수의시담계약(隨意示談契約: private contract)방법으로 다음과 같은 경우에 실시할 수 있다.

① 천재·지변, 작전상의 병력이동, 긴급한 행사, 긴급복구가 필요한 수해 등 비상재해, 원자재의 가격급등 기타 이에 준하는 경우로서 경쟁에 부칠 여유가 없을 경우
② 국가안전보장, 국가의 방위계획 및 정보활동, 외교관계 그 밖에 이에 준하는 경우로서 국가기관의 행위를 비밀리에 할 필요가 있을 경우
③ 다른 국가기관, 지방자치단체와 계약을 할 경우
④ 특정인의 기술·용역 또는 특정한 위치·구조·품질·성능·효율 등으로 인하여 경쟁을 할 수 없는 경우

(5) 전자입찰과 직접입찰

입찰장소에 참가하여 직접 현장에서 실시하는 직접투찰(직찰)과 직접 입찰장소에 방

문하여 입찰서류를 제출할 필요 없이 공인인증서를 통해 온라인(인터넷)으로 물품조달 또는 시설공사입찰에 참여할 수 있는 입찰방식인 전자입찰이 있으며 전자입찰은 조달청이 2005년 처음 도입한 이후 각급 정부 기관, 지방자치단체, 정부투자기관 등으로 도입이 확산되고 있다.

(6) 총액입찰과 내역입찰

입찰에 있어서 입찰총액을 기재한 입찰서만을 제출하는 입찰을 총액입찰이라 하며, 입찰서에 산출내역서를 첨부하여 함께 제출하는 입찰을 내역입찰이라 한다. 내역입찰의 경우에는 발주기관이 미리 공종별 목적물 물량내역을 표시하여 배부한 내역서(물량내역서)에 입찰자가 단가와 금액을 기재한 입찰금액산출내역서(산출내역서)를 입찰시 입찰서와 함께 제출하는 입찰방식이다.

(7) 부대입찰

부대입찰제는 공사입찰시 산출내역서에 입찰금액을 구성하는 공사 중 하도급할 부분, 하도급금액, 하수급인 등 하도급에 관한 사항을 기재하여 제출하는 입찰제도로 기획재정부령이 정하는 기준에 해당하는 공사가 이에 해당된다.

(8) 대안입찰(alternate bid)

대안입찰이란 입찰자가 경험한 신공법에 의한 원가절감방안이 있으면 부분적으로 당초 설계를 변경하여 시공하도록 하는 방법으로 원안입찰과 함께 따로 입찰자의 의사에 따라 대안이 허용된 공사의 입찰방법이다. 여기서 "대안"이란 정부가 작성한 설계서상의 공종중에서 대체가 가능한 공종에 대하여 기본방침의 변동없이 정부가 작성한 설계에 대체될 수 있는 동등이상의 기능 및 효과를 가진 신공법·신기술 공기단축 등이 반영된 설계로서 당해 설계서상의 가격이 정부가 작성한 설계서상의 가격보다 낮고 공사기간이 정부가 작성한 설계서상의 기간을 초과하지 아니하는 방법으로 시공할 수 있는 설계를 말하는 것이다.

(9) 일괄입찰(turn-key base)

일괄입찰이란 발주기관에서 제시한 기본계획(또는 기본설계) 및 지침에 따라 입찰자가 설계와 시공을 일괄하여 입찰하는 것으로 turn-key는 주인이 열쇠만 돌리면 문이 열린다는 것으로서 설계와 시공을 합쳐서 맡기고 완공 후 인수받는다는 의미이다.

우리나라 법령에서는 "발주기관에서 제시한 기본계획(또는 기본설계) 및 지침에 따라 입찰자가 설계와 시공을 일괄하여 입찰하는 것"을 턴키입찰이라고 규정하고 있다. 턴키계약방식은 설계와 시공이 동일한 조직(single organization)에 의해서 수행됨으로써 공사기간 중 신공법, 신기술의 적용이 가능하고 하자가 발생할 경우에도 피드백(feed-back)에 의한 설계변경이 용이하여 공사의 내실화를 기할 수 있다. 또한 실시설계 완료 이전에 공사를 시작함으로써(phased construction) 공기단축이 가능하다. 발주자의 입장에서 보면 설계도서에 오류가 있다고 하더라도 분쟁 및 배상청구(claim)가 별 문제가 되지 않고, 설계단계에서의 치밀한 계획으로 공사비 측면에서 상당한 절감과 이익을 얻을 수 있는 이점이 있다. 한편, 도급자가 유능하지 못하고 신뢰성이 떨어질 경우에는 계약수행에 차질을 초래할 수가 있다. 예를 들면, 설계, 시공, 감리가 상호 견제와 균형을 이루어야 할 것이나, 이 계약방식에서는 감리자 외에는 적절한 통제 또는 조정장치가 없다는 것이 단점이다.

턴키계약은 계약자가 프로젝트를 일괄해서 인수하는 것이므로 공기, 품질, 성능 등의 결함이 생길 때 발주자는 계약자에 대해 쉽게 책임을 추궁할 수 있다.

일괄입찰은 발주기관이 제시하는 공사일괄입찰 기본계획 및 지침에 따라 입찰시에 그 공사의 설계서와 기타 시공에 필요한 도면 및 관계서류를 작성하여 입찰서와 함께 제출하는 설계·시공일괄입찰을 말하며 기본설계입찰과 실시설계로 구분한다.

기본설계입찰은 일괄입찰의 기본계획 및 지침에 따라 실시설계에 앞서 기본설계와 그에 따른 도서를 작성하여 입찰서와 함께 제출하는 공사입찰이며, 실시설계는 기본계획 및 지침과 기본설계에 따라 세부적으로 작성한 시공에 필요한 설계이다.

이때에 공기단축을 목적으로 일부구간에 대한 설계완성본을 갖고 그 구간에 대한 시공을 완성해 나가는 설계시공 병행발주방식(fast track method)이 채택되기도 한다.

2) 낙찰방법과 금액에 의한 분류

(1) 최저가낙찰제(the lowest bid)

예정가격 이하 최저가격으로 입찰한 자를 낙찰자로 결정하는 제도.

입찰방식은 원칙적으로 같은 조건에서 가장 낮은 금액을 제시한 업체가 낙찰되게끔 되어있습니다.

최저가 입찰방식은 주로 대형공사나 대형 컨설턴트(용역)에 적용됩니다.

(2) 최고가치낙찰제(best value selection)

미국은 "정부조달결과물이 발주자가 요구하는 총체적인 이익을 극대화"하는 최고가치를 선택한다는(best value selection) 원칙에 따른 가치 지향낙찰방식이 대세이다.

- 시설물의 최고 가치를 지향하는 가치지향 발주의 공통적인 원칙은 가격뿐만 아니라 성능과 공기 등 비가격요소와 건설업체의 기술력 등을 낙찰자선정기준으로서 고려하되, 낙찰자 선정시 가격요소와 기술요소의 중요도를 공사특성과 발주자의 요구를 감안하여 상대적으로 상이하게 적용한다.

(3) 부찰제(제한적 평균가낙찰제)

예가의 85% 이상 입찰한 자의 평균금액 이하로 가장 근접하게 응찰한 자를 낙찰자로 결정하는 제도

(4) 제한적 최저가낙찰제

최저가 입찰방식으로 하기에는 공사나 용역의 완성품질이 현저히 저하될 수 있거나 소규모 업체의 과다경쟁으로 인한 출혈을 보호하는 차원에서 일정비율 이하의 낙찰이 되지 않도록 하는 제도이다.

예정가격이하로 입찰한 자중 예정가격 대비 일정비율(예, 90%) 이상 입찰자로서 최저가격으로 입찰한 자를 낙찰자로 결정하는 제도('99. 9. 9. 이후 공고분부터 폐지)

(5) 적격낙찰제도(종합낙찰제도)

입찰가격이외에 품질·성능·효율 등을 종합적으로 고려하여 가장 경제성 있는 가격으로 입찰한 자를 낙찰자로 결정[국가계약법 시행령 제44조, 종합낙찰제 세부운용기준(조달청훈령)]하는 제도이다.

(6) 저가심의제

직접공사비 미만으로 입찰한 경우, 저가로 입찰한 자부터 심사하여 적격판정을 받은 자를 낙찰자로 결정하는 제도이다.

(7) 적격심사제

예정가격 이하 최저가격으로 입찰한 자 순으로 공사수행능력(시공경험, 기술능력, 경영상태 등)과 입찰가격 등을 종합심사하여 일정점수(85점) 이상 획득하면 낙찰자로 결정하는 제도.

입찰자의 계약이행능력을 심사하여 우량업체를 낙찰자로 결정하는 제도로서 물품납품이행능력과 입찰점수 및 신인도 점수로 평가[국가계약법 제42조 제1항]한다.

낙찰예정자를 대상으로 당해 공사의 계약이행능력이 있는지의 여부를 심사하여 적정

하다고 인정될 경우에 낙찰자로 결정함으로써 불량·부적격자가 계약대상자로 선정되는 것을 배제하는 제도[국가계약법 시행령 제42조 제2항, 회계예규 '적격심사기준']

- 단순가격심사로 운영되는 현행 저가심의제를 계약이행능력 심사제로 개선
- 적격심사제도 시공능력평가 분야의 심사기준 및 배점방식 조정
- 품질·가격경쟁력을 동시에 반영하여 단위비용 대비 최고가치 제공자를 낙찰자로 선정하는 입낙찰제도 단계적 도입방안 마련.

3) 도급 및 계약

도급(都給: contract, undertaking)의 사전적 의미는 일정한 기간이나 시간 안에 끝내야 할 일의 양을 도거리로 맡거나 맡기는 것, 또는 그렇게 맡거나 맡긴 일을 말하는 것으로 법률적으로는 계약당사자 일방(수급인)이 어느 일을 완성할 것을 약정하고, 상대방(도급인)이 그 일의 결과에 대하여 보수를 지급할 것을 약정함으로써 성립되는 계약으로 정의 하고 있다.

건설공사의 계약방법은 공사의 실시방법에 따라 주인인 직접공사를 시행하는 직영방법(direct management system)과 도급에 의한 시공도급계약방법(contract agreement system)으로 하거나, 공사비 지불방법에 따라 정액도급(lump-sum contract), 단가도급(unit price contract), 실비정산 보수가산식 도급(cost plus fee contract)으로 분류된다.

일반적으로 건설공사는 도급계약으로 이루어지며, 특히 사회간접자본(SOC)사업에는 민간자본 유치에 의한 일괄도급을 취하는 경우가 많다.

다음은 도급계약방법과 사회간접자본(SOC)사업에 민간투자사업의 추진 방식이다.

(1) 도급계약방법

① 직영방식(direct management system)

공사의 주인이 직접 계획을 세우고, 재료구입, 노무자고용, 시공기계 및 가설재를 마련하여 일체의 공사를 자기책임으로 시행하는 것을 말한다. 공사 내용이 단순하며 시공과정도 용이하고 풍부하고 저렴한 노동력과 재료의 보유 또는 구입 편이가 있고, 시급한 준공을 필요로 하지 아니할 때에 많이 채용된다.

② 일식도급(general contract)

한 공사 전부를 도급자에게 맡겨 재료·노무·현장시공업무 일체를 일괄하여 시행시키는 방법이고 발주자는 계획설계대로 시공 여부를 확인하고 작업 내용에 대한 지도 감리를 하는 것이다.

공사비가 확정되고, 책임한계도 명료하여, 공사관리가 용이할 뿐 아니라 가설재의 중복이 없어 공사비의 절감이 되는 이점은 있으나, 발주자이 의향(意向)이나 설계도서의 취지가 충분히 이행되지 못하여, 도급자의 이윤이 가산되어 공사비가 증대되며 말단노무자 지불금이 과소하게 되어 조악한 공사가 되는 경향이 있다. 따라서 설계도서 내용의 규준화와 시공기술의 기계화 등으로 발주자가 요구하는 공사 내용과 부합하게 건설되도록 개조 방안이 강구되고 또 제도상으로도 상당한 발전을 보이고 있어서, 현행 공사방법 중 가장 일반적인 것이다.

③ 분할도급(partial contract)

공사를 어느 유형 즉, 전문공종별, 공정별(process) 또는 공구별로 세분하여 각각의 도급자를 선정하여 도급계약을 맺는 방식이다. 이때 유형별 분할된 내용과 관계없이 재료 노무 일체를 도급으로 할 경우와 재료는 발주자가 조달하여 지급하고, 노무만을 도급으로 할 경우가 있다.

④ 공동도급(joint venture contract)

이것은 대규모 공사의 시공에 대하여 일반적으로 2인 이상의 사업자가 공동출자 기업체를 조직하여 한 회사의 입장에서 도급받아 공동계산하에 계약을 이행하는 특수한 도급형태로 미국에서 발달하였다. 특히 건설업에 있어서의 공동도급은 2인 이상의 건설업자가 공동으로 공사를 수급받아 공동계산하에 공사를 수행하는 특수한 도급형태이다.

이것은 공사수급의 경쟁완화 수단이 되며 적절한 가격으로 공사를 분담 시공도 할 수 있는 관계로 한 회사로 부담하기 곤란한 공사라도 발주가 가능하다. 공동기업체로서 기업주와의 접촉 기타는 한 회사가 전담하고, 공사의 이윤은 각 회사의 출자 비율로 배당된다. 이것은 한 회사의 도급공사보다 경비는 증대된다.

복수의 건설업체가 당해 계약을 공동으로 수행하기 위하여 잠정적으로 결성한 실체를 공동수급체라 하고, 동 공동수급체와 발주기관간에 공사도급계약을 체결하는 것을 공동도급계약이라고 하며, 결합방식에 따라 공동이행방식과 분담이행(consortium)방식 등으로 나눠진다.

- 공동이행방식 : 공동으로 모든 제반 부분을 투자 하고 이에 대한 상호 이익을 공동 분담하는 방식으로 단일 건축물을 축조하는 건축공사에서 주로 적용하는 것으로 공동도급에 참여한 건설업체들이 공동으로 공사를 수행하는 방식입니다. 상호 간의 원만한 협조 관계에서 사업의 성패가 확정됨.
- 분담이행방식 : 공동체를 구성하되 공구별 등 사업목적물로 분리 또는 사업주체자의 특성으로 분리하여 운영하는 방식으로 consortium 방식이라고도 하며 공구별 분

류가 가능한 토목공사에 주로 적용하는 것으로서 도로공사 등을 공동도급에 참여한 건설업체들이 구역별로 각각 나누어서 시공하며 그 부분에 대한 이윤 및 책임을 갖게 되는 것이다.

- 주계약자형 공동도급 : 이는 공동도급에 참여한 업체들 중 주간사를 선정하여 시공 전반적인 것을 수행하게 하고 이외 업체들은 자금, 기술 등을 지원하는 형식의 도급방식입니다. 여기서 주간사는 지분참여율이 가장 많은 회사가 선정되는 것이 일반적이다.

1.3 설계서(設計書)

1) 정 의

설계서란 일반적으로 구조물이나 시설물 등을 공사 또는 제작할 목적으로 상세한 제반사항에 대하여 계획한 것을 명시한 서류로서 도면을 포함하여 설계도서라 한다.

설계서는 설계도와 시방서에 의해 소정의 공사를 완성하기 위해서 필요한 공법, 재료, 공종 등으로 분류하여 계산하고 필요한 공사량과 공사비를 계상한 것으로서, 설계 설명서, 시방서, 예정공정표(豫程工程表), 동원 인원 계획표, 일위대가표, 단가산출서, 수량 산출서 등으로 구성된다.

2) 설계 설명서

설계 설명서는 공사의 목적 및 효과, 공사 장소, 공사 시행방법, 공사 개요, 공사의 전반적인 계획 등을 기재한 것으로 설계서의 맨 앞부분에 해당된다.

3) 시방서(示方書: SPEC; specification)

시방서란 공사에 필요한 재료의 종류와 품질, 사용처, 시공방법, 제품의 납기, 준공기일 등 공사수행에 관련된 제반규정 및 요구사항을 총칭한 것을 말하며, 설계 도면에 나타내기 어려운 사항을 명확하게 기록한 문서로서 우리나라 법령에서는 표준시방서, 전문시방서, 공사시방서로 구분하고 있다.

시설물의 안전 및 공사시행의 적정성과 품질확보 등을 위하여 시설별로 정한 표준적인 시공기준으로서 발주청 또는 설계 등 용역업자가 공사시방서를 작성하는 경우에 활용하기 위한 시공기준을 말하는 표준시방서와 이를 근간으로 발행부서별로 공사의 시공기준 및 공사시방서의 작성기준 등을 정리한 전문시방서가 있다.

표준시방서 및 전문시방서를 기본으로 하여 작성되는 공사시방서는 공사의 특수성·지역여건·공사방법 등을 고려하여 기본설계 및 실시설계도면에 구체적으로 표시할 수 없는 내용과 공사수행을 위한 시공방법, 자재의 성능·규격 및 공법, 품질시험 및 검사 등 품질관리, 안전관리, 환경관리 등에 관한 사항을 기술한 서류로 건설공사의 계약도서(설계도서)에 포함되는 시공기준을 말하는 것으로 일반적인 주의사항 등을 나타낸 일반시방서(general specification)와 기술적인 사항을 나타낸 특별시방서(technical specification)로 구분하여 작성한다.

시방서의 작성자는 설계, 시공, 재료 등 공사 전반에 관한 폭넓은 지식과 경험 및 문서작성의 소양(素養)을 살려서 성실하고 올바른 내용을 작성할 수 있는 자라야 한다. 시방서에서 기술하는 내용은 다음과 같다.

① 구조물의 품질
② 사용 재료의 종류, 품질, 규격, 사용법
③ 시공의 순서, 방법
④ 지급 자재의 수량 및 지급 장소의 시기
⑤ 재료 및 시공에 대한 검사
⑥ 안전에 대한 주의 사항
⑦ 기타사항(설계서나 계산서로 표시할 수 없는 상황)

시방서의 종류는 다음과 같다.

(1) 내용상의 분류

① 일반시방서(general specification)

입찰 요구조건과 계약조건으로 구분되어 비기술적인 일반 사항을 규정하는 시방서이다.

② 기술시방서(technical specification)

설계도면으로 표시할 수 없는 공사 전반에 걸친 기술적인 사항을 규정하는 시방서로서, 각 공종별로 재료의 성능, 성격 및 시험 등 재료에 관한 사항과 시공방법, 시공상태 및 허용오차 등 시공에 관한 사항, 해당 공종과 관련되는 다른 공종과의 관계 및 공사 전반에 관한 주의사항 등이 수록된다.

(2) 사용목적상의 분류

① 표준시방서(standard specification)

편의상 별도의 공사시방서를 작성하지 않고 모든 공사에서 공통적으로 적용이 되는 사항을 규정한 시방서로서 일종의 가이드 시방서이다.

특히 국내의 경우 정부공사 등에 적용되는 각종 표준시방서가 이에 해당된다.

② 특기시방서(particular specification)

공사의 특징에 따라서 표준시방서의 적용범위, 표준시방서에 없는 사항과 표준시방서에서 특기 시방으로 정하도록 되어 있는 사항 등을 규정한 시방서로서 국내에서는 공사시방서의 일부로 포함된다.

③ 공사시방서(project specification)

해당공사의 설계도서 작성시 작성되어 해당공사 수행시 시공기준이 되는 것으로서 계약이 체결된 후에는 계약시방서가 된다.

이러한 공사시방서는 가이드 시방서를 이용하면 보다 확실하고 용이하게 작성할 수 있다.

④ 가이드 시방서(guide specification)

공사시방서 작성시에 지침이 되는 예시시방서로서 공사에 해당되지 않는 사항은 삭제하고 필요한 사항은 새로 추가할 수 있도록 괄호 넣기 또는 선다형으로 구성된 시방서이다.

⑤ 개요시방서(outline specification)

프로젝트 설계의 예비단계에서 정해진 시방서 공종분류체계에 의거 프로젝트 개요를 서술하는 형식으로 작성되는 시방서로서 설계의 발전단계에서 설계의 진척에 도움을 주며, 공사비 추정, 일정계획, 가치공학 검토의 기초가 되며 발주자와 수주사 사이의 합의를 이루는 데에 매우 유용한 시방서이다.

⑥ 자재 생산업자 시방서

자재의 성능규격 및 시공방법 등 자재의 사용 및 시공지식에 관한 정보자료로서 공사시방서 작성시와 자재 구입시 참고자료로서 활용할 수 있도록 자재생산업자가 작성하는 시방서이다.

(3) 작성방법상의 분류

① 서술시방서(descriptive specification)

공사에 필요한 제품이나 재료 또는 특정 장비와 이에 필요한 작업방법에 대하여 자세히 서술하는 시방서로서 고유의 상품명은 사용하지 않는다.

② 성능시방서(performance specification)

제품 자체(제품의 명칭이나 모델번호 등)의 규정 보다는 제품의 성능만을 기술하고, 결과치에 이르는 방법의 규정보다 최종 결과치를 서술하는 시방서로서, 최종적으로 필요한 결과치를 빠짐없이 명시하여야 한다.

(4) 명세제한상의 분류

① 폐쇄형 시방서

요구되는 하나 또는 몇 개의 재료로 시방이 제한되며, 단일 제품만을 요구하는 단일 제품시방서와 두 가지 이상의 제품을 선정하여 사용하게 하는 복합제품시방서가 있다. 이 시방서는 제품의 품질확보와 불량품 반입의 방지가 용이한 반면 경쟁이 제한되며, 일반적으로 제조업자시방서가 여기에 포함된다.

② 개방형 시방서

당해 공사에 적합한 경우 일정한 요구조건을 만족하는 어떤 재료나 공정 및 공법도 허용하는 시방서이다.

이 시방서는 경쟁이 유도되지만, 요구성능기준 한계의 저품질이 포함될 가능성이 있으며, 일반적으로 성능시방서가 여기에 포함된다.

4) 예정공정표

일반적으로 예정공정표는 막대그림표의 길이로 계획 사업의 기간을 표시하는 간트(H.L. Gantt) 도표를 사용하고 있다.

간트 도표의 표시는 일반적으로 총괄적인 작업을 표시하고 있으나 공사의 변화나 변경에 약하고 문제점이 생기면 명확치 못하고, 총소요시간의 정도를 알 수 없으므로 네트워크(network)를 이용하여 프로젝트를 효과적으로 수행할 수 있도록 시간 및 비용과 관련하여 합리적으로 계획·통제하는 기법인 PERT/CPM(Program Evaluation and Review Technique/Critical Path Method)이 대규모 건설공사나 연구개발사업 등의 일정계획수립 및 통제기법으로 널리 이용되고 계획공정표에 사용하고 있다.

최근에는 컴퓨터의 보급과 함께 국내 공사에서도 PERT/CPM을 많이 사용하고 있다.

(1) 간트 도표(Gantt Chart)

1919년 미국인 간트(H.L Gantt)가 창안한 것으로 계획된 예정사항과 실제성과를 기록 비교하여 계획과 통제기능을 동시에 수행할 수 있도록 설계된 막대도표(bar chart)로 '막대그래프 차트'라고도 한다. 가장 간단한 프로젝트 관리기법으로, 일정의 시작과 끝을 표시해 모든 일정을 한눈에 알기 쉽게 한 도표이다. 일반적으로 막대그림표의 길이로 계획 사업의 기간을 표시하는 도표이다.

(2) PERT(Program Evaluation and Review Technique)

일정 기간에 어떤 목표를 달성해야 하는 계획에는 건설공사, 제품의 개발 또는 우주 개발 등이 있다. 이런 과정에서 많은 활동을 조정하면서 보다 빠르고 경비를 덜 들이면서도 목표를 달성해야 한다. 능률을 올리고 비용을 절감하려면 복잡한 공사 또는 생산 계획을 하나하나의 공정마다 풀어헤쳐서 작업의 수준이나 진행상황의 낭비를 점검하는 시스템이 필요하다. 그래서 이런 관련도를 만들어 시간과 원가의 양면에서 공정을 관리하는 수법이 PERT이다.

PERT는 1958년 미 해군의 폴라리스(Polaris) 핵 잠수함 개발에 프로젝트 관리를 위하여 창안된 것으로, 대규모 공사에 대한 계획관리의 기법에 관해서 수학적이고 통계적인 측면으로 연구를 시작하여 결과적으로 network model이라는 NAS(Network Analysis System)의 획기적인 방법을 창안하였다. 민간 기업체인 Booz Allen and Hamilton사가 이 연구에 협력하여 탄생하였다.

(3) CPM(Critical Path Method)

미 해군의 PERT와는 별도로 미국의 Du Pont사에서 1957년 신 공장건설의 계획관리를 위하여 새로운 기법을 연구하기 시작했다. Du Pont사 Engineering Service Division의 M.R. Walker와 Remington Rand의 J.E. Kelley. Jr가 주체가 되어 개발한 것이다.

CPM은 network상에서 작업 시작에서 종료까지의 가장 긴 시간을 가지는 경로 즉, 주공정(Critical Path)을 분석하고 작업의 선후관계를 명백히 하는 NAS 기법으로 PERT의 모든 기능을 가지고 있을 뿐 아니라 비용과 경비의 관계를 조정하는 기능을 갖고 있다. CPM의 목적은 최소의 증가 비용으로 공기 단축을 기하려는데 있다.

5) 내역서(예산서 포함)

내역서는 설계내역서를 말하며 공사를 공종별 항목으로 분류해서 공사량을 나타내고 단가를 곱해서 공사비를 산출한 것이다.

설계내역서에서 나타내는 공사비는 실제 시공에 필요하다고 예상되는 예산이므로 설계예산서라고도 한다. 또 공사입찰에 필요한 내역서는 공사 항목별 수량만 표시되고 있는 내역서(B.O.Q; bill of quantities)로서 시공회사에서 견적하여 단가와 공사비를 산출하는 내역서도 있다.

6) 일위대가표와 단가산출근거

단위공사에 필요한 단가를 산출하는데 별도의 도면이나 계산과정이 필요한 것들을 일정한 양식 없이 산출한 것을 단가산출근거라고 한다.

또 단가라 해도 한 가지의 재료비만 있는 것이 아니라 재료를 다시 가공 처리하고 설치하는 등의 금액을 가산해서 단위단가(單位單價)로 한 것이 있다. 이것을 복합단가(複合單價)또는 일위대가(一位對價)라 해서 한 단위에 대한 가격을 나타내는 것이다.

7) 수량계산서 또는 수량 산출근거서

수량계산서는 설계도면에 기재되지 않은 공사물량을 상세히 계산한 것으로, 재료·제품, 또는 단위공사수량을 산출한 것이다. 각 공사를 세목별로 순서 있게 산출하고 그 근거가 되는 계산식, 계산과정, 계산도 등을 정리한다. 이것은 산출번호, 두서(頭書) 등을 기록하여 찾아보기 쉽게 하는 것이 좋다. 이것을 수량 산출근거서라 한다.

8) 설계도(drawing)

설계도는 설계자가 생각하고 있는 계획을 선, 기호 또는 문자를 이용해서 정해진 제도상의 약속에 따라 도면이라는 형식으로 표현한 것이며, 일반적으로 설계도에는 설계하중, 설계에 사용한 허용응력, 철근의 재질, 콘크리트의 설계기준강도, 물-시멘트비, 굵은 골재 최대 치수, 설계 책임자의 소속 및 성명, 설계 연월일 등을 명기하여야 한다.

설계자는 시공자에게 시공에 필요한 사항 장래 구조물을 유지하는데 필요한 사항 등을 명시하는 것도 잊어서는 안 되고, 이것을 설계조건이라 해서 정리 명기하는 경우도 있다.

1.4 표준시방서(standard specification)

1) 정 의

앞에서 기술한 바와 같이 시방서란 공사의 설계, 시공 등에 필요한 재료, 시공방법 등에 관하여 요구되는 사항을 상세히 나타낸 문서이며, 일반시방서와 특별시방서로 구분해서 기술한다. 이것은 설계서에 포함되는 것으로 설계내용을 더욱 상세히 전달하여 시공을 올바르게 하기 위한 시공시방서이고, 이것 이외에 표준시방서는 각종 건설공사의 시행에 필요한 재료, 공법 등 특히 적용범위, 하중, 재료, 허용응력, 설계세목 등의 기술적인 세부 사항을 모두 상세하게 기록한 문서의 일종으로 정부(국토해양부)에서 표준화하여 모든 계약, 특히 정부기관이나 공공단체가 시행하는 공사에 표준적으로 사용하기 위하여 제정 공포한 것으로 설계시방서로서 많이 사용된다. 시설물의 안전 및 공사시행의 적정성과 품질확보 등을 위하여 시설별로 정한 표준적인 시공기준으로서 발주청 또는 설계 등 용역업자가 공사시방서를 작성하는 경우에 활용하기 위한 시공기준을 말하는 표준시방서와 이를 근간으로 발행부서별로 공사의 시공기준 및 공사시방서의 작성기준 등을 정리한 전문시방서가 있으며, 세부적으로 여러 분야의 설계기준 및 시설기준이 있다.

2) 종류 및 현황

우리나라의 각종 표준시방서의 제정에 착수하게 된 것은 1959년이었으나 그 동안 사정이 여의치 못하여 일시 중단되었다가 1961년의 콘크리트 표준시방서의 제정을 보았으며, 1966년에는 별단으로 프리스트레스트 콘크리트 표준시방서를 제정하였다. 1969년에 무근 콘크리트, 철근 콘크리트, 포장 콘크리트 및 댐 콘크리트 표준시방서의 내용을 일부 개정하고 여기에 새로이 철근 콘크리트 부재의 극한강도(極限强度)설계시방서를 추가하였다. 1982년에는 철근 이음 등의 일부를 개정했다. 이와 같이 제정된 표준시방서도 건설 공사의 대형화와 다양화, 새로운 공법 및 자재의 개발 등 건설기술이 부단히 발전되고 있는 현 추세에 발맞추기 위하여, 계속해서 개정되어야만 한다.

우리나라의 표준시방서 및 전문시방서와 설계기준에 대한 종류와 현황은 표 1-1-1, 표 1-1-2, 표 1-1-3과 같다.

표 1-1-1 ● 국내 표준시방서 현황

표준시방서(제정 및 개정년도)	발행처 및 관리주체
① 가설공사 표준시방서('02, '06)	건설교통부(국토해양부)
② 건설환경관리 표준시방서('04)	건설교통부(국토해양부)
③ 건축공사 표준시방서('67, '78, '85, '89, '94, '99, '06)	건설교통부(국토해양부)
④ 건축기계설비공사 표준시방서('80, '91, '96, '02, '05)	건설교통부, 대한설비공학회
⑤ 건축전기설비공사 표준시방서('76, '98, '03)	건설교통부
⑥ 농업토목공사 표준시방서('99)	건설교통부(농림부)
⑦ 도로공사 표준시방서('67, '85, '90, '92, '03, '09)	건설교통부(국토해양부)
⑧ 도로교 표준시방서('77, '83, '85, '87, '92, '96, '05)	건설교통부(국토해양부)
⑨ 도시철도공사(지하철) 표준시방서('97)	대한토목학회
⑩ 비탈면 표준시방서('06)	건설교통부(국토해양부)
⑪ 산업설비공사 일반 표준시방서('99, '01, '07)	건설교통부, 대한설비공학회
⑫ 상수도공사 표준시방서('90, '98, '07)	환경부
⑬ 조경공사 표준시방서('87, '03, '08)	한국조경학회
⑭ 콘크리트 표준시방서('68, '77, '85, '88, '90, '96, '03, '04)	건설교통부(국토해양부)
⑮ 터널 표준시방서('75, '85, '96, '99)	대한터널협회
⑯ 토목공사 일반 표준시방서('97, '85, '92, '96, '05)	대한토목학회
⑰ 하천공사 표준시방서('86, '94, '99, '07)	한국수자원학회
⑱ 항만공사 표준시방서('86, '96, '07)	해양수산부(국토해양부)

표 1-1-2 ● 국내 전문시방서 현황

전문시방서(제정 및 개정년도)	발행처 및 관리주체
① 고속도로공사 전문시방서, 토목편('98, '05)	한국도로공사
② 고속철도공사 전문시방서('04, '06)	한국철도시설공단
③ 건설공사 전문시방서('02, '03)	한국토지공사
④ 농어촌정비공사 전문시방서('00)	농업기반공사
⑤ 댐 및 상수도공사 전문시방서('04)	한국수자원공사
⑥ 서울특별시 전문시방서 7편('00, '02, '06)	서울특별시
⑦ 주택건설 전문시방서('98, '99, '00, '01, '02, '04)	대한주택공사
⑧ 철도공사 전문시방서('99)	철도청
⑨ 항만 및 어항공사 전문시방서('05)	해양수산부

표 1-1-3 ● 국내 설계기준 현황

설계기준(제정 및 개정년도)	발행처 및 관리주체
① 강구조 설계기준('03)	건설교통부
② 건축구조 설계기준('76, '79, '05)	건설교통부, 대한설비공학회
③ 건축기계설비 설계기준('02, '05)	건설교통부, 대한설비공학회
④ 건축전기설비 설계기준('02, '05)	건설교통부
⑤ 고속철도 설계기준('05)	건설교통부, 한국철도시설공단
⑥ 구조물기초 설계기준('71, '86, '02, '08)	국토해양부, (사)한국지반공학회
⑦ 농업생산기반정비사업계획 설계기준('94 ~ '04)	농림부
⑧ 농지개량사업계획 설계기준('74 ~ '91)	농림수산부, 농어촌진흥공사
⑨ 댐 설계기준('01, '05)	건설교통부(국토해양부)
⑩ 도로 설계기준('01, '05)	한국도로교통협회
⑪ 도로교 설계기준('05)	건설교통부(국토해양부)
⑫ 비탈면 설계기준('06)	건설교통부
⑬ 상수도 시설기준('80, '85, '97, '04)	한국상하수도협회
⑭ 조경 설계기준('99, '02, '07)	건설교통부, 한국조경학회
⑮ 철도 설계기준('99, '01, '04)	철도청
⑯ 콘크리트구조 설계기준('99, '03, '07)	건설교통부, 한국콘크리트협회
⑰ 터널 설계기준('88, '07)	건설교통부
⑱ 하수도 시설기준('80, '85, '05)	한국상하수도협회
⑲ 하천 설계기준('00, '05)	건설교통부
⑳ 하천 시설기준('80, '91)	건설부
㉑ 항만 및 어항 설계기준('71, '05)	해양수산부

1.5 표준도(標準圖: standard drawing)

1) 정 의

각종 표준시방서와 설계지침(設計指針) 및 기술 지도서(국토해양부) 등을 기준 적용해서 설계한 각종 구조물의 내용을 조건으로 표시하고, 여러 가지의 치수(보편적인 구조물의 치수)로서 대표적인 도면(typical drawing)들을 표시하여 복잡한 구조 설계를 하지 않고도 공사를 시행할 수 있도록 한 도면으로, 설계하는 데도 표준이 되게끔 하기 위하여 국토해양부에서 제작한 것이 표준도(standard drawing)이다.

모든 설계도에서도 마찬가지이지만 표준도에서는 특히 설계조건과 재료표(bill of materials) 및 철근표 등을 상세하게 표시하여 이용자가 편리하도록 작성되었다.

2) 표준도의 종류

국토해양부에서 발간하는 표준설계도는 여러 권으로 나누어져 있으며, 보관 및 도면 검색 등의 어려운 점이 있다. 그러나 최근 들어 컴퓨터의 발전과 함께 건설분야에서도 표준화, 단순화 및 규격화가 요구되어지고 있으며, CAD의 응용프로그램과 CD-ROM의 개발 등으로 표준설계도가 작성되어 도면의 설계시 활용되고 있다.

1998년 이전에는 허용응력설계법을 적용한 건설부(국토해양부) 발행 표준도와 1998년 건설교통부(국토해양부)에서 발간한 강도설계법이 적용된 표준도(도로 암거 표준도, 도로 옹벽 표준도, 도로 부대시설 표준도)의 종류는 다음과 같다.

(1) 허용응력설계법이 적용된 건설부(국토해양부) 발행 표준도

① 배수문체 표준도('63)
② 하천 제방 표준단면도('64)
③ 상수도 표준도('64)
④ 하수도 표준도('67)
⑤ 가로 지하 매설물 표준도('70)
⑥ 조립식 가교각 표준도('75)
⑦ 도로교 상부구조 표준도('77)
⑧ 도로교 하부구조 표준도('79)
⑨ 도로 암거 표준도('79)
⑩ 옹벽 표준도('80)
⑪ 하천 구조물 표준도('83)

(2) 강도설계법이 적용된 건설교통부(국토해양부) 발행 표준도

① 도로 옹벽 표준도('98, '03)
② 도로 암거 표준도('98, '03, '08)
③ 도로 부대시설 표준도('98)

1.6 표준품셈

1) 정 의

표준품셈이란 정부 및 공공기관에서 집행하는 건설공사에 대하여 가장 대표적이고 표준적이며 보편적인 공종과 공법 등을 기준으로 하여 단위 공종별로 소요되는 재료량 및 노무량을 제시한 것으로서 건설공사의 예정가격 작성 시 공사비의 적정산정 기준이 되는 것으로 정부 주도하에 이루어지고 있는 것이다.

그간 정부에서는 1970년도에 처음으로 표준품셈을 제정 공포하고 매년 증보(增補)하여오다 1977년도에는 각 부분별로 분류하여 대폭 개정한 바 있으며 매년 보정을 해나가고 있다.

표준품셈도 표준시방서와 마찬가지로 건설공사의 대형화와 새로운 공법 및 자재의 개발 등에 맞추어 계속적으로 보정되어야 한다.

① 품 : 어떤 일에 소요되는 작업 인원의 수 또는 시간

② 품셈 : 사람이 인력 또는 기계로 어떠한 물체를 만드는데 대한 단위당 소요로 하는 노력과 능률 및 재료를 수량으로 표시한 것으로, 어떤 일(工事)의 단위공사량(단위길이, 단위면적, 단위체적, 단위개소 등)에 소요되는 품의 수를 계산한 것

2) 품셈에 의한 수량 계산

표준품셈 적용 기준의 수량 계산을 항별로 정리, 해설해 보면 다음과 같다.

(1) 수량의 단위 및 소수위는 표준품셈 단위표준에 의한다.

해설 부록 3 참조

표 1-1-4 ● 건설 표준품셈 적용기준의 설계서 단위 및 소수위 표준의 [주] 부분

[주]
① 설계서 수량의 단위와 소수위 표시는 본표에 따르고, 본표에서 지정한 소수위 미만은 버리는 것으로 한다.
② 1위 대가표 또는 설계기초 계산 과정에서 표준품셈의 내용에 따른 것으로 한다.
③ 본표에 없는 품종에 대하여는 C.G.S 단위로 하는 것을 원칙으로 하며 단위는 그 가격에 따라 의사(疑似) 품종의 소수위의 정도를 채용토록 한다.

1. 설계서 수량의 단위와 소수위 표시는 건설 표준품셈 적용기준의 "설계서 단위 및 소수위 표준"(부록 2)에 따르고, 지정한 소수위 미만은 버리는 것으로 한다.

2. 일위대가표 또는 설계기초 계산 과정에서 표준품셈의 내용에 따른 것으로 한다.
3. 설계서에 사용되는 단위 중 "설계서 단위 및 소수위 표준"에 없는 단위에 대해서는 C.G.S단위, 즉 Centimeter, Gram, Sec단위를 사용한다.
   (a) Centimeter : mm(millimeter). cm(centimeter), m(meter), km(kilometer)를 사용할 수 있으며, 길이(length), 면적(area), 체적 및 용적(volume, capacity)에 해당되는 차원을 가질 수 있다.
   (b) Gram : g(gram), kg(kilogram), ton(metric ton)을 사용하여 중량을 표시한다.
   (c) Sec : sec(second), min(minute), hr(hour), 일(day)을 사용하여 시간이나 기간을 표시한다.
   (d) 이 외에도 관용적으로 사용되는 단위로는 개(個: each, piece), 조(組: set), 식(式: lump-sum, assembly), 포대(布袋: bag), 공 m^3(空 m^3, empty m^3), °(도: degree) 등이 있다.

(2) 수량의 계산은 지정 소수의 이하 1위까지 구하고, 끝수는 4사5입한다.

해설 지성 소수위란 표준품셈 단위표준의 소수위다.

(3) 계산에 쓰이는 분도(分度)는 분까지, 원둘레(圓둘레), 삼각함수 및 호도(弧度)의 유효 숫자는 3자리(3位)로 한다.

(4) 곱하거나 나눗셈에 있어서는 기재된 순서에 의해서 계산하고, 분수는 약분법을 쓰지 않으며, 각 분수마다 그의 값을 구한 다음 전부의 계산을 한다.

해설 계산의 예를 들어

$$6\times4\times\frac{8+2}{3}+\frac{5\times7.5}{7}\times\frac{7\times4}{6}=$$

를 계산하면

$$24\times3.33+5.36\times4.67=104.95 \quad ①$$
$$2\times4\times(8+2)+5\times7.5\times0.67=105.13 \quad ②$$
$$\frac{24\times10}{3}+\frac{5\times7.5\times7\times4}{42}=105 \quad ③$$

계산 ②는 분수를 약분했으며 기재된 순서대로 하지 않았고, 계산 ③도 기재된 순서대로 계산되지 않았으므로 계산 ①, ②, ③의 값이 전부 다르다.
일반적인 수학 계산으로는 계산 ③이 옳으나, 여기에서는 계산 ①이 옳은 것이 된다. 이

것이 표준단면적일 경우, 연장에 다른 총합계는 많은 양의 차를 초래하게 될 것이다. 그러나 실무에서의 계산은 그렇게 중요하게 취급되고 있지 않은 것이 사실이다.

(5) 면적의 계산은 보통 수학공식에 의하는 외에 삼사법(三斜法)이나 구적기(plani-meter)로 한다. 다만 구적기를 사용할 경우에는 3회 이상 측정하여 그 중 정확하다고 생각되는 평균값으로 한다.

해설

1. 보통 수학공식에 의한 면적 계산은 일정한 도형을 갖춘 값으로서 도형의 명칭과 면적 공식은 다음과 같다(부록 참조).

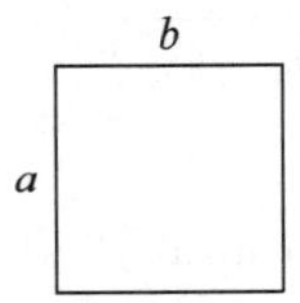

4각형(rectangular)

면적(Area) $A = ab$

둘레길이(perimeter)

$P = 2a + 2b$

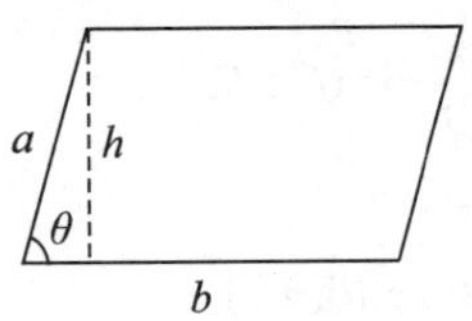

평행사변형(parallelogram)

$A = bh = ab\sin\theta$

$P = 2a + 2b$

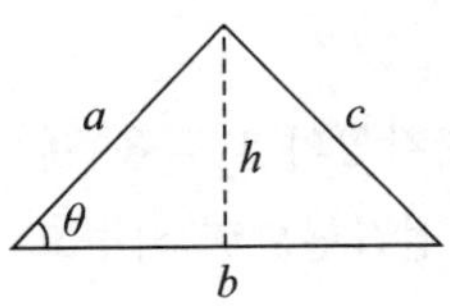

삼각형(triangle)

$$A = \frac{1}{2}hb = \frac{1}{2}ab\sin\theta$$
$$= \sqrt{s(s-a)(s-b)(s-c)}$$
$$\left[\therefore\ S = \frac{1}{2}(a+b+c) = \text{semiperimeter}\right]$$
$$P = a + b + c$$

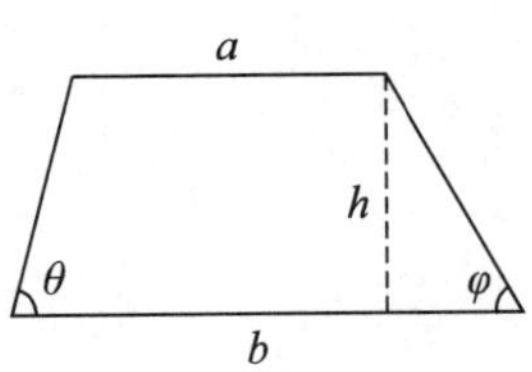

사다리꼴(trapezoid)

$$A = \frac{1}{2}(a+b)h$$
$$P = a + b + h\left(\frac{1}{\sin\theta} + \frac{1}{\sin\phi}\right)$$
$$= a + b + h(\csc\theta + \csc\phi)$$

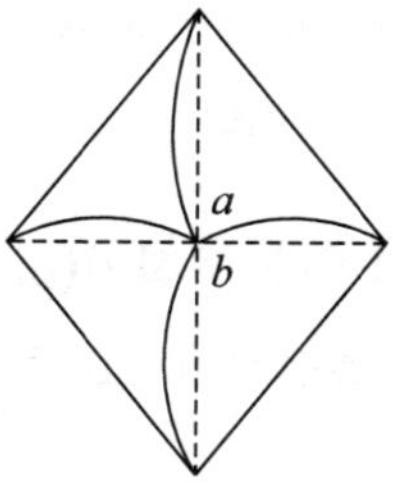

마름모꼴(rhombus)

$$A = \frac{1}{2}ab$$

$$P = 2 \times \sqrt{a^2 + b^2}$$

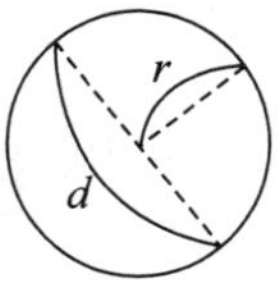

원(circle)

$$A = \pi r^2 = \frac{1}{4}\pi d^2$$

$$P = 2\pi r = \pi d$$

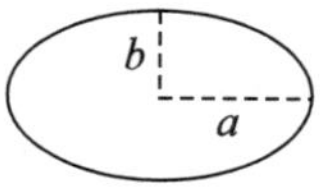

타원(楕圓, ellipse)

$$A = \pi ab$$

$$P \fallingdotseq 2\pi \sqrt{\frac{1}{2}(a^2 + b^2)}$$

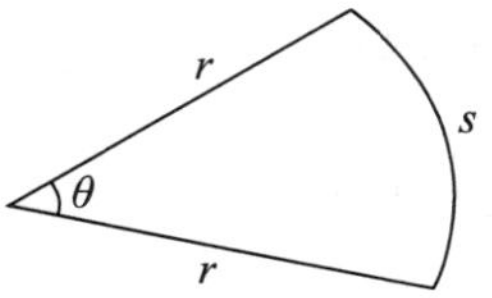

부채꼴(sector of circle)

$$A = \frac{1}{2}r^2\theta\,(\theta = \text{radian})$$

$$= \frac{\theta}{360}\pi r^2\,(\theta : \text{도})$$

$$P = 2r + s$$

$$S = r\theta\,(\theta : \text{radian})$$

2. 삼사법(三斜法, base-altitude method)이란 측량구획과 같은 다각형의 면적을 계산하는 하나의 방법으로, 우선 제도된 평면도의 다각형을 수 개의 삼각형으로 나누고, 각 삼각형의 밑변(base)과 높이(altitude)를 측정하고, 각 삼각형의 면적을 $A = 1/2\,bh$식으로 계산하여 합계하는 방법이다(그림 1-1-2 참조).

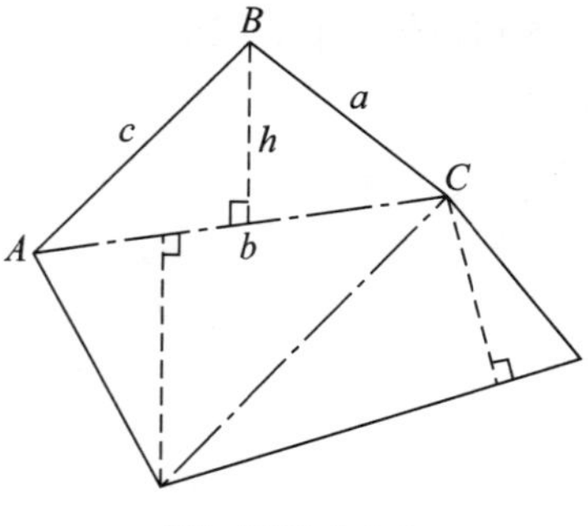

그림 1-1-2

(a) $A = \frac{1}{2}bh$ (삼사법)

(b) $A = \frac{1}{2}ab\sin C = \frac{1}{2}ac\sin B = \frac{1}{2}bc\sin A$

(c) $A = \frac{a^2\sin B\sin C}{2\sin A} = \frac{b^2\sin A\sin C}{2\sin B} = \frac{c^2\sin A\sin B}{2\sin C}$

(d) $A = \frac{a}{2}\sqrt{b^2 - \left(\frac{a^2+b^2+c^2}{2a}\right)^2}$

(e) $A = \sqrt{s(s-a)(s-b)(s-c)}$

$\therefore S = \frac{1}{2}(a+b+c)$

또한 삼사유치법이란 (b), (c)와 같이 삼각함수에 의해서도 면적을 계산할 수 있고, (d), (e)와 같이 삼변법(三邊法)이나 헤론의 공식(Herone's Formula)에 의해서도 면적을 계산할 수 있는 방법을 말하는 것이다.

3. 구적기(planimeter)란 일정한 축척으로 그려진 도형의 면적을 측정하는 기기로서, 그 종류로는 정극구적기(定極求積器)와 전자식의 digital coordinator 등이 있으나 최근 널리 사용되는 것은 digital coordinator이다. 그림 1-1-3은 digital coordinator이다.

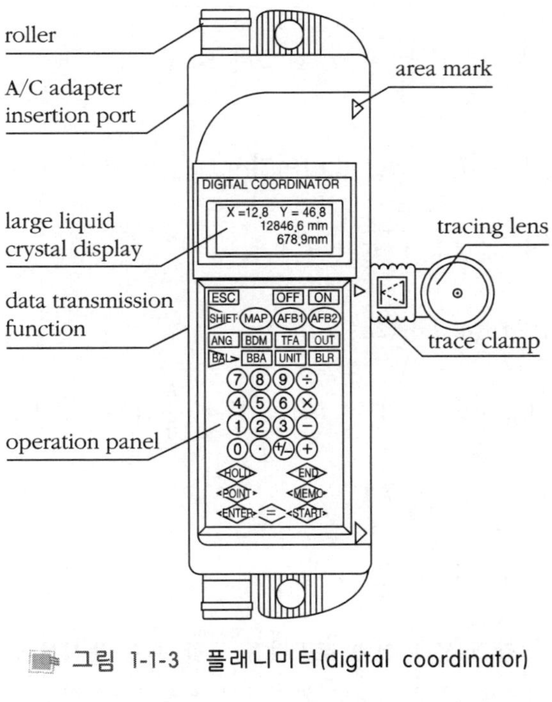

그림 1-1-3 플래니미터(digital coordinator)

(6) 체적공식은 의사공식(擬似公式)에 의함을 원칙으로 하나 토사의 체적은 양끝 단면적을 평균한 값에 그 단면간의 거리를 곱하여 산출하는 것을 원칙으로 한다. 단, 거리평균법으로 고쳐서 산출할 수도 있다.

해설

1. 의도공식(擬壔公式: prismoidal formula)

입방체의 체적을 계산하는데 사용되는 의사공식은 다른 말로 의도공식(擬壔公式) 또는 의주공식(擬柱公式)이라 하고, 영어로는 prismoidal formula라 한다. 그림 1-1-4와 같이 다각형인 양 단면이 서로 평행하며 측면이 모두 평면형인 입체를 의도(擬壔) 또는 의주(擬柱)라 하며 체적은 또 각기둥(角柱), 각뿔(角錐) 및 쐐기꼴(楔形)은 모두 의도의 특수한 경우인데, 밑면적을 A, 높이를 h라 하면, 각각의 다음 공식을 얻을 수 있다(부록의 도형의 공식 참조).

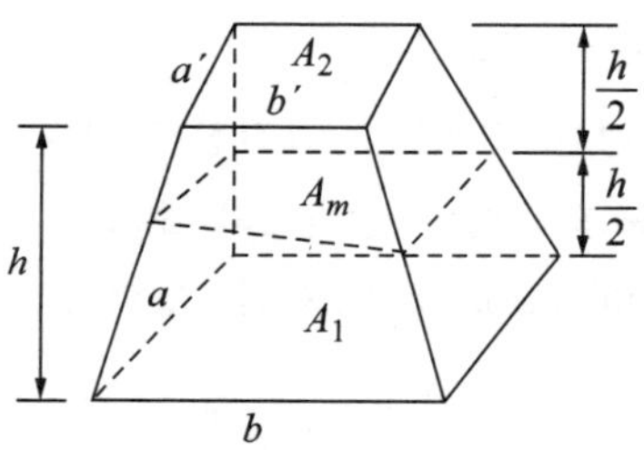

그림 1-1-4

$$V = \frac{h}{6}(A_1 + A_m + A_2) \qquad [\text{여기서, } A_m : \text{중앙 단면적}]$$

$$V = \frac{h}{3}(A_1 + \sqrt{A_1 \cdot A_2} + A_2)$$

$$V = \frac{h}{6}\{(2a + a')b + (2a' + a)b'\}$$

각기둥(角柱, 角壔) : $V = hA$, $V = \frac{h}{6}\{(2a + a')b + (2a' + a)b'\}$

각뿔(角錐) : $V = \frac{1}{3}hA$

쐐기꼴(楔形) : $V = \frac{1}{2}hA$

토공의 경우, 어떤 노선의 전체 토공량을 구할 때도 중심선에 수직인 평행단면으로 절단하여 2개씩 1조로 하여 의도로 가정하여 계산할 수 있다.

단면적 A_0, A_1, A_2, …, A_n(단 n은 짝수)을 같은 간격 l마다에서 구한 토공면적이라 하면 전체 토공량은

$$V = \sum V_0$$
$$= \frac{2l}{6}(A_0 + 4A_1 + A_2) + \frac{2l}{6}(A_2 + 4A_3 + A_4) + \cdots + \frac{2l}{6}(A_{n-Z} + 4A_{n-1} + A_n)$$
$$= \frac{nl}{3}\{A_0 + A_n + 2(A_Z + A_4 + \cdots + A_{n-2}) + 4(A_1 + A_3 + \cdots + A_{n-1})\}$$

이 되지만 복잡하기 때문에 토공에서는 일반적으로 잘 사용하지 않고, 2.와 3.의 공식을 많이 사용하고 있다. 그러나 콘크리트와 같은 구조물의 체적을 계산할 때는 의도공식을 쓰는 것이 원칙이다.

2. 양단면적 평균법(end area formula)

일반적으로 토공량 산출에 사용되는 공식으로 1.의 공식에서 $A_m = \frac{1}{2}(A_1 + A_2)$로 가정해서 유도한 공식으로,

1.의 공식 $V = \frac{h}{6}(A_1 + 4A_m + A_2)$에서

$$V = \frac{h}{6}(A_1 + 4 \times \frac{A_1 + A_2}{2} + A_2) = \frac{h}{2}(A_1 + A_2)$$

위 식을 간격 l로 n등분하면($h = nl$)

$$V = \frac{l}{2}(A_0 + A_1) + \frac{l}{2}(A_1 + A_2) + \cdots + \frac{l}{2}(A_{n-1} + A_n)$$
$$= \frac{l}{2}\{(A_0 + A_n + 2(A_1 + \cdots + A_{N-1})\}$$
$$= l\left\{\frac{1}{2}(A_0 + A_n) + \sum_{r=1}^{n-1} A_r\right\}$$

위 식은 1.의 경우보다 큰

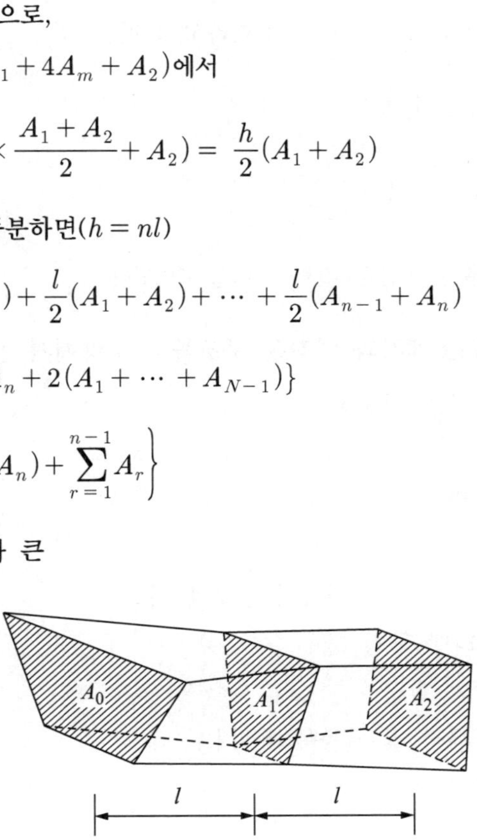

그림 1-1-5

$$V = \frac{(A_0 + A_1)}{2} \times l + \frac{(A_1 + A_2)}{2} \times l + \cdots + \frac{(A_{n-1} + A_n)}{2} \times l$$

$$= \frac{l}{2}\{(A_0 + A_n) + 2(A_1 + \cdots + A_{n-1})\}$$

$$= l\left\{\frac{1}{2}(A_0 + A_n) + \sum_{r=1}^{n-1} A_r\right\}$$

와 같은 식이 된다.

3. 거리 평균법

거리 평균법은 다음과 같이 V를 계산한다.

$$V = A_0 \times \frac{l_1}{2} + A_1 \times \frac{l_1 + l_2}{2} + A_2 \times \frac{l_2 + l_3}{2} + \cdots + A_n \times \frac{l_{n-1} + l_n}{2}$$

$$= \frac{1}{2}\{A_0 l_1 + A_1(l_1 + l_2) + A_2(l_2 + l_3) + \cdots + A_n(l_{N-1} + l_n)\}$$

여기에서 $l = l_1 = l_2 = l_3 = \cdots = l_n$이라고 하면

$$V = \frac{l}{2}\{A_0 + A_n + 2(A_1 + A_2 + \cdots + A_{n-1})\}$$

$$= l\left\{\frac{1}{2}(A_0 + A_n) + \sum_{r=1}^{n-1} A_r\right\}$$

따라서 2.의 경우와 똑같은 결과를 얻을 수 있다.

(7) 다음에 열거하는 체적과 면적은 구조물의 수량에서 공제하지 아니한다.

① 콘크리트 구조물 중의 말뚝머리
② 볼트의 구멍
③ 모따기 또는 물구멍
④ 이음줄눈의 간격
⑤ 포장공종의 1개소당 0.1 m^2 이하의 구조물 자리
⑥ 강(鋼) 구조물의 리벳 구멍
⑦ 철근 콘크리트 중의 철근
⑧ 조약돌 중의 말뚝체적 및 책동목(柵胴木)
⑨ 기타 전항에 준하는 것

해설

1. 콘크리트 구조물 중 기초 부분에서 말뚝기초(pile foundation) 위에 있는 콘크리트는

말뚝머리가 콘크리트 속에 묻혀있다. 이때 콘크리트 물량 산출에서 묻혀있는 말뚝머리 부분에 체적을 공제하지 않는다.

2. 철판의 볼트 구멍을 철판 수량에서 공제하지 않는다.
3. 모따기(beveling, moulding, filleting)는 내화(耐火), 미관, 충격 등에 의한 파손 방지 등을 위하여 콘크리트나 석조의 모퉁이, 모가 난 곳을 둥글게 또는 45°로 모를 없애 무디게 하는 것인데, 이때에도 물량 산출에서 공제하지 않는다. 그러나 haunch는 모따기와 달리 물량 계산에 포함된다.

   석축이나 옹벽과 같은 것에서의 물구멍(水切)도 마찬가지로 공제하지 않는다.
4. 이음줄눈으로 석축, 벽돌쌓기, 보도블록 등에서 면적 또는 수량에서 줄눈면적을 공제하지 않는다.
5. 포장공사에서 manhole이나 표지(標識) 등이 있으면 그것이 0.1 m^2 이하의 면적이면 전체 면적에서 공제하지 않는다.
6. 해설 2.와 같다.
7. 철근 콘크리트에서 그 철근 직경에 관계없이 콘크리트 물량에서 철근의 체적을 공제하지 않는다.
8. 조약돌을 기초로 사용했을 때 해설 1.과 같이 조약돌 속에 묻힌 말뚝 부분의 입적을 조약돌 체적에서 공제하지 않고 수제공사(水制工事)를 하기 위해서 바자(柵)를 설치한 곳에 조약돌을 넣었으면(조약돌 섶공) 이때 조약돌 입적에서 섶단으로 사용된 錮木(섶)의 입적을 공제하지 않는다.
9. 이상의 1.~8.에서와 같이 비슷한 경우에도 물량 산출에서 공제하지 않는다.

(8) 성토 및 사석공의 준공 토량은 성토 및 사석공의 설계도의 양으로 한다. 그러나 지반 침하량은 지반의 성질에 따라 가산할 수 있다.

해설 성토를 하거나 사석(捨石: riprap)을 채워 넣는 공사에서는 토량의 변화가 크다. 즉 흐트러진 상태(loose)와 다져진 상태(compacted)에서의 차가 크므로 토공량 산정의 기준이 어렵게 된다. 따라서 물량계산은 설계 도면대로의 양을 산출한다(단가에서 토량 환산계수 f로 환산한다).

그러나 토질에 따라서 압밀침하(Settlement due to consolidation)가 큰 경우에는 더돋기(餘盛: extra-banking)를 토질에 따라 성토 높이의 1/40~1/10을 가산할 수 있다(이것은 설계에서 명시해 줄 것임).

(9) 절토(切土)량은 자연 상태의 설계도의 양으로 한다.

해설 표준품셈 토량의 변화를 참조하여 절토를 하면 흐트러진 상태로 흙의 입적이 커지지만 절토량은 자연 상태의 양을 표시한 설계도의 양을 그대로 계산한다(단가계산에서 토량 환산계수로 계산).

예제 1-1 표준품셈의 체적공식에 의한 계산 비교

① $V = \frac{h}{6}\{(2a+a')b+(2a'+a)b'\}$

$= \frac{6}{6}\{(2\times10+6)\times8+(2\times6+10)\times4\}$

$= 296\,\text{m}^2$

② $V = \frac{h}{6}\{A_1+4A_m+A_2\}$

$= \frac{6}{6}\{(10\times8)+4\times6\times8+(6\times4)\}$

$= 296\,\text{m}^2$

③ $V = \frac{h}{3}(A_1+\sqrt{A_1\cdot A_2}+A_2)$

$= \frac{h}{3}(ab+\sqrt{ab\cdot a'b'}+a'b')$

$= \frac{6}{3}\{(10\times8)+\sqrt{80\cdot24}+(6\cdot4)\}$

$= 295.635\,\text{m}^2$

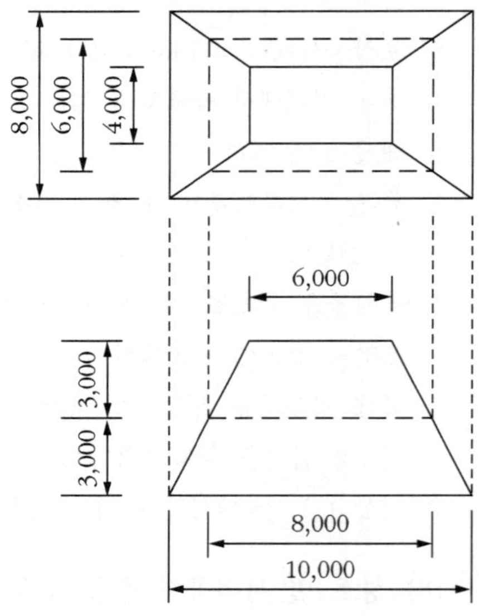

④ 평균 단면적법

$V = \frac{h}{2}(A_1+A_2) = \frac{h}{2}(ab\cdot a'b')$

$= \frac{6}{2}(10\times8+6\times4)$

$= 312\,\text{m}^2$

Chapter 2
토목 제도

2.1 정 의

1) 제도(drawing, drafting)

기계나 구조물 등을 새로 제작하거나 개량하고자 할 때는 먼저 그 기계나 구조물의 도면을 만드는 것으로 제도기구를 사용하여 구조물이나 물체의 형상과 크기를 척도(scale)에 의하여 선과 점, 기호, 문자, 숫자 등으로 도면화하는 것을 제도(drawing)라 한다.

토목 제도는 사회기반시설 또는 그것을 구성하는 토목 구조의 조사, 계획, 설계, 제작, 시공, 유지관리 등에 필요한 도면을 작성하는 것으로, 주로 도형을 표시한 것에 기호, 문자, 숫자 등을 덧붙여 표현한 것으로 정의하고 있다.

제도의 종류는 분류방법에 따라 여러 가지가 있으나 도면제작과정에 따라 제도기이용제도와 전산응용제도(CAD)로 구분할 수 있다.

(1) 제도기이용제도

전통적인 제도기구(2.3)를 이용하여 도면을 작성하는 것으로 일반적인 제도를 의미한다. 이용기구는 각종 정규(삼각자, T자, 곡선자 등), 제도기(컴퍼스, 분할기 등)와 제도기계 등이며, 연필, 제도펜 등의 필기기구를 사용하는 전통적인 제도방법이지만 각종 도면의 기본적인 이해와 기초적인 표현의 용이성과 접근성이 좋기 때문에 CAD와 함께 폭넓게 사용되고 각종 제도기구의 개발이 계속적인 추세이다.

또한, 각종 도면의 기본적인 이해와 기초적인 표현에 대한 기술자 자격검증(토목산업기사)에 이 방법이 이용되고 있으며 설계변경 및 도면의 수정과 shopdrawing의 기초에 편리하게 이용되고 있다.

(2) 전산이(응)용제도(CAD)

최근 컴퓨터의 발달로 컴퓨터의 기억 및 연산능력을 이용하여 최적의 설계 및 분석, 그리고 수정작업 및 제도 등을 수행할 수 있는 시스템이 개발되어 설계의 기본개념 단계부터 최종설계 및 도면제작까지 자동화를 구현하고 있다.

이러한 시스템을 일반적, 또는 총체적으로 캐드(CAD; Computer Aided Design)라 칭하고 있으나 설계와 제도로 분류하여 전산이용설계(CAD; Computer Aided Design / CAE; Computer Aided Engineering)와 전산이용제도(CAD; Computer Aided Drafting)로 표현하거나 전산이용설계제도(CADD; Computer Aided Design and Drafting)로 표현하는 것이 정확하다.

1970년대 캐드는 일반적인 제도기를 이용한 2D수준 도면에 머무르다가 컴퓨터 프로그래밍과 하드웨어의 발달, 1980년대에 AutoCAD의 출시와 1990년대의 3D구현 캐드는 설계 활동에서 컴퓨터의 만능 응용프로그램이 가능해졌다.

1993년 초부터 국산캐드가 개발되기 시작하여 삼성SDS의 uniCAD, 캐디안소프트의 CADian 등이 있으며 CADian은 오토캐드의 dwg 포맷을 지원하며 양방향으로 호환을 유지하므로 AutoCAD의 대안CAD로 널리 사용되고 있다.

CAD 프로그램을 이용하게 되면, 도면의 작성뿐만 아니라 설계 도면의 수정·분석이나 모델링이 가능하고, 설계도면의 데이터베이스(database) 구축 등의 작업도 가능하다.

이러한 CAD의 기능을 이용할 때의 효과를 간단히 언급하면 다음과 같다.

① 생산성 향상 : 설계 도면의 수정, 변경이 자유롭고, 표준 도면이나 이전 도면을 재사용할 수 있기 때문에 생산성을 향상시킬 수 있다.

② 도면의 표준화 : 데이터베이스 구축으로 설계 도면의 표준화가 가능하다.

③ 품질 향상 : 오류 검사가 쉽고, 수치 계산의 정확도와 정밀도가 높기 때문에 품질을 향상시킬 수 있다.

④ 신뢰성 향상 : 정밀한 도면작성과 표준화에 의해 제품에 대한 신뢰성을 높일 수 있다.

⑤ 원가 절감 : 설계 공정 및 설계 시간을 단축시키고, 공장자동화와 연관시킬 수 있어 제품 개발시간과 경비를 절감할 수 있다.

⑥ 경쟁력 강화 : 원가 절감, 품질 향상, 신뢰성 향상은 소비자의 다양한 요구를 충족시킬 수 있어 궁극적으로 경쟁력을 강화시킨다.

(3) 건설CALS와 CAD

CALS는 지속적인 조달과 수명주기의 지원이라는 미국 국방부에서 컴퓨터를 이용해 군수 물자와 기술의 흐름을 합리적으로 통제하여 군수품 납품 체계를 개선할 목적으로 미국 국방부에서 1985년에 시작했다. 이때의 칼스(CALS)는 컴퓨터 지원 군수 지원 체계(Computer-Aided Logistics Support)라는 개념이었고 1990년대 초에 CALS의 의미가 '지속적 조달 및 수명 주기 지원 체계(Continuous Acquisition and Life-cycle Support)'로 바뀌었다.

이미 1990년부터 항공기 제작사, 제조업체, 미국 국립 항공 우주국(NASA) 등에서 적극적으로 CALS를 도입하였고, 국내에서는 1992년부터 국내기업 등에서 CALS 표준에 의한 설계 관리 또는 문서 교환 관리 시스템 등을 도입하여 사용하고 있으며, 정부에서도 CALS의 표준화와 보급을 적극 추진하고 있다.

건설CALS는 기획, 설계, 시공, 운영 및 유지관리 등에 이르는 건설생활 활동 전과정의 정보를 발주기관, 건설관련업체들이 전산망을 통해 신속히 교환 공유하여 건설사업을 지원하는 통합정보시스템으로 정부주도하에 표준화와 보급이 추진되고 있다.

건설교통부(국토해양부)는 2001년 건설표준화 추진방안으로 건설CALS/EC(Continuous Acquisition & Life-cycle Support/Electronic.Commerce) 수립을 시작으로 꾸준한 건설표준화 과정이 이루어지고 있다.

건설CALS/EC의 기본은 CAD이며 전자도면 작성편람에서 CAD도면에 대하여 항목별로 표준화하고 있다.

다음은 건설CALS/EC 전자도면 작성표준에 의한 도면 제도 일반원칙이다.

① 설계도면은 이해가 쉽도록 상세히 작성한다.

② 도면은 알아보기 쉽도록 간결하게 표기하고 중복을 피한다.

③ 설계도면에 작성되는 단위는 밀리미터(mm) 사용을 원칙으로 하며, 특수한 단위가 필요할 때는 감독원과 협의한 후 사용한다.

④ 실시설계의 구조물 도면에는 설계방법(허용응력설계법 또는 강도설계법)을 표시한다.

⑤ 설계도면에는 주석(note)란을 만들어 구조물 설계방법, 재료의 종류, 강도 등과 같은 주요 설계조건과 시공 시에 유의할 사항 등 해당도면 공사 내용에 대한 특기사항 등을 수록한다.

⑥ 설계도면에는 설계 대상물의 크기, 모양, 위치의 등의 정보와 함께 표면처리, 재료, 제작, 설치방법 등의 내용을 포함한다.

⑦ 보이는 부분은 실선으로 표기하고 숨겨진 부분은 파선으로 표기함을 원칙으로 한다.

⑧ 대칭적인 표현 대상은 중심선을 중심으로 한쪽은 외형도, 반대쪽은 단면도로 표시한다. 자, 도형으로 표현하는 것이 곤란하거나 도면을 복잡하게 할 경우 도형 대신 적당한 주기로 표현할 수 있다.

2) 토목환경 제도(civil & environmental engineering drawing)

도로, 철도, 교량, 하천, 발전수력, 항만, 상하수도, 댐, 도시계획, 쓰레기매립장 등에 관한 공공시설이나 구조물을 설치 또는 보수하는데 필요한 도면을 일정한 규약에 따라 제도 용지에 구조물이나 형상을 그려서 그 도면에 의하여 공사량을 계산하고, 시설물 제작 또는 현장시공에 편리하게 이용될 수 있도록 하는데 목적을 둔다. 토목 제도는 설계자가 의도한 바가 도면에 충분히 표시되어야 하고, 도면을 사용하는 사람 누가 보아도 쉽게 알아볼 수 있도록 간단명료하고, 신속 정확하게 표시해야 한다.

한국산업표준(KS; Korean Industrial Standards)에서는 산업의 각 분야에서 사용하는 도면을 작성할 때 적용하는 KS A 0005 제도 통칙과 이를 기초로 하여 KS F 1001에서는 토목 제도 통칙을 제정하고 있다.

제도에 관한 표준규격은 설계자의 의도를 제작자에게 정확하게 전달할 수 있도록 도면에 사용하는 도형, 문자, 기호 등에 대하여 그 표시방법을 표준화한 것이다.

표 1-2-1은 토목환경 제도에 적용되는 KS규격의 일부분이다.

표 1-2-1 ● 토목환경 제도에 적용되는 KS규격

규격번호	규격명
KS A 0005	제도 통칙
KS A 0106	도면의 크기 및 양식
KS A 0107	제도에 사용하는 문자
KS A 0108	제도 - 길이치수 및 각도치수의 허용한계 기입방법
KS A 0109	제도 - 표시의 일반원칙(선에 대한 기본 사항)
KS A 0110	제도 - 척도
KS A 0111	제도에 사용하는 투영법
KS A 0111-1	공업 제도 - 투상법 - 1: 개요
KS A 0111-2	공업 제도 - 투상법 - 2: 직각 투상
KS A 0111-3	공업 제도 - 투상법 - 3: 평행 투상에 의한 3차원상 표시(액소노메트리)
KS A 0111-4	공업 제도 - 투상법 - 4: 중심 투상
KS A 0112	제도에 있어서 도형의 표시방법
KS A 0113	제도 - 치수의 기입방법(일반원칙, 정의, 실행방법, 특별한 지시방법)
KS A 3007	제도 용어

규격번호	규격명
KS A ISO10135	제도 - 주조, 단조 부분의 단순화 표현
KS A ISO10578	제도 - 자세 및 위치의 공차 표시방법(돌출공차역)
KS A ISO128-21	제도 - 표시의 일반원칙 - CAD에 사용하는 선
KS A ISO128-22	제도 - 표시의 일반원칙 - 지시선과 기입선의 기본 규정 및 적용
KS A ISO128-23	제도 - 표시의 일반원칙 - 건설 제도에 사용하는 선
KS A ISO128-24	제도 - 표시의 일반원칙 - 기계 제도에 사용하는 선
KS A ISO128-25	제도 - 표시의 일반원칙 - 조선 제도에 사용하는 선
KS A ISO13715	제도 - 미정의 모서리의 모양 - 용어 및 지시
KS A ISO3098-3	제도에 사용하는 문자 - 3: 그리스 문자
KS A ISO3098-4	제도에 사용하는 문자 - 4: 라틴 문자의 특수 표기
KS A ISO3098-5	제도에 사용하는 문자 - 5: CAD용 문자, 숫자 및 기호
KS A ISO4069	제도에 있어서 도형의 표시방법 - 건축과 토목도면 - 단면과 투시도의 표현
KS A ISO5261	제도에 있어서 도형의 표시방법 - 봉과 종단면도의 간략 표시방법
KS A ISO6414	제도에 있어서 도형의 표시방법 - 유리 제품
KS A ISO6428	제도 - 마이크로 카피 요구사항
KS A ISO6433	제도 - 부품번호
KS A ISO7083	제도 - 기하공차 기호 - 비율과 크기치수
KS A ISO7200	제도 - 표제란
KS A ISO7573	제도 - 부품란
KS F 1001	토목 제도 통칙
KS F 1501	건축 제도 통칙

2.2 제도 및 도면의 분류

1) 작도방법에 의한 분류

① 연필도(pencil drawing)

제도의 최초 과정으로 제도지(製圖紙) 위에 연필로 그린 도면을 말하는 것으로, 일반적으로 먹물제도의 바탕 도면이 된다. 간단한 설계도 등은 연필만으로 완성할 때도 있다.

② 먹물도(inking drawing)

연필도를 바탕으로 하여 먹물로 그린 도면으로, 도면의 장기보관이니 훼손 등에 유리하여 완성도라고 한다.

③ 채색도(coloring drawing)

도면의 구조나 재료를 쉽게 구별할 수 있도록 하기 위하여 일정한 규정에 따라 먹물 제도에 엷게 채색하는 도면

④ 투사도(tracing drawing)

연필, 먹물, 채색도 위에 투사용지(tracing paper), 미농지, 유산지 등을 놓고 밑의 원도(原圖)를 그대로 정확하게 그린 도면

2) 용도에 의한 분류

① 계획도(scheme drawing)

설계의 의도, 계획을 나타낸 도면

② 설계도(design drawing)

표준시방서, 법규 등의 설계 요령에 의한 계산 또는 경험 등에 따라 합리적 또는 경제적으로 설계된 도면을 말하며, 설계도는 공사비의 예산 견적이나 공사 시공에 적정을 기할 수 있도록 작성된다. 시공 현장 및 부근의 지형과 지상물의 상태를 명백하게 하는 측량도면이나 그 밖의 조사 자료에 의해서 설계하고 도면을 작성한다.

설계도에는 실시 설계도를 작성하기 전이나 제작·시공하기 전에 필요한 기본적인 설계를 나타내는 기본 설계도(preliminary drawing)와 건조물을 실제로 건설하기 위한 설계를 나타내는 실시 설계도(working drawing)가 있다.

③ 시공도(施工圖: working diagram, working drawing)

실제로 시공할 수 있도록 구조 각부의 치수 등을 상세히 나타낸 도면으로, 현장시공을 대상으로 해서 그린 제작도이며 실시 설계도가 사용되기도 한다.

④ 측량도(surveying drawing)

실제 측량을 토대로 하여 작성된 평면도, 종단도, 횡단면도 및 지형도 등을 말한다.

⑤ 상세도(detail drawing)

건조물, 구성재의 일부에 대해서 그 형태·구조 또는 조립·결합의 상세함을 나타낸 제작도로서, 구조도의 전부 또는 일부를 큰 축척으로 표현한 도면, 축척은 1 : 1, 1 : 2, 1 : 5, 1 : 10, 1 : 20을 표준으로 한다.

⑥ 제작도(manufacture drawing, production drawing)

건설 또는 제조에 필요한 모든 정보를 전달하기 위한 도면

⑦ 공정도(process drawing)
제조 공정의 도중 상태, 또는 일련의 공정 전체를 나타낸 제작도

⑧ 검사도(drawing for inspection)
검사에 필요한 사항을 기입한 공정도

⑨ 설치도(setting drawing)
보일러·기계 등을 지지대나 받침 등과 같은 관련 장치 등과 관계 지어서 설치 또는 조립위치를 나타낸 공정도

⑩ 주문도(drawing for order)
주문서에 첨부하여 물건의 크기, 형태, 정밀도, 정보 등의 주문 내용을 나타낸 도면

⑪ 견적도(drawing for estimate)
견적서에 첨부하여 의뢰자에게 견적 내용을 나타낸 도면

⑫ 설명도(explanatory drawing, explanation drawing)
구조·기능·성능, 작동원리, 취급방법 등을 설명하기 위한 도면

⑬ 기록도(record drawing)
부지, 구조, 구성 조립품, 부재의 형태·재료·상태 등을 기록하기 위한 도면

3) 표현형식에 의한 분류

① 일반도(general drawing)
구조물의 평면도·입면도·단면도 등에 의해서 그 형식·일반 구조를 나타낸 도면으로 숨은 선을 사용하지 않고 그리는 것이 보통이다.

② 배관도(piping diagram, plumbing drawing)
구조물, 장치에 있어서 관의 접속·배치의 실태를 나타낸 계통도

③ 배선도(wiring diagram, connection diagram)
장치 또는 그 구성 부품에 있어서 배선의 실태를 나타낸 계통도로 각 구성부품의 형태, 크기, 위치 등을 고려해서 도시한다.

④ 계통도(system diagram)
급수·배수·전력 등의 계통을 나타낸 선도

⑤ 선도(線圖: diagram, diagrammatic drawing)
기호와 선을 사용하여 장치·플랜트의 기능, 그 구성 부분 사이의 상호관계, 물건·에

너지·정보의 계통 등을 나타낸 도면

⑥ 전개도(development)
대상물을 구성하는 면을 평면으로 전개한 그림

⑦ 입체도(single view drawing)
축측 투상법, 사 투상법 또는 투시 투상법에 의해서 그린 그림의 총칭

⑧ 철거도(moderation drawing)
건물 등에서, 기존의 상태에서 무너뜨려서 제거한 부분을 알 수 있도록 나타낸 도면

⑨ 외관도(outside drawing)
대상물의 외형 및 최소한으로 필요한 치수를 나타낸 도면

⑩ 계장도(計裝圖: instrumentation diagram)
측정장치, 제어장치 등을 공업장치, 기계장치 등에 장비·접속한 상태를 나타낸 계통선도

⑪ 그리드도(grid planning)
그리드(격자)를 기입하여 관계 위치·모둘 치수 등을 읽어낼 수 있도록 한 도면

4) 내용에 의한 분류

① 배근도(bar arrangement drawing, bar scheduling)
철근의 치수와 배치를 나타낸 그림 또는 도면

② 구조도(structural drawing)
구조물의 구조를 나타내는 도면으로, 부재의 치수, 부재를 구성하는 소재의 치수와 그 제작, 조립을 나타내거나, 설계 시공상에 필요한 여러 가지 재료의 형상, 품질 등을 나타내는 도면이다. 축척은 1 : 10, 1 : 20, 1 : 25, 1 : 30, 1 : 40, 1 : 50을 표준으로 하고 있다.

③ 조립도(assembly drawing)
2개 이상의 부품, 부분 조립품을 조립한(또는 조립하는) 상태에서 그 상호관계, 조립에 필요한 치수 등을 나타낸 도면으로, 대상물 전체의 조립 상태를 나타낸 총 조립도(general assembly drawing)와 대상물 일부분의 조립 상태를 나타낸 부분 조립도(partial assembly drawing)가 있다. 조립도에는 도면 속에 부품란을 포함하는 것과 별도로 부품표를 갖는 것이 있다.

④ 배치도(layout drawing, plot plan drawing)

지역 내의 건물 위치나, 기계 등의 설치 위치의 상세한 정보를 나타낸 도면으로, 건축물, 구조물 등의 기능상 주요한 장치, 건물의 구성, 관계 위치, 크기 등을 전체적으로 나타낸 도면은 총 배치도(general arrangement drawing)라 한다.

⑤ 부품도(part drawing)

부품에 대하여 최종 다듬질 상태에서 구비해야 할 사항을 완전히 나타내기 위하여 필요한 모든 정보를 나타낸 도면

⑥ 소재도(drawing for blank)

기계 부품 등에서 주조, 단조된 그대로의 기계 가공 전의 상태를 나타낸 도면

⑦ 축조도(framing elevation)

철골부재 등의 부착 위치, 부재의 형태, 치수 등을 나타낸 구조도

⑧ 기초도(foundation drawing)

기초를 나타낸 그림 또는 도면

⑨ 구획도(區劃圖: block plan)

도시 계획, 기타의 환경에 관련시켜서, 부지를 한정하고, 건축물의 윤곽 위치를 나타낸 평면도

⑩ 부지도(敷地圖: site plan)

주위에 관련시켜서 건축물의 위치, 진입로, 부지의 전체 배치를 나타낸 평면도

⑪ 장치도(裝置圖: plant layout drawing)

장치 공업에서 각 장치의 배치, 제조 공정의 관계 등을 나타낸 도면

⑫ 실측도(measured drawing, surveyed drawing)

지형·구조물 등을 실측하여 그린 도면

⑬ 스케치도(sketch)

실체를 보고 그린 그림

⑭ 표준도(typical drawing)

다양한 형태의 단면도가 생기는 경우, 특히 노선(路線) 공사의 횡단면도에서 표준을 정하여 표시하는 도면

5) 투상법에 의한 분류

투상(投像: projection)이란 투영(投映)이라고도 하며, 이것은 일정한 법칙에 의해서 대상물의 형태를 투상면인 평면상에 그리는 것으로, 그린 그림을 투상도 또는 투영도라고 한다.

투상은 시점(始點)과 대상물의 각 점을 연결하는 투상선(projector)을 사용해서 대상물의 형태를 투상면에 찍어내는 것으로, 대상물을 제 1상한에 두고 투상면에 정투상(orthographic projection)해서 그리는 도형의 표시방법인 제 1각법(first angel projection method)과 제 3상한에 두고 투상면에 정투상해서 그리는 제 3각법(third angel projection method)이 있다.

① 외형도(full view) : 대상물을 그대로인 상태에서 전체의 형태로 나타낸 투상도

② 입면도(elevation) : 대상물을 연직면으로 한 방향에서의 투상도

(a) 정면도(front view, front elevation) : 대상물을 정면으로 한 방향에서의 투상도

(b) 배면도(rear view, back elevation) : 대상물을 배면으로 한 방향에서의 투상도

(c) 측면도(side view, side elevation) : 대상물을 측면으로 한 방향에서의 투상도로, 좌·우측면도가 있다.

③ 평면도(plan, top view) : 대상물을 윗면으로 한 방향에서의 투상도

(a) 상면도(top view) : 대상물을 윗면으로 한 방향에서의 투상도

(b) 저면도(bottom view) : 대상물을 아랫면으로 한 방향에서의 투상도

④ 단면도(sectional view) : 대상물을 가상으로 절단하고, 그 앞쪽을 제외하고서 그린 투상도

(a) 종단면도(longitudinal section, profile) : 길이 방향의 단면도나, 하천, 도로, 철도 등을 따라 그것을 전개하여 높이 등을 나타낸 단면도

(b) 횡단면도(cross section, lateral profile) : 길이 방향으로 수직인 단면을 나타내는 단면도

(c) 부분 단면도(local sectional view, local section) : 도형의 대부분을 외형도로 하고, 필요로 하는 요소의 일부분만을 단면도로 해서 나타낸 그림

(d) 전 단면도(full sectional view, full section) : 대상물을 1평면의 절단면으로 절단해서 얻어지는 단면도를 빼놓지 않고 그린 그림

(e) 한쪽 단면도(half sectional view, half section) : 대칭 중심선을 경계로 하여, 외형도의 절반과 전단면도의 절반을 짜 맞춰서 그린 그림

(f) 회전 도시 단면도(revolved section) : 그린 그림의 투상면에 수직인 절단면으로 그린 절단부위를 90° 회전시켜서, 그 투상도에 그린 그림

⑤ 부분 확대도(elements on larger scale) : 그림의 특정 부분만을 확대해서, 그 그림에 그려 넣은 그림

제 1각법 및 기호

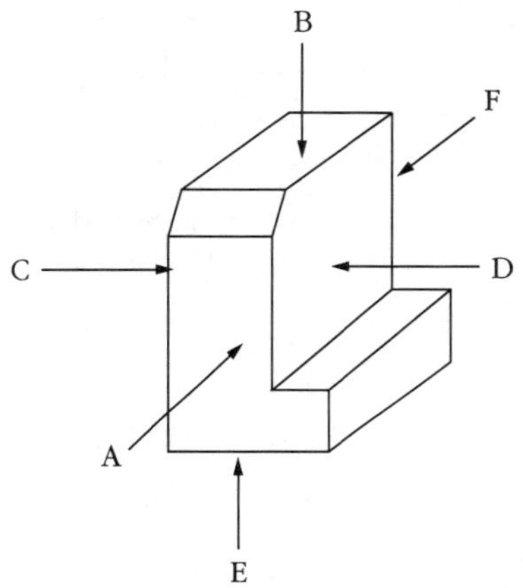

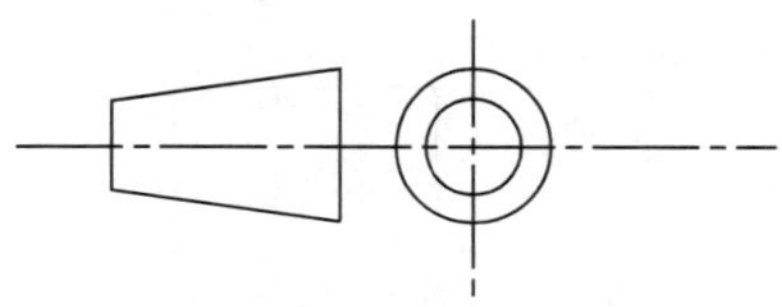

제 1각법의 기호

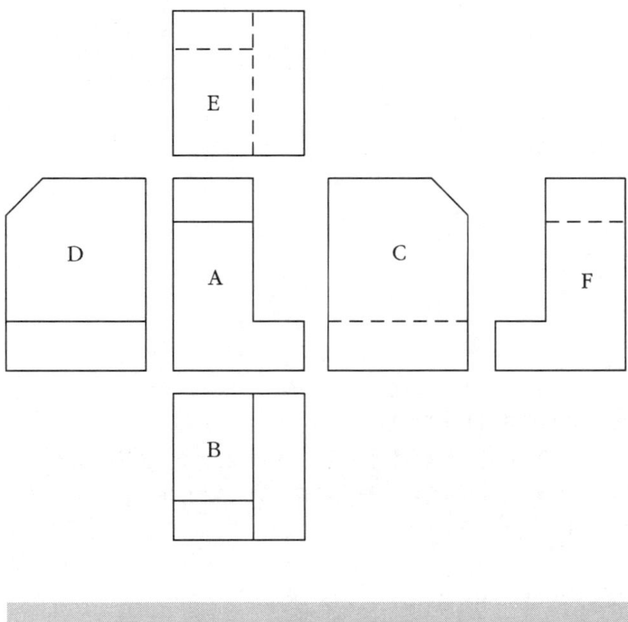

A : 정면도(입면도)
B : 평면도
C : 좌측면도
D : 우측면도
E : 하면도(저면도)
F : 배면도

제 1각법(First-Angle System, First-Angle Projection)

기하학적인 구성으로 공간상의 X, Y, Z의 3개 직교 좌표를 생각하여 XY평면, YZ평면, XZ평면의 3개 평면에 대향(對向)하는 위치에서 본 물품의 형상을 이들의 벽에 투상시켜, 이 벽을 전개한 것이 제 1각법의 투상이 된다.

제 3각법 및 기호

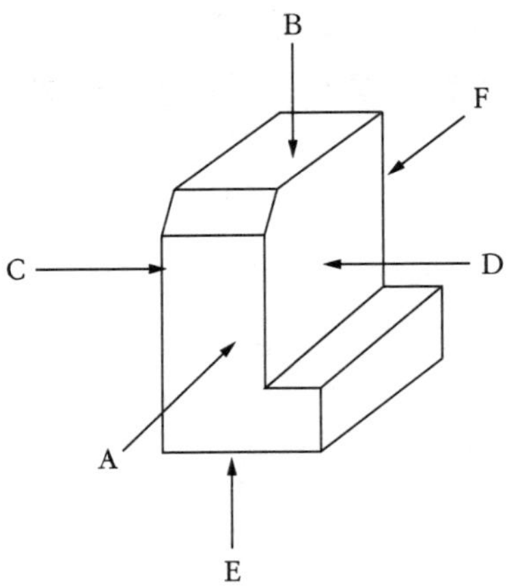

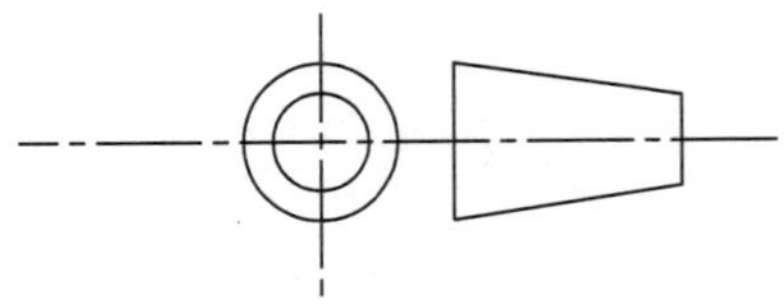

제 3각법의 기호

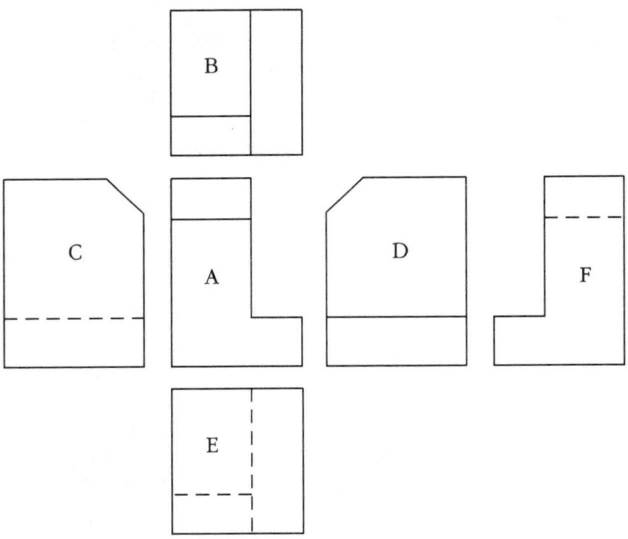

A : 정면도(입면도)
B : 평면도
C : 좌측면도
D : 우측면도
E : 하면도(저면도)
F : 배면도

제 3각법(third-Angle System, American Projection)

투영제도법의 일종으로 물품을 유리상자에 넣어 바깥에서 들여다보고 유리면에 직각인 방향으로부터 본 도형을 그려서 그 상자를 전개한 것과 같은 도형 배치가 되는 것으로 미국, 우리나라, 일본 등에서 쓰이고 있다.

2.3 제도 기구와 사용법

1) 제도기(製圖器: drawing instrument set)

제도 기구는 토목환경기술자가 반드시 갖추어야 할 필수품이다.

제도기는 그 형식에 따라 영국식, 독일식, 프랑스식의 3가지 또는 각식(square type), 평식(flat type), 둥근형(round type)의 3가지 형이 있는데, 프랑스식은 근래에 거의 사용되지 않고 있다.

일반적으로 독일식이 가장 우수하다고 평가되고 있으나 영국식과 독일식의 장점을 따서 사용하기 편리하도록 개량한 신형의 것도 있다.

제도기는 내용물의 품수(品數)에 따라 대략 6품에서 24품까지의 것이 보통이나 일반적으로 8 ~ 12품 정도면 충분히 이용할 수 있다. 또 각 종류에 따라 낱개로도 구입할 수 있으며, 토목환경의 제도용으로는 대략 대·소 컴퍼스, 분할기(分割器: divider), 오구 등만 준비해도 좋다.

(1) 컴퍼스(compass)

① 컴퍼스의 종류

컴퍼스는 원 또는 호를 그리기 위해서 사용하는 기구로서, 원의 크기에 따라 대·중·소로 구분하거나 형태나 구조에 따라 구분한다.

보통 반지름이 10 cm 정도의 원을 그리는 대형 컴퍼스와 2 cm 이하의 작은 원을 그리는 소형 컴퍼스가 사용된다.

대형 컴퍼스는 구조상으로는 중간 이음쇠를 사용하여 보다 큰 원을 그릴 수 있고, 아주 큰 원을 그리는 빔 컴퍼스(beam compass)도 있다. 그리고 소형 컴퍼스는 원을 미세하게 조정하기 편하도록 스프링이 장착되어 있는 것이 있어 스프링 컴퍼스(spring compass)라 한다. 이 스프링 컴퍼스는 조정손잡이가 가운데 있는 것(center wheel)과 한쪽에 있는 것(side wheel)으로 되어 있다.

또, 반지름이 3 mm 이하의 작은 원을 그릴 수 있게 만든 드롭 컴퍼스(drop compass)와 타원을 그리는 데에 사용하는 타원 컴퍼스(ellipsograph)도 있다.

이들 컴퍼스는 각각 연필용과 오구용의 발을 교체해서 사용할 수 있도록 되어 있는 편리한 것도 있다.

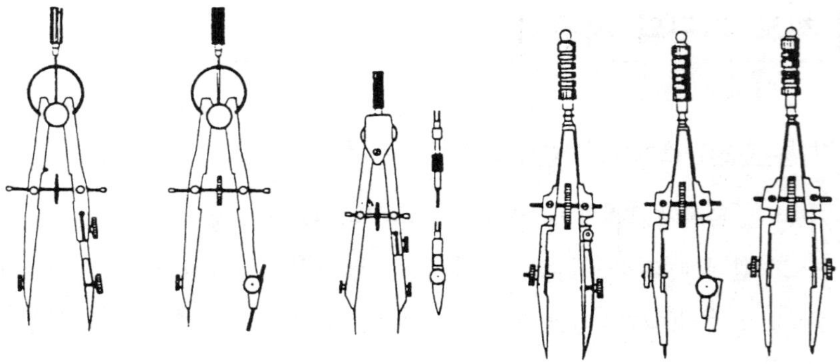

오구 연필 양침 오구 연필 양침

[독일식] [영국식]

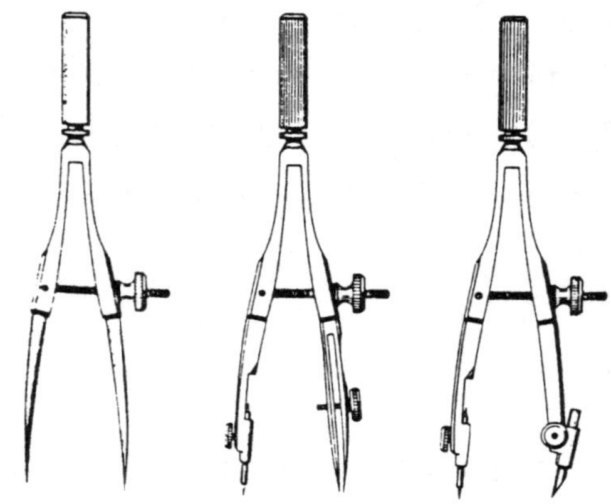

bow dividers bow pen bow pencil

[측면조정식]

(a) **스프링 컴퍼스**

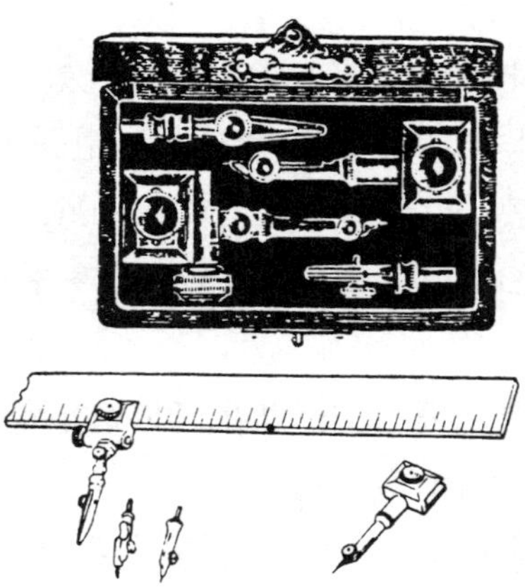

영국식 빔 컴퍼스

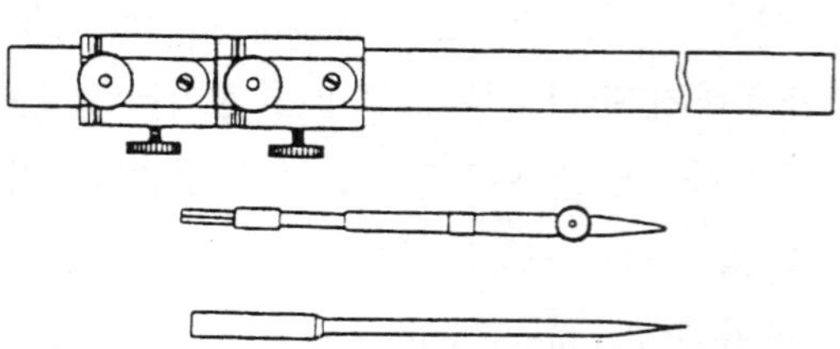

독일식 빔 컴퍼스

(b) **빔 컴퍼스**

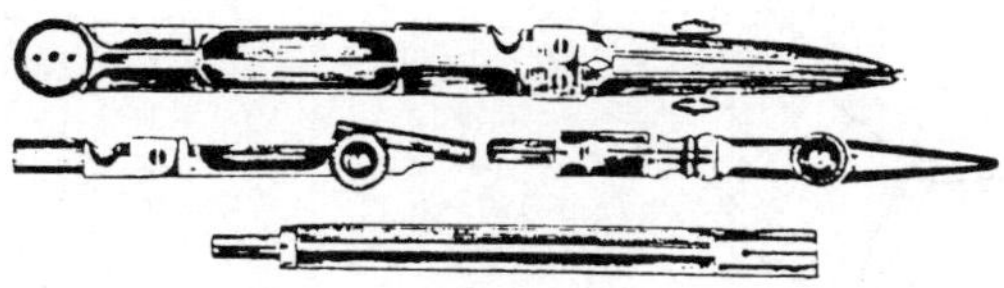

영국식

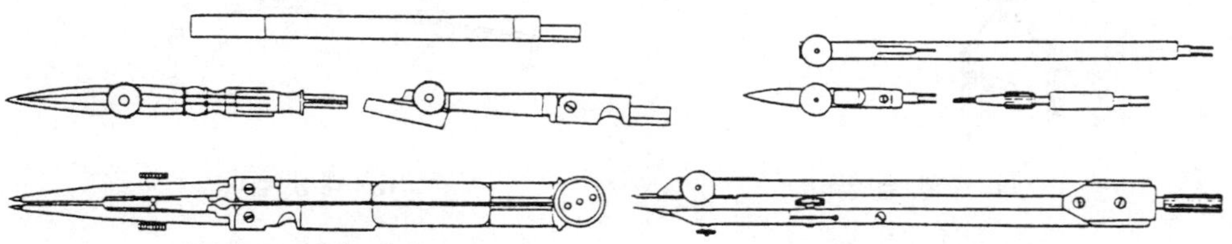

영국식 끝 교환 컴퍼스 독일식 끝 교환 컴퍼스

(c) **대형 컴퍼스**

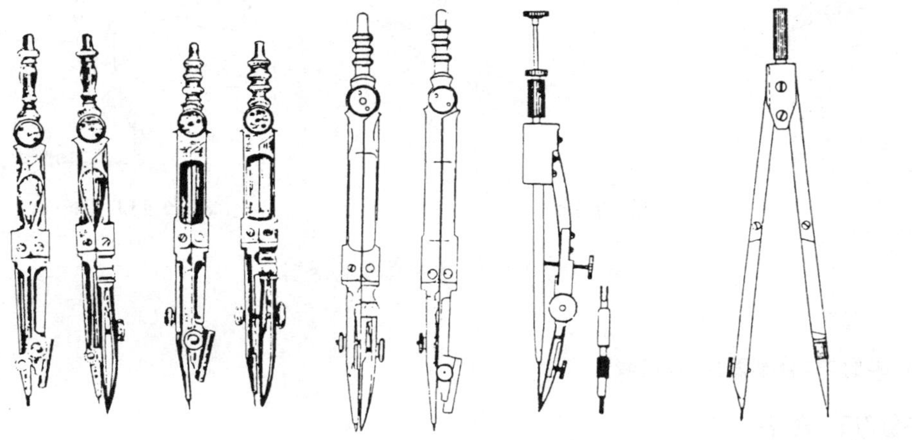

(d) **중형 컴퍼스** (e) **드롭 컴퍼스** (f) **독일식 샤프 컴퍼스**

그림 1-2-1 각종 컴퍼스

② 컴퍼스 사용법

컴퍼스로 원을 그릴 때 원의 중심부에 침(pin) 끝으로 구멍을 내고 그 구멍에 컴퍼스 침을 세우면 원을 그리는 도중에 벗어나지 않는다. 또 원을 그릴 때 손에 힘을 연필(오구) 쪽에 주어서 연필선이 끊기지 않고 정원이 되게 해야 한다. 이 때 연필(오구) 끝과 침 끝이 일직선의 같은 길이로 되어 있어야 한다. 그리고 컴퍼스의 종류에 따라 조금씩 사용법이 다르다. 중형 및 대형 컴퍼스는 그림 1-2-2(a), (b)와 같으며, 빔 컴퍼스(beam compass)는 그림 1-2-2(c)와 같이 두 손으로 그린다. 또 스프링 컴퍼스(spring compass)는 그림 1-2-2(d)에서와 같이 원의 반지름을 조절하고 한 손으로 그린다.

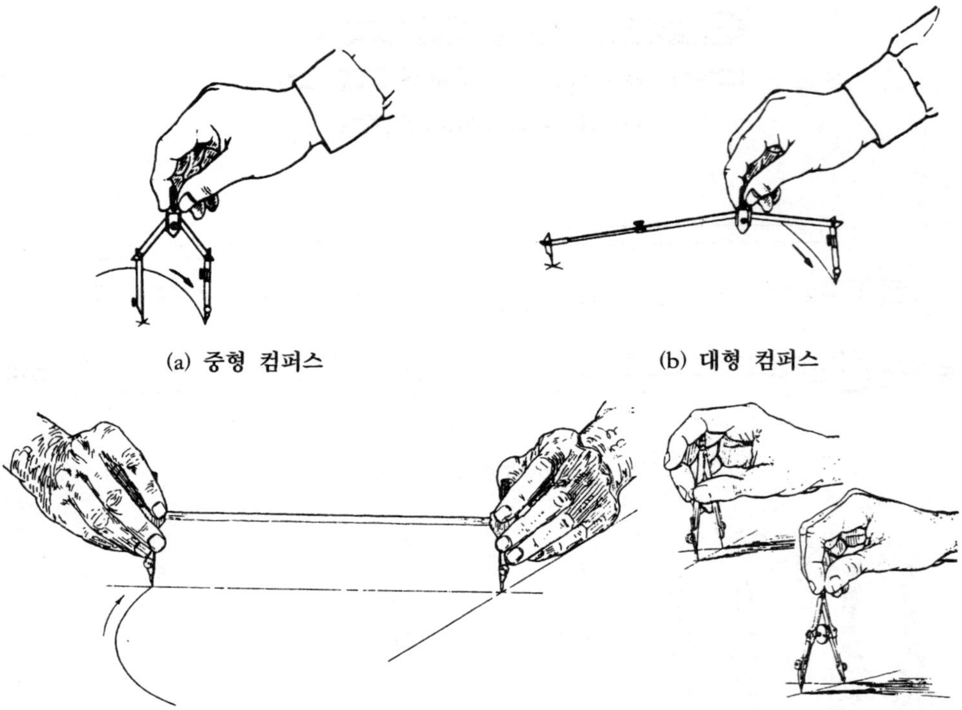

(a) 중형 컴퍼스 (b) 대형 컴퍼스

(c) 빔 컴퍼스 (d) 스프링 컴퍼스

그림 1-2-2 컴퍼스의 사용법

(2) 분할기(分割器: divider)

① 분할기의 종류

분할기는 넓은 범위의 컴퍼스에 포함되어 분할 컴퍼스라고도 하며, 또 양쪽 다리 끝에 침이 있어 일면 양각기(兩脚器)라고도 한다. 분할기는 직선이나 원호 등을 같은 간격으로 분할하거나 도면상의 치수를 다른 도면에 옮길 때, 또는 도면상의 치수를 잴 때 사용한다. 또 일정한 비례로 확대하고 축소하기 편리하게 되어 있는 비례 컴퍼스(비례 분할기: proportional divider)도 있다.

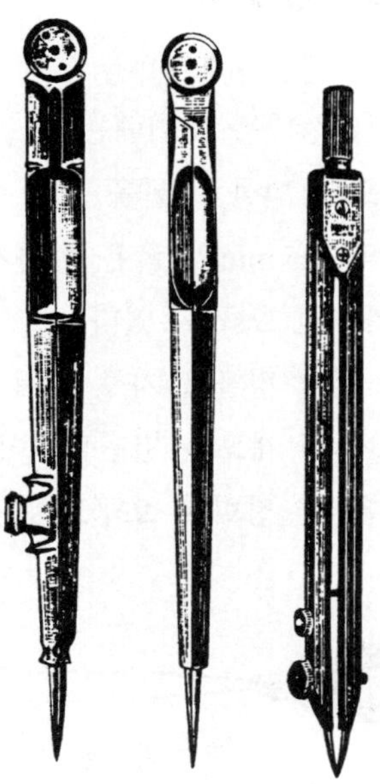

(a) (b) (c)
영국식 프랑스식 독일식

그림 1-2-3 분할기

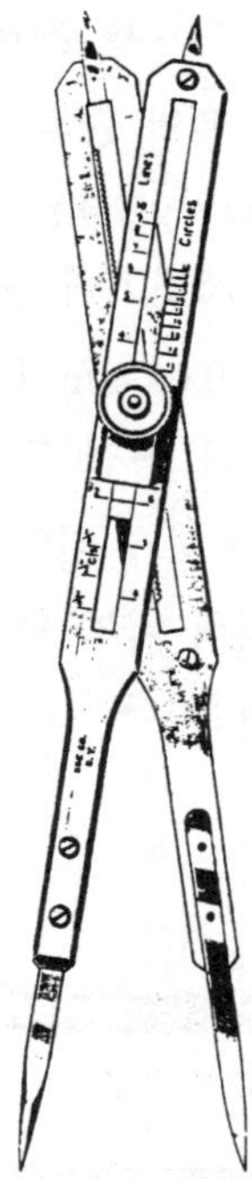

그림 1-2-4 비례 분할기

② 분할기 사용법

분할기로 동일한 간격으로 분할하는 경우는 그림 1-2-5(b)와 같으며, 이 때 양쪽 침에 의해서 도면에 구멍이 뚫어지지 않게 조심해야 한다. 분할기로 어떤 치수를 잴 때는 그림 1-2-5(a)와 같이 한다.

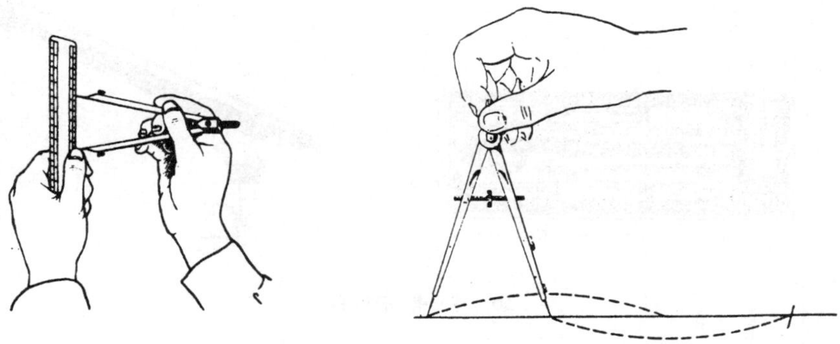

(a) 치수를 재는 법 (b) 동일 간격의 분할

그림 1-2-5 분할기의 사용법

(3) 오구(烏口: ruling pen)와 제도용 펜(drawing pen)

① 오구와 제도용 펜의 종류

제도용 잉크(drawing ink)나 먹물(china ink)로 완성되는 도면에는 오구나 제도용 펜이 필요하다. 오구는 제도기에서 가장 중요한 기구로서 먹물로 선을 그을 때 사용한다.

선의 굵기는 약 0.05 mm의 가는 선으로부터 약 1.5 mm의 굵은 선까지 그을 수 있으며, 직선뿐만 아니라 곡선 등을 그을 수 있는 특수한 오구도 있다.

최근에는 선의 굵기가 다양하며 날 끝을 갈지 않고 먹물을 자주 찍지 않는 좋은 제도용 펜을 개발한 여러 가지 펜촉(0.1 ~ 0.2 mm 굵기)의 제도용 만년필들이 많이 보급되어 휴대와 사용에 편리하다. 그러나 선의 아름다움은 잘 정비된 오구보다는 못하다.

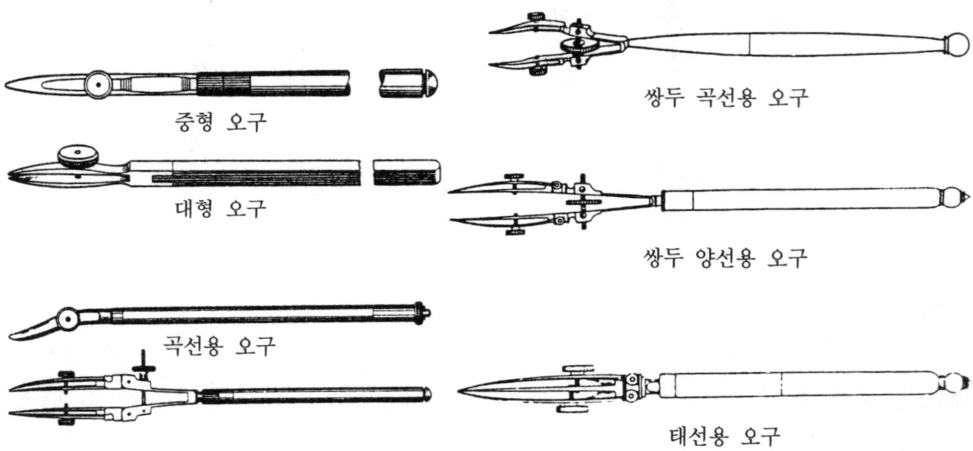

(a) 각종 오구

(b) 제도용 만년필

그림 1-2-6 오구와 제도용 만년필

② 오구와 제도용 펜의 사용법

오구는 2개의 강편(鋼片) 사이에 먹물을 넣어서 사용하는데, 오구의 바깥 부분에 묻지 않도록 플라스틱이나 켄트지 조각에 먹물을 묻혀서 사용하는 것이 좋다.

오구의 날 끝 모양은 포물선형으로 날 끝이 예리하지 않으며 너무 뭉뚝하지도 않아야 한다. 날 끝이 너무 예리하면 선을 그을 때 종이가 잘리게 되고, 너무 뭉뚝하면 세선을 그을 수가 없다. 그러므로 오구의 날 끝 연마는 대단히 중요하며, 기름숫돌(oil stone)에 갈아서 날 끝을 수정한다.

2) 제도 기계(製圖器械: drafting machine)

제도 기계(drafting machine)는 T자·삼각자·분도기·스케일 등을 일체로 묶어 놓아 단독으로 각 기능의 역학을 하는 기계의 총칭으로, 만능 제도 기계 또는 자재평행정규(自在平行定規) 등이 있고, 제작 회사나 제작 형식에 따라 여러 가지의 형식이 있으며 이 기계를 사용하면 제도시간을 35～50% 정도 절약할 수 있다.

① 풀리식 제도 기계(pulley type drafting machine)

풀리와 벨트에 의한 평행 운동기구를 가진 제도 기계

② 링크식 제도 기계(link type drafting machine)

팬터 그래프식 링크에 의한 평행 운동기구를 가진 제도 기계

③ 트랙식 제도 기계(track type drafting machine)

X축과 Y축이 추종하는 평행 운동기구를 가진 제도 기계

④ 자동 제도 기계(computer aided drafting machine)

전산기의 도움에 의해서 자동적으로 제도를 하는 기계

그리고 최근에는 컴퓨터를 사용해서 자동적으로 제도하는 자동 제도 방식(CAD: Computer Aided Design)이 개발되어 사람의 손으로 그리기 어려운 복잡한 곡선이나 조밀한 제도를 할 수 있어, 기계제도뿐만 아니라 토목환경 및 건축설계 분야에서부터 군사·과학 분야까지 거의 모든 분야에서 이용할 수 있다.

3) 제도판(製圖板: drawing board) 및 제도대(drawing table)

제도판은 제도할 때 용지를 펴는 평평한 판으로, 제도용지를 평탄하게 유지하면서 동시에 가장자리는 T자를 기준선으로 이용하므로 어그러지지 않도록 충분히 건조되어 있는 목재로 다듬어져야 한다.

재질(材質)로는, 노송나무, 팽나무, 계수나무 등의 재료가 있으며, 노송나무가 가장 좋다. 그러나 최근에는 베니어합판(Veneer, ply-wood)으로 대용하기도 하고 최근에는 판의 중간을 합성수지 등으로 특수 가공 처리한 것이 사용되고 있다.

제도판의 규격은 보통 120×90 cm, 105×75 cm, 90×60 cm 정도의 크기가 많이 사용된다.

또 특수한 제도판으로는 가장자리에 알루미늄테를 사용하고 드래프팅 시트(drafting sheet)를 붙인 것이나 마그네틱(magnetic)제도판도 있다.

제도대는 제도판을 받치는 대로, 제도판의 고저나 기울기를 자유로이 조절할 수 있고, 제도 기계(drafting machine)와 조합으로 제도 능률을 올릴 수 있도록 만든 것이 좋으며, 최근에는 좋은 제도 기계들이 많이 있다.

4) 제도용지(製圖用紙: drawing paper)

제도용지는 크게 나누어 초고 작성의 원도용지와 청사진(blue print)을 만들기 위한 투사용지가 있다.

초고 작성용의 연필도나 먹물제도에는 일반적으로 켄트(kent)지가 사용되고 채색용으로는 와트만(Whatman)지나 도화지를 사용하고, 측량도나 간단한 구조물 등 간단한 계획을 위한 작도에는 방안지(section paper)를 쓸 때도 있다.

완성된 초고인 원도를 투사하여 투사도를 제도하는 것을 트레이싱(tracing)이라 하고, 이 투사도에 의해서 청사진을 만드는 것이다. 이 투사도를 작성하는 용지를 투사용지(tracing paper)라 하며, 미농지 유지(油紙: oil paper) 등이 있다. 또 장시간 보존을 위한 흰 면포(옥양목)에 납분(蠟粉)을 칠한 트레이싱 크로스(tracing cloth)도 있다.

5) T자(T-Square)와 삼각자(set square)

(1) T자

T자는 제도판 크기에 맞는 것(제도판의 가로폭 보다 약간 긴 것)이 좋으며 보통 60~120 cm 정도이다.

T자는 주로 제도판의 왼쪽 가장자리에 대고 수평선을 왼쪽에서 오른쪽으로 그으며(그림 1-2-7), 수직선을 그을 때는 삼각자를 T자에 조합해서 아래쪽에서 위쪽을 향하여 선을 긋는다(그림 1-2-8). 이 때 선을 위에서 아래로 긋는 것은 좋지 않기 때문에 습관이 되지 않도록 주의해야 한다.

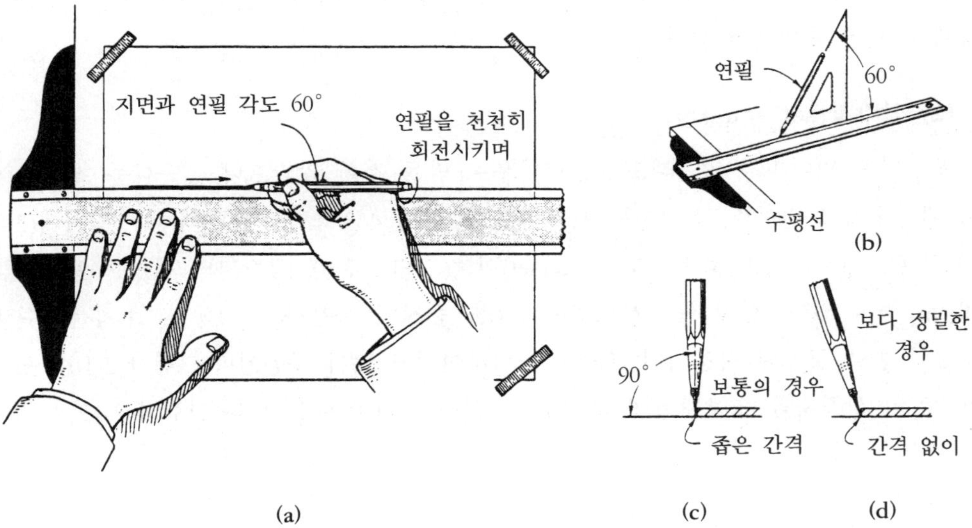

그림 1-2-7 수평선 긋기

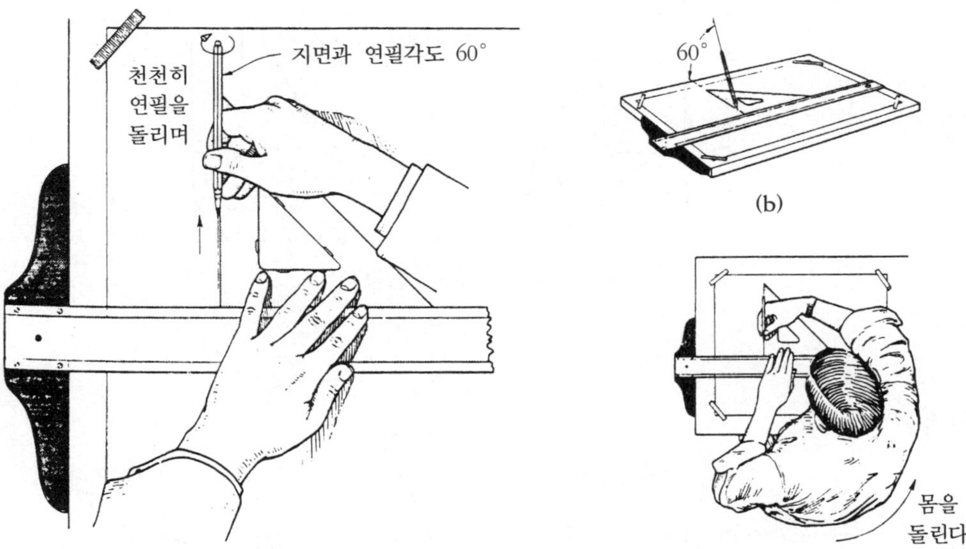

그림 1-2-8 수직선 긋기

T자의 선을 긋는 부분은 대단히 중요하므로 흠이 생기거나 휘어지지 않도록 특히 취급과 보관에 주의해야 한다.

(2) 삼각자(set square)

옛날에는 휘어지지 않는다고 해서 나무로 만든 것이 많았으나 최근에는 셀룰로이드나 합성수지로 만든다. 삼각자는 45° 삼각자(2각이 45°, 1각이 90°)와 30° 삼각자(2각이 30°와 60°, 1각이 90°)로써 2개가 1조(set)이며(그림 1-2-9), 삼각자의 길이는 30, 36, 45, 60 cm 등이 있다. 삼각자는 제도에서 1조를 동시에 사용하며 평행선, 수평선, 수직선, 연장선 등을 긋는데 사용되며, T자와 조합하여서도 많이 사용된다(그림 1-2-10). 또 45°와 30°의 삼각자를 조합해서 여러 각도의 선을 구사할 수도 있다(그림 1-2-12).

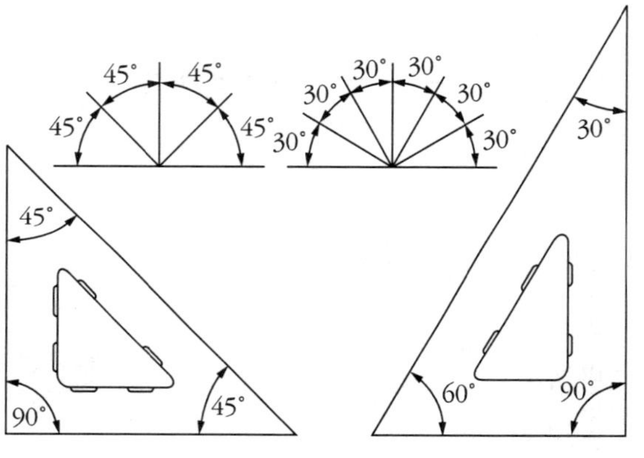

(a) 45° 삼각자 (b) 30°×60° 삼각자

그림 1-2-9 삼각자

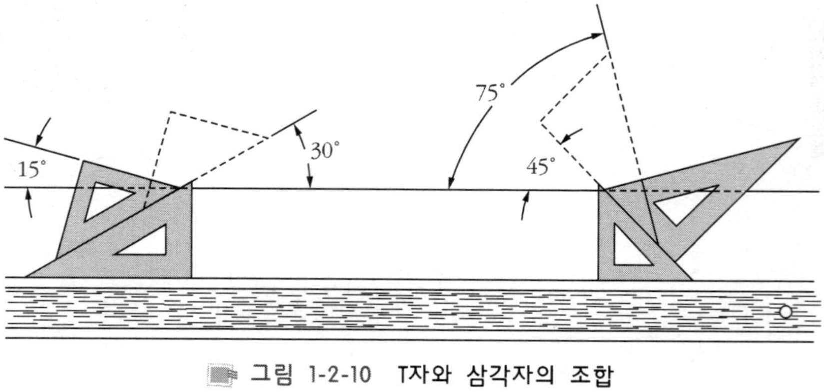

그림 1-2-10 T자와 삼각자의 조합

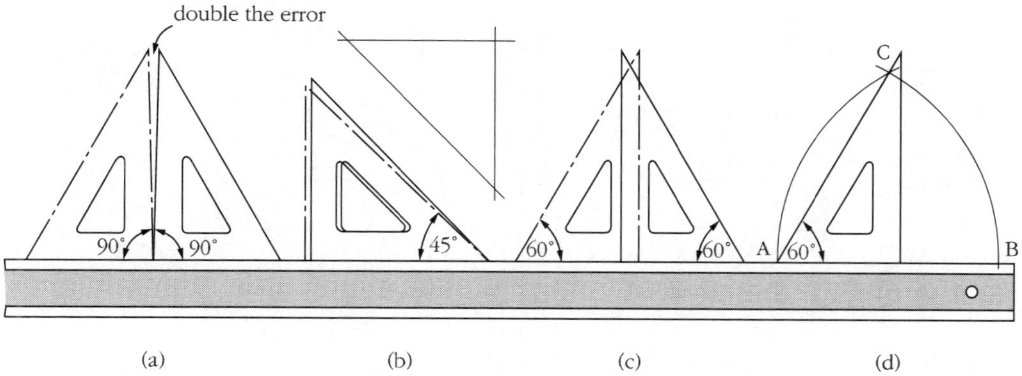

그림 1-2-11 삼각자의 검사

6) 스케일(scale)

스케일은 길이를 계측하기 위한 길이 눈금을 가진 자로서 실물의 크기를 줄여서 그리기 위하여 원래의 크기를 어느 일정한 비율로 축소하여 눈금을 넣은 것이다. 종류로는 한쪽 면에 1종 또는 2종의 척도 눈금을 가진 평 스케일(flat bevel scale), 양면에 4종의 척도 눈금을 가진 양면 스케일(double bevel scale), 단면이 삼각형으로 1변에 2종씩 6종의 척도 눈금을 가진 3각 스케일(triangular scale), 등각(等角) 투상도를 그릴 경우에 사용하는 등각 스케일(isometrical scale) 등이 있으며, 일반적으로 3각 스케일이 많이 사용된다.

보통 삼각 스케일의 축적은 삼각면에 1/100, 1/200, 1/300, 1/400, 1/500, 1/600의 6종류로 나타낸다.

스케일의 재료로는 대나무, 플라스틱, 셀룰로이드 제품이 대부분이며, 크기로는 보통 30 cm가 많이 사용되며 휴대가 편리한 포켓용으로 10 ~ 15 cm인 것이 대부분이다.

스케일을 삼각자 대신으로 선을 긋는데 사용해서는 안 된다.

7) 곡선자(curve rulers)

원을 그릴 때는 컴퍼스를 사용하지만, 포물선, 쌍곡선, 자유곡선 등을 그리려면 여러 가지 형태의 곡선자를 사용하게 된다.

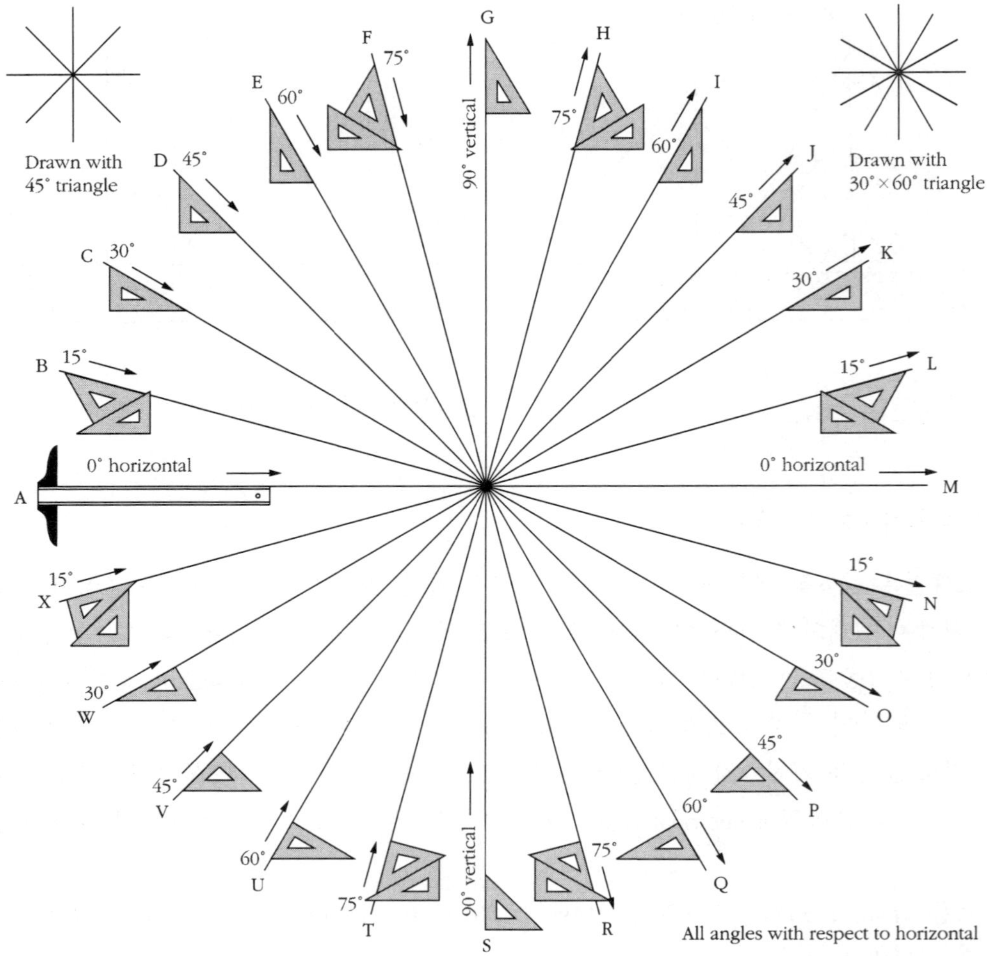

그림 1-2-12 삼각자에 의한 여러 각도(The Triangle Wheel)

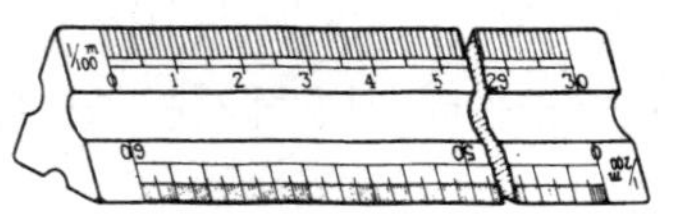

(a) 삼각 스케일

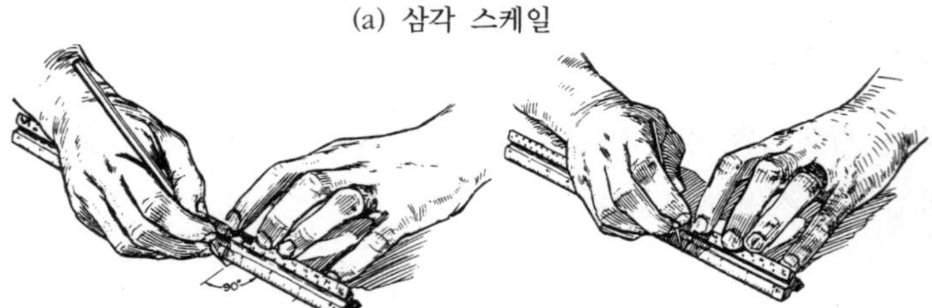

연필 사용시 핀 사용시

(b) 사용법

그림 1-2-13 삼각 스케일과 사용법

(1) 운형자(French square)

운형자는 원호 이외의 불규칙한 곡선을 그릴 때 사용하는 자로서 여러 가지의 일정하지 않은 모양을 가진 것으로 목재나 합성수지로 되어 있다(그림 1-2-14). 보통 6매, 12매, 25매, 50매가 1조(set)로 되어 있는 경우가 많이 있다.

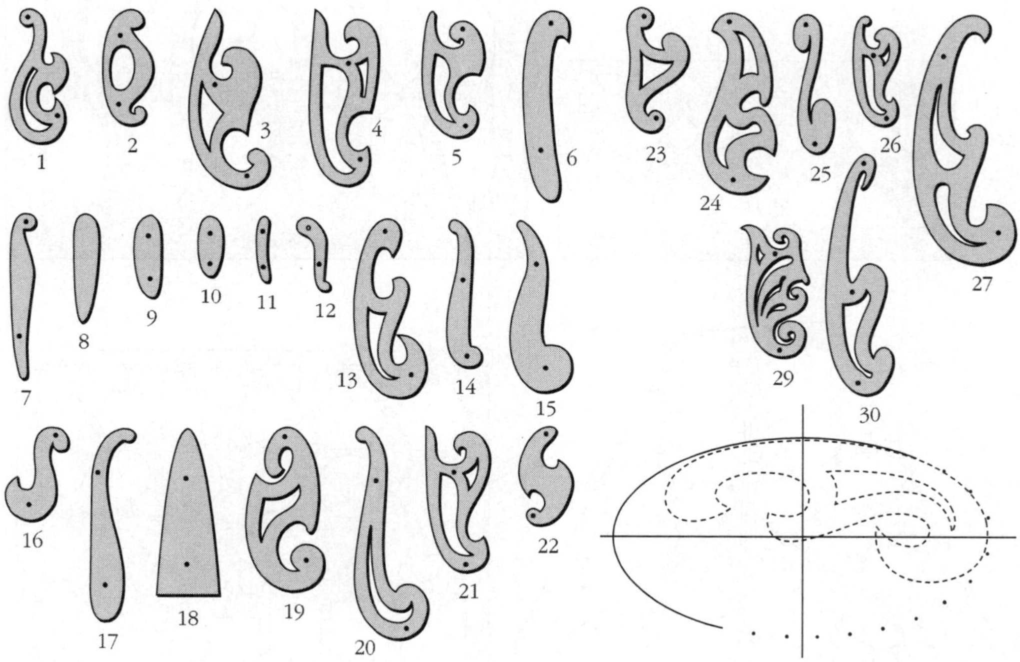

(a) 운형자 모양 (b) 운형자 사용법

그림 1-2-14 운형자와 그 사용법

(2) 자유곡선자(flexible square)

고무나 합성수지의 내부에 얇은 강철판과 납(鑞)이 겹겹으로 조화되어 들어 있어 필요로 하는 부분을 눌러서 자유자재로 곡선을 변형시켜 그릴 수 있는 편리한 기구로, 자재곡선자(adjustable curve rulers)라고도 한다.

8) 템플리트(templet)

여러 가지 모양이나 글자를 크기에 따라 그리기 편리하게 판에 뚫어서 나타낸 것으로, 마치 PSP(Punched Steel Plate)와 같은 모양의 자이다. 크게 나누어 아트 템플리트

(art templet)와 드래프팅 템플리트(drafting templet)가 있으며, 모양은 원형, 타원형, 숫자, 영자, 커트(cut) 등의 종류가 있다.

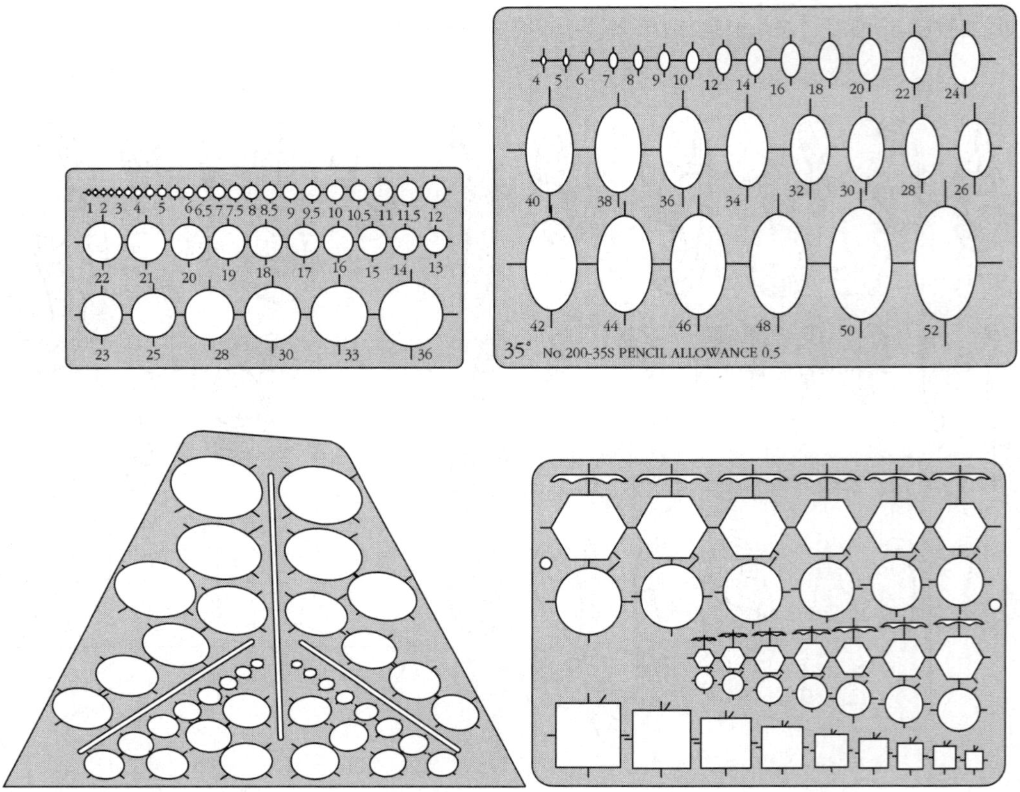

그림 1-2-15 **각종 템플리트**

9) 제도용 연필(drawing pencil)

제도용 연필심은 단단한 심 9H에서부터 무른 심 7B까지 18등급으로 되어 있으며, 연필심의 직경이 작아질수록 단단한 심이고 연필심의 직경이 커질수록 무른 심이다. 상품에 따라서 F심과 2H심이 같을 수도 있다.

제도용 연필은 사용 용지에 따라, 또 선의 굵기인 가는 선(細線), 중간 선(中線), 굵은 선(太線)에 따라 다르지만 대략 다음과 같이 구분해서 사용하면 무방하다.

① 굵은 선용(단면 외형 선을 긋거나 문자를 써 넣을 때) : B, HB, F

② 중간 선용(일반 외형 선용) : F, H, 2H

③ 가는 선용(초벌선, 기준선, 치수선 등) : 2H, 3H, 4H

④ 스케치도, 실물도용 : B, 2B 이상

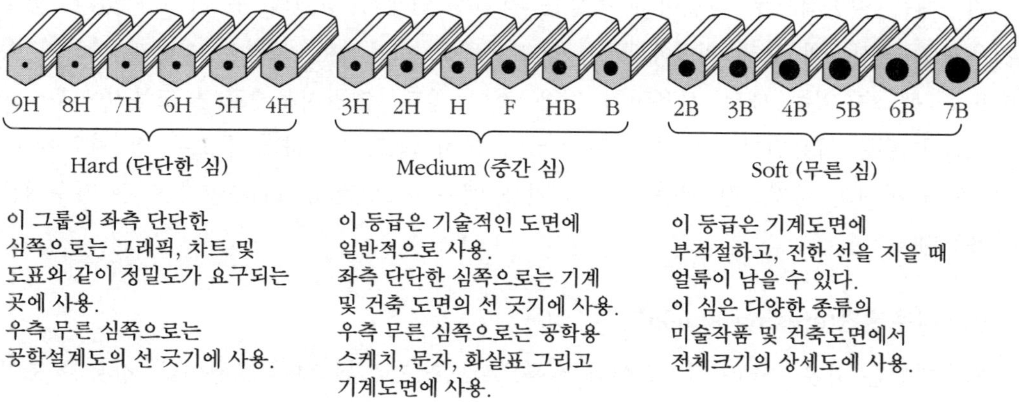

그림 1-2-16 제도 연필심의 종류

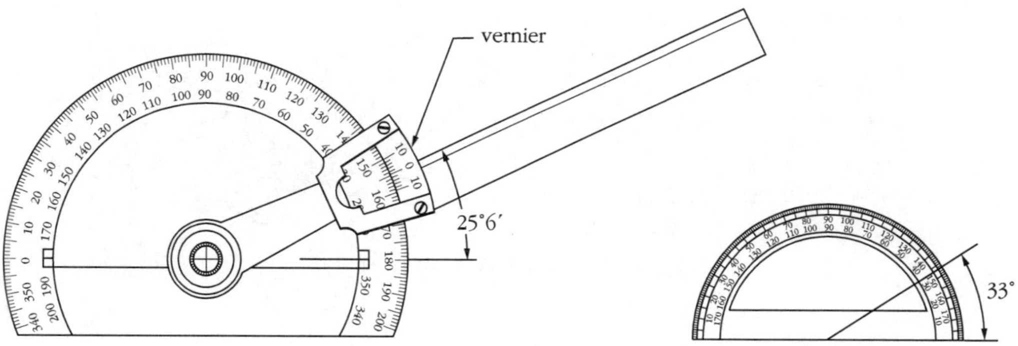

(a) (b)

그림 1-2-17 각도기

10) 각도기(角度器: protractor)

각도기는 각도를 잴 때나 어느 각도를 표시할 때 쓰는 것으로, 셀룰로이드 제품의 반원형이 많고 정밀한 각도에 대하여는 금속제로 버니어(vernier)가 부착되어 분 단위까지 측정할 수 있는 것도 있다.

11) 기타 용구

(1) 지우개(eraser)

지우개는 일반적으로 연필이나 먹물을 지우는 연질과 경질의 두 가지가 있다. 먹물 지우개로는 경질의 모래 지우개(sand gum)가 주로 사용되며, 도면이 심하게 상하기 쉬우므로 될 수 있는 대로 사용하지 않은 것이 좋다. 연필지우개로는 고무지우개(ruby eraser)가 보통 사용된다. 이 때 지운 자국이 남지 않고 깨끗하게 골고루 잘 지워야 하며, 도면 전체의 지저분한 것을 깨끗이 지울 때는 아트 검(art gum)이라는 큰 지우개를 사용한다.

(2) 지우개판(erasing shield)

지우개판은 얇은 스테인리스판이나 셀룰로이드판으로 된 것이 보통이다. 잘못된 도면을 정정할 때는 잘못된 부분의 옆을 보호하기 위해서 정정할 부분에 적당한 구멍을 대고 지우개로 지운다.

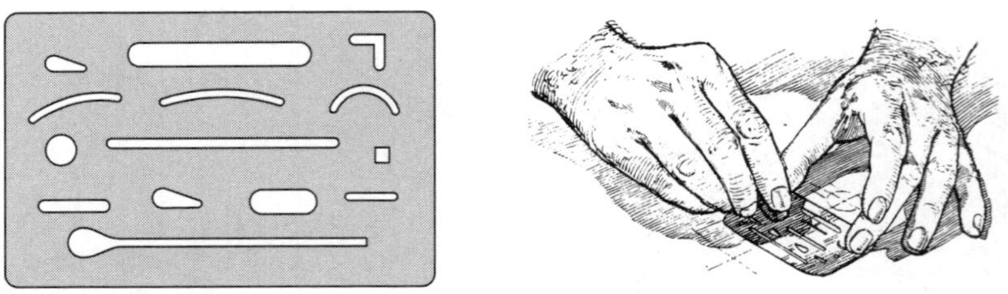

그림 1-2-18 지우개 판과 사용법

(3) 문진(文鎭: paper weight)

도면을 바르게 펴서 고정시키는데 사용하는 것으로, 납덩어리 같은 무거운 것을 가죽으로 싸 만든 것이다. 무게는 보통 370 g, 900 g, 1300 g 등이 있으며 모양은 둥근형, 네모형, 물고기형 등이 있다.

(4) 문자기(文字器: lettering set)

기계적 글씨쓰기에 대한 고안품으로서 자모판(子母板)에 의하여 유도되는 만년필형 펜에 의한 것으로, 글씨가 좋지 않은 사람 또는 제도 글씨에 숙련되지 않은 사람들도 좋은 글씨를 쓸 수 있는 기구로서 일명 lettering이라고도 널리 알려져 있다.

이 이외에도 도면을 고무지우개로 지운 것이나 먼지 등을 털기 위한 먼지떨이 브러시(drawing brush), 숫돌(oil stone), 연필 깎기(pencil sharpener) 등이 있다.

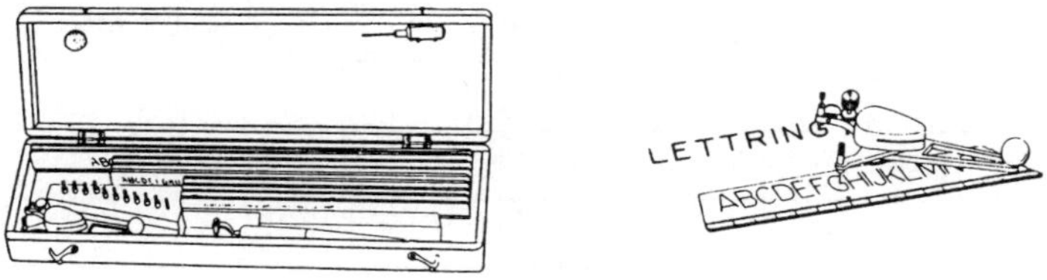

그림 1-2-19 문자기(lettering set)

2.4 제도용 선과 문자

1) 제도용 선

토목환경 제도에 사용되는 선은 KS A 0109(제도에 사용하는 선)와 KS F 1001(토목 제도 통칙)에 규정하는 선의 종류와 그 용법에 따라야 한다.

선의 종류로는 단속형식과 굵기의 비율에 의한 것으로 분류된다(표 1-2-2).

표 1-2-2 ● 선의 종류와 굵기의 비율

호 칭	형 태	비 고
실 선		continuous
파 선		dash
긴 틈새 파선		dash space
1점 긴 쇄선		long-dash dot
2점 긴 쇄선		long-dash double-dot
3점 긴 쇄선		long-dash triple-dot
점 선		dot
1긴 점 긴 쇄선		long-dash short-dash
2긴 점 긴 쇄선		long-dash double-short-dash
1점 짧은 쇄선		dash dot
1점 2중 짧은 쇄선		double-dash dot
2점 짧은 쇄선		dash double-dot
2점 2중 짧은 쇄선		double-dash double-dot
3점 짧은 쇄선		dash triple-dot
3점 2중 짧은 쇄선		double-dash triple-dot

KS A 0109 제도-표시의 일반원칙(선에 대한 기본사항)

선 굵기의 비율에 의한 종류	굵기의 비율
가는 선	1
굵은 선	2
아주 굵은 선	4

선의 굵기의 기준은 0.18, 0.25, 0.35, 0.5, 0.7, 1, 1.4, 2 mm로 하고, 도형의 종류와 크기에 따라 적절히 사용하되 동일한 도면에서는 선의 종류마다 굵기를 같게 한다.

선의 종류에 의한 주된 사용방법은 표 1-2-3과 같다.

표 1-2-3 ● **선의 종류에 의한 사용방법**

선의 종류	선의 명칭 (용도)	선의 용도	비 고
굵은 실선 ────	외형 선	대상물이 보이는 부분의 모양을 나타내는데 사용.	테두리 선
가는 실선 ────	치수선 치수 보조선 지시선 회전 단면선 중심선 수준면 선	치수를 기입하는데 사용. 치수를 기입하기 위하여 도형에서 끌어내는데 사용. 기술·기호 등을 표시하기 위하여 끌어내는데 사용. 도형 내에 그 부분의 절단면을 90° 회전시켜서 표시하는데 사용. 도형의 중심선을 간략하게 표시하는데 사용. 수면, 애면 등의 위치를 표시하는데 사용.	인출선
굵은 파선 가는 파선 ─ ─ ─ ─	숨은 선	대상물이 보이지 않는 부분의 모양을 표시하는데 사용.	
가는 1점 쇄선 - ── - ── - ──	중심선 기준선 피치선	(1) 도형의 중심을 표시하는데 사용. (2) 중심이 이동한 중심궤적을 표시하는데 사용. 특히 위치결정의 근거임을 명시하는데 사용. 반복도형의 피치를 잡는 기준이 되는 선.	경계선 참고선
굵은 1점 쇄선 - ── - ── - ──	기준선 특수 지정선	기준선 중 특히 강조하고 싶은 것에 사용. 특사한 가공을 하는 부분 등 특별한 요구사항을 적용할 범위를 표시하는데 사용.	
가는 2점 쇄선 ── - - ── - -	가상선[*1] 무게중심선	(1) 인접하는 부분 또는 공구, 지그 등을 참고로 표시하는데 사용. (2) 가동부분을 이동 중의 특정한 위치 또는 이동한계의 위치로 표시하는데 사용. 단면의 무게중심을 연결한 선.	상상선

선의 종류	선의 명칭 (용도)	선의 용도	비 고
파형의 가는 실선*2  지그재그선*3 	파단선	대상물의 일부를 파단한 경계 또는 일부를 떼어낸 경계를 표시하는 선.	
가는 1점 쇄선을 끝 부분 및 방향이 바뀌는 부분을 굵게 한 것*4 	절단선	단면도를 그릴 때 그 절단 위치를 대응하는 그림을 표시하는데 사용.	
가는 실선(평행으로 규칙적인 나열) 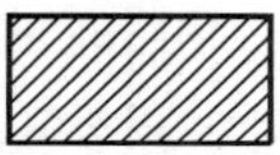	해칭 (빗금)	도형의 한정된 특정한 부분을 다른 부분과 구별하는데 사용. 보기를 들면 단면도의 절단면을 표시한다.	

주 *1 가상선은 투상법상으로는 도형에 나타나지 않으나 편의상 모양을 표시하는데 사용한다. 또 기능상, 공작상의 이해를 돕기 위해 도형을 보조적으로 표시하기 위해서도 사용한다.
*2 파형의 가는 실선은 프리핸드(free hand)로 그린다.
*3 또 지그재그선의 지그재그 부분은 프리핸드로 그려도 좋다.
*4 다른 용도와 혼용될 우려가 없을 때에는 끝부분 및 방향이 바뀌는 부분을 굵게 할 필요는 없다.

2) 선에 관한 용어

① 실선(continuous line) : 연속된 선
② 파선(dashed line) : 일정한 간격으로 짧은 선의 요소가 규칙적으로 되풀이 되는 선
③ 점선(dotted line) : 점(극히 짧은 선의 요소)을 근소한 간격으로 나열한 선
④ 1점 쇄선(chain line) : 장·단 2종류 길이의 선의 요소가 번갈아가며 되풀이 되는 선
⑤ 2점 쇄선(chain double dashed line) : 장·단 2종류 길이의 선의 요소가 장·단·단·장·단·단의 순으로 되풀이 되는 선
⑥ 지그재그선(continuous thin line with zigzags) : 직선과 번개형을 짜 맞춘 선
⑦ 등고선(contour line) : 표면상의 등고점을 연결한 선
⑧ 치수선(dimension line) : 대상물의 치수를 기입하기 위하여, 그 길이 또는 각도를 측정하는 방향에 평행으로 그은 선
⑨ 치수보조선(projection lines) : 치수선을 기입하기 위해 도형에서 그어낸 선
⑩ 지시선(leader line) : 기술·기호 등을 나타내기 위하여 그어낸 선
⑪ 기준선(reference line, datum line) : 특히, 위치결정의 근거가 되는 것을 나타낸 선

⑫ 수준면 선(line of water level) : 수면, 액면 등의 위치를 나타내는 선
⑬ 특수지정선(line for special requirement) : 특수한 가공을 하는 부분 등 특별한 요구 사항을 지정하는 범위를 나타내는 선

3) 문자(Technical Drawing-Lettering)

토목환경 제도에 사용하는 문자는 KS A 0107과 KS F 1001의 5항(글자)에 규정되어 있다. 도면에는 도면명과 각부의 명칭 및 치수 이외에도 설명이나 도면을 이해하기 쉽게 하기 위하여 문자와 숫자를 사용한다. 단, 도면에서 꼭 필요한 사항만을 쓰게 되므로 내용도 간단, 명료하여야 하고 쓰기, 읽기에 간편하며 착오가 일어나지 않도록 명확히 쓰고, 특별한 경우를 제외하고는 장식적인 글자나 숫자를 쓰지 않는다.

문자나 숫자가 조잡하고 깨끗하지 못하면 아무리 깨끗이 잘 그려진 도면이라도 도면 전체가 조잡하게 보이게 되고, 경우에 따라서는 도면 전체의 정밀도마저도 의심이 생기게 된다. 그러므로 문자나 숫자의 중요성은 도면의 생명이라 해도 과언이 아니다. 그래서 도면의 중요한 문자와 숫자를 성의껏 깨끗이 쓸 수 있도록 많은 연습을 해야만 한다.

KS A 0107에서 규정하는 내용은 다음과 같다.

(1) 일반사항

① 읽기 쉬울 것 : 문자는 한 자 한 자를 정확히 읽을 수 있도록 명확하게 쓴다. 연필로 쓰는 문자는 도형을 표시한 선의 농도에 맞추어 쓴다.
② 균일할 것 : 같은 크기의 문자는 그 선의 굵기를 되도록 맞춘다.
③ 도면의 마이크로필름 촬영에 적합할 것 : 도면을 마이크로필름에 촬영하여 그것을 이용하는 경우에 분명히 읽을 수 있도록 문자와 문자와의 간격은 문자 굵기의 2~3배 이상으로 한다. 다만, 인접한 문자의 굵기가 서로 다른 경우에는 굵은 쪽의 문자 굵기의 3배 이상으로 한다.

(2) 문자

① 한자(漢子) 및 한자의 사용방법은 상용한자 표에 따른다. 다만, 획수가 16 이상인 한자는 되도록 한글로 쓴다.
② 한자의 서체는 KS A 0202[기계 조각용 표준서체(한자)]에 준하는 것이 좋다.
③ 한글자의 서체는 활자체에 준하는 것이 좋다.
④ 숫자는 주로 아라비아 숫자를 사용한다.

⑤ 영자는 주로 로마자의 대문자를 사용한다. 다만, 기호 그 밖에 특별히 필요한 경우에는 소문자를 사용해도 좋다.

4) 문자 및 숫자 쓰기

문자와 숫자 쓰기는 KS 규정에 따라 쓰이며, 다음의 요령을 익혀두면 편리하다.

① 글자의 간격을 일정하게 한다.

② 글자의 크기를 일정하게 하기 위하여 기준 테두리(guide line)를 긋고 글자를 쓴다(그림 1-2-20, 21 참조).

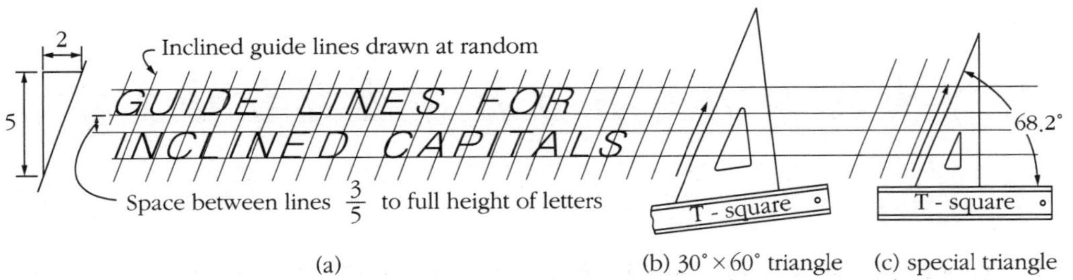

그림 1-2-20 오른쪽 경사진 글씨 쓰기

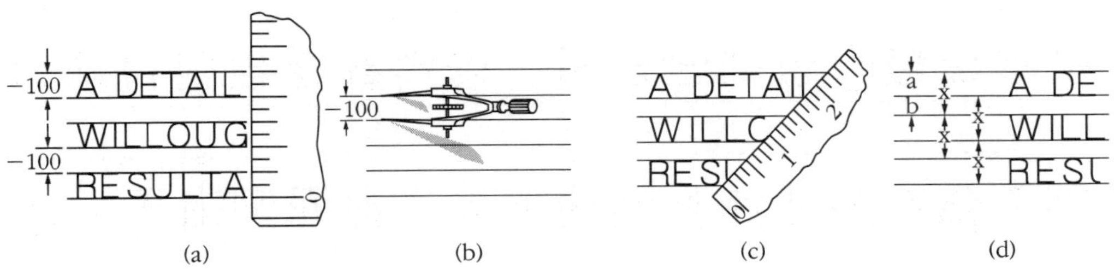

그림 1-2-21 글자 크기선(guide line)에 의한 글자 쓰기

③ 큰 글자는 자나 컴퍼스를 이용한다.

④ 글자의 크기는 도면 크기에 알맞게 정한다.

⑤ 같은 도면에 글자 형태는 똑같은 형태로 하는 것이 좋다.

5) 문자 및 숫자 쓰기 연습

그림 1-2-22 문자 및 숫자 연습(1)

치수 단위 mm	직립체	사체 (75°의 경사)
3	ABCDEFGHIJKLMNOPQRSTU abcdefghijklmnopqrstuvwxyz 012345678901234567890	문자간격 1 자분의 예 *ABCDEFGHIJKLMNOPQRSTU* *abcdefghijklmnopqrstuvwxyz* *012345678901234567890*
4	ABCDEFGHIJKLMNOPQ abcdefghijklmnopqrstuvw 0123456789012345678	문자간격 1 자 *ABCDEFGHIJKLMNOPQ* *abcdefghijklmnopqrstuvw* *0123456789012345678*
5	ABCDEFGHIJKLMN abcdefghijklmnopqr 012345678901234	문자간격 1 자 *ABCDEFGHIJKLMN* *abcdefghijklmnopqr* *012345678901234*
7	ABCDEFGHIJK abcdefghijklmn 012345678901	문자간격 $\frac{2}{3}$ 자 *ABCDEFGHIJK* *abcdefghijklmn* *012345678901*
10	문자간격 $\frac{1}{3}$ ABCDEFG abcdefghij 012345678	*ABCDEFG* *abcdefghij* *012345678*
14	ABCDE $\frac{2}{3}$ 01234	*ABCDE* *01234*

그림 1-2-23 문자 및 숫자 연습(2)

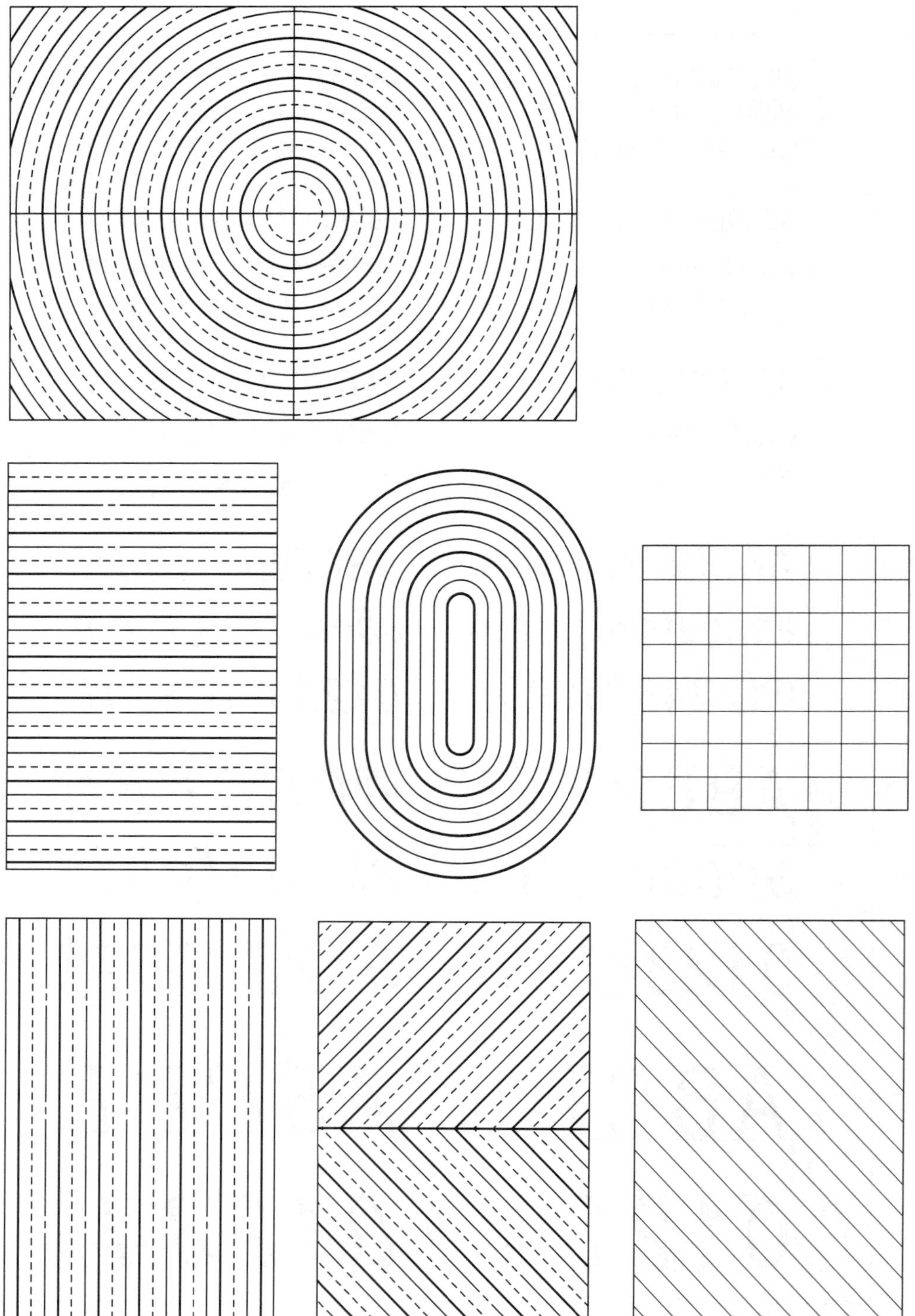

그림 1-2-24 선의 연습(1)

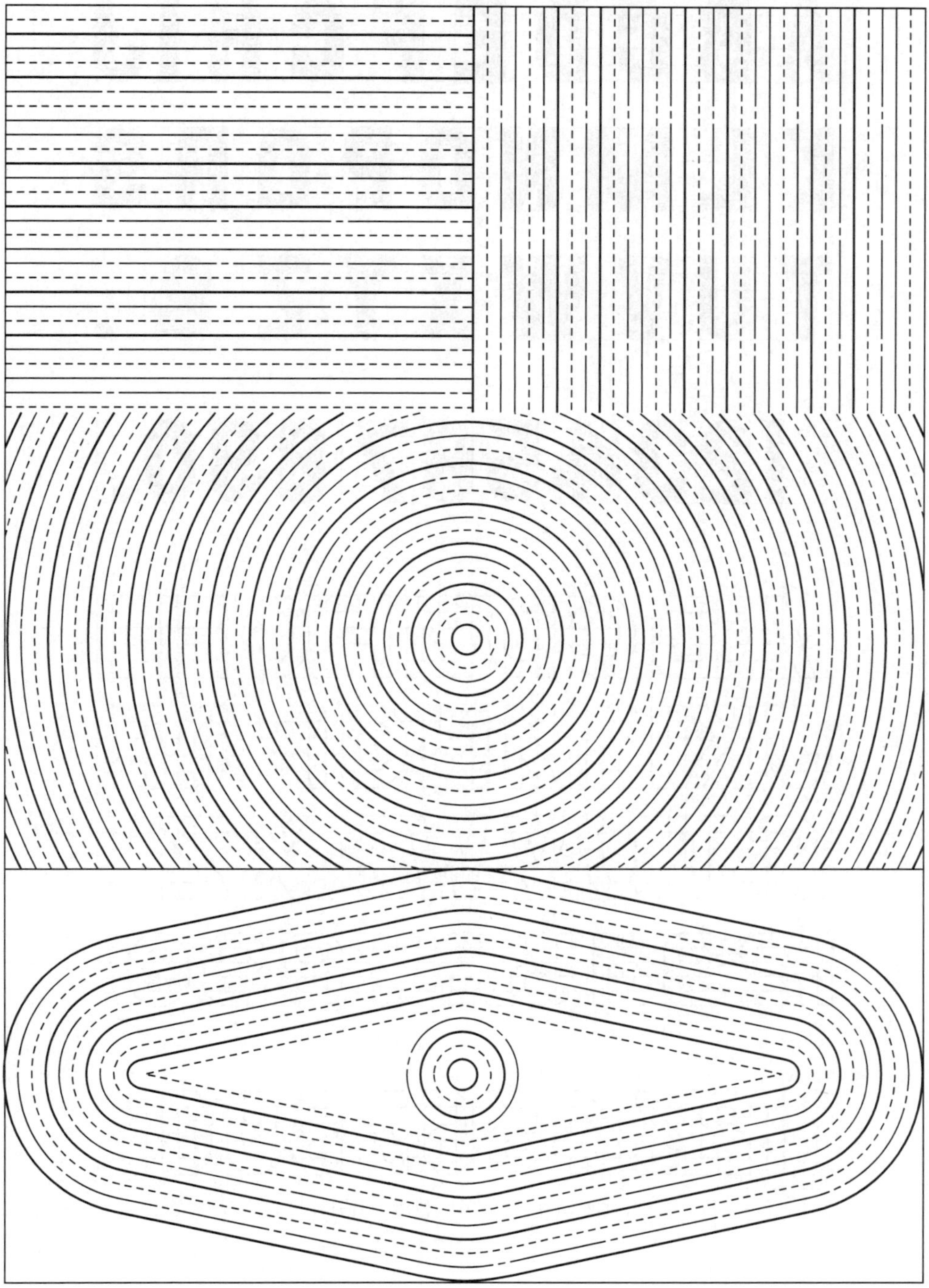

그림 1-2-25 선의 연습(2)

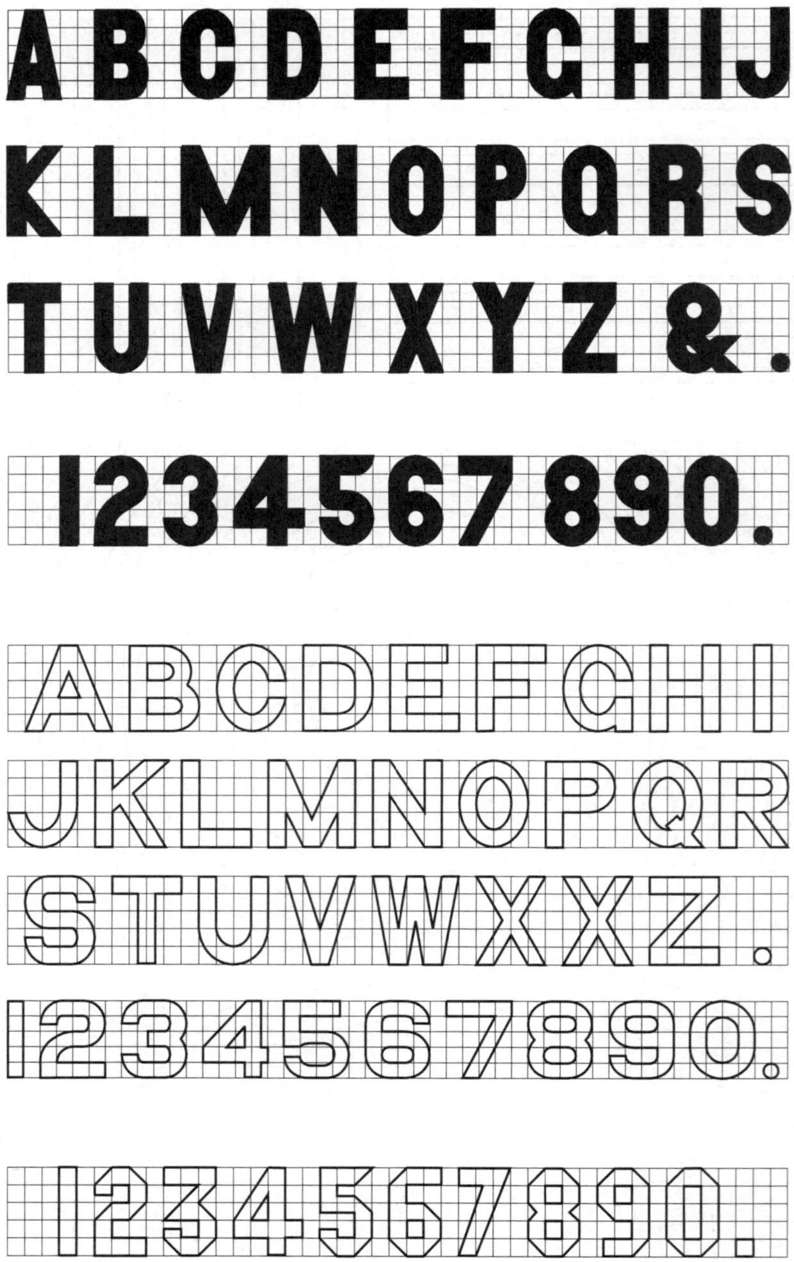

그림 1-2-26 선의 연습(3)

2.5 한국공업규격 토목 제도 통칙

한국공업규격 KS F 1001
KOREAN INDUSTRIAL STANDARD

제정 1962-05-29
개정 2000-12-19

토목 제도 통칙

Drawing Office Practice for Civil Engineering Works

1. 적용범위

이 규격은 KS A 0005를 바탕으로 하여 토목 제도에 관한 공통적이고 기본적 사항에 대하여 규정한다.

2. 인용 규격

다음에 나타내는 규격은 이 규격에 인용됨으로써 이 규격의 규정 일부를 구성한다. 이러한 인용 규격은 그 최신판을 적용한다.

KS A 0005 제도 통칙

KS A 0102 양의 기호, 단위 기호 및 화학 기호

KS A 0105 계량 및 측정 단위와 그 사용법

KS A 0106 도면의 크기 및 양식

KS A 0107 제도에 사용하는 문자

KS A 0109 제도에 사용하는 선

KS A 0110 제도에 사용하는 척도

KS A 0111 제도에 사용하는 투상법

KS A 0112 제도에 있어서 도형의 표시방법

KS A 0113 제도에 있어서 치수의 기입방법

KS A 3007 제도 용어

KS B 0617 제도 - 표면의 결 도시방법

3. 정의

이 규격에서 사용하는 주된 용어의 정의는 KS A 3007에 따르는 외에 다음에 따른다.

a) 토목 제도

사회 기반시설 또는 그것을 구성하는 토목 구조물의 조사, 계획, 설계, 제작, 시공, 유지 관리 등에 필요한 도면을 작성하는 것으로, 주로 도형을 표시한 것에 기호, 문자, 숫자 등을 덧붙여 표현하는 것

b) 재료표

도면에 그린 대상물을 구성하는 소재의 모양, 치수, 재질 및 수량(개수, 무게, 면적 또는 체적)을 정리한 표

4. 공통적 사항

이 규격에 정해져 있지 않은 사항은 KS A 0005에 따른다.

5. 도면의 크기 및 양식

도면의 크기 및 양식은 KS A 0106에 따른다.

6. 도면에 사용하는 선

도면에 사용하는 선은 KS A 0109에 따른다.

7. 도면에 사용하는 문자

도면에 사용하는 문자는 KS A 0107에 따르는 외에 다음에 따른다.

a) 문자의 크기

치수 표시의 문자의 크기는 4.5 mm로 하고 표제에는 9 mm를 사용하는 것이 좋다.

b) 문장

문장은 가로쓰기로 한다.

8. 도면에 사용하는 기호

도면에 사용하는 기호는 한국산업규격의 제도에 사용하는 기호에 따르거나 다음에 따르는 기호를 사용한다. 다만, 여기에서 규정하는 기호 이외의 것을 사용하는 경우는 도면의 적당한 부분에 주기한다.

a) 단위 기호

단위 기호는 KS A 0105에 규정하는 단위 기호를 사용한다.

b) 표면 결의 도시방법

금속제의 기계 부품 또는 구조 부재의 표면 결에 관한 요구 사항을 나타내는 방법은 KS B 0617에 따른다.

c) 기준면의 기호

기준으로 하는 면의 기호는 그림 1-2-27의 기호로 한다.

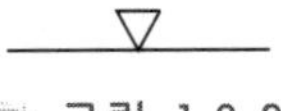

그림 1-2-27

9. 도면에 사용하는 도형의 표시방법

9.1 제도에 사용하는 투영법

제도에 사용하는 투영법은 KS A 0111에 따른다. 다만, 구조물에서 특별히 잘못 볼 염려가 없는 경우는 정면도 또는 측면도 아래에 평면도를 그릴 수 있다.

9.2 제도에 있어서 도형의 표시방법

도면에 대상물의 도형을 그리는 방법은 KS A 0112에 따르는 외에 다음에 따른다.

a) 주기, 보충 설명방법

모양 등을 도면에 표시함으로써 복잡해지거나 또는 곤란한 경우에는 간결한 주기로 설명을 하는 것이 좋다.

또한 그림의 이해를 돕기 위하여 채색, 음영 등을 넣거나 보조 투영도, 부분 확대도, 전개도, 회전 도시 단면도, 등각도, 캐비닛도 등으로 보충하는 것이 좋다.

b) 철근의 도시방법

철근의 도시방법은 실제 치수에 관계없이 한 줄의 아주 굵은 실선 또는 파선 1)으로 나타낸다.

또한 동일 절단면에 없는 철근을 도시하는 경우는 그림 1-2-28 또는 그림 1-2-29의 보기에 따른다. 다만, 부분 확대도에서는 2줄의 외형선으로 표시할 수 있다(그림 1-2-30).

주 1) 선의 굵기는 KS A 0109에 따른다.

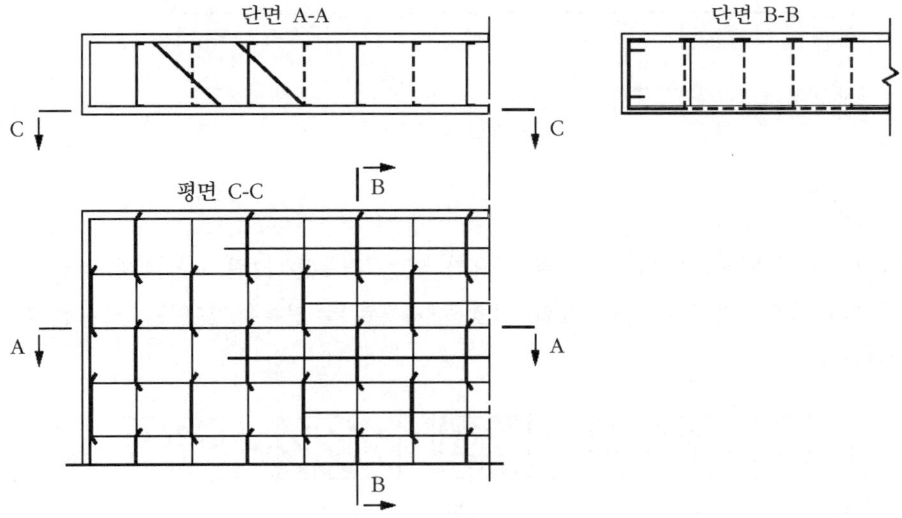

그림 1-2-28

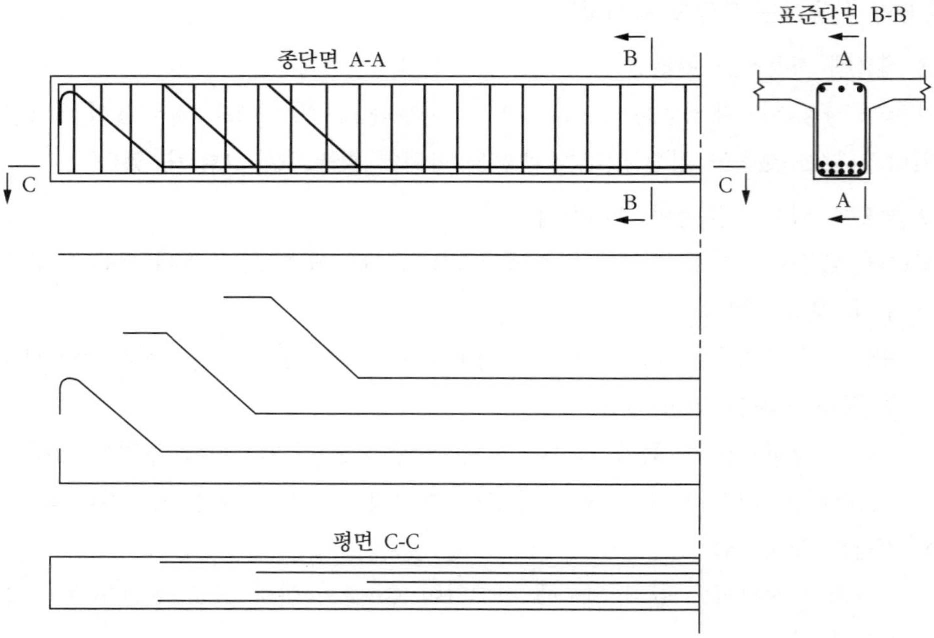

그림 1-2-29

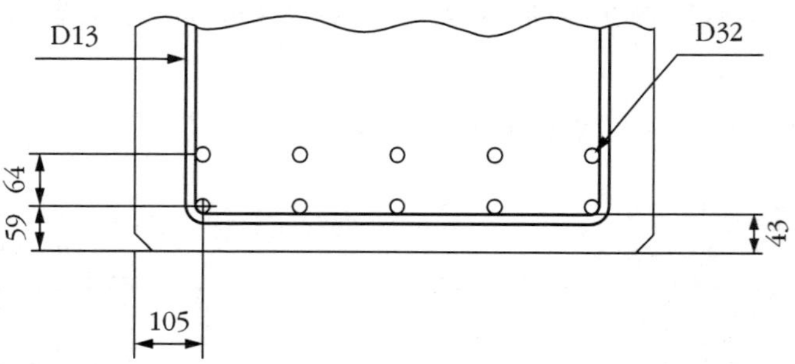

그림 1-2-30

c) 재료의 도시방법

단면에서 특별히 재료를 나타낼 필요가 있는 경우는 그림 1-2-31에 따르는 그림 기호를 사용한다. 그 밖의 그림 기호를 사용하는 경우는 도면의 적당한 부분에 주기한다.

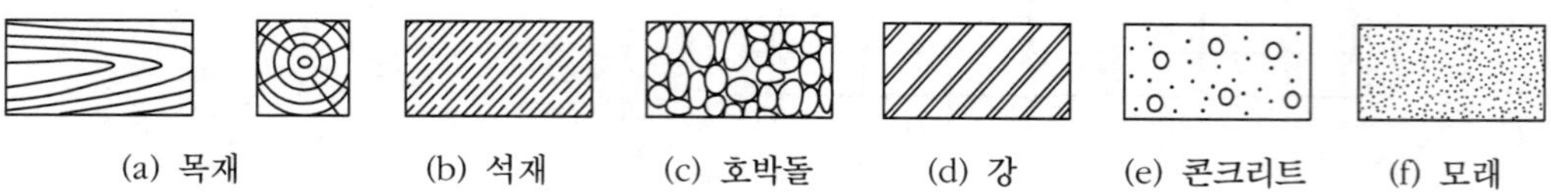

그림 1-2-31

d) 경계의 표시방법

단면의 경계를 표시할 필요가 있는 경우는 그림 1-2-32에 따르는 그림 기호를 사용한다.

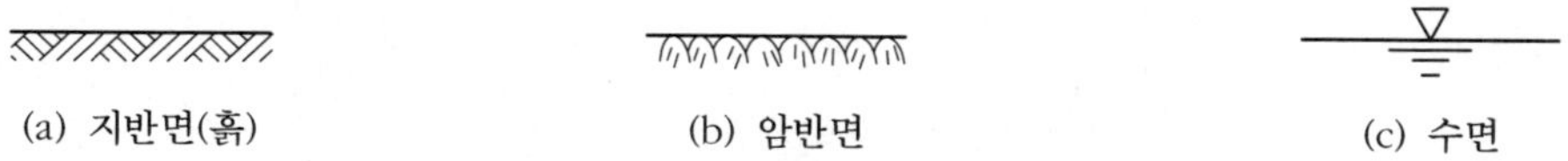

그림 1-2-32

e) 경사면의 도시방법

평면도에 새로 시공하는 경사면을 도시하는 경우는 그림 1-2-33에 따르는 그림 기호를 사용한다.

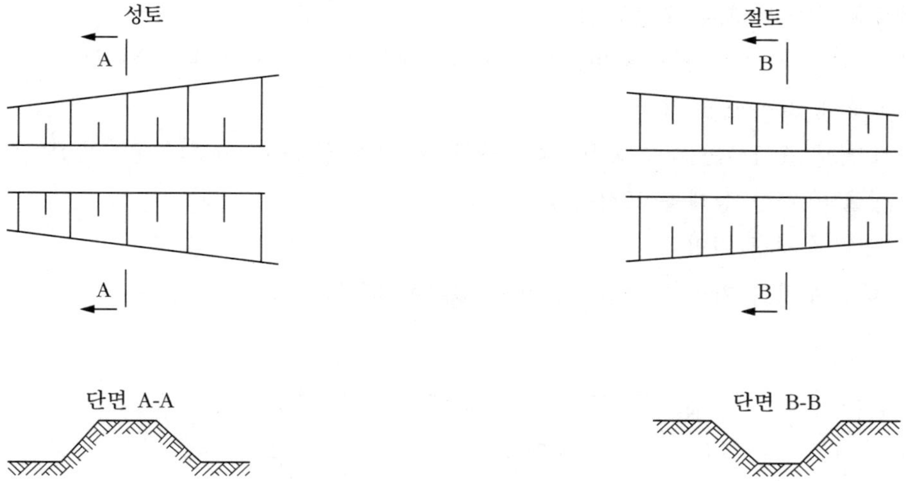

그림 1-2-33

f) 지질의 도시방법

일반도, 단면도 등에는 필요에 따라 흙이나 바위의 종류를 기입한다. 기입하는 기호는 도면의 적당한 부분에 주기한다.

9.3 제도에 사용하는 척도

도면을 작성하는 경우에 사용하는 척도는 KS A 0110에 따르는 외에 다음에 따른다.

a) 세로·가로가 다른 척도

세로 단면도 등에서 대상의 특징이나 변화를 명확하게 표시하고 싶은 경우는 세로·가로의 척도를 바꾸어 도시하면 된다. 이 경우는 표제란에 표시하거나 그 그림 근처에 적용한 척도를 표시한다(그림 1-2-34).

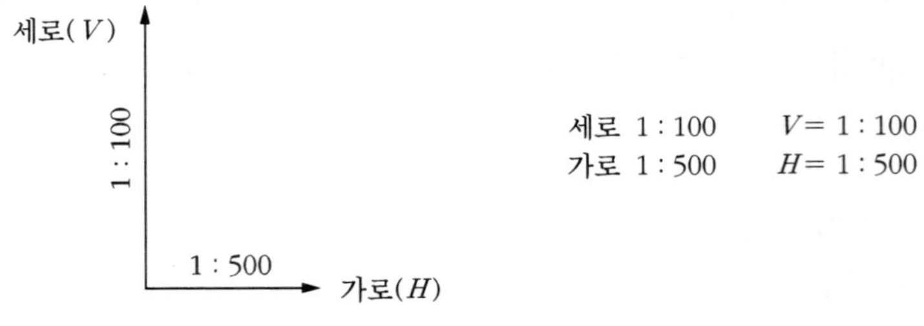

그림 1-2-34

b) 척도 표시의 생략

구조선도, 조립도, 배치도 등의 그림에서 치수를 읽을 필요가 없는 것은 척도의 표시를 생략할 수 있다.

10. 제도에 있어서 치수 기입방법

도형에 치수를 기입하는 방법은 KS A 0113에 따르는 외에 다음에 따른다.

a) 도면에 표시하는 치수

도면에 표시하는 치수는 특별히 명시하지 않는 한 표준 환경의 온도 20℃에서 대상물의 완성 상태를 표시한다.

b) 치수 수치의 기입

치수 수치의 기입은 그림 1-2-35의 보기에 따른다.

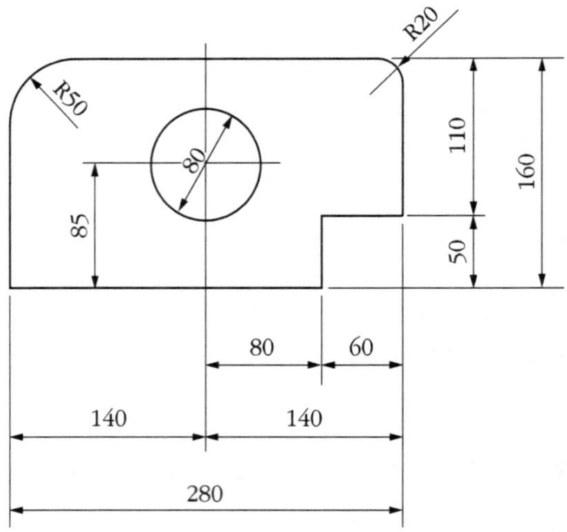

그림 1-2-35

c) 등분하는 치수 수치의 기입

등분하는 치수 수치의 기입은 다음 보기에 따른다.

1) 전체 길이를 N등분하는 경우(그림 1-2-36)

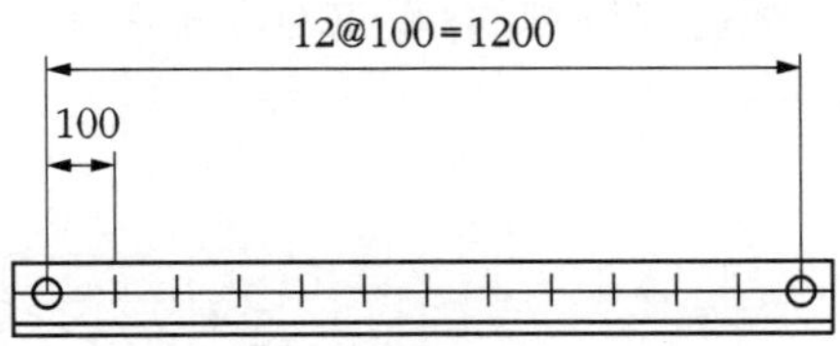

그림 1-2-36

비고 : 전체 길이 1,200 mm를 100 mm로 12등분하는 것을 나타낸다.

2) 길이 L의 등간격으로 배치하는 경우(그림 1-2-37)

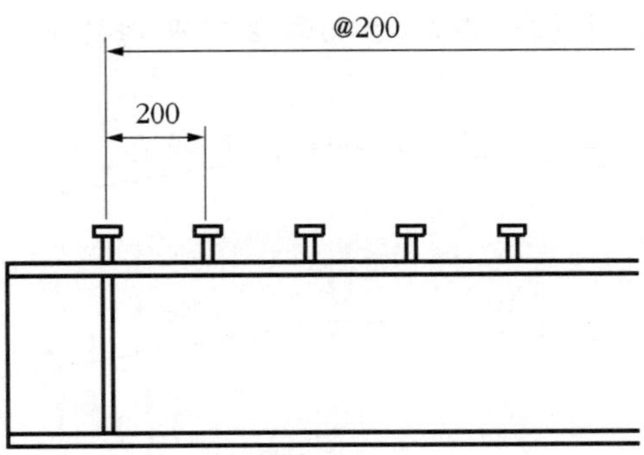

그림 1-2-37

비고 : 200 mm의 등간격으로 배치하는 것을 나타낸다.

3) N등분하는 경우(그림 1-2-38)

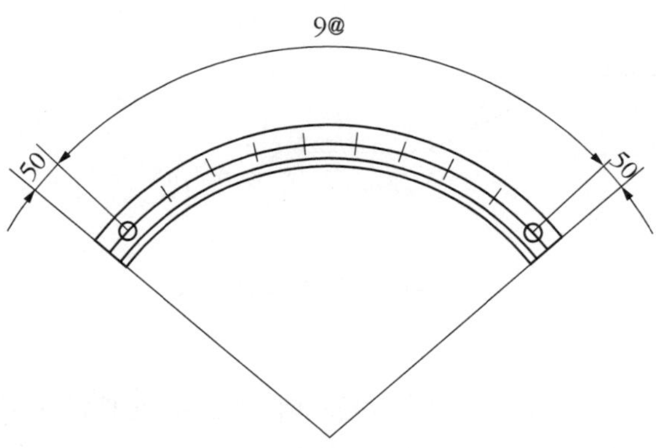

그림 1-2-38

비고 : 9등분하는 것을 나타낸다.

d) 경사 및 굴곡의 수치 기입

경사 및 굴곡의 수치 기입은 다음의 보기에 따른다.

1) 경사 및 굴곡의 수치

경사 및 굴곡의 수치는 각도에 따라 표시하거나 또는 그림 1-2-39의 보기에 따른다.

그림 1-2-39

2) 기울기의 수치 기입

기울기의 수치 기입은 그림 1-2-40의 보기에 따른다.

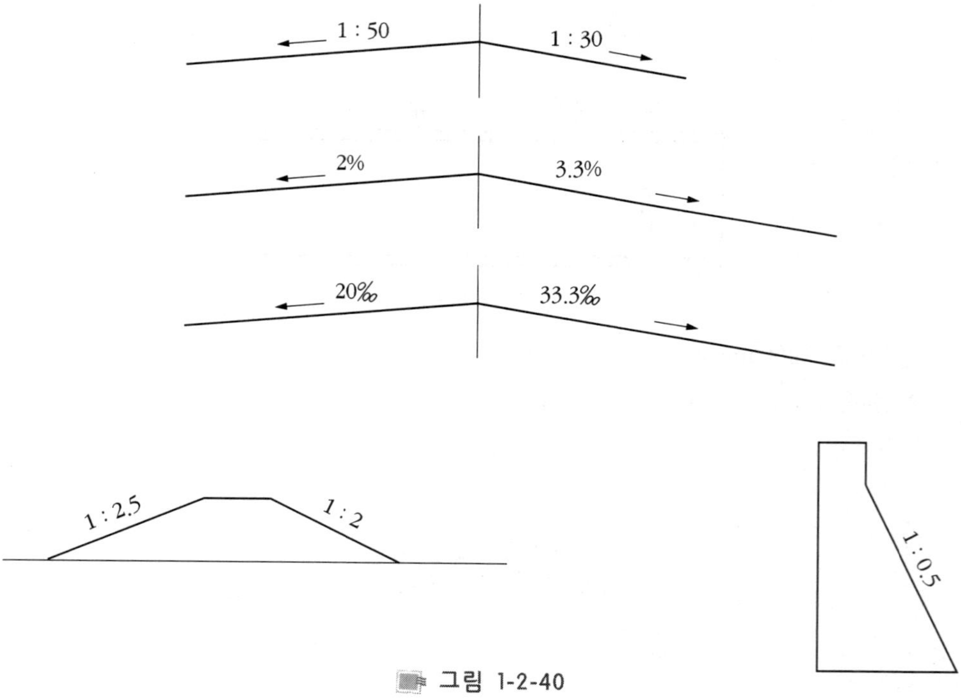

그림 1-2-40

e) 재료의 기입

재료의 기입은 제작 또는 시공을 하는 데 필요한 소재의 모양, 치수, 재질 및 수량(개수, 무게, 면적 또는 체적)을 기입하도록 하고 다음에 따른다.

1) 판재

판재는 판재를 자르는 데 필요한 직사각형의 치수를 기입한다. 그 표시에는 수량, 판재기호, 나비 × 두께 × 길이의 순으로 기입하고 필요에 따라 재질을 기입한다.

보기 1. 3-PL 350×12×1250(SM490YA)

보기 2. 1-PL 140×32×800(SM520B)

2) 형재

형재의 표시는 수량, 형재 기호, 모양, 치수×길이 순으로 기입하고, 필요에 따라 재질을 기입한다. 형재 기호 및 모양, 치수의 표시는 KS A 0113의 표 2에 따른다.

보기 1. 3-L 150×90×9×12×3500(SS400)

보기 2. 5-H 400×200×8×13×6000(SS400)

3) 재료의 기호 및 표

재료는 문자 기호를 사용하여 기입하면 된다. 이 경우는 문자 기호의 내용을 표로 하여도 좋다(그림 1-2-41).

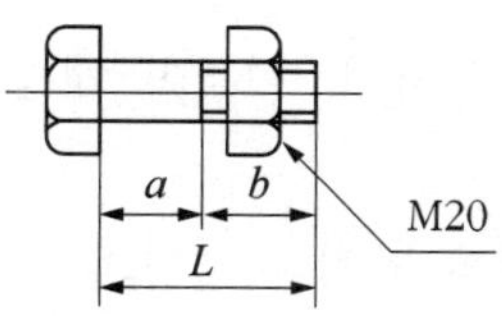

볼트표

	L	a	b
B_1	80	34	46
B_2	70	24	46
B_3	60	14	46

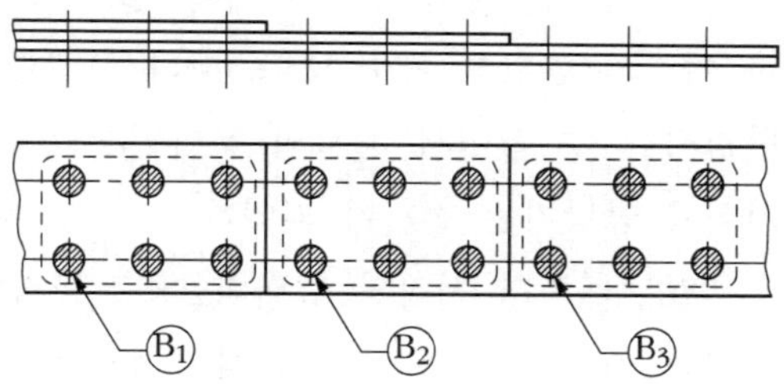

그림 1-2-41

f) 인출선의 기입

도면에는 기술, 기호 등을 표시하는 외에 가공법이나 재료를 표시하기 위하여 인출선을 사용할 수 있다(그림 1-2-42).

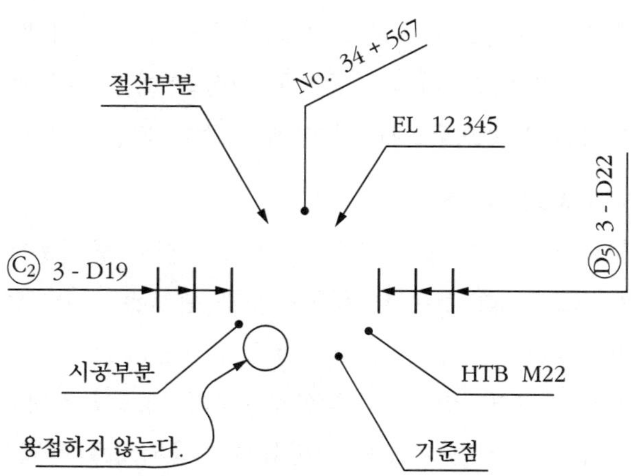

그림 1-2-42

KS F 1001 : 2000
토목 제도 통칙 해설

이 해설은 규격의 본체에 규정한 사항과 이것과 관련한 사항을 설명하는 것으로 규격의 일부는 아니다.

1. 경위

KS F 1001은 1962년에 제정되었지만 그 후 문구의 수정 등의 세부에 대한 재검토가 이루어졌을 뿐 지금까지 근본적인 재검토가 이루어지지 않았다. 그 이유는 토목 제도 통칙이 제도 통칙(KS A 0005 제도 통칙)을 바탕으로 할 것을 강조하고 있는 데 있다. 이번의 KS F 1001의 개정에서는 그 통칙에 비해서 토목 기술 고유의 표현에 중점을 두고 정리할 것을 목적으로 하였다.

토목 기술은 사회 기반의 계획·설계·건축·유지에 관계되는 기술이므로, 그것과 관련한 기술의 범위가 아주 넓다. 따라서 관련한 기술의 규격을 모두 토목 제도 통칙 안에 반영시킬 수 없어서 각각의 분야에서의 제도 규격을 존중하기로 하였다. 이것이 개정 기회를 앞당기는 결과가 되었다.

1970년대부터 시작된 일련의 제도 규격의 재검토는 ISO 규격과의 일치를 꾀함과 동시에 규격의 구성과 번호가 대폭적으로 변경되었다. 토목 제도 통칙에서도 이들 인용 규격을 반영하면서 개정하게 되었다.

2. 적용의 범위

토목 기술은 아주 넓은 범위의 기술을 통합하는 기술이지만, 기계 제도 등에서 다루는 대상물과는 달라서 교량 구조물이나 댐 등의 거대한 대상물을 취급하는 데 특색이 있다. 특별히 특징이 있는 사항으로는 건설 재료의 취급이다. 강재와 콘크리트는 2대 재료이지만 이것에 덧붙여 지반 그 자체도 중요한 건설 소재로 취급한다. 따라서 토목 제도 통칙은 이러한 재료를 도면으로 나타낼 때에 기준이 되는 항목을 정리하였다.

3. 심의 중에 특별히 문제가 된 사항

기계 제도의 습관과 다른 점이 몇 가지 존재하고, 이것이 종래부터 문제가 되고 있었다. 심의에서 토의를 필요로 한 것은 대부분 이것과 관련된 사항이었다. 보기를 들면

a) 도면에 사용하는 기호

제도에 사용하는 기호에 있어서 한국산업규격의 제도에 사용하는 기호에 따르는 것 외에 기준면을 표시하는 기호는 빈번하게 이용되므로 특별히 이것을 추가하였다. 이 밖에 지도에 사용하는 기호에는 종류가 많지만 이것들에 대해서는 다루지

않았다.

b) 1각법과 3각법의 혼용 지도를 기초로 한 평면도와 건조물의 입면도를 나란히 표현할 때의 배치는 종래부터 1각법의 그림의 배치를 표준으로 하고 있다. 부품의 도시에는 보통 3각법이 사용되므로 1각법과 3각법의 혼용은 피할 수 없다. 그러나 이 문제에 대해서는 KS A 0111(제도에 사용하는 투상법)에 전부 기술되어 있으므로 그것을 인용하였다.

c) 철근의 도시방법
철근 콘크리트 구조물의 제도방법은 토목 제도에 있어서도 전문적인 경험을 필요로 하는 분야이다. 이 제도는 철근의 가공과 조립방법 및 구조의 특징을 나타내는 그림을 겸하고 있다. 일반론으로서 X선으로 투시한 것처럼 철근 전부의 배치를 그림으로 나타내지는 않는다. 토목 제도 통칙에서는 철근의 표현방법의 기본 원칙을 정리하는 데 그쳤다.

d) 지형의 표시방법
성토, 절토의 지형의 평면도 상에서 표시방법은 DIN(독일 규격)의 규정을 참고로 한 것이 현재 토목 업계에서 널리 사용되고 있으므로 규정화하였다.

e) 세로·가로가 다른 척도의 표현
지도를 주체로 한 평면도와 그 단면 모양을 나타내는 그림은, 척도를 세로와 가로를 바꿔 나타내는 것이 토목 제도의 한 가지 특징이므로 규정화하였다.

f) 치수의 표시방법
기계 부품의 치수 표시방법은 어느 기준점을 정하여 거기에서부터의 치수를 나타내는 것이 습관이다. 이 원칙에 따르면 개개 치수의 합계 표시는 공차 관계에서 모순을 야기한다. 토목 구조물인 경우의 개개 치수는 검사를 위하여 필요함과 동시에 전체 치수를 측량 등에서 검사할 목적으로 이용하는 특징이 있으므로 규정화하였다.

g) 기울기의 수치 기입
토목 기술에서는 평면이나 기울기를 나타내는 방법에 여러 가지 종류가 있고, 각각의 경위를 갖고 있다. 특별히 수직에 가까운 경사를 나타내는 방법을 예시하여 규정화하였다.

h) 재료 치수의 표현
재료 치수의 표시방법은 A×B×C와 같이 ×기호로 세로·가로·높이의 치수를 연결하는 토목 기술 계통의 관습이므로 규정화하였다.

4. 현안 사항

토목 제도는 지형·지질·환경 등을 다루는 예가 많고 계획도 등에서 색을 이용하는 일이 늘고 있다. 종래의 제도에서는 채색은 규격화되어 있지 않으므로 이 문제는 앞으로의 과제로서 남겨 두었다.

2.6 전자도면 작성편람 (토목부분)

전자도면 작성편람 (V1.0)

2006.6.
건설교통부

(1) 목적

① 본 편람은 건설기술관리법 제23조의 2(설계도서의 작성 등), 동법 제23조의 3(설계등의 표준화) 및 「건설기술개발 및 관리 등에 관한 운영규정」에 따라 발주청의 건설사업에 사용되는 디지털화된 도면자료의 공유, 교환 및 재활용에 「건설CALS/EC 전자도면 작성표준」을 적용하기 위한 목적으로 작성되었다.

② 본 편람은 「건설CALS/EC 전자도면 작성표준」의 제정 및 보급에 따라 이를 기반으로 발주청의 업무에 적용할 수 있도록 도면의 작성, 납품 및 관리를 위한 실무기준을 제시하기 위한 용도로 작성되었다.

(2) 적용범위

① 본 편람은 발주청에서 발주하는 건설사업 중 도로 및 하천 분야에 대하여 CAD에 의한 도면의 작성, 납품, 관리 업무를 적용범위로 한다.

② 본 편람의 적용대상 건설사업의 규모 등은 발주청의 여건에 따라 별도로 정한다.

③ 발주청은 본 편람을 적용하도록 정해진 사업에 대하여 사업계약시 수급인에게 본 편람의 적용사실 및 적용범위를 통보한다.

(3) 용어의 정의

본 편람에서 사용하는 용어정의는 다음과 같다.

① "개체(Entity)"라 함은 도면상의 물리적 표현을 위한 점, 선, 면 등으로 구성된 CAD 또는 데이터 요소를 말한다.

② "객체(Object)"라 함은 하나 이상의 개체와 그 내부적 속성 등으로 구성된 CAD 데이터 요소로서 단지 물리적 형상의 표현뿐 아니라 시설물에 대한 기획, 설계, 시공, 유지관리 관련 업무에의 활용목적에 부합하는 의미 있는 정보를 내포한다.

③ "건설CALS/EC 단체표준"이라 함은 「건설기술개발 및 관리 등에 관한 운영규정」의 제60조 규정에 의한 전담기관의 장이 제57조 규정에 의한 절차를 거쳐 단체 표준으로 정하여 공고하는 건설CALS/EC 표준을 말한다.

④ "건설CALS/EC 표준"이라 함은 건설사업의 전과정에서 발생하는 정보를 전산망을 통해 교환·공유하기 위하여 건설과 관련된 기관·단체 및 업체 등이 정하여 운용하는 지침, 요령, 기준 등 준칙이나 기술규격 등을 말한다.

⑤ "납품매체"라 함은 설계도면을 납품하기 위해 사용하는 매체로서 광의로는 종이나 청사진, 전자매체 등이 포함되지만 본 편람에서는 주로 플로피디스켓, 광디스크, CD-ROM 등과 같은 전자매체를 말한다.

⑥ "도면표준"이라 함은 설계도면의 작성 및 교환, 납품, 관리 등의 업무에서 요구되는 구성 요소, 절차, 방법, 특성 등에 관한 기술적인 사항을 규정한 규격 또는 정확한 기준을 포함하는 문서화된 합의사항을 말한다.

⑦ "디렉터리(폴더) (Directory(Folder))"라 함은 전산분야에서 일반적으로 사용되는 의미와 동일한 것으로 설계도면데이터를 조직적으로 정리하기 위하여 서로 관련된 도면데이터들을 하나의 그룹으로 만들어서 저장할 수 있도록 구분된 공간을 의미한다.

⑧ "디지털 포맷(Digital Format)"이라 함은 일반적으로 특정 응용프로그램에서 입력 및 출력이 가능한 데이터 형식을 가리킨다.

⑨ "레이어(Layer)"라 함은 CAD 파일에서 사용되는 서로 다른 도면요소를 구분하고 관리할 수 있는 다층적 구조의 도면층을 말한다. 일부 CAD 시스템에서는 '레벨(level)'이라 불리기도 한다.

⑩ "매핑 테이블(Mapping Table)"이라 함은 서로 다른 표준 사이에서의 데이터 교환 및 공유가 가능하도록 표준간의 대응관계를 정의한 테이블을 가리킨다.

⑪ "메타 데이터(Meta Data)"라 함은 설계도면데이터에 대한 정의나 설명을 의미하는 것으로서 설계도면데이터와 관련된 일반사항(작성일시, 작성자, 작성 소프트웨어 등)과 설계도면데이터의 내용에 관련된 사항(분류체계, 축척, 도면크기 등)을 포함한다.

⑫ "발주청"이라 함은 건설공사 또는 건설기술용역을 발주하는 국가, 지방자치단체, 국

가 또는 지방자치단체가 납입자본금의 2분의 1 이상을 출자한 기업체의 장 기타 대통령령이 정하는 기관의 장을 말한다.

⑬ "색인데이터"라 함은 문서에 포함되어 있는 주요사항을 뽑아 찾아보기 쉽게 모아놓은 항목을 말한다.

⑭ "설계도면데이터"라 함은 CAD 프로그램 등의 소프트웨어를 사용하여 작성된 설계도면과 설계도면을 저장한 저장매체 등을 포함한다.

⑮ "속성(Attribute)"이라 함은 도면요소가 갖는 특수한 성질로서 개체나 객체 등의 CAD 데이터 요소에 그 요소를 정의할 수 있도록 부여된 문자 또는 숫자 등의 데이터를 가리킨다.

⑯ "심벌(Symbol)"이라 함은 서로 다른 설계도면데이터에 삽입하여 사용할 수 있도록 설계도면데이터에 대하여 독립적으로 저장된 특정 도면요소를 표현하는 개체의 그룹을 말한다. '블록(block)' 또는 '셀(cell)'이라 불리기도 한다.

⑰ "테이블(Table)"이라 함은 구조계산서와 같은 외부설계정보, 수량산출과 같은 도면내에 작성된 내부설계정보, 자재목록 또는 기기사양과 같은 일반 목록 등을 일정한 형식을 가진 표의 형상과 문자 등으로 도면에 표현한 것을 말한다.

⑱ "통합건설정보분류체계"라 함은 건설기술관리법 시행령 제29조 제3항 및 제55조 제3항의 규정에 따라 건설공사지원통합정보체계의 활용을 촉진하기 위하여 건설공사의 제반 단계에서 발생되는 건설정보를 체계적으로 분류하기 위한 기준을 말한다.

⑲ "폰트(Font)"라 함은 한 무리의 글자에 대해서 통일적으로 정해진 글자형의 한 쌍이며 전해진 크기와 서체를 갖는 한 벌의 활자를 말하며 글꼴을 의미한다.

⑳ "한국산업규격(KS)"이라 함은 산업표준화법에 의거하여 산업표준심의회의 심의를 거쳐 기술표준원장이 고시함으로써 확정된 국가표준을 말한다.

㉑ "한국정보통신표준(KICS)"이라 함은 전기통신, 전파 이용기술, 소프트웨어, 지식정보자원, 정보의 생산, 가공, 유통 및 축적 활동 등 정보통신과 관련된 제품 및 서비스 등의 호환성과 연동성을 확보하고, 정보의 공동 활용을 촉진하기 위해 정보통신 주체 간에 합의된 규약을 국민전체의 공동이익을 도모하고 이용자를 보호하기 위하여 정보통신부장관이 제정한 표준을 말한다.

(4) 약어의 정의

본 편람에서 사용하는 약어의 정의는 다음과 같다.

약 어	정 의	비 고
CAD	Computer Aided Design	
CALS	Continuos Acquisition and Life-Cycle Support	
CD-ROM	Compact Disk Read-Only Memory	
CITIS	Contractor Integrated Technical Information Service	
GIS	Geographic Information System	
HLRS	Highway Location Reference System	
HMS	Highway Management System	
ISO	International Organization for Standardization	
KICS	Korea Information Communication Standard	한국정보통신표준
KOSDIC	KOrea Standard of Drawing Information in Construction	
NAHMIS	NAtional Highway Management Information System	
NGIS	National Geographic Information System	
RGB	Red, Green, Blue	
RIMGIS	River Information Management GIS	
STEP	STandard for Exchange of Product model data	
TM	Transverse Mercator	
XML	eXtensible Markup Language	

(5) 도면 작성의 일반원칙

① 도면데이터 작성 일반원칙

가. 모든 도면은 CAD를 사용하여 벡터포맷의 디지털 데이터로 작성하여 납품하는 것을 원칙으로 한다.

나. CAD를 사용하여 작성하기 곤란한 도면은 감독원과의 협의에 의하여 이미지 형태의 TIFF 포맷(Raster Format)으로 작성 및 납품할 수 있다.

다. CAD 도면데이터 작성을 위한 표준 환경은 수급인의 과업 착수 시 발주청과 협의에 의하여 결정되어야 하며 결정된 표준 환경은 과업 종료 시까지 그대로 유지되어야 한다. 단, 표준 환경의 변경사유가 발생한 경우 감독원에 대하여 특례적용요청 등에 의한 공식적 협의에 의하여 변경할 수 있다.

라. 설계도면에는 과업책임자, 분야별 책임자, 설계자의 서명 또는 날인을 벡터 엔터티 또는 이미지 엔터티로 표현할 수 있다. 이 때 CAD파일의 서명 또는 날인은 데이터자체로는 효력이 발생하지 않으며 건설CALS/EC체계에서의 디지털 데이터 제출절차 또는 인증절차를 거쳐야 효력이 발생한다.

② 도면 제도 일반원칙

가. 설계도면은 이해가 쉽도록 상세히 작성한다.

나. 도면은 알아보기 쉽도록 간결하게 표기하고 중복을 피한다.

다. 설계도면에 작성되는 단위는 밀리미터(mm) 사용을 원칙으로 하며, 특수한 단위가 필요할 때는 감독원과 협의한 후 사용한다.

라. 실시설계의 구조물 도면에는 설계방법(허용응력설계법 또는 강도설계법)을 표시한다.

마. 설계도면에는 주석(Note)란을 만들어 구조물 설계방법, 재료의 종류, 강도 등과 같은 주요 설계조건과 시공 시에 유의할 사항 등 해당도면 공사 내용에 대한 특기사항 등을 수록한다.

바. 설계도면에는 설계 대상물의 크기, 모양, 위치의 등의 정보와 함께 표면처리, 재료, 제작, 설치방법 등의 내용을 포함한다.

사. 보이는 부분은 실선으로 표기하고 숨겨진 부분은 파선으로 표기함을 원칙으로 한다.

아. 대칭적인 표현 대상은 중심선을 중심으로 한쪽을 외형도, 반대쪽을 단면도로 표시한다.

자. 도형으로 표현하는 것이 곤란하거나 도면을 복잡하게 할 경우 도형 대신 적당한 주기로 표현할 수 있다.

(6) 색상과 선의 굵기

① 선의 굵기

가. 선 굵기의 기준은 0.13, 0.18, 0.25, 0.35, 0.5, 0.7, 1.0, 1.4, 2.0 mm로 한다.

나. 단일 도면에서 가급적 선의 굵기의 종류는 적게 사용하며 기본적으로 다음과 같이 도면의 종류에 따라 3종류로 구분한다.

다. 도면 내 표현되어야 할 선의 굵기가 3종류를 초과하는 경우 지정된 굵기를 사용한다.

표 1-2-4 ● 선 굵기의 종류 및 비율

선 굵기의 종류	굵기 비율	형태 사례	적용 예1	적용 예2	적용 예3
가는 선	1	────	0.13 mm	0.18 mm	0.25 mm
굵은 선	2	━━━━	0.25 mm	0.35 mm	0.50 mm
아주 굵은 선	4	▬▬▬▬	0.50 mm	0.70 mm	1.00 mm

② 토목도면의 색상과 선의 출력

가. 출력물이 흑백인 경우, 화면에서의 구분을 용이하게 하기 위하여 선의 굵기와 색상을 다음과 같이 사용함을 원칙으로 한다.

표 1-2-5 ● 토목도면의 화면색상과 선 굵기 대응표

색상번호	출력물 선 굵기		출력물 색상	화면색상	RGB비율			용도
	A1	A3(축소)			R	G	B	
1	0.18	0.13	검정	빨강색(Red)	255	0	0	설계요소
2	0.18	0.13	검정	노란색(Yellow)	255	255	0	
3	0.25	0.18	검정	초록색(Green)	0	255	0	
4	0.25	0.18	검정	하늘색(Cyan)	0	255	255	
5	0.35	0.25	검정	파랑색(Blue)	0	0	255	
6	0.35	0.25	검정	보라색(Magenta)	255	0	255	
7	0.50	0.35	검정	하얀색(White)	255	255	255	
8	0.70	0.50	검정	진회색(Gray)	128	128	128	
9	1.00	0.70	검정	연회색(Gray)	192	192	192	
10 이상	…	…	칼라/기타선	…	…	…	…	바탕요소 대안설계

나. 설계도면 색상은 흑백 출력을 원칙으로 한다. 단, 칼라 출력인 경우는 출력색상과 화면색상을 동일하게 출력하되 색상번호 2번(노란색)은 검정색으로 대체하여 출력할 수 있다.

다. 바탕, 배경 및 기본지형도의 경우는 10 ~ 255번까지 색상을 사용하고 칼라 혹은 0.13 mm의 흑백 출력용도로 지정 사용함을 원칙으로 한다.

라. 대안설계 등을 위하여 10번 색상 이상을 흑백 또는 칼라로 출력하는 경우는 1~10번의 굵기를 연계하여 사용한다. 예를 들어 93번 색상의 굵기는 3번 색상의 굵기에 따라 0.25 mm를 적용한다.

(7) 선의 유형

① 도면에 표시되는 선은 표현의 일관성을 확보하고 편집의 편의성 및 재활용성 등을 확보하기 위하여 지정된 유형에 따라 사용함을 원칙으로 한다.

② 선의 형태는 기본선, 지형선, 인공지물선, 배수공선, 기타선 등을 용도에 따라 정의하여 사용할 수 있다.

③ 도면에서 사용되는 기본선의 종류 및 형태의 예는 표 1-2-6과 같다.

④ 레이어 목록에서 선의 유형이 지정된 경우는 해당 레이어 편집 작업 시 반드시 해당 선 유형을 적용한다.

표 1-2-6 ● 기본선의 종류 및 형태의 예

선번호	호 칭	형 태	비 고
A-ISONS01	실선		continuous
A-ISONS02	파선		dash
A-ISONS03	긴 틈새 파선		dash space
A-ISONS04	1점 긴 쇄선		long-dash dot
A-ISONS05	2점 긴 쇄선		long-dash double-dot
A-ISONS06	3점 긴 쇄선		long-dash triple-dot
A-ISONS07	점선		dot
A-ISONS08	1긴 점 긴 쇄선		long-dash short-dash
A-ISONS09	2긴 점 긴 쇄선		long-dash double-short-dash
A-ISONS10	1점 짧은 쇄선		dash dot
A-ISONS11	1점 2중 짧은 쇄선		double-dash dot
A-ISONS12	2점 짧은 쇄선		dash double-dot
A-ISONS13	2점 2중 짧은 쇄선		double-dash double-dot
A-ISONS14	3점 짧은 쇄선		dash triple-dot
A-ISONS15	3점 2중 짧은 쇄선		double-dash triple-dot

KS A 0109 "제도 - 표시의 일반원칙(선에 대한 기본사항)"

(8) 문자 및 폰트

① 문자의 사용

가. 도면에 표기하는 문자의 크기는 높이 기준으로 2.0, 2.5, 3.0, 3.5, 4.0, 4.5, 5, 6, 7, 8, 9, 10, 14, 20 mm를 기본으로 한다.

나. 문자는 명백히 알아볼 수 있도록 쓴다.

다. 문자는 왼쪽에서부터 가로쓰기를 원칙으로 한다.

라. 문자는 한글과 영문 그리고 숫자는 아라비아 숫자를 원칙으로 한다.

마. 글자체는 수직체 또는 15° 경사체로 쓰는 것을 원칙으로 한다.

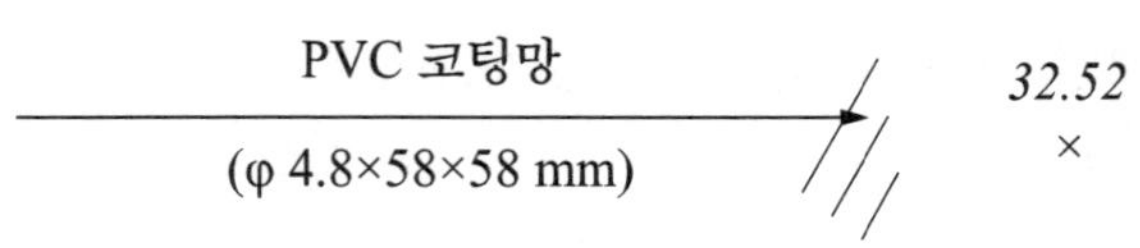

바. 문자의 크기는 도면의 크기 및 용도 등의 사정에 맞추어 알아보기 쉬운 크기로 한다.

사. 숫자 4자리 이상의 수는 3자리마다 쉼표(,)에 의한 유지부를 둠을 원칙으로 한다.

아. 문장의 띄움 간격은 문자 높이의 1/2을 원칙으로 한다.

② 폰트의 사용

가. 도면에 표기하는 폰트는 다음을 기준으로 한다.

표 1-2-7 ● 문자 및 폰트의 사용

호 칭	권장폰트	크기[mm]	문자형 상사례	용도/예
주제목	견고딕	10.0	AB12가나	평면 및 종단면도(1)
부제목	견고딕	7.0	ABC123가나다	평면도, 단면도
보조제목	견고딕	5.0	ABC123가나다글꼴	상면, 단면 A-A =1 : 100
소제목	돋움	4.0	ABC123가나다글꼴형상	건축실명, 표제목
일반문자	돋움	3.0	ABC123가나다글꼴형상	대축척 문자
		2.5	ABC123가나다글꼴형상	일반도면 (권장)
		2.0	ABC123가나다글꼴형상	소축척 문자 표문자 등

나. 한글코드 체계는 정보 교환용 부호계의 한글 및 한자를 기본으로 적용하여 사용한다.

다. 도면에 임의 폰트를 사용할 사유가 있을 경우에는 감독원의 승인을 득한 후 사용한다. 이 경우 도면파일 납품 시 폰트파일을 함께 납품하며 폰트사용에 관한 권한이 필요한 경우 사용권한도 함께 납품해야 한다.

라. 제안 설계나 업무협의 및 보고용 도면의 경우 문자기준을 예외로 적용할 수 있다.

(9) 치수 및 지시선

① 치수 및 지시표현 원칙

가. 일반원칙

도면에서 사용되는 치수는 다음과 같은 치수 규정을 적용한다.

(a) 치수 및 지시문자는 일반문자 규격에 따른다.

(b) 치수선, 치수보조선 및 지시선은 본 편람의 선 작성 원칙에 따른다.

(c) 치수 및 지시블록의 형상 및 규격은 표 1-2-8의 규격에 따른다. 단, 필요한 경우 추가적인 규격을 사용할 수 있다.

표 1-2-8 ● 치수 및 지시블록

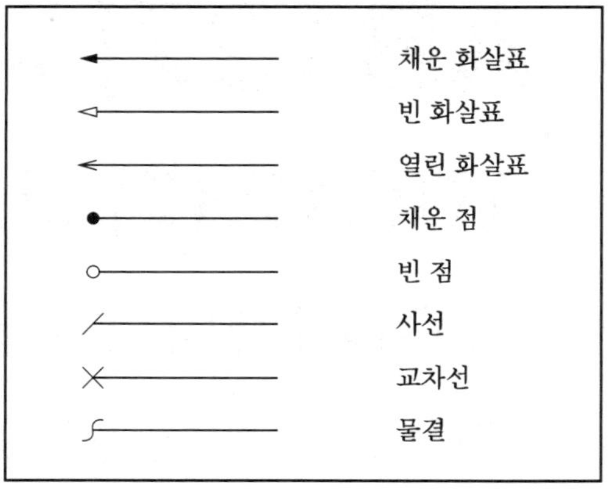

(d) 치수의 단위는 mm를 원칙으로 하며, 특별한 경우를 제외하고는 단위는 명시하지 않는다.

(e) 치수나 지시 수치는 다른 선에 의해 겹치거나 교차 또는 분리되지 않도록 한다.

(f) 단일도면에서 선택하는 표현방법은 한 가지 형식으로 통일하여 표기해야 한다. 또한 동일한 도면에 상이한 축척에 대하여 CAD 치수기능을 이용한 치수 기입의 경우는 별도의 치수유형을 정의하여 사용한다.

나. 치수규격 원칙

치수 기입을 위한 치수선 및 치수보조선 그리고 치수선과 문자의 간격 등에 대한 규격 적용 원칙은 그림 1-2-43과 같다. 단, 도면의 축척 등 기타 여건에 따라 융통성이 있게 적용할 수 있다.

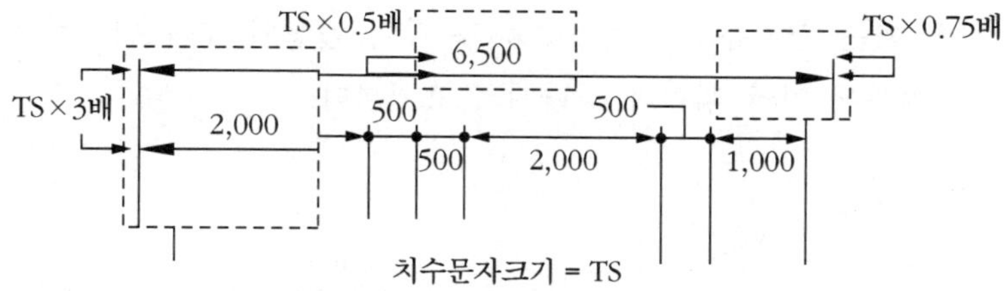

그림 1-2-43 치수규격 최소원칙

다. 표현원칙

(a) 일반 치수를 기입할 때는 치수선을 연속으로 기입하고, 치수 문자는 치수선 위 중앙에 쓰며 치수선이 세로일 때는 치수선 좌측에 쓰는 것을 원칙으로 한다.

(b) 협소한 구간이 연속되는 치수의 경우에는 선의 위쪽과 아래쪽에 번갈아 치수를 쓰며 인출선을 써서 기입하여도 된다.

(c) 길이 혹은 각도 등의 치수 수치는 도면의 아래쪽이나 오른쪽으로부터 읽을 수 있도록 나타낸다. 경사진 치수선에서의 치수 수치는 같은 방향으로 기입한다.

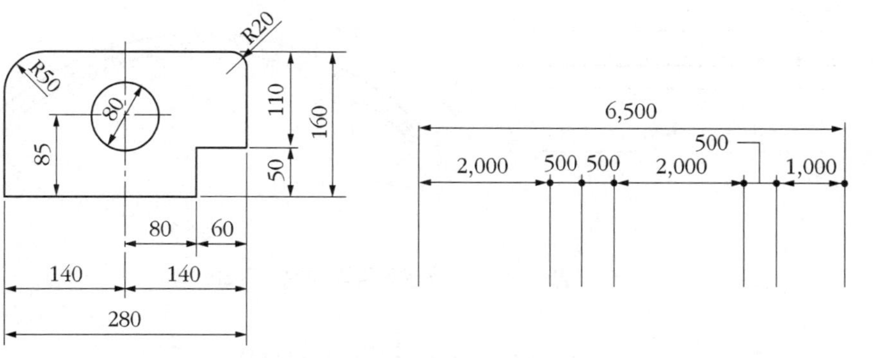

그림 1-2-44 치수 일반 기입원칙

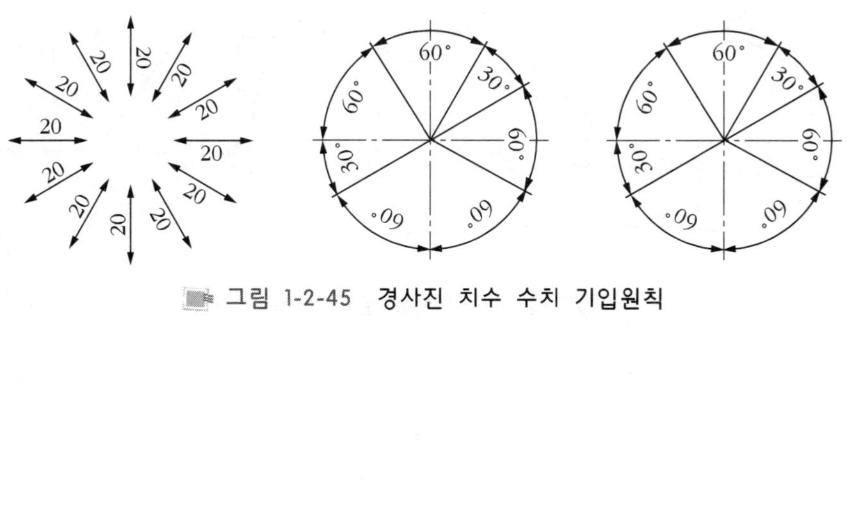

그림 1-2-45 경사진 치수 수치 기입원칙

(d) 현과 원호 또는 반지름은 그림 1-2-46과 같이 간상의 부족으로 바깥쪽으로 빠지는 경우, 여부에 따라 꺾거나 중단시켜 표기한다.

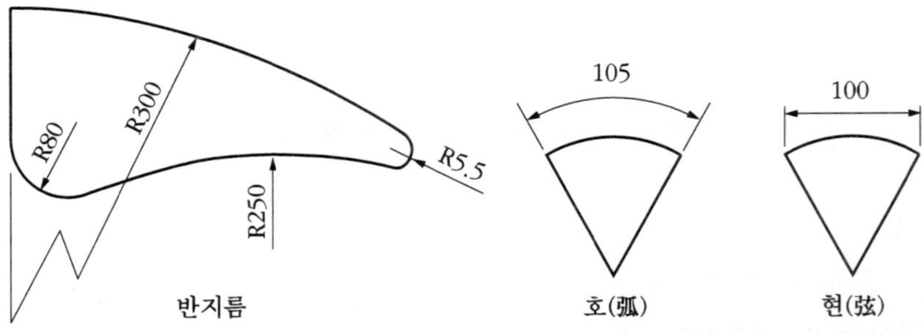

그림 1-2-46 반지름, 호 및 현의 치수 기입

(e) 등분간격의 치수는 N(등분)@간격(L)=총길이 방식으로 기입한다. 예를 들어 10 등분은 10@, 100 등간격은 @100, 전체는 10@100=1,000과 같이 기입한다.

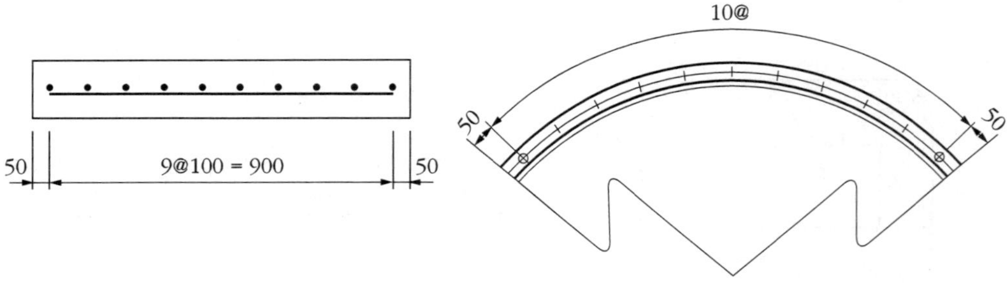

그림 1-2-47 등분간격의 치수 기입

(f) 경사 굴곡의 치수 수치는 그림 1-2-48과 같이 기입한다.

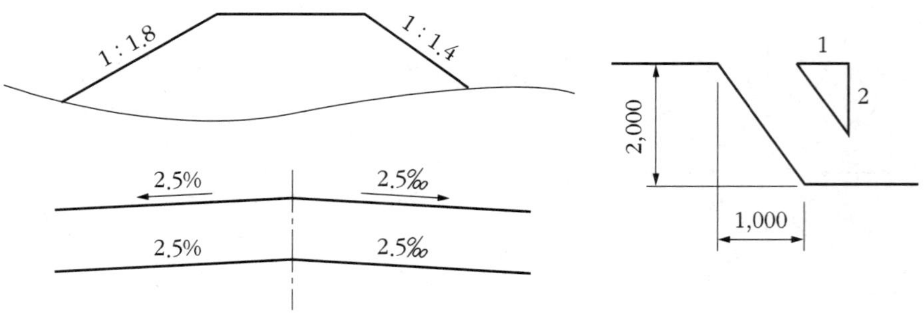

그림 1-2-48 경사 및 굴곡의 치수 기입

라. 특수한 치수 및 지시 기입

토목 및 건축분야에서 사용되는 특수한 치수 및 지시 기입은 본 치수 및 지시 기준에 근거하여 작성하며, 세부적인 사항은 각 분야 도면작성 기준에 명시된 기준을 준수한다.

마. 지시인출 기입(가공법, 재료 표시)

지시인출 기입도면에는 기술, 기호 등을 표시하는 외에, 가공법이나 재료를 표시하기 위하여 인출선을 사용할 수 있다.

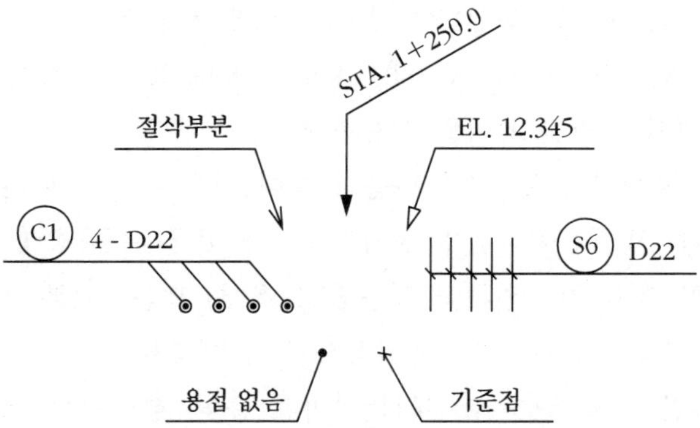

그림 1-2-49 지시인출 기입 사례

바. 치수 보조기호

치수는 치수선, 치수 보조선, 치수 보조기호 등을 사용하여 치수 수치에 의하여 표시하며, 치수 보조기호는 표 1-2-9에 따른다.

표 1-2-9 ● **치수 보조기호**

호 칭	기 호	용 어	사용사례
지 름	∅	Diameter	∅200
반지름	r(R)	Radius	R150
정사각형의 변	□	One side of a square	□25
판의 두께	t	Plate thickness	t20
원호의 길이	⌒	Arc length	⌒850
45° 모따기	C	Chamfer for 45°	C300
온도, 각도	°	Degrees	15°
공 차	±	Plus/minus tolerance	±3.0

호 칭	기 호	용 어	사용사례
판(플레이트)	PL	Plate	PL of center
중심선	℄	Center line	℄ of footing

기타 명시하지 않은 치수의 표기는 KS A 0108과 KS A 0113을 기본으로 적용하되 토목분야의 경우 KS F 1001, 건축분야의 경우 KS F 1501의 규정을 적용한다.

(10) 도면용어 및 약어

① 용어

가. 도면에 사용되는 용어는 통일하여 일관성 있게 사용한다.

나. 도면에 사용되는 용어는 KS A 3007, KS F 1004, KS F 1504, KS F 1508, KS F 1550 등 KS에서 정의된 용어를 사용한다.

다. KS에 정의된 용어가 없는 경우 다음의 용어 적용 순위에 따라 사용한다.

(a) 관계법규 또는 법률용어사전에 정의되었거나 법규 내용 중에 사용된 용어

(b) '한글 맞춤법'(교육부), '외래어 맞춤법'(교육부) 또는 '기본 외래어 용어집'(국립국어연구원), '국어대사전'(법령입안심사기준, 법제처 참조)

(c) 각 전문분야별 '기술용어사전'에서 정의된 용어, 한국건설기술연구원의 '건설용어집'

② 약어

가. 도면에 사용되는 약어는 통일하여 일관성 있게 사용한다.

나. 도면약어는 <부속서(1)-6 토목 도면약어 목록>(부록 참조) 및 <부속서(2)-6 건축 도면약어 목록>에 정의된 약어를 우선적으로 적용한다.

다. 부속서에 존재하지 아니하는 약어는 다음의 원칙에 따라 사용할 수 있다. 이 경우 도면의 범례에 표기한다.

(a) 약어는 6글자 이상의 영문에 한하여 규정함을 원칙으로 하나, 6글자 미만인 경우에도 기존에 관례적으로 사용되어온 경우는 예외로 한다.

(b) 약어는 원칙적으로 마침표(period)를 사용하지 않음을 원칙으로 하나, 관례에 따라 빈번하게 사용되어온 경우는 병용할 수 있다.

(11) NGIS 이용과 파일작성 기준

① NGIS 레이어 코드의 사용

설계도면의 현황(지형도)과 관련된 기본지형도와 지하시설물도는 국가수치지도(NGIS) 체계를 변형 없이 그대로 사용한다.

표 1-2-10 ● 지형 현황도 NGIS 레이어 코드 활용

NGIS 코드 활용대상	적용 NGIS	비 고
지하시설물도	NGIS 1/1,000	전기, 통신, 가스, 하수, 송유, 난방, 광케이블 등 시설유지관리를 위한 입력이 필요한 경우 NGIS체계를 그대로 사용
실시설계용 기본지형도	NGIS 1/1,000	기본지형을 구성하고 있는 기본지형도는 수치지도 원칙에 부합되면 변형 없이 그대로 사용
기본설계용 기본지형도, 노선도 등	NGIS 1/5,000 NGIS 1/25,000	
위치도, Key Plan 등	NGIS 전체	구조물의 위치도나 시설물의 Key Plan에 사용되는 지형도는 설계도에 사용된 NGIS체계를 그대로 사용

② CAD 파일의 디지털 포맷

가. 모든 도면은 CAD에 의하여 작성되어 전자적인 수단으로 교환 및 납품하는 것을 원칙으로 한다.

나. 도면 데이터의 디지털 포맷은 건설분야 도면정보 교환표준(KOSDIC)을 원칙으로 한다. 그러나 KOSDIC이 실무적용 가능확인 이후에 적용하며 그 이전에는 감독원과의 '설계도면성과품 표준적용 계획서'에 의한다.

다. 특별한 사유에 의하여 도면의 전부 또는 일부를 CAD 데이터로 납품하기 어려운 경우 감독원과의 협의에 의하여 TIFF 포맷으로 납품할 수 있다.

Chapter 3

토 공

3.1 개 요

토공(earth works)이라 함은 토목환경공사에서 흙을 굴착하고, 흙을 싣고, 운반하여 낮은 곳을 메우거나 흙을 쌓고 다지기를 하는 등의 흙에 대한 모든 작업을 가리키며 육상뿐만 아니라 수중에서도 이루어진다.

토공은 일반적으로 절토(切土)와 성토(盛土)로 대별하고, 이것을 다시 세분하면 절토에는 흙깎기(cutting), 흙파기(excavation), 준설(dredging) 등이 있으며, 성토에는 흙쌓기(banking), 둑쌓기(embankment), 매립(reclamation) 등이 있다. 이러한 토공은 보통 종단면도와 횡단면도로 표시하여 토공량을 산출한다.

토공량 산출에서는 절취나 성토의 비탈면 경사에 따라 그 양이 크게 좌우된다. 또한 공사를 하기 위한 여유폭도 터파기에서는 큰 양을 차지한다.

이 비탈면 경사는 토질의 종류에 따라 흙의 식각(angle of repose)이 다르며, 같은 토질이라도 흙을 취급하는 상황에 따라서 흙의 밀도가 변하므로 체적이 변한다. 그러므로 토목 공사의 토공량 계산에서는 이 체적의 변화를 고려하지 않으면 안 된다.

일반적으로 토질의 종류를 표준품셈에서 다음과 같이 분류하고 있다. 설계서의 토공 규격에 토질의 종류를 나타낼 때 참고로 하면 좋다.

① 보통 토사 : 보통 상태의 실트(Silt) 및 점토, 모래, 진흙 및 이들의 혼합물로서 삽이나 괭이를 사용할 정도의 토질(삽작업을 하기 위하여 상체를 약간 구부릴 정도).
② 경질 토사 : 견고한 모래질흙이나 점토로서 괭이나 곡괭이를 사용할 정도의 토질(제 중을 이용하여 2~3회 동작을 요할 정도).
③ 고사점토 및 자갈 섞인 토사 : 자갈질흙 또는 견고한 실트, 점토 및 이들의 혼합물로

서 곡괭이를 사용하여 파낼 수 있는 단단한 토질.

④ 호박돌 섞인 토사 : 호박돌 크기의 돌이 섞이고 굴착에 약간의 화약을 사용해야 할 경도로 단단한 토질.

⑤ 풍화암 : 일부는 곡괭이를 사용할 수 있으나 암질이 부식되고 균열이 1 ~ 10 cm 정도로서, 굴착 또는 절취에는 약간의 화약을 사용해야 할 암질.

⑥ 연암 : 혈암(頁岩), 사암(砂岩) 등으로서 균열이 10 ~ 30 cm 정도로서 굴착 또는 절취에는 화약을 사용해야 하나 석축용으로는 부적합한 암질.

⑦ 보통암 : 풍화상태는 엿볼 수 없으나 굴착 또는 절취에는 화약을 사용해야 하며 균열이 30 ~ 50 cm 정도의 암질.

⑧ 경암 : 화강암(花崗岩), 안산암(安山岩) 등으로서 굴착 또는 절취에 화약을 사용해야 하며 균열 상태가 1 m 이내로서 석축용으로 쓸 수 있는 암질.

⑨ 극경암 : 암질이 아주 밀착된 단단한 암질.

3.2 토공의 용어

1) 토공의 종류(earth works)

(1) 흙깎기(절토: cutting)

도로면, 비탈면 등을 만들기 위하여 굴착하는 작업으로 시공기면보다 높은 곳에서 중력을 이용하여 작업하는 것을 말하는 경우와, 일반적으로 폭 5 m, 길이 30 m 이상의 넓은 면적으로 도자(dozer) 작업을 할 수 있는 깊이 20 cm 미만의 터파기를 말하는 경우가 있다. 종단면도에서는 CH(cutting hight)라는 절토고(切土高)를 표시하여 흙깎기의 높이를 나타내고, 횡단면도에서는 CA(cutting area)라는 절토단면적을 표시하여 토공 계산을 하는데 이용한다.

흙깎기에는 도자나 백 호우(back hoe)를 이용한 기계 흙깎기와 중기 진입이 곤란하거나, 토공량이 적거나, 경사가 심한 산간 경사지 같은 곳은 인력 흙깎기를 한다.

(2) 흙파기·터파기(excavation, pit excavation)

토사나 암석을 파내는 작업으로 일반적으로 원지반선보다 낮은 곳의 토사나 암석을 파는 작업을 말하지만, 원지반선 이하의 작업이라도 도자 작업을 할 수 있는 넓은 지역이나 깊이 20 cm 미만의 터파기는 흙깎기로 계상한다.

흙파기도 흙깎기와 마찬가지로 기계 작업과 인력 작업으로 구분하고, 또 토질 및 암석의 종류에 따라 구분해서 수량을 산출하며 단가도 구분한다.

토공량을 산출하기 위한 횡단면도에서는 EX(excavation)로 표시하는 경우도 있다.

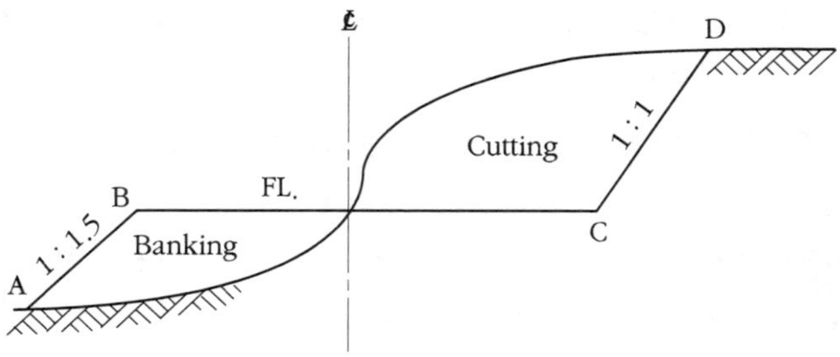

A	: 흙쌓기 비탈기슭
B	: 흙쌓기 비탈머리
C	: 흙깎기 비탈기슭
D	: 흙깎기 비탈머리
A - B	: 흙쌓기 비탈면
B - C	: 시공기면(FL.)
C - D	: 흙깎기 비탈면
1 : 1	: 흙깎기 비탈경사
1 : 1.5	: 흙쌓기 비탈경사

성토(흙쌓기)와 절토(흙깎기)

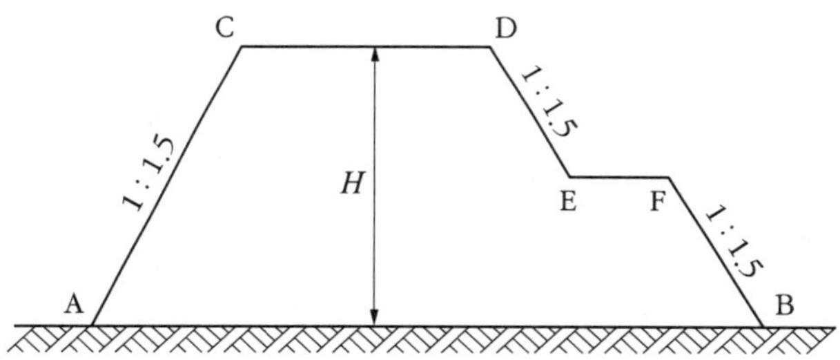

H	: 둑쌓기 높이
C - D	: 둑마루(천단)
E - F	: 턱(소단, bench)

축제(둑쌓기)

그림 1-3-1 **토공의 용어**

(3) 준설(浚渫: dredging)

수중에서의 절취나 굴착을 말하는 것으로 구조물이나 호안(護岸)의 기초를 위한 수중에서의 굴착은 수중 굴착이라고 하는 것이 보통이다.

(4) 흙쌓기(盛土: banking)

축제(築堤) 등을 만들기 위하여 흙을 쌓는 작업을 말하며, 쌓는 흙을 운반해 오는 운반성토와 횡단상의 흙깎기나 터파기에서의 흙을 유용토(流用土)로 유용(流用)하는 유용성토가 있다. 종단면도에서 BH(banking hight)로 성토고(盛土高)를 나타내고, 횡단면도에서 BA(banking area)로서 단면적을 계산하고 있다.

(5) 둑쌓기(embankment)

하천제방(河川堤防)이나 하구언(河口堰) 방조제(防潮堤)와 같이 종방향으로 긴 성토를 하는 경우를 말하며 토공물량 산출에서는 체적으로 계산하여 m^3 단위로 표시하거나 표준단면의 면적을 계산하여 종방향의 길이로 설계서에 표시하는 경우도 있다.

(6) 되메우기(backfilling, refilling)

되메우기는 넓은 의미의 성토로서 터파기를 한 후 구조물이나 작업을 완료한 후에 다시 메우는 작업으로 토공량에 따라 제자리 되메우기와 운반 되메우기로 나누어 단가 계상을 하는 경우도 있다.

되메우기나 흙쌓기는 다지기 작업을 충분히 해도 다소 침하하게 된다. 그래서 설계도면의 치수대로 시공하면 준공 후 도면의 치수보다 낮은 되메우기나 흙쌓기가 되어 버리고 만다. 이러한 침하를 예상하여 더돋기(extra banking)를 하는 것이 보통이다.

이 때 침하량은 사용토량, 시공방법, 지반의 상태, 성토의 높이 등에 따라 다르나 대체로 되메우기 및 성토 높이의 1할 정도를 표준으로 한다.

우리가 토공량 계산을 할 때는 설계도면에 표시되어 있는 물량만을 계산하는 것으로 더돋기에 따른 물량은 계상하지 않는다. 이것은 단지 시공상에서의 문제인 것이다. 되메우기도 흙깎기 및 쌓기와 마찬가지로 체적 계산을 하여 m^3 단위를 쓰며 토질의 종류에 따라서 구분하는 경우도 있다.

(7) 매립(埋立, reclamation)

일반적으로 육지를 조성하기 위한 간척사업(干拓事業)에서 수중을 메우는 작업을 말하지만, 낮은 지역이나 움푹 패인 지대를 메워서 평평한 지대를 만드는 작업을 말하는 것으로 가끔 쓰인다. 설계서에 사용하는 단위는 일반적으로 체적계산의 단위가 쓰인다.

(8) 고르기(grading, levelling)

시공기면이나 구조물자리 또는 떼 붙이기 작업을 위하여 흙깎기 및 쌓기를 한 후 노출된 지반을 고르는 작업으로 m^2의 면적 단위를 쓰는 것이 보통이다.

또한, 토공사의 모든 표면은 도면에 표시되어 있거나 감독관이 지시하는 기준선과 경사에 일치하도록 말끔히 마무리하여야 한다. 이때 토공사의 표면을 고르기 하는 작업으로 성토면 고르기, 절토면 고르기, 바닥 고르기 등이 있다.

(9) 다지기(compaction, rolling, tamping)

구조물이나 노면(路面)의 침하를 방지하기 위하여 하중(荷重), 충격 또는 진동을 가함으로써 흙의 밀도를 증가시켜 역학적 강도를 높이는 작업으로, 인력 다지기와 기계 다지기로 구분하며 또 모래와 같은 토질에서는 물 다지기를 하는 경우도 있다.

관부설공사의 토공에서는 단면의 다지기작업도 인력 다지기와 기계 다지기로 구분하여 산출하는 것이 바람직하며 관의 손상을 피하기 위해서 관상단 얼마까지는 인력 다지기로 하고 나머지는 기계 다지기로 하는 것이다(그림 1-3-2).

다지기 작업의 단위도 되메우기와 같은 체적 단위를 사용해서 산출한다.

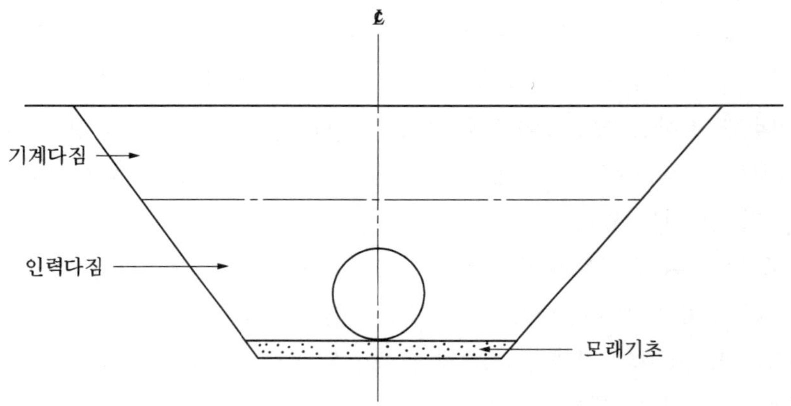

그림 1-3-2 기계다짐과 인력다짐

(10) 잔토처리(捨土處理: spoil, disposal)

절토와 성토에 의한 토량의 균형(balancing the earth works)에서 절토량이 성토량보다 많아서 남는 흙이나 성토, 되메우기 재료로 부적당하기 때문에 버릴 흙을 사토장(捨土場: spoil-bank)에다 운반하여 버리고, 성토량이 절토량보다 많으면 성토에 필요한 흙을 토취장(土取場: borrow-pit)에서 운반해 와야 한다. 이때, 남는 흙이나 성토 재료로 부적당한 흙을 사토장(捨土場)에다 운반하여 버리는 작업을 잔토처리 또는 사토처리라 한다.

(11) 물푸기(dewatering, removal of water)

물푸기란 토공사에서 용출(湧出)에 의한 지하수이나 빗물 또는 지표수가 공사 현장에 유입되었을 때에 물을 배제하는 작업을 말한다.

가배수로(假排水路: diversion)를 내고 가체절(假滯切)을 하였거나 터파기 깊이가 지하수위 이하로 내려가는 곳에서의 토공을 하려면 물푸기를 하지 않고서는 공사를 할 수 없다. 또 터파기를 해 놓은 곳에 강우로 인한 물이 많이 고이게 되면 물푸기를 해야만 한다.

물푸기의 산출은 절토와 터파기에 소요되는 일(日)수와 우수일(雨水日)을 합한 일수로 설계서에 표시하는 것이 일반적이지만 가끔 경비 계산과 함께 산출한 일식(一式)이나 개소(個所)수로 산출하는 경우도 있다.

(12) 비탈면 보호(protection of slope)

절토, 성토 및 축제의 비탈면이 비바람에 의해서 파괴되지 않게 보호하는 작업으로 비탈면의 토질, 경사도, 토양의 경도 등 조건에 따라 여러 가지의 작업방법이 있다.

① 식생(植生)에 의한 공법

(a) 떼 붙임(sodding)

- 털떼공 : 떼 뿌리에 붙은 흙을 털어 내고 심는 것.
- 줄떼공 : 비탈면에 소정의 폭(10 cm 이상)을 가진 떼를 수평간격 20 ~ 30 cm로 심고 그 위에 양질의 흙을 덮고 다진 것.
- 평떼공 : 가로 15 ~ 30 cm, 세로 30 cm 크기의 떼를 비탈면 표면에 두드려 밀착시킨 후 떼꽂이를 꽂고 흙을 덮은 것.

(b) 씨뿌리기(seed spray)공

씨앗, 비료, 성장 촉진제, 전착제(展搾劑) 등을 물과 섞어 만든 혼합액을 비탈면에 뿌리는 공법.

(c) 식생 매트(seed mat)공

씨앗, 비료 등을 부착한 매트를 비탈면에 전면적으로 피복하는 공법.

(d) 식생 망태공

비옥한 흙에 씨앗을 혼합하여 망태에 넣은 것을 비탈면에 일정한 간격으로 수평 흠을 파서 붙이는 공법.

② 돌, 콘크리트에 의한 보호공

(a) 돌, 콘크리트 블록 쌓기공

비탈면의 붕괴가 특히 위험한 장소에 견치석 또는 precast 블록으로 메쌓기나 찰쌓기 하는 공법.

- 메쌓기 : 뒤채움 시 모르타르 또는 콘크리트를 사용하지 않고 쌓아올리는 방법
- 찰쌓기 : 뒤채움 시 모르타르 또는 콘크리트를 사용하여 쌓아올리는 방법

(b) 돌, 콘크리트 블록 붙이기공

점착력이 없는 지반에 비탈면의 풍화, 침식방지 목적으로 돌, 콘크리트 블록을 붙이는 공법.

(c) 모르타르 및 콘크리트 뿜어 붙이기(shotcrete)

암석이 풍화되어 낙석이 우려되거나 식생이 곤란한 비탈면에 암석의 풍화방지나 낙석 방지 등의 목적으로 철망 등의 보강재를 넣고 모르타르나 돌, 콘크리트를 뿜어 붙이는 공법.

(d) 돌망태(gabion)공

철사로 만든 망태 속에 돌을 넣어 비탈면을 보호하는 공법.

(e) soil cement에 의한 공법

③ 앵커공(rock anchor, earth anchor)

암석이 풍화되었거나 낙석이 우려되는 비탈면에 철제 anchor를 사용해서 심층부에 붙들어 매는 공법.

④ soil nailing 공법

비탈면에 강철봉을 타입하거나 천공 후 삽입하여 비탈면의 활동에 대하여 저항하도록 한 공법.

(13) 벌개, 제근(伐開, 除根)

흙깎기 또는 흙쌓기의 시공에 앞서 나무를 벌목하고 뿌리나 기타잡물을 제거하는 작업(표준품셈 → 개간, 뿌리뽑기).

(14) 토공관련 용어

① 비탈경사(비탈구배, 법면경사: slope)

비탈면의 수평길이에 대한 연직높이의 비, 보통은 연직 1에 대한 수평길이를 비율로 절토는 1 : 1(1할 경사), 성토는 1 : 1.5(1할 5분 경사), 건조한 땅은 1 : 0.75 ~ 1 : 1의 경사를 일반적으로 사용하고 있다.

② 비탈머리(top of slope)

비탈의 상단으로 흙깎기 비탈머리, 흙쌓기 비탈머리가 있다.

③ 비탈기슭(toe of slope)

비탈의 하단으로 흙깎기 비탈기슭, 흙쌓기 비탈기슭이 있다.

④ 둑마루(levee crown)

제방의 정단(頂端) 즉, 제방의 평평한 윗부분.

⑤ 소단(턱, 小段: berm, bench)

비탈의 일부에서 둑 폭을 넓혀 만든 단에는 경사는 5 ~ 10%, 폭은 50 ~ 60 cm로 한다(절·성토 높이가 5 ~ 7 m 넘으면 설치해야 한다).

⑥ 시공(施工基面: FL; formation level)

토목공사의 끝손질 면으로 토공의 균형을 이루도록 하여 정하는 면.

⑦ 안식각(安息角: 식각, 자연경사각; angle of repose)

사면과 수평면과의 이룬 자연적인 각도는 일반적으로 30 ~ 35°이다.

3.3 흙의 구성과 성격(composition & characteristics)

1) 흙의 구성(soil composition)

흙은 지각을 구성하고 있는 암석이 오랜 기간 침식과 풍화를 거쳐 생성된 가루인 무기물질과 동식물의 유해에서 생긴 유기물질이 섞여 이루어진 물질로서 땅을 구성하는 물질이다.

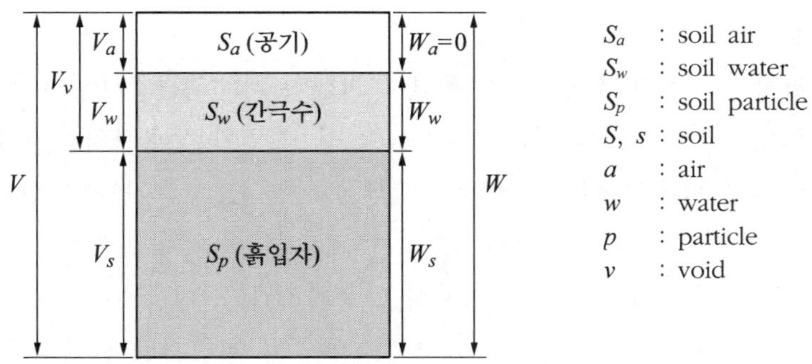

그림 1-3-3 **흙의 주상도**(phase diagram of soil)

흙은 고상(solid phase)의 흙입자(土粒子: S_p)를 중심으로 하여 그 사이에 액상(liquid phase)인 물(S_w)과 기상(gaseous phase)인 공기(S_a)의 세 가지 상(三相: 3 phases)으로 구성되어 있고, 그림 1-3-3은 흙의 3상 구성을 나타내는 흙의 주상도(柱狀圖: phase diagram of soil)이다.

3상 구성요소의 체적(V)과 중량(W)에 따라 성질이 크게 달라지며 흙입자의 크기

(입경)와 함유물질에 따라 체적과 중량이 변하고, 흙 고유의 성질이 크게 달라진다. 흙의 3상 구성요소의 상호관계를 표시함으로서 흙의 성질을 알 수 있으며 흙의 종류 및 분류에도 사용된다.

2) 흙의 기본적 성질(basic characteristics of soil)

(1) 개요

흙의 3상 구성요소의 상호관계는 체적과 중량으로 나타낼 수 있으며 단위중량, 밀도, 비중 등에 사용되고, 상(相)의 체적 관계는 간극률, 간극비, 포화도로, 상의 중량 관계는 함수비로 사용하여 표시함으로서 흙의 성질을 알 수 있으며 흙의 종류 및 분류에도 사용된다.

일반적으로 흙의 성질에 이용되는 항목은 다음과 같다.

① 전단강도 및 전단응력(shear stress)

물체의 어떤 단면에 평행으로 서로 반대방향인 한 쌍의 힘을 작용시키면 물체가 그 면을 따라 미끄러져서 절단되는 것을 전단작용이라 하고, 이와 같은 작용이 미치는 힘을 전단력이라고 하며 전단력에 의해서 물체 내부의 단면에 생기는 원형을 지키려는 힘이 전단응력이다.

흙에 외력이 가해지면 흙 속의 각 점에는 전단응력이 생기고, 이 응력에 의한 전단변형이 일어난다.

흙이 파괴에 이르게 되는 것은 흙입자 자신이 파괴되는 것이 아니고, 주로 접촉하고 있는 흙입자가 서로 미끄러지는 것이다. 이 때, 흙입자 상호간의 접촉점에는 마찰저항과 입자 간의 맞물림에 의한 저항력이 생긴다. 저항하려고 하는 이 힘을 전단저항력이라 한다.

흙 속의 전단응력이 커지면 전단저항도 증가하나, 전단응력이 어느 한도 이상 커지면 더 이상 저항하지 못하고 파괴에 이르게 된다. 이 전단저항의 최대값을 전단강도라 하는데, 전단강도는 토목 공학적 요소 중 가장 중요한 성질의 하나이다.

일반적으로, 전단저항력은 모래질 흙과 같이 굵은 입자를 많이 포함한 흙에서는 크고, 점성토와 같이 작은 입자를 많이 포함한 흙에서는 작다.

② 지지력(支持力: bearing power) 및 지내력(地耐力: bearing capacity)

지지력은 일반적으로 버티는 힘으로 지반 또는 말뚝 등이 지지할 수 있는 최대하중, 또는 하중강도로서 극한지지력이라고도 하며 지반이 전단파괴가 발생하는 압력의 크기를 말한다.

지내력은 지반이 구조물의 압력을 견디는 정도로 지반이 구조물에 피해를 주지 않는 정도의 침하량에서 버틸 수 있는 지지력, 즉 허용지지력을 말한다.

③ 점착력(cohesion)

점성토에서는 흙입자끼리 서로 끌어당기는 힘을 가지고 있는데, 이 힘을 점착력이라 한다. 이 점착력은 입자 표면에 붙어 있는 흡착수의 점성과 미세한 흙입자 상호간의 접촉면에 전기적, 화학적으로 잡아당기는 힘이 생기는 것에 기인하며, 사질토 같은 경우는 점착력이 거의 없다.

점착력을 좀 더 쉽게 표현하자면, 수직 방향으로 굴착할 수 있는가의 유무로 나타낼 수 있는데, 수직으로 굴착이 가능한 지반이라면 그 흙은 점착력을 가지고 있는 것이다.

④ 마찰력(내부마찰각)(angle of internal friction)

내부마찰각은 흙속에서 일어나는 수직응력과 전단저항(shearing resistance)과의 관계를 표시하는 직선과 횡축과 만드는 각도로서, 흙의 전단강도 성분 중 흙입자의 내부마찰에 기인하는 마찰저항은 전단면에 작용하는 수직응력에 비례하며 일체가 된 흙더미의 흙사이 마찰각을 전단저항각이라고도 한다.

점착력과 함께 흙의 전단에 대한 성질을 나타내는 내부마찰각은 전단방법과 배수조건에 따라 크기가 달라지며, 영향인자로는 상대밀도, 입자크기, 입자형상과 입도분포, 물, 중간주응력, 구속압력이 있다.

흙은 그 종류에 따라 점착력과 내부마찰각이 다르며 흙의 전단에 대한 성질은 사질토의 경우는 내부마찰각에 의해, 점성토의 경우에는 점착력에 의해 지배적으로 결정된다.

⑤ 압밀침하(consolidation settlement)

압밀침하는 연속적으로 정하중에 의하여 물이 빠져나가면서 흙 속에 있는 간극이 줄어들면서 흙이 압축되어 땅이 내려앉는 것으로 모래는 압밀이 일어나지 않는다.

⑥ 투수성

흙을 통하여 물이 통과하는 능력을 투수성이라 하며 투수계수는 단위동수경사에 의해 발생되는 흐름의 속도이다. 투수계수의 값은 흙에 의해서 생기는 물의 흐름저항의 척도이며 다음의 요소들에 영향을 받는다.

- 흙의 간극(V_v)
- 흙입자의 입도분포
- 흙입자의 형상과 방향

- 포화도와 공기
- 양이온의 형태와 점토광물과 결합된 흡착층의 두께
- 물의 점성도와 온도의 변화

표 1-3-1은 흙의 종류와 일반적인 성질에 대한 것이다.

표 1-3-1 ● 흙의 종류와 일반적인 성질

흙의 성질	점토질	사질토
점 착 력	크다	작다
건조수축	건조하면 수축한다.	수축성이 작다
내부마찰각(마찰력)	≒0	크다
압밀침하	장기압밀침하	단기압밀침하
투수계수	적다	크다
예 민 비	>1	≒1
함 수 비	100% 이상	20~40%

(2) 간극비(Void Ratio)

간극비란 흙입자의 용적에 대한 간극의 용적의 비를 말하는 것으로 다음과 같다.

$$\text{간극비}(e) = \frac{\text{간극의 용적}(V_v)}{\text{흙입자의 용적}(V_s)}$$

① 간극비가 크면 전단강도는 적어진다.
② 간극비가 크면 지지력은 적어진다.
③ 간극비가 크면 압축성은 커진다.
④ 간극비가 크면 투수성은 커진다.
⑤ 간극비가 크면 boiling 현상이 발생한다.
⑥ 간극비가 크면 압밀침하가 커진다.
⑦ 간극비가 크면 모래 지반에서 내부마찰력이 적어진다.
⑧ 간극비가 크면 점토 지반에서 점착력이 적어진다.

(3) 간극률(Porosity)

흙 전체의 용적에 대한 간극용적의 백분율

$$n = \frac{V_v}{V} \times 100[\%], \qquad V : \text{흙 전체의 용적}$$

(4) 포화도(Degree of Saturation)

간극 속 물용적의 비율로서 흙이 포화 상태에 있으면 $S=100\%$이며, 완전히 건조되어 있으면 $S=0$이다.

$$S = \frac{V_w}{V_v} \times 100\,[\%]$$

(5) 함수비(Water Content)

흙입자의 중량에 대한 물중량의 백분율로서 노건조 상태의 흙의 함수비는 0이다.

$$w = \frac{W_w}{W_s} \times 100\,[\%],$$ W_w : 물의 중량, W_s : 흙입자의 중량

(6) 함수율

흙 전체 중량에 대한 물중량의 백분율

$$w' = \frac{W_w}{W} \times 100\,[\%],$$ W : 흙 전체의 중량

(7) 비중(Specific Gravity)

비중이란 4℃에서의 물의 단위중량에 대한 어느 물질의 단위중량이며, 흙의 비중

$$G_s = \frac{\gamma_s}{\gamma_w(4℃)}$$

(8) 단위중량(밀도)

① 습윤 단위중량(Wet Density = Total Unit Weight)

자연 상태에 있는 흙의 중량을 이에 대응하는 용적으로 나눈 값으로 흙의 다져진 상태, 입경과 입도 분포, 함수비에 따라서 변한다.

$$\gamma_t = \frac{W}{V} = \frac{G_s + S \cdot e}{1 + e} \times \gamma_w$$

② 건조 단위중량(Dry Unit Weight)

흙을 노건조시켰을 때의 단위중량

$$\gamma_d = \frac{W_s}{V}$$

③ 포화 단위중량(Saturated Unit Weight)

흙이 수중에 있거나 모관작용에 의하여 완전히 포화되었을 때의 단위중량

$$\gamma_{sat} = \frac{G_s + S \cdot e}{1 + e} \times \gamma_w$$

④ 수중 단위중량(Submerged Unit Weight)

흙이 지하수의 아래에 있으면 부력을 받으므로 이때의 단위중량은 포화 단위중량에서 부력을 뺀 만큼 감소한다.

$$\gamma_t = \gamma_{sat} - \gamma_w = \frac{G_s - 1}{1 + e} \times \gamma_w$$

(9) 상대 밀도(Relative Density: D_γ)

조립토의 느슨한 상태와 조밀한 상태의 공극 크기를 비교하기 위해 사용된다.

$$D_\gamma = \frac{e_{\max} - e}{e_{\max} - e_{\max}} \times 100[\%]$$

3) 흙의 분류(soil classification)

여러 가지 구성성분이 조합된 흙을 공학적으로 이용하기 위해 동일한 개념의 군으로 분류하는 것으로 공학적 분류, 입경에 의한 분류 및 삼각분류법이 있다. 공학적 분류법에는 MIT, BS, AASHTO 및 통일분류법이 있으나 이중 가장 많이 사용되고 있는 것은 통일분류법 및 AASHTO분류법이다.

(1) 통일분류법(unified soil classification system)

미국재료시험협회 ASTM에 의하여 흙을 공학적 목적으로 분류하는 표준방법으로서 입경, 입도분포, 소성 및 압축성을 고려하여 흙을 분류하는 방법이다. No. 200체 통과율이 50% 이하이면 조립토, 그 이상이면 세립토로 분류하며, 제 1문자는 토질의 입경에 따라 자갈(G), 모래(S), 실트(M), 점토(C), 유기질토(O), 이탄(Pt)로 나타내고, 제 2문자는 토질의 속성에 따라 입도의 양호(W)와 불량(P), 실트함유(M), 점토함유(C), 소성 또는 압축성 낮음(L)과 높음(H)로 나타내어 GW, GP, GM, GC, SW, SP, SM, SC, ML, CL, OL, MH, CH, OH로 분류하여 주어진 공학적 목적에 따라 흙의 종류, 성질, 용도를 나타내고 있다.

(2) AASHTO 분류법

AASHTO 분류법은 흙의 입도, 액성한계 및 소성지수를 종합하여 흙의 성질을 수로써 나타내는 군지수(GI; group index)를 근거로 삼고, 소거법으로 해당되지 않는 것은 제외시켜 흙을 분류하는 방법으로 노상토 재료평가에 사용한다. 이 분류법은 미국의 연방도로국에서 1929년에 발표되었으나, 그 후 여러 번 수정을 하여 현재의 AASHTO 분류법으로 불리고 있다.

(3) 기타 분류

표준품셈에 표시되는 돌 재료의 분류는 다음과 같다.

① 모암(母岩) : 석산에 자연 상태로 있는 암을 모암이라 한다.

② 원석(原石) : 모암에서 1차 파쇄된 암석을 원석이라 한다.

③ 건설공사용 석재 : 석재의 품질은 그 용도에 적합한 강도를 갖고 균열이나 결점이 없고 질이 좋은 치밀한 것이며 풍화나 동결의 해를 받지 않는 것이라야 한다.

④ 다듬돌(切石) : 각석(角石) 또는 주석(柱石)과 같이 일정한 규격으로 다듬어진 것으로서 건축이나 또는 포장 등에 쓰이는 돌.

⑤ 막다듬돌(荒切石) : 다듬돌을 만들기 위하여 다듬돌의 규격 치수의 가공에 필요한 여분의 치수를 가진 돌.

⑥ 견치돌(間知石) : 형상은 재두각추체(栽頭角錐體)에 가깝고 전면은 거의 평면을 이루며 대략 정사각형으로서 뒷길이(控長), 접촉면의 폭(合端), 뒷면(後面) 등이 규격화된 돌로서 4방락(四方落) 또는 2방락(二方落)의 것이 있으며 접촉면의 폭은 전면 1변의 길이의 1/10 이상이라야 하고 접촉면의 길이는 1변의 평균 길이의 1/2 이상인 돌.

⑦ 깬 돌(割石) : 견치돌에 준한 재두방추형(栽頭方錐形)으로서 견치돌보다 치수가 불규칙하고 일반적으로 뒷면(後面)이 없는 돌로서 접촉면의 폭(合端)과 길이는 각각 전면의 일변의 평균길이의 약 1/20과 1/3이 되는 돌.

⑧ 깬 잡석(雜割石) : 모암에서 일차 폭파한 원석을 깬 돌로서, 전면의 변의 평균길이는 뒷길이의 약 2/3 되는 돌.

⑨ 사석(捨石: Riprap) : 막 깬 돌 중에서 유수에 견딜 수 있는 중량을 가진 돌.

⑩ 잡석(雜石: Rubble stone, Broken stone) : 크기가 지름 10 ~ 30 cm 정도의 것이 크고 작은 알로 고루고루 섞여져 있으며 형상이 고르지 못한 큰 돌.

⑪ 전석(轉石: Boulder) : 1개의 크기가 0.5 m^3 이상 되는 석괴.

⑫ 야면석(野面石: Rolling stone) : 천연석으로 표면을 가공하지 않은 것으로서 운반이

가능하고 공사용으로 사용될 수 있는 비교적 큰 석괴. 자연적으로 개천바닥에 있는 무게 100 kg 정도 되는 전석(轉石)이다.

⑬ 호박돌(玉石: Boulder stone) : 호박형의 천연석으로서 가공하지 않은 지름 18 cm 이상의 크기의 돌. 지름 18 cm 이상이고 호박모양의 둥글고 긴 천연석재로서 산이나 개울둥지에서 채취한다. 기초바닥용으로 사용된다.

⑭ 조약돌(栗石: Pebble stone) : 가공하지 않은 천연석으로서 10 ~ 20 cm 정도의 계란형의 돌.

⑮ 부순 돌(碎石) : 잡석을 지름 0.5 ~ 10 cm 정도의 자갈 크기로 작게 깬 돌.

⑯ 굵은 자갈(大砂利: Cobble stone) : 가공하지 않은 천연석으로서 지름 7.5 ~ 20 cm 정도의 돌.

⑰ 자갈(砂利: Gravel stone) : 천연석으로서 자갈보다 알이 작고 지름 0.5 ~ 7.5 cm 정도의 둥근 돌.

⑱ 력(礫: Gravel) : 천연석인 굵은 자갈과 작은 자갈이 고루고루 섞여져 있는 상태의 돌.

⑲ 굵은 모래(粗砂: Coarse sand) : 천연산으로서 지름 0.25 ~ 2 mm 정도의 알맹이의 돌.

⑳ 잔 모래(細砂: Fine sand) : 천연산으로서 지름 0.05 ~ 0.25 mm 정도의 알맹이의 돌.

㉑ 돌가루(石粉) : 돌을 바수어 만든 가루.

㉒ 고로슬래그(高爐slag) 부순 돌 : 제철소의 선철(銑鐵) 제조과정에서 생산되는 고로슬래그를 0 ~ 40 mm로 파쇄 가공한 돌.

3.4 토공의 안정과 비탈경사(soil stabilization & slope)

토공에서는 하중 이외에도 흙의 자중이 크게 작용하여 붕괴(sliding)되거나 침하되기가 쉽다. 이렇게 토압에 의하여 붕괴되는 현상은 흙의 성질에 따라 다르며 흙의 성질은 그 입자 조성 및 함수비(含水比)에 의해서 크게 변화할 뿐만 아니라 토공사의 방법 여하에 따라서 많은 차이가 있다.

흙의 붕괴를 방지하는 힘은 흙입자 사이의 마찰저항과 부착력에 의한 것인데 이들이 흙에 작용하는 외력 및 자중과 서로 비길 때는 흙의 입자가 정지(靜止)하고 안정되어 있지만 입자 조성이나 함수비가 변하면 흙의 안정성은 아주 달라진다.

흙을 안정시키려면 토공물량이 증대하게 되어 공사비용이 증대된다. 예를 들면 성토나 절토에서 비탈경사를 완만하게 할수록 안정되지만 반면에 용지비(用地費)와 토공량이 증대되는 것이다. 또 용지비와 토공량을 줄이기 위해서 비탈경사를 급하게 하려면 흙의 붕괴를 방지하기 위한 흙막이공(timber lagging)을 해야 하므로 공사비가 증가하게 된다.

1) 흙의 안식각(息角, 安息角: angle of repose)

자연 상태의 흙을 외력을 가하지 않고 쌓아올렸을 때 급경사면이 차츰 붕괴하여 안정된 비탈면을 하게 된다. 이것이 그 흙이 자연적으로 취할 수 있는 최대 경사면이 되는 것이다. 이 때 형성된 최고 비탈면과 수평면이 이루는 각을 그 흙의 안식각 또는 식각이라 한다. 또 이것을 자연 구배 또는 자연 경사라고도 하며 토공의 성토나 절토의 비탈경사를 정할 때 비교하는 것이다.

2) 비탈경사

토공에서의 비탈경사는 자연경사보다 완만하게 하면 안정하지만 무조건 완만하게만 한다는 것은 토공량을 증가 시키므로 여러 가지 여건을 고려하여 적합한 비탈경사를 결정해야 한다.

절취나 성토의 비탈면의 경사도를 나타내는 비탈경사는 그림 1-3-1에서와 같이 비탈면 가깝게 평행으로 1 : 1.5, 1 : 1로 표시하며 비탈면의 수평길이에 대한 연직높이의 비(比)인 것이다. 이것은 보통 수직높이를 1로 한 수직높이 대 수평거리의 비로 표시되는 것으로 1 : 1.5인 때를 1할 5푼 구배, 1 : 1인 때를 1할 구배라고도 한다.

비탈경사의 값을 결정하는 데는 토질이나 함수상태 등에 따라 다르기 때문에 사전에 충분히 검토하여야 하므로 과거의 경험에 의한 성토의 비탈경사를 참고로 하면 표 1-3-2와 같다.

표 1-3-2 ● 흙의 종류에 따른 안식각과 마찰계수 및 비탈경사

구분 / 토질	상 태	마찰계수 tan ϕ	내부토양 마찰각 또는 안식각 ϕ	경 사 수직1 : 수평x
보통토	건조 습윤 수분포화	0.36 ~ 0.84 0.58 ~ 1.00 0.25 ~ 0.51	20° ~ 40° 30° ~ 45° 14° ~ 27°	1 : 2.8 ~ 1.2 1.7 ~ 1.0 4.0 ~ 2.0
점토	건조 습윤 수분포화	0.36 ~ 0.75 0.84 ~ 1.00 0.25 ~ 0.36	20° ~ 37° 40° ~ 45° 14° ~ 20°	2.8 ~ 1.33 1.2 ~ 1.0 4.0 ~ 2.8

토질 \ 구분	상 태	마찰계수 tan ϕ	내부토양 마찰각 또는 안식각 ϕ	경 사 수직1 : 수평x
모래	건조 습윤 수분포화 점토 섞인 것	0.51 ~ 0.84 0.58 ~ 1.00 0.36 ~ 0.58 0.75	27° ~ 40° 30° ~ 45° 20° ~ 30° 37°	2.0 ~ 1.2 1.7 ~ 1.0 2.8 ~ 1.7 1.33
자갈	건조 습윤 수분포화 점토 섞인 것 모래, 점토 섞인 것 둥근 것 각(角)진 것	0.58 ~ 1.00 0.51 ~ 0.84 0.47 ~ 0.58 0.70 0.70 0.58 0.84	30° ~ 40° 27° ~ 40° 25° ~ 30° 35° 35° 30° 40°	1.7 ~ 1.0 2.0 ~ 1.2 2.1 ~ 17 1.43 1.43 1.7 1.2
연암부식암		0.75	37°	1.33
경암부식암		1.00	45°	1.0
충적토		0.32	18°	3.0
사석(捨石)		1.00	45°	1.0
광재(鑛滓)		0.58	30°	1.7

3.5 토량의 변화율(percent swell and shrinkage)

토량은 취급하는 상태에 따라서 밀도가 달라지므로 체적이 변화한다. 예를 들면 제자리인 본바닥의 흙과 흐트러진 상태의 흙과 다져진 상태의 흙은 각기 다른 체적은 가지게 된다. 다시 말하면 자연 상태의 지반을 절취할 때 토량 1 m^3가 절취 후 체적 변화를 하게 되어 1 m^3보다 많아지는 것과 구조물 완성 후 흐트러진 상태의 흙으로 되메우기 하면서 다짐을 했을 경우 체적이 변화하는 것을 말하며, 이 때 변화한 비율을 토량 변화율이라 한다.

토공 물량계산을 할 때는 토량의 변화를 고려하지 않고 설계도면에 나타난 그대로의 계산으로 하고, 건설기계 작업 시 토량의 변화에 따른 물량은 체적환산계수 f로 작업능력을 산정하여 단가 계산하는데 적용한다.

체적환산계수의 적용은 토질을 시험하여 적용하는 것을 원칙으로 하고 있지만 소량의 토량인 경우에는 표준품셈의 체적환산계수표에 따를 수도 있다.

표 1-3-3은 표준품셈의 체적의 변화율 표이다.

표 1-3-3 ● 체적의 변화율

종 별	L	C
경암(硬岩) 보통암(普通岩) 연암(軟岩) 풍화암(風化岩)	1.70 ~ 2.00 1.55 ~ 1.70 1.30 ~ 1.50 1.30 ~ 1.35	1.30 ~ 1.50 1.20 ~ 1.40 1.00 ~ 1.30 1.00 ~ 1.15
폐콘크리트	1.40 ~ 1.60	별도 설계
호박돌(玉石)	1.10 ~ 1.15	0.95 ~ 1.05
역(礫) 역질토(礫質土) 고결(固結)된 역질토(礫質土)	1.10 ~ 1.20 1.15 ~ 1.20 1.25 ~ 1.45	1.10 ~ 1.05 0.90 ~ 1.00 1.10 ~ 1.30
모래(砂) 암괴(岩塊)나 호박돌이 섞인 모래	1.10 ~ 1.20 1.15 ~ 1.20	0.85 ~ 0.95 0.90 ~ 1.00
모래질흙(砂質土) 암괴(岩塊), 호박돌이 섞인 모래질흙	1.20 ~ 1.30 1.40 ~ 1.45	0.85 ~ 0.90 0.90 ~ 0.95
점질토(粘質土) 역(礫)이 섞인 점토 암괴(岩塊), 호박돌이 섞인 점질토	1.25 ~ 1.35 1.35 ~ 1.40 1.40 ~ 1.45	0.85 ~ 0.95 0.90 ~ 1.00 0.90 ~ 0.95
점토(粘土) 역(礫)이 섞인 점질토 암괴(岩塊)나 호박돌이 섞인 점토	1.20 ~ 1.45 1.30 ~ 1.40 1.40 ~ 1.45	0.85 ~ 0.95 0.90 ~ 1.95 0.90 ~ 0.95

[주] : 암(경암·보통암·연암)을 토사와 혼합 성토할 때는 공극 채움으로 인한 토사량을 계상할 수 있다.

- 체적의 변화

$$L = \frac{\text{흐트러진 상태의 토량}(m^3)}{\text{자연 상태의 토량}(m^3)}, \qquad C = \frac{\text{다져진 상태의 토량}(m^3)}{\text{자연 상태의 토량}(m^3)}$$

표 1-3-4 ● 체적환산계수(f)표

구하는 Q / 기준이 되는 q	자연 상태의 체적	흐트러진 상태의 체적	다져진 상태의 체적
자연 상태의 체적 흐트러진 상태의 체적	1 $1/L$	L 1	C C/L

자연 상태의 모래질흙(砂質土) 1 m^3를 파내면 공극으로 인하여 그 체적이 120 ~ 130 즉, 20 ~ 30%가 증가하므로 평균 1.25 정도가 늘어난다는 것인 바, 이때의 체적은 1.25 m^3가 되고, 무게는 역시 자연 상태의 것 1 m^3 그대로이나, 시간의 경과로 건조되는 까

닭에 다소 가벼워진다고 보아야 한다.

이 흙을 도로의 축조용 등으로 다시 다짐하면 1.25 m^3가 0.85 ~ 0.9 m^3으로 되므로 평균 0.875[(0.85+0.9)÷2]가 되는 바 이 때의 관계는 0.875/1.25 즉, 0.7이 된다. 이것이 체적환산계수 "f"로서 건설기계 작업 시 "f"계수는 0.7이 되어야 한다.

따라서 보통토사 100 m^3를 굴착하면 125 m^3 즉, 100×L[m^3]이 되고, 자연 상태의 보통토사를 굴착 후 다짐하면 100×0.875=87.5 m^3 즉, 100×C[m^3]가 된다. 토량변화와 설계서에서의 절토량이 자연 상태의 토량만으로 설계하면 성토, 다짐량의 부족을 나타내게 됨에 유의해야 한다.

3.6 흙의 체적 계산법

토공량을 산출하는 데는 여러 가지 방법이 있으며, 그 토공 단면도 또한 여러 형태로 되어 있으므로 어떠한 방법이 가장 적합한 것인지 잘 선택해서 사용해야 한다. 일반적으로 도로, 철도, 제방 등과 같이 선형(線形)으로 된 토공에서 물량을 계산하기 위해서는 평면도의 노선의 중심선에 따른 종단면도를 만들고 여기에 계획 시공기준면(formation level)을 넣어 각 측점의 절취고(CH)와 성토고(BH)를 계산한 다음에 각 측점의 횡단면도를 정리하여 그 횡단면도의 면적을 구하여 이에 각 측점간의 거리를 곱하여 토량을 산출한다. 이 때 횡단면도의 면적 계산은 여러 가지 방법에 의해서 할 수 있으며 이것을 표준품셈의 적용 기준에 표준화하고 있다.

토취장이나 사토장 같은 곳에서의 토공의 모양은 山 모양으로 되어 있고 부지 조성이나 매립 공사 같은 넓은 지역에서의 토공량은 종횡방향이 모두 긴 넓은 모양으로 되어 있다.

이 같은 여러 가지 상황에서도 토공량을 산출할 수 있는 방법을 알아보면 다음과 같다.

1) 단면적에 의한 토량 산출 (computation of volume by cross sections)

횡단면적이 불규칙한 때는 횡단면도에서부터 구적기(planimeter)를 이용하여 구할 때가 많이 있는데, 비교적 단면형이 규칙적일 때는 단면형에 알맞은 공식을 이용해서 면적을 구한다.

(1) 규칙적인 단면일 경우

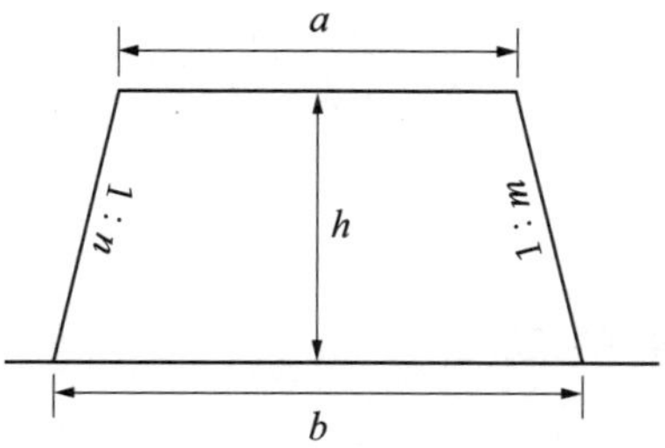

$A=\frac{1}{2}(a+b)h \quad A=\frac{h}{2}(2a+nh+mh)$

그림 1-3-4

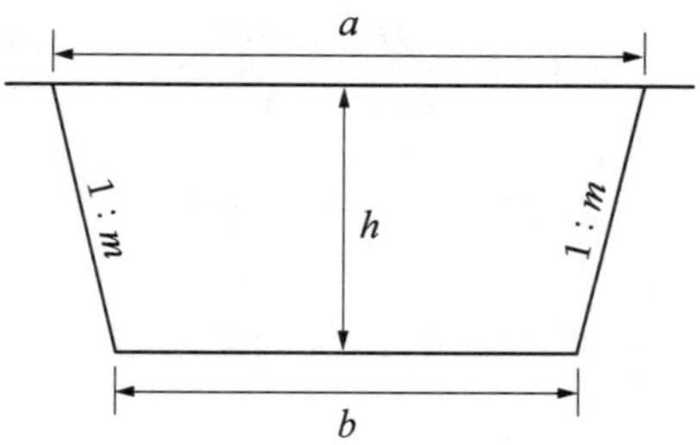

$A=bh+mh^2 \quad A=\frac{1}{2}(a+b)h$

그림 1-3-5

(2) 경사진 지반 위의 단면일 경우

그림 1-3-6의 단면은 원 지반선의 비탈구배 n을 알고 있으며 횡단면도에서의 저폭 b, 절토고 h를 알고 있을 때 수학적인 공식으로 계산을 할 수 있다.

$$BE = h-\frac{b}{2}\times\frac{1}{n}, \quad CF = h+\frac{b}{2}\times\frac{1}{n}$$

을 구할 수 있고, 또

$$BE = \frac{AG}{m}+\frac{AG}{n} = \frac{n+m}{nm}AG$$

로 표시할 수 있으므로

$$AG = \frac{nm}{n+m}BE$$

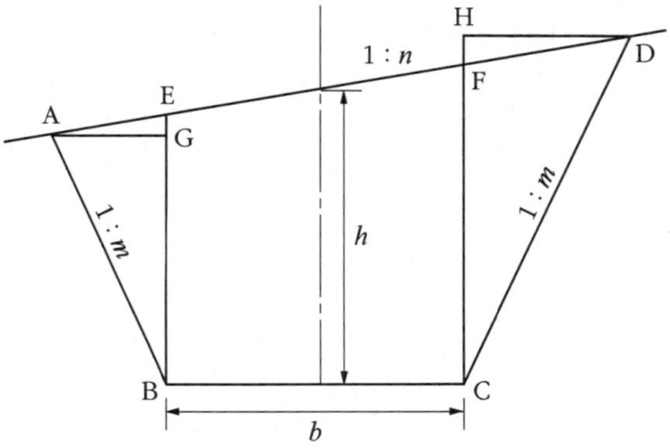

그림 1-3-6

같은 방법으로 $\triangle CDH$에서

$$CF = \frac{DH}{m} - \frac{DH}{n} = \frac{n-m}{mn}DH$$

$$\therefore\ DH = \frac{mn}{n-m}CF$$

그러므로 $\triangle ABE$와 $\triangle CDH$와 $BCFE$의 면적을 구할 수 있다.

$$\triangle ABE \rightarrow A_1 = \frac{1}{2}AG \times BE$$

$$= \frac{1}{2}\left(\frac{mn}{n+m}\overline{BE}^2\right) = \frac{1}{2}\left\{\frac{mn}{n+m}\left(h - \frac{b}{2n}\right)^2\right\}$$

$$\triangle ABE \rightarrow A_2 = \frac{1}{2}CF \times DH$$

$$= \frac{1}{2}\left(\frac{mn}{n-m}\overline{CF}^2\right) = \frac{1}{2}\left\{\frac{mn}{n-m}\left(h - \frac{b}{2n}\right)^2\right\}$$

$$BCFE \rightarrow A_3 = \frac{1}{2}(CF + BE) \times b = bh$$

$$A = A_1 + A_2 + A_3$$

$$= \frac{1}{2}\left\{\left(\frac{mn}{n+m}\left(h - \frac{b}{2n}\right)^2 + \frac{mn}{n-m}\left(h + \frac{b}{2n}\right)^2\right\} + bh$$

위 식과 같은 방법으로 유도된 여러 가지 공식들이 있다.

그림 1-3-7에서

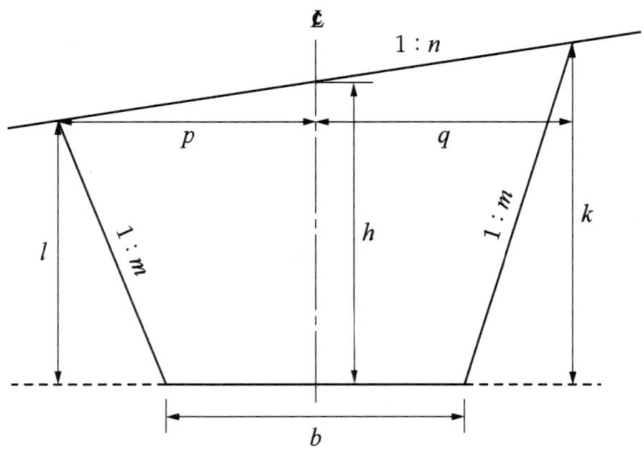

① $A = \frac{n^2 m}{n^2 - m^2}\left(h + \frac{b}{2m}\right)^2 - \frac{b^2}{4m}$

② $A = \frac{b}{2}(1+k) + mlk$

③ $A = \frac{1}{2}bl + pk = \frac{1}{2}bk + ql$

그림 1-3-7

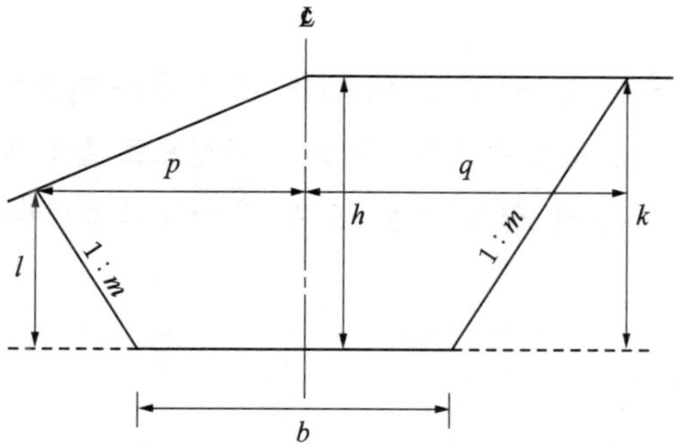

① $A = \frac{1}{2}\left(h + \frac{b}{2m}\right)(p+q) - \frac{b^2}{4m}$

② $A = \frac{h}{2}(p+q) + \frac{b}{4}(1+k)$

그림 1-3-8

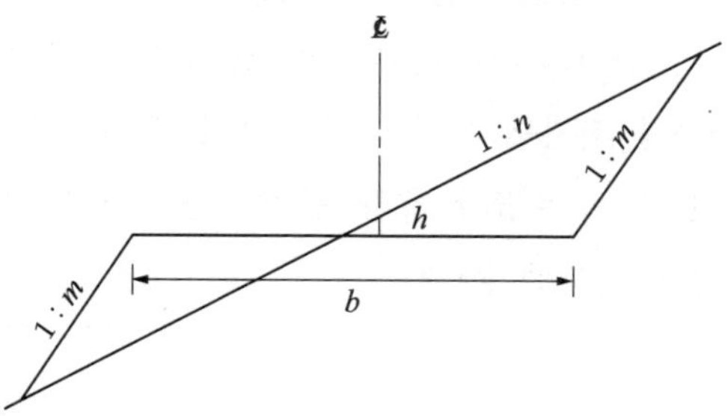

① $A(\text{절토}) = \left(\frac{b}{2} + nh\right)^2 \Big/ 2(n-m)$

② $A(\text{성토}) = \left(\frac{b}{2} - nh\right)^2 \Big/ 2(n-m)$

그림 1-3-9

(3) 불규칙적인 단면일 경우

횡단면형이 일정한 형태가 아닌 불규칙적인 단면일 경우에는 삼사법이나 구적기(planimeter)를 사용하는 것을 표준품셈에서 표준화하고 있다. 삼사법과 구적기에 의한 면적 산출은 앞 장(1.6)에서 전술하였으므로 그 외의 방법으로 산출하는 것을 알아보면 다음과 같다.

① 삼사법(三斜法, base-altitude method) (1.6 참조)

② 구적기에 의한 방법(求積器, planimeter) (1.6 참조)

③ 격자법(格子法, grid method)

그림 1-3-10에서와 같이 일정한 간격의 격자선을 그린 방안투사지를 도면 위에 얹어 놓고 구하려는 면적에 둘러싸인 부분의 방안 수를 세어서 면적을 계산하는데, 경계선이 방안에 들어간 경우는 비례에 의하여 그 자리수를 정하여 계산한다.

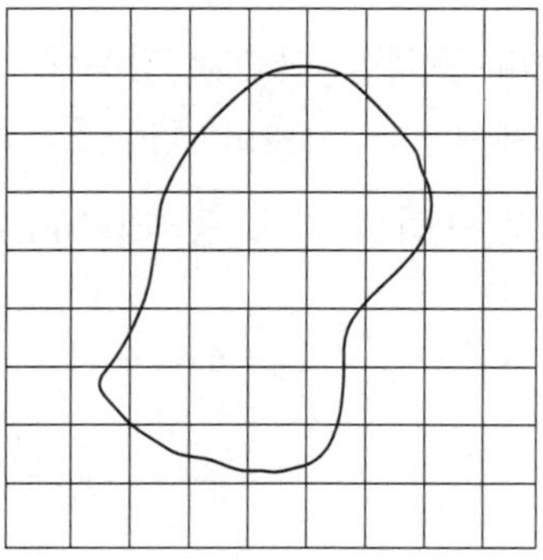

그림 1-3-10

④ 스트립법(strips method)

그림 1-3-11에서와 같이 일정한 간격 d가 되는 횡선(橫線, strips)을 그린 투사지(透寫紙)를 격자법과 같은 방법으로 구하고자 하는 단면 위에 얹어 놓고 경계선으로 둘러싸인 각 스트립의 중앙 길이 l을 구하여 각 스트립의 면적 A를 dl로 계산($A=dl$)하여 합계를 하면 된다.

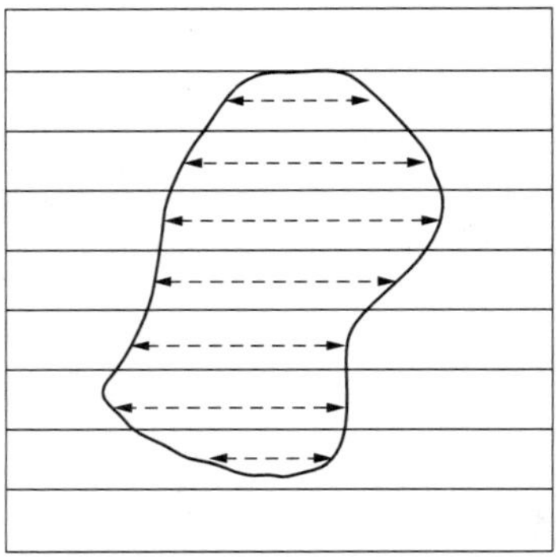

그림 1-3-11

이상과 같은 방법으로 구한 각 측점간의 거리를 곱하여 체적 계산을 하는데 표준품셈에서는 체적 계산에 의사공식(疑似公式)을 사용하는 것을 원칙으로 하며 토량의 체적 계산은 양 단면적을 평균한 값에 그 단면간의 거리를 곱하여 산출하는 것을 원칙으로 하면서 거리평균법으로 고쳐서 산출할 수 있다고 되어있다(1.6의 수량 산출 참조).

2) 의사공식(疑似公式)에 의한 토량 산출 (computation of volume by prismoidal formula)

표준품셈의 수량 산출에서 기술한 의사공식(1.6 참조)은 의도공식(疑擣公式) 또는 각주공식(角柱公式)을 의미하는 것으로 이 공식에 의한 토공량 산출은 의도체(prismoid)와 비슷하다고 생각되는 山 모양의 토적을 산출할 경우에 사용하면 좋다. 그림 1-3-12와 같이 일정한 높이 h로 절단해서 각 지점의 단면적 A_1, A_2, A_3, ……를 구적기(planimeter) 또는 기타 방법으로 구하고 의도 공식(prismoidal formula)을 이용하면,

$$V=\frac{h}{6}(A_1+4A_2+A_3)+\frac{h}{6}(A_3+4A_4+A_5)+\cdots\cdots$$

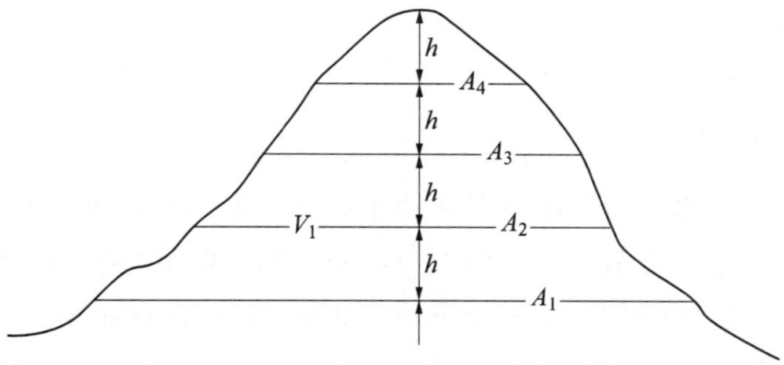

그림 1-3-12

3) 점고법(點高法)에 의한 토량 산출 (computation of volume by spot levels)

건물의 부지(敷地) 조성, 토취장 및 토사장의 토량 산출과 같이 넓은 구역의 토공물량을 산출할 경우에 적합한 점고법을 각도법(角壔法)이라고도 한다.

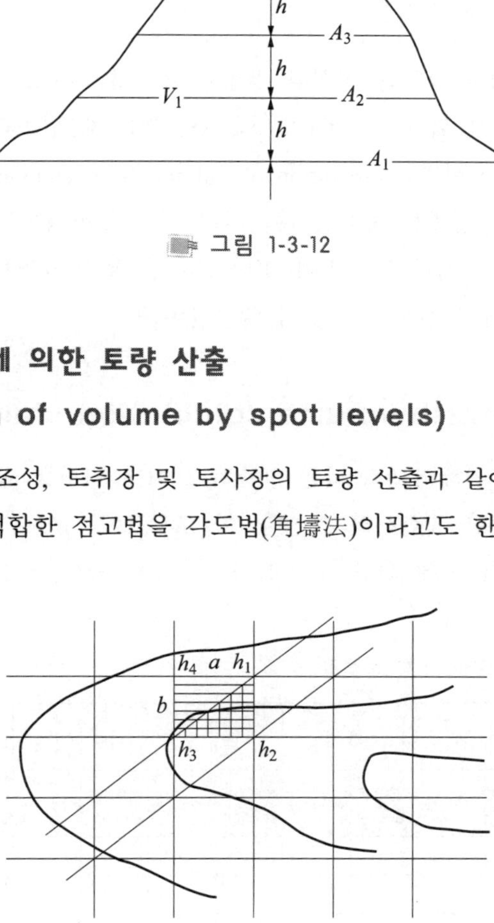

그림 1-3-13

그림 1-3-13과 같이 전구역에 종횡으로 각각 같은 거리에 말뚝을 박아 같은 면적으로 분할하고 각 4각형(3각형)의 귀퉁이점의 지반고 h_1, h_2, h_3, h_4를 구한다. 다음에 그 귀퉁이점의 시공기면(F.L)을 결정하면, 이것들과 지반고들의 차이가 절토고 또는 성토고가 되어 하나의 4각형이나 3각형의 각뿔대(도체: 壔体)가 형성되는 것이다.

① 4각형 각도법

$$V = \frac{ab}{4}(h_1 + h_2 + h_3 + h_4)$$

② 3각형 각도법

$$V = \frac{ab}{6}(h_1 + h_2 + h_3)$$

흙의 체적 또는 면적을 구하는 공식과 방법은 이것들 외에도 많이 있다.

먼저, 면적을 측정하기 위한 심프슨(Simpson)의 제1, 제2법칙과 삼변법도 있으며, 체적을 산출하기 위한 등고선법(computation of volume from contour lines)도 있다. 이렇게 많은 공식과 여러 가지 방법들 중에서 우리나라 설계서 작성에는 표준품셈에서 표준화하는 양단면 평균법이나 거리 평균법에 의한 토량을 토적표(土積表, earth volume calculation sheet)에 정리하여 산출하는 것이 일반적이다.

4) 토적표(土積表, earth volume calculation sheet)

토공량 산출을 하기 위해서 단면적을 산출하고 이에 거리를 곱하여 체적을 계산하는 양식을 토적표 또는 토량 계산서라고 한다. 이 토적표에는 양단면 평균법에 의한 토적표(표 1-3-5)와 거리 평균법에 의한 토적표(표 1-3-6)가 있다(표 2-5-1, 2-5-2 참조).

표 1-3-5 ● 양단면 평균법에 의한 토적표

No.	distance	section	banking		cutting		reusing from cutting		compacting					
			average section	volume	average section	volume	average section	volume	average section	volume	average section	volume	average section	volume

표 1-3-6 ● 거리 평균법에 의한 토적표

측점	거리	평균 거리	성토		절토		되메우기		다짐		잔토처리			
			단면	체적	단면	체적	단면	체적	단면	체적	단면	체적	단면	체적

Chapter 4
거푸집(form, mould)

4.1 개 요

거푸집(form, mould)은 부어넣는 콘크리트가 소정의 형상 치수를 유지하며 콘크리트가 적당한 강도에 도달하기까지 수분 누출방지와 외기의 영향을 방호하며 외장마감면을 형성하는 기능의 재료로 굳지 않은 콘크리트를 지지하는 가설구조물의 총칭이다.

거푸집은 설계도에 표시된 콘크리트 부재의 위치, 형상 및 치수에 꼭 맞도록 함은 물론이고, 튼튼하여 하중, 건습, 진동이나 충격의 영향 등에도 치수가 어긋나지 않고 더욱이 떼어내기 작업에서 진동이나 충격을 주어 거푸집 판을 파손하는 일이 없이 쉽고 안전하게 제거할 수 있는 구조로 해야 한다.

거푸집의 형상, 위치를 정확하게 유지하기 위한 동바리(support)와 높은 곳에서의 거푸집공사를 위한 비계(飛階: scaffold)가 필요하므로 동바리와 비계는 거푸집에 포함되기도 한다.

거푸집은 주로 목재와 강재(鋼材)가 사용되고 있으나 거푸집널에는 경질섬유나 석면 시멘트판 등이 사용되는 경우도 있다. 목재 거푸집에는 판재(널)로 된 것과 합판(plywood)으로 만든 것이 있으나 최근에는 거의 사용하지 않으며, 강재 거푸집이 많이 사용되고 있다.

강재 거푸집은 공장생산이므로 형상 치수가 정확하고 전용횟수도 많으며 동바리량을 적게 할 수 있고, 기능적으로 발전되어 시스템화된 여러 종류의 거푸집으로 개발되고 있다.

거푸집 공사는 가설공사(temporary works) 부문에 속하지만 콘크리트의 품질 및 외관의 성과에 큰 영향을 주고, 콘크리트 공사비에도 큰 영향을 주고 있어서 콘크리트 공사비의 10~60%를 차지하므로 대단히 중요하다.

표준시방서(가설공사)에 의한 거푸집의 용어 정리는 다음과 같다.

① 간격재 - 거푸집 간격유지와 철근 또는 긴장재나 시스가 소정의 위치와 간격을 유지시키기 위하여 쓰이는 콘크리트, 모르타르제, 금속제, 또는 플라스틱 부품.

② 거푸집 - 타설된 콘크리트가 설계된 형상과 치수를 유지하며 콘크리트가 소정의 강도에 도달하기까지 양생 및 지지하는 구조물

③ 거푸집널 - 거푸집의 일부로써 콘크리트에 직접 접하는 목재나 금속 등의 판류

④ 동바리 - 타설된 콘크리트가 소정의 강도를 얻기까지 고정하중 및 작업하중 등을 지지하기 위하여 설치하는 부재

⑤ 멍에 - 장선과 직각방향으로 설치하여 장선을 지지하며 폼타이나 동바리로 하중을 전달하는 부재

⑥ 슬립폼(Slip Form) - 수직 또는 수평으로 연속되는 구조물을 균일한 형상으로 시공하기 위하여 일정한 크기로 만들어져 연속적으로 이동시키면서 콘크리트를 타설하는 공법에 적용하는 거푸집

⑦ 요크(Yoke) - 수직 슬립폼에 있어서 콘크리트의 측압, 거푸집 하중, 작업하중 등을 잭(jack)에 전달하는 부재

⑧ 요크빔(Yoke Beam) - 요크에 걸린 하중이 잭(jack)으로 전달될 수 있도록 요크와 요크를 연결해 주는 보

⑨ U헤드 - 멍에에 가해진 하중을 동바리로 전달하기 위하여 동바리 상부에 삽입하여 사용하는 U 형태의 연결 지지재

⑩ 이동식 거푸집(Ganged Form) - 기둥이나 벽체와 같은 수직부재의 거푸집과 작업공간을 위한 발판을 일체로 조립하여 크레인 등으로 한꺼번에 인양시켜 사용하는 거푸집

⑪ 이동식 동바리(Flying Table) - 슬래브 콘크리트를 타설하기 위하여 거푸집널, 장선, 멍에, 동바리 등을 일체로 제작하여 크레인 등으로 한꺼번에 인양시켜 설치, 해체하는 동바리 시스템

⑫ 장선 - 거푸집널을 지지하여 멍에로 하중을 전달하는 부재

⑬ 잭로드(Jack Rod) - 요크빔에 의해 전달되는 하중을 기 타설된 하부의 콘크리트로 전달하는 수직부재로, 잭이 이동하는 레일과 같은 역할을 하는 슬립폼의 부속품

⑭ 터널폼(Tunnel Form) - 수직부재와 수평부재의 콘크리트 타설을 한 번에 가능하게 하기 위하여, 수직 거푸집과 수평 거푸집을 일체로 제작한 거푸집

⑮ 폼라이너(Form Liner) - 콘크리트 표면에 문양을 넣기 위하여 거푸집널에 별도로 부착하는 부재

⑯ 폼타이(Form Tie) - 기둥이나 벽체거푸집과 같이 마주보는 거푸집에서 거푸집널을 일정한 간격으로 유지시켜 주는 동시에 콘크리트 측압을 최종적으로 지지하는 역할을 하는 인장부재로 매립형과 관통형이 있다.

⑰ 폼행거(Form Hanger) - 콘크리트 상판을 받치는 보 형식의 동바리재를 영구구조물의 보 등에 매다는 형식으로 사용하는 부속품

4.2 거푸집의 재료와 종류

1) 거푸집의 재료

거푸집은 구조물의 안전성, 경제성 및 작업성과 품질관리에 중요한 역할을 한다. 거푸집 및 동바리는 여러 번 반복하여 사용하기 때문에 손상, 변형, 부식 등을 받기 쉽고 또 비교적 큰 하중에 의해 면판의 배부름, 강제의 뒤틀림, 용접부위의 탈락 등으로 공사의 품질을 저하시키기 때문에 소요의 강도 및 내구성을 가지는 것을 선정해야 한다. 또 조립이나 해체가 쉽지 않거나 흡수성이 커서 콘크리트에 나쁜 영향을 주거나 탈형 후의 콘크리트 노출면에 미관을 해치는 것이어서는 안 된다. 그러나 구조물의 종류, 전용횟수 또는 거푸집 및 동바리의 사용처에 의한 중요도에 따라서는 그 선정 조건이 달라지므로, 이 요소들을 충분히 고려한 후에 가장 적합한 재료를 선정해야 한다.

그림 1-4-1과 같이 거푸집의 부품은 일반적으로 콘크리트 면에 닿는 면판과 이를 보강하는 틀로 구성되며 보강틀은 면판 보강재와 측면 보강재로 되어있고, 재료로는 널판, 합판, 강재 등이 많이 사용되고 있다. 최근 새로운 공법이 개발되어 plastic, glass fiber, 경금속 등이 사용되므로 까다롭고 복잡한 건설 공사의 문제점을 쉽게 해소해 주고 있다. 또 이것들을 각각 KS에 규정된 규격재 또는 이와 동등 이상의 것을 사용해야 한다.

KS F 3110(콘크리트 거푸집용 합판), KS F 8006(강제틀 합판 거푸집), KS F 8002(강관 비계)에서는 강관지주를, 강재거푸집 패널(panel)은 KS F 8003(강관플 비계)에 각각 규정되어 있다.

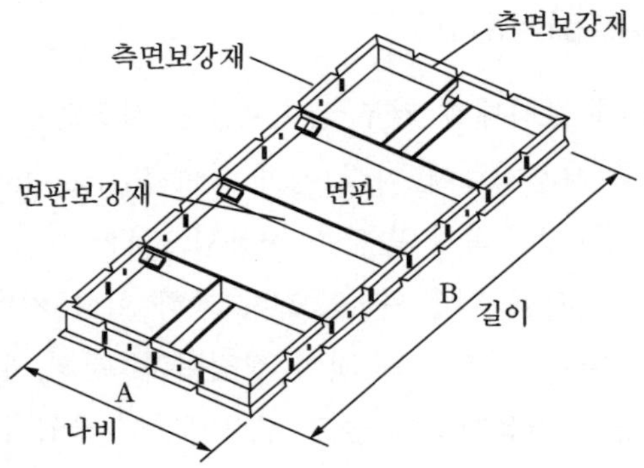

그림 1-4-1 강제틀 합판 거푸집 구조

2) 목재(널판) 거푸집(sheathing board form)

거푸집 재료로서 가장 오래된 것으로 이용법이 거의 완전하게 개발되어 특별의장(特別衣欌)으로 할 때 가장 많이 쓰이며, 거푸집 면적이 협소하거나 복잡한 부분이나 패널을 사용할 수 없는 부분에 이용된다. 보통 사용되는 목재 거푸집은 쪽널을 그대로 사용하는 것과 조각 널판을 장선(長線: 마룻바닥 밑을 그대로 가로질러 마루판을 받치는 나무의 종류)에 붙이는 것이 있다. 거푸집널에 사용되는 목재(널)의 두께는 약 15 ~ 30 mm 이고 반 건조된 것이 가장 좋다.

3) 합판 거푸집(plywood form)

합판 거푸집은 일반적으로 목재 거푸집의 일종으로 쪽널을 사용하지 않고 veneer 합판(plywood)을 거푸집널(면판: 콘크리트에 직접 접촉되는 곳에 붙인 널)로 사용한 것이지만, 최근에는 강제틀에 합판을 면판으로 붙인 강제틀 합판 거푸집(KS F 8006)이 개발되고, 개선 발전되어 일명 유로폼(Euro form) 등으로 널리 사용되고 있어 합판 거푸집과 구분 되어 사용하고 있다.

강제틀 합판 거푸집(steel framed plywood form)과 합판 거푸집에 사용되는 합판은 KS F 3110(콘크리트 거푸집용 합판)의 규정에 적합한 것이어야 한다. 콘크리트 거푸집용 합판은 표면처리를 하지 않은 일반 거푸집용 합판과 표면에 도장 또는 피복처리를 한 가공 거푸집용 합판이 있으며 합판의 두께는 보통 12 ~ 24 mm를 사용하고 내수합판으로 되어 있다.

강제틀 합판 거푸집의 규격(나비 × 길이)은 200 ~ 600 mm × 900 ~ 1,800 mm로 다양하다(그림 1-4-1 참고).

4) 금속재 거푸집(metal form)

금속재 거푸집은 면판과 보강재를 전부 금속재료를 사용하는 것으로 강제틀 합판 거푸집과는 구분되어 지며, 사용재료에 따라 강재 거푸집(steel form)과 알루미늄 거푸집(aluminum form)으로 나뉜다. 금속재 면판을 사용함으로써 콘크리트 면이 평활하고 수밀성이 좋아 양질의 콘크리트를 얻을 수 있으며, 특히 형상 치수가 정확하며 전용횟수(전용횟수 50회 이상)를 높일 수 있다는 것이 장점이다. 특히, 알루미늄 거푸집은 강도가 균일하며 내구성이 높아 전용횟수가 높고 경량재로서 작업이 용이하여 널리 사용되고 있으나, 국내의 해당 기준(KS)은 아직 없으며, JSA의 JIS A 8652(Metal Panels for Concrete Form)가 이에 해당된다.

5) 합성수지 거푸집(plastic form)

합성수지 거푸집은 플라스틱의 가소성(plasticity)을 이용한 것으로 가볍고, 콘크리트 마감면이 깨끗하며, 내식성이 우수한 장점이 있으나 아직 널리 보급되지는 않고 있다. 콘크리트 거푸집용 합성수지 판의 면판과 콘크리트 거푸집용 합성수지 패널(panel)을 보강재를 사용한 것으로 KS F 5650과 KS F 5651에 규격 표준화 되어 있다.

거푸집에 사용되는 합성수지로는 polyester수지와 유리섬유(glass fiber)로 보강된 FRP(Fiber Reinforced Plastic)가 가장 많이 사용되고 있는데 FRP 거푸집널은 무척 강하므로 두께가 3 mm 정도면 충분하다.

6) 기타 거푸집

① 콘크리트 거푸집널

지보공 철거 후에 거푸집널 자체가 콘크리트 마무리면이 되는 거푸집을 말한다.

② 경금속 거푸집널

알루미늄과 마그네슘 등의 재료로 합금한 가벼운 금속을 거푸집널로 사용한 장식용 거푸집.

③ 단열 거푸집널

동절기공사 등에서 콘크리트의 보온을 위하여 거푸집널 단열재를 붙인 거푸집.

④ 경질(硬質) 섬유판 거푸집

거푸집널에 합판과 같이 사용할 수 있는 경질의 섬유판을 사용하여 주로 평활(平滑)한 콘크리트면에 많이 사용된다.

이 밖에도 종이 거푸집, 석면 시멘트 등 여러 가지 거푸집이 많이 이용되고 있다.

⑤ 문양 거푸집

콘크리트 표면을 보다 자연스럽고 미려한 조형미를 연출할 수 있는 표면처리용 거푸집으로 기존의 사용되는 거푸집의 면판에 붙여 사용하는 것으로 폼 라이너(Form liner)라고도 하며 박리제의 사용이 중요하다.

7) 동바리(받침기둥 support, timbering, staging)

거푸집의 일부로서 콘크리트가 소정의 형상 치수가 되도록 거푸집을 고정 또는 지지하기 위한 지주(支柱), 간주(間柱), 사주(斜柱), 이음재 등으로 되어 있다. 동바리는 거푸집과 콘크리트의 하중을 지지하고 거푸집의 위치를 확실하게 해야 하므로 정확하고 견고하며 안정하게 설치되어야 한다.

동바리의 재료는 일반적으로 목재가 쓰이고 있으나 근래에 와서는 강재 pipe가 많이 사용되고 있다.

① 목재 동바리

최근에는 사용되고 있지는 않지만, 목재 동바리는 보통 말구(末口)가 7 cm 정도의 통나무로서 절리(節理)나 균열이 없고 휘어지지 않는 것으로 하중에 견딜 수 있는 재료이어야 한다.

② 강재 동바리

근래에는 강관 동바리(pipe support)가 많이 사용되고 있으며, 특히 B.T형 강관 동바리(틀짜기 동바리: build-up type pipe support)의 경우는 조립 및 해체가 빠르고 연직 및 수평 방향의 지지력이 크므로 공기 단축도 되고 공사비가 절감된다. 강관 동바리는 KS F 8001(강제 파이프 서포트), KS F 8002(강관 비계용 부재), KS F 8003(강관틀 비계용 부재 및 부속철물)의 규정에 적합한 것으로 하고, 신뢰할 수 있는 시험기관이 내력 시험 등에 의하여 허용하중을 표시한 제품을 사용해야 한다. 강관 동바리의 각종 주·부재를 이용 주주(수직재), 횡대(수평재), 상부쟈키(U-head), 하부쟈키(jack base) 등으로 구성한 시스템 서포트(system support)는 중하중용 동바리로서 모든 건설현장과 어떠한 현장 조건에도 설치가 가능 하여 각종 교량 등 구조물의 높은 층고를 지지하는 동바리로 폭넓게 사용되고 있다.

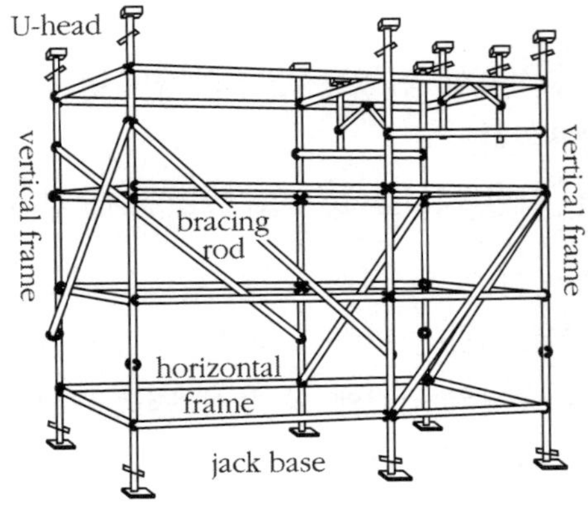

그림 1-4-2 System Support 구조

8) 특수 거푸집 및 특수 동바리

① 특수 거푸집으로는 높은 교각, 수조 등에 대해서 연직 방향으로, 또 터널의 invert, 수로 등에 대해서는 수평 방향으로 활동(滑動: sliding)시켜서 사용하는 슬립폼(slip form)과 건축물에 많이 사용되는 갱폼(gang form) 등이 있다.

② 특수 동바리에는 고가교 등에 쓰이는 이동 동바리나, 트러스를 이용한 동바리가 있고, 아치교(arch橋)를 캔틸레버 방식으로 가설할 때 쓰이는 가설작업차 등이 있다.

9) 비계(飛階: scaffolding)

높은 건물이나 구조물을 시공할 때 딛고 서거나 작업자의 통로로 사용하기 위해 설치한 가설물로서, 사용 재료에 따라 통나무 비계와 강관 비계 등이 있으나, 최근에는 강관 비계가 많이 이용 되며 여러 종류의 조립식(system) 비계가 개발되어 사용되고 있다.

비계의 형태 및 용도에 따라 외부 및 내부 비계와 말비계(horse scaffold), 달비계, 외줄 및 쌍줄 비계 등으로 구분하고 있다.

4.3 설 계

1) 거푸집의 설계

① 거푸집은 예상되는 하중조건에 대하여 모든 부속품이 허용응력을 초과하지 않으며

변형이 기준 이하가 되도록 설계되어야 한다.

② 거푸집은 부과되는 수직하중과 수평하중을 지반 혹은 영구구조체에 안전하게 전달할 수 있도록 설계되어야 한다.

③ 거푸집은 콘크리트 표면 및 인접한 재료에 충격과 진동, 손상을 주지 않고 쉽게 해체할 수 있는 구조이어야 한다.

④ 양중(揚重)이 필요한 거푸집은 양중에 의한 영향을 고려하여야 한다.

⑤ 거푸집은 시공 중의 침하나 상승을 고려하여 설계되어야 한다.

⑥ 폼라이너를 사용하지 않는 거푸집 표면의 평탄하기는 다음의 3단계로 구분되며, 표면의 평탄하기 등급은 적용부위에 따른 공사시방서에 따른다.

(a) A급 : 미관상 중요한 노출콘크리트 면

(b) B급 : 마감이 있는 콘크리트 면

(c) C급 : 미관상 중요하지 않은 노출콘크리트 면

2) 동바리의 설계

① 동바리는 허용지반지지력 및 침하를 초과하지 않고 부과되는 하중을 지지하고, 모든 부속품이 변형기준과 허용응력을 초과하지 않도록 설계되어야 한다.

② 동바리의 설계는 시공 중과 완성 후의 침하와 변형을 고려하여야 한다. 이때, 예상되는 전체 침하량은 가설기초의 침하와 동바리 자체의 변형량을 포함하여 25 mm를 초과하여서는 안 된다.

③ 단품지지형식 동바리의 허용압축내력 산정 시 수평연결재로 좌굴길이를 조정하지 않고 전체 동바리 길이에 대하여 좌굴길이로 산정하였을 경우에는 수평연결재를 생략할 수 있다. 다만, 단품지지형식 동바리의 허용하중은 안전율을 적용한 값과 나이프에지 시험에 의한 압축하중 중 작은 값을 적용하여야 한다.

④ 양중이 필요한 동바리는 양중에 의한 영향을 고려하여야 한다.

⑤ 동바리에 설치되는 수평연결재 및 가새는 예상되는 모든 수평하중을 지지하여 동바리 자체로 수평하중이 전달되지 않도록 하여야 한다.

3) 거푸집의 수량 산출

(1) 거푸집의 수량 산출 요령과 주의사항

① 거푸집은 종류별, 전용횟수별로 구분하여 산출한다.

② 거푸집은 표준품셈에 적용하기 위하여 면적(m^2)으로 산출한다.

③ 상향으로 노출된 콘크리트면 이외에는 모든 면을 거푸집 면적으로 산출하나, 비탈면의 콘크리트는 시공이음을 고려해서 계산한다(기초에서는 비탈면의 기울기가 30° 이상일 경우에 거푸집을 산출하는 경우도 있음).

④ 전체 구조물을 나누어 계산한 경우 중복되기 쉬우므로 주의해서 중복되지 않도록 산출한다.

⑤ 빈배합(lean concrete)으로 치는 버림 콘크리트(blinding concrete)에는 거푸집을 계산하지 않는 경우도 많이 있다.

(2) 동바리 및 비계의 수량 산출

① 동바리는 직고 2 m 미만인 경우의 교각, 교대, 암거 및 돌쌓기에서는 계상되지 않으며 arch구조의 센터(centre) 등, 특수 구조로서 동바리가 필요하다고 인정될 때는 예외로 한다.

② 동바리 및 비계는 표준품셈에 적용하기 위하여 공 m^3(空 m^3, empty m^3)으로 산출한다.

4) 거푸집 1 m^2당 재료 및 품셈

(1) 목재 거푸집

표 1-4-1 ● 목재 거푸집의 품셈 [m^2당]

종 별	단 위	기준수량 (1회 사용시)	사용횟수별 기준수량에 대한 비율[%]			비 고
			횟수별	재료비[%]	노무비[%]	
판 재	m^3	0.03	1회 사용시 2회 사용시 3회 사용시 4회 사용시	100 57.7 46.6 39.7	100 63.0 51.6 45.9	
각 재	m^3	0.038				
철 선	kg	0.29				
못	kg	0.25				
박리제	L	0.19				
형틀목공	인	0.34				제작조립 철거포함
인 부	인	0.27				
사용고재 평가기준	%	30			판재와 각재의 설계단가를 기준으로 함	

● 참고: 목재 거푸집[계산 예] [m^2당]

사용횟수	명 칭	규격	단위	수 량	단 가	재료비	노무비	계
1회 사용	판 재		m^3	0.03	350,000	10,500.00		
	각 재		m^3	0.038	450,000	17,100.00		
	철 선	#8	kg	0.29	1,280	371.20		
	못		kg	0.25	1,350	337.50		
	박리제	경유	L	0.19	1,200	228.00		
	형틀목공		인	0.34	100,469		34,159.46	
	보통인부		인	0.27	66,622		17,987.94	
	고재처리	23%	%			(−)6,563		
						21,973.26	52,147.40	74,120.66
2회 1회 사용 재료비의 57.7% 인건비의 63%						12,678.57	32,852.86	45,531.43
3회 1회 사용 재료비의 46.6% 인건비의 51.6%						10,239.54	26,908.06	37,147.60
4회 1회 사용 재료비의 39.7% 인건비의 45.9%						8,723.38	23,935.66	32,659.04

(2) 합판 거푸집

표 1-4-2 ● 합판 거푸집의 품셈 [m^2당]

종 별	단위	기준수량 (1회 사용)	사용횟수별 기준에 대한 비율[%]			비 고
			횟수별	재료비[%]	노무비[%]	
한 판	m^2	1.030	1회 사용시	100	100	12 m/m 내수합판 기준
각 재	m^3	0.038	2회 사용시	57.7	60.0	
철 선	kg	0.29	3회 사용시	46.1	47.1	
못	kg	0.2	4회 사용시	40.1	40.0	
박리제	L	0.19	5회 사용시	37.1	34.2	
형틀목공	인	0.22	6회 사용시	34.7	32.0	
보통인부	인	0.12				
사용고재 평가기준	%	23				목재의 합판의 설계 단가를 기준으로 함

● 참고: 합판 거푸집[계산 예] [m^2당]

사용횟수	명 칭	규격	단위	수 량	단 가	재료비	노무비	계
1회 사용	한 판	내수합판 12 mm	m^3	1.03	7,000	7,210.00		
	각 재		m^3	0.038	450,000	17,100.00		
	철 선	#8	kg	0.29	1,280	371.20		
	못		kg	0.2	1,350	270.00		
	박리제	경유	L	0.19	1,200	228.00		
	형틀목공		인	0.22	100,469		22,103.18	
	보통인부		인	0.12	66,622		7,994.64	
	고재처리	23%	%	23		(−)5,791		
						19,387.98	30,097.82	49,485.80
2회 1회 사용 재료비의 57.0% 인건비의 60%						11,051.15	18,058.69	29,109.84
3회 1회 사용 재료비의 46.1% 인건비의 47.10%						8,937.86	14,176.07	23,113.93
4회 1회 사용 재료비의 40.1% 인건비의 40%						7,774.58	12,039.13	19,813.71
5회 1회 사용 재료비의 37.1% 인건비의 34.2%						7,192.94	10,293.45	17,486.40
6회 1회 사용 재료비의 34.7% 인건비의 32%						6,727.63	9,631.30	16,358.93

Chapter 5

콘크리트

5.1 콘크리트의 재료

콘크리트(concrete)는 시멘트, 잔 골재, 굵은 골재를 물과 함께 혼합하여 만든 것을 말하며, 혼화재료가 포함되는 경우도 있다. 또 시멘트와 잔 골재만을 물로 혼합하여 만든 것은 모르타르(mortar)라 하고 시멘트와 물만 혼합하여 만든 것은 시멘트 풀(cement paste)이라 한다. 그림 1-5-1은 콘크리트 성분 용적 비율을 나타낸 것이다.

공기	물	시멘트	골재	
			잔 골재	굵은 골재
5%	15%	10%	70%	

- 시멘트 풀(cement paste): 공기 + 물 + 시멘트
- 진충제: 골재
- 모르타르(mortar): 공기 + 물 + 시멘트 + 잔 골재
- 콘크리트(concrete): 전체

그림 1-5-1 콘크리트 성분 용적 비율

1) 시멘트(cement)

시멘트는 물 또는 염유용액으로 반죽하였을 때 경화하는 무기질 교착재료를 통칭하는 것으로서, 주성분이 규산(SiO_2), 알루미나(Al_2O_3), 산화철(Fe_2O_3), 산화칼슘(CaO)으로

구성되어 있다.

시멘트는 고대로부터 자연 상태의 시멘트가 각종 토목건축공사에 사용되어 왔으나, 현재 우리가 사용하는 근대적인 의미의 시멘트(인공 시멘트)는 1824년에 이르러 영국의 벽돌공인 Joseph Aspdin에 의해 석회석과 점토를 혼합하여 구어서 시멘트를 만드는 방법이 등록되면서 시작되었다. 당시 그 시멘트는 굳은 상태가 영국의 포틀랜드 섬에서 산출되는 석재와 비슷하다 하여 포틀랜드 시멘트(Portland cement)라는 이름이 붙여졌다. 이 후 연구가 계속되면서 현재는 다양한 종류의 시멘트가 제조되고 있다.

표 1-5-1은 KS L에 의한 시멘트의 종류이고, 표 1-5-2는 주요 국가의 포틀랜드 시멘트 분류이다.

물량 산출에서 시멘트의 단위는 보통 kg으로 하지만(품셈의 단위표준), 때에 따라서 포대(包袋: BG, Bag)의 단위도 쓰인다(사용고재, 운반 등).

시멘트 1포대의 알속무게(Net weight)는 40 kg이며 체적은 약 0.026 m^3(약 0.9874立方尺)이다. 또 시멘트 1 m^3의 중량은 1,500 kg(표준품셈의 단위표준)이고 40 kg들이 37.5포대가 된다.

국제 규격으로는 42.637 kg/BG(94 lb/BG)의 포대로 하고 그 체적은 약 0.027 m^3(1立方尺)이다.

표 1-5-1 ● KS에 의한 시멘트의 종류

KS L	명 칭		내용 및 용도
5201	포틀랜드 시멘트	1종 : 보통 포틀랜드 시멘트 (ordinary portland cement)	• 보통 대개의 공사에 사용. • (전 세계의 총 시멘트 생산고의 90%) • 제조 공정이 비교적 간단함. • 품질이 대단히 우수하고 가격 저렴함.
		2종 : 중용열 포틀랜드 시멘트 (moderate-heat portland cement)	• 경화열, 수축이 적어서 균열방지에 좋다. • Dam 등의 대괴(大塊)concrete에 적합함.
		3종 : 조강 포틀랜드 시멘트 (high-early strength portland cement)	• 단기강도가 크다(24시간, 3일, 7일) : 7일 강도가 제1종의 재령 28일 강도와 같다. • 조기 고강도를 요하는 공사, 동계공사, 수중공사 등에 적합함.
		4종 : 저열 포틀랜드 시멘트 (low-heat portland cement)	• 저수화열, 고유동성, 우수한 장기 강도를 나타내는 차세대 시멘트 • LNG 지하저장 Tank의 지중 연속벽을 비롯한 여러 분야의 mass concrete에 이용됨.
		5종 : 내황산성 포틀랜드 시멘트 (sulfate resistance portland cement)	• 황산염에 대한 저항성이 크며 화학적으로 매우 안정되고 강도 발현이 우수함. • 온천지대 구조물, 공장 폐수시설, 원자로, 항만 및 하천 공사 등에 이용된다.

KS L		명 칭	내용 및 용도
5210	혼합시멘트	고로(高爐)슬래그 시멘트 (portland blast-furnace slag cement)	• 광재(鑛滓: slag) 사용으로 고 분말도. • 화학적 저항성이 큼 : 공장폐수 또는 해수, 기름의 작용을 받는 구조물, 오폐수로 • 수화열이 적음 : Dam, 하천 등에 사용
5211		플라이 애시 시멘트 (Portland fly-ash cement)	• clinker, fly-ash에 섞고 혼합; silica cement와 유사함. • 수화열, 건조수축 적음. • 후기강도 크고 화학적 저항성 크다.
5401		포틀랜드 포졸란(실리카) 시멘트 (Portland pozzolan(silica) cement)	• 화산암 풍화물, 백토, 규조토, 의회암 등을 혼합. • 황산염에 강하고 수밀성 및 내열성이 좋다. • 수화열, 초기강도는 낮으나 후기 강도는 높다.
5204	특수시멘트	백색 포틀랜드 시멘트 (white portland cement)	• 철분(Fe_2O_3)을 적게 함. (3.0%→0.5% 이하) • 조기 강도가 다소 낮으나 그 외 성질은 제 1종과 거의 같아 건축물 등에 쓰임.
5205		내화물용 알루미나 시멘트 (alumina cement for refractories)	• 석회와 bauxite를 같은 비율로 혼합함. • 비중이 가볍고 조강성이 매우 크다. • 해수 및 기타 화학적 저항성이 크다. • 발열량이 크므로 양생에 주의해야 함. • 열분해 온도가 고열(1,300℃) : 내화용 concrete.
5216		박리 팽창 질석을 사용한 단열 시멘트 (expanded or exfoliated vermiculite thermal insulating-cement)	• 경량골재, 단열용 콘크리트
5217		팽창성 수경 시멘트 (expanded hydraulic cement)	• 응결 후 초기 경화 기간 중 팽창함.
5219		메이슨리 시멘트 (masonry cement)	• 미장 조적용

표 1-5-2 ● 주요 국가의 포틀랜드 시멘트 규격

국명	규격	포틀랜드 시멘트의 종류	분말도(비표면적)	응 결		압축강도[kg/cm²]	
				초결	종결	7일	28일
한국	KS L 5201	1종 : 보통	2,800 이상	60 이상	10 이하	200 이상	290 이상
		2종 : 중용열	2,800 이상			190 이상	295 이상
		3종 : 조강	3,300 이상			280 이상	310 이상
		4종 : 저열	2,800 이상			75 이상	190 이상
		5종 : 내황산성	2,800 이상			160 이상	210 이상
일본	JIS R 5210	1종 : 보통	2,500 이상	60 이상	10 이하	150 이상	300 이상
		2종 : 중용열	3,300 이상	45 이상		260 이상	330 이상
		3종 : 조강	4,000 이상	45 이상		280 이상	350 이상
		4종 : 저열	2,500 이상	60 이상		100 이상	230 이상
		5종 : 내황산성	2,500 이상	60 이상		140 이상	280 이상

국명	규격	포틀랜드 시멘트의 종류		분말도(비표면적)	응결		압축강도[kg/cm^2]	
					초결	종결	7일	28일
미국	ASTM 0150	I	보통	2,800 이상	45 이상	6.25 이내	197 이상	281 이상
		I A					158 이상	225 이상
		II	중용열정도 내황산성	2,800 이상			176 이상	281 이상
		II A					141 이상	225 이상
		III	조강	-	60 이상	10 이내	-	-
		III A					-	-
		IV (저열)		2,800 이상			70 이상	176 이상
		V (내황산염)					155 이상	211 이상
독일	DIN 1164	25 (저열내황산염)		2,200 이상 특별한 공급 또는 사양에 의할 때 2,000 이상	60 이상	12 이하	100 이상	250 이상
		35 (보통)	L				180 이상	350 이상
			F				-	350 이상
		45 (고강)	L				-	450 이상
			F				-	450 이상
		55 (조강)					-	550 이상

2) 물

① 물은 기름, 산, 유기불순물, 혼탁물 등 콘크리트나 강재의 품질에 나쁜 영향을 미치는 물질의 유해량을 함유해서는 안 된다.

② 혼합수는 KS F 4009 부속서2(레디믹스트 콘크리트의 혼합에 사용되는 물)의 기준에 적합한 것을 표준으로 한다.

③ 혼합수는 콘크리트의 응결경화, 강도의 발현, 체적변화, 워커빌리티 등의 품질에 나쁜 영향을 미치거나 강재를 녹슬게 하는 물질을 허용함유량 초과하지 않아야 한다.

④ 해수는 강재를 부식시킬 우려가 있으므로 철근 콘크리트, 프리스트레스트 콘크리트, 철골철근 콘크리트 및 가외철근이 배치된 무근 콘크리트에서는 혼합수로서 사용하지 않아야 한다.

3) 골재(aggregate)

모르타르 또는 콘크리트를 만들기 위하여 시멘트와 물에 혼합하는 모래, 부순 모래, 자갈, 부순 자갈, 부순 돌, 그 밖에 이와 비슷한 재료를 말하며, 콘크리트 부피의 약 65~85%를 차지하고 있다.

골재는 일반적으로 입자의 크기(粒經), 제조방법, 중량, 산지, 강도, 용도 등에 따라 분류된다. 골재는 입도의 크기에 따라 잔 골재(細骨材: fine aggregate)와 굵은 골재(粗骨材: coarse aggregate)로 분류하고, 보통 잔 골재를 모래(sand), 굵은 골재를 자갈(gravel)로 나타내며, 제조방법에 따라 자연골재(천연골재)와 인공골재 또는 순환(재생)골재, 중량에 따라 경량·보통·중량 골재 등으로 분류한다.

(1) 잔 골재

잔 골재는 10 mm체를 전부 통과하고 5 mm체를 거의 다 통과하며 0.07 mm체에 거의 다 남은 골재, 또는 5 mm체를 다 통과하고 0.07 mm체에 다 남는 골재를 말한다. 또 잔 골재율(sand percentage)은 콘크리트 속의 전 골재량에 대한 잔 골재량의 절대 용적비를 백분율로 나타낸 값이다.

① 잔 골재는 KS F 2526의 규정에 적합한 것으로 깨끗하고, 강하고, 내구적이고, 알맞은 입도를 가지며, 먼지, 흙, 유기불순물, 염화물 등의 유해량을 허용한도 이상을 함유하지 않아야 한다.
② 바다모래의 사용은 콘크리트의 품질에 나쁜 영향을 미치지 않는 것이어야 한다(KS F 2515).
③ 부순 잔 골재의 입형은 주로 원석의 종류나 제조시의 파쇄방법에 따라 달라지므로, 습식인 경우에는 물로 충분히 씻어서 하고, 건식인 경우에는 미분말을 제거하기가 쉽도록 충분히 건조시킨 원석을 사용하여야 하며, 석질이 좋은가를 확인함과 동시에 되도록 모가 적고 긴 것이나 편평한 알갱이가 적은 것을 선정하여야 한다.

(2) 굵은 골재

굵은 골재는 5 mm체에 거의 다 남는 골재, 또는 0.07 mm체로 쳐서 남는 골재를 말한다. 또 굵은 골재의 최대치수(maximum size coarse aggregate)는 무게로 90% 이상이 통과한 체 중 최소치수의 체 치수로 나타낸 굵은 골재의 치수(중량으로 90%가 통과하는 체에서 최소치수의 눈을 가진 눈 크기를 말함)를 말하는 것으로, 최대치수가 큰 굵은 골재를 사용하면 표면적이나 공극률이 적어져 단위 수량(水量)이 감소한다.

굵은 골재는 KS F 2526의 규정에 적합한 것으로 깨끗하고, 강하고, 내구적이고, 알맞은 입도를 가지며, 얇은 석편, 가느다란 석편, 유기불순물, 염화물 등의 유해량 함유하지 않아야 한다. 특히 내화성을 요하는 경우에는 내화적인 굵은 골재를 사용하여야 한다.

(3) 조립률(fineness modulus; F.M)

조립률은 골재의 거칠기를 표시하는 계수 즉, 골재의 크기를 개략적으로 표시하는 지수로 사용되는 것으로, 40 mm, 20 mm, 10 mm, 5 mm, 2.5 mm, 1.2 mm, 0.6 mm, 0.3 mm, 0.15 mm의 10개의 체를 1 set로 생각하고, 체가름 시험을 하여 각각의 체를 통과하지 않는 시료의 전골재량에 대한 백분율의 합계를 100으로 나눈 값을 말한다. 잔 골재는 2.6 ~ 3.1, 굵은 골재는 6 ~ 8 정도이다.

(4) 골재로서의 필요한 성질

① 골재의 강도는 콘크리트 강도를 확보하고, 경화 시멘트 풀의 강도 이상일 것.
② 깨끗하고, 먼지, 흙, 유기불순물, 염화물 등 유해물의 유해량을 허용한도 이상을 함유하지 않는 것.
③ 표면이 거칠고 구형에 가까우며, 입도분포가 양호할 것.
④ 온도·습도의 변화나 동결·융해작용 등의 기상작용 및 화학작용에 안정할 것.
⑤ 골재는 풍화 및 흡수성이 적고, 물이 포화되었을 때 팽창하지 않아야 할 것.
⑥ 마모에 대한 저항성이 크고, 내구적이며, 내화성이 있을 것.
⑦ 콘크리트의 무게를 만족하는 비중일 것.

(5) 골재의 단위중량(unit weight)

골재의 단위중량은 건조 상태(air dry condition) 1 m^3 골재의 중량(kg)을 말하는데, 골재의 비중(gravity), 입도(grading), 함수량(water content), 계량 용기의 형상 및 대소, 또는 용기에 채우는 방법에 따라 다르다. 이 값은 콘크리트의 배합설계, 용적배합 등에 필요한 것이며 수량 산출에 중요하다.

골재의 단위중량은 대체로 잔 골재는 1,450 ~ 1,800 kg/m^3, 굵은 골재는 1,450 ~ 2,000 kg/m^3이며 표준품셈의 재료 단위중량에서도 나타내고 있다.

(6) 재생(순환)골재(recycled aggregate)

건설폐기물 중 폐콘크리트 및 폐아스팔트 콘크리트 등을 파쇄·처리하여 인공적으로 만든 골재로서 입도에 따라 잔 골재와 굵은 골재로 나누어지며 "건설폐기물의 재활용촉진에 관한 법률"의 규정과 KS F 2573(콘크리트용 순환골재)에서 순환골재의 용도별 품질기준을 정하고 있다.

순환골재 사용 시, 현장조건에 따라 하천, 호소 등 공공수역에 근접하거나, 수변지역, 지하수와 접촉 가능한 지역 등으로 토양, 수질 등에 영향을 줄 수 있는 지역 또는 용도(콘크리트용, 콘크리트 제품제조용, 아스팔트 콘크리트용 제외)에 적용할 경우에는 순환골재로 인한 알칼리수의 관리가 필요하므로 알칼리성을 저하시킨 전 처리된 순환골재를 사용하거나 배수로 및 집수로를 설치하는 등 공사현장에서의 환경관련 기준을 준수하여야 한다.

4) 혼화재료(cement admixture)

시멘트, 물, 골재 이외의 재료로서 혼합할 때 필요에 따라 첨가해 넣는 재료로서, 콘크리트의 성질을 개선하고 또한 시멘트의 사용량을 감소하기 위하여 시멘트, 물, 골재 이외에 콘크리트에 넣는 재료를 총칭하여 혼화재료라 한다.

혼화재료 중 그 사용량이 비교적 많아서 그 자체의 부피가 콘크리트 배합설계에 관계되는 혼화재(混和材)와 사용량이 비교적 적어서 그 자체의 부피가 콘크리트 배합설계 시 무시되는 혼화제(混和劑)로 구분된다.

(1) 혼화재(mineral admixture, additive)

혼화재는 사용량이 비교적 많아 그 자체의 부피가 콘크리트 배합 계산에 관계되는 것으로 포졸란(pozzolan) 또는 이에 유사한 광물질 분말로서 화산회, 규조토, 규산백토, 고로슬래그 미분말, fly ash, 실리카 퓸 등이 있다.

포졸란을 사용한 콘크리트는 다음과 같은 특징이 있다.

① 수밀성이 크다.

② 해수 등에 대한 화학적 저항성이 크다.

③ 재료분리를 막고 workability 및 finishability의 증진.

④ 발열량이 작다.

(2) 혼화제(混和劑: chemical admixture, agent)

혼화제는 사용량이 비교적 적어 그 자체의 부피가 콘크리트 배합 계산에 무시되는 것으로 AE제, 경화촉진제, 지연제, 감수제, 방수제, 급결제, 발포제 등이 있다.

① AE제(air entraining agent)

AE제는 콘크리트 속에 미소하고 독립된 공기기포(지름 0.025 ~ 0.25 mm)를 균일하게 분포시키기 위하여 사용하는 것으로, AE제를 사용하므로 다음과 같은 이점이 있다.

- 단위 수량(水量)이 적게 된다.
- 재료분리와 bleeding이 적고, workability가 좋아서 쇄석 골재 사용에 좋다.
- 경화시 발열량이 적다.
- 알칼리 골재반응(alkali-aggregate reaction)의 영향이 적다.

(※ 알칼리 골재반응 : 포틀랜드 시멘트 중의 알칼리 성분과 골재 중의 실리카 성분과의 화학반응으로 물질이 과도하게 팽창하므로 콘크리트의 균열, camber, 붕괴 등이 일어나는 경우가 있다.)

- 철근과의 부착강도가 조금 적어지는 경향이 있다.

② 감수제(water reducing agent)

mortar나 콘크리트의 workability를 개선하는데 필요한 단위 수량(水量)을 감소시킬 수 있는 혼화제.

③ 응결경화 촉진제(accelerator)

수중이나 한중 콘크리트 공사 시 초기강도 및 수화열 발생을 필요로 할 때에 사용하는 것으로 염화칼슘, 규산나트륨 등이 있다.

④ 지연제(retarder)

수화반응을 지연시켜 응결시간을 길게 하는 혼화제로서, 콘크리트 운반시간이 긴 경우나, 많은 양의 콘크리트를 장시간에 걸쳐 치는 경우에 사용한다.

⑤ 방수제(water proof agent)

콘크리트의 흡수성, 투수성을 감소시키고 방수성을 증진할 목적으로 사용하는 혼화제.

⑥ 유동화제(superplasticizer)

콘크리트를 부드럽게 하기 위한 혼합제.

5.2 콘크리트 각 재료의 소요량 산정

콘크리트 1 m^3당 재료는 시험 배합하여 결정하는 것을 원칙으로 하며 시험배합을 할 수 없는 경우에는 계산방법에 따라 1 m^3당 재료를 계상한다.

또 소량의 콘크리트나 구조적으로 중요하지 않는 콘크리트는 표준품셈(표 1-5-3)에 의해서 1 m^3당의 재료를 계상할 수 있으며, 표 1-5-4는 배합의 표시방법이다.

1) 콘크리트의 배합(mix proportion)

콘크리트의 배합은 콘크리트를 만드는 각 재료의 비율을 말하며 콘크리트 1 m^3을 만드는데 소요되는 재료의 양을 단위량이라 한다.

(1) 배합설계의 기본방침

① 균일한 콘크리트를 만들기 위해서 치기가 가능한 범위의 최소 단위수량, 즉 최소 슬럼프의 콘크리트로 할 것.

② 경제적인 관점 및 설계, 시공상 허용되는 한도까지 되도록 큰 치수의 굵은 골재를 사용할 것.

③ 기상 작용, 화학적 작용 등으로 인하여 파괴 침식 작용에 충분히 저항할 수 있는 내구성을 가질 것.

④ 소요 강도를 가질 것.

표 1-5-3 ● 표준품셈의 1 m^3당 재료 소요량 [m^3당]

골재의 최대치수[mm]	배합종류	시멘트[kg]	모래[kg]	자갈 또는 부순 돌[kg]
13	(A) (B) (C)	390 385 379	1,018 963 949	706 778 828
19	(A) (B) (C)	368 357 351	921 893 841	882 931 992
25	(A) (B) (C)	357 346 340	893 828 779	931 1,011 1,049
40	(A) (B) (C)	335 323 31	838 775 728	1,032 1,101 1,157
50	(A) (B) (C)	318 312 301	795 748 690	1,116 1,195 1,277

※ 1 m^3당의 재료량을 계산할 때는 (B) 배합을 표준으로 하고 모래가 부족한 경우에는 (A) 배합, 많은 경우에는 (C) 배합을 하되, 모래는 건조 상태를 기준으로 한 것이므로 모래가 젖어 있는 경우에는 시멘트 중량 50 kg마다 5~10 kg을 가산하여 단위 수량은 물·시멘트비가 45~65 % 되는 범위에서 요구되는 콘크리트의 성질, 시공 난이도에 따라 결정한다.

표 1-5-4 ● 배합의 표시방법

굵은 골재의 최대치수 [mm]	슬럼프의 범위 [cm]	공기량의 범위 [%]	물-시멘트 비[1) W/C [%]	잔 골재율 s/a [%]	단위량[kg/m^3]				혼화재료[g]	
					물 W	시멘트 C	잔 골재 S	굵은 골재 G	혼화재[1)	혼화제[2)
25	10	5	44	38.3	168.5	383	657	1,079	-	192

주 1) 포졸란 반응성 및 잠재 수경성을 갖는 혼화재를 사용할 경우 물-시멘트 비는 물결합재 비가 된다.
2) 같은 종류의 재료를 여러 가지 사용할 경우에는 각각의 난을 나누어 표시한다. 이때 사용량에 대하여 mL/m^3 또는 g/m^3로 표시하며, 희석시키거나 녹이거나 하지 않은 것으로 나타낸다.

2) 배합의 종류

(1) 용적 배합

시멘트, 잔 골재, 굵은 골재를 각각 용적으로 계량하여 1 : 2 : 4 또는 1 : 3 : 6과 같은 배합비로 표시한다. 그러나 지금은 시멘트의 단위중량을 1,500 kg/m^{3}으로 정하고 시멘트는 중량으로 측정한다.

(2) 중량 배합

모든 재료를 중량으로 측정한다. 취급이 복잡하므로 시험실에 한정되었으나 근래에는 실제 현장에도 적용하게 되었다.

(3) 복식 배합

용적배합과 중량배합을 함께 사용하는 것으로(프랑스나 벨기에에서 시행) 모든 경우에 잔 골재 400 L, 굵은 골재 800 L를 기준으로 하고 이에 대한 시멘트량을 300 kg, 350 kg과 같이 중량으로 지정하는 방법이다.

최근 콘크리트 배합법의 합리화를 위해서 주로 중량 배합을 채택하고 있다. 이것은 시멘트 및 골재 중량의 차질을 피하기 위함이다.

재료의 계량방법에 따른 분류 외에도 시방 배합과 현장 배합이 있다.

(4) 시방 배합(specified mix)

시방 배합에는 시방서, 공사 시방서, 또는 감독관에 의하여 지시된 배합으로 현장에서 콘크리트 배합에 관한 책임의 일부를 위촉받은 기술자가 시방서 또는 공사 시방서를 기초로 하여 결정한 배합 및 골재 입도의 변화, 기온, 운반방법 등 시공 조건의 변화에 따라 그 때마다 지시한 배합이다.

시방 배합은 골재가 표면 건조 포화 상태에 있고, 잔 골재는 No.4체를 통과한 것이다. 굵은 골재는 No.4체에 남는 것으로 지시되며 물로 희석하여 사용하는 혼화제(混和劑)는 물로 희석하기 전의 상태로 지시된다.

(5) 현장 배합(job mix)

시방 배합의 콘크리트가 얻어지도록 현장에 재료의 상태(현장 골재의 표면수 또는 유효 흡수량에 따르는 보정 등) 및 계량방법에 따라서 정한 배합으로, 현장의 잔 골재 중 No.4체에 남는 량 및 굵은 골재 중 No.4체를 통과하는 량에 의한 보정, 물로 희석한 혼합제의 경우 혼합제 중의 수분에 의한 보정 등을 한 후 1배치(batch)의 용량에 따라 계산해서 구한다.

3) 배합설계(design of proportion)

콘크리트의 배합설계는 구조물에 따라 소요의 강도, 내구성, 수밀성, 워커빌리티 등을 갖는 콘크리트를 얻을 수 있도록 사용하는 재료로서 가장 경제적인 혼합 비율을 선정하는 것이다. 배합설계의 방법은 현장의 규모, 시험할 수 있는 시간, 인원의 유무 등에 따라 다르지만, 기성 배합표에 의한 방법, 계산에 의한 방법, 시험 비비기에 의한 시적(試的) 방법의 3가지 방법이 있지만, 시(험)적 방법에 의한 것이 가장 확실하다.

(1) 기성 배합표에 의한 방법

소공사나 중요치 않는 공사에서 시간이나 인원이 충분치 못할 때는 사용 재료의 대략의 성질을 알아서 표 1-5-3과 같은 기성 배합표에 의해서 배합 설계하는 간단한 방법이다.

(2) 계산에 의한 방법

경험, 실측, 배합 참고표 등을 근거로 해서 재료에 대한 가정을 알고 단위수량, 물-시멘트비(W/C), 공기량, 잔 골재율(s/a) 또는 굵은 골재비(G/S)를 정해서 소정의 조건에 맞도록 수정하여 배합설계하는 방법이다.

(3) 시(험)적 배합설계법

이 방법은 시험 비비기에 의한 시험 배합으로 우선 소요의 워커빌리티를 주는 단위수량을 시험적으로 구하고 가장 알맞은 잔 골재율(s/a)을 구하여 이에 따라 적당한 단위수량을 결정하면 되는데 시험 순서는 다음과 같다.

① 재료의 시험 : 재료의 비중, 흡수량, 표면 수량, 단위용적 중량 및 체가름 시험
② 실측이나 참고표에 의한 시험 배합설계
③ 시험적 배치(batch)량과 각 재료량을 결정.
④ 소요의 워커빌리티를 주는 단위수량을 시험적으로 구한다.
⑤ 콘크리트의 공기량 및 단위중량을 측정하고 s/a검사를 한다.
⑥ 소요의 W/C, 슬럼프 및 공기량의 콘크리트의 시험적 배합 결정.
⑦ 최적의 s/a 결정.
⑧ 압축강도시험.
⑨ 시험적 배합설계의 결과.

5.3 콘크리트의 물량 산출

구조물의 콘크리트량 산출은 먼저 콘크리트를 구격별로 구분하고 도형학적으로 계산하기 편리하게 구조물을 부위별로 구분, 산출하여 같은 규격별로 합계하면 된다. 또는 구조물의 부분별, 즉 기초, 기둥, 벽체, 보, 바닥판, 기타 등으로 구분 합계하는 경우도 있다.

1) 산출 요령

① 콘크리트의 등급이나 규격별로 구분 계산한다.
② 단위는 CGS단위를 원칙으로 해서 m^3의 체적단위를 원칙으로 한다(표준품셈).
③ 소수 자리는 표준품셈에 따라 소수 2자리까지 계산하지만 표준단면으로 단위물량(m^3/m)을 산출하는 경우에는 소수 2자리 이상 정확히 구할수록 정확한 계산을 할 수 있다.
④ 콘크리트 구조물을 보통의 수학 공식으로 계산하기 편리하게 도형학적으로 구분해서 계산한다.
⑤ 가장 적합한 수학 공식을 이용해서 계산한다.

2) 산출 방법

(1) 표준단면을 갖고 변화 치수의 길이를 갖는 연속 구조물

① 콘크리트량(V) = 표준단면(A_s) × 단면간의 중심길이(l)
② $\sum V = A_{s1} \times l_1 + A_{s2} \times l_2 + \cdots + A_{sn} \times l_n$
※ 표준단면의 계산은 부록의 수학적인 도형의 공식을 이용한다.

(2) 독립적인 단독 구조물

그림 1-5-2, 그림 1-5-3과 같은 모양 구조물은 도형공식을 이용해서 입적을 계산한다(표준품셈에서는 의사공식(擬似公式)에 의함을 원칙으로 하고 있음).

예 1 도형공식과 의사공식의 비교

① 도형공식

(a) $V = \dfrac{h}{6}\{(2a+a')b+(2a'+a)b'\}$

$= \dfrac{6}{6}\{(2\times10+6)\times8+(2\times6+10)\times4\} = 296\,\text{m}^3$

(b) $V = \dfrac{h}{3}\{ab+a'b'+\sqrt{(ab)(a'b')}\}$

$= \dfrac{6}{3}\{10\times8+6\times4+\sqrt{(10\times8)\times(6\times4)}\} = 295.635\,\text{m}^3$

② 의사공식

$V = \dfrac{h}{6}(A_1+A_2+4A_m)$ $\quad A_m$: $\dfrac{h}{2}$ 되는 지점의 면적

$A_m = 6\times8 = 48$

$V = \dfrac{6}{6}\{(10\times8)+(6\times4)+(4\times48)\} = 80+24+192 = 296\,\text{m}^3$

③ 평균 단면적

$V = h\times\dfrac{(a\times b)+(a'\times b')}{2} = 6\times\dfrac{10\times8+6\times4}{2} = 312\,\text{m}^3$

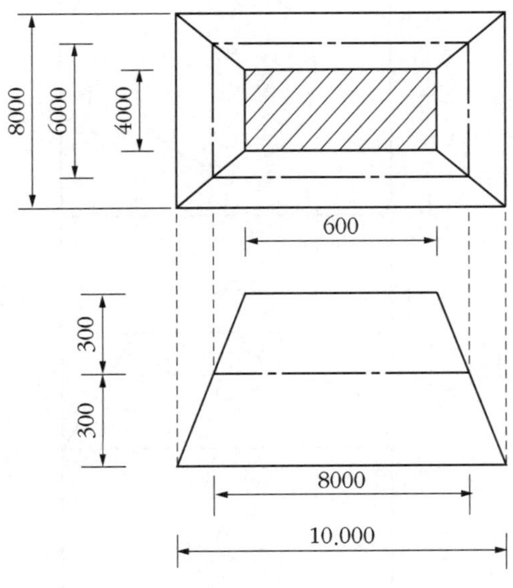

그림 1-5-2

예 2

① 도형공식

(a) $V_1 = a \times b \times h = 12 \times 10 \times 4 = 480\,\text{m}^3$

(b) $V_2 = \dfrac{h}{3}\left\{A_1 + A_2 + \sqrt{A_1 A_2}\right\}$

$= \dfrac{6}{3}\left\{(12 \times 10) + \dfrac{3.14 \times 8 \times 8}{4} + \sqrt{120 \times 50.24}\right\}$

$= 2(120 + 50.4 + 77.645) = 495.77\,\text{m}^3$

계 (a)+(b) $= 975.77\,\text{m}^3$

② 평균 단면법

(a) $V_1 = 12 \times 10 \times 4 = 480\,\text{m}^3$

(b) $V_2 = 6 \times \dfrac{120 \times 50.24}{2} = 510,72\,\text{m}^3$

계 (a)+(b) $= 990.72\,\text{m}^3$

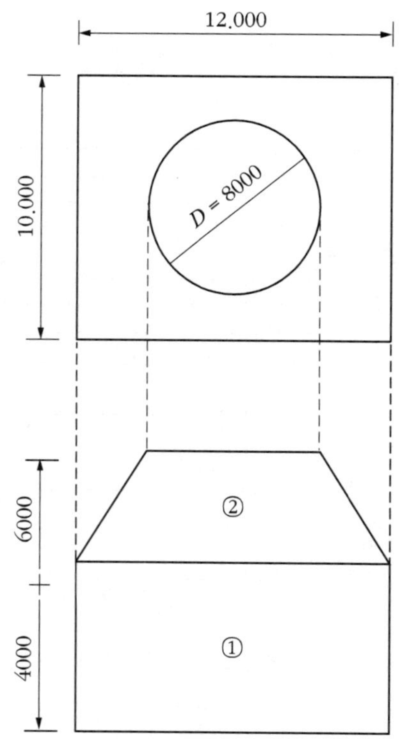

그림 1-5-3

5.4 콘크리트의 종류와 성질

콘크리트의 종류에는 여러 가지가 있으며 그 분류 또한 다양하다. 먼저 사용재료인 시멘트, 골재, 혼화재료 등의 종류에 따라서 명칭을 각기 다르게 하고, 보강재료의 종류 및 사용여부, 외력 및 시공방법, 사용목적 및 위치, 기후 등에 따라 여러 종류가 있다.

1) 사용 재료에 의한 분류

① 보통(일반) 콘크리트(ordinary concrete)

보통 콘크리트는 보통 포틀랜드 시멘트를 사용하고 단지 잔 골재와 굵은 골재만을 사용한 콘크리트로서 일반 콘크리트라고도 하며, 철근 사용에 따라 철근 콘크리트(reinforc-ed concrete, ferroconcrete)와 무근 콘크리트(plan concrete, unreinforced concrete)가 있다.

② AE 콘크리트(air entrained concrete)

AE제를 사용한 콘크리트로서, 미세하고 독립된 기포(연행공기)가 콘크리트 속에 분포되어 단위 수량을 감소시키고, 유동성(workability)과 내구력이 증대된 콘크리트.

③ 경량 콘크리트(lightweight concrete)

콘크리트의 중량을 경감시킬 목적으로 경량골재를 사용하거나 기포제를 사용하여 다공질화한 건조비중이 2.0 이하인 콘크리트를 말하는 것으로, 경량골재 콘크리트(light-weight aggregate concrete)와 다공 콘크리트(porous concrete)등이 있다. 경량골재는 천연 경량골재보다 인공 경량골재를 널리 사용하고 있으며, 이 콘크리트를 인공 경량골재 콘크리트(artificial lightweight aggregate concrete)라 한다.

④ 중량 콘크리트(heavyweight concrete)

철광석이나 중정석 같은 비중이 큰 골재를 사용해서 만든 콘크리트로서 방사선 차폐용과 같은 특수목적에 사용된다.

⑤ 수밀 콘크리트(water proof concrete)

방수를 위하여 방수제를 콘크리트에 배합하거나 도포 등으로 콘크리트 공극을 치밀하게 한 콘크리트.

⑥ 플라스틱(폴리머) 콘크리트(plastic concrete or polymer concrete)

플라스틱(폴리머) 콘크리트는 재료에 고분자 화합물을 혼합하거나 결합재로서 플라스틱재료만을 사용 또는 함침 시키는 방법으로 콘크리트의 물성을 개선시킨 콘크리트로서 속경성이며, 내산성 및 불투수성이 우수하고 인장강도와 휨강도 높다.

혼합재료의 종류 및 방법에 따라 다음과 같이 구분되기도 한다.

(a) 폴리머 콘크리트(PC: polymer concrete) : 무기질 시멘트를 전혀 사용하지 않고 결합재로 폴리머(폴리에스텔 수지 또는 에폭시 수지 등)를 액상으로 이용하여 골재와 결합하여 강도와 수밀성 및 전기 절연성을 향상시킨 콘크리트로 레진(resin) 콘크리트라고도 한다.

(b) 폴리머 시멘트 콘크리트(PCC: polymer cement concrete) : 결합재로 시멘트와 폴리머를 이용하여 골재를 결합한 콘크리트로서 즉 시멘트 콘크리트에 폴리머를 혼합한 콘크리트이다.

(c) 폴리머 함침 콘크리트(PIC: polymer impregnated concrete) : 콘크리트에 모노머(monomer), 프리 폴리머(pre polymer), 폴리머(polymer) 등을 함침 중합시켜 콘크리트와 polymer를 일체화하여 강도, 수밀성 및 내마모성을 증대시킨 콘크리트로 고가이다.

⑦ SEC 취부 콘크리트(SEC: sand enveloped with cement)

골재와 시멘트 paste의 부착성능 향상을 위해 골재표면에 cement 입자를 부착시켜 강도와 내구성을 증진시킨 콘크리트.

⑧ 섬유 보강 콘크리트(FRC: fiber reinforced concrete)

불연속의 짧은 섬유(short fibers)를 콘크리트 중에 균일하게 분산 첨가시켜 인장강도, 휨강도, 균열 대한 저항성, 인성, 전단강도 및 내충격성 등을 개선한 콘크리트로 사용되는 섬유는 강, 유리, 탄소의 무기계 섬유와 폴리프로필렌, 아라미드, 비닐론, 나일론 등의 유기계 섬유가 있어 다음과 분류된다.

가. 무기계 섬유

(a) 강섬유 보강콘크리트(SFRC: steel fiber reinforced concrete)
(b) 유리섬유 보강콘크리트(GFRC: glass fiber reinforced cement/concrete)
(c) 탄소섬유 보강콘크리트(CFRC: carbon fiber reinforced concrete)

나. 유기계 섬유

(a) 폴리프로필렌섬유 보강콘크리트(PFRC: polypropylene fiber reinforced concrete)
(b) 아라미드섬유 보강콘크리트(AFRC: aramid fiber reinforced concrete)
(c) 비닐론섬유 보강콘크리트(VFRC: vinylon fiber reinforced concrete)
(d) 나일론섬유 보강콘크리트(NFRC: nylon fiber reinforced concrete)

⑨ 강콘크리트(steel concrete, steel reinforced concrete)

구조물의 단면을 강재와 콘크리트로 구성되는 하이브리드(hybrid)로 일반적으로 강콘크리트(steel concrete)라 하지만, 조합된 합성부재(composite member)의 종류 및 성능과 혼합구조(mixed structure)의 형태에 따라 구분된다. 철골에 콘크리트로 피복한 철골 콘크리트(steel concrete)와 철골에 철근을 배치해서 콘크리트로 피복한 철골철근 콘크리트(SRC: steel reinforced concrete) 등이 있으며 합성구조 물로는 콘크리트 충전 기둥(CFT: concrete filled steel tube), 샌드위치 부재(SRC wall system) 등이 있다.

다양한 합성부재의 성능 발휘와 합성구조의 적용 가능성 확대로 인하여 시공이 곤란한 구간에 적용되고 있다.

2) 외부 조건에 의한 분류

① 한중 콘크리트(cold weather concreting)

기온이 4℃ 이하가 될 때의 콘크리트 시공을 말하는 것으로, 콘크리트의 응결·경화의 초기단계에서 동결 방지를 위한 적절한 조치를 취한 콘크리트 공사이다.

② 서중 콘크리트(hot weather concreting)

기온이 30℃ 이상일 때의 콘크리트 시공을 말하는 것으로, 고온으로 인한 콘크리트의 응결·경화의 촉진, 소요강도 및 슬럼프의 저하와 균열 등의 문제에 대한 적절한 조치를 취한 콘크리트 공사이다.

③ 수중 콘크리트(concrete in water)

용수(湧水)가 있거나 배수가 되지 않는 장소, 즉 수중에서의 콘크리트 시공을 말하는 것으로, 콘크리트 품질의 균일성, 철근과의 부착, 재료분리 등에 대한 적절한 조치를 취한 콘크리트 공사이다. 수중 콘크리트는 불확실한 경화와 다짐의 어려움, 물에 의한 시멘트의 유실 등이 있으며 이에 대한 확실한 방법은 포대(布袋) 콘크리트, 프리팩트 콘크리트(prepacked concrete)등이 있다.

④ 해양 콘크리트(maritime concrete, off-shore concrete)

항만, 해안, 감조부 등과 같은 해수의 영향을 받는 육상이나 해상의 공기 중에서 건설되는 콘크리트로서, 해수 작용에 내구적인 재료를 사용하거나 강도 및 수밀성이 큰 콘크리트로 시공해야 한다. 해양 콘크리트로서는 시멘트 경화제 대신에 합성수지로 골재를 굳게 한 레진 콘크리트(resin concrete)와 콘크리트의 공극 속을 합성수지로 침투시킨 폴리머 콘크리트(polymer concrete) 등도 사용된다.

⑤ 내화 콘크리트(fire proofing concrete)

알루미나 시멘트를 사용하고 현무암, 안산암, 석회암 등과 같은 열에 강한 골재를 사용한 내화력에 강한 콘크리트로서, 보통 포틀랜드 시멘트에 석고를 혼합하여 내화력에 강한 석고 콘크리트 등이 있다.

3) 작업 및 형태에 의한 분류

① 레디 믹스트 콘크리트(remicon; ready mixed concrete)

정비된 콘크리트 제조설비를 갖춘 공장으로부터 수요자가 요구하는 조건에 맞게 특수 운반차량을 이용하여 현장까지 배달 공급하는 굳지 않는 콘크리트로서 레미콘이라고도 한다. KS F 4009에 규정하고 있으며, 제조 및 운반 방식에 따라 3종류가 있다.

(a) 센트럴 믹스트 콘크리트(central mixed concrete) : 공장에서 각 재료를 계량·혼합하여 완전히 비벼진 콘크리트를 트럭믹서(truck mixer)나 트럭 애지테이터(truck agitator)에 투입하여 운반 중에 교반하면서 배달 공급하는 것.

(b) 쉬링크 믹스트 콘크리트(shrink mixed concrete) : 공장에서 각 재료를 계량·혼합하여 어느 정도 비벼진 콘크리트를 트럭믹서나 트럭 애지테이터에 투입하여 운반 중에 혼합하여 도착 시 완전히 혼합된 콘크리트로서 배달 공급하는 것.

(c) 트랜싯 믹스트 콘크리트(transit mixed concrete) : 공장에 고정믹서가 없이 각 재료를 계량하여 트럭믹서에 투입하여 운반 중에 소요의 물을 가하여 혼합·교반하여 도착 시 완전히 혼합된 콘크리트로서 배달 공급하는 것.

② 프리스트레스트 콘크리트(prestressed concrete)

하중을 받기 전에 콘크리트에 미리 압축응력(prestress)을 주어 하중이 작용하여 일어난 인장응력과 균형을 이루도록 한 콘크리트로서 일명 PS콘크리트 또는 PC라고도 한다. PC 강재(prestressing tendon)를 긴장하여 프리스트레스를 도입하는 방식에 따라 프리텐셔닝(pre-tensioning)과 포스트텐셔닝(post tensioning)이 있다.

③ 진공 콘크리트(vacuum concrete, vacuum processed concrete)

콘크리트 타설 직후 그 표면을 진공 처리하므로 콘크리트 표면 부근의 잉여수분, 기포 등을 제거하여 만든 콘크리트로서 강도를 높이고, 동결 융해에 대한 저항성을 증대시킨 콘크리트이다.

④ 프리캐스트 콘크리트(precast concrete)

공장이나 작업 현장 내에서 미리 만들어 부재로 사용하도록 한 콘크리트를 말하는 것으로 조립식(prefabrication) 시공이 일반적이다.

⑤ 프리팩트 콘크리트(prepacked concrete)

특정한 입도를 갖는 굵은 골재를 거푸집 속에 미리 다져 넣고 그 공극에 특수 모르타르를 적당한 압력으로 주입하여 만든 콘크리트로서, 수중공사에 적합하고, 경화 및 건조 수축이 적다. 특수 모르타르란 유동성이 크고 재료분리가 적고, 수축이 적은 모르타르로 플라이 애시(fly ash), 감수제 또는 특별 혼화제인 Intrusion aid(미국회사 특허품)를 사용한 경우의 콘크리트를 말하며, replaced aggregate concrete라고도 한다.

⑥ 뿜어 붙이기 콘크리트(shotcrete)

뿜어 붙이기는 압축공기를 이용해서 모르타르(mortar)나 콘크리트를 시공면에 뿜어서 붙이는 특수한 시공방법이며, 뿜어 붙인 콘크리트나 모르타르를 shotcrete 또는 gunite-concrete라 한다.

⑦ 대괴 콘크리트(mass concrete)

댐이나 극히 큰 교각 등과 같이 부재 또는 구조물의 치수가 큰 콘크리트로서, 조석재(粗石材) 또는 거석 콘크리트를 사용할 수 있는 정도의 큰 단면 두께를 가진 콘크리트를 말한다. 시공 중 및 그 후에 있어 콘크리트의 온도변화에 의한 용적 변화를 조절해야 하기 때문에 수화열(경화열)이 높지 않은 중용열 또는 저열 시멘트를 사용한다.

⑧ 가열 콘크리트(hot concrete)

비빈 직후의 콘크리트 온도를 30 ~ 60℃ 정도 되게 한 콘크리트로서 초기의 수화반응을 활발하게 한 콘크리트.

⑨ 팽창 콘크리트(expansive cement concrete)

시멘트 및 물과 함께 혼합하면 수화반응에 의하여 에트링가이트 또는 수산화칼슘 등을 생성하고 모르타르 또는 콘크리트를 팽창시키는 작용을 하는 혼화재료인 팽창재를 첨가하여 만든 콘크리트이며, 팽창 콘크리트는 수축보상용 콘크리트, 화학적 프리스트레스용 콘크리트 및 충전용 모르타르와 콘크리트와 같은 내용을 갖고 있다.

⑩ 유동화 콘크리트(fluidized concrete)

이미 비벼낸 콘크리트(base concrete)에 시멘트 입자의 분산성이 우수한 고성능 감수제(유동화제)를 첨가하여 유동성을 높인 콘크리트로서 콘크리트 품질에는 아무런 변화 없이 치기·다지기 등의 시공성과 압송성을 개선하고, 단위수량 및 단위시멘트량을 절감시켜 온도 균열을 방지하는 효과가 크다.

4) 기타 특수 콘크리트(special concrete)

① 석고 콘크리트(gypsum concrete)

보통 포틀랜드 시멘트에 석고를 혼합한 콘크리트로 내화력이 매우 크다.

② 석면 콘크리트(asbestos concrete)

보통 포틀랜드 시멘트에 석면을 혼합한 콘크리트로 내화력이 크다.

③ 석유 콘크리트(petroleum concrete)

시멘트와 잔 골재를 혼합하고 시멘트의 중량에 대한 10%의 중유를 가하여 충분히 혼합하여 만든 콘크리트로 내수성이 크고, 초기 강도는 약하나 1년 후에는 석유를 가하지 않은 콘크리트와 같은 강도와 탄성을 가진다.

④ 아스팔트 콘크리트(asphalt concrete)

쇄석과 아스팔트를 혼합하여 만든 콘크리트로 아스콘(ascon)이라고도 하고 도로포장 재료로 많이 사용된다.

⑤ 빈(貧) 배합 콘크리트(lean mixed concrete)

단위 용적에 대한 시멘트의 사용량이 비교적 적은 약 350 kg/m^3 이하의 콘크리트.

⑥ 부(富) 배합 콘크리트(rich mixed concrete)

단위 용적에 대한 시멘트의 사용량이 비교적 적은 약 350 kg/m^3 이하의 콘크리트.

⑦ 버라이트 콘크리트(baryte concrete)

버라이트(重晶石)의 깬 돌을 골재로 사용한 콘크리트 방사능 차폐용으로 사용된다.

⑧ 고강도 콘크리트(high strength concrete)

고강도 콘크리트는 고성능 감수제 등을 사용하여 된 비빔의 Con'c를 타설할 수 있게 하였고, silica fume 등의 미세분말을 사용하여 강도·내구성·수밀성이 확보되는 고품질의 콘크리트로서 설계기준강도가 일반 콘크리트에서 40 MPa(400 kgf/cm^2) 이상, 경량골재 콘크리트에서 27 MPa(270 kgf/cm^2) 이상의 콘크리트를 말한다. 고강도 콘크리트는 콘크리트 구조물 단면의 축소 및 경량화가 가능하고, 화학적 작용에 강하며, 고성능 감수제의 사용으로 시공성 확보가 용이하다.

5.5 콘크리트의 용어

1) 굳지 않은 콘크리트(fresh concrete)의 성질

① 반죽질기(consistency)

주로 물의 양이 많고 적음에 따라 반죽이 되고 진 정도를 나타내는 굳지 않은 콘크리트의 성질.

② 워커빌리티 = 시공연도(施工軟度: workability)

재료분리를 일으키는 일 없이 운반, 타설, 다지기, 마무리 등의 작업이 용이하게 될 수 있는 정도를 나타내는 굳지 않은 콘크리트의 성질.

③ 성형성(plasticity)

거푸집에 쉽게 다져 넣을 수 있고, 거푸집을 떼어내면 천천히 형상이 변하긴 하지만 허물어지거나 재료분리가 일어나지 않은 굳지 않은 콘크리트의 성질.

④ 마감성(finishability)

굵은 골재의 최대치수, 잔 골재율, 잔 골재의 입도, 반죽질기 등에 의한 콘크리트의 마감처리하기 쉬운 정도를 나타내는 아직 굳지 않은 콘크리트의 성질.

⑤ 압송성(pumpability)

펌프시공 콘크리트의 경우 펌프에 콘크리트가 잘 밀려나가는 지의 난이정도를 나타내는 굳지 않은 콘크리트의 성질.

⑥ 다짐성(compactability)

다짐에 대한 용이성을 나타내는 굳지 않은 콘크리트의 성질.

⑦ 안정성(stability)

블리딩과 재료분리에 대하여 안정할 수 있는 정도를 나타내는 굳지 않은 콘크리트의 성질.

⑧ 가동성(mobility)

점성, 응집력, 내부저항 등에 관한 유동 및 변형에 대한 용이한 정도를 나타내는 굳지 않은 콘크리트의 성질.

⑨ 유동성(fluidity)

중력이나 외력에 의해 유동하기 쉬운 정도를 나타내는 굳지 않은 콘크리트의 성질.

⑩ 자기 충전성(self-compacting)

콘크리트의 시공성에 관한 성능으로 콘크리트 타설 시 진동다짐 작업을 하지 않고도 자중만으로 거푸집 구석구석까지 균일하게 충전되는 성질.

⑪ 재료분리 저항성(segregation resistance)

중력이나 외력 등에 의한 재료분리작용에 대하여 콘크리트 구성 재료분포의 균일성을 유지시키려는 굳지 않은 콘크리트의 성질.

⑫ 간극 통과성(passing performance)

굳지 않은 콘크리트가 진동다짐작업을 하지 않고도 자중만으로 철근 사이 등의 협소부를 재료분리 없이 통과하는 성질.

2) 기타 콘크리트 용어

① 블리딩(bleeding)

아직 굳지 않은 콘크리트, 모르타르 또는 시멘트풀에서 고체 재료의 침강 또는 분리에 의하여 반죽 혼합한 물의 일부가 유리하여 상승하는 현상.

② 레이턴스(laitance)

콘크리트를 쳐서 넣은 다음 블리딩에 따라 내부의 미세한 입자가 부유물과 함께 부상하여 콘크리트 표면에 형성되는 불경성 물질의 층.

③ 마손(磨損: erosion)

콘크리트가 경화한 후 그 표면으로 침식을 당하는 손상으로 흐르는 물에 의한 것은 cavitation, 교통에 의한 것은 abrasion이라 함.

④ 백화현상(efflorescence)

모르타르나 콘크리트에 물이 침투되어 녹아나온 수산화칼슘($Ca(OH)_2$)이 탄산가스 등과 작용하여 탄산칼슘($CaCO_3$)으로 변하고 이것이 경화한 콘크리트의 표면에 나온 농축 결정의 백색물질이 생기는 현상을 백화현상이라 한다.

⑤ 재료분리(segregation)

굳지 않은 콘크리트가 운반 중이거나 쳐서 넣는 동안 또는 쳐서 넣은 후에 여러 재료의 분포가 불균등해지는 현상.

⑥ 연행공기(entrained air)

AE제 또는 공기 연행 작용을 가진 혼화제를 사용하여 콘크리트 속에 생긴 독립된 미세한 기포.

⑦ 갇힌 공기(entrapped air)

인위적으로 콘크리트에 연행시킨 것이 아니고 본래 콘크리트 속에 함유된 공기.

⑧ 잔 골재율(sand percentage)

콘크리트 속에 전 골재량에 대한 잔 골재량의 절대 용적비를 백분율로 나타낸 값.

⑨ 굵은 골재의 최대치수(maximum size coarse aggregate)

무게로 90% 이상이 통과한 체 중 최소치수의 체 치수로 나타낸 굵은 골재의 치수. (중량으로 90%가 통과하는 체에서 최소치수의 눈을 가진 눈 크기를 말함) 최대치수가 큰 굵은 골재를 사용하면 표면적이나 공극률이 적어져 단위 수량(水量)이 감소한다.

⑩ 포졸란(pozzolan)

포졸란(pozzolan)이란 이탈리아의 화산회 산지의 지명 Pozzolan에서 유래된 것으로 그 자체에는 수경성(hydraulicity)이 없고 콘크리트 속의 물에 용해되고 있는 수산화칼슘과 상온에서 서서히 화합하여 불용성의 화합물을 만들고 경화하는(포졸란 반응) 규산질 물질을 함유하는 미분상태의 혼화재료이다.

포졸란에는 천연산(화산회, 규조토, 규산백토 등)과 인공산(고로슬래그, fly ash 등)이 있다.

⑪ 시공이음(construction joint)

콘크리트 치기(placing)과정에서 작업시간, 노동력, 거푸집 및 철근 조립 등의 시공상의 이유로 도중에 치기를 일단 중지하고 이음을 설치해야 할 경우가 있다. 이때의 이음이 시공이음이며 설계에서 정해진 위치와 구조를 엄수하여야 한다.

⑫ 신축이음(expansion joint)

콘크리트 구조물에 온도변화에 따른 신축과 건조수축, 부등침하 진동 등으로 생기는 균열을 방지하기 위하여 콘크리트 타설 전에 줄눈판(premoulded filler)을 넣어 설치하는 이음으로, 이음재료는 고무재, 플라스틱재, 목재 등이 사용된다.

⑬ 콜드 조인트(cold joint)

계속해서 콘크리트를 칠 때, 먼저 친 콘크리트와 나중에 친 콘크리트 사이에 완전한 일체화가 되지 않은 시공불량에 의한 이음을 말한다.

⑭ 거듭 비비기(remixing)

콘크리트가 아직 굳기 시작하지 않으나 반죽 혼합한 후 어느 정도 시간이 지났을 때 또는 재료분리가 있을 때 다시 반죽 혼합하는 것.

⑮ 되비비기(retempering)

콘크리트가 굳어지기 시작할 때 다시 반죽 혼합하는 것.

⑯ 그라우팅(grouting)

아주 좁은 틈을 채워 넣기 위하여 혼합재료를 가하여 충전성을 좋게 한 cement paste나 mortar를 grout라 하고, grout를 주입하는 작업을 말함.

⑰ 애지테이터(agitator)

아직 굳지 않은 콘크리트를 치기 전에 분리되지 않도록 잘 혼합하는 기계를 말하고, 애지테이터를 장착한 운반 차량을 트럭 애지테이터(truck agitator)라 한다.

⑱ 슬럼프 시험(slump test)

콘크리트의 반죽질기를 간단히 측정하는 방법으로 밑면 지름 20 cm, 윗면 지름 10 cm, 높이 30 cm의 슬럼프 콘 속에 콘크리트를 용적으로 3회 나누어 넣고 다짐봉(tamping bar)으로 각각 25회씩 균일하게 다진 후 시험기를 수직으로 들어올린다. 이 때 30 cm 높이의 콘크리트가 무너져 내린 값을 슬럼프값(slump value)이라 한다.

콘크리트의 슬럼프값은 작업에 알맞은 범위 내에서 가능한 한 작은 것으로 한다.

⑲ 슬럼프 플로 시험(slump flow test)

슬럼프 플로 시험은 굳지 않는 콘크리트의 점도 및 연도를 평가할 수 있는 시험방법으로 비교적 연성도가 높은 굳지 않는 콘크리트의 Bingham 유체의 퍼짐현상으로 슬럼프값 측정의 어려움 때문에 시행하는 시험이다.

굳지 않는 콘크리트의 슬럼프 플로 시험방법(KS F 2594)은 시료로 채워진 슬럼프 콘을 연직 방향으로 들어 올리고 콘크리트의 움직임이 멈춘 후에 퍼짐의 최대직경과 직교하는 직경을 각각 측정하여 평균한 값으로 0.5 cm 단위로 측정한다.

⑳ 호칭강도(nominal strength)

호칭강도란 콘크리트 설계 시에 기준으로 한 재령 28일에 있어서의 압축강도로서 KS 규격과 콘크리트 표준시방서에서 규정한 설계기준강도를 구별하기 위하여 마련한 용어이다. 레디믹스트콘크리트의 상품으로서의 강도 구분을 나타내는 겉보기의 강도인 것을 말하며, 콘크리트를 표준양생 조건(수중 23±2C)에서 28일 동안 양생한 후 파괴하여 측정한 콘크리트의 압축강도를 말한다.

KS F 4009(레디믹스트콘크리트)에 있어 콘크리트의 강도구분을 나타내는 호칭으로서 호칭강도는 설계기준강도를 의미한다(표 1-5-5 참조).

표 1-5-5 ● 레디믹스트 콘크리트의 종류

콘크리트의 종류	굵은 골재의 최대치수 [mm]	슬럼프 또는 슬럼프 플로 [mm]	호칭강도[MPa] (= N/mm²)[1)]												
			18	21	24	27	30	35	40	45	50	55	60	휨 4.0[2)]	휨 4.5[2)]
보통 콘크리트	20, 25	80, 120, 150, 180	○	○	○	○	○	○	–	–	–	–	–	–	–
		210	–	○	○	○	○	○	–	–	–	–	–	–	–
		500*, 600*	–	–	–	○	○	○	–	–	–	–	–	–	–
	40	50, 80, 120, 150	○	○	○	○	○	○	–	–	–	–	–	–	–
경량 콘크리트	15, 20	80, 120, 150, 180, 210	○	○	○	○	○	○	○	–	–	–	–	–	–
포장 콘크리트	20, 25, 40	25, 65	–	–	–	–	–	–	–	–	–	–	–	○	○
고강도 콘크리트	15, 20, 25	120, 150, 180, 210	–	–	–	–	–	–	○	○	○	–	–	–	–
		500*, 600*, 700*	–	–	–	–	–	–	○	○	○	○	○	–	–

* 슬럼프 플로값을 의미한다.

주 1) 종래단위의 시험기를 사용하여 시험할 경우 국제단위계(SI)에 따른 수치의 환산은 1 kgf = 9.8 N으로 환산한다. 즉, 1 MPa = 10.2 kgf/cm²가 된다.

2) 휨 4.0, 휨 4.5는 포장용 콘크리트에서의 휨 호칭강도를 의미한다.

㉑ 콘크리트 설계기준 강도(specified compressive strength of concrete)

구조설계에서 기준으로 하는 콘크리트의 강도를 말하며, 일반적으로 재령 28일의 압축강도(기호 : f_{ck})를 기준으로 한다.

㉒ 배합강도(required average concrete strength)

콘크리트의 배합을 정하는 경우에 목표로 하는 강도를 말하며, 일반적으로 재령 28일의 압축강도(기호 : f_{cr})를 기준으로 한다.

㉓ 자기수축(autogenous shrinkage)

시멘트 수화반응의 진행에 의해 콘크리트, 모르타르, 시멘트풀의 체적이 감소하여 수축하는 현상.

㉔ 배치(batch)

1회에 비비는 콘크리트, 모르타르, 시멘트풀의 양.

5.6 콘크리트 장비 및 시공

1) 콘크리트 장비

(1) 콘크리트 믹서(concrete mixer)

① 믹서는 KS F 2455에 의해 비비기 성능시험을 실시하여 소요의 비비기 성능을 가지고 있는지를 확인하여야 한다.

② 가경식 믹서(tilting mixer) 및 강제 혼합식 믹서(forced mixing type mixer)는 원칙적으로 각각 KS F 8008 및 KS F 8009에 적합한 것이어야 한다.

③ 믹서는 비빈 콘크리트를 신속하게 배출할 수 있어야 하며, 배출할 때 재료분리를 일으키지 않는 구조이어야 한다.

(2) 콘크리트 운반차(concrete truck)

① 콘크리트를 현장까지 운반하는 자동차는 배출작업이 쉬운 것이어야 한다. 운반거리가 긴 경우에는 애지테이터(agitator) 등의 설비를 갖추어야 한다.

② 콘크리트의 현장 내에서의 운반은 콘크리트의 종류 및 품질, 구조물의 종류와 형상, 타설장소의 조건, 타설량, 타설속도, 작업의 안전성 등을 고려하여 워커빌리티나 시공조건에 상응한 적절한 방법에 따라야 한다.

③ 운반거리가 50 ~ 100 m 이하의 평탄한 운반로를 만들어 콘크리트의 재료분리를 방지할 수 있는 경우에는 손수레 등을 사용해도 좋다.

(3) 콘크리트 버킷(bucket)

① 버킷의 구조는 콘크리트를 투입, 배출할 때에 재료분리를 일으키지 않는 것으로서 콘크리트의 배출이 쉬워야 한다.

② 버킷을 닫았을 때 콘크리트나 모르타르가 누출되지 않도록 하여야 한다.

(4) 콘크리트 펌프(concrete pump)

① 콘크리트 펌프를 사용하여 시공하는 콘크리트는 소요의 워커빌리티를 가지며, 시공시 및 경화 후에 소정의 품질을 갖는 것이어야 한다.

② 압송하는 콘크리트의 슬럼프값은 작업에 적합한 범위내에서 되도록 작게 하여야 한다. 다만, 압송성(pumpability)을 고려하여 이들 값보다도 큰 슬럼프로 할 경우에는 유동화 콘크리트나 고성능AE감수제를 사용한 콘크리트로 하는 것을 원칙으로 한다.

③ 수송관의 지름 및 배관의 경로는 콘크리트의 종류 및 품질, 굵은 골재의 최대치수, 콘크리트 펌프의 기종, 압송조건, 압송작업의 용이성, 안전성 등을 고려하여 정하여야 한다.

④ 콘크리트 펌프의 종류 및 대수는 콘크리트의 종류 및 품질, 수송관의 지름 및 배관의 수평환산거리, 압송부하, 토출량, 단위시간당 타설량, 막힘에 대한 안전성 및 시공장소의 환경조건 등을 고려하여 정하여야 한다. 콘크리트 펌프의 형식은 피스톤식 또는 스퀴이즈식을 표준으로 한다. 콘크리트 펌프의 기종은 압송능력이 펌프에 걸리는 최대 압송부하보다도 커지도록 선정한다.

⑤ 경량골재 콘크리트, 고로슬래그 굵은 골재를 사용한 콘크리트, 고강도 콘크리트, 부배합의 콘크리트, 낮은 슬럼프를 갖는 콘크리트, 빈배합의 콘크리트, 강섬유보강 콘크리트, 수중불분리성 콘크리트, 유동화 콘크리트, 고성능AE감수제를 사용한 콘크리트 등의 압송 혹은 높은 곳으로의 압송, 낮은 곳으로의 압송, 장거리 압송, 수중 콘크리트의 압송, 서중 및 한중에 있어서의 압송 등, 특수한 조건에서의 압송과 같이 콘크리트의 압송에 곤란이 예상되는 경우에는 미리 시공조건에 가까운 배관조건에서 시험압송을 실시하여 콘크리트 펌프의 작업상태, 압송부하 및 토출되는 콘크리트의 상태 등을 확인해 놓는 것이 좋다.

⑥ 콘크리트의 압송에 앞서 콘크리트 중의 모르타르와 동일한 정도의 배합을 가지는 모르타르를 압송하여 콘크리트 중의 모르타르가 펌프 등에 부착되어 그 양이 적어지지 않도록 하는 것이 좋다.

⑦ 압송은 계획에 따라 연속적으로 실시하며, 되도록 중단되지 않도록 하여야 한다. 부득이 장시간 중단하여야 되는 경우에는 재개 후 콘크리트의 압송성 및 품질이 떨어지지 않도록 적절한 조치를 취하여야 한다.

⑧ 콘크리트가 장시간에 걸쳐 압송이 중단될 것이 예상되는 경우에는 펌프의 막힘을 방지하기 위해 시간 간격을 조절하면서 운전을 실시하는 것이 좋다. 또한 장시간 중단에 의해 막힘이 생길 가능성이 높은 경우에는 배관 내의 콘크리트를 배출시켜야 한다.

(5) 콘크리트 플레이서(concrete placer)

① 콘크리트 플레이서를 사용할 경우는 수송거리, 공기압, 공기소비량에 따라 재료분리가 심하므로 그 기종, 형식 및 사용방법에 대해 책임기술자의 지시에 따라야 한다.

② 수송관의 배치는 굴곡을 적게 하고 수평 또는 상향으로 설치하며, 하향경사로 설치 운용해서는 안 된다.

③ 관으로부터의 토출 시에 콘크리트의 재료분리가 생기는 경우에는 토출 시의 충격을 완화시키는 등 재료분리를 되도록 방지하여야 한다.

(6) 벨트 컨베이어(belt conveyer)

① 벨트 컨베이어를 사용할 경우 콘크리트의 품질을 해치지 않도록 벨트 컨베이어를 적당한 위치에 배치하고, 또 벨트 컨베이어의 끝 부분에는 조절판 및 깔때기를 설치해서 재료분리를 방지하여야 한다.
② 운반거리가 길면 햇빛이나 공기에 노출되는 시간이 길어지므로 콘크리트가 건조하거나, 반죽질기가 변화하거나 하므로 컨베이어를 적당한 위치에 배치하여 덮개를 설치하는 등의 조치를 취하여야 한다.
③ 벨트 컨베이어의 경사는 콘크리트의 운반 도중 재료분리가 발생하지 않도록 결정하여야 한다.

(7) 슈트(chute)

① 슈트를 사용하는 경우에는 원칙적으로 연직슈트를 사용하여야 한다. 연직슈트는 깔때기 등을 이어대서 만들어 콘크리트의 재료분리가 적게 일어나도록 하여야 한다.
② 연직슈트를 사용할 경우 콘크리트가 한 장소에 모이지 않도록 콘크리트의 투입구의 간격, 투입 순서 등에 대하여 콘크리트 타설 전에 검토해 두어야 한다.
③ 경사슈트를 사용할 경우 슈트의 경사는 콘크리트가 재료분리를 일으키지 않을 정도의 것이어야 하며, 일반적으로 경사는 수평 2에 대하여 연직 1 정도가 적당하다.
④ 경사슈트의 토출구에 조절판 및 깔때기를 설치해서 재료분리를 방지하여야 한다. 이 경우 깔때기의 하단은 될 수 있는 대로 콘크리트를 치는 표면에 가까이 둘 필요가 있다. 경사슈트로 운반한 콘크리트에 재료분리가 생긴 경우에는 슈트 토출구에 팬을 놓고 콘크리트를 받아 다시 비벼서 사용하여야 한다.

2) 콘크리트 시공

(1) 계량 및 비비기

① 각 재료는 1배처씩 질량으로 계량하여야 하지만, 물과 혼화제 용액은 용적으로 계량하여도 좋다.
② 콘크리트는 균등하게 될 때까지 충분히 비벼야 하며, 비비기 시간은 시험에 의해 정하는 것을 원칙으로 한다. 비비기 시간에 대한 시험을 실시하지 않은 경우 그 최소

시간은 가경식 믹서일 때에는 1분 30초 이상, 강제식 믹서일 때에는 1분 이상을 표준으로 해도 좋다.

(2) 운반

① 콘크리트는 물 - 시멘트비, 슬럼프, 공기량 및 균일성 등 명시된 물성을 나쁘게 변동시키지 않고 타설할 지점에 효율적으로 반입될 수 있는 방법으로 현장까지 운송하여야 한다.

② 레디믹스트 콘크리트는 배처 플랜트에서 충분히 비빈 다음 애지테이터 트럭에 의해 운반하고 현장에서 부리기 전에 충분히 드럼을 고속으로 회전시켜 혼합한 후 배출하여야 한다. 다만 된 반죽의 포장용 콘크리트는 덤프트럭으로 운반할 수 있다. 배처 플랜트를 떠난 후 운반차의 드럼 내에 추가로 물을 주입하는 것은 허용되지 않는다.

③ 콘크리트를 비빈 후 타설이 완료될 때까지의 시간은 원칙적으로 외기온도가 25℃ 이상일 때 90분, 25℃ 미만일 때 120분을 초과하지 않아야 된다.

④ 현장 내에서 콘크리트를 약간 운반해서 타설할 때는 재료분리가 일어나지 않는 방법으로 하여야 한다.

(3) 타설 및 다지기

① 콘크리트는 될 수 있는 대로 신속하게 믹서에서 최종 타설 장소까지 재료분리가 일어나지 않는 방법으로 운반하고 최종위치와 가까운 곳에서 부려야 한다.

② 콘크리트 타설 장비는 콜드 조인트가 생기지 않고, 재료의 분리나 손실이 없이 콘크리트 타설 속도를 유지할 수 있는 충분한 용량을 가진 것이라야 한다.

③ 콘크리트 타설이 시작되면 승인된 치수와 형상을 가진 부재가 완성될 때까지 연속작업으로 하여야 한다.

④ 철근에 의해 콘크리트가 재료분리를 일으킬 수 있는 곳에서 콘크리트를 마구 떨어뜨려서는 안 되며, 1.5 m 이상의 높이에서 떨어뜨려서도 안 된다 콘크리트는 표면이 거의 수평하게 유지되도록 부려야 한다.

⑤ 벽체, 기둥 또는 높이가 3.0 m 이상인 얇은 부재에 콘크리트를 타설할 때는 콘크리트의 타설속도, 1회 타설높이 및 시간간격을 시공도서에 명시된 대로 하여야 한다.

⑥ 펌핑장비는 재료분리 없이 반입지점에서 연속적인 콘크리트의 흐름이 보장되는 크기와 성능을 갖추어야 한다. 호스의 단부에서 콘크리트의 자유 낙하고는 1.5 m 이내이어 야 한다.

⑦ 콘크리트는 타설 중 기계적인 진동으로 충분히 다져야 한다.

⑧ 진동작업은 정기적으로 보수된 진동기와 작업장에 있는 충분한 지원설비를 갖추어 체계적인 방법으로 실시하여야 한다. 진동기는 콘크리트를 효과적으로 다질 수 있는 충분한 진폭과 진동수를 갖는 것이어야 한다.

⑨ 진동기는 콘크리트를 타설한 전면적에서 일정한 간격으로 수직으로 찔러 넣었다가 뽑아내어야 하며, 찔러 넣는 간격은 진동의 영향권이 겹칠 수 있도록 정하여야 한다.

⑩ 진동은 곰보, 간극, 콜드 조인트 등 육안으로 나타나는 표면불량이 없고, 조직과 외관이 균일한 콘크리트가 되도록 하여야 한다.

⑪ 펌핑장비에서 배출된 최초의 모르타르 혹은 콘크리트는 타설부위에 타설해서는 안 되며 적절한 방법으로 처리하여야 한다.

(4) 초기균열의 예방조치

① 슬래브 또는 보의 콘크리트가 벽 또는 기둥의 콘크리트와 연속되어 있는 경우에는 침하균열을 방지하기 위하여 벽 또는 기둥의 콘크리트 침하가 거의 끝난 다음 슬래브, 보의 콘크리트를 타설하여야 한다. 내민 부분을 가진 구조물의 경우에도 동일한 방법으로 시공하여야 한다.

② 콘크리트가 굳기 전에 침하균열이 발생한 경우에는 즉시 다짐이나 재진동을 실시하여 균열을 제거하여야 한다.

③ 콘크리트 표면에서의 수분증발속도가 시간당 1 kg/m^2 이상이 될 것으로 예상되는 경우는 소성수축균열이 발생할 가능성이 크므로 바람막이 벽의 설치나 비닐 등을 덮는 등 필요한 조치를 취하여야 한다.

(5) 시공이음, 신축이음 등

① 시공이음

(a) 시공이음부는 필요한 경우 지수판을 설치하여야 한다.

(b) 시공이음은 직선이고 경우에 따라 구조물과 정확하게 수직 또는 수평하도록 배치하여야 한다.

(c) 시공이음에서는 콘크리트의 표면을 깨끗하게 청소하고, 다음 층의 콘크리트를 타설하기 전에 레이턴스를 제거하여야 한다.

(d) 철근은 시공이음을 가로질러서 연속되어야 한다.

(e) 이음부의 부착을 위해 필요한 경우에는 에폭시 접착제 등을 사용하여야 한다.

(f) 콘크리트를 계속해서 타설하기 전에 거푸집을 다시 조이고, 콘크리트 표면은 물로 적셔 습윤상태로 유지시켜야 한다.

② 신축이음

(a) 신축이음에는 구조물이 서로 접하는 양쪽 부분을 단절시켜야 한다.

(b) 신축이음에는 필요에 따라 이음재, 지수판 등을 배치하여야 한다.

③ 균열유발줄눈

균열의 제어를 목적으로 균열유발줄눈을 설치할 경우 구조물의 강도 및 기능을 해치지 않도록 그 구조 및 위치를 정하여야 한다.

(6) 양성 및 보호

① 콘크리트는 타설한 후 경화를 시작할 때까지 직사광선이나 바람에 의해 수분이 증발하지 않도록 보호하여야 한다.

② 콘크리트의 표면을 해치지 않고 작업이 될 수 있을 정도로 경화되면 콘크리트 표면을 습윤상태로 보호하여야 한다. 습윤상태의 보호기간은 보통 포틀랜드 시멘트를 사용할 경우 5일 이상, 조강 포틀랜드 시멘트를 사용할 경우 3일 이상을 표준으로 한다.

③ 콘크리트는 양생기간 중 무거운 장비의 이동이나 콘크리트가 하중, 충격 또는 과도한 진동을 받지 않도록 보호하여야 한다.

Chapter 6 철근

철근이란 콘크리트 속에 묻혀서 콘크리트를 보강하기 위하여 사용되는 막대모양의 철재이다. 형상에 따라 원형철근(round reinforcing bar)과 이형철근(deformed reinforcing bar)으로 나눈다.

6.1 철근의 용어

1) 구조 내력상(耐力上)의 철근 명칭

① 주(主)철근(main bar, main reinforcement bar)

설계하중에 의하여 그 단면적이 정해지는 철근으로 기둥, 보, 바닥 등 구조 내력상 중요한 구조부에 넣는 철근으로 휨응력(bending stress), 축방향력(axial force)을 부담한다.

(a) 정(正)철근(positive reinforcement bar) : 슬래브 또는 보에서 정(+)의 휨모멘트(bending moment)에 의해서 일어나는 인장응력(tensile stress)을 받도록 배치한 철근.

(b) 부(負)철근(negative reinforcement bar) : 슬래브 또는 보에서 부(−)의 휨모멘트에 의해서 일어나는 인장응력을 받도록 배치한 주철근.

(c) 축방향 철근(longitudinal reinforcement bar) : 부재의 축방향으로 배치한 철근.

② 보조철근(additional reinforcement bar)

철근의 조립된 위치를 바르게 하고 정확히 유지되게 하는 철근으로 콘크리트의 건조수축 등, 기타 설계상에 나타나지 않는 콘크리트의 인장응력을 받게 배치한 철근.

(a) 조립용 철근(erection bar) : 철근을 조립할 때 철근의 조립된 위치를 바르게 하고 정확히 유지되게 하는 철근.

(b) 가외(加外)철근(additional bar) : 콘크리트의 건조수축, 온도변화 등, 기타 설계상에 나타나지 않은 콘크리트의 인장응력을 받게 배치한 철근.

(c) 띠철근(hoop) : 축방향 철근을 소정의 간격마다 둘러싼 횡방향의 보조적 철근.

(d) 나선철근(spiral hoop) : 축방향 철근을 나선형으로 둘러싼 횡방향의 보조적 철근.

③ 배력철근(distribution reinforcement bar)

응력을 분포시킬 목적으로 정철근 또는 부철근과 직각에 가까운 방향으로 배치하여 주철근에 위치를 바르게 하며 주철근에 균등한 응력을 전달, 분포하는 보조적인 철근으로, 슬래브의 경우 장변(長邊)방향의 인장철근.

④ 보강철근(reinforcing bar)

콘크리트를 보강하는 목적으로 배치하는 철근으로, 기둥의 띠철근(hoop), 보의 스터럽(stirrup) 등이 있으며 전단력(shearing force)을 부담하는 철근으로 콘크리트의 균열을 방지하는 목적으로 배치되기 때문에 전단보강철근이라고도 한다.

⑤ 인장철근(tension reinforcement bar)

휨을 받는 철근 콘크리트 부재에서 인장력을 받는 쪽에 배치한 철근.

⑥ 압축철근(compression reinforcement bar)

휨을 받는 철근 콘크리트 부재에서 압축력을 받는 쪽에 배치한 철근.

⑦ 사인장(斜引張)철근(diagonal tension reinforcement bar)

기울어진 인장응력 즉, 사인장응력을 받는 철근으로, 전단복부철근 또는 전단보강철근이라고도 한다.

⑧ 비틀림철근(torsion reinforcement bar)

비틀림 응력이 크게 일어나는 부재에서 이에 저항하기 위하여 배치하는 철근을 말하며, 폐합 스터럽과 종방향 철근으로 되어 있다.

2) 구조·구성·내용상의 철근 명칭

(1) 기둥(柱: column, post)

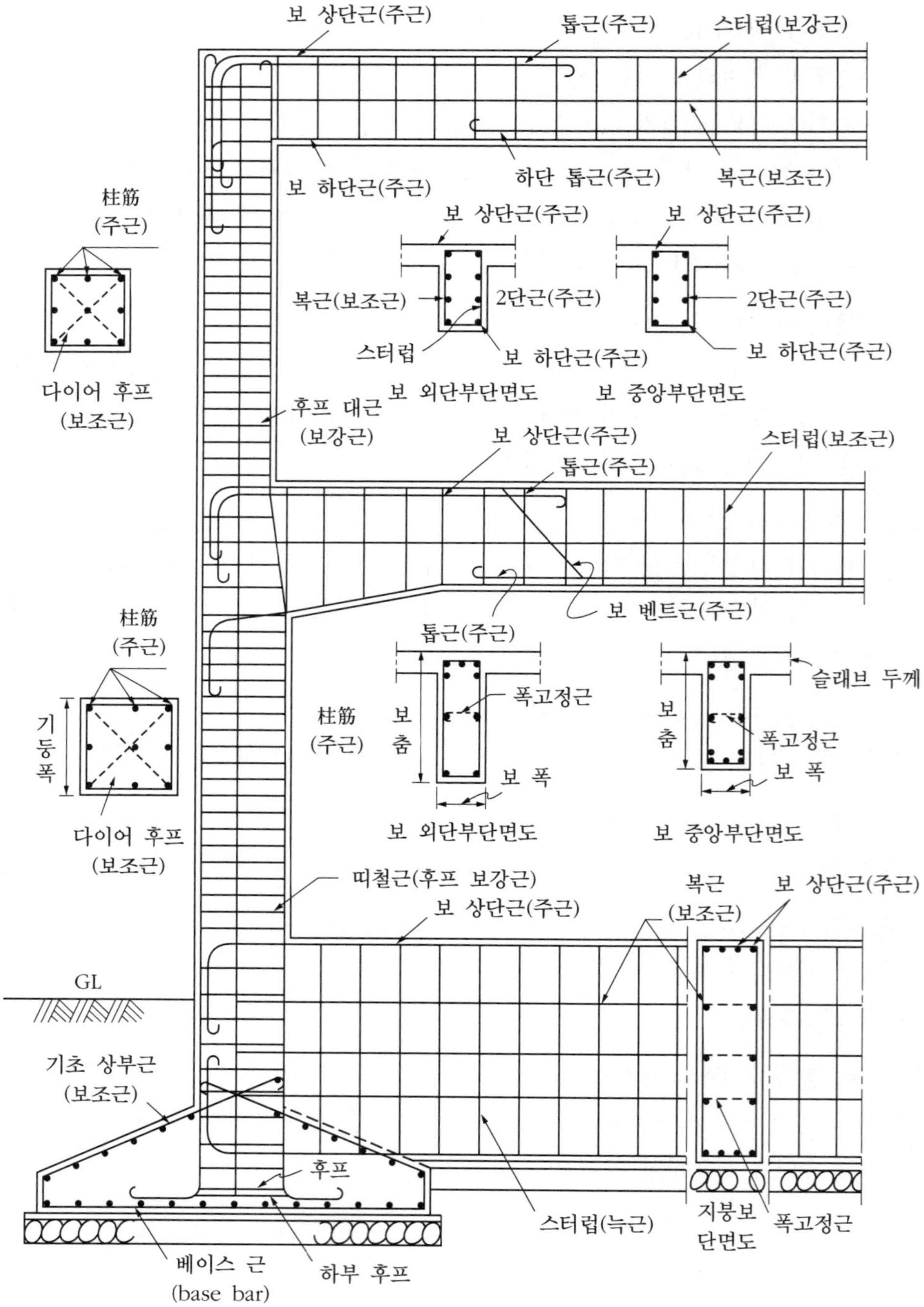

그림 1-6-1 기둥, 보의 배근과 철근 명칭

① 기둥 주근(主筋)

기둥 주근은 기둥 주철근의 총칭으로 주근(柱筋)이라고도 하며 기둥에 작용하는 휨응력, 축방향력을 부담한다.

② 대근(帶筋)

띠철근(hoop)이라고도 하며 기둥에 축 방향으로 배치된 주철근을 소정의 간격으로 둘러싸서 배치한 가로 방향의 보조철근.

③ 나선철근(spiral hoop)

철근 콘크리트 원기둥에서 주근 위에 나선모양으로 감는 띠철근.

④ 다이어 후프(diagonal hoop)

기둥, 구석, 주근의 위치 유지(維持)를 위한 보조철근.

(2) 보(beam)

① 상단근, 하단근

보에 작용하는 휨응력, 축방향력을 부담하는 철근.

② 벤트근(bent-up bar)

보에 작용하는 응력을 고려하여 휘어서 배근하는 철근을 벤트근이라고 한다.

③ 톱근(top bar)

짧은 철근으로 주근 효과를 내는 주근.

④ 스터럽(stirrup)

갈비철근(肋筋)이라고도 하며 보의 주·부철근을 둘러싸고 이에 직각 또는 경사지게 배치한 복부철근으로, 균열발생을 완화하고 균열이 생기더라도 보의 파괴방지에 유효하게 인장측과 압축측의 철근을 결합시키는 철근.

(3) 기초(foundation, footing, bed)

① 베이스 근(base bar)

망의 형태로 넣는 세로, 가로의 주근.

② 보조 빗 철근

베이스 근의 보조철근으로 대각선으로 넣는 철근.

③ 기초 상부근

기초와 기둥의 접합부에 넣는 보조근.

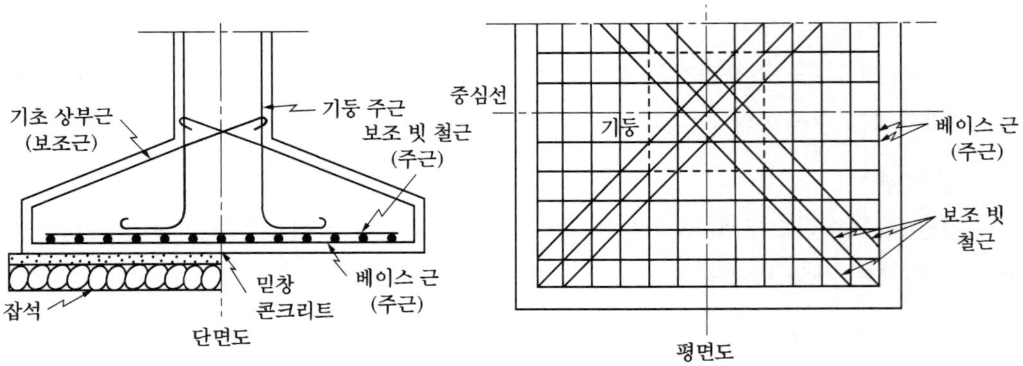

그림 1-6-2 기둥 기초의 배근과 철근 명칭

(4) 슬래브(slab)

① 주근(main bar)

단변방향의 주근과 장변방향의 주근으로 나타내며 장변방향의 주근을 배력근이라 한다.

② 배력근(distribution bar)

장변방향에 배근하는 주근.

③ 벤트근(bent-up bar)

응력의 작용을 고려하여 배근하는 철근.

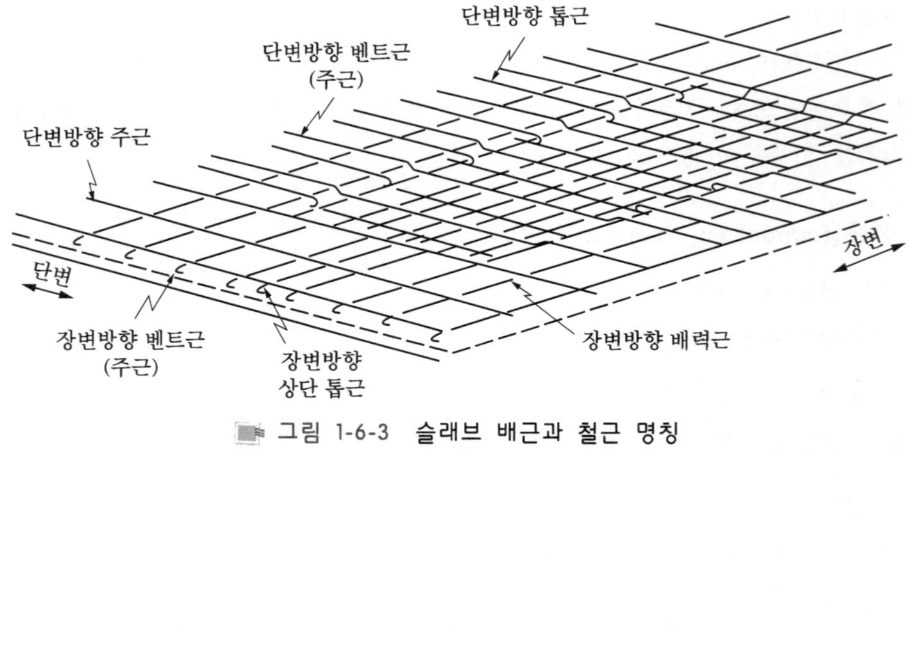

그림 1-6-3 슬래브 배근과 철근 명칭

3) 시방서상의 철근 명칭

① 원형철근(plain reinforcement)

표면에 리브(rib) 또는 마디 등의 돌기가 없는 원형 단면의 봉강으로서 KS D 3504(철근 콘크리트용 봉강)에 규정되어 있는 철근.

② 이형철근(deformed reinforcement)

표면에 리브 또는 마디 등의 돌기가 있는 봉강으로서 KS D 3504에 규정되어 있는 이형철근 또는 이와 동등한 품질과 형태를 가지는 철근.

③ 주철근(main reinforcement)

설계 하중에 의하여 그 단면적이 정해지는 철근.

④ 정철근(positive reinforcement)

슬래브 또는 보에서 正(+)의 휨모멘트에 의해서 일어나는 인장응력을 받도록 배치한 주철근.

⑤ 부철근(negative reinforcement)

슬래브 또는 보에서 負(−)의 휨모멘트에 의해서 일어나는 인장응력을 받도록 배치한 주철근.

⑥ 배력철근(distribution bar)

응력을 분포시킬 목적으로 정(+)철근 또는 부(−)철근과 직각에 가까운 방향으로 배치한 보조적 철근.

⑦ 축방향 철근(longitudinal reinforcement bar)

부재의 축방향의 철근으로 기둥, 보 등의 부재의 축방향에 배치한 철근을 말하는 것이지만 보통은 기둥 또는 받침대의 축방향 주철근을 말한다. 특히 주철근을 구별할 필요가 있을 때는 축방향 주철근이라고 한다.

⑧ 사인장철근(diagonal tension bar)

사인장응력을 받는 철근을 말하며 전단보강철근이라고도 한다.

⑨ 비틀림철근

비틀림응력(torsional stress)이 크게 일어나는 부재에서 이에 저항하기 위하여 배치되는 철근을 말하며 폐합 스터럽이 종방향 철근으로 되어 있다.

⑩ 스터럽(stirrup)

정철근 또는 부철근을 둘러싸고 이에 직각되게 또는 경사지게 배치한 복부철근을 말한다.

⑪ 절곡철근(bent-up bar)

정철근 또는 부철근을 구부려 올리거나 구부려 내린 복부철근을 말한다.

⑫ 띠철근(hoop)

축방향 철근을 소정의 간격마다 둘러싼 횡방향의 보조적 철근을 말한다.

⑬ 나선철근(spiral hoop reinforcement bar)

축방향 철근을 나선형(spiral)으로 둘러싼 철근.

⑭ 조립용 철근(erection bar)

철근을 조립할 때 철근의 위치를 확보하기 위하여 쓰는 보조적 철근.

⑮ 가외철근(additional bar)

콘크리트의 건조 수축 온도 변화, 기타의 원인에 의하여 콘크리트에 일어나는 인장응력에 대치해서 가외로 더 넣는 보조적 철근.

⑯ 복부보강근(web reinforcement)

전단력을 받는 부재의 복부에 배치하여 사인장응력에 저항하는 철근으로 사인장철근이라고도 함.

⑰ 수축·온도 철근(shrinkage and temperature reinforcement)

건조 수축 또는 온도 변화에 의하여 콘크리트에 발생하는 균열을 방지하기 위한 목적으로 배치되는 철근

⑱ 전단보강근(shear reinforcement)

전단력에 저항하도록 배치한 철근

⑲ 연결철근(cross tie)

한쪽 끝에서는 적어도 직경의 6배 이상의 연장길이(또한 75 mm 이상)를 갖는 135° 갈고리가 있고 다른 끝에서는 적어도 직경의 6배 이상의 연장길이를 갖는 90° 갈고리가 있는 연속철근(갈고리는 주위의 종방향 철근을 감싸야 하고, 동일한 종방향 철근에 고정된 2개의 연속철근의 90° 갈고리는 그 끝이 반대방향으로 되도록 엇갈려 배치하여야 함).

⑳ 종방향 철근(longitudinal reinforcement)

부재에 길이방향으로 배치한 철근

㉑ 휨철근(flexural reinforcement)

휨모멘트에 저항하도록 배치하는 부재축 방향의 철근

4) 기타의 철근 명칭

① 띠철근(hoop, tie hoop, lateral tie)

기둥의 축방향에 배치한 철근을 둘러싸고 횡방향을 보강하는 철근으로 축방향 철근의 좌굴(坐屈: buckling)방지, 압축응력에 의한 횡방향 확대 방지 및 조립을 위하여 배근한 철근.

② Stirrup(갈비철근, 肋筋)

정철근 또는 부철근을 둘러싸고 이것에 직각 또는 직각에 가까운 각도를 이루는 복부철근으로서 사인장응력(diagonal tensile stress)에 대비하기 위하여 배근한 철근.

③ 단철근(single reinforcement bar)

철근 콘크리트 굽힘 부재에서 인장철근만을 배치하는 것.

④ 복철근(double reinforcement bar)

철근 콘크리트 보 또는 슬래브 등의 인장 및 압축의 양측에 철근을 배치하는 것.

● 모르타르제 스페이서 블록의 예

명 칭	형상 치수		사용개수
각형 (주사위)		20×20×20각 30 ~ 40각 60×60×60각	1변 20 mm : 바닥슬래브용 1변 30 ~ 40 mm : 보용 1변 60 mm : 기초용
말굽형	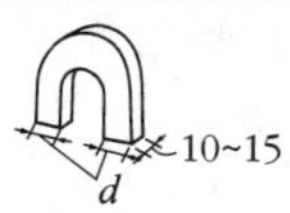	d = 20 ~ 40	벽, 기둥용 조립 후 사용하면 편리
도너츠형	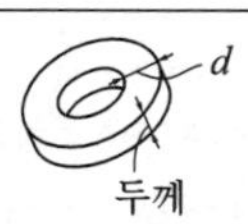	d = 20 ~ 40 두께 = 10 ~ 15	벽, 기둥용
의자형 블록	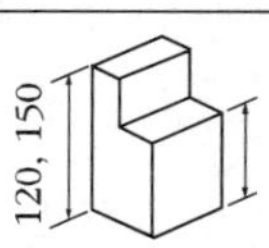	높이 = 120 ~ 150 상단주근의 지지높이	바닥슬래브의 두께 유지와 겸용의 스페이서 : 바닥슬래브용

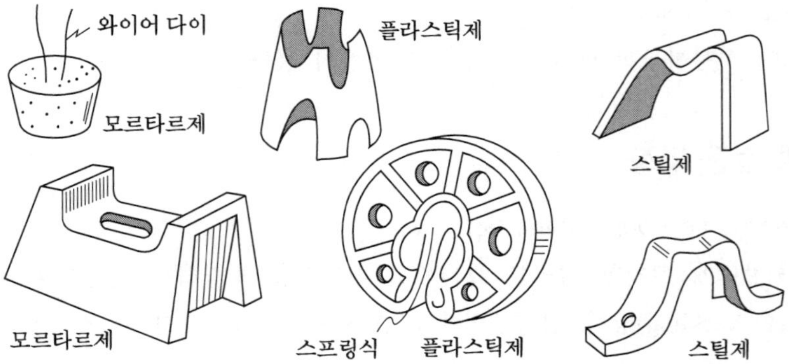

그림 1-6-4 스페이서의 여러 가지

⑤ 복부철근(web reinforcement bar)

슬래브 또는 보에 있어서 사인장응력을 받는 주철근. 이에는 절곡철근과 스터럽이 있다.

⑥ 갈고리(hook)

철근의 정착 또는 겹이음을 위하여 철근 끝의 구부린 부분을 말한다. 철근 끝 부분을 반원형으로 180° 구부린 갈고리를 반원형 갈고리, 90° 구부린 갈고리를 90°갈고리, 130° 구부린 갈고리를 130° 갈고리라고 한다.

⑦ 스페이서(spacer)

철근에 소정의 덮개를 가지게 하거나 또는 철근 간격을 정확하게 유지시키기 위해서 쓰이는 금속제, 플라스틱제, 모르타르제 등의 부품을 말한다(그림 1-6-4).

⑧ 덮개(covering)

철근을 보호하고 철근의 부식을 방지하기 위하여 철근 바깥쪽으로 설치하는 콘크리트 층.

⑨ 피복두께(cover thickness, covering depth)

콘크리트 표면에서 제일 외측에 가까운 철근의 표면까지의 치수로 철근의 표면과 콘크리트의 표면 사이에 콘크리트의 최소 두께를 말한다. 철근의 중심과 콘크리트 표면과의 최소거리로 측정한 콘크리트의 두께.

6.2 철근 배근도

[철근의 표시법]

철근을 표시하는 데는 KS F 1001의 9.2에서 규정하고 있으며 또 일반적인 표시방법도 있다. KS의 원칙을 정리하면서 일반적인 표시방법을 알아보면 다음과 같다.

1) 철근을 표시하는 선

① 철근을 도시하는 선은 실제치수에 관계없이 한 줄의 아주 굵은 실선 또는 파선으로 나타내고 선의 굵기는 KS A 0109에 따른다(KS F 1001, 9.2 b)).

② 동일 절단면에 없는 철근을 도시하는 경우는 그림 1-6-5①과 그림 1-6-5②의 보기에 따른다(KS F 1001, 9.2 b)).

③ 부분 확대도에서는 2중의 외형선으로 표시할 수 있다(KS F 1001, 9.2 b)) 그림 1-6-6.

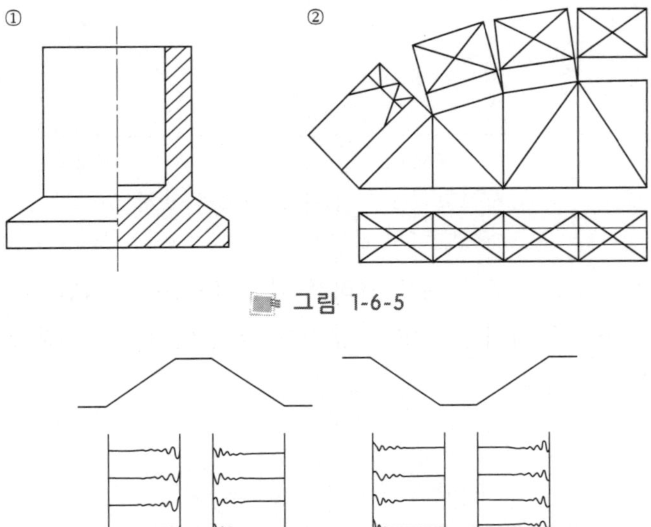

그림 1-6-5

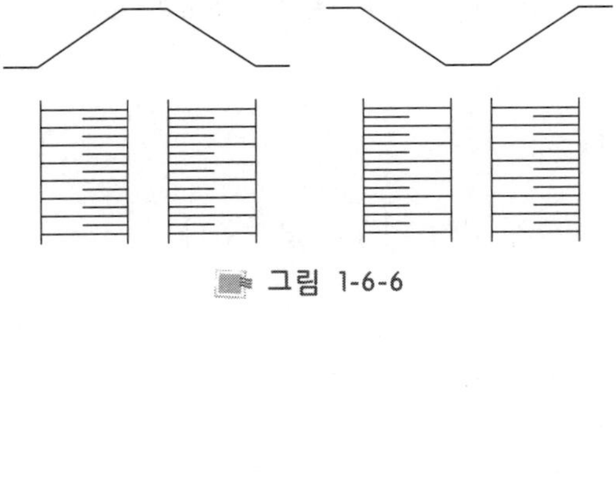

그림 1-6-6

2) 철근의 단면 표시

철근의 단면은 그 지름과 관계없이 원형으로 뭉게서 점이나 2중 외형선으로 표시하는 것을 원칙으로 하지만 보통 연필 제도에서는 조금 짙은 심을 굵게 하여 제도하면 편리하다.

3) 철근의 갈고리(hook)의 표시

철근의 표준 갈고리 모양은 반원형, 직각, 예각 갈고리의 3가지로 되어 있으며 철근 갈고리의 표시는 그림 1-6-7과 같은 기호로 나타내고 축척에 따른 크기로 표시한다.

① 철근의 갈고리는 측면도에서 그 모양을 축척에 맞게 표시하는 것이 좋으나, 표시방법이 힘들기 때문에 그림 1-6-7(b)와 같이 45° 경사진 짧은 직선의 기호적인 표시를 한다.

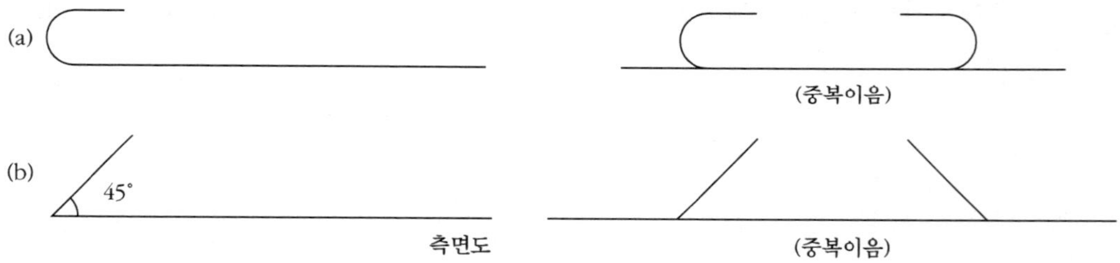

그림 1-6-7 철근의 갈고리 표시

② 철근의 갈고리가 앞으로 또는 뒤로 가려져 있을 경우(주로 평면도의 경우)에는 갈고리가 없는 철근과 구별하기 위하여 그림 1-6-8과 같이 30° 경사진 짧은 가는 직선을 화살표 모양으로 붙인다.

그림 1-6-8 철근의 갈고리 표시

4) 철근의 이음 표시

철근의 이음은 그림 1-6-9와 같이 기호로 표시한다.

겹이음	갈고리가 있을 때	(평면) (측면) (측면)
	갈고리가 없을 때	
용접이음	가스 압접	
	부가철근 용접	
나사이음(기계적 이음 및 sleeve 이음)		

그림 1-6-9 철근의 이음

5) 절곡철근의 표시(bent-up bar)

철근의 표시는 되도록 그림 1-6-10(b)와 같이 실제의 형상에 가깝게 표시하는 것이 좋지만, 이것이 힘들기 때문에 그림 1-6-10(a)의 갈고리 이외의 절곡부위를 둥글지 않은 각을 갖는 선으로 표시하는 것이 일반적이다.

절곡철근의 가공을 위해서 치수를 표시한 철근 상세도(bar detail)를 별도로 표시하는 것이 좋다.

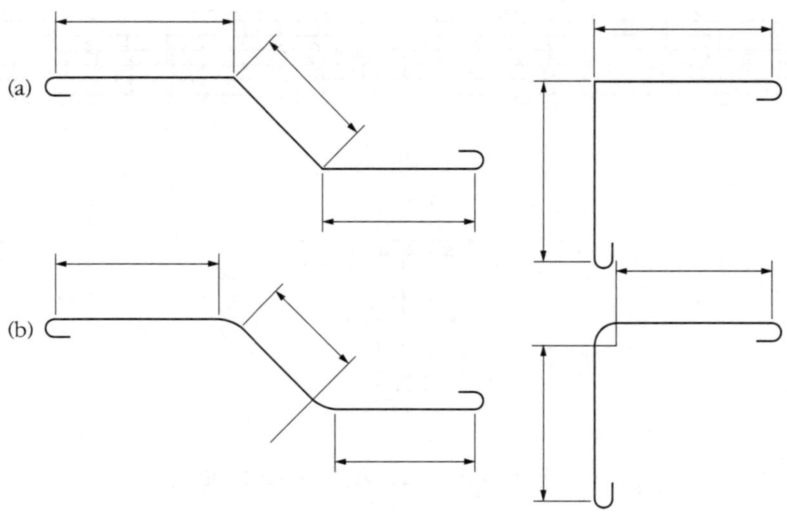

그림 1-6-10 휨철근

6) 스터럽의 표시(stirrup)

스터럽의 모양은 그림 1-6-11(a)와 같이 U자형의 인장철근을 둘러싸고 압출철근에 정착시킨 것과 그림 1-6-11(b)와 같이 U자형의 스터럽 두 개를 1조로 한 W자형이 있으며 측면도와 평면도에서는 그림 1-6-12와 같은 기호로 표시한다.

(a) (b)

그림 1-6-11 stirrup의 모양

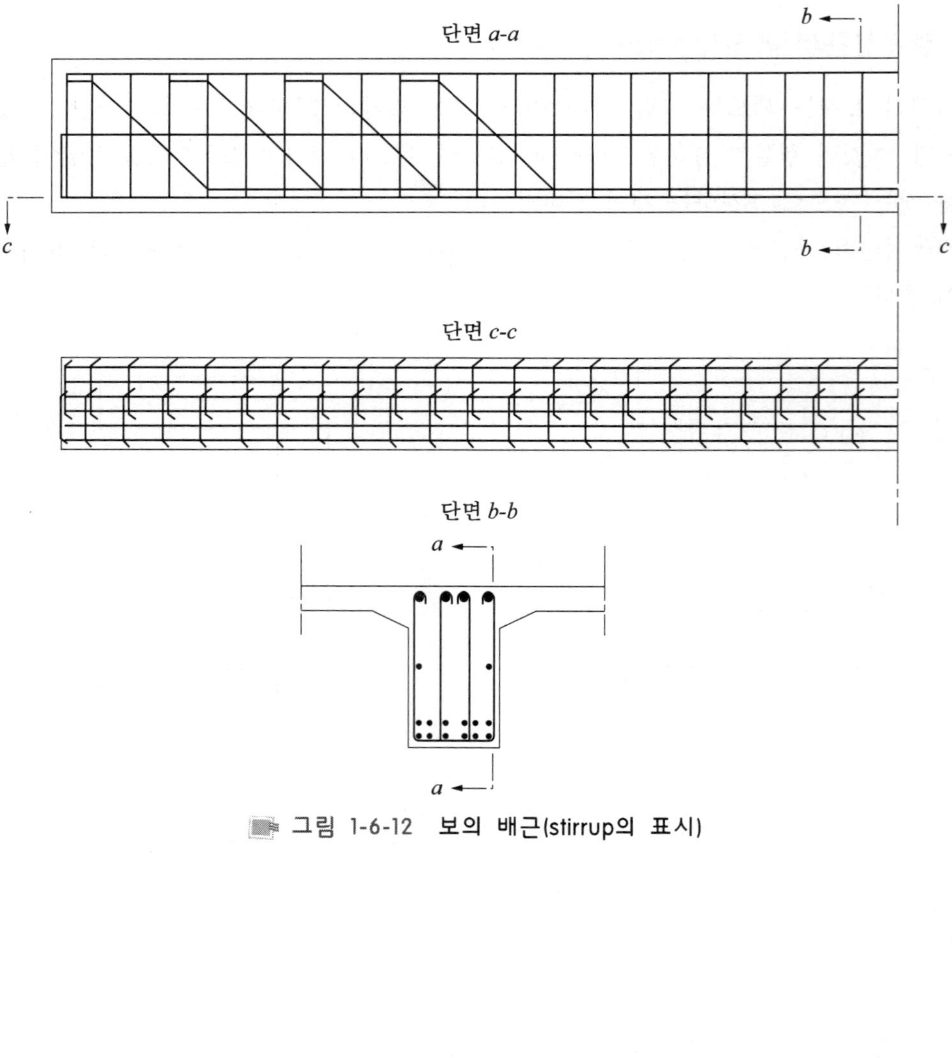

그림 1-6-12 보의 배근(stirrup의 표시)

7) Spacer 철근의 표시

Spacer 철근(spacer bar)은 그림 1-6-13과 같은 기호로 표시한다.

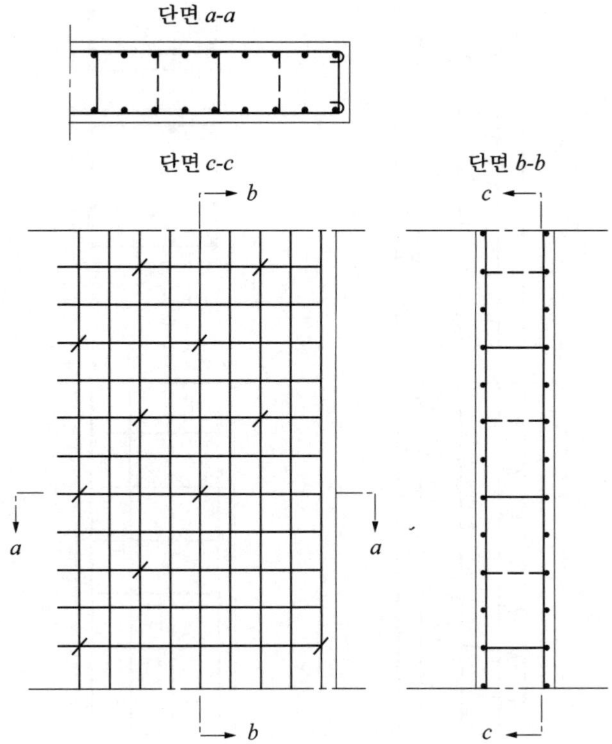

그림 1-6-13 Spacer 철근

8) 띠철근 및 나선철근의 표시

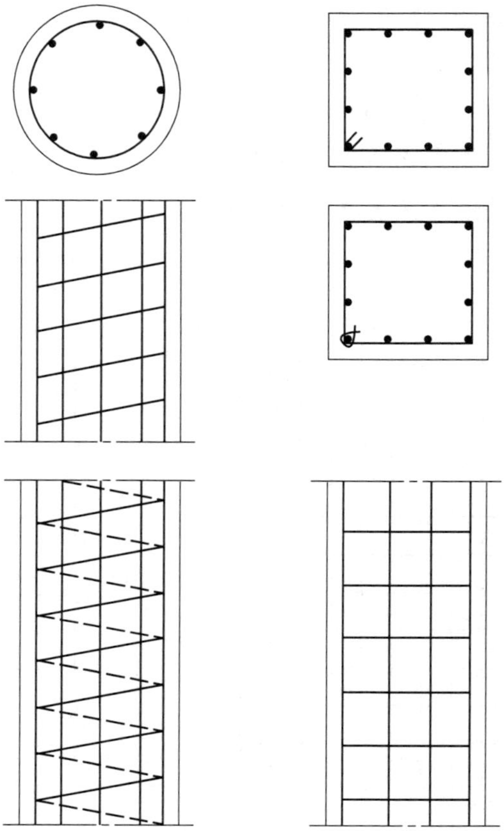

(a) 나선철근 (b) 띠철근

그림 1-6-14 띠철근, 나선철근

9) 철근의 기호·치수 및 수량의 표시

(1) 철근의 기호

철근의 기호는 구분하기 편하게 표시하면 편리하다. 예를 들면 다음과 같다.

- (B_1) Base, Beam, Bottom
- (W_2) Wall
- (H_3) Haunch
- (F_4) Foundation, Footing
- (S_5) Spacer, Slab
- (C_6) Column

(2) 치수 및 수량

철근의 치수는 모양 및 위치를 명확하게 표시하는데 필요하고도 충분한 것을 될 수 있는 대로 중복되지 않게 또한 계산하지 않고서도 알 수 있게 쓴다. 서로 관련되는 그림에 있어서 그림의 이해를 돕기 위해서 어느 정도 중복하여 기입하여도 좋다. 치수의 단위는 mm를 원칙으로 하고 그때에 단위 기호는 쓰지 않는다. 치수의 단위가 mm가 아닌 때에는 단위 기호를 쓰거나 또는 기타의 방법으로 그 단위를 명시한다. 표 1-6-1은 철근 기호 및 간격 표시방법이다.

표 1-6-1 ● 철근 기호 및 간격 표시방법

표 시	해 설
(W_3) ∅13	철근기호(분류번호) (W_2)의 지름 13 mm의 원형철근
(F_5) D16	철근기호(분류번호) (F_5)의 지름 16 mm의 이형철근
5×450＝2250	전장 2,250 mm를 450 mm로 5등분
24@200＝4800	전장 4,800 mm를 200 mm로 24등분
20－D19×2200	지름 19 mm로서 길이 2,200 mm의 이형철근 20개
@400 C.T.C	철근의 간격이 400 mm(center to center)
@400 CTRS	철근의 간격이 400 mm(centers)
CYCLE-1(@500)	500 mm 간격으로 단면-1이 반복됨. (횡단도 참조)

10) 철근치수 기입의 인출선

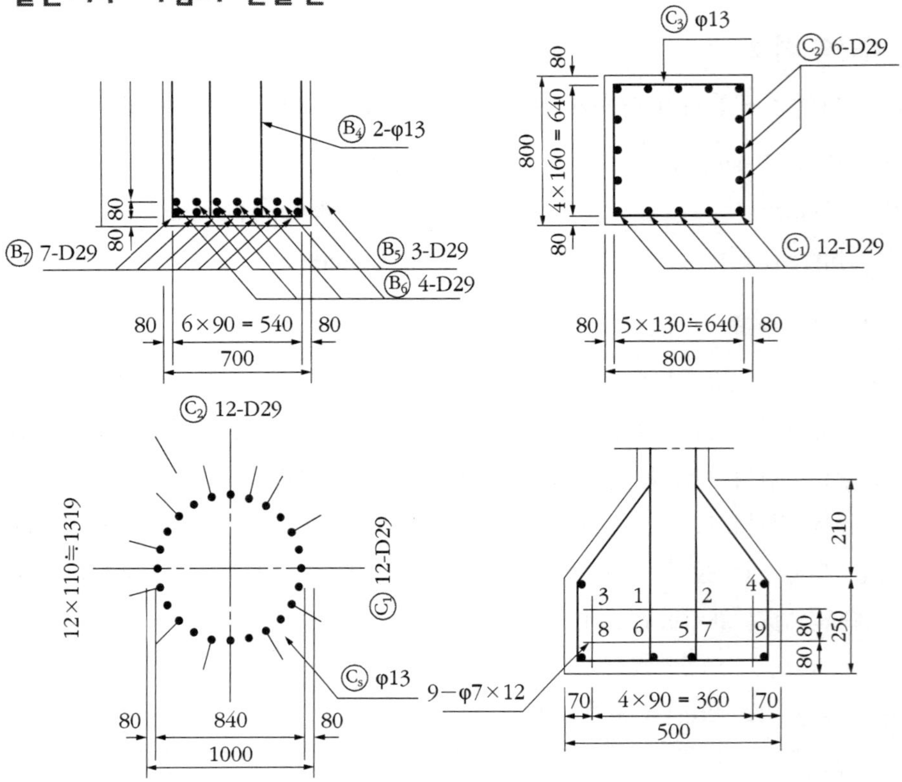

그림 1-6-15(a) 치수 인출선

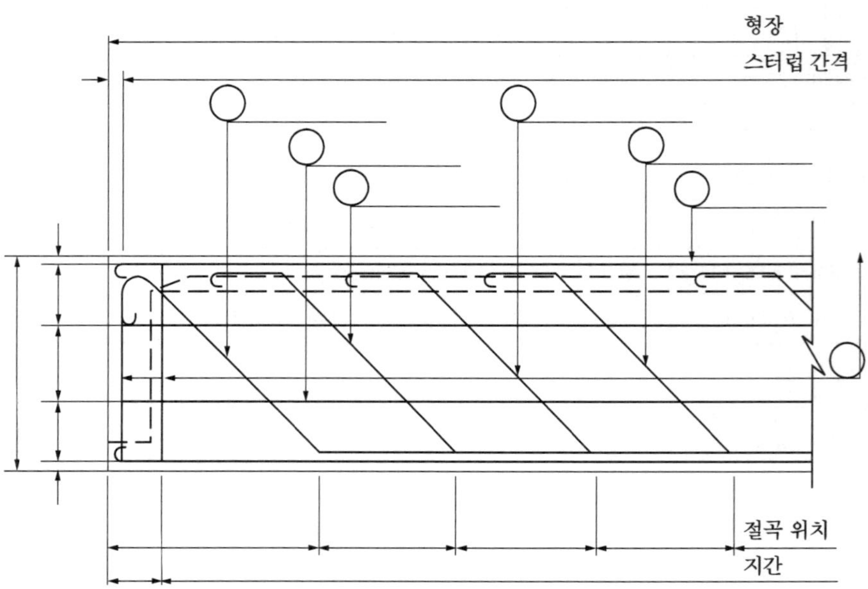

그림 1-6-15(b) 치수 인출선

철근의 치수, 배치 등을 쓰기 위한 인출선은 그림 1-6-15와 같이 될 수 있는 대로 가로 및 세로로 하고 경사된 때에는 45°로 한다.

11) 철근의 배열표시

철근의 종류가 다른 것이 연속되면서 배열되어 있을 경우에 배열의 순서를 나타내면 편리하다(그림 1-6-16).

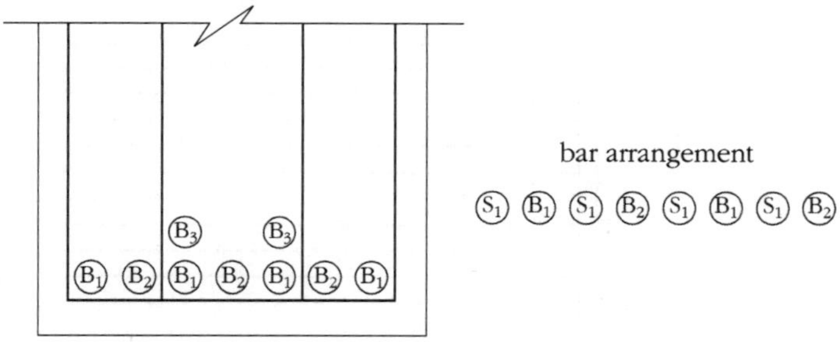

그림 1-6-16 **철근의 배열순서**

12) 간격 배근도의 표시

철근 배치 등을 표시하는 도면에서는 극단적으로 선이 많이 있다. 슬래브의 배근을 표시하는 평면도에서는 가로, 세로의 철근을 전부 나타내야 되는데, 동일면에 나타내는 것은 불가능하다. 그래서 각각 별도의 배근도(상면, 하면)를 그리는 경우가 많이 있다.

슬래브와 같은 경우 형태 치수의 철근을 일정 간격으로 배근했을 때 대표적인 철근 1개를 도면에 표시하고 나머지 철근들을 그 배근 위치와 간격 치수를 표시하는 것이다(그림 1-6-17).

이렇게 배근도를 간단하고 이해하기 쉽게 표현하는 방법은 유럽의 일부에서 시도되기 시작하였다.

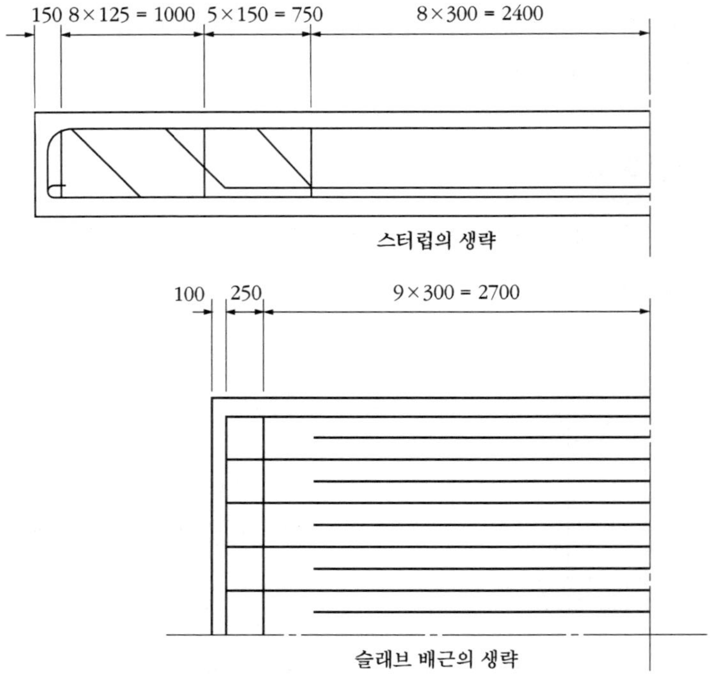

그림 1-6-17(a) 철근 표시의 생략

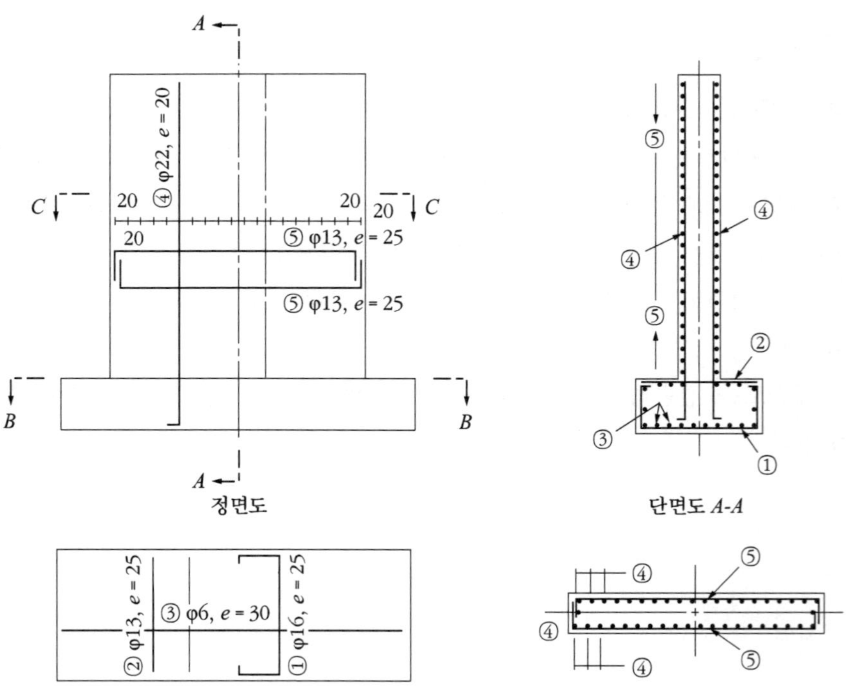

그림 1-6-17(b) 배근도의 간략 기입(교각)

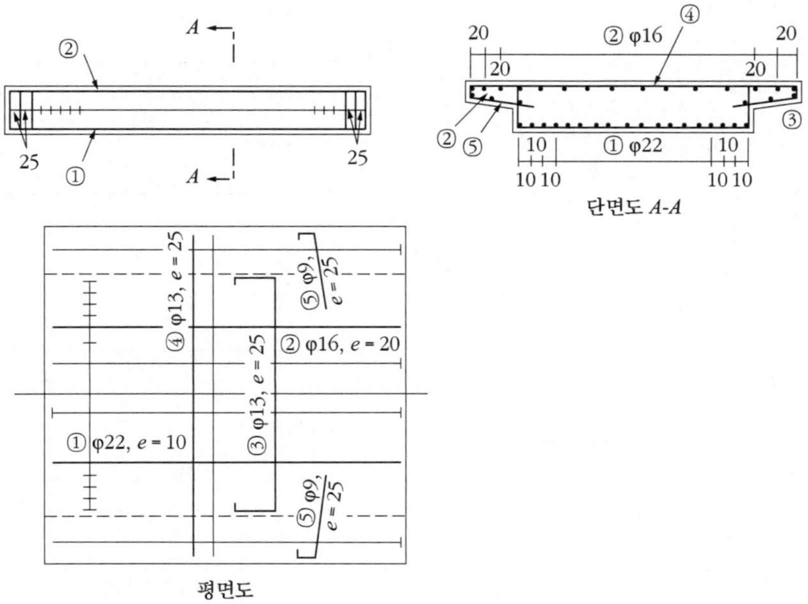

그림 1-6-17(c) 배근도의 간략 기입(판)

6.3 철근 상세

1) 철근 상세도(Bar detail)

(1) 철근의 가공 치수표시

① 철근의 가공을 위해서 철근의 형태 그대로를 축척 없이(no scale) 표시하며 치수를 기입하는 것이 일반적이다(그림 1-6-18).

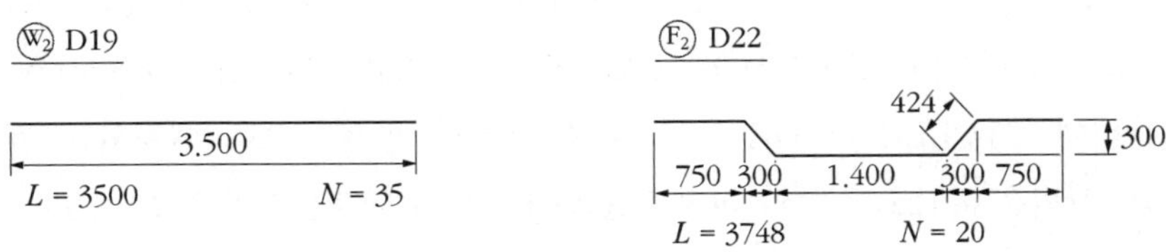

그림 1-6-18 철근 상세도

② 철근의 형태 그대로를 축척 없이 그리고 그림 1-6-19와 같이 치수는 변수(variable)를 사용해서 별도로 철근 치수표를 사용하는 경우도 있다.

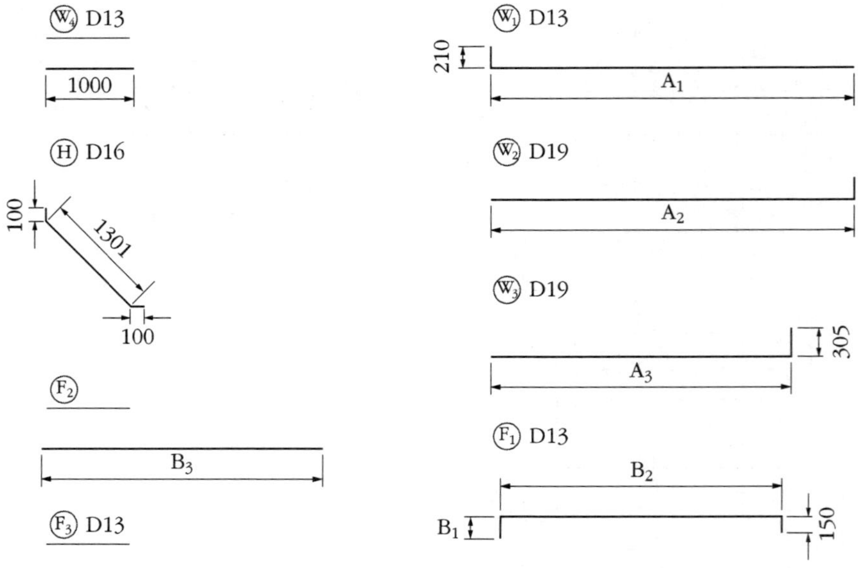

철근치수표(MM)			
기호 \ 구분		H = 4.M000	H = 4.M500
W_1	A_1	3.801	4.301
W_2	A_2	3.801	4.301
W_3	A_3	1.800	2050
F_1	B_1	325	322
	B_2	2535	2.835

그림 1-6-19 철근 상세도

③ 철근의 가공과 재료 산출을 쉽게 하기 위해서 상세도에서 철근 간격(C.T.C.), 철근의 길이(L=Length), 수량(N=Numbers)을 표시하는 경우도 있다.

(2) 주철근 조립도

철근의 조합을 위해서 그려진 도면으로 복잡한 철근을 표시한 도면에서 주철근만을 다시 나타내고 철근 기호를 기입함으로써 편리하게 도면을 이해할 수 있다(그림 1-6-20).

주철근 조립도의 CYCLE-1(@500), CYCLE-2,4(@500), CYCLE-3(@500)은 @500의 500 mm 간격에 CYCLE-1 ~ CYCLE-4의 4개 단면이 반복주기로 배치되는 것으로 각 CYCLE간의 간격은 @125의 125 mm이고, CYCLE-1 ~ CYCLE-3와 CYCLE-2 ~ CYCLE-4는 각각 2CYCLE이므로 2×@125의 @250의 250 mm이다(그림 1-6-20의 (c)).

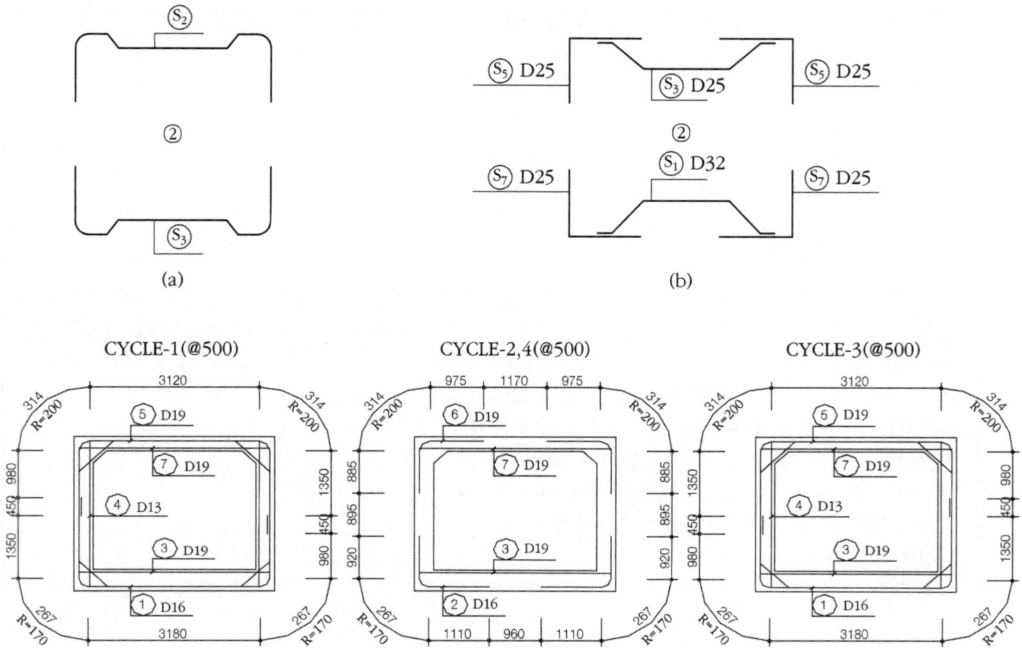

(c)

그림 1-6-20 철근 조립도

2) 철근의 정착

(1) 정착 일반

① 철근 콘크리트 부재 각 단면의 철근에 작용하는 인장력 또는 압축력이 단면의 양측에서 발휘될 수 있도록 묻힘길이, 갈고리, 기계적 정착, 또는 이들의 조합에 의하여 철근을 정착하여야 한다. 이 때 갈고리는 압축철근의 정착에 있어서 유효하지 않은 것으로 본다.

② 철근 정착 및 이음에 사용하는 $\sqrt{(f_{ck})}$ 값은 8.4 MPa를 초과하지 않아야 한다.

(2) 인장 이형철근 및 이형철선의 정착

① 인장 이형철근 및 이형철선의 정착길이 l_d는 다음 ②와 같이 기본정착길이 l_{db}에 보정계수를 고려하는 방법, 또는 다음 ③에 의한 방법 중에서 어느 하나를 선택하여 적용할 수 있다. 다만 이렇게 구한 정착길이 l_d는 항상 300 mm 이상이어야 한다.

② 인장 이형철근 및 이형철선의 기본정착길이 l_{db}는 다음 식 (1.6.1)에 의해 구하여야

한다. 그리고 배근 위치, 에폭시 도막 여부 및 콘크리트의 종류에 따른 보정계수는 표 1-6-2에 의해 구하여야 한다.

$$l_{db} = \frac{0.6\,d_b f_y}{\sqrt{f_{ck}}} \tag{1.6.1}$$

표 1-6-2 ● 보정계수

조건 \ 철근지름	D19 이하의 철근과 이형철선	D22 이상의 철근
정착되거나 이어지는 철근의 순간격이 d_b 이상이고 피복두께도 d_b 이상이면서 l_d 전 구간에 구조설계기준에서 규정된 최소 철근량 이상이 스터럽 또는 띠철근을 배근한 경우 또는 정착되거나 이어지는 철근의 순간격이 $2d_b$ 이상이고 피복두께가 d_b 이상인 경우	$0.8\alpha\beta\lambda$	$\alpha\beta\lambda$
기 타	$1.2\alpha\beta\lambda$	$1.5\alpha\beta\lambda$

그리고 표 1-6-2에 수록된 α, β, λ는 다음과 같이 구할 수 있다.

가. α = 철근배치 위치계수

(a) 상부철근(정착길이 또는 이음부 아래 300 mm를 초과되게 굳지 않은 콘크리트를 친 수평철근) 1.3

(b) 기타 철근 1.0

나. β = 에폭시 도막계수

(a) 피복두께가 $3d_b$ 미만 또는 순간격이 $6d_b$ 미만인 에폭시 도막철근 또는 철선 1.5

(b) 기타 에폭시 도막철근 또는 철선 1.2

(c) 도막되지 않은 철근 1.0

다. λ = 경량콘크리트계수

(a) f_{sp}가 주어지지 않은 경량콘크리트 1.3

(b) f_{sp}가 주어진 경량콘크리트 .... $\sqrt{(f_{ck})}\,/\,1.76 f_{sp} \geq 1.0$

(c) 일반콘크리트 1.0

라. 에폭시 도막철근이 상부철근인 경우에 상부철근의 보정계수 α와 에폭시 도막계수 β의 곱 $\alpha\beta$가 1.7보다 클 필요는 없다.

③ 인장 이형철근 및 이형철선의 정착길이는 다음 식 (1.6.2)에 따라 구할 수 있다.

$$l_d = \frac{0.90\,d_b f_y}{\sqrt{f_{ck}}} \frac{\alpha\beta\gamma\lambda}{\dfrac{c+K_{tr}}{d_b}} \tag{1.6.2}$$

식 (1.6.2)에서 $c+K_{tr}$은 2.5 이하이어야 한다. 그리고 식 (1.6.2)의 계수 γ와 c은 다음과 같다.

가. γ = 철근 또는 철선의 크기계수

(a) D19 이하의 철근과 이형철선 ········ 0.8

(b) D22 이상의 철근 ········ 1.0

나. c = 철근 간격 또는 피복두께에 관련된 치수

철근 또는 철선의 중심으로부터 콘크리트 표면까지의 최단거리 또는 정착되는 철근 또는 철선의 중심 간 거리의 1/2 중 작은 값을 사용하여 mm 단위로 나타낸다.

다. K_{tr} 횡방향 철근지수 = $A_{tr} f_{yt} / 10.7 s n$

횡방향 철근이 배치되어 있더라도 설계를 간편하게 하기 위해 $K_{tr}=0$으로 사용할 수 있다.

④ 휨부재에 배근된 철근량이 해석에 의해 요구되는 소요철근량을 초과하는 경우는 계산된 정착길이에 (소요A_s/배근A_s)를 곱하여 정착길이를 감소시킬 수 있다. 다만 이 때 감소시킨 l_d는 300 mm 이상이어야 한다. 또한 f_y를 발휘하도록 정착을 특별히 요구하는 경우에는 이를 적용하지 않는다.

(3) 압축 이형철근의 정착

① 압축 이형철근의 정착길이 l_d는 다음 ②의 기본정착길이에 2) (3) ③에 있는 적용 가능한 모든 보정계수를 곱하여 구하여야 한다. 이 때 구한 l_d는 항상 200 mm 이상이어야 한다.

② 압축 이형철근의 기본정착길이는 다음 식 (1.6.3)에 따라 구하여야 한다.

$$l_{db} = \frac{0.25\,d_b f_y}{\sqrt{f_{cb}}} \tag{1.6.3}$$

다만, 이 값은 $0.43 d_b f_y$ 이상이어야 한다.

③ 압축 이형철근의 기본정착길이 l_d에 대한 보정계수는 다음과 같다.

(a) 해석결과 요구되는 철근량을 초과하여 배치한 경우 ········ (소요A_s/배근A_s)

(b) 지름이 6 mm 이상이고 나선간격이 100 mm 이하인 나선철근 또는 중심간격 100 mm 이하로 D13 띠철근으로 둘러싸인 압축이형철근 ················ 0.75

(4) 다발철근의 정착

① 인장 또는 압축을 받는 하나의 다발철근 내에 있는 개개 철근의 정착길이 l_d는 다발철근이 아닌 경우의 각 철근의 정착길이보다 3개의 철근으로 구성된 다발철근에 대해서 20%, 4개의 철근으로 구성된 다발철근에 대해서는 33%를 증가시켜야 한다.

② 다발철근의 정착길이 l_d를 계산할 때 2) (2)에 기술된 보정계수를 적절하게 선택하기 위하여 한 다발 내에 있는 전체 철근단면적을 등가단면으로 환산하여 산정된 지름으로 된 하나의 철근으로 취급하여야 한다.

(5) 표준갈고리를 갖는 인장 이형철근의 정착

① 단부에 표준갈고리가 있는 인장 이형철근의 정착길이 l_{dh}는 다음 ②의 기본정착길이 l_{hb}에 다음 ③의 적용 가능한 모든 보정계수를 곱하여 구하여야 한다. 다만 이렇게 구한 정착길이 l_{dh}는 항상 $8d_b$ 이상 또한 150 mm 이상이어야 한다.

② 철근의 설계기준항복강도가 400 MPa인 경우, 기본정착길이 l_{hb}는 다음 식 (1.6.4)에 의해 구할 수 있다.

$$l_{hb} = \frac{100\,d_b}{\sqrt{f_{ck}}} \tag{1.6.4}$$

③ 표준갈고리를 갖는 인장철근의 정착길이 l_d에 대한 보정계수는 다음과 같다.

(a) 철근의 설계기준항복강도

$f_y = 400$ MPa 이외의 철근 ················ $f_y/400$

(b) 콘크리트 피복두께

D35 이하 철근에서 갈고리 평면에 수직방향인 측면 피복두께가 70 mm 이상이며, 90° 갈고리에 대해서는 갈고리를 넘어선 부분의 철근 피복두께가 50 mm 이상인 경우 ················ 0.7

(c) 띠철근 또는 스터럽

D35 이하 철근에서 갈고리를 포함한 전체 정착길이 l_{dh} 구간에 $3d_b$ 이하 간격으로 띠철근 또는 스터럽이 둘러싼 경우 ················ 0.8

(d) 배치된 철근량이 소요철근량을 초과하는 경우

전체 f_y를 발휘하도록 정착을 특별히 요구하지 않는 단면에서 휨철근이 소요철근량 이상 배치된 경우 ······································ (소요A_s/배근A_s)

(e) 경량콘크리트 ·· 1.3

(f) 에폭시 도막 된 갈고리 철근 ·· 1.2

④ 갈고리는 압축을 받는 경우 철근정착에 유효하지 않은 것으로 보아야 한다.

⑤ 부재의 불연속단에서 갈고리 철근의 양측면과 상부(또는 하부)의 피복두께가 70 mm 미만으로 표준갈고리에 의해 정착되는 경우에 전 정착길이 l_{dh} 구간에 $3d_b$ 이하 간격으로 갈고리 철근이 띠철근이나 스터럽으로 둘러싸여야 한다. 이 때 첫 번째 띠철근이나 스터럽은 갈고리 구부러진 부분 바깥면부터 $2d_b$ 이내에서 갈고리의 구부러진 부분을 둘러싸여야 한다. 이 때 2) (5) ③ (c)의 보정계수 0.8은 적용되지 않는다.

(6) 기계적 정착

① 콘크리트에 손상을 주지 않고 철근의 강도를 발휘할 수 있는 어떠한 기계적 정착장치도 정착방법으로 사용할 수 있다.

② ①의 기계적 정착장치가 적합함을 보증하는 시험결과를 책임기술자에게 제시하여야 한다.

③ 철근의 정착은 기계적 정착장치와 철근의 최대 응력점과 기계적 정착장치 사이의 추가 묻힘길이의 조합으로 이루어질 수 있다.

3) 철근의 이음

(1) 이음 일반

① 철근은 설계도, 또는 시방서에서 요구하거나 허용한 경우 또는 책임기술자의 승인하에서만 이음을 할 수 있다.

② 겹침이음은 다음 규정에 따라야 한다.

(a) D35를 초과하는 철근은 겹침이음을 하지 않아야 한다. 다만 4) (3) ②와 특별한 경우는 이 규정이 적용되지 않는다.

(b) 다발철근의 겹침이음은 다발 내의 개개 철근에 대한 겹침이음길이를 기본으로 하여 결정되어야 하며, 각 철근은 2) (4)에 따라 겹침이음길이를 증가시켜야 한다. 그러나 한 다발 내에서 각 철근의 이음은 한 군데에서 중복하지 않아야 한다. 또한 두 다발철근을 개개 철근처럼 겹침이음 하지 않아야 한다.

(c) 휨부재에서 서로 직접 접촉되지 않게 겹침이음 된 철근은 횡방향으로 소요 겹침

이음길이의 1/5 또는 150 mm 중 작은 값 이상 떨어지지 않아야 한다.

③ 용접이음과 기계적 이음은 다음 규정에 따라야 한다.

(a) 용접이음은 철근의 설계기준항복강도 f_y의 125% 이상을 발휘할 수 있는 완전용접이어야 한다.

(b) 기계적 이음은 철근의 설계기준항복강도 f_y의 125% 이상을 발휘할 수 있는 완전 기계적 이음이어야 한다.

(c) (a) 또는 (b)의 요구조건을 만족하지 않는 용접이음이나 기계적 이음은 4) (2) ④를 만족하여야 하며, D16 이하의 철근에만 허용된다.

(2) 인장 이형철근 및 이형철선의 이음

① 인장력을 받는 이형철근 및 이형철선의 겹침이음길이는 A급과 B급으로 분류하며 다음 값 이상으로 하여야 한다. 그러나 300 mm 이상이어야 한다.

(a) A급 이음 : $1.0l_d$

(b) B급 이음 : $1.3l_d$

여기서 l_d는 2) (2) ②에 따라 계산된 인장 이형철근의 정착길이이다. 이 때 2) (2) ④의 보정계수는 적용하지 않아야 한다.

② 겹침이음에서 A급 이음과 B급 이음은 다음과 같이 분류한다.

(a) A급 이음 : 배치된 철근량이 이음부 전체 구간에서 해석결과 요구되는 소요철근량의 2배 이상이고 소요 겹침이음길이 내 겹침이음된 철근량이 전체 철근량의 1/2 이하인 경우

(b) B급 이음 : ①에 해당되지 않는 경우

③ 이음부에 배치된 철근량이 해석결과 요구되는 소요철근량의 2배 미만인 경우에 용접이음 또는 기계적 이음은 4) (1) ③ (a) 또는 (b)의 요구조건을 만족시켜야 한다.

④ 4) (1) ③ (a) 또는 (b)를 만족하지 않더라도 이음부에 배치된 철근량이 해석결과 요구되는 소요철근량의 2배 이상이고 다음의 (a)와 (b)의 요구조건을 따르는 경우, D16 이하의 철근에 대해서 용접이음 또는 기계적 이음에 의한 이음을 허용한다.

(a) 각 철근의 이음부는 서로 600 mm 이상 엇갈려야 하고, 이음부에서 계산된 인장응력의 2배 이상을 발휘할 수 있도록 이어져야 한다. 또한 배치된 전체 철근이 140 MPa 이상의 응력을 발휘할 수 있어야 한다.

(b) 각 단면에서 발휘하는 인장력을 계산할 때 이어진 철근은 규정된 이음강도를 발휘하는 것으로 보아야 하나 f_y보다 크지 않아야 한다. 이어지지 않은 연속철근의

인장응력은 설계기준항복강도 f_y를 발휘할 수 있도록 계산된 정착길이 l_d에 대한 짧게 배치된 정착길이와의 비를 f_y에 곱하여 사용하여야 하나 f_y보다 크지 않아야 한다.

⑤ 인장부재의 철근이음은 4) (1) ③ (a) 또는 (b)에 따라 완전용접이나 기계적 이음으로 이루어져야 한다. 이 때 인접철근의 이음은 750 mm 이상 떨어져서 서로 엇갈려야 한다.

(3) 압축 이형철근의 이음

① 압축철근의 겹침이음길이는 f_y가 400 MPa 이하인 경우는 $0.072 f_y d_b$ 이상, f_y가 400 MPa를 초과할 경우는 $(0.13 f_y - 24) d_b$ 이상이어야 하고, 어느 경우에나 300 mm 이상이어야 한다. 이 때 콘크리트의 설계기준강도가 21 MPa 미만인 경우는 겹침이음길이를 1/3 증가시켜야 한다.

② 서로 다른 크기의 철근을 압축부에서 겹침이음하는 경우, 이음길이는 크기가 큰 철근의 정착길이와 크기가 작은 철근의 겹침이음길이 중 큰 값 이상이어야 한다. 이 때 D41과 D51 철근은 D35 이하 철근과의 겹침이음은 허용할 수 있다.

③ 압축부에서 사용하는 용접이음과 기계적 이음은 4) (1) ③ (a)와 (b)의 요구조건을 만족하여야 한다.

④ 철근이 압축력만을 받을 경우는 철근과 직각으로 절단된 철근의 양끝을 적절한 장치에 의해 중심이 잘 맞도록 접촉시킴으로써 압축응력을 직접 지압에 의해 전달할 수 있다. 이 때 철근의 양 단부는 철근 축의 직각면에 1.5° 이내의 오차를 갖는 평탄한 면이 되어야 하고 조립 후 지압면의 오차는 3° 이내이어야 한다.

⑤ 단부 지압이음은 폐쇄띠철근, 폐쇄스터럽 또는 나선철근을 배치한 압축부재에서만 사용하여야 한다.

4) 최소 피복두께

(1) 현장치기 콘크리트

① 수중에서 치는 콘크리트 ········· 100 mm

② 흙에 접하여 콘크리트를 친 후 영구히 흙에 묻혀 있는 콘크리트 ········· 80 mm

③ 흙에 접하거나 옥외의 공기에 직접 노출되는 콘크리트

가. D29 이상의 철근 ········· 60 mm

나. D25 이하의 철근 ········· 50 mm

다. D16 이하의 철근, 지름 16 mm 이하의 철선 ………… 40 mm

④ 옥외의 공기나 흙에 직접 접하지 않는 콘크리트

가. 슬래브, 벽체, 장선

(a) D35 초과하는 철근 ………… 40 mm

(b) D35 이하인 철근 ………… 20 mm

나. 보, 기둥 ………… 40 mm

콘크리트의 설계기준압축강도 f_{ck}가 40 MPa 이상인 경우 규정된 값에서 10 mm 저감시킬 수 있다.

다. 쉘, 절판부재 ………… 20 mm

(2) 프리캐스트 콘크리트

① 흙에 접하거나 옥외의 공기에 직접 노출된 콘크리트

가. 벽체

(a) D35를 초과하는 철근 및 지름 40 mm를 초과하는 긴장재 ………… 40 mm

(b) D35 이하의 철근, 지름 40 mm 이하인 긴장재 및 지름 16 mm 이하의 철선 ………… 20 mm

나. 기타 부재

(a) D35를 초과하는 철근 및 지름 40 mm를 초과하는 긴장재 ………… 50 mm

(b) D19 이상, D35 이하의 철근 및 지름 16 mm를 초과하고 지름 40 mm 이하인 긴장재 ………… 40 mm

(c) D16 이하의 철근, 지름 16 mm 이하의 철선 및 지름 16 mm 이하인 긴장재 ………… 30 mm

② 옥외의 공기나 흙에 직접 접하지 않는 콘크리트

가. 슬래브, 벽체, 장선구조

(a) D35를 초과하는 철근 및 지름 40 mm를 초과하는 긴장재 ………… 30 mm

(b) D35 이하의 철근 및 지름 40 mm 이하인 긴장재 ………… 20 mm

(c) 지름 16 mm 이하의 철선 ………… 15 mm

나. 보, 기둥

(a) 주철근 ………… d_b

다만, 15 mm 이상이어야 하고, 40 mm 이상일 필요는 없다.

(b) 띠철근, 스터럽, 나선철근 ………… 10 mm

다. 쉘, 절판부재
(a) 긴장재 ······ 20 mm
(b) D19 이상의 철근 ······ 15 mm
(c) D16 이하의 철근, 지름 16 mm 이하의 철선 ······ 10 mm

(3) 프리스트레스트 콘크리트

① 흙에 접하여 콘크리트를 친 후 영구히 흙에 묻혀 있는 콘크리트 ······ 80 mm
② 흙에 접하거나 옥외의 공기에 직접 노출되는 콘크리트
가. 벽체, 슬래브, 장선구조 ······ 30 mm
나. 기타 부재 ······ 40 mm
③ 옥외의 공기나 흙에 직접 접하지 않는 콘크리트
가. 슬래브, 벽체, 장선 ······ 20 mm
나. 보, 기둥
(a) 주철근 ······ 40 mm
(b) 띠철근, 스터럽, 나선철근 ······ 30 mm
다. 쉘, 절판부재
(a) D19 이상의 철근 ······ d_b
(b) D16 이하의 철근, 지름 16 mm 이하의 철선 ······ 10 mm
④ 흙 및 옥외의 공기에 노출되거나, 부식환경에 노출된 프리스트레스트 콘크리트 부재로서 부분균열등급 또는 완전균열등급의 경우에는 최소 피복두께를 50% 이상 증가시켜야 한다. 다만 프리스트레스트 인장영역이 지속하중을 받을 때 압축응력을 유지하고 있는 경우에는 최소 피복두께를 증가시키지 않아도 된다.
⑤ 공장제품 생산조건과 동일한 조건으로 제작된 프리스트레스트 콘크리트 부재에서 프리스트레스되지 않은 철근의 최소 피복두께는 (2)에 따라야 한다.

(4) 다발철근

다발철근의 피복두께는 다발의 등가지름 이상으로 하여야 한다. 그러나 60 mm보다 크게 할 필요는 없다. 다만, 흙에 접하여 콘크리트를 친 후 영구히 흙에 묻혀있는 경우는 피복두께를 80 mm 이상, 수중에서 콘크리트를 친 경우는 100 mm 이상으로 하여야 한다.

(5) 특수 환경에 노출되는 콘크리트

① 콘크리트가 다음과 같은 조건하에 있는 경우에는 피복두께를 다음 ②에 따라 증가시켜야 한다.

가. 고내구성이 요구되는 구조체의 경우

나. 해안에서 250 m 이내에 위치하는 구조체로서 추가의 표면처리 공사를 수행하지 않고 직접 외부에 노출되어 염해를 받는 경우

다. 유수 등에 의한 심한 침식 또는 화학작용을 받는 경우

② ①에서 규정한 경우에는 다음 값 이상의 피복두께를 확보하여야 한다.

가. 현장치기 콘크리트

(a) D16 이하의 철근을 사용한 벽체, 슬래브 ………… 50 mm

(b) (a)외의 모든 부재 ………… 80 mm

나. 프리캐스트 콘크리트

(a) 벽체, 슬래브 ………… 40 mm

(b) 기타 부재 ………… 50 mm

다. 부분균열등급 또는 완전균열등급의 프리스트레스트 콘크리트 부재는 최소 피복두께를 (3)에서 규정된 최소 피복두께의 50% 이상 증가시켜야 한다. 다만 프리스트레스 된 인장영역이 지속하중을 받을 때 압축응력을 유지하고 있는 경우에는 최소 피복두께를 증가시키지 않아도 된다.

③ 내화를 필요로 하는 구조물의 피복두께는 화열의 온도, 지속시간, 사용골재의 성질 등을 고려하여 정하여야 하며, 규정된 최소 피복두께보다 더 큰 값이 요구될 때에는 동등한 내화성능의 재료나 피복 재료를 사용하거나 피복두께의 값을 증가시켜야 한다.

5) 기호

A_b : 철근 1개의 단면적(mm^2)

A_s : 인장철근의 단면적(mm^2)

A_{tr} : 정착된 철근을 따라 쪼개질 가능성이 있는 면을 가로질러 배치된 간격 s 이내에 있는 횡방향 철근의 전체 단면적(mm^2)

A_v : 간격 s 이내에 있는 전단철근의 단면적(mm^2)

b_w : 복부의 폭 또는 원형단면의 지름(mm)

c : 철근 간격 또는 피복 두께에 관련된 치수(mm)

d : 부재의 유효깊이(mm)

d_b : 철근, 철선 또는 프리스트레싱 강연선의 공칭지름(mm)

f_{ck} : 콘크리트의 설계기준강도(MPa)

f_{sp} : 콘크리트의 쪼갬인장강도(MPa)

f_y : 철근의 설계기준항복강도(MPa)

f_{yt} : 횡방향 철근의 설계기준항복강도(MPa)

h : 부재의 전체 두께(mm)

K_{tr} : 횡방향 철근지수

: $(A_{tr} f_y / 10.7 s n)$ (상수 10.7의 단위는, MPa)

l_a : 받침부에서 그 중심선을 지나 묻힘길이 또는 반곡점에서 부재의 유효깊이와 $12d_b$ 중 큰 값(mm)

l_d : 정착길이(mm)

: $l_{db} \times$ 보정계수

l_{db} : 위험단면으로부터 갈고리 외측 단부까지의 거리로 나타낸 인장을 받는 표준갈고리의 정착길이(위험단면과 갈고리 시작점 사이의 직선 묻힘길이+구부림 내면반지름+철근지름) (mm)

: $l_{dh} \times$ 보정계수

l_{dh} : 단부에 표준갈고리가 있는 인장 이형철근의 정착길이(mm)

l_{hb} : 인장을 받는 표준갈고리의 기본정착길이(mm)

M_n : 단면의 공칭휨강도

: $A_s f_y (d - \alpha/2)$

n : 쪼개질 가능성이 있는 평면을 따라 정착되거나 이어지는 철근 또는 철선의 수

s : 정착길이 l_d구간 내에 있는 횡방향 철근의 최대 중심간 간격(mm)

V_s : 전단철근에 의한 공칭전단강도

V_u : 단면의 계수전단력

α : 철근배치 위치계수

β : 에폭시 도막계수

λ : 경량콘크리트계수

γ : 철근 크기에 따른 계수

6.4 철근 재료표와 철근량 산출

1) 철근표(bar list)

철근을 표시하는데 일정한 양식(format)을 이용하면 철근의 수량을 산출하는데 편리하다. 표 1-6-3(a)에서 철근 형태를 하고 나타내고 있는 것은 철근량이 많지 않고 간단한 경우에 철근 상세도를 생략하고 재료표에서 철근 가공을 위한 형태까지 표시한 경우이고 표 1-6-3(b)에서 철근 형태를 나타내고 있지 않는 것은 철근 상세도가 별도로 표시되어 있을 경우이다. 철근을 같은 구경별로 구분해서 정리하는 경우와 배근되는 부위별로 구분해서 정리하는 경우가 있다. 또 철근 재료표에 철근의 재료 할증(보통 3%)을 나타내는 경우도 있다.

표 1-6-3

(a) 철근 재료표의 예 - 1

번호	지름	길이 [mm]	개수	단위중량 [kg/m]	1개 중량 [kg]	중량 [kg]	형상	비고
1	D13	4,450	94	0.995	4.428	416.2		
2	D13	4,600	54	0.995	4.577	247.2		
3	D13	4,600	12	0.995	4.577	54.9		
4	D10	2,050	106	0.559	1.146	121.5		
5	D13	2,900	148	0.995	2.885	427.1		
6	D10	1,000	106	0.559	0.559	59.3		
7	D13	42,250	24	0.995	42.039	1008.9		
8	D13	6,300	4	0.995	6.269	25.1		
9	D10	900	70	0.559	0.503	35.2		
10	D13	900	296	0.995	0.895	265.1		
11	D10	700	138	0.559	0.391	54.0		
12	D10	1,500	138	0.559	0.838	115.7		
13	D10	1,300	70	0.559	0.727	50.9		
14	D13	900	592	0.995	0.895	530.1		
					D10 D13 계	437 kg 2975 kg 3412 kg		

(b) 철근표의 예 - 2

철근표(1.0M당)							
H=4.000M							
기호	경	길이	수량	총길이	단위 중량	총중량	비고
W_1	D13	4.011	4	16.044	0.995	15.964	
W_2	D19	4.106	4	16.424	2.250	36.954	
W_3	D19	2.102	4	8.408		18.918	
W_4	D13	1.000	28	28.000	0.995	27.860	
F_1	D19	3.010	8	24.080	2.250	54.180	
F_2	D19	2.530	4	10.120		27.770	
F_3	D13	1.000	22	22.000	0.995	21.890	
H	D16	1.501	8	12.008	1.560	18.732	
S_1	D13	441	6	2.646	0.995	2.633	
S_2	D13	864	8	6.912		6.877	

철근표(1.0M당)							
H=4.500M							
기호	경	길이	수량	총길이	단위 중량	총중량	비고
W_1	D13	4.511	4	18.044	0.995	17.954	
W_2	D19	4.602	4	18.408	2.250	41.418	
W_3	D19	2.355	4	9.420		21.195	
W_4	D13	1.000	32	32.000	0.995	31.840	
F_1	D22	3.307	8	26.456	3.040	80.426	
F_2	D22	2.830	4	11.320		34.413	
F_3	D13	1.000	30	30.000	0.995	29.850	
H	D16	1.501	8	12.008	1.560	18.732	
S_1	D13	434	6	2.604	0.995	2.591	
S_2	D13	868	10	8.680		8.637	

(c) 철근 재료표의 예 - 3 BAR LIST

MARK	DIA	LENGTH	EACH	TOTAL L.	UNIT WT.	TOTAL WT.
S_1	D25	26.152	45	1,176.840	(KG/M)	
S_2	D25	4.560	106	483.360		
B_1	D25	26.278	21	551.838		
B_2	D25	26.278	21	551.838		
SUB TOTAL				2,763.876	3.98	11.000
D_1	D22	10.880	107	1,164.160		
D_2	D22	10.230	64	654.720		
SUB TOTAL				1,818.880	3.04	5.529
S_3	D16	6.200	106	657.200		
S_4	D16	5.280	53	279.840		
SUB TOTAL				937.040	1.56	1.462
D_3	D15	10.660	36	383.760		
D_4	D15	10.010	47	470.470		
C_1	D15	1.705	162	276.210		
C_2	D15	422	135	56.970		
SUB TOTAL				1,187.410	0.995	1.181
TOTAL						19.172

2) 철근 수량 산출방법

① 철근 상세도에 의해서 철근 종류(기호)별로 각 길이(L; each length)를 산출한다(이음

길이에 주의).

② 배근도와 상세도에서 C.T.C와 철근 숫자(본수)로 철근의 수량(N; number)을 계산한다.

③ 철근의 지름(Dia)별로 총 길이와 철근의 단위중량(unit weight)을 곱해서 총 중량(total weight)

④ 이음, 정착길이, 손실량을 고려해서 총 중량에 의한 할증을 원형철근은 5%, 이형철근은 3%를 가산해서 계산한다.

6.5 철근의 종류와 단위중량

1) 철근의 종류

철근 콘크리트에 사용하는 철근의 종류는 KS D 3527의 철근 콘크리트용 재생봉강(Rerolled steel bars for concrete reinforcement)와 KS D 3504의 철근 콘크리트용 봉강(KS D 3527) (steel bars for concrete reinforcement)으로 표 1-6-4와 같다.

표 1-6-4 ● KS 분류 철근의 종류 및 기호와 종류를 구별하는 표시방법

종 류	용 도	기 호	종류를 구별하는 표시방법					
			압연(롤링)마크에 의한 표시					도색에 의한 색 구별 표시
			용접용	원산지	생산자	호칭지름	강종구분	
재생 원형봉강	일반용	SBCR240	적용하지 않는다.					빨강색(한쪽 단면)
		SBCR300						흰 색(한쪽 단면)
재생 이형봉강	일반용	SDCR240	마디 결합 1개(−)					적용하지 않는다.
		SDCR300	마디 결합 2개(− −)					
		SDCR350	마디 결합 3개(− − −)					
이형봉강	일반용	SD300	표시 없음	K 원산지 국명의 두 문자 표시	XX 생산자 로고 표시	25 호칭 지름의 표시	표시없음	녹 색
		SD350					3 / *	적 색
		SD400					4 / **	황 색
		SD500					5 / ***	흑 색
		SD600					6 / ****	회 색
		SD700					7 / *****	하늘색
	용접용	SD400W	*				4 / **	백 색
		SD500W	*				5 / ***	분홍색

1. 이형봉강의 롤링마크는 1.5 m 이하의 간격마다 반복적으로 표시해야 한다.
2. 주로 철망용으로 사용되고 두께가 얇아 양각표기가 곤란한 호칭명 D4, D5, D6, D8은 도색에 의한 구별 표시를 적용한다.

철근 표시방법의 예(KS규정)

= 철근 낱개마다 표시(1.5 m 이하의 간격마다 반복)

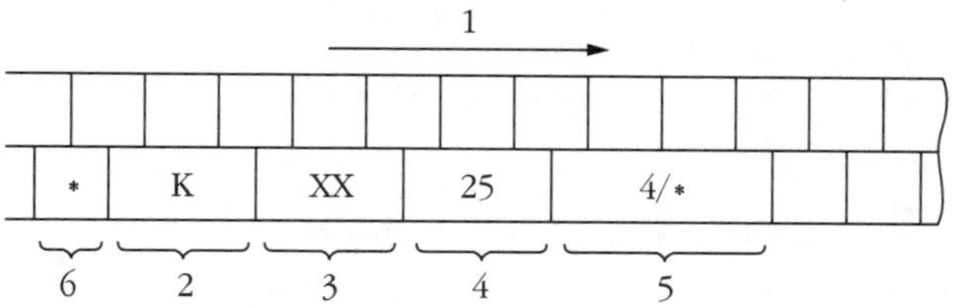

1: 읽는 방향

2: 원산지(보기: Korea : K, Japan : J, China : C)

3: 회사로고(보기: XX제강㈜: XX)

4: 호칭지름(보기: 지름 25 mm: 25)

5: 강종구분(보기: SD300; 표시 없음, SD350; 3 또는 *, SD400; 4 또는 **,
SD500; 5 또는 ***, SD600; 6 또는 ****, SD700; 7 또는 *****)

6: 용접용 철근은 2~5항의 표기 이외에 2항의 원산지 표기 앞에 *을 표시

※ 다만 주로 철망용으로 사용되고 두께가 얇아 양각표기가 곤란한 호칭명 D4, D5, D6, D8은 도색에 의한 색 구별 표시를 적용.

2) 철근의 단위중량 및 허용차

(1) 철근의 치수와 표준길이

표 1-6-5 ● 재생 봉강의 치수와 표준길이, 무게 및 마디의 허용값

호칭명	단위무게 [kg/m]	공칭지름 d [mm]	공칭단면적 s [cm^2]	공칭둘레 l [cm]	마디의 평균간격 최대값 [cm]	마디 높이		마디틈의 합계의 최대값[a] [mm]
						최소치 [mm]	최대치 [mm]	
D6	0.249	6.35	0.3167	2.0	4.4	0.3	0.6	5.0
D8	0.389	7.94	0.4951	2.5	5.6	0.3	0.6	6.3
D10	0.560	9.53	0.713	3.0	6.7	0.4	0.8	7.5
D13	0.995	12.7	1.267	4.0	8.9	0.5	1.0	10.4

비고 1. 공칭단면적, 공칭둘레 및 단위무게의 산출방법은 다음에 따른다.

공칭단면적$(s) = \dfrac{0.785 \times 4 \times d^2}{100}$: 유효숫자 넷째 자리에서 끝맺음한다.

공칭둘레$(l) = 0314 \times 2 \times d$: 소수점 이하 첫째 자리에서 끝맺음한다.

단위무게$= 0.785 \times s$: 유효숫자 셋째 자리에서 끝맺음한다.

비고 2. 마디간격은 공칭지름의 70% 이하로서, 산술값을 소수 이하 첫째 자리에서 끝맺음한다.

비고 3. 이형봉강의 마디틈a의 합계는 공칭둘레의 25% 이하로 하고, 산술값은 소수점 이하 첫째 자리에서 끝맺음한다.

비고 4. 마디의 높이는 공칭지름의 4.0% 이상이며, 산술값은 소수점 이하 첫째 자리에서 끝맺음한다.
비고 5. 마디와 축선과의 각도는 45° 이상으로 한다.

1. 표준길이는 3.5, 4.0, 4.5, 5.0, 5.5, 6.0, 6.5, 7.0, 7.5, 8.0 m로 한다.
2. 코일(Bar in coil)의 경우에는 표준길이를 적용하지 않는다.
3. 표준길이 이외의 치수는 주문자와 제조자 사이의 협의에 따른다.

표 1-6-6 ● 이형봉강(철근)의 치수, 무게 및 마디의 허용차

호칭명	단위 무게 [kg/m]	공칭지름 d [mm]	공칭단면적 s [cm^2]	공칭둘레 l [cm]	마디의 평균간격 최대값 [cm]	마디 높이		마디틈의 합계의 최대값[a] [mm]	마디와 축선과의 각도
						최소치 [mm]	최대치 [mm]		
D4	0.110	4.23	0.1405	1.3	3.0	0.2	0.4	3.3	45° 이상
D5	0.173	5.29	0.2198	1.7	3.7	0.2	0.4	4.3	
D6	0.249	6.35	0.3167	2.0	4.4	0.3	0.6	5.0	
D8	0.389	7.94	0.4951	2.5	5.6	0.3	0.6	6.3	
D10	0.560	9.53	0.713	3.0	6.7	0.4	0.8	7.5	
D13	0.995	12.7	1.267	4.0	8.9	0.5	1.0	10.4	
D16	1.56	15.9	1.956	5.0	11.1	0.7	1.4	12.5	
D19	2.25	19.1	2.865	6.0	13.4	1.0	2.0	15.0	
D22	3.04	22.2	3.871	7.0	15.5	1.1	2.2	17.5	
D25	3.98	25.4	5.067	8.0	17.8	1.3	2.6	20.0	
D29	5.04	28.6	6.424	9.0	20.0	1.4	2.8	22.5	
D32	6.23	31.8	7.942	10.0	22.3	1.6	3.2	25.0	
D35	7.51	34.9	9.566	11.0	24.4	1.7	3.4	27.5	
D38	8.95	38.1	11.40	12.0	26.7	1.9	3.8	30.0	
D41	10.5	41.3	13.40	13.0	28.9	2.1	4.2	32.5	
D43	11.4	43.0	14.52	13.5	30.1	2.2	4.4	33.8	
D51	15.9	50.8	20.27	16.0	35.6	2.5	5.0	40.0	
D57	20.3	57.3	25.79	18.0	40.1	2.9	5.8	45.0	

비고 1. 공칭단면적, 공칭둘레 및 단위무게의 산출방법은 다음에 따른다.

공칭단면적$(s) = \frac{0.785 \times 4 \times d^2}{100}$: 유효숫자 넷째 자리에서 끝맺음한다.

공칭둘레$(l) = 0314 \times 2 \times d$: 소수점 이하 첫째 자리에서 끝맺음한다.

단위무게$= 0.785 \times s$: 유효숫자 셋째 자리에서 끝맺음한다.

1개 무게 = 단위무게 × 길이 : 유효숫자 셋째 자리에서 끝맺음한다.

비고 2. 마디간격은 공칭지름의 70% 이하로서, 산술값을 소수 이하 첫째 자리에서 끝맺음한다.
비고 3. 이형봉강의 마디틈a의 합계는 공칭둘레의 25% 이하로 하고, 산술값은 소수점 이하 첫째 자리에서 끝맺음한다.
비고 4. 마디의 높이는 다음 표에 따르고, 산술값은 소수점 이하 첫째 자리에서 끝맺음한다.

a 리브와 마디가 떨어져 있는 경우 및 리브가 없는 경우에는 마디의 결손부의 나비를, 또 마디와 리브가 접속하고 있는 경우에는 리브의 나비를 각각 마디의 틈으로 한다.

1. 표준길이는 3.5, 4.0, 4.5, 5.0, 5.5, 6.0, 6.5, 7.0, 8.0, 9.0, 10.0, 11.0, 12.0 m로 한다.
2. 코일(Bar in coil)의 경우에는 표준길이를 적용하지 않는다.
3. 표준길이 이외의 치수는 주문자와 제조자 사이의 협의에 따른다.

(2) 이형봉강의 허용차

① 이형봉강(철근)의 길이 허용차는 다음과 같다.

길 이	길이의 허용차
7 m 이하	+40 mm
7 m 초과	길이 1 m 또는 그 끝수가 증가할 때마다 위에 적은 허용차에 5 mm를 더한다. 다만, 최대값은 120 mm까지로 한다.

비고 1 코일의 경우에는 적용하지 않는다.
비고 2 주문자는 표기이외의 허용차를 지정할 수 있다.

② 이형봉강(철근) 1개 무게의 허용차는 다음과 같다.

구 분	무게의 허용차	적 용
호칭명 D10 미만	+ 규정하지 않음 −8%	공시재의 채취방법 및 허용차의 산출방법은 KS 규정에 따른다.
호칭명 D10 이상 D16 미만	±6%	
호칭명 D16 이상 D29 미만	±5%	
호칭명 D29 이상	±4%	

3) 철근의 기계적 성질

KS B 0801에 규정한 시험방법에 의한 기계적 성질은 표 1-6-7과 같다.

표 1-6-7 ● 이형봉강의 기계적 성질

<table>
<tr><th rowspan="2">종류
기호</th><th rowspan="2">항복점 또는
항복강도
[N/mm^2]</th><th rowspan="2">인장강도

[N/mm^2]</th><th rowspan="2">인장 시험편</th><th rowspan="2">연신율

[%]</th><th colspan="3">굽힘강도</th></tr>
<tr><th>굽힘각</th><th colspan="2">안쪽 반지름</th></tr>
<tr><td rowspan="2">SD300</td><td rowspan="2">300 이상</td><td rowspan="2">440 이상</td><td>2호에 준한 것</td><td>16 이상</td><td rowspan="2">180°</td><td>D16 이하</td><td>공칭지름의 1.5배</td></tr>
<tr><td>3호에 준한 것</td><td>18 이상</td><td>D16 초과</td><td>공칭지름의 2배</td></tr>
<tr><td rowspan="3">SD350</td><td rowspan="3">350 이상</td><td rowspan="3">490 이상</td><td rowspan="2">2호에 준한 것</td><td rowspan="2">18 이상</td><td rowspan="3">180°</td><td>D16 이하</td><td>공칭지름의 1.5배</td></tr>
<tr><td>D16 초과 D41 초과</td><td>공칭지름의 2배</td></tr>
<tr><td>3호에 준한 것</td><td>20 이상</td><td>D51 초과</td><td>공칭지름의 2.5배</td></tr>
<tr><td rowspan="2">SD400</td><td rowspan="2">400 이상</td><td rowspan="2">560 이상</td><td>2호에 준한 것</td><td>16 이상</td><td rowspan="2">180°</td><td rowspan="2"></td><td rowspan="2">공칭지름의 2.5배</td></tr>
<tr><td>3호에 준한 것</td><td>18 이상</td></tr>
<tr><td rowspan="2">SD500</td><td rowspan="2">500 이상</td><td rowspan="2">620 이상</td><td>2호에 준한 것</td><td>12 이상</td><td rowspan="2">90°</td><td>D25 이하</td><td>공칭지름의 2.5배</td></tr>
<tr><td>3호에 준한 것</td><td>14 이상</td><td>D25 초과</td><td>공칭지름의 3배</td></tr>
</table>

종류 기호	항복점 또는 항복강도 [N/mm²]	인장강도 [N/mm²]	인장 시험편	연신율 [%]	굽힘강도	
					굽힘각	안쪽 반지름
SD600	600 이상	710 이상	2호에 준한 것	10 이상	90°	D25 이하 공칭지름의 2.5배
			3호에 준한 것			D25 초과 공칭지름의 3배
SD700	700 이상	800 이상	2호에 준한 것	10 이상	90°	D25 이하 공칭지름의 2.5배
			3호에 준한 것			D25 초과 공칭지름의 3배
SD400W	400 이상	560 이상	2호에 준한 것	16 이상	180°	공칭지름의 2.5배
			3호에 준한 것	18 이상		
SD500W	500 이상	620 이상	2호에 준한 것	12 이상	90°	D25 이하 공칭지름의 2.5배
			3호에 준한 것	14 이상		D25 초과 공칭지름의 3배

1. 이형봉강에서 치수가 호칭명 D32를 초과 하는 것에 대해서는 호칭명 3을 증가할 때마다 연신율값에서 각각 2를 감한다. 감하는 한도는 4로 한다.
2. 인장 시험 및 굽힘 시험방법과 인장 시험편 및 굽힘 시험편은 KS B 0801에 규정한 2호(호칭명 D25 미만) 또는 3호 시험편(호칭명 D25 이상)이며, 시험편은 어느 것이나 제품 그대로 하며, 기계가공을 하지 않아야 한다.
3. 이형봉강의 항복점 또는 0.2% 항복강도 및 인장강도를 구하는 경우이 단면적은 공칭 단면적을 이용한다.

Chapter 7 상하수도 계획 및 설계

7.1 상수도

1) 기본계획(master plan)

(1) 계획년도(design period)

수도시설의 계획에서 현재의 기준으로 설계를 하면 장래의 상황 변화에 따른 물 수요의 부족을 초래하므로 장래의 어떤 일정한 기간을 대상으로 한 계획을 실시하게 되는데, 이러한 장래의 기간을 계획년도 또는 계획기간이라 한다.

수도시설은 반영구적으로 사용되는 시설이기 때문에 기본계획에서 계획년도는 될 수 있는 대로 장기를 목표로 하는 것이 기본이다. 그러나 장기에 걸친 급수수요의 예측이나 수자원 확보 등에 대한 확신이 어렵기 때문에 어떤 일정한 기간 즉 계획년도를 대상으로 한 계획을 실시하게 된다.

상수도시설기준에는 새로운 수도시설 혹은 기존시설에 대한 확장을 하려는 경우에는 장래 5 ~ 15년간을 고려하여 계획하고, 장기적인 인구추정이 불가능한 경우이거나 혹은 급수량 추정이 불확실한 경우에는 예외로 하고 있다.

계획년도는, 도시의 발전상황(인구, 구조의 변화), 자금사정(이자율), 건설비, 유지관리비, 시설의 수명 및 시설확장, 수자원 상황 등 복잡한 요소를 감안하여 결정해야 한다.

개개 시설의 규모 결정에 있어서 계획년도는 앞으로의 공사의 난이도를 고려하여 서로 다른 계획년도를 설정할 수 있다.

Fair와 Geyer는 수도시설물에 대한 설계 계획년도를 표 1-7-1과 같이 주고 있다.

표 1-7-1 ● 상수도시설의 계획년도

항 목	내 용	계획기간[년]
큰 댐 및 대구경 관로	확장이 어렵고 비싸다.	25 ~ 50
정호(井戶), 배수관로 및 여과지	확장이 쉬우나 ① 이자율이 3% 이하인 경우 ② 이자율이 3% 이상인 경우	 20 ~ 25 10 ~ 15
직경 300 mm 이상인 관	장기적으로 볼 때 대체비용이 비싸다.	20 ~ 25
직경 300 mm 이하인 관	장기적으로 필요한 크기로 시설한다.	수요에 따라 결정

※ Fair and Geyer, Water Supply and Wastewater Disposal John Wily and Sons. N.Y.

(2) 계획급수면적(water supply area)

급수면적 즉, 급수구역은 계획기간 내에 배수관을 매설하여 급수하는 구역의 면적이다.

급수구역을 결정할 때는 도시계획안 등을 참고하여 도시자체의 발전 및 팽창상태는 물론, 정치·경제·기술적인 각종 요소와 수리권(水利權) 등을 고려하여 결정하나 급수구역이 행정구역과 반드시 일치하지 않으므로 인근 행정구역간의 종합급수계획(광역 상수도계획)을 수립할 필요가 있다.

(3) 계획급수인구(population served)

계획급수인구는 계획년도까지 수도에 의해서 급수를 받는 계획급수구역 내에 상주하는 인구로 제한하고 있지만, 일반적으로 수도를 사용하지 않고 지하수나 다른 수원을 이용하는 인구가 있기 때문에 급수인구는 상주인구보다 적은 것이 보통이다. 급수구역 내의 상주인구(총인구)에 대한 급수인구의 비율을 급수보급률이라고 한다.

계획급수인구는 계획기간 이내의 추정된 인구에 급수보급률을 곱하여 결정한다.

인구 추정방법은 각 도시 혹은 지방자치단체 등에 의하여 추정된 자료를 사용하거나 다음 방법 혹은 공인된 기타 방법에 의하여 과거 약 20년간의 인구 증감을 고려하여 결정한다. 만약 과거의 인구통계가 없거나 혹은 비정상적인 발전을 하였거나 기타 특수한 여건을 갖는 도시는 예외이다.

장래 인구 추정은 다음 방법을 사용하되 그 도시의 성질을 고려하여 결정되어야 한다. 즉 산업발전에 따르는 인구의 증가 또는 기타 사회적 조건에 따르는 인구의 증감 등을 고려하여야 한다.

- 타 도시와 비교방법
- 등차급수방법

- 등비급수방법
- 지수곡선식(Peggy 함수식) 방법
- 로지스틱 곡선(Logistic curve) 방법
- 감소율 성장방법(Decreasing rate of increase)
- 비교법(Ratio and correlation)

① 연평균 인구 증가수(등차급수)에 의한 방법

(a) 2자료 사용법

$$y = ax + b \qquad a = \frac{y-b}{x}$$

y : 기준년으로부터 x년 후 인구　　x : 기준년으로부터의 경과년수

a : 연평균 인구 증가수　　b : 기준년의 인구

(b) 최소자승법(LSM: Least Square Method)에 의한 방법

$$y = ax + b$$

a, b는 최소자승법으로

$$a = \frac{n\sum XY - \sum X \sum Y}{n\sum X^2 - \sum X \sum X} \qquad b = \frac{\sum X^2 \sum Y - \sum X \sum XY}{n\sum X^2 - \sum X \sum X}$$

y : 기준년으로부터 x년 후 인구　　x : 기준년으로부터의 경과년수

a : 연평균 인구 증가수　　b : 기준년의 인구

n : 인구통계 자료수

이 방법은 단기간 인구추계에 적합하다.

② 연평균 인구 증가율(등비급수)에 의한 방법

$$y = y_0(1+\gamma)^x \qquad \gamma = \left(\frac{y_0}{y_t}\right)^{\frac{1}{t}} - 1$$

y : 기준년으로부터 x년 후 인구　　y_0 : 현재인구

y_t : 현재로부터 t년 전의 인구　　γ : 연평균 증가율

x : 현재로부터 계획년도까지의 경과년수

이 방법은 상당 기간 동안 비슷한 인구증가율을 보이는 발전적 도시에 적합하고 인구증가율이 점감(漸減)하는 도시에는 적합하지 않다.

③ 지수 곡선식(Peggy 함수식)에 의한 방법

$$y = y_0 + Ax^a$$

y : 기준년으로부터 x년 후 인구 y_0 : 기준년의 인구

x : 기준년으로부터 계획년도까지의 경과년도

A 및 a : 상수

A 및 a를 구하기 위하여 위의 식으로부터

$$\log(y - y_0) = \log A + a \cdot \log x$$

$$\log(y - y_0) = Y$$

$$\log x = X$$

$$\log A = b$$

라 하면 $Y = aX + b$가 되며, x와 y에 관한 과거 자료에 의해 최소자승법을 이용하여 a와 b에서 A를 구한다. 이 방법은 일반적으로 많은 도시에 적용할 수 있다.

④ 로지스틱(Logistic curve) 방법

$$y = \frac{K}{1 + e^{b - ax}}$$

y : 기준년으로부터 x년 후 인구

x : 기준년으로부터의 계획년도까지의 경과년도

e : 자연대수의 밑값(2.7182818⋯)

K : 포화인구

a, b : 상수

상수 a, b를 구하기 위해 먼저 포화인구 K를 추정하여야 하며 위 식을 변형하면

$$\frac{K - y}{y} = e^{b - ax}$$

$$\log y - \log(K - y) = a \cdot \log e \cdot x - b \cdot \log e$$

$$\log y - \log(K - y) = Y, \quad \log e \cdot x = X, \quad b \cdot \log e = B$$

라 하면,

$$Y = aX + B$$

가 된다. 이 식을 최소자승법으로 풀면,

$$a = \frac{n\sum XY - \sum X \sum Y}{n\sum X^2 - \sum X \sum X}$$

$$b = \frac{B}{\log e} = \frac{1}{\log e} \cdot \frac{\sum X^2 \sum Y - \sum X \sum XY}{n\sum X^2 - \sum X \sum X}$$

가 된다. 단, n은 인구 자료수이다.

이 방법은 인구가 무한년전(無限年前)에 0이고 경과년수에 따라 인구가 점점 증가하여 중간기간에는 증가율이 가장 크고, 그 이후 증가율이 점점 감소하여 무한년후(無限年後)에는 인구가 포화된다는 이론에 기초를 둔 것으로, 포화인구를 가정하는 데에 어려움이 있으나 도시의 인구 증가형태와 잘 부합되므로 널리 사용되고 있다.

계산 예 어떤 도시의 인구 통계자료 표 1-7-2를 이용해서 10년 후의 인구를 각 방법으로 추정해 보았다.

표 1-7-2 ● 어떤 도시의 인구 자료

년 도	인 구	년 도	인 구
2003	177,800	2007	194,500
2004	182,500	2008	199,200
2005	187,000	2009	203,700
2006	192,300		

❶ 연평균 인구 증가수(등차급수)에 의한 방법

(a) 2자료 사용법

2003 ~ 2009년의 6년간 평균 인구 증가수는

$$a = \frac{y-b}{x} = \frac{203,700 - 177,800}{6} = \frac{25,900}{6} = 4,317$$

10년 후인 2019년도의 인구는 $y = ax + b = 203,700 + 10 \times 4,317 = 246,870$

(b) 최소자승법에 의한 방법

기준년을 계열중앙에 놓아 계산을 간편하게 하면

표 1-7-3 ● 최소자승법에 의한 계산표

연도	인구(y)	x	x^2	xy
2003	177,800	−3	9	−533,400
2004	182,500	−2	4	−365,000
2005	187,000	−1	1	−187,000
2006	192,300	0	0	0

연도	인구(y)	x	x^2	xy
2007 2008 2009	194,500 199,200 203,700	1 2 3	1 4 9	194,500 398,400 611,100
계	1,337,000	0	28	118,600

$$a = \frac{n\sum XY - \sum X \sum Y}{n\sum X^2 - \sum X \sum X} = \frac{7 \times 118,600}{7 \times 28} = 4,236$$

$$b = \frac{\sum X^2 \sum Y - \sum X \sum XY}{n\sum X^2 - \sum X \sum X} = \frac{28 \times 1,337,000}{7 \times 28} = 191,000$$

10년 후인 2019년은 기준년 2006년으로부터 13년이므로

$$y = ax + b = 4,236 \times 13 + 191,000 = 246,068$$

❷ 연평균 인구 증가율(등비급수)에 의한 방법

$$r = \left(\frac{y_0}{y_t}\right)^{\frac{1}{t}} - 1 = \left(\frac{203,700}{177,800}\right)^{\frac{1}{6}} - 1 = 0.0229$$

2019년의 인구 $y = y_0(1+r)^x = 203,700(1+0.0229)^{10} = 255,460$

❸ 지수 곡선식(Peggy 함수식)에 의한 방법

표 1-7-4 ● 지수 곡선식(Peggy 함수식)에 의한 계산표

연도	인구(y)	x	$X=\log x$	X^2	$y-y_0$	$Y=\log(y-y_0)$	XY
2003	177,800	0	-	-	0	-	-
2004	182,500	1	0	0	4,700	3.67210	0
2005	187,000	2	0.30103	0.09062	9,200	3.96379	1.19322
2006	192,300	3	0.47712	0.22764	14,500	4.16137	1.98547
2007	194,500	4	0.60206	0.36248	16,700	4.22272	2.54233
2008	199,200	5	0.69897	0.48856	21,400	4.33041	3.02683
2009	203,700	6	0.77815	0.60552	25,900	4.41330	3.43421
계	1,337,000		2.85733	1.77482		24.76369	12.18206

$$a = \frac{n\sum XY - \sum X \sum Y}{n\sum X^2 - \sum X \sum X} = \frac{6 \times 12.18206 - 2.85733 \times 24.76369}{6 \times 1.77482 - 2.85733 \times 2.85733} = 0.93952$$

$$b = \frac{\sum X^2 \sum Y - \sum X \sum XY}{n\sum X^2 - \sum X \sum X} = \frac{1.77482 \times 24.76369 - 2.85733 \times 12.18206}{6 \times 177482 - 2.85733 \times 2.85733}$$

$$= 3.67985$$

$\log A = b$이므로

$$A = 10^{3.67985} = 4{,}784.63$$

$$Y = 177{,}800 + 4{,}784.63 \times 16^{0.93952} = 242{,}536$$

❹ 로지스틱 곡선(Logistic curve) 방법

포화 인구(K)를 350,000으로 가정하고, 계산 편의상 기준년을 중앙에 두고 계산표를 작성하면 표 1-7-5와 같다.

$$\sum X = \sum x \cdot \log e = 0$$

$$\sum Y = 0.55878$$

$$\sum XY = \log e \cdot \sum x Y = 0.43429 \times 0.59436 = 0.25813$$

$$a = \frac{n\sum XY - \sum X \sum Y}{n\sum X^2 - \sum X \sum X} = \frac{7 \times 0.25813}{7 \times 5.28112} = 0.04888$$

$$b = \frac{1}{\log e} \cdot \frac{\sum X \sum XY - \sum X^2 \sum Y}{n\sum X^2 - \sum X \sum X}$$

$$= \frac{1}{\log e} \cdot \frac{-5.28112 \times 0.55877}{7 \times 5.28112} = -0.18380$$

$\therefore\ y = \dfrac{K}{1 + e^{0.18380 - 0.4888x}}$에서

2019년의 인구 $y = \dfrac{350{,}000}{1 + e^{-0.18380 - 0.04888 \times 13}} = \dfrac{350{,}000}{1.44078} = 242{,}924$

표 1-7-5 ● 로지스틱 곡선(Logistic curve) 방법에 의한 계산표

연도	인구(y)	x	x^2	$\log y$	$K-y$	$\log(K-y)$	$Y=\log y-\log(K-y)$	xY
2003	177,800	−3	9	5.24993	172,200	5.23603	0.01390	−0.04170
2004	182,500	−2	4	5.26126	167,500	5.22401	0.03725	−0.07450
2005	187,000	−1	1	5.27184	163,000	5.21219	0.05965	−0.05965
2006	192,300	0	0	5.28398	157,700	5.19783	0.08615	0
2007	194,500	1	1	5.28892	155,500	5.19173	0.09719	0.09719
2008	199,200	2	4	5.29929	150,800	5.17840	0.12089	0.24178
2009	203,700	3	9	5.30899	146,300	5.16524	0.14375	0.43124
계	1,337,000	0	28				0.55878	0.59436

이상의 각 계산방법에 의한 추정 인구는,

① 등차급수에 의한 2자료 이용방법 : 246,870
② 등차급수의 최소자승법에 의한 방법 : 246,068
③ 연평균 인구 증가율(등비급수)에 의한 방법 : 255,460
④ 지수 곡선식(Peggy 함수식)에 의한 방법 : 242,536
⑤ 로지스틱 곡선(Logistic curve)에 의한 방법 : 242,924

(4) 계획급수량(water consumption)

급수량은 상수 소비량 또는 상수 요구량이라고 하고 사용목적에 따라 가정용(domestic) · 영업용(business) · 사무용(office) · 공공용(public) · 소화용(fire demand)등으로 분류할 수 있다.

급수량은 통상 lpcd(liter per capita day)의 단위로 표시하며, 우리나라의 1인 1일당 급수량은 200 ~ 450 lpcd 정도이다.

계획급수지역 내에 필요한 용수를 공급하기 위한 수도시설의 규모를 결정하기 위해서는 계획급수량을 추정하여야 한다. 취수, 도수, 정수, 송수 시설은 1일 최대급수량을 수도 설계기준으로 하며 저수시설과 배수시설은 계획 1일 최대급수량이 발생하는 날의 시간적 변화를 설계기준으로 한다.

급수량을 결정하는데 있어서는 기후조건, 생활수준, 하수도 설비 정도, 산업의 발달 정도, 사용목적에 따른 수질관계, 배수관망의 수압 등의 사항이 고려되어야 한다.

계획급수량의 결정은 과거의 실측자료를 검토하고, 용도별 급수량을 세분하여 분석한 후, 합리적이고 정확한 자료를 산출하여 계획급수량을 추정하는 것이 바람직하나 이 때 도시의 규모 · 성질 · 입지조건 · 기상조건 · 생활정도 및 생활양식 · 기타 경제 및 사회적인 조건에 따라 그 크기가 변화되므로 이에 대한 고려도 필요하다.

대체로 도시 규모가 클수록 또 기온이 높을수록 급수량은 증가된다. 생활정도와 생활양식에 있어서는 그 정도가 높을수록 증대되며, 수세식 변소나 목욕탕의 보급이 늘어날수록 증가된다.

참고로 우리나라의 각 시도별 상수도 현황은 표 1-7-6, 표 1-7-7과 같다.

표 1-7-6 ● 우리나라 연도별 상수도 보급현황

연도별	총인구 [천명]	급수인구 [천명]	보급률 [%]	1인 1일당 급수량 [L]
1990	42,869	33,630	78.4	369
1991	43,268	34,665	80.1	376
1992	44,568	35,639	80.0	385
1993	45,077	36,567	81.1	394
1994	45,512	37,351	82.1	408
1995	45,973	38,107	82.9	398
1996	46,426	38,823	83.6	409
1997	46,876	39,607	84.5	409
1998	47,171	40,190	85.2	395
1999	47,543	40,948	86.1	388
2000	47,977	41,774	87.1	380
2001	48,289	42,402	87.8	374
2002	48,518	43,021	88.7	362
2003	48,824	43,633	89.4	347(359)
2004	49,053	44,187	90.1	353(365)
2005	49,268	44,671	90.7	351(363)
2006	49,599	45,270	91.3	346(－)
2007	50,034	46,057	92.1	340(－)

비고 : 1. 시설용량에서 ( ) 안의 수치는 공업용 정수시설용량을 포함한 시설용량임

2. 2006년 통계부터 전용공업용수를 제외하여 급수량 및 1일1인당 급수량에 수량이 포함되지 않음

※ 환경부 1997~2008년 자료

표 1-7-7 ● 우리나라 2007년도 상수도(중수도포함) 보급현황

구 분	총인구 [천명]	급수인구 [천명]	보급률 [%]	시설용량 [천m^3/일]	급수량 [천m^3/일]	1인 1일당 급수량 [L]	중수도 보급	
							건축물 [개소]	건축연면적 [천m^2]
전 국	50,034	46,057	92.1	28,455 (31,265)	15,657	340	221	30,083
서울 특별시	10,422	10,422	100	5,100 (5,230)	3,284	315	52	4,698

구 분	총인구 [천명]	급수인구 [천명]	보급률 [%]	시설용량 [천m^3/일]	급수량 [천m^3/일]	1인 1일당 급수량 [L]	중수도 보급	
							건축물 [개소]	건축연면적 [천m^2]
부산 광역시	3,615	3,600	99.6	2,444 (2,644)	1,079	300	17	1,679
대구 광역시	2,513	2,504	99.7	1,500 (1,700)	812	324	4	103
인천 광역시	2,710	2,645	97.6	2,578 (2,578)	981	371	11	1,544
광주 광역시	1,423	1,394	97.9	780 (780)	451	323	7	1,045
대전 광역시	1,488	1,476	99.2	1,350 (1,350)	503	341	5	382
울산 광역시	1,113	1,041	93.5	551 (551)	333	320	3	111
경기도	11,340	10,593	93.4	2,510 (2,718)	3,430	324	56	7,699
강원도	1,516	1,283	84.6	797 (804)	570	444	7	736
충청북도	1,527	1,264	82.7	342 (342)	463	367	2	125
충청남도	2,026	1,366	67.4	159 (159)	507	371	8	856
전라북도	1,878	1,604	85.4	244 (374)	639	398	7	1,180
전라남도	1,945	1,360	69.9	763 (829)	480	353	7	6,075
경상북도	2,715	2,192	80.7	969 (1,079)	951	434	27	2,837
경상남도	3,239	2,752	84.9	1,282 (1,282)	985	358	5	929
제주도	563	563	100	323 (323)	190	338	3	85
한국수자원공사	-	-	-	6,764 (8,524)	-	-	16	6,439

비고 : 1. 시설용량에서 (   ) 안의 수치는 공업용 정수시설용량을 포함한 시설용량임
2. 2006년 통계부터 전용공업용수를 제외하여 급수량 및 1일 1인당 급수량에 수량이 포함되지 않음

※ 환경부 2008년 자료

① 계획 1인 1일 최대급수량

계획 1인 1일 최대급수량은 1년 중 상수 사용량이 최대가 되는 날의 1인 1일 급수량을 말한다. 이는 대상 도시와 유사한 성질을 갖는 도시의 기존자료를 이용하여 결정하여야 하며, 만약 시설을 확장할 경우에는 과거의 자료를 이용하여 장래에 대해서도 여러 요인들을 고려하여 결정하여야 한다.

② 계획 1일 최대급수량

계획 1일 최대급수량은 계획 1인 1일 최대급수량에 계획 급수인구를 곱하여 정한다. 이는 취수·도수(導水)·정수·송수 등 수도시설의 규모를 결정하는데 기초가 되는 수량으로서 보통 여름철의 제일 더운 날에 나타나나, 김장철이나 장마 후 갠 날에는 세탁 등으로 인해 대량의 급수량이 필요하게 된다.

③ 계획 1일 평균급수량

1일 평균급수량은 연간 총 급수량을 365일로 나눈 값이며 1인 1일 평균급수량은 1일 평균급수량을 급수인구로 나눈 값을 말하며, 대체로 계획 1일 최대급수량의 70~85%를 계획 1일 평균급수량으로 잡고 있다.

이는 약품, 전력사용량의 산정이나 유지관리비와 수도요금의 산정 등에 이용되므로 상수의 재정계획에 필요한 수량이다.

④ 계획시간 최대급수량

계획시간 최대급수량은 1일 중 시간 변동량이 최대일 때의 1시간당 급수량을 말하며 배수관의 구경 결정에 사용된다.

한편, 급수량의 시간변화는 지역에 따라서, 또 같은 지역에서도 계절 및 기후 등에 따라 각기 다른 형태로 나타나는데, 시간 최대급수량과 1일 최대급수량과의 사이에는 대략 다음과 같은 관계가 있다.

$$\text{계획 시간 최대급수량} = \frac{\text{계획 1일 최대급수량}}{24} \times \begin{cases} 1.3(\text{대도시 및 공업단지}) \\ 1.5(\text{중도시}) \\ 2.0(\text{소도시 및 특수지역}) \end{cases}$$

2) 시설계획

(1) 수원의 계획

수원(水源)의 위치와 취수지점을 선정하기 위하여서는 다음 사항에 유의하여야 한다.

① 수질 및 수량
② 처리장 및 급수지역과의 거리
③ 취수공사의 난이도, 안전 및 유지관리
④ 시설비와 유지관리비
⑤ 장래 확장의 위치
⑥ 기타

(2) 처리장의 위치

처리장의 위치는 다음 사항을 고려하여 결정하여야 한다.

① 처리시설의 공사와 설치 후에 있어서 유지관리가 쉽고, 장래의 확장이 가능하며 지가가 저렴한 곳이어야 한다.
② 몇 개의 후보지를 선정하여 비교 검토하여야 한다.
③ 부지의 모양
④ 전원의 확보 문제
⑤ 공사시의 자재 운반뿐만 아니라 처리시설의 설치 후에도 필요한 약품공급의 연결관계
⑥ 처리과정에서 발생되는 슬러지의 처리·처분문제
⑦ 인근 주민과의 관계 및 주위의 자연 환경
⑧ 공공시설로서 수도시설에 대한 안정성

(3) 원수의 수질

수도의 수원으로 이용되는 것은 지하수와 하천, 호소, 저수지 등의 지표수가 있으며 각각의 수원은 수질적으로 특성을 갖고 있다.

공공수역의 수질환경기준은 환경정책기본법에 의해 규정되어 있으며, 표 1-7-8, 표 1-7-9는 환경정책기본법 시행령에 규정한 하천과 호소의 수질 및 수생태계 환경기준이다.

원수의 수질에 따라 좋은 수질을 생산할 수 있는 시설을 설치하여야 한다.

표 1-7-8 ● 하천수질 및 수생태계 환경기준

등급		상태 (캐릭터)	기준							
			수소이온 농도 [pH]	생물화학적 산소요구량 (BOD) [mg/L]	화학적 산소요구량 (COD) [mg/L]	부유 물질량 (SS) [mg/L]	용존 산소량 (DO) [mg/L]	총인 (T-P) [mg/L]	대장균군 (군수/100 mL)	
									총 대장균군	분원성 대장균군
매우 좋음	Ia		6.5~8.5	1 이하	2 이하	25 이하	7.5 이상	0.02 이하	50 이하	10 이하
좋음	Ib		6.5~8.5	2 이하	4 이하	25 이하	5.0 이상	0.04 이하	500 이하	100 이하
약간 좋음	II		6.5~8.5	3 이하	5 이하	25 이하	5.0 이상	0.1 이하	1,000 이하	200 이하
보통	III		6.5~8.5	5 이하	7 이하	25 이하	5.0 이상	0.2 이하	5,000 이하	1,000 이하
약간 나쁨	IV		6.0~8.5	8 이하	9 이하	100 이하	2.0 이상	0.3 이하	-	-
나쁨	V		6.0~8.5	10 이하	11 이하	쓰레기 등이 떠있지 아니할 것	2.0 이상	0.5 이하	-	-
매우 나쁨	VI		-	10 초과	11 초과	-	2.0 미만	0.5 초과	-	-

[비고] ※ 등급별 수질 및 수생태계 상태

가. 매우 좋음 : 용존산소가 풍부하고 오염물질이 없는 청정상태의 생태계로 여과·살균 등 간단한 정수처리 후 생활용수로 사용할 수 있음.

나. 좋음 : 용존산소가 많은 편이고 오염물질이 거의 없는 청정상태에 근접한 생태계로 여과·침전·살균 등 일반적인 정수처리 후 생활용수로 사용할 수 있음.

다. 약간 좋음 : 약간의 오염물질은 있으나 용존산소가 많은 상태의 다소 좋은 생태계로 여과·침전·살균 등 일반적인 정수처리 후 생활용수 또는 수영용수로 사용할 수 있음.

라. 보통 : 보통의 오염물질로 인하여 용존산소가 소모되는 일반 생태계로 여과, 침전, 활성탄 투입, 살균 등 고도의 정수처리 후 생활용수로 이용하거나 일반적 정수처리 후 공업용수로 사용할 수 있음.

마. 약간 나쁨 : 상당량의 오염물질로 인하여 용존산소가 소모되는 생태계로 농업용수로 사용하거나, 여과, 침전, 활성탄 투입, 살균 등 고도의 정수처리 후 공업용수로 사용할 수 있음.

바. 나쁨 : 다량의 오염물질로 인하여 용존산소가 소모되는 생태계로 산책 등 국민의 일상생활에 불쾌감을 유발하지 아니하며, 활성탄 투입, 역삼투압 공법 등 특수한 정수처리 후 공업용수로 사용할 수 있음.

사. 매우 나쁨 : 용존산소가 거의 없는 오염된 물로 물고기가 살기 어려움.

아. 용수는 당해 등급보다 낮은 등급의 용도로 사용할 수 있음.

자. 수소이온농도(pH) 등 각 기준항목에 대한 오염도 현황, 용수처리방법 등을 종합적으로 검토하여 그에 맞는 처리방법에 따라 용수를 처리하는 경우에는 당해 등급보다 높은 등급의 용도로도 사용할 수 있음.

표 1-7-9 ● 호소수질 및 수생태계 환경기준

등급		상태(캐릭터)	기준								
			수소이온농도 [pH]	화학적 산소요구량 (COD) [mg/L]	부유 물질량 (SS) [mg/L]	용존 산소량 (DO) [mg/L]	총인 (T-P) [mg/L]	총질소 (T-N) [mg/L]	클로로필a (Chl-a) [mg/m³]	대장균군 (군수/100 mL) 총 대장균군	분원성 대장균군
매우 좋음	Ia		6.5~8.5	2 이하	1 이하	7.5 이상	0.01 이하	0.2 이하	5 이하	50 이하	10 이하
좋음	Ib		6.5~8.5	3 이하	5 이하	5.0 이상	0.02 이하	0.3 이하	9 이하	500 이하	100 이하
약간 좋음	II		6.5~8.5	4 이하	5 이하	5.0 이상	0.03 이하	0.4 이하	14 이하	1,000 이하	200 이하
보통	III		6.5~8.5	5 이하	15 이하	5.0 이상	0.05 이하	0.6 이하	20 이하	5,000 이하	1,000 이하
약간 나쁨	IV		6.0~8.5	8 이하	15 이하	2.0 이상	0.10 이하	1.0 이하	35 이하	-	-
나쁨	V		6.0~8.5	10 이하	쓰레기 등이 떠있지 아니할 것	2.0 이상	0.15 이하	1.5 이하	70 이하	-	-
매우 나쁨	VI		-	10 초과	-	2.0 미만	0.15 초과	1.5 초과	70 초과		

1. 총인, 총질소의 경우 총인에 대한 총질소의 농도비율이 7 미만일 경우에는 총인의 기준을 적용하지 아니하며, 그 비율이 16 이상일 경우에는 총질소의 기준을 적용하지 아니한다.
2. 등급별 수질 및 수생태계 상태는 표 1-7-7 비고란과 같다.

(4) 시설계통

상수도 시설은 합리적인 건설비와 유지관리비를 투자하여 소비자에게 질적으로 안전하고 양적으로 충분한 물을 공급하여야 한다.

일반적으로 상수도의 구성은 그림 1-7-1과 같으며, 수원의 물이 소비자에게 공급되기까지에는 그림 1-7-2와 같은 계통을 거치게 된다.

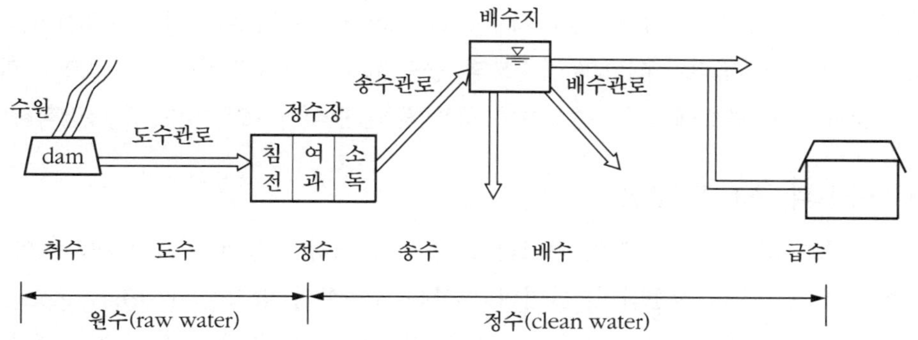

그림 1-7-1 상수도 구성

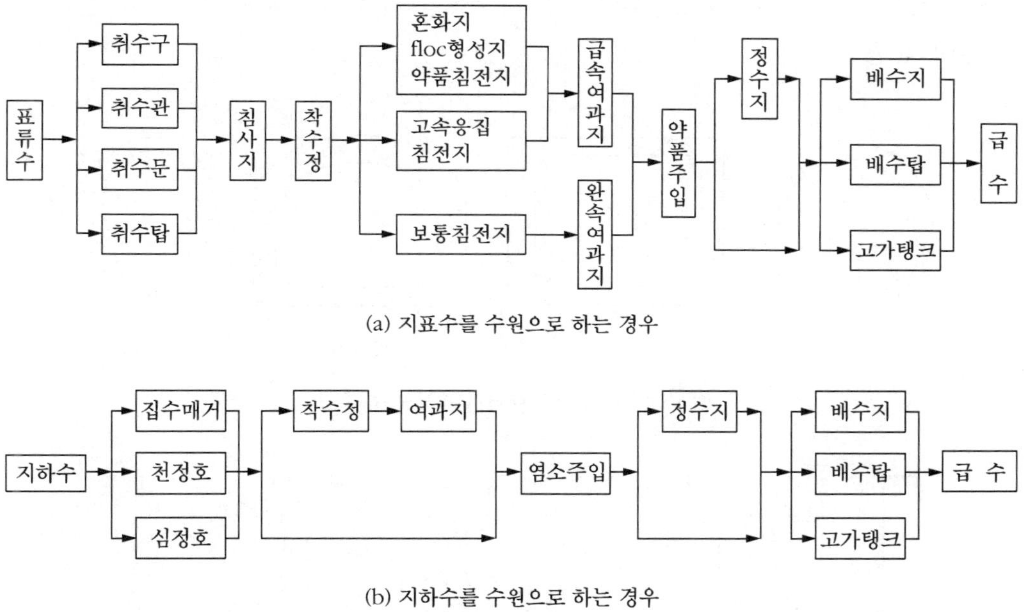

그림 1-7-2 상수도 시설 계통도

7.2 수로의 수리

1) 개수로(open channel)

수면이 대기와 접하여 있어 중력의 작용에 의해 자연적으로 유하하는 통로를 개수로라 하며, 수두경사선(hydraulic grade line)과 수면이 일치하게 된다. 자유수면을 갖는 개수로에는 윗부분이 있는 암거(暗渠: closed conduit)와 윗부분이 없는 개거(開渠: open conduit)의 두 가지 형태가 있으며 상수도의 송수거 또는 도수거에는 수질적으로 외부의 오염을 받지 않고 증발에 의한 손실이나 생물 등의 번식이 적은 암거가 바람직하다.

(1) 개수로의 구조 및 단면

개수로 구조물의 재료는 석재, 콘크리트, 철근 콘크리트 등이 있으나 신뢰성이 높은 철근 콘크리트를 주로 사용하며, 단면의 형상은 소수로의 암거는 구형(box type), 대수로 개거의 경우는 제형(trapezoidal type), 터널부분은 토압에 견딜 수 있도록 원형이나 마제형(말굽형)의 단면을 사용한다.

콘크리트 등의 수로는 온도변화에 따른 신축에 대하여 10 ~ 20 m 간격으로 신축이음을 두어야 한다.

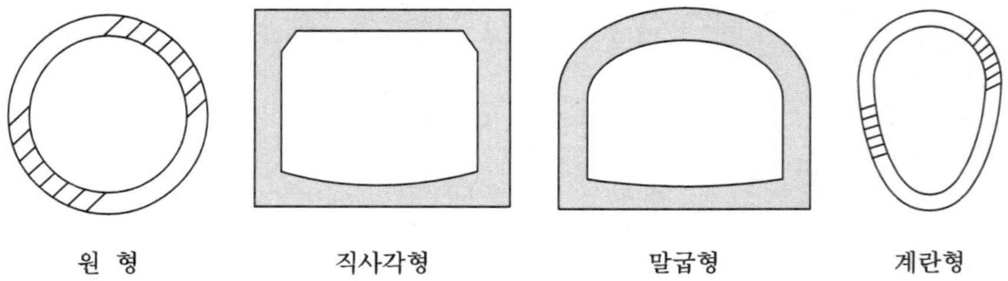

그림 1-7-3 관거단면형상의 종류

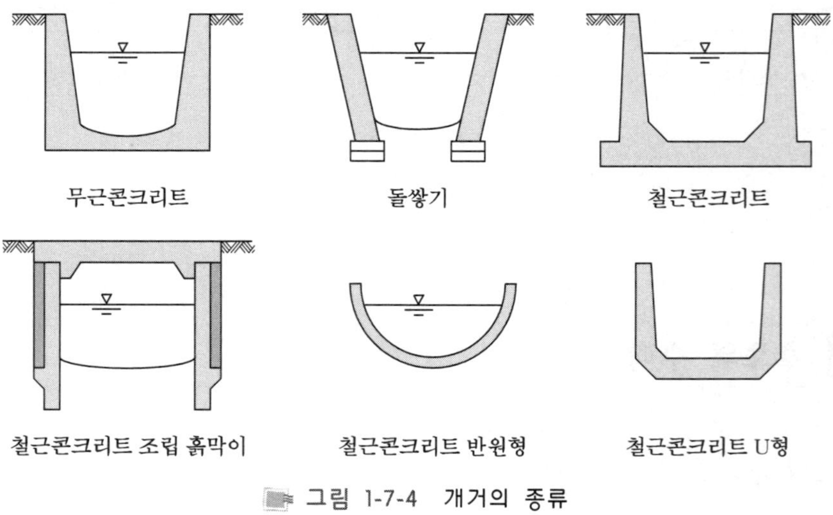

그림 1-7-4 개거의 종류

(2) 개수로의 수리

① 연속 방정식(1차원 흐름)

$$Q = A_1 \cdot V_1 = A_2 \cdot V_2 = \cdots$$

Q : 유량(m^3/s) A : 수로 단면적(m^2) V : 유속(m/s)

개수로와 하천은 Reynolds수가 매우 크고, 수로벽면의 조도도 모두 크므로 관수로의 흐름과 같이 마찰손실계수 f는 Reynolds수에는 관계없이 조도만의 함수로 표시할 수 있다. 개수로의 평균유속공식에 있어서는 개수로의 단면형과 수심을 수리평균심(경심, 동수구배)으로 표시하고, 벽면의 조도는 주로 실험치를 사용하게 된다.
개수로의 단면 형상을 정한 후 최소동수구배에도 계획수량이 흐를 수 있도록 계획한다.
최소동수구배는 유입지점의 최저수위(L.W.L)와 유출지점의 최고수위(H.W.L)의 차를 노선의 길이로 나눈 값을 말한다.
단면의 크기를 가정하고 최소동수구배에서 유하수량 Q를 계산하고 이 값이 계획수량과 일치될 때까지 단면의 크기를 변경시키면서 반복하여 계산한다.
도수의 경우 개수로의 유속은 수로가 마모되지 않도록 콘크리트의 경우 3 m/s, 주철 또는 합성수지(plastic)인 경우 6 m/s를 최대유속으로 하고, 모래 등의 침전과 물의 정체를 방지하기 위해 최소유속을 0.3 m/s 이상 되도록 설계한다.
개수로의 유량계산에 많이 사용되는 평균유속공식은 Manning 공식과 Ganguillet-Kutter 공식이 있다.

② Chezy 공식(France, 1969)

$$v = C\sqrt{RI}$$

v : 평균유속(m/s) R : 동수반경, 경심(m)
I : 수면의 기울기 C : Chezy의 유속계수

Chezy의 유속계수 $C = \sqrt{\dfrac{8g}{f}}$ 로 Darcy-Weisbach의 마찰손실계수 f의 함수이므로 C는 Reynolds수와 조도의 함수로 표시되고, Bazin, Ganguillet, Kutter 등에 의해서 연구되었고, 실험 및 실측치를 사용하여 여러 가지 형식의 공식이 제안되고 있다.

(a) Bazin 공식(France, 1865)

$$v = \frac{87}{1 + \dfrac{r}{\sqrt{R}}} \cdot \sqrt{RI}$$

여기서, r은 수로의 조도를 나타내는 Bazin의 조도계수로 표 1-7-10과 같다.

표 1-7-10 ● Bazin의 조도계수

재료 및 수로의 상태	r
대패로 깎은 목재, 아주 매끄러운 콘크리트	0.06
보통 목재수로, 벽돌수로	0.20
석조수로	0.83
보통 흙수로	1.30
거친 흙수로	2.50

(b) Ganguillet-Kutter 공식(Swiss, 1969)

$$v = \frac{23 + \dfrac{1}{n} + \dfrac{0.00155}{I}}{1 + \left(23 + \dfrac{0.00155}{I}\right)\dfrac{n}{\sqrt{R}}} \cdot \sqrt{RI}$$

v : 평균유속(m/s) R : 동수반경, 경심(m)

I : 수면의 기울기 n : 조도계수(Manning의 조도계수)

③ Manning 공식

$$v = \frac{1}{n} \cdot R^{\frac{2}{3}} \cdot I^{\frac{1}{2}}$$

Manning 공식의 조도계수(粗度係數: roughness) n의 값은 표 1-7-11과 같다.

표 1-7-11 ● Manning 공식의 조도계수

재 료	n	재 료	n
놋쇠관, 유리관	0.01 ~ 0.012	관거	
용접 강철관	0.01 ~ 0.013	시멘트관	0.011 ~ 0.015
도장한 주철관	0.01 ~ 0.013	벽돌	0.013 ~ 0.017
주철관(新)	0.012 ~ 0.014	주철관	0.011 ~ 0.015
주철관(古)	0.014 ~ 0.018	콘크리트	
연철관	0.012 ~ 0.014	매끄러운 표면	0.012 ~ 0.014
도금한 연철관	0.013 ~ 0.015	거친 표면	0.015 ~ 0.017
흄관	0.011 ~ 0.014	콘크리트관	0.011 ~ 0.015
석면시멘트관	0.012 ~ 0.014	주름형의 금속관	
콘크리트관(매끄러운 표면)	0.012 ~ 0.013	보통관	0.022 ~ 0.026
콘크리트관(거친 표면)	0.014 ~ 0.016	포장된 인버트	0.018 ~ 0.022
		아스팔트 라이닝	0.011 ~ 0.015
		플라스틱관(매끄러운 표면)	0.011 ~ 0.015

재 료	n	재 료	n
		점토	
		도관	0.011 ~ 0.015
		깔판	0.013 ~ 0.017
		개거	
		인공수로	
		아스팔트	0.013 ~ 0.017
		벽돌	0.012 ~ 0.018
		콘크리트	0.011 ~ 0.020
		자갈	0.020 ~ 0.035
		식물	0.030 ~ 0.040
		※ 자료 WPCF, MOP9	

2) 관수로(pipeline)

관수로란 관거 내에 자유수면이 없이 만수(滿水)가 되어 관로 상단과 하단의 압력차에 의하여 물이 흐르는 압력수로를 말한다.

(1) 평균유속공식

수도시스템에서 관용적으로 사용되는 수리공식은 Hazen-Williams 공식과 Manning 공식이다.

① Hazen-Williams 공식(미국, 1910)

$$v = 0.35464\, C D^{0.63} I^{0.54}$$

$$v = 0.84935\, C R^{0.63} I^{0.54}$$

$$Q = 0.27853\, C D^{2.65} I^{0.54}$$

$$D = 1.6258\, C^{-0.38} Q^{0.38} I^{-0.206}$$

$$I = 10.666\, C^{-1.85} D^{-4.87} Q^{1.85}$$

v : 평균유속(m/s)　　Q : 유량(m^3/s)
D : 관경(m)　　I : 수면의 기울기
C : 유속계수(표 1-7-12)　　R : 동수반경(m)

표 1-7-12 ● Hazen-Williams 공식의 C값

관 종	C값
보통 주철관(古)	100
강관	100
콜타르 라이닝 주철관 (신품)	130 ~ 135
〃 (통수 5년)	120
〃 (통수 10년)	110
〃 (통수 15년)	105
〃 (통수 20년)	95
〃 (통수 30년)	85
〃 (통수 40년)	80
도장강관	130
석면시멘트관	130
원심력 철근 콘크리트관	130
PS 콘크리트관	130
PVC 관	130
연철관	110 ~ 120
흄관(100 mm 이하)	120 ~ 140
흄관(100 ~ 600 mm)	150

② Manning 공식(영국, 1816 ~ 1897)

$$v = \frac{1}{n} \cdot R^{\frac{2}{3}} \cdot I^{\frac{1}{2}}$$

$$v = \frac{0.39685}{n} \cdot D^{\frac{2}{3}} \cdot I^{\frac{1}{2}}$$

$$Q = \frac{0.31169}{n} \cdot D^{\frac{8}{3}} \cdot I^{\frac{1}{2}}$$

v : 평균유속(m/s) n : 조도계수 I : 수면의 기울기
D : 관경(m) R : 동수반경, 경심(m)

(2) 손실수두(loss head)

물은 점성을 갖고 있기 때문에 물이 수로 내를 흐를 때 물분자 상호간에, 또는 물과 벽면 간에 에너지의 손실이 생긴다. 수로에서의 에너지 손실은 수도로 표시되는 것이 일반적이며, 그 손실수두는 마찰에 의한 손실수두와 기타의 국부적인 손실수두로 대별할 수 있으며, 마찰손실수두는 다음과 같이(Darcy-Weisbach 공식) 표시된다.

$$h_f = f \cdot \frac{1}{D} \cdot \frac{v^2}{2g}$$

관수로의 손실수두 공식은 일반적으로 Darcy-Weisbach 공식이 사용되고, 수도시스템에서 관용적으로 사용되는 수두공식은 Hazen-Williams 공식과 Manning 공식이다.

① Darcy-Weisbach 공식

$$h_f = f \cdot \frac{l}{D} \cdot \frac{v^2}{2g} = f \cdot \frac{8}{\pi^2 g} \cdot \frac{lQ^5}{D^5}$$

$$I = f \cdot \frac{l}{D} \cdot \frac{v^2}{2g} = f \cdot \frac{8}{\pi^2 g} \cdot \frac{Q^5}{D^5}$$

② Hazen-Williams 공식

$$f = \frac{98.784}{D^{0.167}\ C^{1.85}\ v^{0.15}}$$

③ Manning 공식

$$f = \frac{124.5n^2}{\sqrt[3]{D}} = \frac{8 \cdot g \cdot n^2}{\sqrt[3]{D}}$$

h_f : 마찰손실수두(m)

D : 관경(m)

v : 평균유속(m/s)

g : 중력가속도(9.8 m/s^2)

l : 관로길이(m)

f : 마찰손실계수

I : 수면의 기울기

기타의 국부적인 손실수두는 관수로에 있어서 마찰손실 이외에 단면이 급격히 확대, 또는 축소하는 곳, 관수로의 유입구 또는 유출구, 관이 굴곡되는 곳, 관 도중에 밸브(弁, valve)가 설치된 곳 등에서 손실수두가 생기며, 일반적으로 다음과 같이 표시된다.

$$h_f = f \cdot \frac{v^2}{2g}$$

f : 단면의 축소, 확대, 굴곡, 관유출·입부, 밸브 등에 의한 각각의 손실계수

(3) 기타 용어

① 수리평균심(水理平均深: hydraulic mean depth)

수리평균심은 경심(徑深), 동수반경(動水半徑: hydraulic radius), 수리경심, 동수수리반경이라고도 하며, 유수단면적 A를 윤변 P로 나눈 값 즉, 유수단면적을 마찰이 작용하는 주변의 길이로 나눈 값(R)으로 이것은 마찰이 작용하는 단위 윤변장에 대한 유수단면적의 크기를 표시하는 것이다.

유수에 의한 마찰력이 단면의 형태에는 관계없이 경심에 따라서 변화하는 것이다.

$$R = \frac{A}{P}$$

지름이 D인 원형관의 수리평균심은

$$R = \frac{A}{P} = \frac{\frac{\pi}{4}D^2}{\pi D} = \frac{D}{4}$$

② 윤변(wetted perimeter)

흐름방향에 수직한 단면과 물에 접하는 수로표면과의 교선의 길이를 말하는 것으로 물을 둘러싸고 있는 길이 즉, 횡단면(유수단면적)과 물이 접촉하고 있는 길이를 말한다.

이것은 마찰이 작용하는 경계면의 길이이다.

③ 수리특성곡선(水理特性曲線: hydraulic characteristic curve)

하수관과 수로터널의 흐름은 경우에 따라서 물이 전단면에 가득 차지 않고 단면의 일부분을 흐르는 자유수면을 갖는 수로의 흐름일 때도 있다. 이와 같은 수로에 대해서는 각 수심에 대한 유속, 유량 등과 전단면을 흐를 때의 유속, 유량 등의 비를 계산하여 곡선으로 나타내면 수심 변화에 대한 흐름의 특성을 알 수 있다. 이것이 수리특성곡선이다. 즉, 유속, 유량을 수심변화로 나타낸 곡선이다.

④ 수리학적 유리한 단면(best hydraulic section)

수로의 단면적, 경사, 조도계수를 알면 유량을 계산할 수 있으며, 유량은 수리평균심에 비례한다는 것을 알 수 있다. 유량에 대한 유수 단면적이 최소가 되는 수로를 설계하든가, 주어진 단면적으로 최대의 유량이 흐르도록 단면형을 결정하려 할 때 수리학적 유리한 단면이 사용된다.

수리학적 유리한 단면은 주어진 단면적으로 최대의 유량이 흐르도록 단면을 말한다.

수심 h, 수로폭이 B인 구형단면에서는 $h = \frac{B}{2}$, 수심 h, 수로의 저면 폭이 B인 제형단면에서는 $B = \frac{2}{\sqrt{3}}h$일 때에 수리학적 유리한 단면이다.

⑤ Weston 공식(1890년)

이 공식은 관경 13 ~ 89 mm의 매끈한 관에 대한 공식으로서 급수관 설계에 가장 널리 사용된다.

$$h = \left(0.0126 + \frac{0.01739 - 0.1087D}{\sqrt{v}}\right) \cdot \frac{l}{D} \cdot \frac{v^2}{2g}$$

h : 마찰손실수두(m)　　l : 관의 길이(m)　　D : 관경(m)
v : 관내 평균유속(m/s)　　g : 중력가속도($9.8\ m/s^2$)

⑥ 수격작용(water hammering)

물이 가득 차서 흐르는 관수로상의 유량조절 밸브를 갑자기 폐쇄하거나 펌프를 정지하면 관로 내의 유량은 갑자기 크게 변화하며 액체가 가지고 있는 운동에너지는 압력에너지로 변환되어 관 내부에 탄성파가 왕복하게 되고, 물의 운동량 및 관성에 의하여 관벽에 큰 힘을 가하게 되어 정상적인 정수압보다 몇 배 큰 압력으로 상승하게 된다. 이러한 현상을 수격작용 또는 수충작용이라고 하며 관로시스템에 큰 손상을 줄 수 있다. 또 닫혀 있던 밸브를 급히 열 때에도 같은 현상이 일어난다.

수격현상의 발생 방지를 위해 대책은 다음과 같다.

(a) 정확한 계산에 의한 밸브의 폐쇄속도 제어
(b) 펌프의 fly wheel 설치(펌프의 급변속 방지)
(c) 조압수조(surge tank) 설치
(d) 안전밸브 등 수격방지기(water hammering cushion) 설치

7.3 하수도

1) 하수도 계획의 기본적 사항

(1) 하수도 계획의 절차

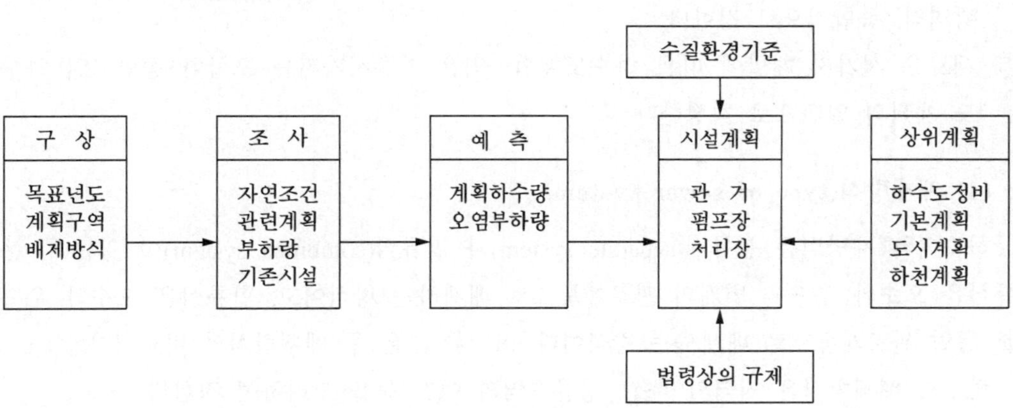

그림 1-7-5 하수도 계획 절차

하수도 계획은 구상, 조사, 예측 및 시설계획이 서로 관련을 가지고 있기 때문에 그림 1-7-5와 같이 흐름 및 상호관계를 고려한다.

(2) 계획목표년도

하수도계획의 목표년도는 원칙적으로 20년 정도로 한다(하수도 시설기준). 하수도시설의 능력결정은 장기간에 걸친 예측을 기초로 할 필요가 있다.

하수도계획의 목표년도는 시설의 내용년수 및 건설기간이 길고 특히 관거의 경우는 하수량의 증가에 따라 단계적으로 단면을 증가시키기가 곤란하기 때문에 장기적인 관거계획을 수립할 필요가 있으므로 20년 후를 목표로 계획을 수립하는 것으로 한다.

그러나 처리장의 경우에서는 유입하수량의 증가에 따라 단계적인 증설을 계획함으로서 사업의 효과를 조기에 거둘 수 있으며, 관거에서는 복수관을 계획하는 경우도 있다.

또한 관련계획 및 정비목표 등에 큰 변동이 생긴 경우는 필요에 따라 여러 가지 조건을 검토하여 하수도 계획의 변경 여부를 정할 필요가 있다.

(3) 계획구역

계획구역은 하수도 시설계획의 기본이 되는 것이므로 다음 사항을 고려하여 결정한다.

① 하수도정비기본계획(또는 변경) 수립시의 계획구역은 관할 행정구역 전체를 대상으로 한다.

② 계획구역은 원칙적으로 목표년도까지 시가화될 것이 예상되는 구역으로 한다.

③ 공공수역의 수질보전 및 자연환경보전을 위하여 하수도 정비를 필요로 하는 지역을 계획구역으로 한다.

④ 계획구역은 자연 및 지역조건을 충분히 고려하여, 행정상의 경계에만 의존하지 말고 광역적, 종합적으로 정한다.

⑤ 새로운 시가지 개발에 따른 하수도계획구역은 기존시가지를 포함한 종합적인 하수도 계획의 일환으로 책정한다.

(4) 배제방식(type of sewer system)

하수의 배제방식은 분류식(separate system)과 합류식(combined system)이 있는데, 분류식은 오수와 우수를 별개의 관로계통으로 배제하는 방식이고, 합류식은 오수와 우수를 동일 관로계통으로 배제하는 방식이다. 표 1-7-13은 두 배제방식의 비교이다.

하수의 배제방식은 지역의 특성, 방류수역의 여건 등을 고려하여 정한다.

표 1-7-13 ● 배제방식의 비교

검토사항		분류식	합류식
건설면	관로계획	오수와 우수를 별개의 관로에 배제하기 위해 오수의 배제계획이 합리적으로 된다.	우수를 신속히 배수하기 위해서 지형 조건에 적합한 관로망이 된다.
	시 공	오수관거와 우수관거와의 2계통을 동일도로에 매설하는 것은 매우 곤란하다. 오수관거에서는 소구경관거를 매설하므로 시공이 용이하지만, 관거의 경사가 급하면 매설깊이가 크게 된다.	대구경 관거가 되면 좁은 도로에서의 매설에 어려움이 있다.
	건설비	오수관거와 우수관거의 2계통을 건설하는 경우는 비싸지만 오수관거만을 건설하는 경우는 가장 저렴하다.	대구경관거가 되면 1계통으로 건설되어 오수관거와 우수관거의 2계통을 건설하는 것보다 저렴하지만 오수관거만을 건설하는 것보다는 비싸다.
유지관리면	관로 오접	철저한 감시가 필요하다.	없음
	관거 내 퇴적	관거 내의 퇴적이 적다. 수세효과는 기대할 수 없다.	청천 시에 수위가 낮고 유속이 적어 오물이 침전하기 쉽다. 그러나 우천 시에 수세효과가 있기 때문에 관거 내의 청소빈도가 적을 수 있다.
	처리장에로의 토사유입	토사의 유입이 있지만 합류식 정도는 아니다.	우천 시에 처리장으로 다량의 토사가 유입하여 장기간에 걸쳐 수로바닥, 침전지 및 슬러지소화조 등에 퇴적한다.
	관거내의 보수	오수관거에는 소구경관거에 의한 폐쇄의 우려가 있으나 청소는 비교적 용이하다. 측구가 있는 경우는 관리에 시간이 걸리고 불충분한 경우가 많다.	폐쇄의 염려가 없다. 검사 및 수리가 비교적 용이하다. 청소에 시간이 걸린다.
	기존수로의 보수	기존의 측구를 존속할 경우는 관리자를 명확하게 할 필요가 있다. 수로부의 관리 및 미관상의 문제가 많다.	관리자가 불명확한 수로를 통폐합하고 우수 배제계통을 하수도관리자가 총괄하여 관리할 수 있다.
수질보전면	우천 시의 관리	없음	일정량 이상이 되면 우천 시 오수가 월류한다.
	청천 시의 월류	없음	오수량의 증가가 있으면 발생한다.
	강우초기의 노면유출수	노면의 오염물질이 포함된 세정수가 직접 하천 등으로 유입된다.	시설의 일부를 개선 또는 개량하면 강우초기의 오염된 우수를 수용해서 처리할 수 있다.
환경면	쓰레기 등의 투기	측구가 있는 경우나 우수관거에 개거가 있을 때는 쓰레기 등이 불법투입되는 일이 있다.	없음
	토지이용	기존의 측구를 존속할 경우는 뚜껑의 보수가 필요하다.	기존의 측구를 폐지할 경우는 도로폭을 유효하게 이용할 수가 있다.

(5) 토구(吐口: outfall)

토구는 하수도시설로부터 하수를 공공수역에 방류하는 시설을 말하며 다음 3가지로 분류된다.

① 처리장에서 처리수의 토구
② 분류식에서 우수토구 및 펌프장의 토구
③ 합류식에서 우수토구 및 펌프장의 토구

토구의 위치 및 구조의 결정은 방류수역의 수위, 수량, 물 이용상황, 수질환경기준의 설정상황 및 하천개수계획 등을 충분히 조사하여 외수(外水)의 역류를 방지할 수 있도록 하고 방류수역의 수질 및 수량에 대하여 지장이 없도록 고려한다.

(6) 하수도 시설 계획

① 펌프장(pump station)

지표면의 표고가 방류수면의 고수위와 같거나 낮을 때는 펌프배수를 필요로 한다. 이 경우 방류수면보다 높은 지역은 자연배수를 하므로, 가급적 펌프배수를 한정하는 것이 바람직하다.

펌프장 계획의 기본적 내용은 다음 각 항을 고려하여 정하여야 한다.

(a) 펌프장의 수는 유지관리상 가급적 작게 한다.
(b) 펌프장은 침수하지 않는 구조로 한다.
(c) 오수 펌프는, 분류식의 경우 시간 최대 오수량, 합류식의 경우 우천 시 계획오수량(시간 최대 오수량의 3배 이상)에 기준하여 계획한다.
(d) 펌프장은 주위의 환경조건을 고려해서 그 위치 선정 및 시설계획을 하여야 한다.

② 하수처리장(sewage treatment plant)

하수처리장 계획은 하수의 처리와 처분을 포함한 일련의 종합계획으로 취급되어져야 하므로 시설의 유지관리, 처리공정 등의 전문적인 지식이 요구되며, 특히 수질오염 방지에 중점을 두고 계획하여야 한다. 하수처리장 계획은 일반적으로 다음과 같다.

(a) 처리장은 방류수역의 수질 보전의 효과 및 유지관리면에서 가급적 광역적인 계획을 한다.
(b) 처리장의 위치는 가급적 시가지를 피해서, 간선 유입에 지장이 없고, 시공상 어려움이 없으며 처리수 처분에 적당한 장소를 선정하되, 방류수역의 물 이용상황 및 주변 환경조건을 고려하여 선정한다.
(c) 처리장의 부지는 장래확장 등을 예상하여 여유를 확보한다.

(d) 처리시설은 계획 1일 최대오수량을 기준하여 계획한다.
(e) 처리시설은 이상수위에 의한 침수에 안전한 곳이어야 하고 보호시설을 한다.
(f) 처리장은 주변의 환경 악화를 고려한다.
(g) 처리시설은 그 기능이 확실하고 유지관리에 용이하도록 계획한다.

③ 하수도시설의 배치, 구조 및 기능
(a) 하수도시설의 배치, 구조 및 기능은 유지관리상의 조건, 지형 및 지질 등의 자연조건, 방류수역의 상황, 주변 환경조건, 시설의 단계적 정비계획, 시공상 조건 및 건설비 등을 고려한다.
(b) 하수도시설의 용량은 필요에 따라 여유를 둔다.
(c) 하수도시설은 예측하기 어려운 사고, 고장, 보수 및 점검 등에 필요한 예비시설을 설치하며, 시설의 확실성 및 안전성을 위한 시설의 복수화를 할 수 있다.
(d) 관거, 펌프장 및 처리장의 시설계획은 오수의 양과 질의 파악과 시설의 운전관리를 위한 적절한 계장설비를 설치한다.

(7) 분뇨처리와 하수도

하수처리구역 내에서 발생하는 수세분뇨는 관거정비상황 등을 고려 하수관거에 투입하는 것을 원칙으로 한다. 또, 처리구역 내에서 발생하는 수거식 분뇨도 하수처리장에서 전처리 후 합병하는 것을 원칙으로 한다.

(8) 법령상의 규제

하수도계획에서 각 시설의 배치, 규모, 구조 및 능력 등을 결정을 할 때 하수도계획은 하수도법 및 도시계획법과 이들 법령에 따른 시행령 및 조례와 환경정책기본법의 수질오염에 관한 환경기준을 고려하고, 수질 및 수생태계 보전에 관한 법률, 폐기물관리법, 오수·분뇨 및 축산폐수의 처리에 관한 법, 소음·진동규제법, 대기환경보전법 및 해양오염방지법 등의 환경관련법규상의 규제에 대하여 고려하여 계획하며, 유지관리상의 문제도 신중히 검토한다.
① 도시계획법에 근거한 법령 및 조례
② 수도법 및 하수도법
③ 수질 및 수생태계 보전에 관한 법률
④ 폐기물관리법, 오수·분뇨 및 축산폐수의 처리에 관한 법
⑤ 소음·진동규제법, 대기환경보전법 및 해양오염방지법 등

2) 기초조사(general investigation)

(1) 자연조건에 관한 조사

① 지형 및 지질

하수도 계획구역 내의 지형 및 지질 등을 파악하기 위해서는 각종 지도가 필요하고, 더 많은 정보를 얻기 위해서는 답사(reconnaissance)를 하고 실측(surveying)을 한다. 최근에는 대축척의 항공사진에 의한 지도(hard map)와 수치지도(digital map)등을 이용한 지리정보체계(GIS; geographic information system)에 의한 계획과 관리가 체계화 되고 있는 실정이다.

지형 및 지질 등의 자료로서 계획구역의 위치, 배수계통의 결정, 구조물의 기초설계, 유출계수 추정 등이 가능하다.

(a) 지형도 : 계획구역의 위치, 배수 및 하수계통의 결정.

(b) 지질도 및 토질조사자료 : 구조물의 기초설계, 유출계수 추정

(c) 지하수위 및 지반침하 상황 등 : 펌프장 및 토구의 위치결정, 구조물 설계

② 하천, 호소, 해역

(a) 수역의 유량 및 수위 등의 현황

(b) 하천 및 기존 배수로의 현황

(c) 하천 및 배수로의 종·횡단도

(d) 호소, 해역 등의 수저의 지형, 이용상황, 유속 및 유황

③ 기상조건

(a) 강우, 침수의 기록 및 침수피해 상황

(b) 펌프장 및 처리장의 예정위치 부근의 풍향

(c) 기온 등

(2) 관련계획에 관한 조사

하수도계획 시에는 조사지역에 대한 장래계획에 대하여 다음 사항을 조사하여야 한다.

① 각종 장기계획

② 도시계획

(a) 도시계획구역 또는 군계획구역에 따른 도시지역 및 관리지역

(b) 토지이용계획

(c) 가로 및 도로계획

(d) 구획정리, 주택단지 및 공업단지 등의 시가지개발계획

③ 하천계획

(a) 계획 종·횡단면

(b) 계획 홍수위 및 계획 홍수량

(c) 계획 저수위(低水位) 및 계획 저수량(低水量)

(d) 기타 흐름상황 개선계획

④ 기타의 관련계획

(a) 지하매설계획

(b) 토지개량사업계획

(c) 폐기물처리에 관한 계획

(3) 부하량에 관한 조사

하수도계획 시에는 조사지역에서의 발생부하량과 방류예정수역의 허용부하량에 대하여 다음 사항을 조사한다.

① 발생부하량 조사

(a) 상수도 급수량의 현황 및 계획

(b) 공업용수도의 현황 및 계획

(c) 인구, 공업 출하액, 농림 및 축산에 관한 통계자료

(d) 주요 공장 및 사업장의 배수량 및 수질자료

(e) 관광오수에 관한 조사

(f) 지하수에 관한 조사

(g) 오염부하량 원단위에 관한 조사

② 방류수역의 허용부하량 조사

(a) 수질현황 및 수질 측정시의 수량

(b) 수질환경기준의 유형 및 수질기준점의 위치

(c) 물의 이용현황 및 장래계획

(4) 기존시설에 관한 조사

① 지하매설물 : 상수도관, 가스관, 지하철, 지하도, 송유관, 전기 및 전화선 등

② 기존 하수도시설 : 배수계통, 배수능력 및 구조 등

③ 분뇨 및 축산폐수의 처리·처분현황 : 오수정화시설, 분뇨처리시설, 축산폐수정화시

설, 정화조 등

④ 도로 현황 : 간선계통, 펌프장 및 처리장의 위치결정을 위해 필요한 자료로서 도로에 관한 폭, 표준단면, 포장상황, 교통량, 교통규제상황 및 우회도로의 유무 등

⑤ 기타 기존시설 : 시설배치 결정을 위한 철도, 역, interchange, 전주(電柱: 고압철탑) 등

(5) 하수의 자원화 및 시설의 유효이용에 관한 조사

① 처리수의 재이용(중수도)

처리수의 재이용을 위해서 물의 수급 및 이용상황의 자료를 수집하여 처리수 재이용의 필요성을 조사한다.

② 슬러지의 이용

해당 지역의 슬러지의 이용 가능성, 유동경로 및 이용의 계속성과 타지역의 이용사례 등.

③ 시설의 다목적 이용

처리장 및 펌프장 등의 상부공간에 대한 이용 및 가능성의 조사

(6) 기타 필요한 조사

① 문화재 및 사적 : 문화재나 사적에 악영향을 미치지 않도록 충분한 조사 검토

② 지진에 대한 조사 : 조사지역에 발생했던 지진규모 및 피해상황(특히 토목구조물) 및 그 지역의 최고진동수 등

3) 오수처리·처분 및 이용계획

(1) 계획인구

계획인구는 계획목표년도에서의 계획구역내의 발전상황을 예측하여 다음 사항을 기초로 하여 정한다.

① 계획총인구의 추정

계획구역 내의 계획총인구는 국토계획 및 도시계획 등에 의해 예측된 장래인구와 계획구역내의 행정구역단위별로 과거의 인구증가추세를 고려하여 결정한다. 이와 같은 계획이 결정되지 않은 경우나 목표년도의 인구가 정해지지 않은 경우에는 행정구역 단위별로 과거의 인구변동실적을 기초로 하여 계획구역의 성격에 따라 (a)~(e)의 방법 중 계획구역의 성격에 가장 잘 부합하는 방법 하나를 택하여 계획목표년도의 인구를 추정한다<상수도 부분 참조>.

(a) 연평균 증가수에 의한 방법(등차급수)
(b) 연평균 증가율에 의한 방법(등비급수)
(c) 지수함수곡선식(Peggy함수 곡선식)에 의한 방법
(d) 이론곡선식(포화인구법)에 의한 방법(logistic curve)
(e) 생잔모형에 의한 조성법(Cohort method)

인구 급증지역이나 인구 감소지역에서는 각종개발계획 등 특수한 요소를 충분히 고려하여야 한다.

② 인구분포의 추정(인구밀도)

계획구역 내의 인구분포는 토지이용계획에 의한 인구밀도를 참고로 하여 계획 총인구를 배분하여 정한다. 그러나 결정되어 있는 용도지역에 인구를 수용할 수 없는 경우에는 용도지역이 확대될 것을 예상하여 계획구역을 재검토할 필요가 있다.

③ 주간인구

주간인구의 유입이 현저히 큰 지역에 대해서는 주간인구를 고려한다. 인구는 일반적으로 상주인구(야간인구)를 의미하나, 주간의 인구 유입이 현저한 관광지역, 상업지역 등에서는 계획오수량의 추정에 큰 영향이 있으므로 주간인구를 고려할 필요가 있다. 주간인구는 사무소 및 사업장 등 취업자수의 실적 또는 건물의 연면적당의 취업자수 등을 근거로 하거나 유사지역의 주간인구의 예를 참고로 하여 추정한다. 또한 관광지역에서는 이용자수가 연간을 통하여 일정하지 않고 대부분의 경우 이용자가 집중하는 시기가 있다. 이러한 지역에 대해서는 성수기의 이동인구를 추정할 필요가 있다. 처리시설에서는 성수기의 인구만이 아니라 그 시기의 주간의 변동, 성수기의 지속기간, 비수기의 인구 등의 영향도 중요하므로 파악하도록 한다. 계절적인 관광인구 등의 이동인구는 일귀가와 숙박으로 나누고 과거의 실적, 장래의 동향, 숙박시설의 수용능력, 관광개발계획 등을 조사하여 추정한다.

(2) 계획오수량

계획오수량은 생활오수량(가정오수량 및 영업오수량), 공장폐수량 및 지하수량으로 구분하여 다음 사항을 고려하여 정한다. 또한, 마을 하수도계획 시는 필요한 경우 가축폐수량을 고려할 수 있다.

하수도계획의 대상이 되는 오수는 계획구역내의 일반가정, 사무소, 공장 및 사업장 등에서의 생활, 영업 및 생산활동에 의해 발생하는 오수, 폐수, 지하수 및 기타 배수량으로 분류되므로, 계획오수량을 정확히 결정한다는 것은 매우 어려운 문제이나 신중을

기하는 것이 필요하다.

또한, 오수는 시간 및 계절에 따라 변동하므로, 이러한 변동은 시설설계 시에 중요한 변수가 된다(표 1-7-14 참조). 특히, 온천, 해수욕장 및 행락지 등의 관광지에서는 변동이 현저하기 때문에 매우 신중해야 한다.

표 1-7-14 ● 시설계획을 위한 오수량

	처리장			펌프장	관 거	차집관
	침사지	최초침전지 소독설비	포기조, 최초침전지			
분류식	시간 최대	1일 최대	1일 최대	시간 최대	시간 최대	-
합류식	시간 최대 × 3	시간최대 × 3	1일 최대	시간 최대 × 3	시간 최대	시간 최대 × 3

① 생활오수량

생활오수량은 계획목표년도에서 계획지역 내 상수도계획(목표년도 내에 상수도계획이 없는 경우는 계획예정)상의 1인 1일 최대급수량을 기준으로 하여, 상수도급수량 중 일부는 누수로 손실되거나 사용 후 지하침투 및 증발 등에 의해 손실되는 량을 고려하여야 하는데 과거의 통계 및 조사 등에 의한 1인 1일 최대급수량에 이들 요인을 감안하여 1인 1일 최대오수량을 산정한다. (표 1-7-6 참조)

상수도 급수량에 의해서 생활오수 추정방식은 다음과 같이 정리될 수 있다.

$$생활오수량(Q) = [\, q \times (1-누수율) \times 오수전환율 + 지하수침투량 \,] \times 인구수$$

여기서, q : 단위급수량(1인 1일 최대급수량)

오수전환율 : 급수량 중 오수로 전환되는 양의 비율

(시가지지역 : 91%, 비시가지지역 : 86%)

지하수침투량 : 하수도관의 불완전에 기인하여 유입되는 지하수량

② 공장폐수량

공업용수 및 지하수 등을 사용하는 공장 및 사업소 중 폐수량이 많은 업체에 대해서는 개개의 폐수량 조사를 기초로 장래의 확장 신설을 고려하며, 그 밖의 업체에 대하여는 출하액당 용수량 또는 부지면적당 용수량을 기초로 결정한다.

계획구역내의 공장폐수는 공공수역의 수질오염방지를 위해 하수도에서 수용하는 것을 원칙으로 하나, 직접 하천 등에 방류해도 지장이 없는 경우를 제외하는 경우도 있으나 호우 시 무단방류 등 이를 상시 보증할 수 있는 방법이 상당히 어려운 일이며 감독자나 관리자에게 상당히 부담스러운 일이므로 공동처리구역으로 지정된 경우를 제외하

고는 하수종말처리시설로 유입처리하는 것이 바람직하다.

일반적으로 중·소규모의 공장이나 사업장은 상수도에 의해 급수되며, 이들의 폐수는 생활오수량에 포함된다. 그러나 공업용수 및 지하수 등을 사용하고 있는 공장 등에서는 그 폐수량이 많은 경우가 일반적이므로, 개별적으로 폐수량을 조사하고 장래의 설비투자계획 등을 참고로 하여 폐수량을 예측한다.

또한 공장유치계획 등에 의해 공장의 업종 및 규모 등이 분명한 경우에는 개별적으로 폐수량을 추정한다.

기타 공장 등의 폐수량에 대하여는 출하액당 용수량 또는 공장의 부지면적당 용수량과 이들의 연간변화를 구하여 업종별로 장래 폐수량의 추정을 한 후 안전율을 고려하여 정한다.

③ 지하수량

분류식의 오수암거에서 지하수의 유입은 바람직하지 않으므로 설계 및 시공시의 그 량을 최소한도로 억제하도록 노력하나, 완전히 방지한다는 것은 기술적으로 거의 불가능한 실정이다.

지하수량은 관거연장 1 km당 또는 배수면적 1 ha당의 양(m^3)으로 표시하나 토질, 지하수위, 관거의 연결 및 공법 등에 따라 다르므로 표준값은 정해져 있지 않고 경험적으로 1인 1일 최대오수량의 10 ~ 20%로 하는 것이 바람직하다.

(a) 하수관거 길이 1 km당 0.2 ~ 0.4 L/s로 가정

(b) 1인 1일당 최대오수량의 10 ~ 20%, 평균 15%로 가정한다(많이 적용됨).

(c) 1인 1일당 17 ~ 25 L

(d) 배수면적당 17,500 ~ 36,300 L/day/ha로 가정한다.

또한, 지하수외에 맨홀 및 우수받이 등의 오접에 의해 다량의 우수가 오수관거에 유입될 염려가 있으며, 우천 시에는 오수량의 몇 배에 달하는 유량이 흐르는 경우도 있는바 이 문제는 분류식의 가장 큰 난점으로서 맨홀뚜껑의 구멍을 없애거나, 시공상의 주의 또는 배수설비의 검사철저 등에 의해 방지할 수밖에 없다.

하수관거에 부실이 생기면 발생하는 불명수(不明水)는 크게 나누어 침투수/유입수(I/I)이다. 침투수(Infiltration)는 관에 파손이 생기거나, 관 이음부 불량, 연결관 접속 불량 등의 관거 부실을 통하여 관내로 주로 지하수가 침입하는 것을 말하고, 유입수(Inflow)는 맨홀부의 접속불량이나 우수받이, 지붕홈통, 지하실 배수구 등이 관거체계로 연결되어 관내로 강우수가 유입되는 것을 의미한다. 또한 유입수는 지속적 유입수(Steady Inflow), 직접유입수(Direct Inflow), 지연유입수(Delayed Inflow)로 나눌 수 있다.

지속적 유입수는 지하실, 기초배수구, 냉각수배출구 등에서 지속적으로 유입이 되는 양으로 침투수와 동일한 성격을 갖는다. 반면 직접유입수는 강우 시 유출된 우수가 직접 하수관거에 연결된 형태로 하수량에 직접적인 영향을 미치게 된다.

④ 계획 1일 최대오수량

계획 1일 최대오수량은 처리시설의 용량을 결정하는데 기초가 되는 수치로 1인 1일 최대오수량에 계획인구를 곱한 후, 여기에 공장폐수량, 지하수량 및 기타배수량을 더한 것으로 한다.

$$\text{계획 1일 최대오수량} = \text{계획 1인 1일 최대오수량} \times \text{계획인구} + \text{공장폐수량} + \text{지하수량} + \text{기타배수량}$$

⑤ 계획 1일 평균오수량

유량의 시간적 변동이나 갑작스런 증가에 의한 부하량에 대하여 계획 1일 평균오수량에 의한 용량으로는 부족하므로 계획 1일 최대오수량을 처리시설의 기본량으로 한다.

오수량의 일간변화는 대개 중·소규모의 하수도에서는 크므로 계획 1일 평균오수량은 계획 1일 최대오수량에 대해 중·소규모의 하수도에서는 70%, 대규모에서는 80% 정도이다. 또한 공장폐수가 차지하는 비율이 높은 경우에는 그 변화정도를 고려할 필요가 있다.

$$\text{계획 1일 평균오수량} = \text{계획 1일 최대오수량} \times 70 \sim 80\%$$

⑥ 계획시간 최대오수량

계획시간 최대오수량은 관거 및 펌프장의 용량을 결정하는 기본량이다. 오수량의 시간적 변동은 소도시나 주택단지 등에서 특히 두드러지며, 계획 1일 최대오수량의 1.5~1.8배, 경우에 따라서는 2배 이상일 수도 있다. 한편, 대규모의 하수도에서는 오수량에 대한 시간적 변동이 평균화되므로 1.3배 정도이다. 계획시간 최대오수량은 계획 1일 최대오수량의 1시간당 수량의 1.3~1.8배를 표준으로 한다.

$$\text{계획시간 최대오수량} = \text{계획 1일 최대오수량} \div 24\text{시간} \times 1.3 \sim 1.8$$

$$\text{계획시간 최대오수량} = \frac{\text{계획 1일 최대오수량}}{24\text{시간}} \times \begin{cases} 1.3\,(\text{대규모 하수도}) \\ 1.5\,(\text{중소도시}) \\ 1.8\,(\text{소도시, 주택단지}) \end{cases}$$

또한, 계획시간 최대오수량의 산정방법으로 Babbit공식을 이용하는 방법이 있는데 이 방법은 지하수량을 고려하지 않은 것으로 소구경관거에서 간선관거에 이르기까지 배수인구에 따라 시간 최대오수량을 구하는 방법이다.

즉, 배수인구에 따른 1일 평균오수량의 평균 1시간당량에 Babbit계수 M을 곱해서 각

관거에 따른 계획시간 최대오수량을 산출한다(그림 1-7-6 참조).

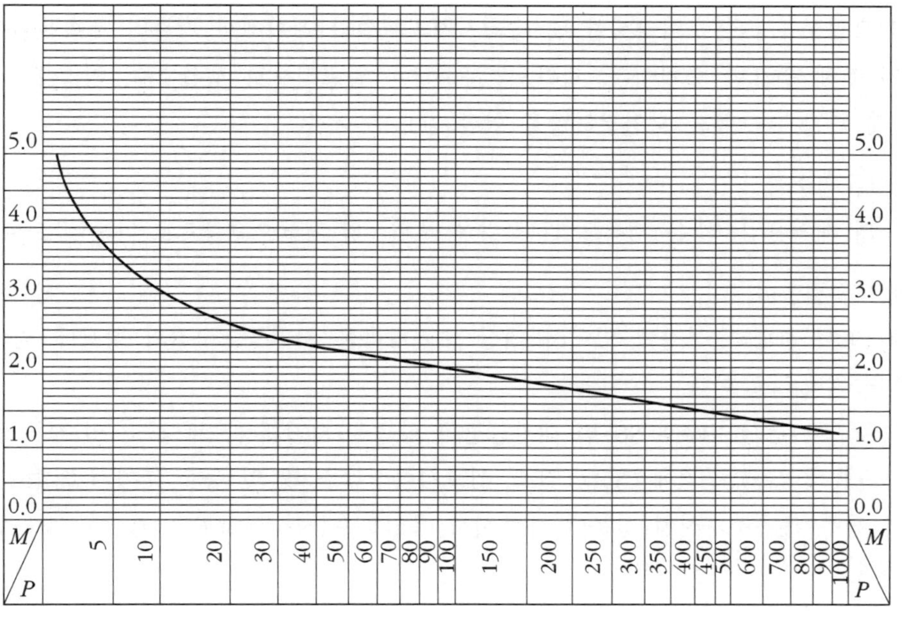

$M = 5 \div P^{\frac{1}{5}}$ $P < 1.0$(1,000명)인 경우 $M = 5$
$P > 1{,}000$(100만명)인 경우 $M = 1.25$ $P =$ 1,000명 단위 인구수

그림 1-7-6 Babbit M곡선

⑦ 합류식의 우천 시 계획오수량

합류식에서는 우천 시 우수토실에서의 월류 및 펌프장에서의 방류에 대한 영향을 고려하여 우천 시 하수량 중에서 일부를 오수로서 차집한다. 차집하는 양은 우천 시 계획오수량으로 한다.

우천 시 계획오수량은 방류지역의 상황이나 배수구역의 특성 등을 고려하여 오염부하량의 저감효과와 그에 따르는 비용을 검토하여 희석배율에 의해 정하지만, 원칙적으로 계획시간 최대오수량의 3배 이상으로 한다.

(3) 계획오염부하량 및 계획유입수질

계획오염부하량 및 계획유입수질은 계획오수량과 함께 하수도계획의 기본이 되는 값이므로 처리구역의 실태를 근거로 하여 가능한 한 실측한 값을 기본으로 구한다.

계획오염부하량은 생활오수, 영업오수, 공장폐수, 관광오수 및 기타오수의 오염부하량으로 구분하고 다음 각 항을 고려해서 정한다. 또한, 계획유입수질은 계획오염부하량과 계획 1일 평균오수량을 기초로 정한다.

① 계획오염부하량

계획오염부하량은 수처리시설 및 슬러지처리시설의 계획에서 기본인 계획유입수질을 구하기 우해 필요한 수치이다. 계획오염부하량은 일반적으로 생활오수, 영업오수, 공장폐수 및 관광오수 등의 오염부하량을 합한 값으로 한다.

② 계획유입수질

하수의 계획유입수질은 계획오염부하량을 계획 1일 평균오수량으로 나눈 값으로 한다.

③ 대상 수질항목

계획오염부하량의 산정에 있어서 대상 수질항목은 처리목표수질의 항목에 일치시키는 것을 원칙으로 한다.

하수처리는 통상, BOD, SS 및 대장균군의 항목을 제거대상으로 하고 있으나, 방류수역에 따라 처리목표수질에 COD, 질소, 암모니아성질소 및 인 등을 추가시킬 경우가 있다. 이 경우에는 추가시킨 항목에 대해서도 유입하수중의 부하량을 검토해 처리방식을 선정한다.

④ 생활오수에 의한 오염부하량

생활오수에 의한 오염부하량은 일반적으로 1인 1일당 오염부하량 원단위를 기초로 하여 구하나, 각 지자체의 실태에 따라 유입하는 계획유입수질의 변동이 있으므로, 시설을 계획하는 경우에는 각 지역의 실정 및 유사한 지역의 실태를 참고로 하여 결정할 필요가 있다. 일반적으로 생활오수의 계획유입수질은 반송수부하량을 배제시킨 것으로 분류식 하수도인 경우 BOD 및 SS의 경우 200 mg/L 전후로 하는 경우가 대부분이다(표 1-7-15 참조).

표 1-7-15 ● 연도별 생활오수의 오염부하 원단위(서울시)

구 분		2001년	2006년	2011년
오염 원단위 [g/인/day]	BOD	72.3	77.2	83.9
	SS	64.1	70.2	80.6
	T-N	14.3	15.1	15.2
	T-P	1.3	1.3	1.4
오수량 원단위 [g/인/day]		438	449	451

주 : 오수량 원단위는 일최대값임

(자료 : 서울시 하수도정비기본계획보고서, 2002)

⑤ 영업오수에 의한 오염부하량

영업오수에 의한 오염부하량은 업무의 종류 및 오수의 특징 등을 감안하여 결정한다. 즉, 업무의 형태와 종사하는 사람의 존재 및 건물 내의 처리·재이용의 유무 등을 감안해서 추정한다. 또한 영업오수의 부하량은 지역에 따라 크게 다르며, 추정이 곤란한 경우는 생활오수와 유사하게 가정해서 오염부하량을 추정한다.

⑥ 공장폐수에 의한 오염부하량

폐수배출부하량이 큰 공장에 대해서는 부하량을 실측하는 것이 바람직하며, 실측치를 얻기 어려운 경우에 대해서는 업종별의 출하액당 오염부하량 원단위(하수도시설기준 참조)에 기초를 두고 추정한다. 폐수량 및 오염물질 부하량 원단위 표는 공장의 시설별로 건평(m^2), 종업원, 원료량, 제품량의 원단위로 나타내고 있다.

⑦ 관광오수에 의한 오염부하량

관광오수에 의한 오염부하량은 당일관광과 숙박으로 나누고 각각의 원단위에서 추정한다. 관광객에 의한 오염부하량은 관광객의 체재경향 및 물 이용형태 등에 따라 여러 가지가 있기 때문에 계획구역내의 관광이용시설에서 배출부하량을 실측하는 것이 바람직하지만 할 수 없는 경우에는 유사한 조건을 갖는 지역의 예를 참고로 한다.

⑧ 기타 오염부하량

가축폐수 등에 관한 오염부하량은 필요에 따라 고려한다. 다만, 하수도에 실제 유입되는 오염부하량은 가축분뇨의 퇴비이용상황, 청소방법 등에 따라 적절한 유입률을 고려하여 결정한다.

표 1-7-16은 가축폐수의 발생 오염부하량 원단위표이다.

표 1-7-16 ● 가축폐수의 오염부하 원단위 [단위 : g/두/day]

구 분	BOD	COD	TS	T-N	T-P
소	640	3,500	3,500	125	72
돼지	125	250	356	20.4	16.8
닭	12.5	-	18	0.96	0.78

(자료 : 국립환경연구원, 1990.12.)

(4) 처리방법

처리방법은 유입하수의 수량, 수질의 부하 및 그 변동, 방류수역의 유량, 물의 이용상황, 수질환경기준의 설정현황, 처리장의 입지조건 및 유지관리상의 조건 등에 의하여 정한다.

하수도법에 의거하여 설치된 공공하수도로 배제한 오수는 처리장에서 처리한 후 공공수역에 방류하는 것이 필요하다.

하수의 처리정도는 일반적으로 다음과 같이 대별된다.

① 1차 처리(침전법)

② 2차 처리

활성슬러지법, 표준살수여상법 및 기타 이와 같은 정도로 처리할 수 있는 방법.

③ 고도처리

여과법, 활성탄 흡착법, 질소와 인의 제거법 및 기타 이와 같은 정도로 처리할 수 있는 방법.

하수의 처리방법은 이론적으로는 방류수역의 수량 및 물의 이용상황을 기초로 하여 방류수역의 목표수질(수질 및 수생태계 환경기준, 표 1-7-8, 1-7-9 참조)을 정하고, 방류수역의 허용오염부하량과 처리장 유입하수의 오염부하량에 의해 필요한 제거율을 산정함으로서 결정된다.

그러나 일반적으로 방류수역에는 처리장으로부터의 방류수뿐만 아니라 처리구역 외의 공장폐수 등도 방류되는 한편 방류수역의 목표수질이 영구불변한 것이 아니므로 처리장의 방류수의 수질오염부하량은 일률적으로 정해지지 않는다. 따라서 처리방법은 원칙적으로는 2차 처리로서 계획하되, 다음과 같은 경우는 고도처리계획을 검토한다.

(a) 처리장 수질기준 강화로 하수의 고도처리가 요구되는 경우
(b) 방류되는 수역이 호소·내만 등 폐쇄성 수역으로서 질소 인으로 인한 부영양화가 문제되는 경우
(c) 하수처리수를 중수도, 농업용수 및 공업용수 등으로 재이용할 경우
(d) 기타 수질보전상 고도처리가 필요한 경우

단, 방류수역의 성격, 처리장의 규모 등이 장래에도 수질보전에 분명히 지장이 없다고 단정될 경우에는 고도처리를 계획하지 않아도 좋으며, 또한 공장폐수 등의 전처리를 위한 중간적 처리시설의 경우는 2차 처리를 검토할 필요는 없다.

구체적인 처리방법에 대하여는 유입하수의 수량, 수질, 부하변동, 처리장의 규모 및 입지조건 그리고 유지관리상의 조건을 고려하여 결정할 필요가 있으며 특히 공장폐수가 포함된 경우의 수질적인 영향 단지하수에 미치는 수량 수질적인 부하변동 등에 대해 충분히 배려함과 함께 처리장의 규모 및 처리장주변의 환경조건을 골하고, 처리관리의 체제 및 유지관리비 등을 감안하여, 유지관리가 가장 쉬운 처리방법을 선택하여야 한다.

(5) 관거 및 시설물의 계획

① 관거계획

관거계획은 다음 사항을 고려하여 정한다.

(a) 오수관거는 계획시간 최대오수량을 기준으로 계획한다.
(b) 합류식에서 하수의 차집관거는 우천 시 계획오수량을 기준으로 계산한다.
(c) 분류식과 합류식이 공존하는 경우에는 원칙적으로 양 지역의 관거는 분리하여 계획한다. 부득이 합류시킬 경우에는 분류식 지역의 오수관거는 합류식 지역의 우수토실보다도 하류의 차집관거에 접속하여 합류관거에 접속하는 것은 피한다.
(d) 관거는 원칙적으로 암거로 하며 수밀한 구조로 하여야 한다.
(e) 관거배치는 지형 지질 도로폭 및 지하매설물 등을 고려하여 정한다.
(f) 관거단면, 형상 및 경사는 관거 내에 침전물이 퇴적하지 않도록 적당한 유속을 확보할 수 있도록 정한다.
(g) 관거의 역사이펀은 가능한 한 피하도록 계획한다.
(h) 오수관거와 우수관거가 교차하여 역사이펀을 피할 수 없는 경우에는 오수관거를 역사이펀으로 하는 것이 바람직하다.

② 펌프장 계획

펌프장 계획은 다음 사항을 고려하여 정한다.

(a) 펌프장의 설치는 경제성 시공성 유지관리의 난이도 및 주변환경에 미치는 영향을 종합적으로 검토하여 정한다.
(b) 오수펌프는 분류식인 경우는 계획시간 최대오수량으로 하고, 합류식인 경우는 우천 시 계획오수량으로 계획한다.
(c) 펌프장은 침수되지 않는 구조로 한다.
(d) 펌프장의 위치선정과 시설계획은 입지조건 및 주변의 환경조건을 충분히 고려하여 계획한다.

③ 처리장 계획

처리장계획은 다음 사항을 고려하여 정한다.

(a) 처리장은 건설비 및 유지관리비 등의 경제성, 유지관리의 난이도 및 확실성 등을 충분히 고려하여 정한다.
(b) 장 위치는 방류수역의 물 이용상황 및 주변의 환경조건을 고려하여 정한다.
(c) 처리장의 부지면적은 장래 확장 및 향후의 고도처리계획 등을 예상하여 계획한다.
(d) 처리시설은 계획 1일 최대오수량을 기준으로 하여 계획한다.

(e) 처리시설은 이상수위에서도 침수되지 않는 지반고에 설치하거나 또는 방호시설을 설치한다.

(f) 처리시설은 유지관리가 쉽고 확실하도록 계획하며, 주변의 환경조건에 대하여 충분히 고려한다.

(6) 처리수의 재이용계획

처리수는 수자원으로 간주하여 재이용을 고려한다. 처리수의 재이용 계획 시에는 물의 수급 및 처리수의 사용대상 등을 충분히 고려하도록 한다.

처리수의 재이용은 지역의 실정을 고려하여 처리된 하수를 그대로 방류하는 것보다는 수자원으로서 용수의 용도에 따라 사용하도록 계획한다.

처리수는 하천의 유지용수, 공업용수, 농업용수, 공원이나 골프장 등의 조경용수 및 건물의 수세식 화장실 세정수, 청소용수 등의 생활용수 등으로 적극 이용할 수 있다.

이외에도 융설용수, 히트펌프를 이용한 냉난방시스템의 열원 등의 이용방법이 있다.

일본의 경우 하수처리수를 생활용수, 업무용수 그리고 공업용수로 체계적으로 이용하고 있는 사례가 많다(자료 : 중수도 기술개발방안 연구, 건설부, 1994).

미국의 경우 염소 살균된 처리수(대장균군수< 200 MPN/100 mL)를 골프장에 사용한 예가 많고 처리수 내의 영양염류 등이 비료의 역할을 함과 동시에 N, P가 제거되어 처리수의 3차 처리로 간주되는 경우까지도 보고되고 있다(자료 : AWWA, Implementing Water Reuse, 1987).

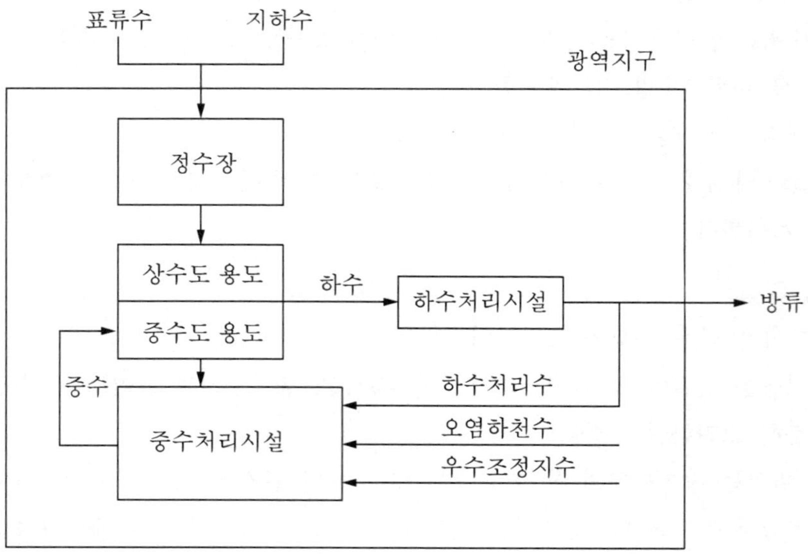

그림 1-7-7 하수처리수의 중수로의 공공 이용방식의 예

한편, 처리방식은 중수도의 처리방식인 단독이용방식, 복합이용방식 및 공공이용방식의 3가지 중 공공이용방식을 적용할 수 있으며, 이 방식은 일정한 지역을 정하여 해당 지역 내의 주택 및 건물 등에 중수를 공급하는 광역적이며 대규모적인 중수도사업으로 행해진다.

(7) 슬러지 처리·이용계획

발생하는 슬러지의 양 및 질의 파악은 처리·이용방법의 결정이나 시설계획에서 중요하기 때문에 계획 슬러지량의 산정이나 추정 시에 특히 신중을 기해야 한다. 슬러지처리·이용계획의 기본이 되는 계획 발생슬러지량은 계획 1일 최대오수량을 기본으로 하여 하수중의 SS농도, BOD농도 제거율 및 슬러지의 함수율을 정하여 산정한다.

슬러지처리·처분계획은 일반적으로 발생슬러지량과 성상에 관해서는 계획단계에서 충분히 검토할 필요가 있다.

계획 발생슬러지량은 계획 1일 최대오수량을 기준으로 발생하는 슬러지의 양을 의미하며, 최종처리·처분계획의 기본이 된다. 슬러지의 발생은 일차침전지 등 1차 처리시설에서 발생하는 슬러지와 2차 처리시설에서 발생하는 잉여슬러지가 주가 되며 다음과 같은 방법으로 산정한다.

4) 우수배제계획

(1) 계획 우수량

① 우수유출량의 산정식

최대계획 우수유출량의 산정은 합리식에 의한 산정을 원칙으로 한다. 단, 충분한 실적에 의한 검토를 한 경우에는 실험식에 의해도 좋다.

(a) 합리식(rational formula)

$$Q = \frac{1}{360} C \cdot I \cdot A$$

Q : 최대계획 우수유출량(m^3/s)　　C : 유출계수
I : 유달시간(t분) 내의 평균강우강도(mm/hr)　　A : 배수면적(ha)

(b) 실험식(empirical formula)

$$Q = C \cdot R \cdot A \cdot \sqrt[n]{\frac{S}{A}}$$

Q : 최대계획 우수유출량(m^3/s)　　C : 유출계수

R : 강우강도($m^3/s \cdot ha$) A : 배수면적(ha)
S : 지표평균구배(%, ‰) n : 정수(4 또는 6)

실험식은 외국의 많은 학자들에 의해서 특정지역의 우수유출관측에 의해 얻어진 것으로 강우강도 및 관측지역의 지세가 유사하다는 점과 풍부한 경험을 활용하여 많은 지자체에서 사용되어 왔다. 그러나 실험식의 사용에 있어서는 그 성격상 상세한 관측 또는 실적을 기초로 충분한 검토를 추가하여, 계획구역의 조건에 적합한가를 확인할 필요가 있다.

② 강우강도공식

(a) Talbot형

$$I = \frac{a}{t+b}$$

(b) Sherman형

$$I = \frac{a}{t^m}$$

(c) 久野(히사노) · 石黑(이시구로)형(Japanese)

$$I = \frac{a}{\sqrt{t} \pm b}$$

(d) Cleveland형

$$I = \frac{a}{t^m + b}$$

(e) 기타의 각종형

$$I = \frac{a}{t}, \quad I = \frac{a}{t+c}, \quad I = \frac{a}{t+b} + c, \quad I = t^n,$$

$$I = \frac{a}{t^m + b} + c, \quad I = \frac{a}{(t+b)^n}, \quad I = a - bt, \quad I = \frac{a}{(t^m + b)^n}$$

위 식 (a)~(e)에서

I : 강우강도(mm/hr) t : 강우지속시간(=유달시간)(분)
a, b, c, m, n : 정수

강우강도공식 유도를 위하여 (a)~(e)에 대하여 실측자료와의 적합도를 검정해 보면, Talbot형은 곡선의 굽은 정도가 적은 성질을 가지고 있으며, Sherman형 및 Hisano ·

Ishiguro형은 굽은 정도가 심하다. Talbot형은 지속시간 5~120분 사이에서 Sherman형 및 Hisano·Ishiguro형보다 약간 안전한 값을 얻을 수 있다. 여기서 유달시간이 짧은 관거 등의 유하시설을 계획할 경우에는 원칙적으로 Talbot형을 채용하는 것이 좋다. 또, 24시간 우량 등의 장시간 강우강도에 대해서는 Cleveland형이 가깝다. 저류시설 등을 계획하는 경우에도 Cleveland형을 채용하는 것이 좋다.

강우강도공식에서의 상수결정을 위한 엄밀한 계산은 강우지속시간으로 5, 10, 20, 30, 40, 60, 80, 120분에 대응하는 최저 8조의 강우자료를 N년간(적어도 20년간 이상) 수집해, 확률계산을 통하여 동일확률년치를 5, 10, 20, 30, 40, 60, 80, 120분으로부터 한 개씩 취하는 최소자승법에 의해 상수를 결정하는 방법이나, 자료가 충분치 못한 경우가 많으므로, 특성계수법에 의해서 결정해도 된다. 특성계수법이란 10분 우량과 60분 우량만을 이용하여 강우강도곡선식을 결정하는 방법이다. 계산식은 식 다음과 같다.

$$I_N = \beta_N \cdot R_N$$

$$\beta_N{}^{10} = I_N{}^{10} / I_N{}^{60} = 6 \times R_N{}^{10} \quad (\text{단, } R_N = I_N{}^{60})$$

$$I_N = R_N \cdot \beta_N{}^{10} = R_N \cdot \frac{a'}{t+b}$$

$$a' = b + 60$$

$$b = (60 - 10 \cdot \beta_N{}^{10}) / (\beta_N{}^{10} - 1)$$

I_N : 강우강도식
β : 특성계수
R_N : 60분 우량(N년 확률)
$R_N{}^{10}$: N년 확률의 10분 강우량(mm)
t : 강우지속시간(min)
N : N년 확률
$I_N{}^{10}$: N년 확률의 강우지속시간 10분의 강우강도로 $I_N{}^{10} = 6 \times R_N{}^{10}$

즉, 10분과 60분 우량으로부터 $\beta_N{}^{10}$은 쉽게 결정되며, $\beta_N{}^{10}$으로부터 a', b가 구해지므로 I_N은 간단히 구할 수 있다.

③ 유출계수(run-off coefficient)

강우의 일부는 증발(evaporation)하고, 일부는 지하로 침투(infiltration or percolation)하고 나머지가 유출되어 하수관거에 유입하게 된다. 유출계수는 이 하수관에 유입하는 우수유출량과 전강우량의 비를 말하는 것으로, 하천 등에서 사용되고 있는 1년간의 전강우량과 전유출량의 비인 유출계수와는 그 뜻이 다르다. 하수도에서의 유출계수는 지금 내리고 있는 비가 단시간인 5분~1시간 정도에 직접 얼마나 유출하는가하는 극히 단시간의 우수유출량과 강우량과의 비를 말한다. 유출계수는 공종별 기초유출계수 및 공종

구성으로부터 총괄유출계수를 구하는 것을 원칙으로 하며 총괄유출계수의 산정식은 다음 식과 같다.

$$C = \frac{\sum_{i=1}^{m} C_i \cdot A_i}{\sum_{i=1}^{m} A_i}$$

C : 총괄유출계수 C_i : i공종의 기초유출계수

A_i : i공종의 총면적 m : 공종의 수

표 1-7-17, 표 1-7-18은 대표적인 유출계수의 표준값이다.

표 1-7-17 ● 토지이용도별 기초 유출계수의 표준값

공종별	유출계수	공종별	유출계수
지 붕	0.85 ~ 0.95	공 지	0.10 ~ 0.30
도 로	0.80 ~ 0.90	잔디, 수목이 많은 공원	0.05 ~ 0.25
기타 불투수면	0.75 ~ 0.85	경사가 완만한 산지	0.20 ~ 0.40
수 면	1.00	경사가 급한 산지	0.40 ~ 0.60

표 1-7-18 ● 토지이용도별 총괄유출계수의 범위

토지이용		유출계수
상업지역	도심지역	0.70 ~ 0.95
	근린지역	0.50 ~ 0.70
주거지역	단독주택단지	0.30 ~ 0.50
	독립주택단지	0.40 ~ 0.60
	연립주택단지	0.60 ~ 0.75
	교외지역	0.25 ~ 0.40
	아파트	0.50 ~ 0.70
산업지역	산재지역	0.50 ~ 0.80
	밀집지역	0.60 ~ 0.90

(2) 확률년(재현기간, 기왕주기: return period, 확률빈도: frequency of rainfall)

확률년수는 원칙적으로 5 ~ 10년으로 하나, 반드시 전지역이 일정치 않고 지역의 중요도에 따라 확률년수를 다르게 하거나 근간적인 시설에 대해 확률년수를 크게 취급하는 것이 방재상 필요하며 가능한 경제적인 면과 방재적인 면을 고려하여 설정하는 것이 바람직하다. 특히 확률년수 5 ~ 10년에 대해 최근의 국지성 집중호우에 대처가 어렵고 침수피해를 입는 지역이 증가하고 있으므로 신규개발지역은 합리적인 규모내에서 확률년

수를 상향조정하고 기존의 시설물에 대한 상향조정이 어려운 지역에 대해서는 하천계획을 고려하여 하수도시설만이 아니라 우수유출저감시설을 포함한 도시시설과 일체로 된 우수배제계획을 검토할 필요가 있다.

확률계산법으로는 Thomas plot법, Hazen plot법 및 암정(岩井: 이와이)법 등이 일반적으로 쓰이고 있으나 어느 방법에 의하든 비슷한 값을 얻을 수 있으므로 가장 간단한 Thomas plot법을 원칙으로 한다.

확률계산에는 적어도 20년 이상의 자료가 필요하나 우리나라에서는 전체적으로 자료의 정비가 미흡한 실정이다. 표 1-7-19는 우리나라 주요도시의 확률년수별 강우강도공식이다.

표 1-7-19 ● 우리나라 주요 지점의 확률년수별 강우강도공식 강우강도[mm/hr], t [min]

관측소	확률년수												
	2	3	5	10	20	30	50	70	100	200	300	500	1000
인천	$\frac{289}{\sqrt{t}+0.58}$	$\frac{343}{\sqrt{t}+0.5}$	$\frac{400}{\sqrt{t}+0.39}$	$\frac{474}{\sqrt{t}+0.34}$	$\frac{529}{\sqrt{t}+0.15}$	$\frac{9,826}{t+60}$	$\frac{10,504}{t+58}$	$\frac{10,930}{t+57}$	$\frac{11,371}{t+56}$	$\frac{12,216}{t+53}$	$\frac{12,653}{t+52}$	$\frac{13,215}{t+50}$	$\frac{13,950}{t+48}$
서울	$\frac{300}{\sqrt{t}+0.22}$	$\frac{357}{\sqrt{t}+0.21}$	$\frac{420}{\sqrt{t}+0.19}$	$\frac{497}{\sqrt{t}+0.15}$	$\frac{569}{\sqrt{t}+0.11}$	$\frac{610}{\sqrt{t}+0.09}$	$\frac{660}{\sqrt{t}+0.05}$	$\frac{693}{\sqrt{t}+0.04}$	$\frac{727}{\sqrt{t}+0.02}$	$\frac{793}{\sqrt{t}+0.03}$	$\frac{856}{t^{0.51}}$	$\frac{920}{t^{0.51}}$	$\frac{997}{t^{0.51}}$
강릉	$\frac{153}{t^{0.43}}$	$\frac{181}{t^{0.44}}$	$\frac{211}{t^{0.44}}$	$\frac{246}{t^{0.44}}$	$\frac{279}{t^{0.45}}$	$\frac{297}{t^{0.45}}$	$\frac{320}{t^{0.45}}$	$\frac{334}{t^{0.45}}$	$\frac{349}{t^{0.45}}$	$\frac{379}{t^{0.45}}$	$\frac{395}{t^{0.45}}$	$\frac{406}{t^{0.45}}$	$\frac{444}{t^{0.45}}$
추풍령	$\frac{351}{t^{0.59}}$	$\frac{404}{t^{0.59}}$	$\frac{4,634}{t+39}$	$\frac{5,376}{t+39}$	$\frac{6,064}{t+40}$	$\frac{6,452}{t+40}$	$\frac{6,929}{t+40}$	$\frac{7,237}{t+40}$	$\frac{7,559}{t+40}$	$\frac{8,178}{t+48}$	$\frac{8,536}{t+40}$	$\frac{8,980}{t+39}$	$\frac{9,579}{t+39}$
포항	$\frac{237}{t^{0.54}}$	$\frac{288}{t^{0.55}}$	$\frac{347}{t^{0.57}}$	$\frac{423}{t^{0.56}}$	$\frac{498}{t^{0.59}}$	$\frac{542}{t^{0.60}}$	$\frac{599}{t^{0.61}}$	$\frac{636}{t^{0.61}}$	$\frac{676}{t^{0.62}}$	$\frac{757}{t^{0.63}}$	$\frac{805}{t^{0.63}}$	$\frac{867}{t^{0.64}}$	$\frac{953}{t^{0.64}}$
대구	$\frac{282}{t^{0.56}}$	$\frac{350}{t^{0.56}}$	$\frac{4,856}{t+43}$	$\frac{5,656}{t+42}$	$\frac{6,394}{t+42}$	$\frac{6,809}{t+41}$	$\frac{7,319}{t+41}$	$\frac{7,645}{t+41}$	$\frac{7,988}{t+41}$	$\frac{8,641}{t+41}$	$\frac{9,016}{t+41}$	$\frac{9,483}{t+40}$	$\frac{10,106}{t+40}$
울산	$\frac{235}{t^{0.49}}$	$\frac{261}{t^{0.47}}$	$\frac{285}{t^{0.45}}$	$\frac{312}{t^{0.43}}$	$\frac{333}{t^{0.41}}$	$\frac{344}{t^{0.40}}$	$\frac{356}{t^{0.39}}$	$\frac{363}{t^{0.38}}$	$\frac{371}{t^{0.38}}$	$\frac{384}{t^{0.36}}$	$\frac{391}{t^{0.36}}$	$\frac{400}{t^{0.36}}$	$\frac{411}{t^{0.33}}$
부산	$\frac{311}{\sqrt{t}+0.76}$	$\frac{379}{\sqrt{t}+0.95}$	$\frac{455}{\sqrt{t}+1.11}$	$\frac{550}{\sqrt{t}+1.28}$	$\frac{641}{\sqrt{t}+1.40}$	$\frac{693}{\sqrt{t}+1.46}$	$\frac{757}{\sqrt{t}+1.51}$	$\frac{799}{\sqrt{t}+1.55}$	$\frac{843}{\sqrt{t}+1.58}$	$\frac{929}{\sqrt{t}+1.62}$	$\frac{978}{\sqrt{t}+1.64}$	$\frac{1,041}{\sqrt{t}+1.61}$	$\frac{1,124}{\sqrt{t}+1.67}$
여수	$\frac{267}{\sqrt{t}+0.02}$	$\frac{312}{\sqrt{t}+0.147}$	$\frac{362}{\sqrt{t}+0.27}$	$\frac{425}{\sqrt{t}+0.44}$	$\frac{486}{\sqrt{t}+0.60}$	$\frac{521}{\sqrt{t}+0.69}$	$\frac{565}{\sqrt{t}+0.80}$	$\frac{594}{\sqrt{t}+0.87}$	$\frac{625}{\sqrt{t}+0.95}$	$\frac{686}{\sqrt{t}+1.10}$	$\frac{722}{\sqrt{t}+1.18}$	$\frac{768}{\sqrt{t}+1.29}$	$\frac{832}{\sqrt{t}+1.43}$
목포	$\frac{243}{\sqrt{t}-0.05}$	$\frac{293}{t^{0.51}}$	$\frac{331}{t^{0.51}}$	$\frac{375}{t^{0.51}}$	$\frac{413}{t^{0.51}}$	$\frac{434}{t^{0.51}}$	$\frac{458}{t^{0.51}}$	$\frac{473}{t^{0.51}}$	$\frac{489}{t^{0.50}}$	$\frac{518}{t^{0.50}}$	$\frac{534}{t^{0.50}}$	$\frac{554}{t^{0.50}}$	$\frac{580}{t^{0.50}}$
광주	$\frac{378}{t^{0.57}}$	$\frac{404}{t^{0.56}}$	$\frac{433}{t^{0.54}}$	$\frac{465}{t^{0.53}}$	$\frac{436}{\sqrt{t}-0.21}$	$\frac{463}{\sqrt{t}-0.15}$	$\frac{496}{\sqrt{t}-0.08}$	$\frac{517}{\sqrt{t}-0.04}$	$\frac{539}{\sqrt{t}}$	$\frac{581}{\sqrt{t}+0.07}$	$\frac{605}{\sqrt{t}+0.11}$	$\frac{635}{\sqrt{t}+0.15}$	$\frac{675}{\sqrt{t}+0.21}$
전주	$\frac{384}{\sqrt{t}-0.55}$	$\frac{353}{\sqrt{t}-0.38}$	$\frac{416}{\sqrt{t}-0.35}$	$\frac{500}{\sqrt{t}-0.18}$	$\frac{10,069}{t+56}$	$\frac{10,885}{t+57}$	$\frac{11,911}{t+59}$	$\frac{12,585}{t+68}$	$\frac{13,330}{t+61}$	$\frac{14,688}{t+62}$	$\frac{15,499}{t+63}$	$\frac{16,523}{t+64}$	$\frac{17,917}{t+65}$

자료 : 李元煥, 도시하천 및 하수도 개설계획상의 계획강우량 설정에 관한 추계학적 해석(1980년 8월)

(3) 유달시간(time of concentration)

유달시간은 배수구간의 어떤 지점에서의 강우가 하류의 대상지점까지 도달하는데 걸리는 시간으로, 우수가 지표에 도달해서 하수관거에 유입하기까지의 시간인 유입시간(t_1)과 하수관거 내에서 아류의 대상지점까지 유하하는데 걸리는 시간인 유하시간(t_2)을 합한 것이다. 유입시간은 최소단위 배숙역의 지표면 특성을 고려하여 구하며, 유하시간은 최상류 관거의 끝으로부터 하류관거의 어떤 지점까지의 거리를 계획유량에 대응한 유속으로 나누어 구하는 것을 원칙으로 한다.

하수도 설계의 유출량 산정에서 강우강도 공식의 강우지속시간을 유달시간으로 간주하여 지체현상(retardation)이 없는 조건으로 계산한다.

$$T = t_1 + t_2 = t_1 + \frac{L}{v}$$

T : 유달시간(분) t_1 : 유입시간(분)
t_2 : 유하시간(분) L : 관거의 길이(m)
v : 관거 내의 평균유속(m/min)

① 유입시간(inlet time)

유입시간은 최소단위 배수구역의 지표면거리, 경사 및 조도계수 등에 의해서 변화한다. 특수한 경우를 제외하고는 정확하게 구하기 매우 어려우므로 배수구역의 지질, 지표상태, 도로망, 인구의 조밀도 등을 참고해서 표 1-7-20의 내용을 적용한다. 또한, 유입시간의 산정식으로서 지표면의 상태·경사·거리를 고려한 Kerby의 식이 비교적 많이 쓰이고 있다.

표 1-7-20 ● 유입시간의 표준값

우리나라(일반적으로 사용)		미국토목학회	
인구밀도가 큰 지역	5분	완전포장 및 하수도가 완비된 밀집지구	5분
인구밀도가 작은 지역	10분		
평 균	7분	비교적 경사도가 적은 발전지구	10 ~ 15분
간선 오수관거	5분		
지선 오수관거	7 ~ 10분	평지의 주택지구	20 ~ 30분

(a) Kerby식

$$t_1 = 1.44\left(\frac{l \cdot n}{\sqrt{s}}\right)^{0.467}$$

t_1 : 유입시간(분)

l : 지표면 거리=사면거리(m)

s : 지표면의 평균경사=사면구배(%)

n : 조도계수에 유사한 지체계수(Kerby의 조도계수) <표 1-7-21 참조>

표 1-7-21 ● Kerby식에서의 n의 값

표면형태	n
매끄러운 불투수 표면(smooth impervious surface)	0.02
매끄러운 나지(smooth, bare packed soil)	0.10
경작지나 기복이 있는 나대지 (poor grass, cultivated row crops or moderately bare surfaces)	0.20
활엽수 지대(deciduous timberland)	0.50
초지 또는 잔디(pasture or average grass)	0.40
침엽수, 깊은 표토층을 가진 활엽수림 지대 (conifer timberland, deciduous timberland with deep forest litter or dense grass)	0.80

표 1-7-22 ● Kerby식에 의한 유입시간의 계산 예

l(m)	n	s	t_1(min)	l(m)	n	s	t_1(min)
50	0.02	1/100	4.2	150	0.02	1/100	7.1
		1/500	6.1			1/500	10.3
		1/1,000	7.2			1/1,000	12.1
	0.05	1/100	6.4		0.05	1/100	10.8
		1/500	9.4			1/500	15.8
		1/1,000	11.1			1/1,000	18.5
	0.10	1/100	9.0		0.10	1/100	15.0
		1/500	13.0			1/500	21.8
		1/1,000	15.3			1/1,000	25.6
	0.20	1/100	12.4		0.20	1/100	20.7
		1/500	18.0			1/500	30.1
		1/1,000	21.2			1/1,000	35.4
100	0.02	1/100	5.8	200	0.02	1/100	12.4
		1/500	8.5			1/500	18.0
		1/1,000	10.0			1/1,000	21.2
	0.05	1/100	9.0		0.05	1/100	19.0
		1/500	13.0			1/500	27.7
		1/1,000	15.3			1/1,000	32.5
	0.10	1/100	12.4		0.10	1/100	26.2
		1/500	18.0			1/500	38.2
		1/1,000	21.2			1/1,000	44.9
	0.20	1/100	17.1		0.20	1/100	36.3
		1/500	24.9			1/500	52.8
		1/1,000	29.3			1/1,000	62.1

(b) 末石(스에이시)식

이론적으로 유입시간을 구하는 방법은 특성곡선법에 의해 근사적으로 구하며 末石(스에이시)식에 의한다.

$$t_1 = \left(\frac{n_e \cdot l}{\sqrt{s} \cdot I^{\frac{2}{3}}} \right)^{\frac{3}{6}}$$

n_e : 최소단위 배수구역의 등가 조도계수

I : 설계강우강도(mm/hr)

t_1 : 유입시간(분)

l : 지표면 거리＝사면거리(m)

s : 지표면의 평균경사＝사면구배(％)

② 유하시간(time of flow in sewer)

관거 내의 유하시간은 수리학적으로 경제적인 유속에 의하면 정해지지만, 관내의 퇴적 등을 고려하여 0.8 ~ 3 m/s가 되도록 한다. 그러나 실제로는 가정유속 1.0 ~ 1.5 m/s로 해서 하수관의 길이를 나누어 유하시간을 구한다.

유하시간은 관거 구간마다의 거리와 계획유량에 대한 유속으로부터 구한 구간당 유하시간을 합계하여 구한다. 이를 위해서는 가상적인 관거의 배치와 단면의 크기가 필요하다. 이 배치와 크기는 평균유속이 최소 0.8 m/s, 최대 3 m/s가 되도록 하며, 하류로 갈수록 구배는 완만하고 유속은 빠르며 소류력(掃流力)을 크게 할 수 있도록 배려하여 결정하되 몇 번이고 계산을 반복하여 계획 관거를 결정한다. 그리고 관거 내의 유수를 등류(等流)로서 계획유량에 대응한 유속에 의해 산정하는 것을 원칙으로 하나, 실제는 관거 내의 유수(유량, 수위 등)는 시간에 따라 변동하므로 계획유량에 대응한 유속보다 첨두유량의 이동속도를 사용하는 경우도 있다.

즉, 유하시간의 산정식은 다음과 같다.

$$t_2 = \frac{L}{60 \cdot \alpha \cdot v}$$

t_2 : 유하시간(분)

L : 관거연장(m)

v : Manning공식에 의한 평균유속(m/s)

α : 홍수의 이동에 대한 보정계수(표 1-7-23 참조)

표 1-7-23 ● 보정계수

단면형상	수 심	보정계수 α	비 고
정방형(正方形)	8할 5할 2할	1.25 1.33 1.48	Manning공식을 이용하여, Kleitz · Seddon의 이론식에서 횡방향의 유입이 없는 것으로 하여 수치계산을 할 것(n은 일정)
원형(圓形)	8할 5할 2할	1.03 1.33 1.42	

(4) 배수면적

배수면적은 지형도를 기초로 도로, 철도 및 기존하천의 배치 등을 답사에 의해 충분히 조사하고 장래의 개발계획도 고려하여 정확히 구한다.

비교적 경사가 있는 지역은 정확하게 지형도에 의해 구하고, 평탄한 지역은 배수경계를 지형도만으로는 구하기 곤란하여 도로의 배치나 경사, 기존도로나 하천의 위치 및 흐름방향 등을 답사 조사 후 구한다. 배수경계에 걸쳐 있는 특정용도의 토지이용, 즉 공장이나 공원 등에 대해서는 그 부지 내의 배수로계통 등에 의해 배수구역 유입할 필요가 있는 경우가 없는 경우가 있으므로 충분히 조사해 둘 필요가 있다. 또 장래의 개발계획에 의해 유역변경이 생기는 경우가 있으므로 이에 대해서도 검토해 두어야 한다.

배수면적은 정확히 구할 수 있는 유일한 요소이며, 유량에 비례적으로 영향을 미치므로 신중히 검토한다.

(5) 계획외 수위(計劃外 水位)

계획외 수위는 하천의 경우 해당 하천의 계획 홍수위, 해역의 경우 삭망(朔望) 만조위(滿潮位)로 한다.

도시지역의 우수 배제계획에서는 방류하천이나 해역의 계획외 수위가 극히 중요하며, 계획외 수위에서도 지장이 없이 우수를 배제할 수 있어야 한다.

하천의 경우는 계획홍수위, 해역의 경우에는 삭망 만조위를 목표로 하면 가장 안전하게 도시지역의 우수를 배제할 수 있다. 이들 목표외 수위에 대한 동수경사를 조사하여 국지침수가 발생하지 않도록 계획을 수립한다. 또한, 처리시설과 펌프장 등의 중요시설은 이상수위에 대해서도 시설기능이 정지나 시설손상이 되지 않도록 대책이 필요하다.

(6) 우수관거 및 시설물 계획

① 우수관거

우수관거시설의 계획은 다음 사항을 고려한다.

(a) 관거는 계획우수량을 기초로 계획한다. 관거의 능력을 결정하는 경우에는 우수관거에 합류하는 계획우수량을 기초로 한다. 즉, 합류식 관거에 있어서는 계획우수량과 계획시간 최대오수량을 더한 값으로 한다.

(b) 관거의 배치는 수두손실을 최소화 하도록 고려하며 지형, 지질, 도로폭원 및 지하매설물 등을 충분히 고려한다. 관거는 자연유하를 원칙으로 하기 때문에 일반적으로 지형에 따라 배치계획을 하여야 한다. 지형, 지질, 도로폭원 및 지하매설물 등의 상황을 충분히 고려하여 수두손실을 최소로 하도록 배치를 하여야 한다. 암거의 경우는 개거와는 달리 처음부터 매설깊이만큼 수두가 손실되는 단점이 있으므로 더욱 그러하다. 따라서 우수를 수직으로 떨어뜨리는 계통이나 구조는 가능한 한 피해야 한다. 그리고 관거배치에 대한 제약이 많고 바람직한 계통이나 구조를 선택할 수 없는 경우라도 동수경사선이 지표면 위에 오지 않도록 한다. 따라서 지표면 위에 오는 경우에는 관거의 단면을 크게 하는 등 필요한 방법을 강구해야 한다. 이와 같은 방법으로 처리할 수 없는 경우에는 방류점이나 접합점의 위치변경 및 계통의 변경 등을 한다. 이상의 검토로도 불충분한 경우에는 압력관으로 함과 아울러 우수가 분출하지 않도록 필요한 대책을 강구해야 한다.

(c) 관거의 단면형상 및 경사는 관거내에 침전물이 퇴적되지 않도록 적정한 유속이 확보될 수 있게 정하도록 한다. 관거는 우수가 항상 적정한 유속으로 지장없이 흐를 수 있도록 단면적, 단면형상 및 경사 등을 정해야 하며, 특히 관거내에 침전물이 퇴적하지 않도록 고려할 필요가 있다. 특히, 관거를 우수저류관으로서 계획하는 경우에는 침전물이 퇴적하지 않도록 고려할 필요가 있다. 또한, 관거의 분·합류점, 굴곡부 및 맨홀 등에서의 에너지 손실을 가능한 한 작게 하도록 배려한다.

(d) 기존 배수로의 이용을 고려한다. 우수배제 계획구역내에 기존의 배수로가 있는 경우에는 그 이용을 고려할 필요가 있다. 그때에는 배수로의 계통, 능력, 구조 및 장래계획에 대하여 충분히 고려한다.

② 빗물 펌프장 계획

자연유하로 우수를 배제하기가 곤란한 경우에 펌프장을 설치하는 것이므로 펌프장은 지세로 보아 가장 불리한 위치에 있다고 할 수 있다. 우리나라의 도시는 하천의 하류에 위치한 경우가 많고, 경우에 따라서는 국지침수가 발생될 염려가 있으므로 계획우수량을 관거 내에 저류하는 것을 고려하진 않고 배제하는 것을 원칙적으로 하며, 펌프장시설의 계획은 다음 각항을 고려하여 결정한다.

(a) 펌프장 위치의 선정 및 시설계획에 대해서는 입지조건 및 환경조건을 충분히 고려하여 계획한다.
(b) 우수펌프는 계획우수량을 기초로 계획한다.
(c) 펌프장은 강우 시에 침수로 인해 기능이 정지하지 않도록 계획한다.
(d) 펌프장의 위치는 배수구역 내로부터 하수를 합리적으로 집수 가능한 지점 및 방류수역을 확보할 수 있는 곳으로 한다.

③ 유수지(우수조정지)

도시화에 의해 우수유출량이 증대하고, 시설능력이 부족한 경우에는 필요에 따라 우수조정지의 설치를 계획한다.

우수배제계획의 수립 시에는 우수유출량을 가능한 한 빨리 배제하는 것이 원칙이지만, 배수시설의 상황에 따라 침수 및 저류 등으로서 우수유출량을 제어하는 것을 검토할 필요가 있다.

도시화에 의해 우수유출량이 증대하여 하류의 시설 및 수로 등의 능력을 높이기 곤란한 경우에는 우수조정지를 계획하는 경우가 있다. 특히 대규모 신시가지개발에 의한 우수유출량의 제어나 지형이 경사가 급한 지역에서 평탄한 지역으로 변하는 지점에서의 침수대책으로 우수조정지가 유효한 방법이 될 수 있다.

우수조정지의 구조에 대해서는 공원, 건물 및 기타시설의 지하에 설치하거나 기존의 연못을 이용하는 것 외에 댐이나 웅덩이 등에 의한 방법도 생각할 수 있으므로 지역실정을 고려하여 결정한다.

④ 우수체수지

우수체수지는 우천 시의 초기우수나 우수토실 펌프장에서의 월류수 혹은 차집우수의 일부를 저류 또는 침전방류하고, 저류한 우천 시 합류식 하수를 강우종료 후 원칙적으로 처리시설에 송수하여 처리함으로서 배수구역 및 처리구역 전체에서 배출시키는 우천 시 방류부하량의 저감을 도모하는 시설이다. 또한 우수체수지의 저류량은 방류수역의 수질환경기준이나 물이용의 상황 등을 감안하고 우천 시 월류수대책계획에 적합하도록 결정한다.

우수체수지의 계획은 다음 각 항을 고려하여 정한다.

(a) 우수체수지는 우수토실, 펌프장 및 처리장주변에 설치하고 우수토실 등에서 배출하는 청천 시 방류부하량의 효과적으로 삭감할 수 있도록 한다.
(b) 우수체수지의 형식은 우천 시 방류부하량의 삭감효과, 입지조건, 방류수역의 상황, 경제성 및 유지관리의 용이 등을 고려하여 종합적으로 선정한다.

(c) 우수체수지의 계획유입수량은 우천 시 방류부하량의 삭감효과 경제성 및 유지관리의 용이 등을 종합적으로 검토하여 결정한다.

(d) 우수체수지는 침수되지 않도록 하며 유지관리 및 주변환경조건 등을 충분히 고려하여 계획한다.

⑤ 스월조절조(swirl regulator)

스월조절조는 저류, 유량조정, 침전성 물질의 농축, 부유성 물질 제거 등과 같은 기능을 가지고 있으므로 우천 시 방류부하량 및 월류횟수를 저감시키고 월류수의 수질을 향상시킬 수 있는 시설이다.

합류식 하수도의 우천 시 방류부하량을 저감하기 위해 필요에 따라 종래의 우수토실을 대신하는 시설로서 스월조절조를 계획할 수 있다. 스월조절조는 합류식 하수도의 우천 시 방류부하량 저감시설로서는 비교적 소유역에 적합한 시설이고, 이에 비하여 차집관거 용량증대나 우수체수지 등은 비교적 대유역을 대상으로 한 시설이다.

또한, 스월조절조의 설계제거율은 하수처리시설의 간이처리와 같은 정도의 약 30% 정도를 표준으로 하기 때문에, 차집관거 용량증대나 우수체수지 등 다른 합류식 하수도의 우천 시 방류부하량의 저감대책과 조합시킬 때의 저감효과 및 경제성 등을 고려하여 결정할 필요가 있다.

스월조절조의 계획은 다음 각 항을 고려하여 정한다.

(a) 스월조절조는 방류지점 공공수역의 용도, 다른 합류시하수도의 우천 시 방류부하량의 저감시책과 조합시킬 때의 효과 및 경제성 등을 종합적으로 검토하여 정한다.

(b) 스월조절조는 우수토실과 비교하여 오수의 유입지점과 방류지점의 수위차가 커야 하므로 계획 시에 충분한 수위차를 확보할 수 있는 지점으로 선정할 필요가 있다.

5) 하수관거시설

(1) 개요

하수관거시설은 관거, 맨홀(manhole), 우수토실(雨水吐室), 토구(吐口), 물받이(오수, 우수 및 집수받이) 및 연결관 등을 포함한 시설의 총칭이며, 주택, 상업 및 공업지역 등에서 배출되는 오수나 우수를 모아서 처리장 또는 방류수역까지 유하시키는 역할을 한다.

(2) 계획하수량

각 관거별 계획하수량은 다음 사항을 고려하여 정한다.

① 오수관거에서는 계획시간 최대오수량으로 한다.

오수관거는 오수량의 시간적 변화에 충분히 대응하고 오수를 지체 없이 유하시킬 수 있어야 한다. 계획시간 최대오수량의 산출은 각 지역의 실정을 고려하여 정한다.

② 우수관거에서는 계획우수량으로 한다.

계획우수량은 다른 하수량에 비해 발생량이 매우 많으므로 사용하는 강우강도, 유출계수 및 유출량 산출공식에 따라 결과에 차이가 많다. 따라서 각 도시의 실정에 적합한 산출공식을 유도한다.

③ 합류식 관거에서는 계획시간 최대오수량에 계획우수량을 합한 것으로 한다.

합류식 관거의 단면을 결정할 때에는 계획시간 최대오수량과 계획우수량을 합한 것을 기준으로 한다. 계획우수량은 계획시간 최대오수량에 비하여 발생량이 많으므로 단면 결정시에는 계획우수량이 중요한 요소가 된다.

④ 차집관거에서는 우천 시 계획오수량으로 한다.

합류식에서는 우천 시 하수량의 일부를 우천 시 계획오수량으로 하여 차집관거로 유하시켜야 한다. 우천 시 계획오수량은 각 지역의 실정 및 그에 따른 효과와 필요한 비용 등을 검토하여 정한다.

⑤ 지역의 실정에 따라 계획하수량에 여유율을 둘 수 있다.

계획하수량과 실제 발생하수량 간에는 큰 차이가 있을 수 있기 때문에 각 지역의 실정에 따라 계획하수량에 여유율을 두는 것이 좋다. 그러나 여유율에 따른 관경의 증가로 인한 경제적 부담, 간선관거 및 대구경 관거는 지선에서 하수의 유하시간 차이로 인한 여유율의 증가 등을 감안하여 결정한다. 따라서 일반적인 여유율로서 오수관거인 경우 계획시간 최대오수량에 대해 소구경관거(200 ~ 600 mm)에서는 약 100%, 중구경관거(700 ~ 1,500 mm)에서는 약 50 ~ 100%, 대구경관거(1,650 ~ 3,000 mm)에서는 약 25 ~ 50% 정도 여유율을 갖도록 하는 것이 좋다.

(3) 유량 계산

하수는 보통의 물에 비하여 부유물이 많이 포함되어 있으나 수리계산에 지장을 줄 정도는 아니므로 보통의 물에서와 같은 방법으로 수리계산을 한다. 따라서 하수에서도 일반적으로 사용하는 수리계산식은 자연유하에서는 Manning식 또는 Kutter식을 사용하고, 압송의 경우에는 Hazen-Williams식을 사용한다. (7.2 수로의 수리 참조)

① 관거

(a) 경사는 이론적으로 수면의 경사값을 사용하나 배수 등의 영향은 없는 것으로 간주하고 관저경사를 사용한다.

(b) 조도계수는 Manning식 또는 Kutter식은 철근 콘크리트관 및 도관의 경우는 각각 0.013, 경질염화비닐관 및 강화플라스틱복합관의 경우는 0.010을 표준으로 하며, 관거 보수공법에서는 공법의 재질이나 종류 등에 따라 다르지만, 일반적으로 경질염화비닐관과 동일한 정도로 예상된다. 일반적으로 사용되고 있는 조도계수 범위는 표 1-7-10과 같다.

(c) Hazen-Williams식에서 유속계수 C값은 표 1-7-12와 같이 관내면 조도, 굴곡, 분지 등의 수에 따라 다르나 이들의 굴곡손실 등을 포함해 110을 표준으로 한다. 직선부(굴곡손실 등은 별도 계산한다)만의 경우는 130을 표준으로 한다.

(d) 관거 단면적은 유량과 경사가 결정되면 수리계산식으로 구할 수 있다. 여기에서 수심을 결정할 때 원형 관거는 만류, 직사각형 관거는 높이의 90%, 말굽형 관거는 높이의 80%로 하여 정해진 계획유량을 충분히 유하시킬 수 있도록 단면을 결정한다.

② 개거

(a) 유량은 하도(河道)의 상황에 따라 다르게 계산되므로 등류 혹은 부등류를 고려하여 계산한다.

(b) 평균유속은 일반적으로 Manning식을 사용하여 구한다.

(c) 적당한 여유고를 갖도록 단면을 결정한다. 일반적으로 여유고는 계획유량이 200 m^3/s 미만일 때는 0.6 m로 정하지만, 계획유량이 이보다 현저히 적을 경우에는 여유고를 $0.2H$(H는 개거의 깊이(m), $0.2H > 0.6$ m의 경우는 0.6 m로 함) 이상으로 한다.

각 수심별로 유속 및 유량 등은 수리특성곡선을 통해 알 수 있으며 원형 관거, 직사각형 관거, 폭과 높이가 같은 말굽형 관거 및 계란형 관거 등의 수리특성곡선은 그림 1-7-8 ~ 그림 1-7-14와 같으며 각 관거 형태별 최대유속 및 유량은 다음과 같다.

가. 원형 관거 및 말굽형 관거에서 유속은 수심이 81%일 때 최대이며, 유량은 수심이 93%일 때 최대가 된다.

나. 직사각형 관거에서는 유속 및 유량이 모두 만류가 되기 직전에 최대이나 만류가 되면 유속 및 유량이 급격히 감소한다.

다. 계란형 관거에서는 유량이 감소되어도 원형 관거에 비해 수심 및 유속이 유지되므로 토사 및 오물 등의 침전방지에 효율적이다.

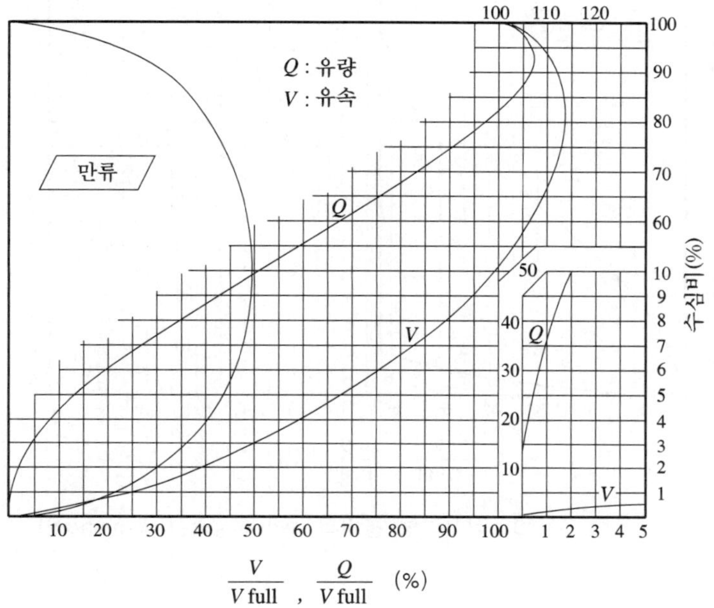

그림 1-7-8 원형 관거의 수리특성곡선(Manning식)

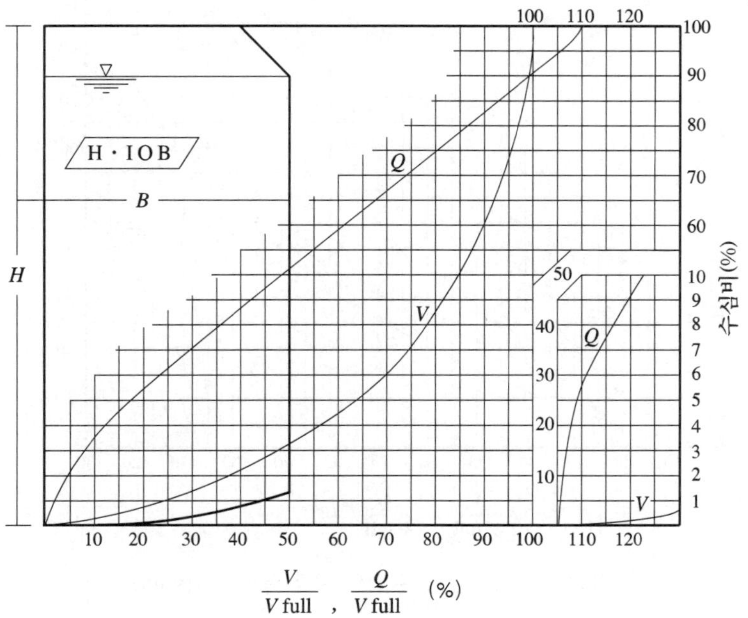

그림 1-7-9 정사각형 관거의 수리특성곡선(Manning식)

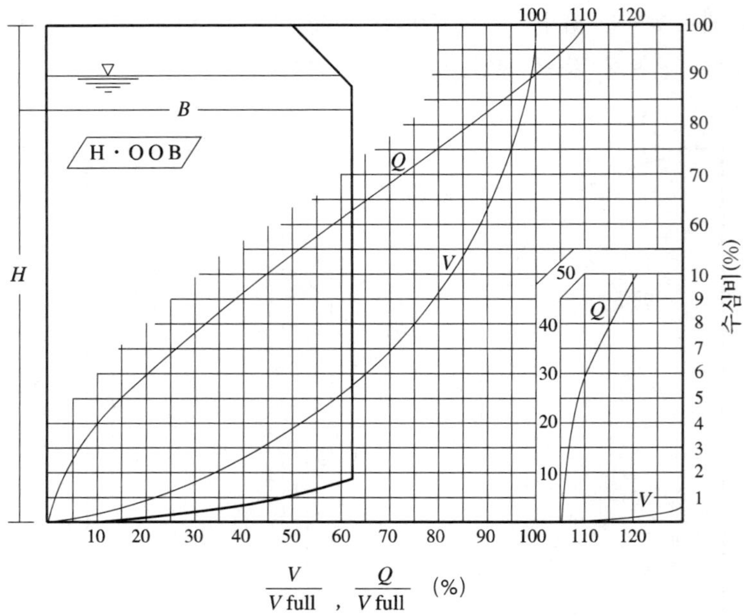

그림 1-7-10 직사각형 관거의 수리특성곡선(Manning식)

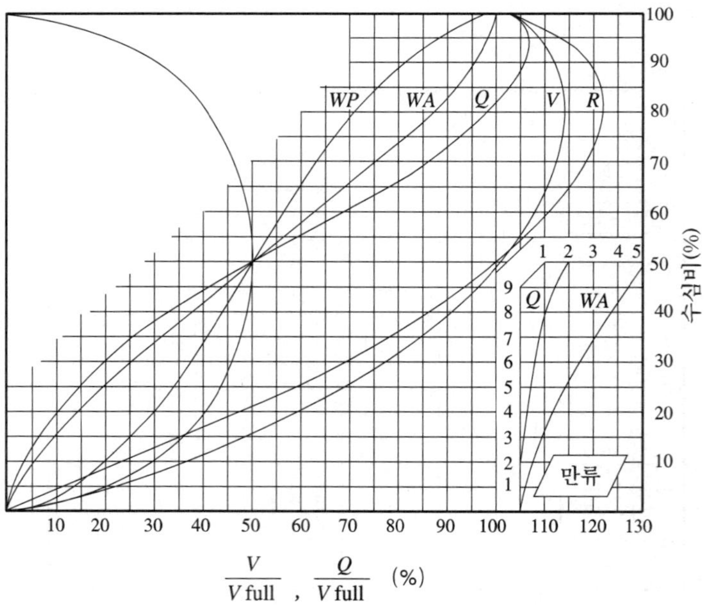

그림 1-7-11 원형 관거의 수리특성곡선(Kutter식)

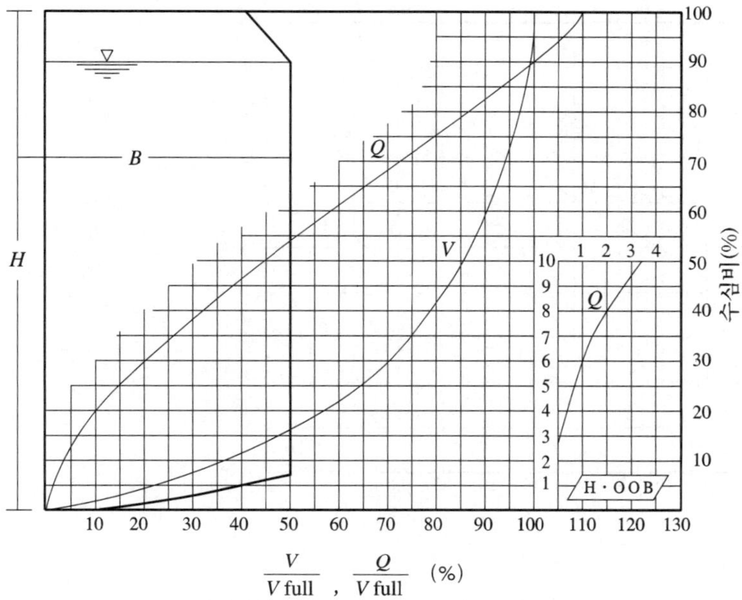

그림 1-7-12 직사각형 관거의 수리특성곡선(Kutter식)

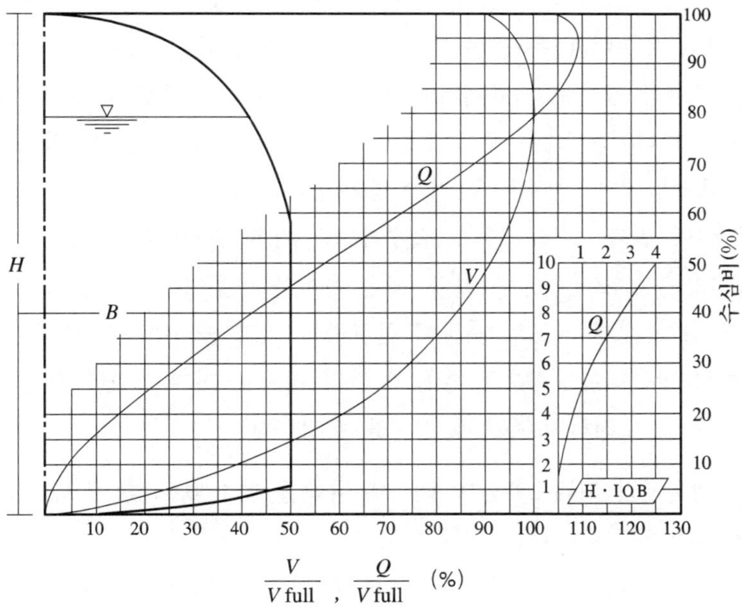

그림 1-7-13 말굽형 관거의 수리특성곡선(Kutter식)

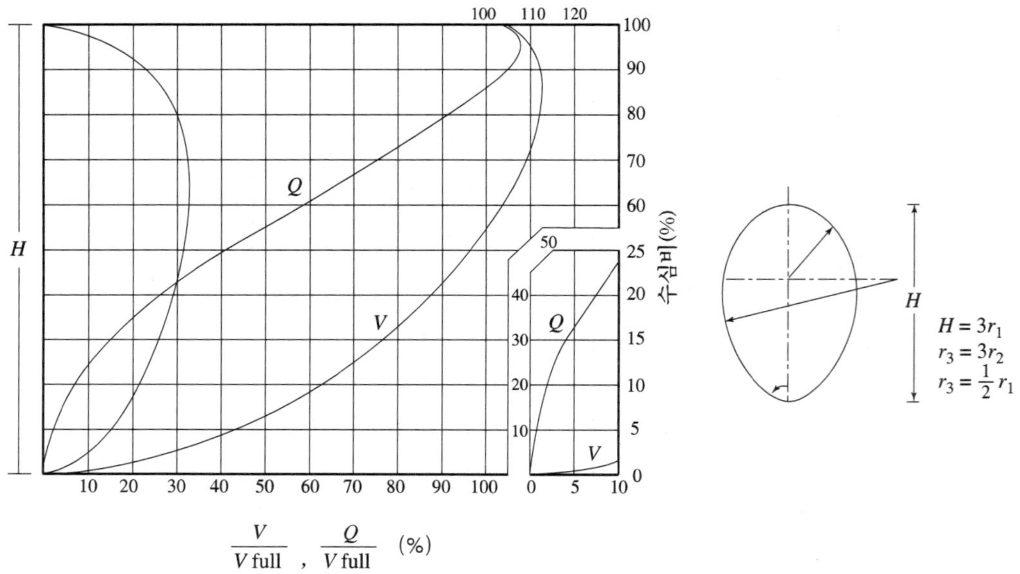

그림 1-7-14 계란형 관거의 수리특성곡선(Manning식)

(4) 유속 및 경사

유속이 작으면 관거의 저부에 오물이 침전하여 항상 준설작업이 필요하며, 유지관리비가 들고 반대로 유속이 너무 크면 관거를 손상시키고 내용년수를 줄어들게 한다.

일반적으로 관거의 경사는 지표경사에 따라 결정하며, 경제성 등을 고려하여 적당한 경사를 정하여야 한다. 즉, 하수 중의 오물이 차례로 관거에 침전되는 것을 막기 위하여 하류방향으로 내려감에 따라 유속을 점차 증가하도록 해야 한다. 그러나 경사는 하류로 갈수록 감소시켜야 한다. 결국 하류로 갈수록 하수량은 증가되어 관거는 커지므로 경사가 감소되어도 유속을 크게 할 수 있다. 또한 유속을 너무 크게 하면 경사가 급하게 되어 굴착깊이가 점차 깊게 되므로 시공이 곤란하게 되고 공사비용이 증대된다.

유속은 일반적으로 하류방향으로 흐름에 따라 점차로 커지고, 관거경사는 점차 작아지도록 다음 사항을 고려하여 유속과 경사를 결정한다.

① 오수관거 : 계획시간 최대오수량에 대하여 유속을 최소 0.6 m/s, 최대 3.0 m/s.
오수관거의 유속은 다음 사항을 고려한다.

(a) 자연유하인 경우, 오수관거 유속은 유량변동이 있더라도 오물이 침전되지 않을 정도의 유속을 갖도록 해야 하나, 지표의 경사가 없어서 불가피한 경우에는 계획하수량에 대해 최소유속이 0.6 m/s가 되도록 한다. 오수의 최소유속이 유지되지 않으면 오물이 침전되고 관거내의 유하시간이 길어져 침전물 부패로 인한 황화

물질 및 악취 등이 발생될 수 있다. 또한, 유속이 지나치게 크게 되면 관거를 손상시키므로 최대유속은 3.0 m/s로 한다. 지표경사가 심하면 관거경사가 급하게 되어 최대유속이 3.0 m/s를 넘게 될 때에는 적당한 간격으로 단차(段差)를 설치하여 경사를 완만하게 하고 유속을 작게 해야 한다. 또 지형 등에 따라서 단차의 설치가 곤란한 경우에는 급경사에서 완경사로 변화하는 구간에 월류수나 감압에 대처하기 위해 감세공(減勢工)의 설치, 관경이나 맨홀의 종별을 1단계 올리는 등의 감세 조치를, 또 맨홀에 수격(水擊)에 의한 파손을 방지하기 위한 조치를 고려할 필요가 있다.

(b) 처리구역이 큰 경우 등에서, 관망정비에 시간을 요하는 경우에는 사용개시후도 유량이 적기 때문에 간선관거내는 최소유속을 유지하지 못하므로 침전물이 퇴적하기도 하고, 유하시간이 길어짐에 따라 침전물의 부패에 의해 관거내에 취기(황화물 등)가 발생하기 쉽다. 따라서, 간선관거는 적당한 유속을 유지하도록 복단면의 구조로 하거나, 관을 2개로 분할하여 단계시공하는 방법 등을 검토할 필요가 있다. 단, 이 경우에는 시공성 및 경제성 등을 종합적으로 판단하여 결정한다.

(c) 압송인 경우 관거내 유속은 침전물이 퇴적되지 않도록 최소유속을 0.6 m/s로 하며, 관거내면의 모르터라이닝, 도장 등에 손상을 일으키지 않도록 최대유속은 3.0 m/s 정도로 한다. 또 유속의 증가에 따라 관내 마찰손실수두가 증가하므로 경제적인 압송펌프의 선정을 위해 압송관경과 유속과의 관계를 고려할 필요가 있다.

② 우수관거 및 합류관거 : 계획우수량에 대하여 유속을 최소 0.8 m/s, 최대 3.0 m/s.

우수관거 및 합류관거에서 오수관거보다 최소유속이 더 큰 이유는 토사류 등의 유입에 따라 침전물의 비중이 오수관거보다 크기 때문이다. 특히, 합류관거에서 청천 시 또는 계획기간이 긴 경우 목표년도의 계획하수량에 대하여 최소유속을 만족하도록 계획하면 건설초기년도에는 최소유속을 유지 못하는 경우가 있으므로 적당한 유속을 유지하도록 하여야 한다. 한편, 급경사지 등에서 유속이 크면 관거의 손상뿐만 아니라 유수의 유달시간이 단축되어 하류지점에서의 유량이 크게 되므로 단차 및 계단을 두어 경사를 완만하게 하여 유속을 작게 하여야 한다.

오수관거, 우수관거 및 합류관거에서의 이상적인 유속은 1.0 ~ 1.8 m/s 정도이다.

(5) 하수도 설계

하수관거의 설계는 앞에서 설명된 모든 이론적인 사항을 토대로 실제의 유량을 계산하고 여기에 적합한 관경의 선정과 관거 시공 기초자료까지를 제공하게 된다.

표 1-7-24 ● 하수도 유량계산표(예)

a) 분류식 하수관 유량계산표(예)

관로선번호	배수면적		연장		유달시간 [분]	유출량							계획 하수관거												비고
						우수량							우수관거				오수관거				관저고				
	각로선 [ha]	누적 [ha]	각로선 [ha]	누적 [ha]		유출계수	ha당 유출량 [m³/s]	총량 [m³/s]	시간최대오수량 [m³/s]	기타배수량 [m³/s]	상류부터유입하수량 [m³/s]	총수량 [m³/s]	직경 [mm]	경사 [‰]	유속 [m³/s]	유량 [m³/s]	직경 [mm]	경사 [‰]	유속 [m/s]	유량 [m³/s]	기점 [m]	종점 [m]	지반고 [m]	토피 [m]	

* 관저고, 지반고, 토피는 우수관거와 오수관거를 각각 별도 작성

b) 합류식 하수관 유량계산표(예)

① 관로선번호	② 배수면적		③ 연장		④ 유달시간 [분]	유출량							계획 하수관거								비고
						우수량			⑧	⑨	⑩	⑪	⑫	⑬	⑭	⑮	⑯관저고		⑰	⑱	
	각로선 [ha]	누적 [ha]	각로선 [ha]	누적 [ha]		⑤ 유출계수	⑥ ha당유출량 [m³/s]	⑦ 총량 [m³/s]	시간최대오수량 [m³/s]	기타배수량 [m³/s]	상류부터유입하수량 [m³/s]	총수량 [m³/s]	직경 [mm]	경사 [‰]	유속 [m/s]	유량 [m³/s]	기점 [m]	종점 [m]	지반고 [m]	토피 [m]	

$$\text{ha당 시간 최대오수량}(Q) = \frac{(\text{1인 1일 최대오수량} \times \text{인구밀도})}{24 \times 60 \times 60} \times (1.3 \sim 1.8) = \mathrm{m^3/s}$$

일반적으로 하수관거 설계작업 순서를 요약하면 다음과 같다.

① 대상지역의 유역도 작성
② 대상지역을 소유역으로 분할
③ 토지의 경사도를 따라 하수의 유하방향 설정
④ 유하방향을 기초로 하수관로 배치
⑤ 하수도 유량계산표 작성

하수도 유량계산표는 실제적인 하수관거 설계자료를 제공하기 위한 기초자료로써 해당 도시마다 양식의 차이가 있을 수 있으나 일반적인 예는 표 1-7-24와 같다.

다음은 합류식 하수관의 유량표(표 1-7-24 b)) 작성과정이다.

① 관로선 번호
관로선에 번호를 부여하던지 또는 관의 시점과 종점 맨홀번호(①~②)를 붙인다.
관로선은 접합점, 관경, 구배가 변화되는 곳에서 구분하여 번호를 부여한다.
② 배수면적
각 노선별 배수면적과 누적 배수면적을 ha로 소수점 둘째 자리까지 기록
③ 각 노선과 누적 연장길이를 기록, 소수점 둘째 자리(cm)까지 기록
④ 유달시간
⑤~⑦ 우수량 산정에는 주로 합리식($Q = 1/360CIA$)을 사용
⑧ 시간 최대오수량

$$\{1인\ 1일\ 최대오수량 \times 인구 \times (1.3 \sim 1.8) + 지하수량\} \times \frac{1}{24} \times \frac{1}{60 \times 60} = \mathrm{m^3/s}$$

⑨ 기타 배수량 : 주로 지하수 및 특수 유입수량
⑩ 상류로부터 유입수량
⑪ 총 유출수량
⑫ 계획 하수관거의 직경(mm) : 총 유출량과 ⑬, ⑭, ⑮자료를 기초로 선정
⑯ 하수관거 매설시 기점과 종점에서 관바닥의 계획고(m)
⑰ 지반고 : 관 매설 지표면의 지반고(m)
⑱ 토피 : 관거로부터 지표면까지의 매설 흙의 높이(m)

위의 유량계산표에서 수준기표면과 지반고, 관저고, 토피(土被), 맨홀깊이와의 관계도는 다음 그림 1-7-15와 같다.

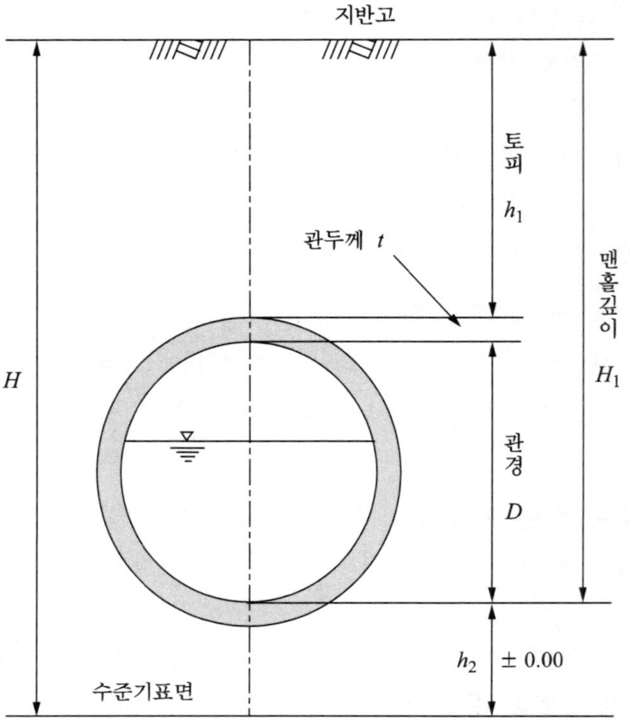

지반고 : H (수준기표면으로부터의 높이)
맨홀깊이 : H_1 (지반고와 하류관 바닥높이와의 차)
관저고 : h_2 (수준기표면으로부터 관 내부 바닥까지의 높이)
토 피 : $h_1 = H - (h_2 + D + t)$ (관정까지의 깊이)

그림 1-7-15 유량계산표의 관계도(관로 횡단도)

(6) 하수관거의 종류

원형단면의 일반적인 수도관의 분류로는 전체적인 형태에 따라 크게 직관(pipes)과 이형관(異形管: fittings)으로 나누고 이음부위의 형태에 따라 분류되어 지기도 한다. 또 압력에 따라 고압관과 저압관으로 나누고 재료에 의해 강철관, 주철관, 콘크리트관, 합성수지(plastic)관 등으로 분류된다. 관거는 압력관일 경우에만 내압과 외압을 동시에 고려하나 압력관 이외의 경우에는 주로 외압에 대해서만 충분히 견딜 수 있는 구조와 재질이 되어야 한다.

① 직관(pipes)과 이형관(異形管: fittings)

직관은 원형단면의 수도관용 관거의 전체적인 형태가 곧은 모양으로 관의 길이가 콘크리트관은 약 2~6 m와 수지관이나 철관에서 약 4~6 m를 유효 또는 표준길이(定尺)

로 정하고 이보다 짧은 관은 이형관으로 분류하여 단관(短管) 또는 슬리브(sleeve)나 칼라(collar)로 분류 한다.

이형관은 모양이 직관과 다른 형태의 관을 말하는 것으로 관로(pipe line)의 선형 및 목적에 따라 적합한(fit) 형태의 관이 요구되어 T형·Y형의 가지관(分岐管: branch), 곡관(elbow), 확대·축소관(편락관: reducer) 등으로 나눠진다.

② T형 관(T type pipe)

T형 분기관은 일반적인 분기관 외에도 분기되는 지관의 위치에 따라 기능을 달리하여 명칭도 지관이 원주에 수직방향이면 공기변 T형 관으로 하고 원주의 접선방향이면 이토변 T형 관으로 하고 있으며 표시는 $D=2{,}200\times1{,}000$으로 한다.

③ Y형 관(Y type pipe)

Y형 관은 설치시 상류부에 위치하는 설치 방향에 따라 분기관 또는 합류관이 되며, 표시방법은 구경이 큰 부분부터 $D=2{,}200\times1{,}100\times1{,}000$으로 구경순으로 표시한다.

④ 곡관(elbow)

곡관에 선형과 지형에 따라 수직(vertical)과 수평(horizontal)으로 구분되고 형태는 U형과 V형이 있다. 각도는 45°, $22^1/2°$, $11^1/4°$, $5^1/8°$ 등이 일반적으로 많이 사용되며 표시는 $D=2{,}200\times22^1/2°$ 등으로 나타낸다.

⑤ 확대·수축관(片落管: taper pipe, reducer)

편락관(片落管)은 관경이 한쪽은 크고 다른 한쪽은 작어서 큰 구경관과 작은 구경관에 연결부위를 고르게 변화시키는 관으로 확대관 또는 축소관이라고도 한다.

확대관 또는 축소관은 설치 방향에 따라 명칭을 달리 할 수 있으며 표시방법은 구경순으로 정리하여 $D=2{,}200\times1{,}100$로 표시한다.

⑥ 단관(短管: sleeve, collar, ring)

밸브류나 이형관 등을 설치하기 위해 유효길이보다 길이가 짧은 관을 말하며 관접합용이나 콘크리트 수조 제작시 관 연결 부위에 설치하여 본관을 삽입하는 경우에 사용하므로 sleeve, collar, ring 등으로 부른다.

⑦ 맹판(盲板: blind plate)

수도관의 끝부분을 막는 철판을 말하는 것으로 강철관에서는 용접을 하여 사용하거나 보통은 플랜지(flange)형으로 제작된 것을 사용하며 맹 플랜지라고도 하고 표시는 팽판 $D=2{,}000$으로 표시한다.

⑧ 재료에 의한 하수관거의 분류

관거는 압력관 등을 제외하고는 내압에 대하여 고려할 필요는 없지만 외압에 대하여 충분히 견딜 수 있는 구조 및 재질을 사용하며, 일반적으로 하수도에 사용되고 있는 하수도관의 종류별 규격과 특성은 표 1-7-25와 같으며, 이표에 제시한 것 외에 다른 관종을 사용하고자 할 때에는 내구성 및 내식성 등에 있어 KS제품과 동등한 성능 이상의 재료를 사용한다.

한편 관종 선정 시에는 유량, 수질, 매설장소의 상황, 외압, 접합방법, 강도, 형상, 공사비 및 장래 유지관리 등을 충분히 고려하여 합리적으로 선정한다.

표 1-7-25 ● 재료에 의한 하수관의 분류

관거의 종류		특 징
철근콘크리트관	원신력 철근 콘크리트관(Hume관) KS F 4403	- 원심력에 의한 배생으로 수밀성이 좋다. - 물과 시멘트비가 작고 치밀하여 강도가 크다.
	코어식 프리스트레스트 콘크리트관(PC관) KS F 4405	- 코어관 PC강선의 원주 및 관축방향에 prestress로 내압성. - 내·외압이 큰 곳에 안정성이 좋다.
	진동 및 전압 철근 콘크리트관(VR관) KS F 4402	- 코어를 진동 하고 내면을 roll 전압 제조하여 강도가 크다. - 외압강도가 흄관에 비해 크다.
	철근 콘크리트관(RC관) KS F 4401	- 거푸집의 철근 콘크리트를 진동기 등으로 다져서 제작. - 표면이 평활하나 타 콘크리트관에 비해 강도가 떨어진다.
	제품화된 철근 콘크리트 사각형 관거	- 철근 콘크리트 또는 프리스트레스트 콘크리트에 공장 제품. - 운반 및 시공조건에 따라 분할제작 가능하므로 공기단축.
	현장타설 철근 콘크리트관	- 대형 및 특수한 단면, 고강도를 필요로 하는 경우에 사용. - 크기 및 제작이 자유롭다.
철관	닥타일 주철관(Dutile iron pipe) KS D 4311	- 내압성 및 내식성이 우수하여 오수용 압송관으로 적합. - 가격이 고가이나 내부식성이다.
	파형 강관 KS D 3590	- 아연도금 강관은 우수관, 수지피복강관은 오수관으로 사용. - 강도가 높고 시공 및 운반이 용이함.
도관	도관(Clay Pipe) KS L 3208	- 마모 및 산·알칼리에 강하나, 충격 및 외압강도에 약하다. - 수질변화가 심한 부식우려의 1,400 mm 이하 오수관 사용.
합성수지관	내충격용 경질염화비닐관(PVC관)	- 가볍고 시공성 우수, 내산·내알칼리성 우수. - 연성관으로 허용변형률을 안지름의 5% 정도로 함. - 표면이 매끄러워 조도가 낮다.
	경질염화비닐이중벽 주름관 KS M 3600	
	폴리에틸렌관(PE관) KS M 3407	
	강화플라스틱복합관(GRP관) KS M 3333	- 고강도로 내식성 및 시공성이 우수. - 가볍고 시공성 우수, 내산·내알칼리성 우수.
	폴리에스테르수지 콘크리트관 KS M 3375	- 모래, 자갈의 골재와 수지로 재작 내산성 우수. - 관 노후화가 적다.

(7) 하수관거의 최소관경과 매설위치 및 깊이

① 하수관거의 최소관경

최소관경은 다음과 같이 한다.

(a) 오수관거 200 mm를 표준으로 한다.

(b) 우수관거 및 합류관거 250 mm를 표준으로 한다.

배수면적이 작으면 계획하수량도 적게 되어 필요한 관거의 내경도 매우 작은 것으로 충분하다. 그러나 관경이 너무 작으면 관거 내의 청소나 점검 및 사용 후의 새로운 부착관의 설치 등 유지관리에 지장을 초래하므로 계산상 200 mm 이하로 충분해도 200 mm 또는 250 mm의 관경을 사용한다. 단, 오수관거는 국지적으로 장래에도 하수량의 증가가 예상되지 않는 경우에는 150 mm로 할 수 있다. 150 mm로 할 경우에는 장래에도 공장이나 공동주택의 입지 등 토지이용의 변경이 전혀 예상되지 않는 지역에 한정하는 등 충분한 검토가 필요하다.

진공 또는 압송방식의 최소관경에 대해서는 펌프구경, 유속, 마찰손실, 오수의 종류 등을 종합적으로 판단하여 결정한다.

② 관로 매설 및 관로표시

(a) 매설깊이

관거의 최소 흙두께는 원칙적으로 1 m로 하나, 관거의 최소 흙두께 결정에 있어서는 연결관, 노면하중, 노반두께 및 다른 매설물의 관계, 동결심도, 기타 도로점용조건을 고려하여 적절한 흙두께로 할 필요가 있다. 공공도로 내에 매설하는 관거에 대해서는 도로법 시행령 제24조 제1항의 별표 1에 따르면 "하수도관의 본선을 매설하는 경우에는 그 윗부분과 노면까지의 거리를 3 m(공사시행으로 인하여 부득이한 경우에는 1 m) 이상으로 할 것"으로 규정되어 있다.

닥타일주철관, 흄관(외압 1종, 2종관), 강화플라스틱복합관, 경질염화비닐관, 도관의 관종에서 300 mm 이하 하수도관의 매설에 대해서 전선, 수도관, 가스관 또는 하수도관을 도로의 지하에 설치하는 경우 매설의 깊이 등에 대해서 최소 흙두께를 표 1-7-26에 준하여 운용하면 되지만, 도로관리자에게 얕은 층 매설기준의 운용에 대한 확인이 필요하다.

표 1-7-26 ● 하수관거 얕은 층 매설기준

하수관종별		관거 윗부분과 노면과의 거리
하수관의 본선		해당도로의 포장두께에 0.3 m를 더한 값(해당값이 1 m에 이르지 않을 경우에는 1 m) 이하로 하지 않을 것
하수관의 본선 이외의 선	차도	해당도로의 포장두께에 0.3 m를 더한 값(해당값이 0.6 m에 이르지 않을 경우에는 0.6 m) 이하로 하지 않을 것
	보도	0.6 m 이하로 하지 않을 것. 단, 절하부가 있고 0.6 m 이하가 하지 않을 경우에는 미리 충분한 강도를 갖는 관거 등을 사용하는 경우를 제외하고 방호 조치가 필요.

(b) 관거의 표시

관거의 오접 및 굴착파손을 피하기 위하여 테이프, 페인트 또는 인식장치 등을 적극 설치한다.

지하매설물 굴착에 따른 사고를 방지하기 위해서는 환경부제정 「하수도공사 시공관리요령」을 참고로 하여 우·오수관의 식별이 용이하도록 한다. 또한, 관거 매설 후 관거탐지 장치 등으로 탐지가 가능하도록 설계·시공시 적극 고려한다. 관과 맨홀의 식별을 위하여 맨홀뚜껑에 관명칭, 관리자, 사업자 등을 기록하고 사업자, 일련번호, 부설년도 등이 표기된 명판을 맨홀벽체 상단에 부착한다. 시공완료 후 맨홀, 관거 등의 위치를 측량법에 준하여 측량을 실시하고 사업규모, 사업기간 등을 고려하여 필요한 경우 공공측량성과심사를 받아 준공도를 작성한다.

최근에는 하수도시설 운영관리의 효율화 및 통합화 추세에 따라 지리정보시스템(GIS)을 기반으로 하수도시설물 전반에 대하여 도형과 속성에 대한 데이터베이스를 구축하고 있다. 따라서, 관거 설계도 작성 시부터 3차원 좌표계를 도입, 수평·수직의 위치(x, y, z)를 명확히 한다.

각종 지상·지하매설물 중에서 하수도관거의 상대적 위치를 정확하게 파악할 수 있는 정보를 얻게 되면 관거의 신설 및 보수나 교체 시 단시간 내에 경제적으로 시행할 수 있을 것이다. 상수도관거, 도시가스, 전력선 및 통신선로 등 다른 계통의 사업자에게 관거의 위치를 정확하게 제공하여 하수도에 대한 신뢰성을 도모할 수 있을 것이다.

(8) 하수관거의 시설

① 맨홀(manhole)

맨홀은 관거의 기점, 방향, 경사 및 관경 등이 변하는 곳, 단차가 발생하는 곳, 관거가 합류하는 곳이나 관거의 유지관리상 필요한 장소에 반드시 설치하여야 한다.

관거의 직선부에서도 되도록 많이 설치하는 것이 유지관리상 용이하지만 이로 인한 공사비용의 증가와 시공상의 어려움이 많으며, 분류식의 오수관거의 경우는 우천 시에 맨홀뚜껑의 구멍 등을 통해 우수가 유입하는 등의 문제도 있으므로 관경별 최대간격은 표 1-7-27과 같이 하는 것이 바람직하다.

표 1-7-27 ● 맨홀의 관경별 최대간격

관경[mm]	300 이하	600 이하	1,000 이하	1,500 이하	1,650 이상
최대간격[m]	50	75	100	150	200

② 우수토실(雨水吐室 : storm overflow chamber)

합류식에서 우수유출량의 전량을 처리장으로 보내 처리하는 것은 관거 및 처리장시설의 증대를 초래하여 비경제적이기 때문에 우수토실을 설치하여 오수로 취급하는 하수량(우천 시 계획오수량) 이상의 우수는 바로 또는 관거에 의하여 하천, 해역 및 호소 등으로 방류하도록 하고 있다. 따라서 우수토실의 위치는 되도록 방류수역 부근에 설치하며 계획외수위 경우에도 충분히 방류될 수 있는 곳이어야 하며, 따라서 차집관거는 하천, 해역 및 호소 등의 방류지역 부근에 배치한다. 그러나 지형에 따라 방류관거를 압송관거로 하여 원거리로 방류하는 경우도 있다.

방류수로 인하여 하천, 해역 및 호소 등이 오염될 우려가 있으므로 하천, 해역 및 호소 등의 흐름방향, 상수원, 수영장 및 어업 등에 영향을 주지 않도록 우수토실의 위치를 선정한다.

우수토실은 비교적 큰 구조물이므로 부지확보에 유의해야 하며 도로, 교각, 호안 및 지하매설물 등에 지장을 주지 않는 장소를 선정한다.

우수토실은 너무 많은 수를 설치하는 것보다 어느 정도까지 통합 설치하여 방류량을 다량으로 만들어 방류하는 것이 건설 및 유지관리 측면에서 유리한 경우가 많다.

보슬비가 올 때 또는 강우 초기시의 오수는 우수에 의해 그다지 희석이 되지 않으며, 또 강우 초기시의 우수는 도로면의 오물, 먼지 등을 포함하고 있으므로 이들 우수를 방류하면 방류수역을 오염시킬 염려가 있다.

한편, 우수량이 상당히 커져 오수가 희석되면 이와 같은 위험성은 적어지며, 또한 다량의 우수까지 처리장으로 도입하는 것은 처리장의 시설이 증가되므로 처리작업상에도 여러 가지 장해를 일으켜 비경제적이 된다. 오수로서 취급하는 하수량은 일반적으로 시간 최대오수량의 3배 이상으로 하는 것이 바람직하다. 그러므로 우수토실에서 우수월류량(CSOs : Combined Sewer Overflows)은 계획하수량에서 우천 시 계획오수량을 뺀 양이 된다.

③ 물받이(inlets)와 연결관

물받이는 배수설비와 연결관의 효율적인 유지관리를 목적으로 설치하며 오수받이, 우수받이 및 집수받이 등이 있다. 물받이는 도로상에 설치하는 것이 원칙이나 다른 매설물의 점유위치에 따라 여유가 없는 경우 등은 사유지에 설치하기도 한다. 우수받이의 경우 침전물질의 사전제거목적이 추가되므로 배제방식, 하수의 종류 및 발생원별로 물받이를 구분하여 설치한다. 한편 집수받이란 우수받이의 일종으로 개거와 암거의 접합부분에 설치되는 물받이를 말한다. 배수관거의 기점, 종점, 합류점, 굴곡점 및 내경 또는 내폭이나 관종이 달라지는 곳에는 물받이를 설치하여야 하며, 배수관거가 직선인 부분에는 내경 또는 내폭의 120배 이하의 간격으로 물받이를 설치한다.

(a) 오수받이(house inlet)

오수받이는 목적 및 기능상 공공도로와 사유지의 경계부근에 설치하며, 분류식의 경우 오수받이는 오수만을 수용하도록 하고 우수의 유입은 방지될 수 있는 구조로 설치한다. 합류식의 경우에는 택지내의 우·오수를 분류시켜 각각의 우·오수받이에 연결하여 배제시킨다.

또한, 단독주택 지역의 경우 오수받이의 설치간격은 유지관리상 1필지당 하나가 바람직하나 택지와 도로의 상황에 따라 2필지당 하나를 설치할 수도 있다.

오수받이의 형상은 원형 및 각형을 사용할 수 있으나 구조적인 안전성과 물받이로 연결되는 오수관의 연결을 용이하게 하기 위해 일반적으로 원형을 많이 사용하며 재질은 콘크리트 또는 철근 콘크리트 제품이다.

오수받이의 경우 가장 문제가 되는 것은 악취발생으로 뚜껑은 밀폐형으로 설치하는 것이 바람직하며, 뚜껑의 재질은 주철제 및 철근 콘크리트제 등 견고하고 내식성이 있는 재질을 사용하도록 하여야 한다.

(b) 우수받이(street inlet, storm water inlet)

우수받이는 도로내의 우수를 모아서 공공하수도로 유입시키는 시설로서 도로옆의 물이 모이기 쉬운 장소나 L형 측구의 유하방향 하단부의 공공도로내에 설치하지만 분류식에서는 우수의 배제에 기존 우수관거 또는 도로측구 등을 이용하는 경우도 있으므로 지역의 실정, 유지관리 등을 충분히 고려하여 정하는 것이 바람직하다. 또한 합류식의 경우 사유지내 우수배제는 차도측의 도로배수와 별도로 고려하며, 택지내 우수도 택지내에 설치된 우수받이에 연결하여 유하시키는 것이 바람직하다.

우수받이의 간격은 대략 20 ~ 30 m 정도로 하나 도로폭, 경사 및 배수면적을 고려하여 충분한 집수능력을 가질 수 있도록 적당한 간격으로 설치한다.

우수받이는 강우 시 우수와 지표면의 오염물질이 쓸려 유입되며, 이후 접속된 관거망을 따라 유하하게 된다. 그러나 협잡물의 과도한 유입, 인근상가 등지에서의 쓰레기 불법투입 등으로 우수받이 유입구의 막힘현상이 발생하며, 이로 인해 설치 본래의 기능을 상실할 경우가 빈번하여 도로침수가 유발되는 등 많은 문제점을 낳고 있어 우수받이 설치 시 협잡물 및 토사 등의 유입감소를 위한 방안이 수립, 우수받이 청소가 용이하도록 우수받이 구조의 변경, 도로포장 시 원활한 노면배수에 대한 고려가 필요하며, 도로보수공사 등으로 인한 노면경사 변화에 따른 대응방안 수립이 요구된다.

일반적으로 우수받이의 저부에 설치되는 이토실은 토사가 본관에 유입하는 것을 방지하기 위하여 설치되는 것으로서 일반적으로 우수받이의 이토실 깊이는 연결관의 연결부 저부로부터 토사의 유입량에 따라 15 cm 이상의 깊이로 한다.

우수받이의 뚜껑은 세로칸막이형, 가로칸막이형, 혼합형 및 격자형 등이 있는데, 격자형(grating)의 재질은 강제이나 그 외의 것은 주철제 또는 철근 콘크리트제이다. 현재 시판되고 있는 우수받이 뚜껑은 세로칸막이형과 혼합형이 많고, 그 낙수공의 면적은 500 ~ 800 cm^2가 보통이다. 또한 최근의 사용경향은 차도측에 우수받이를 설치할 때 콘크리트제품의 파손 등을 고려하여 강제 격자형(steel grating)과 주철제를 많이 사용하는 추세에 있다.

개량형 우수받이는 협잡물 및 토사 등에 의한 하수관거 막힘 및 도로침수를 방지하기 위해 침사조나 토사받이를 우수받이 상부 및 외부에 1 ~ 2개 설치하여 토사, 쓰레기 등이 하수구에 유입하기 전에 상부에서 손쉽게 제거할 수 있도록 한다.

(c) 연결관(lateral sewer, connection pipe)

물받이와 본관을 연결하는 연결관은 지하수 침입 및 다른 지하매설물 공사에 의한 파손의 위험이 가장 크기 때문에, 연결관의 재질은 내구성, 내식성 및 수밀성이 있는 것을 사용하며, 연결관의 부설방향은 본관에 대하여 직각으로 부설한다. 또한 연결관은 관거내의 유수를 잘 흐르도록 하기 위하여 흐름방향에 대하여 원칙적으로 60°로 하지만, 본관의 대구경관거인 경우는 90°로 연결하여도 된다. 경사는 부유물질 등의 침전 및 퇴적이 생기지 않도록 하기 위하여 1% 이상으로 하고 연결위치는 본관의 중심선보다 위쪽으로 한다. 연결관의 최소관경은 침전물에 의한 막힘을 방지하고 최소한의 유지보수를 위해 최소관경을 150 mm로 하고 있다.

연결관의 접합부분은 침입수가 발생하기 쉽고 관거준설 등 유지관리 시 문제가 많이 발생하는 곳일 뿐만 아니라, 시공장소가 많고 복잡하기 때문에 설계 및 시공에 철저한 주의가 필요하므로 가지달린 관 및 지관과 같은 이형관을 사용하는 것이 바람직하다.

④ 역사이펀(Inverted Syphon)

역사이펀은 하수관거가 부득이 하천 밑을 통과해야 하는 시설로써 가능한 한 피하는 것이 바람직하나 어쩔 수 없이 설치하는 경우에는 폐쇄시의 대책이나 청소 시 하수의 배수대책 등을 고려하여 관거는 일반적으로 복수로 한다.

역사이펀은 양측에 수직인 역사이펀실을 두고 그 사이를 수평 또는 하류가 낮게 되도록 역사이펀 관거로 접합한다. 또한, 역사이펀은 시공 후의 점검 및 보수 등이 몹시 곤란하므로 특별히 부등침하가 되지 않도록 지반의 특성에 따라서 적당한 기초공을 시공한다. 역사이펀실에 접속하는 상하류측의 유입 및 유출관거의 접속부분도 구조상 약점이 되기 때문에 같은 배려가 필요하다.

역사이펀 관거 내에 토사나 슬러지가 퇴적하는 것을 방지하기 위하여 역사이펀 관거의 유속은 단면을 축소하여 상류관거 유속의 20~30%를 증대시킬 필요가 있으며, 부가적으로 시설에 이토실을 설치한다. 또한 역사이펀의 상류측에 별도로 침사실을 설치하는 경우도 있다.

역사이펀실이 5 m 이상 깊게 되면 배수펌프의 양정을 고려하여 중간에 상판을 설치하여 설치대 또는 작업대 등을 둔다.

⑤ 토구(吐口; outfall)

토구는 하수를 최종적으로 하천, 항만 및 해안 등에 방출시키는 구조물로써 토구를 설치 시 호안의 일부를 파괴 및 개조하거나 혹은 하천, 항만 등에 돌출시켜 축조하는 경우도 있어, 토구의 설치미비에 의하여 유수를 저해하거나 하상을 침식하여 호안 등에 위해를 줄 수도 있으므로 다른 구조물에 해를 주지 않도록 충분히 주의하여야 한다.

토구는 주변의 홍수 및 파랑 등에 의해서 피해를 받기 쉬우므로 토구의 위치, 구조 및 기존호안의 보강방법 등은 하천, 항만 및 해안 등의 관리자와 사전에 충분히 협의하고 그 의견을 반영하여 정한다. 또한 하천, 항만 및 해안 등의 장래계획에 대하여도 충분히 협의하여 다른 시설사업과 마찰이 발생하지 않도록 계획을 수립한다.

토구에서 배출유속이 클 때에는 배가 억류되든가 하는 부작용이 생길 경우도 있으므로 선착장, 계선장 등에 큰 토구를 만드는 것은 바람직하지 못하다. 또 세굴을 일으켜 호안 등을 파괴시킬 위험도 있으므로 토구 부근에 받이를 설치하든가 콘크리트 등을 바닥에 깔아 세굴을 방지하거나 혹은 호안의 기초에 널말뚝을 박아 보호한다.

토구의 저면높이는 하천, 해역 또는 호소의 계획홍수위와 저수위의 중간에 두는 것이 원칙이나, 토구가 저수위보다 훨씬 높을 때에는 세굴을 일으키거나 기포가 발생하는 경우가 있다. 또한 물이 낙하하는 소리로 부근의 주민들에게 피해를 주게 되므로 이와 같은 일이 없도록 주의하지 않으면 안 된다. 토구의 저면이 하천, 해역 또는 호소 저면보다 낮게 될 경우에는 계통을 변경하거나 방류관거의 단면을 크게 하여 경사를 완만하게 하는 등의 방법을 강구하여 반드시 토구의 저면은 하천, 해역 또는 호소 저면보다 높은 위치에 두도록 하여야 한다.

토구의 방향은 하천의 흐름이나 바다의 조류(潮流)에 순응하도록 한다. 만약에 역방향으로 하면 방류관거에서 배출되는 하수의 유하가 저해됨과 동시에 하천의 유하도 저해되어 범람할 우려가 있고, 또한 토구부근에 침전이 일어나기 쉽다. 토구의 위치가 만입된 강의 깊숙한 안쪽에 있으면 강 내에 우수가 정체되어 부근을 오염시키므로 이러한 곳을 피하든가 또는 지장이 없으면 강을 매립하여 암거에 의하여 직접 하천 또는 바다로 방류하도록 한다.

또한 작은 하천의 경우에는 방류수에 의해 하천의 비탈면이 세굴되지 않도록 콘크리트벽 등의 보호공을 설치할 필요가 있다.

Chapter 8

기계화 시공 및 경비 산정

8.1 기계화 시공 적용기준

1) 건설기계 선정기준

(1) 작업종류별 적용기준

표 1-8-1 ● 작업종류별 건설기계 선정 적용기준

작업종류	건설기계 종류
벌개·제근	불도저(레이크 도저)
굴삭	로더, 굴삭기(유압식 백호), 불도저, 리퍼, 셔블계 굴삭기(파워셔블, 백호, 드래그라인, 크램셀)
적재	로더, 버킷식 엑스커베이터, 셔블계 굴삭기(파워셔블, 백호, 드래그라인, 크램셀)
굴삭, 적재	로더, 굴삭기(유압식 백호), 버킷식 엑스커베이터, 셔블계 굴삭기(파워셔블, 백호, 드래그라인, 크램셀)
굴삭, 운반	불도저, 스크레이퍼
운반	불도저, 덤프트럭, 벨트컨베이어
부설	불도저, 모터그레이더
함수량 조절	살수차
다짐	롤러(타이어, 탬핑, 진동, 로드), 불도저, 진동콤팩터, 래머, 탬퍼
정지	불도저, 모터그레이더
도랑파기	굴삭기(유압식 백호), 트렌처
* 비탈(법면)마무리	(백호, 모터그레이더, 앵글도저)
* 착암	(레그해머, 드리프터, 브레이커, 크롤러드릴)

(2) 운반거리별

표 1-8-2 ● 운반거리별 건설기계 선정 적용기준

작업구분	운반거리	표 준
절붕(切朋)·압토	평균 20 m	불도저
토운반	60 m 이하	불도저
	60 ~ 100 m	• 불도저 • 셔블계 굴삭기(백호, 셔블, 드래그라인, 크램셀)+덤프트럭 • 로더+덤프트럭 • 굴삭기+덤프트럭 • 피견인식 스크레이퍼
	100 m 이상	• 셔블계 굴삭기(백호, 셔블, 드래그라인, 크램셀)+덤프트럭 • 로더+덤프트럭 • 굴삭기+덤프트럭 • 피견인식 스크레이퍼 • 모터 스크레이퍼

2) 표준건설기계

(1) 공사규모별

① 건설공사 설계 시 적정 공사비 산정과 기계화 시공의 합리적인 발전을 위해 당해 건설공사의 제반사항을 감안하여 대규모 공사에는 대형 건설기계, 중규모 공사에는 중형 건설기계, 소규모 공사에는 소형 건설기계를 적용한다.

② 공사의 규모(시공량)는 토량공 100,000 m^3 이상의 공사를 대규모, 100,000 ~ 10,000 m^3의 공사를 중규모, 10,000 m^3 미만을 소규모로 구분한다.

③ 표준규격을 기준하여 현장조건 및 토질조건(습지, 연약지반)에 따라 탄력적으로 이를 보완 선정하여야 한다.

표 1-8-3 ● 표준건설기계의 예시

1) 불도저작업의 표준기계

작업종류 \ 구분	작업규모	표준규격	비 고
유압 리퍼 작업	중규모 이하 대규모	19 ton 급 32 ton 급	
굴삭 압토 (운반)	중규모 이하 대규모	19 ton 급 32 ton 급	
집토 (굴삭·보조)	중규모 이하 대규모	19 ton 급 32 ton 급	
습지, 연약토 작업		13 ton 급	

2) 스크레이퍼

작업종류 ＼ 구분	작업규모	표준규격	비 고
스크레이퍼 작업	소규모 중규모 대규모	5.4 ~ 9.0 m^3 11.0 ~ 18.0 m^3 18.0 m^3 이상	

3) 굴삭기

작업종류 ＼ 구분	작업규모	표준규격	비 고
굴삭 적재 작업	소규모 중규모 대규모	굴삭기 0.4 m^3 0.7 m^3 1.0 m^3 이상	

4) 덤프트럭

작업종류 ＼ 구분	작업규모	표준규격	비 고
덤프트럭 운반	소규모 중규모 대규모	덤프트럭 8 ton 이하 덤프트럭 8 ~ 15 ton 덤프트럭 15 ton 이상	

주 1. 각 작업규모별 구체적인 덤프트럭 규격(2.5, 4.5, 6, 8, 10.5, 15, 20, 32 ton)은 도로상태, 시공성, 시공규모 등을 감안하여 현장실정에 맞도록 조정 적용한다.
2. 타 장비와의 조합 작업 및 암석적재 등 가혹한 작업의 경우는 경제적인 방법으로 선정한다.

해설

1. 공사규모의 구분은 편의상 시공량으로 표시한 것인 바, 실제 적용과정에서는 공사량, 공사기간, 현장조건에 따라 공사규모를 판단하여야 한다.
2. 선형공사(도로, 철도, 관로 등)의 경우는 공사장 여건을 감안하여 장비규격을 적정 선정한다.
3. 공사규모는 당해 연도 공사의 시공량을 기준으로 한 것이므로 공사기간을 감안하여 장비규격을 적정 선정한다.
4. 모든 공사 목적에 완전히 부합되는 건설기계는 없으므로 실제 공사 시공과정에서는 여기에 선정된 표준기계에 절대적으로 구애받지 말고 선정된 표준기계를 기준하여 현장여건에 따라 탄력적으로 이를 보완 선정하여야 한다.
5. 공사를 시행하는데 있어 특정한 기계 및 특정규격의 사용이 요구될 때는 본 기준에 의하지 않고 개별적으로 그 특성에 의한 작업능력과 제경비를 산정하여 적용한다.

(2) 특정 건설기계 및 특정 규격 사용

공사를 시행하는데 있어 특정한 기계 및 특정의 규격의 사용이 요구될 때에는 본 기준에 의하지 않고 개별적으로 그 특성에 의한 작업능력과 제경비를 산정하여 적용한다.

3) 운반 및 수송

(1) 운반차량의 구분

① 공사용 자재의 운반차량은 덤프트럭을 원칙으로 하되, 덤핑으로 인하여 훼손 또는 파손되거나 위험이 수반되는 기자재(드럼들이 아스팔트, 석유류, 시멘트, 관류 등)는 화물자동차로 운반하는 것으로 한다.

② 화물자동차의 운반비는 자동차 운수사업법에 의한 국토해양부 관계 규정에 따르고 싣기 및 부리기에 대한 경비는 별도 가산한다.

(2) 수송비

① 건설용 기계의 공사현장까지의 왕복 수송비는 건설공사장에서 가장 가까운 도청소재지(서울특별시·광역시 포함)로부터 공사현장까지의 수송에 필요한 경비(공인된 수송비, 인건비 등 포함)를 계상한다. 다만, 부득이 곤란하다고 인정되는 기종에 대하여는 그 기종이 소재한다고 인정되는 가장 가까운 도청 소재지로부터의 수송비를 계상할 수 있다.

② 자주식 건설기계로서 자주로 이동할 경우의 수송비는 다음의 이동속도를 기준으로 하여 수송비를 계상하며, 이때의 경비는 건설기계사용료와 운전경비의 합계액으로 한다.

표 1-8-4 ● 자주식 건설기계의 이동속도 [km/hr]

도로구분 \ 구분	덤프트럭	로더(타이어)	크레인(트럭)	모터그레이더	스크레이퍼	아스팔트 디스트리뷰터 슬러리실기기계	트럭 트랙터 트레일러	리프트트럭
포장도로(고속4차선)	60	-	-	-	-	-	-	-
포장도로(고속2차선)	50	-	-	-	-	50	50	-
포장도로	40	25	30	25	35	40	40	25
사리도로(양호)	25	15	15	15	25	25	20	15
사리도로(불량)	10	10	10	10	10	10	10	10

(3) 회항비

① 작업선의 회항비는 공사에 제공되는 피예인선의 편도(片道) 수송시간에 대한 선원의 노임, 예인선의 왕복 운항시간에 대한 손료 및 운전경비와 예인선 및 피예인선의 회항 보험금의 합계액으로 한다. 다만, 공사현장에 투입되는 예인선의 회항비는 편도 운항 경비만을 계상한다.

② 자항작업선인 경우에는 편도수송시간에 대한 손료 및 운전경비와 회항보험금의 합계액으로 한다.

(4) 분해조립비

분해 및 조립을 필요로 하는 기계는 이에 소요되는 경비를 계상한다.

① 아스팔트 믹싱 플랜트(정치식)
② 크러싱 플랜트(정치식)
③ 콘크리트 플랜트(정치식)
④ 벨트 컨베이어(정치식)
⑤ 디젤 파일 해머
⑥ 크레인류
⑦ 골재세척설비
⑧ 기타 분해조립이 필요하다고 인정되는 기계

(5) 운전사의 구분

표 1-8-5 ● 건설기계 및 장비의 운전사의 구분

구 분	해당기계
건설기계운전사	건설기계관리법 시행령 제2조에 규정한 기계로서 다음과 같은 기종을 말한다. 불도저, 굴삭기, 로더, 지게차, 스크레이퍼, 덤프트럭(12 ton 이상), 기중기(차륜 및 무한궤도), 모터 그레이더, 롤러, 노상안정기, 콘크리트 배칭플랜트, 콘크리트 피니셔, 콘크리트 스프레더, 콘크리트 믹서(0.5 m^3 이상), 콘크리트 펌프(5 m^3 이상), 아스팔트 믹싱 플랜트, 아스팔트 피니셔, 아스팔트 살포기, 슬러리 실기 기계, 골재 살포기, 쇄석기, 공기압축기(2.8 m^3/min 이상), 천공기, 항타 및 항발기(0.5 ton 이상), 사리채취기, 노면파쇄기, 기타 이와 유사한 기계.
운전사	자동차관리법 시행규칙 제2조에 규정한 차량류로서 12 ton 미만의 덤프트럭, 화물트럭, 살수차, 트랙터, 제설차, 노면청소차, 트럭탑재형 크레인, 기타공업용 소형트럭 등을 말한다.
기계운전사	건설기계관리법 및 도로운송차량법에 규정되어 있지 아니한 기계류로서 소형의공기압축기, 양수기, 소형믹서, 윈치, 소형 항타기, 소형 그라우트펌프, 벨트 컨베이어, 발전기, 래머, 콤팩터, 콘크리트파쇄기, 기타 소형 기계 등을 말한다.

(6) 운전사의 노임

운전사(건설기계운전사, 운전사, 기계운전사, 건설기계조장 및 조수 포함)의 노임은 상기 고용일 경우에 월 전액을 지급함을 원칙으로 하며, 원가계산에 의한 예정가격 작성 준칙(재정경제부 회계예규)에 의거 계상한다.

(7) 운반기계의 유류 산정

트럭 또는 기타 운반기계로 기자재를 운반할 경우 적사에 소요되는 시간이 10분을 초과할 때에는 주행거리에 해당하는 유류만을 계상한다.

4) 손료의 보정 및 기타

(1) 기계손료의 보정(補正)

다음 건설기계가 암석 굴착, 암석 적재, 암석 운반 등의 가혹한 작업에 사용되는 경우에는 그 손료(관리비 제외)를 다음과 같이 보정 가산할 수 있다.

표 1-8-6 ● 건설기계의 보정(가산비율)

기 종	가산비율(%)	
	암석작업(연암, 보통암, 경암)	진석 섞인 토사
불도저(19 ton 이상 제외)	25	10
굴삭기(무한궤도) 및 로더(무한궤도)	20	10
덤프트럭	25	10

주 1. 전용 덤프트럭(18 ton 이상)과 불도저(19 ton 이상)의 경우는 보정하지 않는다. 단, 타이어 도저, 습지 도저는 보정할 수 있다.
2. 전석 섞인 토사는 전석(0.5 m^3 이상)의 혼입률이 30% 이상을 말한다.

(2) 기계경비의 보정

건설기계의 운전시간이 현장조건 및 공정계획상 연간 표준가동시간보다 현저히 저하될 경우에는 기계손료 중 관리비와 운전경비 중 인건비를 별도 산정할 수 있다.

(3) 기타 사항

① 펌프식 준설선으로 자갈 및 역전석과 파쇄된 암이 포함된 흙을 준설할 때에는 과다 마모로 인한 수리비의 증가를 고려하여 손료를 보정 계상할 수 있다.
② 손료 산정에서 동력이 포함되어 있지 않는 경우에는 해당되는 디젤, 가솔린 엔진 또는 모터의 손료 및 운전경비를 적용한다.
③ 유류가격은 해당지역의 고시가격으로 한다.
④ 타이어, 삽날 등 기타 가격은 공신력 있는 기관에서 인정하는 가격으로 한다.
⑤ 불도저의 집토 거리는 최소 20 m를 표준으로 하며, 현장 여건에 따라 증가할 수 있다.

⑥ 사석 적재 및 투하시의 기중기 효율은 사석을 적재할 때의 효율은 0.8로 하고, 해상 작업 시는 0.75로 한다.

8.2 건설기계의 시공 능력

1) 건설기계 시공 능력의 산정

건설기계의 시공 능력을 산정하기 위한 작업량 산정 기본식은 다음과 같다.

$$Q = n \cdot q \cdot f \cdot E$$

Q : 시간당 작업량(m^3/hr 또는 ton/hr)
n : 시간당 작업사이클수
q : 1회 작업사이클당 표준작업량(m^3 또는 ton)
f : 체적환산계수
E : 작업효율

(1) 계산값의 맺음

Q : 소수점 이하 3자리까지 계산하고 4사5입한다.
n : 소수점 이하 2자리까지 계산하고 4사5입한다.
Cm : 소수점 이하 3자리까지 계산하고 4사5입한다.

(2) 기계의 작업시간

기계의 시간당 작업량은 기계의 운전시간당 작업량으로 하고, 이 운전시간은 기계의 주기관이 회전하거나 주작동부가 가동하는 시간을 말하며, 주목적의 작업을 하는 실작업시간 외에 작업 중의 기계이동, 기관 또는 주작동부의 예비가동, 운전시간 중의 점검 또는 조정, 주유, 조합기계인 때의 대기 등이 포함된다.

(3) 시간당 작업량(Q)

토공에 있어서의 작업능력은 일반적으로 m^3/hr로 표시되고, 자연 상태의 토량, 흐트러진 상태의 토량, 다져진 후의 토량의 세 가지 표시방법이 있으며, 기계종류에 따라서 (ton/hr), (m^3/hr), (m/hr) 등으로 작업량을 표시할 때도 있다.

(4) 1회 작업사이클당 표준작업량(q)

기계는 일련의 동작을 되풀이하는 작업을 하게 되고, 이때의 1회 사이클의 동작으로 이루어지는 표준적인 작업조건과 작업관리 상태에 있어서의 작업량을 1회 작업사이클당 표준작업량이라고 하며, 토량인 경우에는 흐트러진 상태에서 취급되는 것이 일반적이고 보통 (m^3) 또는 (ton)으로 표시한다.

(5) 시간당 작업사이클수(n)

$n = \dfrac{60}{Cm(\text{min})}$ 또는 $n = \dfrac{3,600}{Cm(\text{sec})}$ 로 표시, Cm은 사이클시간으로서 기계의 작업속도나 주행속도에 따라 분(min) 또는 초(sec)로 표시한다.

(6) 작업효율(E)

기계의 시간당 작업량은 그 기계 고유의 일정한 값이 아니고 작업현장의 제반조건에 따라 변화하는 것이므로 표준적인 작업능력에 작업현장의 여러 가지 여건에 알맞은 효율을 고려하여 산정하여야 하며, 이 작업효율은 일반적으로 능력적 요소와 시간적 요소로 구분된다.

$$\text{작업효율}(E) = \text{현장 작업능력계수} \times \text{실작업시간율}$$

(7) 현장 작업능력계수

기계의 표준적인 작업능력에 영향을 미치는 기상, 지형, 토질, 공사규모, 시공방법, 기계의 종류, 기계 조종원의 기능도 해상에서는 파도 및 풍향 등의 작업현장 여건을 고려한 계수를 말한다.

(8) 실작업시간율

기계의 상태, 공사규모, 시공방법 등에 의하여 변화하며 다음과 같이 표시한다.

$$\text{실작업시간율} = \frac{\text{실작업시간}}{\text{운전시간}}$$

2) 건설기계의 경비

(1) 용어와 정의

① 상각비 : 기계의 사용에 따른 가치의 감가액을 말한다.

② 정비비 : 기계를 사용함에 따라 발생하는 고장 또는 성능저하부분의 회복을 목적으로 하는 분해수리 등 정비와 기계 기능을 유지하기 위한 정기 또는 수시 정비에 소요되는 비용을 말한다.

③ 정비비율 : 기계의 경제적 내용시간 동안에 소비되는 정비비 누계액의 기계 취득가격에 대한 비율을 말한다.

④ 관리비 : 보유한 기계를 관리하는데 필요로 하는 이자 및 보관격납 비용을 말한다.

⑤ 연간 관리비율 : 연간 소요되는 기계관리비의 평균취득가격에 대한 비율을 말한다.

⑥ 평균취득가격 : 취득가격 $\times \dfrac{1.1 \times \text{경제적 내용년수} + 0.9}{2 \times \text{경제적 내용년수}}$로 계산한 값을 말한다.

⑦ 취득가격 : 수입가격에 대하여는 C.I.F(cost, insurance and freight) 가격에 인정할 수 있는 수입에 따르는 제 경비를 포함한 가격으로 하고, 국산기계는 표준규격에 의한 표준시가로 한다.

⑧ 경제적 내용시간 : 잔존율이 취득가격의 10%인 경우에 경제적 사용이 가능하다고 인정되는 운전시간을 말한다.

⑨ 잔존율 : 경제적 내용시간이 끝날 때의 기계잔존가치의 취득가격에 대한 비율을 말하며 0.1로 한다.

⑩ 연간 표준 가동시간 : 기계가 연간 운전하는데 가장 표준이라고 인정되는 시간을 말한다.

⑪ 경제적 내용년수 : 경제적 내용시간을 연간 표준가동시간으로 나눈 값을 말한다.

⑫ 시간당 손료 : 손료산정의 시간당 손료계수 합계에는 시간당 상각비계수, 정비비계수 및 평균취득가격에 의한 시간당 관리비계수가 포함된 것으로서 시간당 손료는 취득가격에 시간당 손료계수의 합계를 곱한 값을 말한다. 원 미만의 값은 절사한다.

(2) 경비 적산 요령

① 기계경비 : 기계손료, 운전경비 및 수송비의 합계액으로 하되 특히 필요하다고 인정될 때에는 조립 및 분해조립 비용을 포함한다.

② 기계손료 : 상각비, 정비비 및 관리비의 합계액으로 한다. 다만, 관리비에 대하여는 1일 8시간을 초과할 경우라도 8시간으로 계산하여야 한다.

③ 운전경비 : 기계를 사용하는데 필요한 다음 각 호 경비의 합계액으로 한다.

(a) 연료, 전력, 윤활유 등

(b) 운전사 및 조수의 급여 또는 임금과 기타의 운전 노무비

(c) 정비비에 포함되지 않는 소모품비

④ 건설기계 가격

(a) 건설기계 가격은 국산기계는 공장도 가격(원)으로 도입기계는 달러화($)로 표시하고, 연도 초 최초로 외국환은행이 고시하는 환율(외국환거래법에 의한 기준환율 또는 재정환율)을 적용 시행한다. 단, 3% 이상의 증감이 있을 때에는 건설기계 가격을 조정할 수 있다.

(b) 건설기계 가격을 원화로 환산할 경우에는 1,000원 미만은 절사한다.

⑤ 운반기계의 유류 산정

트럭 또는 기타 운반기계로 기자재를 운반할 경우 적사에 소요되는 시간이 10분을 초과할 때에는 주행거리에 해당하는 유류만을 계상한다.

(3) 건설기계의 운전경비 산정 해설

① 휘발유 및 경유

(a) 시간당 소비량을 말하며 엔진부하율(Load factor) 70～80%, 실 작업시간을 50/60을 각각 기준으로 하여 산정한 것이다.

(b) 보조엔진에 사용되는 유류는 해당 표에 포함되어 있다.

(c) 주연료란에 휘발유 및 중유로 표시되지 아니한 것은 경유를 말한다(해상장비 포함).

② 엔진유, 기어유, 유압유, 그리스, 넝바 등 잡재료는 크랭크케이스 용량, 피스톤 및 링의 상태, 기어박스의 용량, 오일의 교환시간 등을 고려하여 보충량을 포함한 시간당 소비량을 주연료비의 비율로 표기한 것이다.

③ 삽날, 귀삽날, 타이어, 티스의 소모율은 잡품에 포함되었다.

④ 크러셔(정치식)의 운전경비는 크러셔(이동식)의 운전경비를 준용한다.

⑤ 기중기에 셔블, 백호(무한궤도 제외), 드래그라인, 크램셀을 부착하여 사용하는 경우의 티스 소모량은 다음과 같다.

기 종	티스 소모율	시간당 티스 소모경비
셔 블 백호, 드래그라인, 크램셀	0.003 0.002	티스 개당 가격 × 티스 개수 × 소모율

⑥ 불도저와 리퍼 또는 굴삭기와 브레이커를 조합하여 사용할 때는 불도저 또는 굴삭기의 잡재료비율을 16%로 계상한 후, 리퍼의 손료 또는 브레이커 손료 및 치즐 소모율의 추가하는 것이다.

⑦ 비자주식(피견인식) 스크레이퍼의 소모재료 계산이 필요한 경우의 소모율은 다음을 적용한다.

구 분	삽 날	귀삽날	타이어	시간당 소모 경비
소모율	0.001	0.001	0.00025	개당 가격 × 개수 × 소모율

⑧ 타워크레인의 연료 소모량은 별도 계상한다.

8.3 기계화 시공의 적산설계

1) 건설장비에 따른 경비산정

건설장비에 따른 작업량 및 경비산정을 토목환경공사에 일반적으로 많이 사용하는 장비를 선택하여 불도저, 백호, 덤프트럭에 대하여 표준품셈에 기준하여 정리하였다.

(1) 불도저(bulldozer)

① 작업량 계산식

$$Q = \frac{60 \cdot q \cdot f \cdot E}{Cm}, \qquad q = q_0 \cdot e$$

Q : 시간당 작업량(m^3/hr)
q : 삽날의 용량(m^3)
e : 운반거리계수
f : 체적환산계수
E : 작업효율
Cm : 1회 사이클시간(분)
q_0 : 거리를 고려하지 않은 삽날의 용량(m^3)

표 1-8-7 ● 불도저의 q_0와 값 e의 값

운반거리를 고려하지 않은 삽날의 용량 q_0의 값 [m^3]

종별 \ 급수[ton]	4 (초습지)	7	10	12	13 (습지)	15	19	28	32	33
무한궤도	0.5	1.1	1.5	2.0	1.5	-	3.2	-	5.5	-
타이어	-	-	-	-	-	3.1	-	4.0	-	5.7

운반거리계수와 경사에 대한 e의 값

운반거리[m]	10 이하	20	30	40	50	60	70	80
e	1.00	0.96	0.92	0.88	0.84	0.80	0.76	0.72

② E의 값

작업현장조건에 따라 작업효율 E의 값을 표 1-8-8에 의하여 산정한다.

표 1-8-8 ● 작업현장조건에 따라 작업효율 E의 값

토질명 \ 현장조건	자연 상태			흐트러진 상태		
	양호	보통	불량	양호	보통	불량
모래·사질토	0.80	0.65	0.50	0.85	0.70	0.55
자갈 섞인 흙·점성토	0.70	0.55	0.40	0.75	0.60	0.45
파쇄암	-	-	-	-	0.35	0.25

해설

1. 양호 : 작업현장이 넓고(배토판 폭의 3배 이상) 지반의 요철(凹凸) 등에 대한 미끄럼이 없고, 또한 하향구배 등으로 작업 속도가 충분히 기대되는 조건인 경우.
2. 보통 : 작업현장은 넓으나 작업속도가 기대되지 않는 경우, 작업현장은 좁으나(배토판 폭의 3배 미만) 작업속도가 충분히 기대되는 등 제 조건의 중간으로 판단되는 경우.
3. 불량 : 작업현장이 좁고 지반상태를 고려한 미끄럼이 많고, 또 상향구배 등으로 작업 속도를 저해하는 조건인 경우.
4. 정지작업을 겸하는 경우는 0.1을 뺀 값으로 한다.
5. 터파기에 대해서는 0.05를 뺀 값으로 한다.
6. 리핑(ripping) 한 것은 리핑된 상태를 고려하여 그 상태에 해당되는 토질에서의 값을 취한다.

③ 1회 사이클시간

$$Cm = \frac{L}{V_1} + \frac{L}{V_2} + t$$

Cm : 1회 사이클시간(분) L : 운반거리(m)

V_1 : 전진속도(m/분) V_2 : 후진속도(m/분)

t : 기어 변속시간(0.25분)

(a) 무한궤도형의 V_1 및 V_2값

표 1-8-9 ● 무한궤도형의 V_1 및 V_2값

구분 / 규격[ton]	전진속도[m/분]				후진속도[m/분]		
	1단	2단	3단	4단	1단	2단	3단
4(초습지)	40	57	100	-	63	85	-
7	43	67	92	116	53	78	107
10	42	64	88	116	50	75	105
12	40	55	75	107	48	70	100
13(습지)	40	55	75	-	48	70	-
19	40	55	75	103	46	70	98
32	40	52	70	91	43	58	78

해설

1. 굴착 또는 굴착운반, 발근, 석재류의 집적작업 등에는 전진 1단, 후진 1단을 사용한다.
2. 흐트러진 상태의 토사운반작업 등에는 전진 2단, 후진 2단을 사용한다.
3. 평탄하고 흐트러진 상태의 정지, 전압작업 등의 작업에는 전진 3단, 후진 3단을 사용한다.
4. 제방과 같은 상향 작업시에는 전진 1단, 후진 2단을 사용한다.
5. 수중작업시에는 전진 1단, 후진 1단을 사용한다.
6. 작업현장에서의 이동에는 전진 3단 또는 4단을 사용한다.

(b) 타이어의 V_1 및 V_2값

표 1-8-10 ● 타이어형의 V_1 및 V_2값

구분 / 규격[ton]	전진속도[m/분]			후진속도[m/분]	
	1단	2단	3단	1단	2단
15	83	200	415	92	125
28	92	200	482	92	200
33	92	210	546	110	250

해설

1. 흐트러진 상태의 토량운반, 연한 지반의 굴착 운반작업 등에는 전진 1단, 후진 1단을 사용한다.
2. 평탄하고 흐트러진 상태의 정지 및 전압작업 등에는 전진 2단, 후진 2단을 사용한다.
3. 작업현장에서의 이동에는 전진 2단 또는 3단을 사용한다.

④ 불도저의 손료산정

표 1-8-11 ● 불도저의 손료

무한궤도형 및 습지형의 손료

분류번호	규격 [ton]	내용 시간	연간표준 가동시간	상각 비율	정비 비율	연간 관리비율	시간당(10^{-7})			
							상각비 계수	정비비 계수	관리비 계수	계
0101 −	7 ~ 32	12,000	1,400	0.9	0.7	0.1	750	580	430	1,763
0121 −	4, 13	12,000	1,400	0.9	0.7	0.1	750	580	430	1,763

타이어형의 손료

분류번호	규격 [ton]	내용 시간	연간표준 가동시간	상각 비율	정비 비율	연간 관리비율	시간당(10^{-7})			
							상각비 계수	정비비 계수	관리비 계수	계
0102 −	15, 28, 33	12,000	1,400	0.9	0.6	0.1	750	500	430	1,680

해설

1. 규격은 작업상태에서의 중량을 말한다.
2. 삽날(귀삽날 포함) 및 타이어는 운전경비에서 계상한다.

⑤ 운전경비 산정

표 1-8-12 ● 불도저의 가격 및 운전경비 산정

분류번호	기계명	규 격 [ton]	주연료 [L/hr]	잡재료 [주연료비의 %]	조조원 [인/일]	건설기계 조장 [인/일]	가 격 [천원, $]
0101 − 0007	불도저 (무한궤도)	7	9.0	16	1	0.2	55,250
0010		10	12.5	16	1	0.2	$107,205
0012		12	14.6	16	1	0.2	$126,465
0019		19	25.0	16	1	0.2	142,035
0032		32	41.6	16	1	0.2	188,640
0102 − 0015	불도저 (타이어)	15	19.2	50	1	0.2	$107,138
0028		28	36.0	50	1	0.2	$197,969
0033		33	42.4	50	1	0.2	$250,957
0101 − 0004	습지 불도저	4	5.4	23	1	0.2	30,130
0013		13	14.6	23	1	0.2	$106,110

(2) 굴삭기

① 작업량 계산식

$$Q = \frac{3,600 \cdot q \cdot K \cdot f \cdot E}{Cm}$$

Q	: 시간당 작업량(m^3/hr)	q	: 버킷용량(m^3)
K	: 버킷계수	f	: 체적환산계수
E	: 작업효율	Cm	: 1회 사이클시간(초)

② K의 값

표 1-8-13 ● K의 값

현장조건	K
용이하게 굴착할 수 있는 연한 토질로서 버킷에 산적으로 가득 찰 때가 많은 조건이 좋은 모래, 보통토인 경우	1.1
위의 토질보다 약간 단단한 토질로서 버킷에 거의 가득 채울 수 있는 모래, 보통토 및 조건이 좋은 점토인 경우	0.9
버킷에 가득 채우기가 어렵거나 가벼운 발파를 필요로 하는 것으로서 단단한 점토질, 점토, 역질토인 경우	0.7
버킷에 넣기 어렵고 불규칙한 공극이 생기는 것으로서 발파 또는 리퍼작업 등에 의하여 얻어진 암과 파쇄암, 호박돌, 역 등인 경우	0.55

해설

1. 굴삭기는 위치한 지면보다 낮은 데 있는 토량의 굴착에 사용되는 것이 일반적이다.
2. 버킷계수는 굴착하는 토질과 굴착 작업의 높이 또는 깊이에 따라 다르나 작업현장 조건을 고려하여 기종이 선택되므로, 특수한 경우를 제외하고는 굴착작업의 깊이는 버킷계수에 영향을 주지 않는 것으로 한다.
3. 굴삭기는 굴착된 토량을 운반하는 기계와의 상태가 작업상 균형이 유지되고, 굴삭기에 대한 운반기계의 적재높이가 적합토록 이루어져야 한다.

③ 체적의 변화(체적환산계수 계산)

표 1-8-14 ● 체적의 변화율

토질별 / 변화율	모래	모래질흙(보통토)	점질토	역이 섞인 점질토	호박돌 섞인 점질토	연암	경암
자연 상태에서 흐트러진 상태 L	1.10 ~ 1.20	1.20 ~ 1.30	1.25 ~ 1.35	1.35 ~ 1.40	1.40 ~ 1.45	1.30 ~ 1.50	1.55 ~ 1.70
자연 상태에서 다져진 상태 C	0.85 ~ 0.95	0.85 ~ 0.90	0.85 ~ 0.95	0.90 ~ 1.00	0.90 ~ 0.95	1.00 ~ 1.30	1.20 ~ 1.40

④ *E*의 값

표 1-8-15 ● 유압식 백호의 작업효율(*E*의 값)

현장조건 / 토질명	자연 상태			흐트러진 상태		
	양호	보통	불량	양호	보통	불량
모래·사질토	0.85	0.70	0.55	0.90	0.75	0.60
자갈 섞인 흙·점성토	0.75	0.60	0.45	0.80	0.65	0.50
파쇄암	-	-	-	-	0.45	0.35

해설

1. 자연 상태의 굴삭 시 작업효율
   ① 양호 : 자연지반이 무르고, 절토작업이 최적으로 연속작업이 가능하고, 작업방해가 없는 등의 조건인 경우.
   ② 보통 : 자연지반은 단단하지만 절토작업이 최적인 경우, 또는 자연지반은 무르지만 절토작업이 곤란한 경우 등 제조건이 중간으로 판단되는 경우.
   ③ 불량 : 자연지반이 단단하고 또한 연속작업이 곤란하며, 작업방해가 많은 등의 조건인 경우
2. 흐트러진 상태의 적용은 상기 1항의 조건 중 자연지반상태의 조건을 제외한 기타의 조건을 감안하여 결정한다.
3. 작업장소가 수중 또는 용수작업인 경우는 불량을 적용한다.
4. 터파기에 대하여는 0.05를 뺀 값으로 한다.
5. 리핑한 것은 리핑된 상태를 고려하여 그 상태에 해당되는 토질에서의 값을 취한다.
6. 굴착작업 시 지하매설물(각종 매설물 등)로 인하여 작업이 현저하게 저하하는 경우는 작업효율을 별도로 정할 수 있다.
7. 주택가지역에서 상하수도관로부설 등의 공사 시 작업장소가 협소하고 지하매설물 등으로 인하여 작업이 현저하게 저하하는 경우에는 다음의 작업효율(*E*)을 적용할 수 있다.

현장조건 / 토질명	자연 상태	
	보 통	불 량
모래·사질토	0.30	0.19
자갈 섞인 흙·점성토	0.26	0.15

㉮ 보통 : 작업현장이 보통의 경우나, 지하장애물이 약간 있는 경우로서 연속적인 굴착이 불가능한 지역
㉯ 불량 : 작업현장이 협소한 경우나, 지하장애물이 많은 경우로서 연속적인 굴착이 불가능한 지역

⑤ 1회 사이클시간 Cm의 값(초)

표 1-8-16 ● 유압식 백호의 1회 사이클시간 (Cm의 값)

선회각도[도] / 규격[m³]	사이클시간 [sec]			
	45	90	135	180
0.12 ~ 0.4	13	15	18	20
0.6 ~ 0.8	16	18	20	22
1.0 ~ 1.2	17	19	21	23
2.0	22	25	27	30

⑥ 굴삭기의 손료

표 1-8-17 ● 굴삭기의 손료

무한궤도형 및 습지형의 손료

분류번호	규격 [ton]	내용 시간	연간표준 가동시간	상각 비율	정비 비율	연간 관리비율	시간당(10^{-7})			
							상각비 계수	정비비 계수	관리비 계수	계
0201 −	0.12 ~ 2.0	10,000	1,400	0.9	0.7	0.1	900	700	438	2,038
0221 −	0.4, 0.7	10,000	1,400	0.9	0.7	0.1	900	700	438	2,038

타이어형의 손료

분류번호	규격 [ton]	내용 시간	연간표준 가동시간	상각 비율	정비 비율	연간 관리비율	시간당(10^{-7})			
							상각비 계수	정비비 계수	관리비 계수	계
0211 −	0.18 ~ 1.0	10,000	1,400	0.9	0.7	0.14	900	700	613	2,213

⑦ 굴삭기의 운전경비

표 1-8-18 ● 굴삭기의 가격 및 운전경비 산정

분류번호	기계명	규 격 [m³]	주연료 [L/hr]	잡재료 [주연료비의 %]	조조원 [인/일]	건설기계 조장 [인/일]	가 격 [천원]
0201 − 0012	굴삭기 (무한궤도)	0.12	3.2	21	1	0.2	35,040
0020		0.2	5.0	21	1	0.2	52,000
0040		0.4	9.9	22	1	0.2	61,106
0060		0.6	10.2	22	1	0.2	89,000
0070		0.7	11.6	22	1	0.2	93,042
0080		0.8	15.3	22	1	0.2	97,000
0100		1.0	19.5	22	1	0.2	114,000
0120		1.2	20.2	22	1	0.2	141,000
0200		2.0	32.8	22	1	0.2	262,000

분류번호	기계명	규 격 [m^3]	주연료 [L/hr]	잡재료 [주연료비의 %]	조조원 [인/일]	건설기계 조장 [인/일]	가 격 [천원]
0211 - 0018	굴삭기 (타이어)	0.18	5.6	24	1	0.2	65,000
0060		0.6	11.6	24	1	0.2	99,800
0080		0.8	16.3	24	1	0.2	120,000
0100		1.0	20.5	24	1	0.2	133,000
0221 - 0040	습지굴삭기 (무한궤도)	0.4	9.5	15	1	0.2	73,754
0070		0.7	11.0	15	1	0.2	96,577

(3) 덤프트럭(dump truck)

$$Q = \frac{60 \cdot q \cdot f \cdot E}{Cm}, \qquad q = \frac{T}{r_t} \cdot L$$

Q : 1시간당 작업량(m^3/hr)

q : 흐트러진 상태의 덤프트럭 1회 적재량(m^3)

r_t : 자연 상태에서의 토석의 단위중량(습윤밀도) (ton/m^3)

f : 체적환산계수

E : 작업효율

T : 덤프트럭의 적재중량(ton)

L : 체적환산계수에서의 체적변화율

$$L = \frac{\text{흐트러진 상태의 체적}(m^3)}{\text{자연 상태의 체적}(m^3)}$$

Cm : 1회 사이클시간(분)

$$Cm = t_1 + t_2 + t_3 + t_4 + t_5$$

① 사이클시간(Cm) 계산

(a) 적재시간(t_1) : 적재방법에 따라 산출한다.

(b) 왕복시간(t_2)

$$\text{왕복시간[분]} = \frac{\text{운반거리}}{\text{적재시 평균주행속도}} + \frac{\text{운반거리}}{\text{공차시 평균주행속도}}$$

표 1-8-19 ● 운반도로와 평균주행속도 [km/hr]

도로상태	평균속도	
	적재	공차
토취장 또는 토사장 등의 열악한 조건의 도로	7	8
교차가 힘든 산간지도로 및 제방 등의 도로	10	15
교차가 가능한 산간지도로 및 제방도로, 미포장도로	15	20
2차로 이상의 공사용 도로	30	35
2차로 교통량 및 교통대기가 많은 시가지 포장도로(7,000대/일 이상) 4차로 이상의 교통량 및 교통대기가 많은 시가지 포장도로(40,000대/일 이상)	20	25
2차로 시가지 포장도로(7,000 ~ 2,000대/일)	25	30
4차로 이상의 시가지 포장도로(40,000대/일 미만) 2차로 교외 포장도로(2,000대/일 이상) 4차로 이상의 교외 포장도로(40,000대/일 이상)	30	35
2차로 교외 포장도로(2,000대/일 미만) 4차로 이상의 교외 포장도로(40,000대/일 미만)	35	35
2차로 고속도로 또는 교통량(편도) 1일 40,000대 이상의 4차선 고속도로	50	60
4차로 고속도로(편도 교통량 1일 40,000대 미만)	60	60

해설

1. 교통 제한구간의 제한속도가 운반도로상에 있을 때에는 제한속도 이내에서 적용하여야 한다.
2. 도로경사, 노면상태, 교통량, 교통정체 등으로 위 표를 적용하기 곤란한 경우에는 별도 적용할 수 있다.
3. 공사현장 내 또는 공사용 도로는 유지보수 상태가 중요하다.

(c) 적하시간(t_3)

적재한 토량을 내리는데, 소요되는 시간을 차례로 기다리는 시간이 포함된다.

표 1-8-20 ● 적하시간(t_3)

구분 / 토질	작업조건(분)		
	양 호	보 통	불 량
모래, 역, 호박돌	0.5	0.8	1.1
점질토, 점토	0.6	1.05	1.5

해설

1. 양호 : 사토장이 넓고 정지된 상태에서 일시에 적하하는 경우
2. 보통 : 사토장이 넓으나 움직이는 상태에서 적하하는 경우
3. 불량 : 사토장이 넓지 않고 천천히 움직이는 상태에서 적하하는 경우

(d) 적재장소에 도착한 때로부터 적재작업이 시작될 때까지의 시간(t_4)

- 적재장소가 넓어서 트럭이 자유로이 목적장소에 진입할 수 있을 때 : 0.15분
- 적재장소가 넓지는 않으나 목적장소에 불편 없이 진입할 수 있을 때 : 0.42분
- 적재장소가 좁아서 목적장소에 진입하는데 불편을 느낄 때 : 0.70분

(e) 적재함 덮개설치 및 해체시간(t_5)

- 인력에 의한 경우 : 3.77분
- 자동 덮개시설의 경우 : 0.5분

(f) 적재기계를 사용할 경우의 사이클시간

$$Cmt = \frac{Cms \cdot n}{60 \cdot Es} + t_2 + t_3 + t_4 + t_5$$

Cmt : 덤프트럭의 1회 사이클시간(분)　　Es : 적재기계의 작업효율
Cms : 적재기계의 1회 사이클시간(초)
n : 덤프트럭 1대의 토량을 적재하는데 소요되는 적재기계의 사이클 횟수

$$n = \frac{Qt}{q \cdot k}$$

Qt : 덤프트럭 1대의 적재토량(m^3)　q : 적재기계의 디퍼 또는 버킷 용량(m^3)
k : 디퍼 또는 버킷 계수

(g) 인력 적재를 하는 경우에는 사이클시간 및 적재비를 다음에 의거 산정한다.

구분 / 종류	적재시간 [분/m^3]	조 건
토사류 석재류	10 12	적재인부 5인 기준 평지인 경우

② 덤프트럭의 손료

표 1-8-21 ● 덤프트럭의 손료

덤프트럭의 손료

분류번호 0602 –	규격 [ton]	내용 시간	연간표준 가동시간	상각 비율	정비 비율	연간 관리비율	시간당(10^{-7})			
							상각비 계수	정비비 계수	관리비 계수	계
~ 0080	2.5 ~ 8	7,500	1,400	0.9	0.8	0.14	1,200	1,067	634	2,901
~ 0150	10.5 ~ 15	10,000	1,400	0.9	0.7	0.14	900	700	613	2,213
~ 0320	20 ~ 32	10,000	1,400	0.9	0.65	0.14	900	650	613	2,163

덤프트럭 자동덮개시설

분류번호 0610 –	규격 [ton]	내용 시간	연간표준 가동시간	상각 비율	정비 비율	연간 관리비율	시간당(10^{-7})			
							상각비 계수	정비비 계수	관리비 계수	계
~ 0150	15 ton용	8,000	1,400	0.9	0.85	0.1	1,125	1,063	449	2,637

③ 운전경비 산정

표 1-8-22 ● 덤프트럭의 가격 및 운전경비 산정

분류번호	기계명	규 격 [ton]	주연료 [L/hr]	잡재료 [주연료비의 %]	조조원 [인/일]	건설기계 조장 [인/일]	가 격 [천원, $]
0602 – 0025	덤프트럭	2.5	2.9	38	1	-	16,531
0045		4.5	5.0	38	1	-	19,299
0060		6	8.0	38	1	-	21,089
0080		8	9.3	38	1	-	28,119
0105		10.5	14.1	38	1	-	39,729
0150		15	15.9	38	1	-	64,995
0200		20	20.0	38	1	-	95,760
0240		24	23.0	38	1	-	116,874
0320		32	29.1	38	1	-	$ 158,722

(4) 경비 산출 예(장비 시간당 사용료)

건설장비의 시간당 사용료 산출 예를 위하여 불도저 19 ton, 굴삭기(유압식 백호) 0.7 m^3, 덤프트럭 20 ton을 선정하여 장비가격과 환율, 재료비와 인건비를 가정하였다.

① 기계경비 계산 예

표 1-8-11에서 불도저의 시간당 상각비 계산은 내용시간 12,000, 연간 표준가동시간 1,400, 상각률이 0.9이므로, $\frac{1-0.1}{12,000} = \frac{0.9}{12,000} = 0.000075$가 되어 시간당 상각비계수는 750×10^{-7}으로 표기하였다.

정비비율의 계상은 각 기종별로 구분하여 무한궤도와 습지는 0.7, 타이어는 0.6이므로, $\frac{0.7}{12,000} = 0.0000583$이 되어 시간당 정비비계수가 583×10^{-7}과 $\frac{0.6}{12,000} = 0.00005$가 되어 시간당 정비비계수가 500×10^{-7}으로 표기하였다.

연간 관리비율은 연간 소요되는 기계관리비의 평균취득가격에 대한 비율이기 때문에 연간 표준가동시간이 1,400시간이고, 총 내용시간이 12,000시간이면, 경제적 내용년수는 8.571년이 된다.

장비의 평균취득가격 비율은 $\frac{1.1\times 경제적\ 내용년수+0.9}{2\times 경제적\ 내용년수}=\frac{1.1\times 8.571+0.9}{2\times 8.571}=0.6025$가 되고 그때의 연간 관리비율은 0.1이므로, 시간당 관리비계수는 $\frac{0.625\times 0.1}{1,400}=0.000043$이 되어 430×10^{-7}으로 표기하였다.

연간 표준가동시간이 1,400시간이고, 총 내용시간이 12,000이면, 경제적 내용년수는 8.571년이 된다.

불도저의 가격(운송통관 기타 제비 포함)이 142,035,000원으로서, 상각비는 정액법(定額法)에 따라 잔존율 0.1을 공제하고 8.571년 균분 상각이 된다.

이들 계산을 예시하면 다음과 같다.

시간당 상각비는 비율이 0.9인 때 $142,035,000\times\frac{0.9}{12,000}$ 중 750×10^{-7}으로서 $142,035,000\times 750\times 10^{-7}=10,653$ 원/hr가 된다.

시간당 정비비는 비율이 0.7인 때 $142,035,000\times\frac{0.7}{12,000}$중 583×10^{-7}으로서 $142,035,000\times 583\times 10^{-7}=8,281$ 원/hr가 됨은 위의 예와 같다.

관리비는 평균취득가격으로 산출되는 바, 장비평균가격 비율은 $\frac{1.1\times 8.571+0.9}{2\times 8.571}=0.6025$이고, 평균취득가격은 $142,035,000\times 0.6025=85,576,000$원이 된다.

그때의 연간 관리비율는 0.1이므로 $85,576,000\times\frac{0.1}{1,400}=6,108$ /hr가 되고 $142,035,000\times 430\times 10^{-7}=6,108$ 원/hr가 된다.

따라서 불도저의 시간당 손료는 $10,653+8,281+6,108=25,041$ 원/hr이고, 이것은 장비가격에 손료계수인 $1,763\times 10^{-7}$을 곱한 값 $142,035,000\times 1,763\times 10^{-7}=25,041$ 원/hr과 같다.

이와 같이 상각비·정비비·관리비 등은 총 내용시간과 연간 표준가동시간 등에 따라 손료가 발생하므로 시간당 비용을 구하여 시간당 작업량을 구하여야 단위당 공사비를 산출하게 된다.

이때의 계산은 작업능률 계수만이 고려된 시간당 작업량의 산출인 점에서 현장과 실제가 부합되지 아니할 때도 있을 것이고, 특히 외국 공사에 있어서 건설기계를 발주자가 제공하거나, 그 구입비용을 지급하고, 완공 후에 건설기계를 발주자가 회수(回收)할 경우에 있어서는 관리비 중 금리, 세금이 면제될 것이므로 순수한 보관·격납비만 계상하면 될 것이다. 또, 상각비·정비비의 계수도 달라질 것이라는 점을 감안하여야 한다.

② 건설노임 적용

원가계산에 의한 예정가격 작성시 또는 물가변동 품목조정시는 직종별 시중노임을 적용하며, 지수조정으로 물가변동시에는 부문별 평균노임을 적용한다. 시중노임단가 적용 시 참고할 사항은 다음과 같다.

(a) 공표된 시중노임단가는 1일 8시간을 기준으로 한 것이며, 다만 산업안전보건법 제46조 및 동법 시행령 제32조의 8에 규정된 작업에 종사하는 직종(잠수부)은 1일 6시간을 기준으로 한 것임.

(b) 공표된 시중노임단가는 사용자가 근로의 대가로 노동자에게 일급으로 지급하는 기본급여액임. 따라서 근로기준법에서 규정하고 있는 제수당, 상여금 및 퇴직급여충당금은 시중노임단가를 기준으로 하여 회계예규인 “원가계산에 의한 예정가격작성준칙”(현 “예정가격작성기준”)의 정한 바에 따라 계상하여야 함.

(c) 조사기관이 조사·공표하지 않은 직종은 조사기관이 조사·공표한 유사한 직종의 시중노임단가에 준하여 적용할 수 있음.

(d) 조사기관이 조사·공표한 당해직종의 시중노임단가가 없는 연도(또는 시기)의 경우에는 전후년도(또는 시기)의 당해직종의 시중노임단가에 그간의 전체 평균시중노임단가 증가율을 적용하여 해당년도(또는 시기)의 당해직종의 노임단가를 산정할 수 있음.

건설기계 및 장비의 운전사 구분은 표 1-8-5에 의하여 분류된 건설기계 및 장비에 해당하는 건설기계운전사, 운전사, 기계운전사로 구분하여 적용한다.

장비의 시간당 사용료 산정을 위하여 노임단가는 일급이므로

일 작업시간의 계상 : 1/8
상여금 400%/연 계상 : 16/12
유급 월 휴지계수 계상 : 25/20 등을 감안하여
건설기계운전기사 : 95,508 × 1/8 × 16/12 × 25/20 = 19,898 원/hr
건설기계운전조수 : 55,282 × 1/8 × 16/12 × 25/20 = 11,517 원/hr
운전사(운반차) : 79,737 × 1/8 × 16/12 × 25/20 = 16,612 원/hr
운전사(기계) : 69,388 × 1/8 × 16/12 × 25/20 = 14,456 원/hr
건설기계조장 : 92,297 × 1/8 × 16/12 × 25/20 = 19,229 원/hr으로 계산된다.

③ 장비 시간당 사용료

표 1-8-23 ● 건설장비 시간당 사용료 예

기종 규격	경 비			재료비			노무비				합계 [원]
	가격 [천원]	손료 계수 (10^{-7})	시간당 손료 [원]	주연료 [L] 1,340	잡재료 주연료 대비 [%]	소계 [원]	조종원 [인/일] 79,737 95,508	조수 [인/일] 55,282	조장 [인/일] 92,297	소계 [원]	
불도저 19 ton	142,035	1,763	25,041	25.0	16.0	38,860	1.0	0	0.2	23,743	87,644
				33,500	5,360		19,898	0	3,846		
굴삭기 $(0.7\ m^3)$	93,042	2,038	18,962	11.6	22.0	18,964	1.0	0	0.2	23,743	61,669
				15,544	3,420		19,898	0	3,846		
덤프트럭 20 ton	95,760	2,163	20,713	20.0	38.0	36,984	1.0	0	0.0	19,898	77,594
				26,800	10,184		19,898	0	0		
덤프트럭 15 ton	64,995	2,213	14,383	15.9	38	29,402	1	0	0.0	19,898	63,683
				21,306	8,096		19,898	0	0		
덤프트럭 10.5 ton	39,729	2,213	8,792	14.1	38.0	26,074	1.0	0	0.0	16,612	51,478
				18,894	7,180		16,612	0	0		
크레인 tire 10 ton	105,000	2,232	23,436	5.8	20.0	9,326	1.0	0	0.2	23,743	56,506
				7,772	1,554		19,898	0	3,846		
경운기 1.0 ton	1,626	3,440	559	1.3	20.0	2,090	1.0	0	0.0	16,612	19,262
				1,742	348		16,612	0	0		
적용기준				경유 : 1,340 원/L 잡재료 : 주연료 대비 [%]			25/20(월작업일수=휴지계수) 1/8(일작업시간수) 16/12(연상여금 계산)				

2) 공사비 산정 및 구성

(1) 공사비 산정제도

국가에서 시행하는 공공 건설공사 예정가격의 적정성과 객관성·투명성을 확보하기 위하여 공사비산정에 관한 일반적인 기준을 제공할 목적으로 관련 법령에 의해 주요 공사비 산정제도를 원가계산에 의한 방법과 실적공사비에 의한 방법으로 정하고 있다. 그리고 기존의 표준품셈을 기초로 공사비예정가격을 산정하는 원가계산에 의한 방법과 실제 공사현장에서 계약한 단가를 평균한 것을 기초한 실적공사비에 의한 방법을 비교 검토하여 점차 실적공사비에 의한 공종을 확대하고 있는 실정이다.

① 원가계산에 의한 방법

원가계산에 의한 방식은 원가비목(비용명세)을 재료비, 노무비, 경비, 일반관리비, 이윤으로 구분하여 표준품셈을 기초로 공사예정가격을 산정하는 방식으로, 표준품셈은 1962년에 최초로 제정된 후 30여 년간 원가계산방식으로 예정가격을 산정하는 유일한 기준으로 정하고 있었다.

표준품셈은 건설공사의 표준적이고 보편적인 공법 및 공종을 기준으로 단위수량의 시공에 소요되는 재료량, 노무량, 장비사용시간 등을 수치로 표시한 적산의 기초자료로서 공공공사 적산을 위한 유일한 기준으로 일익을 담당하여 왔다. 그러나 표준품셈은 대표적인 공법과 현장조건에 기초하고 있다는 특성상 건설공사의 다양성을 충분히 반영하지 못하고 있으며, 현장여건에 따라 조정하여 적용할 수 있는 여지가 있음에도 불구하고 경직되게 적용되고 있는 등의 문제점이 지적되고 있다.

② 실적공사비에 의한 방법

실적공사비에 의한 방식은 재료비·노무비·직접공사경비가 포함된 공종별 단가를 과거 시행된 건설공사의 계약단가로부터 추출하고 시간, 규모, 지역차 등에 대한 보정을 실시하여 차기 유사 공사의 예정가격 산정에 활용하는 방식으로 2004년 실시 후 해마다 많은 공종으로 확대되고 있는 실정이다.

이와 같은 실적공사비 적산제도의 도입 시행을 위해서는 체계적이고 통일적인 수량산출 및 내역서 작성을 위한 수량산출기준(수량산출 및 단가산정기준)을 국가가 마련하고, 발주기관별로 건설업 체가 수량산출기준에 따라 작성하여 입찰한 산출내역서에서 공사비 정보(실적공사비)를 추출하고 체계적으로 축적하여 향후 유사 공사의 예정가격 산정에 활용할 수 있는 체계를 정비하는 과정을 거치게 된다.

표 1-8-24 ● 원가계산방식과 실적공사비방식 비교

구 분	원가계산방식	실적공사비방식
단가산출 방법	표준품셈을 기초로 공사예정가격을 산정하는 방식	계약단가를 기초로 추출한 공종별 실적단가에 의해 계산
간접공사비(제경비)	원가비목을 재료비, 노무비, 경비, 일반관리비, 이윤으로 구분하여 기준	재료비·노무비·직접공사경비가 포함된 직접공시비 기준
초기실시년도	1962년	2004년
장단점	• 신기술 신공법 수용 미흡 • 계약전반에 투명성, 객관성이 결여 • 구성체계, 개정절차의 복잡	• 계약의 투명성, 계약내용의 명확화 • 시공업체의 기술경쟁력 제고 • 시중거래가격의 반영 등이 가능 • 기술에 의한 가격경쟁 유도 • 시공 및 현장여건의 적정한 반영 • 원·하도급간의 거래가격 투명성 확보 • 예정가격 산정업무의 간소화

국토해양부는 매년 2회에 건설공사 실적공사비 적용 공종 및 단가를 공고하고 있어 국가, 지방자치단체, 정부투자기관 및 그 기관의 감독과 승인을 요하는 기관에서 시행하는 건설공사에 적용하고 있다.

표 1-8-24는 원가계산방식과 실적공사비방식의 비교이다.

(2) 공사원가 계산절차와 구성항목

공사원가계산은 공사 분야에 따라 건축, 토목, 설비, 전기, 조경, 기타공사 등으로 구분되고 토목환경공사는 하천공사, 도로공사, 댐, 상하수도 등과 같이 공사의 종류가 다양하고, 또 같은 공사일지라도 시공현장, 규모 등에 따라 구분이 된다.

공사원가계산서는 일반적으로 건설공사 표준품셈의 기준에 따라 일위 대가를 구성하고 일위대가를 기준으로 한 내역을 구성하는데, 산출된 내역서는 재료비, 노무비, 경비를 산출한다. 여기에서 산출된 재료비, 노무비, 경비는 각각 직접재료비, 직접노무비, 기계경비로 원가계산서에 포함되게 된다.

표 1-8-25는 토목환경공사의 공사비 구성체계를 회계예규의 예정가격작성기준에 따른 공사원가계산서 양식이다.

공사원가계산에 있어서는 내역을 구성하는 단계가 가장 기본적인 단계이다. 내역을 구성하기 위해서는 설계에 따른 도면에서 물량을 산출하고 산출된 물량을 기준으로 각 항목에 적용가능 한 일위대가를 작성한 다음 일위대가에 수량을 적용하여 내역을 구성한다.

공사원가계산을 하고자 할 때에는 표 1-8-25의 공사원가계산서를 작성하고 비목별 산출근거를 명시한 기초계산서를 첨부하여야 하며, 이 경우 재료비, 노무비, 경비 중 일부를 표 1-8-25의 공사원가계산서상 일반관리비 또는 이윤 다음 비목으로 계상하여서는 아니된다.

토목환경공사원가는 회계예규의 예정가격작성기준에 있는 계산방식에 의거하고 있으며, 공사비인 총공사원가의 구성은 순공사원가와 관리비 및 이윤으로 크게 나누고, 다시 순공사원가는 재료비, 노무비, 경비로 나누고 있다.

표 1-8-25 ● 공사원가계산서

구 분			내 용
순공사원가	재료비	직접재료비	공사목적물의 실체를 형성하는 물품의 가치
		간접재료비	공사에 보조적으로 소비되는 물품의 가치
		작업설, 부산물 등	계약목적물의 시공 중에 발생하는 물품의 가치(공사비의 감액부분)(△)
	노무비	직접노무비	노무량 × 단위당 가격
		간접노무비	직접노무비 × 간접노무비율
	경비	전력비	계약목적물을 시공하는데 직접 소요되는 측정경비
		수도광열비	계약목적물을 시공하는데 직접 소요되는 비용
		운반비	재료비에 포함되지 않는 운송비, 하역비, 상하차비, 조작비
		기계경비	표준품셈상의 건설기계경비 산정기준에 의한 비용
		특허권 사용료	타인 소유의 특허권을 사용하는 경우의 비용
		기술료	당해 계약목적물을 시공하는데 필요한 Know-how 비용
		연구개발비	당해 계약목적물을 시공하는데 필요한 기술개발비
		품질관리비	법령 및 계약조건에 의하여 품질시험이 요구되는 비용
		가설비	계약목적물을 시공하는데 필요한 가설물의 설치에 소요되는 비용
		지급임차료	시공을 위하여 사용되는 토지, 건물, 기계기구의 사용료
		보험료	법령 및 계약조건에 의한 보험료(산재보험료, 고용보험료, 기타보험료)
		복리후생비	시공의 작업조건유지에 관련되는 제비용
		보관비	시공에 사용되는 재료, 기자재의 창고사용료
		외주가공비	재료를 외부에 가공시키는 실가공비용
		산업안전보건관리비	건설공사의 산업안전 보건관리를 위하여 법령에 의한 비용
		안전관리비	작업현장에서 재해예방을 위하여 법령에 요구되는 비용
		소모품비	작업현장에 발생되는 소모용품 비용
		여비·교통·통신비	시공현장에서 직접 소요되는 여비, 교통, 통신비
		세금과공과	시공현장에서 당해공사에 부담하여 납부하는 공과금
		폐기물처리비	당해공사로 인해 발생되는 폐기물의 처리비용
		도서인쇄비	계약목적물의 시공을 위한 각종 도서구입비 및 인쇄제작비
		지급수수료	법률로서 규정되어 있거나 의무 지어진 수수료
		환경보전비	계약목적물의 시공을 위한 제반환경오염 방지시설 비용
		보상비	당해공사로 인해 발생되는 보상, 보수비용
		퇴직공제부금비	관계법령에 의하여 건설근로자 퇴직공제에 가입하는데 소요되는 비용
		기타법정경비	일반경비이외의 것으로 법령으로 규정 및 의무 지어진 경비
일반관리비			(재료비＋노무비＋경비) × 요율(%)
이 윤			(노무비＋경비＋일반관리비) × 요율(%)
총원가			
공사 손해보험료			(보험가입대상 공사부분의 총원가) × 요율(%)

① 재료비

재료비는 공사원가를 구성하는 다음 내용의 직접재료비 및 간접재료비로 한다.

가. 직접재료비는 공사목적물의 실체를 형성하는 물품의 가치로서 다음 각 호를 말한다.

(a) 주요재료비 : 공사목적물의 기본적 구성형태를 이루는 물품의 가치

(b) 부분품비 : 공사목적물에 원형대로 부착되어 그 조성부분이 되는 매입부품, 수입부품, 외장재료 및 외주가공비로 계상되는 것을 제외한 외주품의 가치

나. 간접재료비는 공사목적물의 실체를 형성하지는 않으나 공사에 보조적으로 소비되는 물품의 가치로서 다음 각 호를 말한다.

(a) 소모재료비 : 기계오일 · 접착제 · 용접가스 · 장갑 등 소모성물품의 가치

(b) 소모공구 · 기구 · 비품비 : 내용년수 1년 미만으로서 구입단가가 「법인세법」 또는 「소득세법」 규정에 의한 상당금액 이하인 감가상각대상에서 제외되는 소모성 공구 · 기구 · 비품의 가치

(c) 가설재료비 : 비계, 거푸집, 동바리 등 공사목적물의 실체를 형성하는 것은 아니나 동 시공을 위하여 필요한 가설재의 가치

다. 재료의 구입과정에서 당해재료에 직접 관련되어 발생하는 운임, 보험료, 보관비 등의 부대비용은 재료비로서 계산한다. 다만 재료구입 후 발생되는 부대비용은 경비의 각 비목으로 계산한다.

라. 계약목적물의 시공 중에 발생하는 작업설, 부산물 등은 그 매각액 또는 이용가치를 추산하여 재료비로부터 공제하여야 한다.

② 노무비

노무비는 제조원가를 구성하는 다음 내용의 직접노무비, 간접노무비를 말한다.

가. 직접노무비는 제조현장에서 계약목적물을 완성하기 위하여 직접작업에 종사하는 종업원 및 노무자에 의하여 제공되는 노동력의 대가로서 다음 각 호의 합계액으로 한다. 다만, 상여금은 기본급의 연 400%, 제수당, 퇴직급여충당금은 「근로기준법」상 인정되는 범위를 초과하여 계상할 수 없다.

(a) 기본급(「통계법」 제4조의 규정에 의한 지정기관이 조사 · 공표한 단위당 가격 또는 기획재정부장관이 결정 · 고시하는 단위당 가격으로서 동단가에는 기본급의 성격을 갖는 정근수당 · 가족수당 · 위험수당 등이 포함된다.)

(b) 제수당(기본급의 성격을 가지지 않는 시간외 수당 · 야간수당 · 휴일수당 등 작업상 통상적으로 지급되는 금액을 말한다.)

(c) 상여금

(d) 퇴직급여충당금

나. 간접노무비는 직접 제조작업에 종사하지는 않으나, 작업현장에서 보조작업에 종사하는 노무자, 종업원과 현장감독자 등의 기본급과 제수당, 상여금, 퇴직급여충당금의 합계액으로 한다. 다만, 가.의 (a)~(d) 및 단서의 규정은 이를 준용한다.

다. 가.의 직접노무비는 제조공정별로 작업인원, 작업시간, 제조수량을 기준으로 계약목적물의 제조에 소요되는 노무량을 산정하고 노무비 단가를 곱하여 계산한다.

라. 나.의 간접노무비는 계약상대방으로 적당하다고 예상되는 2개 업체 이상의 최근년도 원가계산자료를 활용하여 직접노무비에 대하여 간접노무비율(간접노무비/직접노무비)을 곱하여 계산한다.

마. 라.의 간접노무비는 다.의 직접노무비를 초과하여 계상할 수 없다. 다만, 작업현장의 기계화, 자동화 등으로 인하여 불가피하게 간접노무비가 직접노무비를 초과하는 경우에는 증빙자료에 의하여 초과 계상할 수 있다.

바. 공사원가계산 시 간접노무비 계산방법

(a) 직접계상방법

발주목적물의 노무량을 예정하고 노무비단가를 적용하여 계산함.

$$간접노무비 = 노무량 \times 노무비단가$$

(b) 비율분석방법

발주목적물에 대한 직접노무비를 표준품셈에 따라 계상함.

$$간접노무비 = 직접노무비 \times 간접노무비율$$

(c) 기타 보완적 계상방법

직접계산방법 또는 비율분석방법에 의하여 간접노무비를 계산하는 것을 원칙으로 하되, 계약목적물의 내용·특성 등으로 인하여 원가계산자료를 확보하기가 곤란하거나, 확보된 자료가 신빙성이 없어 원가계산자료로서 활용하기 곤란한 경우에는 아래의 원가계산자료(공사종류 등에 따른 간접노무비율)를 참고로 동비율을 당해 계약목적물의 규모·내용·공종·기간 등의 특성에 따라 활용하여 간접노무비는 품셈에 의한 직접노무비에 대한 간접노무비율로 계상할 수 있으며 간접노무비율은 표 1-8-26과 같다.

$$간접노무비 = 품셈에 의한 직접노무비 \times 간접노무비율$$

표 1-8-26 ● 공사 종류별 간접노무비율

구 분	공사종류별	간접노무비율
공사 종류별	건축공사 토목공사 특수공사(포장, 준설 등) 기타(전문, 전기, 통신 등)	14.5 15 15.5 15
공사 규모별	5억원 미만 5～30억원 미만 30억원 이상	14 15 16
공사 기간별	6개월 미만 6～12개월 미만 12개월 이상	13 15 17

* 공사규모가 10억원이고 공사기간이 15개월인 건축공사의 경우 예시
  간접노무비율 = (15%+17%+14.5%) / 3 = 15.5%

③ 경비

경비는 공사의 시공을 위하여 소요되는 공사원가 중 재료비, 노무비를 제외한 원가를 말하며, 기업의 유지를 위한 관리활동부문에서 발생하는 일반관리비와 구분된다.

경비는 당해 계약목적물 시공기간의 소요(소비)량을 측정하거나 규정에 의한 원가계산 자료나 계약서, 영수증 등을 근거로 산정하여야 한다.

경비의 세비목은 다음 각 호의 것으로 한다.

(a) 전력비, 수도광열비는 계약목적물을 시공하는데 소요되는 당해 비용을 말한다.

(b) 운반비는 재료비에 포함되지 않은 운반비로서 원재료, 반재료 또는 기계기구의 운송비, 하역비, 상하차비, 조작비등을 말한다.

(c) 기계경비는 각 중앙관서의 장 또는 그가 지정하는 단체에서 제정한 표준품셈상의 건설기계의 경비산정기준에 의한 비용을 말한다.

(d) 특허권사용료는 타인 소유의 특허권을 사용한 경우에 지급되는 사용료로서 그 사용비례에 따라 계산한다.

(e) 기술료는 당해 계약목적물을 시공하는데 직접 필요한 노우·하우비(Know-how비) 및 동 부대비용으로서 외부에 지급되는 비용을 말하며 세법(「법인세법」상의 시험연구비)에서 정한 바에 따라 계상하여 사업초년도부터 이년 상각하되 그 사용비례를 기준으로 배분 계산한다.

(f) 연구개발비는 당해 계약목적물을 시공하는데 직접 필요한 기술개발 및 연구비로서 시험 및 시범제작에 소요된 비용 또는 연구기관에 의뢰한 기술개발 용역비와

법령에 의한 기술개발촉진비 및 직업훈련비를 말하며 세법(「법인세법」상의 시험연구비)에서 정한 바에 따라 이년 상각하되 그 사용비례를 기준하여 배분계산한다. 다만, 연구개발비 중 장래 계속시공으로서의 연결이 불확실하여 미래 수익의 증가와 관련이 없는 비용은 특별상각할 수 있다.

(g) 품질관리비는 당해 계약목적물의 품질관리를 위하여 관련법령 및 계약조건에 의하여 품질관리계획 또는 품질시험계획에 의한 품질관리활동에 소요되는 비용(품질시험 인건비를 포함한다)을 말하며, 간접노무비에 계상(시험관리인)되는 것을 제외한다.

(h) 가설비는 공사목적물의 실체를 형성하는 것은 아니나 현장사무소, 창고, 식당, 숙사, 화장실 등 동 시공을 위하여 필요한 가설물의 설치에 소요되는 비용(노무비, 재료비를 포함한다)을 말한다.

(i) 지급임차료는 계약목적물을 시공하는데 직접 사용되거나 제공되는 토지, 건물, 기계기구(건설기계를 제외한다)의 사용료를 말한다.

(j) 보험료는 산업재해보험, 고용보험, 국민건강보험 및 국민연금보험 등 법령이나 계약조건에 의하여 의무적으로 가입이 요구되는 보험의 보험료를 말하고, 동보험료는 「건설산업기본법」 등 관련법령에 정한 바에 따라 계상하며, 재료비에 계상되는 보험료는 제외한다. 다만 공사손해보험료는 기준에서 정한 바에 따라 별도로 계상된다.

(k) 복리후생비는 계약목적물을 시공하는데 종사하는 노무자·종업원·현장사무소직원 등의 의료위생약품대, 공상치료비, 지급피복비, 건강진단비, 급식비등 작업조건 유지에 직접 관련되는 복리후생비를 말한다.

(l) 보관비는 계약목적물의 시공에 소요되는 재료, 기자재 등의 창고사용료로서 외부에 지급되는 비용만을 계상하여야 하며 이중에서 재료비에 계상되는 것을 제외한다.

(m) 외주가공비는 재료를 외부에 가공시키는 실가공비용을 말하며 외주가공품의 가치로서 재료비에 계상되는 것은 제외한다.

(n) 산업안전보건관리비는 작업현장에서 산업재해 및 건강장해예방을 위하여 법령(보건법 제30조 제1항)에 의거 요구되는 비용을 말한다.

(o) 소모품비는 작업현장에서 발생되는 문방구, 장부대등 소모용품을 말하며, 보조재료로서 재료비에 계상되는 것을 제외한다.

(p) 여비·교통비·통신비는 시공현장에서 직접 소요되는 여비 및 차량유지비와 전신전화사용료, 우편료를 말한다.

(q) 세금과공과는 시공현장에서 당해공사와 직접 관련되어 부담하여야 할 재산세, 차량세, 사업소세 등의 세금 및 공공단체에 납부하는 공과금을 말한다.

(r) 폐기물처리비는 계약목적물의 시공과 관련하여 발생되는 오물, 잔재물, 폐유, 폐알칼리, 폐고무, 폐합성수지등 공해유발물질을 법령에 의거 처리하기 위하여 소요되는 비용을 말한다.

(s) 도서인쇄비는 계약목적물의 시공을 위한 참고서적구입비, 각종 인쇄비, 사진제작비(VTR제작비를 포함한다) 및 공사시공기록책자 제작비 등을 말한다.

(t) 지급수수료는 공사이행보증서 발급수수료, 「건설산업기본법」 및 「하도급 거래공정화에 관한 법률」 규정에 의한 건설하도급대금 지급보증서 발급수수료 등 법령으로서 지급이 의무화된 수수료를 말한다. 이 경우 보증서 발급수수료는 보증서 발급기관이 최고 등급업체에 대해 적용하는 보증요율 중 최저요율을 적용하여 계상한다.

(u) 환경보전비는 계약목적물의 시공을 위한 제반환경오염 방지시설을 위한 것으로서, 관련법령에 의하여 규정되어 있거나 의무 지워진 비용을 말한다.

(v) 보상비는 당해 공사로 인해 공사현장에 인접한 도로 하천·기타 재산에 훼손을 가하거나 지장물을 철거하게 됨에 따라 발생하는 보상·보수비를 말한다. 다만, 당해공사를 위한 용지보상비는 제외한다.

(w) 안전관리비는 건설공사의 안전관리를 위하여 관계법령에 의하여 요구되는 비용을 말한다.

(x) 건설근로자퇴직공제부금비는 관계법령에 의하여 건설근로자퇴직공제에 가입하는데 소요되는 비용을 말한다. 다만, 퇴직급여충당금을 산정하여 계상한 경우에는 동 금액을 제외한다.

(y) 기타 법정경비는 위에서 열거한 이외의 것으로서 법령으로 규정되어 있거나 의무 지워진 경비를 말한다.

④ 일반관리비

일반관리비는 기업의 유지를 위한 관리활동부문에서 발생하는 제비용으로서 제조원가에 속하지 아니하는 모든 영업비용중 판매비 등을 제외한 다음의 비용, 즉, 임원급료, 사무실직원의 급료, 제수당, 퇴직급여충당금, 복리후생비, 여비, 교통·통신비, 수도광열비, 세금과공과, 지급임차료, 감가상각비, 운반비, 차량비, 경상시험연구개발비, 보험료 등을 말하며 표 1-8-27에서 정한 일반관리비율을 초과하여 계상할 수 없으며, 공사규모별로 체감적용한다.

표 1-8-27 ● 공설공사원가산정의 일반관리비율

일반건설공사		전문·전기·정보통신·소방공사 및 기타공사	
공사원가	일반관리비율[%]	공사원가	일반관리비율[%]
5억원 미만 5억원~30억원 미만 30억원 이상	6.0 5.5 5.0	5천만원 미만 5천만원~3억원 미만 3억원 이상	6.0 5.5 5.0

⑤ 이윤

이윤은 영업이익을 말하며, 공사원가 중 노무비, 경비 및 일반관리비의 합계액(이 경우 기술료 및 외주가공비는 제외)에 이윤율을 곱하여 산정하되, 15%의 이윤율을 초과할 수 없다.

이윤계산에서 재료비와 경비 중 기술료 및 외주가공비는 제외한다.

$$이윤 = \{노무비+(경비-기술료-외주가공비)+일반관리비\} \times 요율$$

(3) 실적공사비에 의한 방법

실적공사비에 의한 예정가격의 산정은 직접공사비, 간접공사비, 일반관리비, 이윤, 공사손해보험료 및 부가가치세의 합계액으로 한다.

① 직접공사비

직접공사비란 계약목적물의 시공에 직접적으로 소요되는 비용을 말하며, 계약목적물을 세부 공종(회계예규 「정부 입찰·계약 집행기준」 등 관련 규정에 따른 수량산출기준에 따라 공사를 작업단계별로 구분한 것을 말한다)별로 구분하여 공종별 단가에 수량(계약목적물의 설계서 등에 의해 그 완성에 적합하다고 인정되는 합리적인 단위와 방법으로 산출된 공사량을 말한다)을 곱하여 산정한다. 표 1-8-28은 「정부 입찰·계약 집행기준」에 의한 산출내역서이다.

공종별 단가를 산정함에 있어 재료비 또는 직접공사경비중의 일부를 제외할 수 있다. 이 경우 제외할 수 있는 금액의 산정은 별도로 당해 계약목적물 시공기간의 소요(소비)량을 측정하거나 계약서, 영수증 등을 근거로 하여야 한다.

직접공사비는 각 중앙관서의 장 또는 각 중앙관서의 장이 지정하는 기관이 공종별로 직접공사비를 가능한 범위 내에서 조사·집계하여 비치한 금액을 활용하여 산정할 수 있다.

직접공사비는 다음 각 호의 비용을 포함한다.

(a) 재료비

재료비는 계약목적물의 실체를 형성하거나 보조적으로 소비되는 물품의 가치를 말한다.

(b) 직접노무비

공사현장에서 계약목적물을 완성하기 위하여 직접작업에 종사하는 종업원과 노무자의 기본급과 제수당, 상여금 및 퇴직급여충당금의 합계액으로 한다.

(c) 직접공사경비

공사의 시공을 위하여 소요되는 기계경비, 운반비, 전력비, 가설비, 지급임차료, 보관비, 외주가공비, 특허권 사용료, 기술료, 보상비, 연구개발비, 품질관리비, 폐기물처리비 및 안전점검비를 말하며, 비용에 대한 구체적인 정의는 원가계산에 의한 방법의 경비를 준용한다.

표 1-8-28 「정부 입찰·계약 집행기준」에 의한 산출내역서

(작성자 직책 및 성명 : ㉣)

○ 공사명 :						
항목별	규 격	수 량	단 위	금 액		비 고
				단 가	금 액	
1. 공종별 합계 – ○○○공종 … 세부공종 〃 〃 〃 – ○○○공종 … 세부공종 〃 〃 〃 2. 경비 등 합계 – 산재보험료 – 안전관리비 〃 〃 3. 일반관리비 4. 이 윤 5. 부가가치세 총 계						

② 간접공사비

간접공사비란 공사의 시공을 위하여 공통적으로 소요되는 법정경비 및 기타 부수적인 비용을 말하며, 직접공사비 총액에 비용별로 일정요율을 곱하여 산정한다.

일정요율이란 관련법에 의해 각 중앙관서의 장이 정하는 법정요율을 말한다. 다만 법정요율이 없는 경우에는 다수기업의 평균치를 나타내는 공신력이 있는 기관의 통계자료를 토대로 각 중앙관서의 장 또는 계약담당공무원이 정한다.

직접공사비 규정에 따라 산정되지 아니한 공종에 대하여도 간접공사비 산정은 직접공사비 총액에 비용별로 일정요율을 곱하거나 다수기업의 평균치를 나타내는 공신력이 있는 기관의 통계자료를 토대로 산정한다.

간접공사비는 다음 각 호의 비용을 포함하며, 비용에 대한 구체적인 정의는 원가계산에 의한 방법의 내용을 준용한다.

(a) 간접노무비
(b) 산재보험료
(c) 고용보험료
(d) 국민건강보험료
(e) 국민연금보험료
(f) 건설근로자퇴직공제부금비
(g) 안전관리비
(h) 환경보전비
(i) 기타 관련법령에 규정되어 있거나 의무 지워진 경비로서 공사원가계산에 반영토록 명시된 법정경비
(j) 기타간접공사경비(수도광열비, 복리후생비, 소모품비, 여비, 교통비, 통신비, 세금과공과, 도서인쇄비 및 지급수수료를 말한다.)

③ 일반관리비

일반관리비는 기업의 유지를 위한 관리활동부문에서 발생하는 제비용으로서, 비용에 대한 구체적인 정의와 종류뿐만 아니라 일반관리비율도 원가계산에 의한 방법과 같으며, 다만, 표 1-8-27의 공사원가를 (직접공사비+간접공사비)로 계산하는 것이다.

④ 이윤

이윤은 영업이익을 말하며 직접공사비, 간접공사비 및 일반관리비의 합계액에 이윤율을 곱하여 계산한다. 다만, 이윤율은 10%를 초과할 수 없다.

⑤ 공사손해보험료

공사손해보험료는 회계예규「정부 입찰·계약 집행기준」제11장(공사의 손해보험가입 업무집행)에 따른 공사손해보험가입 비용을 말하며, 보험가입금액에 해당되는 내용은 다음과 같다.

(a) 계약목적물에 대한 보험가입금액은 공사의 보험가입 대상부분의 계약금액에서 부가가치세와 손해보험료를 제외한 금액(이하 "순계약금액"이라 한다)을 기준으로 한다.

(b) 제1항에 규정한 순계약금액에는 관급자재가 있을 경우에는 이를 포함하며, 장기계속공사계약인 경우에는 총 공사부기금액을 기준으로 순계약금액을 산정한다.

(c) 제3자 손해배상책임에 대한 매 사고당 보상한도는 (a) 및 (b)에서 규정한 보험가입금액의 100분의 1과 5억원 중 많은 금액으로 한다.

표 1-8-29 ● 총괄 집계표

공사명 : 공사기간 :

구 분		금 액	구성비	비 고
직접공사비				
간접공사비	간접노무비 산재보험료 고용보험료 안전관리비 환경보전비 퇴직공제부금비 수도광렬비 복리후생비 소모품비 여비·교통비·통신비 세금과공과 도서인쇄비 지급수수료 기타법정경비			
일반관리비				
이 윤				
공사손해보험료				
부가가치세				
합 계				

(d) 계약담당공무원은 물가변동으로 인한 계약금액의 조정(시행령 제64조)이나 기타 계약내용의 변경으로 인하여 계약금액이 증감(시행령 제66조)된 경우 계약상대자에게 증감된 순계약금액만큼 보험가입금액을 증액 또는 감액하게 하여야 한다. 다만, 계약금액이 증가되는 경우로서 증가된 순계약금액이 당초 보험가입금액의 100분의 10을 초과하지 아니하는 경우에는 그러하지 아니하다.

⑥ 총괄집계표

계약담당공무원이 실적공사비에 따라 예정가격을 작성하는 경우, 예정가격을 직접공사비, 간접공사비, 일반관리비, 이윤, 공사손해보험료 및 부가가치세로 구분하여 총괄집계표를 작성하여야 한다(표 1-8-29 참조).

⑦ 세부시행기준

계약담당공무원은 실적공사비에 의한 예정가격의 산정을 운용함에 있어 필요한 세부사항을 정할 수 있다.

3) 공사비 산출 및 설계내역서 작성

최근 컴퓨터의 보급으로 공사비 산출 및 설계서 작성에 많은 전산프로그램이 개발되어 사용되고 있으며, 간단한 수량 산출근거나 단가 산출 등은 개인적으로 Excel 프로그램을 이용해서 손쉽게 계산할 수 있다. 그러나 설계도면에서부터 공사물량과 공량 산출, 장비 및 공량에 의한 경비 산정 및 단가 산출 등의 과정과 설계내역서 작성요령을 모르고서는 건설 공사 적산 설계프로그램도 이용할 수 없기 때문에 수량 산출에서부터 설계

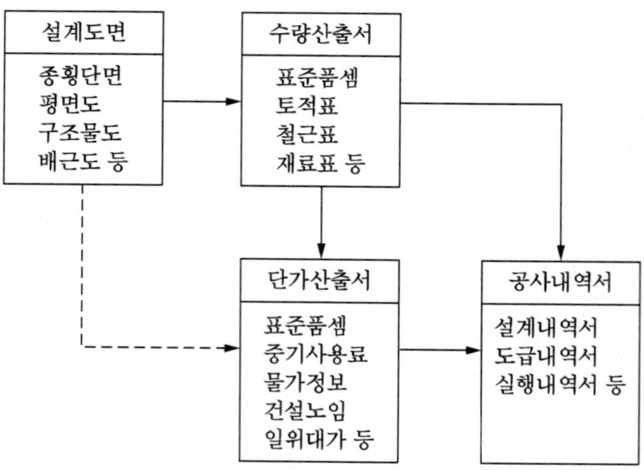

그림 1-8-1 공사 설계내역서 작성 과정도

내역서 작성까지의 과정을 숙지하기 위하여 실제의 토목환경공사인 관로공사의 예를 들어 설명하였다.

그림 1-8-1은 공사 설계내역서 작성 과정이다.

토목환경공사의 일반적인 토공의 터파기, 되메우기, 잔토처리에 대하여 기계화시공에 따른 작업의 제반조건을 가정하여 공사비(단가)를 산정하였다. 장비 사용료는 표 1-8-23을 이용하였다.

(1) 터파기(excavation)

① 작업조건

(a) 장비 : 굴삭기 0.7 m^3

(b) 토사의 종류 : 보통토

(c) 체적환산계수 : $f=1/L=1/1.25=0.8$ (표 1-8-14 참조)

(d) 선회각도 : 180° → $Cm=22$초 (표 1-8-16 참조)

(e) 버킷계수 : $K=0.9$ (표 1-8-13 참조)

(f) 작업효율 : $E=0.7$ (표 1-8-15 참조)

② 작업량 산정

$$Q=\frac{3,600\cdot q\cdot K\cdot f\cdot E}{Cm}=\frac{3,600\times0.7\times0.9\times0.8\times0.7}{22}=57.73\,\mathrm{m^3/hr}$$

③ 단가계산

터파기(굴삭기)	경 비	재료비	노무비	합 계	비 고
장비사용료 [원/hr]	18,962	18,964	23,743	61,669	표 1-8-23
작업량 [m^3/hr]	57.73	57.73	57.73	57.73	
터파기 단가 [원/m^3]	328	328	411	1,067	

(2) 되메우기(backfilling)

① 작업조건

(a) 장비 : 불도저(무한궤도) 19 ton → $q_0=3.2$ m^3 (표 1-8-7 참조)

(b) 토사의 종류 : 보통토

(c) 체적환산계수 : $f=1/L=1/1.25=0.8$ (표 1-8-14 참조)

(d) 운반거리 및 경사도 : 평탄진 40 m → $e=0.88$ (표 1-8-7 참조)

(e) 작업조건 : 흐트러진 상태의 보통 → $E=0.7$ (표 1-8-8 참조)

② 작업량 산정

(a) 사이클시간

$$Cm = \frac{L}{V_1} + \frac{L}{V_2} + t = \frac{40}{55} + \frac{40}{70} + 0.25 = 1.55\text{분}$$

Cm : 1회 사이클시간(분) L : 운반거리(m) → 40 m

V_1 : 전진속도(m/분) : 흐트러진 상태의 운반 → 2단 55(m/분)

V_2 : 후진속도(m/분) : 흐트러진 상태의 운반 → 2단 70(m/분)

t : 기어 변속시간(0.25분)

(b) 삽날의 용량

$$q = q_0 \cdot e = 3.2 \times 0.88 = 2.816\,\text{m}^3$$

(c) 시간당 작업량

$$Q = \frac{60 \cdot q \cdot f \cdot E}{Cm} = \frac{60 \times 2.816 \times 0.8 \times 0.7}{1.55} = 61.04\,\text{m}^3/\text{hr}$$

Q : 시간당 작업량(m^3/hr) q : 삽날의 용량(m^3)

e : 운반거리계수 f : 체적환산계수

E : 작업효율 Cm : 1회 사이클시간

q_0 : 거리를 고려하지 않은 삽날의 용량(m^3)

③ 단가계산

되메우기(불도저)	경 비	재료비	노무비	합 계	비 고
장비사용료 [원/hr]	25,041	38,860	23,743	87,644	표 1-8-23
작업량 [m^3/hr]	61.04	61.04	61.04	61.04	
되메우기 단가 [원/m^3]	410	636	389	1,435	

(3) 잔토처리(spoil)

① 작업조건

(a) 장비 : 덤프트럭 10.5 ton

(b) 토사의 종류 : 보통토 → 단위중량 $r_t = 1{,}800\ \text{kg/m}^3$ (재료의 단위중량 참조)

(c) 체적환산계수 : $f = 1/L = 1/1.25 = 0.8$ (표 1-8-14 참조)

(d) 운반거리 : 800 m

(e) 도로상태 : 미포장도로 → 적재속도 15 km/hr, 공차속도 20 km/hr (표 1-8-19 참조)

(f) 작업효율 : $E=0.9$

(g) 적재장비 : 굴삭기 0.7 m^3

② 작업량 산정

(a) 사이클시간(Cmt) 계산

$$Cmt = \frac{Cms \cdot n}{60 \cdot Es} + t_2 + t_3 + t_4 + t_5$$

Cmt : 덤프트럭의 1회 사이클시간(분)

Cms : 적재기계의 1회 사이클시간(초) [180° → $Cm=22$초 (표 1-8-16 참조)]

Es : 적재기계의 작업효율

n : 덤프트럭 1대의 토량을 적재하는데 소요되는 적재기계의 사이클 횟수

$$n = \frac{Qt}{q \cdot k}$$

Qt : 덤프트럭 1대의 적재토량(m^3)

q : 적재기계의 디퍼 또는 버킷 용량(m^3)

k : 디퍼 또는 버킷 계수

㉮ 적재시간(t_1) 계산

- 덤프트럭 1대의 적재량 : $Qt = \frac{T}{r^t} \cdot L = \frac{10.5}{1.8} \times 1.25 = 7.29\,m^3$
- 적재기계의 사이클 횟수 : $n = \frac{Qt}{q \cdot k} = \frac{7.29}{0.7 \times 0.9} = 11.57$
- 적재시간 : $t_1 = \frac{Cms \cdot n}{60 \cdot Es} = \frac{22 \times 11.57}{60 \times 0.7} = 6.06$분

㉯ 왕복시간(t_2) 계산

$$t_2 = \frac{\text{운반 거리}}{\text{적재시 평균주행속도}} + \frac{\text{운반 거리}}{\text{공차시 평균주행속도}}$$

$$= \left(\frac{0.8}{15} + \frac{0.8}{20}\right) \times 60 = 5.6\text{분}$$

㉰ 적하시간(t_3) : 점질토, 보통 → 1.05분

㉱ 대기시간(t_4) : 적재장소가 넓지는 않으나 목적장소에 불편 없이 진입할 수 있을 때 → 0.42분

㉲ 적재함 덮개 설치 및 해체시간(t_5) → 3.77분

$\therefore\ Cm = t_1 + t_2 + t_3 + t_4 + t_5 = 6.06 + 5.6 + 1.05 + 0.42 + 3.77 = 16.9$분

(b) 시간당 작업량

$$Q = \frac{60 \cdot q \cdot f \cdot E}{Cm} = \frac{60 \times 7.29 \times 0.8 \times 0.7}{16.9} = 14.49\,\mathrm{m}^3/\mathrm{hr}$$

Q : 시간당 작업량(m^3/hr)

q : 흐트러진 상태의 덤프트럭 1회 적재량(m^3)

r_t : 자연 상태에서의 토석의 단위중량(습윤밀도)(t/m^3)

f : 체적환산계수

E : 작업효율

T : 덤프트럭의 적재중량(ton)

L : 체적환산계수에서의 체적변화율

$$L = \frac{\text{흐트러진 상태의 토량}(\mathrm{m}^3)}{\text{자연 상태의 토량}(\mathrm{m}^3)}$$

Cm : 1회 사이클시간(초)

(c) 단가계산

잔토처리(덤프)	경 비	재료비	노무비	합 계	비 고
장비사용료 [원/hr]	8,792	26,074	16,612	51,478	표 1-8-23
작업량 [m^3/hr]	14.49	14.49	14.49	14.49	
잔토처리 단가 [원/m^3]	607	1,799	1,146	3,552	

(4) 일위대기표 작성

관로공사에 필요한 흄관 부설에 관한 공사비를 계산하기 위하여 모르타르와 원심력 철근 콘크리트관 접합 및 부설에 대한 표준품셈을 근거로 일위대가표를 작성하였다.

원심력 철근 콘크리트관은 기계부설 및 접합의 모르타르에 의한 A형 칼라(callar)식으로 하고 그에 대한 품셈은 표 1-8-30과 같다.

표 1-8-30 ● 원심력 철근 콘크리트관 기계부설 및 접합(모르타르 접합)

모르타르 접합 (본당)

구분 / 내경[mm]	모르타르 (1:2) [m^3]	크레인 [hr]	A		B	
			배관공 [인]	보통인부 [인]	배관공 [인]	보통인부 [인]
400	0.0078	0.45	0.33	0.63	0.20	0.43
450	0.0090	0.50	0.38	0.85	0.23	0.55
500	0.0100	0.58	0.40	1.03	0.25	0.98

구분 / 내경[mm]	모르타르 (1 : 2) [m^3]	크레인 [hr]	A		B	
			배관공 [인]	보통인부 [인]	배관공 [인]	보통인부 [인]
600	0.0120	0.68	0.48	1.40	0.33	1.30
700	0.0140	0.80	0.58	1.90	0.38	1.75
800	0.0160	0.90	0.68	2.26	0.45	2.21
900	0.0180	1.03	0.78	2.78	0.53	2.71
1,000	0.0298	1.15	0.90	3.47	0.60	3.20
1,100	0.0325	1.25	1.05	4.15	0.68	3.93

주 1. 본품은 관길이 2.50 m를 표준으로 한 것이며 A는 칼라식 접합을 말하고 B는 소켓식 접합을 말한다.
2. 관로의 터파기, 되메우기, 잔토처리, 물푸기 및 잡재료는 별도 계상한다.
3. 본품은 수압을 받지 않는 하수도 공사를 기준한 것이며 소운반을 포함한 것이다.
4. 본품의 크레인 규격은 1,200까지는 10톤, 1,300 이상은 15톤을 기준한 것이다.
5. 현장 조건상 작업이 곤란한 경우(급경사 등)에는 별도의 품을 적용할 수 있다.
6. 이와 유사한 관(진동 및 전압 철근 콘크리트관(VR관) 등)은 본품을 준용할 수 있으며, VR관의 경우 크레인 규격은 1,000까지는 10톤, 1,100 이상은 15톤을 기준으로 한다.
7. 관절단이 필요한 경우 절단비용은 별도 계상한다.
8. 작업방해가 없는 대단위 택지조성공사의 경우에는 본품(장비+인력)을 50%까지 감하여 적용할 수 있다.

모르타르의 시멘트와 모래는 현장도착가격으로 재료비만 계상하였다.

원심력 철근 콘크리트관은 기계부설 및 접합(트럭크레인)으로 하고, 현장도착가격으로 가정하였다.

표 1-8-31 ● 일위대가표 예시

공종	규격	수량	단위	합 계		경 비		재료비		노무비		비고
				단가	금액	단가	금액	단가	금액	단가	금액	
제1호표 모르타르(1 : 2) m^3당												
시멘트		680	kg	100	68,000			100	68,000			
모래		0.8	m^3	22,000	17,600			22,000	17,600			운반비
보통인부		1	인	66,622	66,622					66,622	66,622	
계					152,222				85,600		66,622	
제2호표 흄관(D=1,000 mm 기계)접합 및 부설 m당												
흄관	D1000	1.03	m	106,084	109,267			106,084	109,267			3%할증
모르타르	1 : 2	0.0119	m^3	152,222	1,811			85,600	1,019	66,622	793	제1호표
크레인	트럭	0.46	시간	56,506	25,993	23,436	10,781	9,326	4,290	23,743	10,922	
배관공		0.36	인	87,372	31,454					87,372	31,454	
보통인부		1.28	인	66,622	85,276					66,622	85,276	
계					253,801		10,781		114,575		128,445	

(5) 설계내역서 작성 예

공사비 산정에서 계산된 단가를 이용해서 설계예산내역서를 작성하기 위하여 간단한 관로공사($D=1,000$ mm)의 토공부분을 예로 들어, 표준횡단도면과 토적표에 의한 수량 산출근거서를 작성하고 설계예산내역서를 작성해 보았다.

① 설계도면

(a) 표준횡단도(typical section)

표준횡단도	내 용
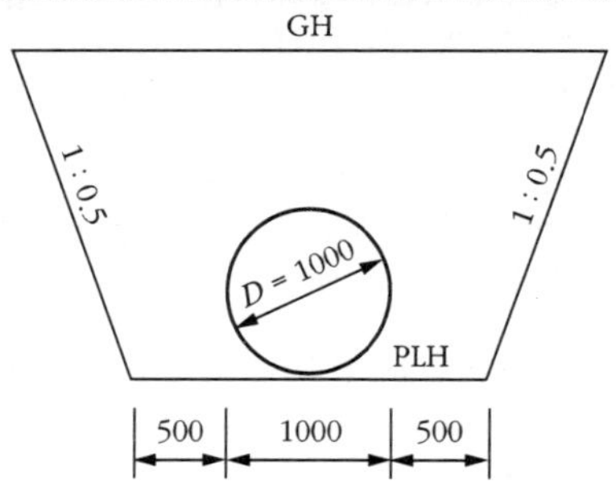	- 관경 : $D=1,000$ mm - 부설연장 : $L=100$ m - 파기 기울기 : 1 : 0.5 - 관로 여유폭 : 500 mm - 지반고 : GH - 관 계획고 : PLH - 절토고 계산 : $CH=GH-PLH$ - 터파기 계산 : $Ex=\dfrac{CH+2+2}{2}\times CH$

그림 1-8-2 표준횡단도

(b) 종단도(profile)

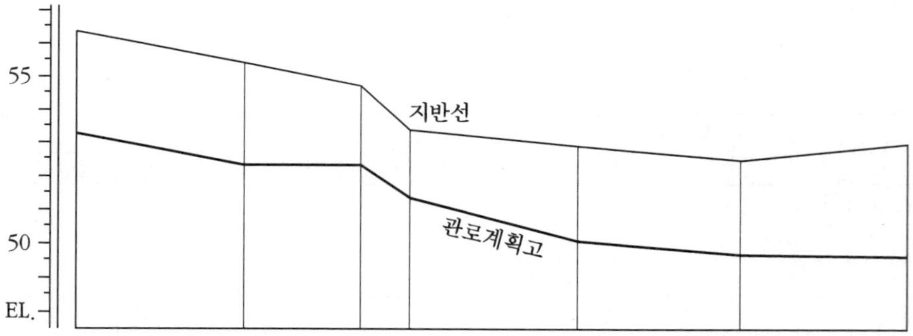

절토고 CH	3.0	3.1	2.6	2.3	3.1	2.6	3.3
계획고 PLH	53.2	52.3	52.1	51.3	50.1	49.9	49.7
지반고 GH	56.2	55.4	54.7	53.6	53.2	52.5	53.0
거리 DIST.	0.0	20.0	14.0	6.0	20.0	20.0	20.0
측점 STAT.No.	No.1	No.2	No.2 +14	No.3	No.4	No.5	No.6

그림 1-8-3 종단도

② 수량산출근거서 및 토적표

(a) 수량산출근거서

표 1-8-32 ● 수량산출근거서

공 종	산출근거	물 량
1. 토공 (1) 터파기 (2) 잔토처리 (3) 되메우기	$Ex = \dfrac{CH+2+2}{2} \times CH$ 예) 터파기(A)=(56.2−53.2+2+2)×3/2=10.5 토적표에서 984.23 m^3 D=1,000 mm, L=100 m 잔토처리(A)=(π ×d2)/4=0.785 잔토처리(V)=0.785×100=78.5 토적표에서 78.5 m^3 되메우기=터파기−잔토처리=984.2−78.5=905.7 토적표에서 905.7 m^3	984.2 m^3 78.5 m^3 905.7 m^3
2. 관부설공 (1) 관부설집합	D=1,000 mm, L=100 m	100 m

(b) 토적표

표 1-8-33 ● 토적표

측점	지반고 (GH)	계획고 (PLH)	거리 [m]	평균거리 [m]	터파기		되메우기		잔토처리	
					단면	입적	단면	입적	단면	입적
No.1	56.2	53.2	0	10	10.500	105.00	9.715	97.15	0.785	7.85
No.2	55.4	52.3	20	17	11.005	187.09	10.220	173.74	0.785	13.35
No.2+14	54.7	52.1	14	10	8.580	85.80	7.795	77.95	0.785	7.85
No.3	53.6	51.3	6	13	7.245	94.19	6.460	83.98	0.785	10.21
No.4	53.2	50.1	20	20	11.005	220.10	10.220	204.40	0.785	15.70
No.5	52.5	49.9	20	20	8.580	171.60	7.795	155.90	0.785	15.70
No.6	53.0	49.7	20	10	12.045	120.45	11.260	112.60	0.785	7.85
합계			100	100		984.22		905.72		78.50

③ 설계 원가내역서

표 1-8-34 ● 공사 원가내역서 1

1. 총괄내역서

공 종	규격	수량	단위	합 계		경 비		재료비		노무비		비고
				단가	금액	단가	금액	단가	금액	단가	금액	
**공사												
1. 토공					2,628,653		741,804		1,040,064		846,785	
2. 관부설공					25,366,362		1,078,056		11,449,826		12,838,480	
순공사비					27,995,015		1,819,860		12,489,891		13,685,264	
간접노무비		14.0	%		1,915,937							
산재보험료		3.4	%		530,441							
기타경비		4.8	%		1,348,372							
안전관리비		2.66	%		696,259							
일반관리비		6.0	%		1,794,657							
소 계					6,285,667							
이 윤		15	%		2,594,967							
공급가액					36,875,649							
부가세		10.0	%		3,687,565							
합 계					40,563,214							

표 1-8-35 ● 공사 원가내역서 2

2. 내역서(상세)

공종	규격	수량	단위	합 계		경 비		재료비		노무비		비고
				단가	금액	단가	금액	단가	금액	단가	금액	
**공사												
1. 토공					2,628,653		741,804		1,040,064		846,785	
터파기	보통토	984.2	m^3	1,067	1,050,141	328	322,818	328	322,818	411	404,506	
되메우기	〃	905.7	m^3	1,435	1,299,680	410	371,337	636	576,025	389	352,317	
잔토처리	〃	78.5	m^3	3,552	278,832	607	47,650	1,799	141,222	1146	89,961	
2. 관부설공					25,366,362		1,078,056		11,449,826		12,838,480	
흄관부설	D1000	100	m	253,664	25,366,362	10,781	1,078,056	114,498	11,449,826	128,385	12,838,480	

표 1-8-36 ● 원가계산방식의 간접노무비 및 기타 산출방식

구 분	적용요율[%]	적용대상공사	산출방법
1. 간접노무비	공사 규모별, 공사 기간별, 공종별 요율의 산술평균치	모든 건설공사	직노 × 요율
2. 산재보험료	(노동부 고시변동에 따라 적용)	모든 건설공사 (단, 산재보험법 시행령 제3조 각호 사업 제외)	노무비 × 요율
3. 산업안전 보건관리비	공사 종류별, 규모별 요율 (노동부고시)	총공사금액이 4천만원 이상인 건설공사	(재료+직노+지급자재) × 요율
4. 기타경비	공사 규모별, 공사 기간별, 공종별 요율의 산술평균치	모든 건설공사	(재료+노무비) × 요율
5. 퇴직공제 부금비	공사 종류별[상·하반기 요율] (조달청 기준적용)	공사예정금액이 10억원 이상인 건설공사	직노 × 요율
6. 고용보험료	1등급 : 0.96 2등급 : 0.69 3등급 : 0.48 4등급 : 0.46	모든 건설공사	근로자임금 총액 × 요율
7. 건강보험료	(조달청 기준변동에 따라 적용)	모든 건설공사	직노 × 요율
8. 연금보험료	(조달청 기준변동에 따라 적용)	모든 건설공사	직노 × 요율
9. 하도급대금 지급보증서 발급수수료	공사 규모별 요율	모든 건설공사	(재료+직접노무비+산출경비) × 요율
10. 일반관리비	공사 종류별, 규모별 요율	모든 건설공사	(재료+노무비+경비) × 요율
11. 이 윤	15% 이내 (실적공사비 적용 시 10% 이내)	모든 건설공사	(노무비+경비+일반) × 요율
12. 공사손해 보험료	-	대안입찰공사, 일괄입찰공사, PQ대상공사(100억 이상)	(공사예정금액－부가세) × 요율
13. 정기안전 점검비	공사 종류별, 규모별 요율	본문 참조	점검대상시설물 순공사금액 × 요율

Part 1

Part 2

PART

2

물량 산출

Chapter 1

옹 벽

1.1 개 설

옹벽(Retaining Wall)이란 흙의 붕괴를 방지하기 위하여 토압에 저항하는 구조물로 흙막이 옹벽이라고도 한다. 흙을 급한 경사로 성토 또는 절취를 하면 흙은 점차 무너져서 안식각에 이르게 된다. 이때 안식각보다 급한 벽면으로 토압에 저항하여 이를 지지할 목적으로 절취, 성토 비탈면에 축조하는 구조물이 옹벽이고, 도로, 철도, 부지조성 등에 많이 사용한다. 또한 이 옹벽은 용도면에서도 대단히 넓게 사용되므로 간단한 목재 흙막이공(timber lagging)에서부터 교량의 교대(abutment), 항만 공사의 갑문벽, 물양장(inclined wharf), 안벽(quay wall) 등의 거대한 구조물에 이르기까지 흙에 접하는 벽체 공사는 전부 옹벽에 속한다. 사용재료에는 목재, 석재, 강재, 벽돌, 콘크리트, 철근 콘크리트 등이 있다.

옹벽의 구조설계에는 구조물에 작용하는 토압을 산정하고 그 토압에 의한 휨모멘트, 전단력에 의해서 구조물에 일어나는 내부 응력(stress), 전도(over turning), 활동(sliding), 침하(sinkage) 등에 대한 구조물의 안정을 검토하지 않으면 안 된다.

옹벽에 작용하는 토압의 크기는 뒷채움 흙의 종류나 함수량에 따라서 변화하고, 벽체의 변위나 변형에 따라서도 크게 변화한다. 벽체에 전혀 변위를 일으키지 않을 때에 작용하는 토압을 정지토압(earth pressure at rest)이라 하며, 변위를 무시하는 건물의 지하벽이나 교대 등의 설계에 쓰인다. 일반적으로 옹벽은 다소의 변위를 허용하는 상태에서의 토압을 대상으로 하며, 옹벽이 뒷채움 흙의 압력에 의해 전방으로 전도하려는 경우에 작용하는 토압, 즉 주동토압(active earth pressure)으로 설계한다. 이 주동토압은 정지토압보다 작다. 또한 어떠한 외력을 받아서 벽체가 뒷채움 흙 쪽으로 눌려서 뒷채움 흙

중에 파괴를 일어나게 할 때의 토압을 수동토압(passive earth pressure)이라 하며 정지토압보다 커진다.

이러한 토압을 구하는 방법에는 한계균형조건에 의한 Coulomb, 소성이론에 의한 Rankine, 탄성이론에 의한 Boussineq의 실험이나 경험에 의한 방법 등이 있으나, 현재 많이 사용하는 것은 Coulomb과 Rankine에 의한 방법이다.

1.2 옹벽의 종류

1) 중력식 옹벽(gravity type retaining wall)

옹벽의 자중만으로 뒷면의 토압에 저항하는 형식의 것으로 무근 콘크리트조 외에도 돌쌓기, 벽돌쌓기로 한 것이 있다.

높이는 3 ~ 4 m 이하인 경우가 경제적이며 자중이 크므로 기초 지반이 단단하여야 한다.

2) 반중력식 옹벽(semi gravity type retaining wall)

중력식 옹벽의 벽두께를 얇게 하고 이 때문에 생기는 인장응력을 받도록 옹벽의 뒷면과 밑면에 철근으로 보강한 옹벽으로, 중력식 옹벽과 역 T형 옹벽과의 중간형인 콘크리트 옹벽이다. 자중을 가볍게 한 중력식 옹벽으로 중력식 옹벽과 같은 정도로 쓰인다.

3) 캔틸레버식 옹벽(cantilever type retaining wall)

옹벽의 벽체가 높아지면 중력식으로는 형상도 크게 사용되고 사용재료도 많이 들게 되므로 철근 콘크리트로 저판과 연직을 만든 외팔보(片持梁, cantilever) 형태의 옹벽으로 높이는 7 ~ 10 m 정도이며, 역 T형 옹벽과 L형 옹벽이 있다.

(1) 역 T형 옹벽(inverted T type retaining wall)

거꾸로 된 T자 모양의 옹벽으로 뒷면 아랫부분에 돌출된 저판 위의 토사의 중량이 옹벽의 안정을 좋게 해주는 옹벽으로 도립 T형 옹벽이라고도 한다.

(2) L형 옹벽(L-shaped type retaining wall)

L자 모양의 철근 콘크리트 옹벽으로 옹벽 전면이 용지선에 접하고 있든가 앞 저판을 설치할 수 없을 경우에 사용한다. 역 T형 옹벽에 비하여 비교적 저판의 폭이 커지고 비경제적이다.

4) 부벽식 옹벽(buttressed retaining wall)

일반적으로 벽체에서 뻗어나고 벽체의 받침으로 되는 벽을 부벽 또는 공벽(控壁)이라 하며, 이러한 받침벽을 캔틸레버식 옹벽의 연직벽에 붙여서 보강한 옹벽으로, 앞면에 부벽이 있으면 앞부벽식 옹벽(counterforted type retaining wall)이라고 하고, 뒷면에 부벽이 있으면 뒷부벽식 옹벽이라고 한다. 또 이 옹벽을 공벽식 옹벽, 지지벽식 옹벽이라고도 한다. 부벽식 옹벽의 높이는 5~6 m 이상의 비교적 높은 것이 경제적이며, 부벽의 설계는 부벽을 T형 보의 복부로 보고 전면벽과 저판을 연속 슬래브(slab)보로 보고 설계한다.

5) 특수 옹벽

(1) 시렁식 옹벽과 격자식 옹벽

기초 폭이 좁고 부벽식 옹벽의 기준높이 보다 높을 경우, 즉 7 m 이상인 경우에 부벽을 2층으로 하는 선반식(시렁식) 옹벽과 기초 지반의 지지력이 약한 연약 지반층에서 옹벽을 설치할 때 사용하는 격자식 옹벽이 있다.

(2) 보강토 옹벽(earth reinforcement retaining wall)

보강토 옹벽은 흙쌓기 또는 제방이나 벽체의 배면 또는 흙쌓기 사면에 금속이나 합성 및 천연섬유 등의 보강재를 매설 또는 삽입함으로서 흙(성토체)과 보강재가 일체가 되어 전단에 저항하도록 만든 옹벽이며, 교대, 댐 및 기초슬래브 등과 같은 토류구조물에 많이 사용되는 최신의 효율적인 공법으로 많이 사용되고 있다. 1966년 프랑스의 건축가인 Henri Vidal에 의해서 체계화되었고 1980년 우리나라에 처음 도입된 이 공법은 보강토 옹벽은 높이가 10~15 m 이상일 때 경제성이 있으며 연성옹벽으로 생각할 수 있으므로 동시에 뒷채움을 실시해야 한다.

뒷채움 흙은 일반적으로 사질토를 사용하며 한 층의 두께를 30~40 cm로 성토하여 내부마찰각이 25° 이상이 되도록 다짐을 한다.

뒷채움 흙의 토압에 대한 인장력(인장강도) 증가를 위하여 일반적으로 사용하는 보강재(Reinforced Strip)는 아연도 강판, 알루미늄합금, 스테인리스강, 에폭시 수지도장 강판 등 금속재료와 토목섬유 보강재(Geotextile)에는 부직포, 격자형 그리드 PE, 폴리프로필렌, 폴리에스터, 나일론 등과 같은 합성섬유, pvc보강재로는 Geogrid를 많이 사용한다.

전면판(Facing)은 뒷채움이 흘러내리는 것을 방지하고 빗물의 침투와 이에 따른 흙의 이완 등에 의한 국부적인 파괴를 방지하고 구조물의 외관을 미화하는 재료로 프리캐스트 콘크리트(블록), 금속재판 등이 있으며 최근 자연친화적 친환경소재로 목재를 사용하는 경우도 있다.

(3) 돌망태 옹벽(gabion retaining wall)

상자형 사각게비온(Welded Mesh Gabions, 이하 GABION)을 사용하여 법면보호용이나 낙석방지용의 옹벽을 말한다.

(4) PEM 옹벽(Prestressed Earth Method retaining wall)

원지반의 절취를 최소화하고 전면판에 P.C Panel과 토사부에 Earth Bolt를 이용하여 뒤채움 및 원지반 강도를 증진 시켜 일종의 중력체를 만들어 수평토압에 저항하도록 하는 공법으로 soil nailing과 비슷하다.

6) 기 타

개설에서 기술한 바와 같이 옹벽은 폭넓게 사용되므로 옹벽이란 용어를 쓰지 않지만 옹벽으로 설계하는 구조물들이 있다.

(1) 안벽(岸壁, quay wall)

항만 공사에서 사용되는 용어로서 선박을 접안하여 하역하는 비교적 수심이 깊은(약 3 m 깊이) 곳의 벽체 구조물을 말하며 구조 종별에서의 안벽이라 하면 중력식 안벽과 널말뚝식 안벽에 한한 것이다.

(2) 물양장(inclined wharf, lighter's wharf)

안벽과 같이 선박을 접안하여 하역하는 곳으로 수심 3 m 이하인 곳의 구조물을 말한다.

(3) 교대(abutment)

이상과 같은 옹벽을 국토해양부에서 제작한 옹벽 구조 표준도에서는 무과재, 과재,

성토구배 1 : 1.5로 구분해서 석축, 중력식, 반중력식, 역 T형, L형, 앞부벽식, 뒷부벽식 옹벽으로 나타내고 있다.

1.3 설계기준에 의한 옹벽

1) 일반사항

① 옹벽은 상재하중, 뒤채움 흙의 중량, 옹벽의 자중 및 옹벽에 작용되는 토압, 경우에 따라서는 수압에 견디도록 설계하여야 한다.

② 무근 콘크리트 옹벽은 자중에 의하여 저항력을 발휘하는 중력식 형태로 설계하여야 한다.

③ 토압의 계산은 토질역학의 원리에 의거하여 필요한 지반특성 계수를 측정하여 정하여야 한다.

④ 저판의 설계는 기초판 설계기준의 규정에 따라 수행하여야 한다. (콘크리트구조 설계기준 제12장)

해설

③에 대하여 : 옹벽의 토압은 Rankine, Coulomb, Terzaghi 등과 같이 공인된 공식에 따라서 계산해야 하는데, 이 때 필요한 토성 계수는 반드시 현장 상태대로 측정해야 하고, 이 측정치를 이용하여 토압계산을 해야 한다.

2) 옹벽의 안정조건

옹벽의 전도, 활동 및 토압에 대해 안전하게 설계되어야 한다. 다음에 규정된 안정에 대한 계산은 사용 하중(service load)에 준해야 한다.

① 활동에 대한 저항력은 옹벽에 작용하는 수평력의 1.5배 이상이어야 한다.

② 전도 및 지반지지력에 대한 안정조건은 만족하지만, 활동에 대한 안정조건만을 만족하지 못할 경우에는 활동방지벽 혹은 횡방향 앵커 등을 설치하여 활동저항력을 증대시킬 수 있다.

③ 전도에 대한 저항 모멘트는 황토압에 의한 전도휨모멘트의 2.0배 이상이어야 한다.

④ 지반에 유발되는 최대 지반반력이 지반의 허용지지력을 초과하지 않아야 한다.

⑤ 지반의 침하에 대한 안정성 검토는 다음의 두 가지 중에 하나로 검토할 수 있다.

(a) 지반반력의 분포경사가 비교적 작은 경우에는 최대 지반반력 $q_{\max}$이 지반의 허용지지력 q_a 이하가 되도록 하여야 한다.

(b) 지반의 지지력은 지반공학적 방법 중 선택 적용할 수 있으며, 지반의 내부마찰각, 점착력 등과 같은 특성으로부터 지반의 극한지지력을 추정할 수 있다. 다만, 이 경우에 허용지지력 q_a는 $q_u/3$로 취하여야 한다.

해설

옹벽에 작용하는 하중은 옹벽 자체의 상하중, 토압 및 지표면상에 작용하는 적재 하중 등이 있는데, 이들 하중에 대하여 전도(overturning), 활동(sliding) 및 지반 지지력에 대한 안정을 검토해야 옹벽이 안전하게 설계되었다고 볼 수 있다.

①에 대하여 : 옹벽은 뒷면에서 작용하는 횡토압의 수평력에 의하여 활동하려고 한다. 이 활동에 저항하는 힘은 옹벽 저면에서의 마찰력과 점착력, 또는 활동 방지벽(shear key)의 저항력인데, 토압의 수평력을 H, 활동 저항력을 H_r이라 하면 $H_r > H$가 되어야 하고 이 때 안전율은 최소한 1.5 이상이라야 하므로 다음 식이 성립된다.

$$\frac{H_r}{H} \geqq 1.5 \tag{1}$$

옹벽 저면의 마찰에 의한 활동 저항력 H_r은

$$H_r = V \cdot \tan\phi_B \tag{2}$$

에서 구하는데, 여기서 ϕ_B는 옹벽 저면과 지반 사이의 마찰각이며 지반이 흙일 때 지반의 마찰각 ϕ_1의 2/3, 암반일 때 $\tan\phi_B = 0.6$으로 한다. V는 연직합력이다. 옹벽의 높이가 높아지면 마찰에 의한 활동 저항만으로는 활동에 대한 안정을 기대하기 어려우므로 통상 저면의 적당한 곳에 저면폭의 0.1 ~ 0.15배 높이의 돌기 부분이나 앵커 부분으로 된 활동 방지벽을 설치하여 활동 저항력을 증대시킨다. 활동 방지벽을 설치하였을 때의 활동 저항력을 계산하는 방법은 철근 콘크리트 설계에 관한 참고 문헌을 참조하기 바란다.

③에 대하여 : 해설 그림 2-1-1과 같이 옹벽의 자중과 저판 위의 흙의 중량의 합을 W라 하고, 옹벽 뒤 토압의 수평 분력을 P_H, 토압의 수직 분력을 P_V라 하면, 옹벽저판 최전단의 회전축 a점 둘레에 대한 전도 모멘트 M_o는 $P_H \cdot y'$이고 이에 해당하는 저항 모멘트 M_r은 $W \cdot x + P_V \cdot B$로 된다.

따라서 전도가 일어나지 않게 하기 위해서는 $M_r > M_o$이어야 하며, 이 때 안전율이 2.0배 이상 되는 것이 바람직하므로 다음 식이 성립되어야 한다.

$$S \cdot F = \frac{M_r}{M_o} = \frac{W \cdot x + P_V \cdot B}{P_H \cdot y'} \geq 2.0 \tag{3}$$

한편 옹벽의 연직하중의 합력 V의 작용 편심이 지나치게 크면 지반 부등침하로 인해 옹벽이 경사져서 전도가 일어나기 쉽다. 따라서 이에 대한 옹벽의 안정을 위해서는 연직하중의 합력 V를 저판의 중앙 1/3 안에 위치시키는 것이 바람직하다. 이렇게 하는 것이 일반적으로 경제적인 옹벽의 설계를 제공하지만 절대적으로 합력이 반드시 중앙 1/3 안에 들어와야 한다는 것은 아니다. 어떤 경우에는 합력을 중앙 1/3밖에 합력을 위치시키는 것이 경제적일 수도 있다.

옹벽이 진동을 받는 경우에는 진동의 영향에 의하여 외력 및 합력의 작용점이 이동하게 되지만 계산은 정하중에 대한 것이므로 가능하면 작요점이 저판의 중앙부에 오도록 해야 한다.

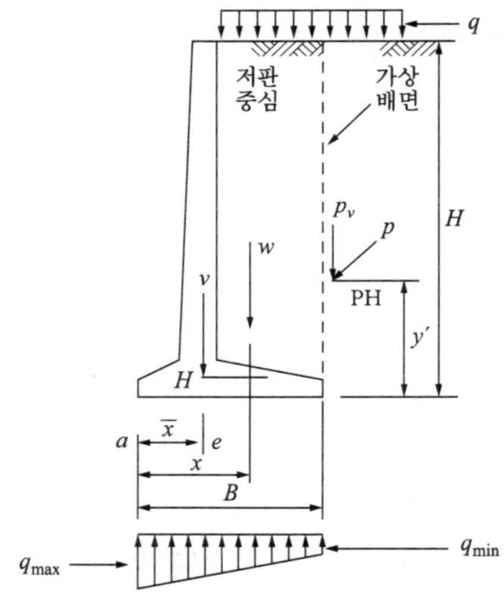

그림 2-1-1

⑤에 대하여 : 지반의 지지력에 대한 안정 검토는 토질역학의 문제이며 여러 가지가 있으나 통상 다음의 두 가지 방법 중에 어느 하나로 지반의 지지력을 검사한다.

(a) 지지반력의 분포경사가 비교적 적은 경우에는 최대 지지반력(q_{max})이 지반의 허용지지력(q_a) 이하가 되도록 한다.

그림 2-1-1에서 옹벽 저면에 작용하는 합력의 편심거리가 e가 $e > \frac{B}{6}$인 경우, 즉 합력의 작용점이 중앙 1/3 이내에 있을 때는,

$$q_{max} = \frac{V}{B}\left(1 + \frac{6e}{B}\right) \tag{4}$$

$$q_{\min} = \frac{V}{B}\left(1 - \frac{6e}{B}\right) \tag{5}$$

(b) 중요한 구조물에서 지반반력의 분포의 경사가 큰 경우에는 지지 지반의 내부 마찰각으로부터 극한지지력(q_u)을 구하고 이것을 안전율(보통 3)로 나누어 허용지지력(q_a)를 산출한다($q_a = \frac{q_u}{3}$).

이 경우에 전제조건으로서 지반 상태는 토질 시험에 의하여 조사되어 있어야 한다. 극한지지력(q_u)을 구하는 것은 토질역학에서 다루는 문제이므로 여기서는 언급하지 않기로 한다.

3) 옹벽 각부의 설계(구조해석)

① 저판의 설계

(a) 저판의 뒷굽판은 정확한 방법이 사용되지 않는 한, 뒷굽판 상부에 재하되는 모든 하중을 지지하도록 설계하여야 한다.

(b) 캔틸레버식 옹벽의 저판은 전면벽과의 접합부를 고정단으로 간주한 캔틸레버로 가정하여 단면을 설계할 수 있다.

(c) 부벽식 옹벽의 저판은 정밀한 해석이 사용되지 않는 한, 부벽 간의 거리를 경간으로 가정한 고정보 또는 연속보로 설계할 수 있다.

② 전면벽

(a) 캔틸레버식 옹벽의 전면벽은 저판에 지지된 캔틸레버로 설계할 수 있다.

(b) 부벽식 옹벽의 전면벽은 3변 지지된 2방향 슬래브로 설계할 수 있다.

(c) 전면벽의 두께는 내력벽체의 최소 두께 규정(벽체 - 실용설계법)에 따라야 한다.

③ 뒷부벽 및 앞부벽

뒷부벽은 T형 보로 설계하여야 하며 앞부벽은 직사각형 보로 설계하여야 한다.

해설

옹벽 각 부분의 설계는 옹벽의 종류와 구조 배치에 따라 달라지지만 일반적으로 각 부분은 보, 슬래브, 확대기초의 설계에 준하여 설계한다. 예를 들면 캔틸레버 옹벽의 전면벽과 저판은 각각 다른 부분과의 접합부를 고정단으로 간주한 단위폭당의 캔틸레버로 생각하여 단면을 설계한다.

옹벽의 높이가 5 ~ 7 m까지는 캔틸레버 옹벽을 사용할 수 있지만 그 이상으로 되면 전면벽 하단에서의 휨모멘트가 크게 증가하고 전도 모멘트가 증가하므로 캔틸레버 옹벽으로는 전면벽과 저판의 치수가 너무 커져 철근이 많이 들게 되어 경제적인 설계가 되지 못하므로 그림 2-1-2와 같이 중간 부분에 보통 옹벽 높이의 1/2 ~ 1/3 간격으로 부벽을 설치해서 보강한다.

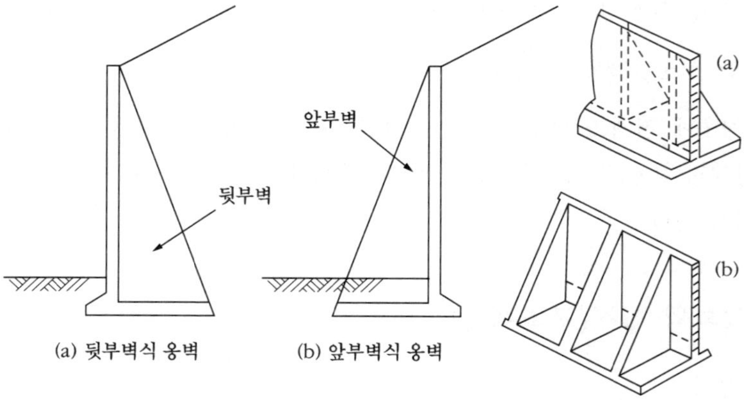

그림 2-1-2 옹벽의 종류

그림 2-1-2(a)와 같이 전면벽과 뒷굽판 사이에 인장재로서 작용하는 뒷부벽을 설치한 뒷부벽식 옹벽에서는 전면벽과 뒷부벽이 토압에 의한 휨모멘트에 대하여 T형 단면(이 때 전면벽은 플랜지, 뒷부벽은 복부 역할을 한다)을 이루므로 T형 보로 설계하고, 전면벽이나 전판은 뒷부벽을 지점으로 하는 연속슬래브로서 설계한다.

전면벽의 하부는 연속슬래브로서 작용한다고 보아 단면 설계를 하지만, 동시에 벽체로서 또는 캔틸레버로서도 작용하므로 연직 방향으로 상당한 양의 가외 철근(additional bar)을 넣어야 한다.

그림 2-1-2(b)와 같이 앞굽판과 전면벽 사이에 압축 지지재로서 작용하는 앞부벽을 설치한 앞부벽식 옹벽에서는 앞부벽을 역 T형 직사각형 보로 보고 전면벽을 연속 슬래브로 보아 설계하는데, 여기서도 벽의 하부는 가외 철근으로 보강해야 한다.

② (c)에 대하여 : 콘크리트구조 설계기준 벽체 - 실용설계법 규정에 따라 내력벽체의 최소 두께는 200 mm 이상으로 하여야 한다.

(a) 벽체의 두께는 수직 또는 수평 받침점 간 거리 중에서 작은 값의 1/25 이상이어야 하고, 또한 100 mm 이상이어야 한다.

(b) 지하실 외벽 및 기초 벽체의 두께는 200 mm 이상으로 하여야 한다.

4) 옹벽의 구조 세목

① 전면벽의 하부는 벽체로서 또는 캔틸레버로서도 작용하므로 연직방향으로 5.7.2(수

축·온도철근 - 1방향 철근 콘크리트 슬래브), 7.9.3(브래킷과 내민받침에 대한 전단설계 - 철근상세) 및 11.3(벽체 - 최소 철근비)에 따라 보강철근을 배치하여야 한다.

② 뒷부벽식 옹벽은 전면벽과 저판에 의해서 부벽에 전달되는 응력에 저항할 수 있도록 필요한 철근을 부벽에 철근의 정착 규정에 따라 정착시켜야 한다.

③ 활동(sliding)에 대한 효과적인 저항을 위하여 저판의 하면에 활동방지벽(shear key)을 설치하는 경우 활동방지벽과 저판을 일체로 만들어야 한다.

④ 옹벽 표면에는 V형 홈을 가진 수축줄눈을 설치하고 그 설치 간격은 5.0 m 이하로 설치하여야 하며 철근은 잘라서는 안 된다.

⑤ 신축이음의 설치간격은 중력식 및 반중력식 옹벽의 경우 콘크리트의 인장균열에 취약하므로 신축이음 간격을 10 m 이내, 역 T형 및 L형 옹벽의 경우는 철근이 균열을 제어하는 역할을 하므로 20 m 이내로 신축이음을 둔다. 이와 같은 신축이음은 콘크리트의 수화열, 온도변화, 건조수축 등에 대한 별도의 해석이 없는 경우에는 반드시 설치하고, 신축이음에서 철근을 잘라야 한다.

⑥ 신축이음의 위치에 있는 난간은 그 위치에 난간의 신축이음을 두어야 한다.

⑦ 배수공은 직경 5 cm의 배수구멍을 4.5 m^3당 1개 이상 설치하고, 최하단 배수구멍의 설치위치는 최대한 하단부로 하여 침투수가 정체되지 않도록 하고, 부직포와 배수필터는 뒤채움토의 입도분포에 따라 소요규격을 결정하여야 한다.

⑧ 벽의 노출면에는 1 : 0.02 정도의 경사를 붙이는 것이 좋다.

⑨ 기초콘크리트와 벽체콘크리트 분리시공시 시공이음을 두어 시공하여야 한다.

해설

①에 대하여 :

가. 수축·온도철근 - 1방향 철근 콘크리트 슬래브

(a) 수축·온도철근으로 배치되는 이형철근은 다음의 철근비 이상으로 하여야 하나, 어떤 경우에도 0.0014 이상이어야 한다. 여기서, 수축·온도철근비는 콘크리트 전체 단면적에 대한 수축·온도철근 단면적의 비로 한다.

㉠ 설계기준항복강도가 400 MPa 이하인 이형철근을 사용한 슬래브 ………… 0.0020

㉡ 0.0035의 항복변형률에서 측정한 철근의 설계기준항복강도가 400 MPa를 초과한 슬래브 ………… $0.0020 \times (400/f_y)$

(b) 다만, (a)에서 요구되는 수축·온도철근비에 전체 콘크리트 단면적을 곱하여 계산한 수축·온도철근 단면적을 단위 m당 1,800 mm^2보다 크게 취할 필요는 없다.

(c) 수축·온도철근의 간격은 슬래브 두께의 5배 이하, 또한 450 mm 이하로 하여야

한다.

(d) 수축·온도철근은 설계기준항복강도 f_y를 발휘할 수 있도록 정착되어야 한다.

나. 브래킷과 내민받침에 대한 전단설계 - 철근상세

(a) A_s와 나란한 폐쇄스터럽이나 띠철근은 전체 단면적 A_h가 $0.5(A_s - A_n)$ 이상이어야 하고, A_s에 인접한 유효깊이의 2/3 내에 균등하게 배치하여야 한다.

(b) 주인장철근의 철근비 A_s/bd를 $0.04 \times (f_{ck}/A_v)$ 이상으로 하여야 한다.

(c) 브래킷 또는 내민받침의 전면에서 주인장철근 A_s를 다음 방법 중 한 방법에 의해 정착시켜야 한다.

㉠ 적어도 같은 크기의 횡방향 철근에 구조적으로 용접되어야 하며, 이 용접은 주인장철근 A_s의 설계기준항복강도를 발휘할 수 있도록 설계되어야 한다.

㉡ 주인장철근은 자유단에서 수평으로 구부려 지지부재에 정착되도록 하여야 한다.

㉢ 그 밖에 확실한 정착방법을 사용하여야 한다.

(d) 브래킷 또는 내민받침상에서 하중이 작용하는 지압면은 주인장철근 A_s의 직선부분보다 나와 있지 않아야 하며, 또 횡방향 정착철근을 사용하는 경우는 이 철근의 내측 면보다 나와 있지 않아야 한다.

여기서,

A_h : 휨인장철근에 평행한 전단철근의 단면적 [mm^2]

A_n : 브래킷 또는 내민받침에서 인장력 N_{uc}에 저항하는 철근의 단면적 [mm^2]

A_s : 인장철근의 단면적 [mm^2]

A_v : 간격 s 내의 전단철근의 단면적, 또는 깊은 보의 경우 간격 s 내의 휨인장철근에 수직한 전단철근의 전체 단면적 [mm^2]

b : 부재 압축면의 폭 [mm]

d : 철근 콘크리트 부재의 경우에는 종방향 인장철근의 중심에서 압축콘크리트 연단까지의 거리이며, 프리스트레스트 콘크리트 부재의 경우에는 긴장재와 철근 도심에서 연단까지의 거리와 $0.8h$ 중 큰 값(원형단면의 경우 압축콘크리트 연단에서 부재의 반대측 절반부분에 있는 인장철근군의 중심까지의 거리보다 크게 취하여야 한다) [mm]

f_{ck} : 콘크리트의 설계기준압축강도 [MPa]

N_{uc} : V_u와 동시에 작용하는 브래킷 또는 내민받침의 상부에 가해진 계수인장력으로서 인장에 대해서 양(+)의 값

V_u : 단면에서 계수전단력

다. 벽체 - 최소 철근비

(a) 벽체의 전체 단면적에 대한 최소 수직철근비는 다음 규정을 따라야 한다.

㉠ 설계기준항복강도 400 MPa 이상으로서 D16 이하의 이형철근 ········· 0.0012

㉡ 기타 이형철근 ········· 0.0015

㉢ 지름 16 mm 이하의 용접철망 ········· 0.0012

(b) 벽체의 전체 단면적에 대한 최소 수평철근비는 다음 각 항에 따라야 한다.

㉠ 설계기준항복강도 400 MPa 이상으로서 D16 이하의 이형철근 ········· 0.0020

㉡ 기타 이형철근 ········· 0.0025

㉢ 지름 16 mm 이하의 용접철망 ········· 0.0020

(c) 두께 250 mm 이상의 벽체에 대해서는 다음의 각 항에 따라 수직 및 수평 철근을 벽면에 평행하게 양면으로 배치하여야 한다. 다만, 지하실 벽체에는 이 규정을 적용하지 않는다.

㉠ 벽체의 외측면 철근은 각 방향에 대하여 전체 소요철근량의 1/2 이상, 2/3 이하로 하며, 외측면으로부터 50 mm 이상, 벽두께의 1/3 이내에 배치하여야 한다.

㉡ 벽체의 내측면 철근은 각 방향에 대한 소요철근량의 잔여분을 내측면으로부터 20 mm 이상, 벽두께의 1/3 이내에 배치하여야 한다.

(d) 수직 및 수평철근의 간격은 벽두께의 3배 이하, 또한 450 mm 이하로 하여야 한다.

③에 대하여 : 활동에 대한 저항을 크게 하기 위하여 만드는 저판 하면의 돌출부, 즉 활동방지벽(shear key)은 사질토의 지반에서 특히 유효하다. 점토지반에서는 점토의 전단저항으로 활동에 대한 저항이 정하여지므로 효과가 아주 적다.

④에 대하여 : 연직이음에서는 그림 2-1-3(a)와 같이 V형 홈을 만들면 모서리가 까질 염려가 없고, 또 표면의 건조수축에 의한 균열을 이 V형 홈에서 받아들이게 되므로 균열방지가 된다.

⑤에 대하여 : 벽의 신축이음은 콘크리트가 서로 물리게 하는 그림 2-1-3(b)와 같은 형식을 쓰게 된다.

⑦에 대하여 : 배수층에는 조약돌이나 부순 돌이 좋지만 자갈이나 특수한 콘크리트 블록을 사용해도 좋다. 배수층의 두께는 30 ~ 40 cm 정도이다. 배수를 잘 시키는 높이로는 지하수 또는 도량의 수위를 취하는 것이 좋다.

⑧에 대하여 : 벽면을 연직으로 만들면 전면으로 넘어갈 것 같은 감을 주므로 안정감을 위해 약간의 경사를 붙이는 것이 좋다.

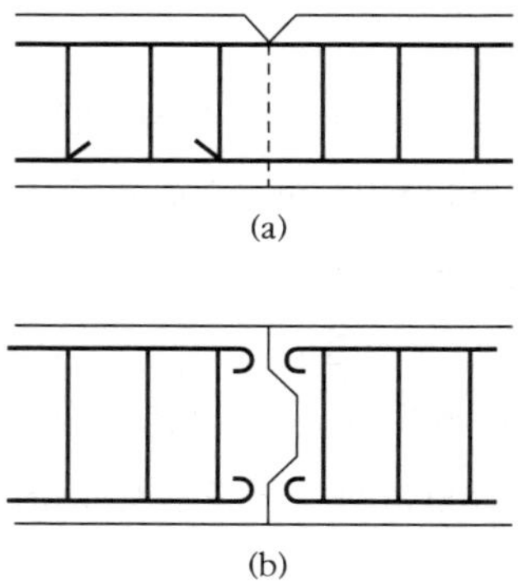

그림 2-1-3

1.4 옹벽 구조 표준도

1) 석축 옹벽

도면 2-1-1의 석축 옹벽에 대한 물량계산을 하면

(1) 콘크리트

① 뒷채움 콘크리트(back fill concrete) [m^2당]

석축 옹벽의 찰쌓기(wet masonry)에서 뒷채움 콘크리트(back fill concrete)는 토목표준품셈(제7장 돌쌓기 및 헐기)에서 표준화하고 있다.

표 2-1-1 ● 찰쌓기 및 찰붙임의 채움 콘크리트 소요량 [m^2당]

종별 \ 뒷길이[cm]	25	30	35	45	55	60	75	비 고
야면석	0.08	0.10	0.12	0.15	0.18	0.20	0.25	공장의 33.3%
옥 석	0.08	0.10	0.12	0.15	0.18	0.20	0.25	공장의 33.3%
깬잡석	0.11	0.14	0.16	0.20	0.25	0.27	0.34	공장의 45%
깬 돌	0.11	0.14	0.16	0.20	0.25	0.27	0.34	공장의 45%
견칫돌	0.11	0.14	0.16	0.20	0.25	0.27	0.34	공장의 45%

② 기초 콘크리트(foundation concrete) [m당]

$$0.0 \sim 3.0\,\mathrm{m}:\ 0.4\times0.2\times1.0+(0.4+0.27)\times\frac{1}{2}\times(0.63-0.2)\times1.0 = 0.224\,\mathrm{m}^3$$

$$3.0 \sim 6.0\,\mathrm{m}:\ 0.4\times0.2\times1.0+(0.4+0.24)\times\frac{1}{2}\times(0.72-0.2)\times1.0 = 0.246\,\mathrm{m}^3$$

(2) 거푸집(foundation form) [m당]

$$0.0 \sim 3.0\,\mathrm{m}:\ (0.4+0.27)\times1.0 = 0.67\,\mathrm{m}^2$$

$$3.0 \sim 6.0\,\mathrm{m}:\ (0.4+0.24)\times1.0 = 0.64\,\mathrm{m}^2$$

(3) 뒷채움 조약돌(back fill cobble) [m²당]

$$0.0 \sim 3.0\,\mathrm{m}:\ (0.15+0.75)\times\frac{1}{2}\times3\times1\div3\times1 = 0.45\,\mathrm{m}^3/\mathrm{m}^2$$

$$3.0 \sim 6.0\,\mathrm{m}:\ (0.75-0.1+1.25)\times\frac{1}{2}\times3\times1\div3\times1 = 0.95\,\mathrm{m}^3/\mathrm{m}^2$$

(4) 줄눈 메꿈 모르타르(joint mortar) [m²당]

표준품셈(제7장 돌쌓기 및 헐기 참조)에 표준화한 값이 $0.009\,\mathrm{m}^3/\mathrm{m}^2$이다.

2) 중력식 옹벽 및 반중력식 옹벽

(1) 중력식 옹벽

① 콘크리트 [m당]

도면 2-1-2의 변화 치수를 이용할 수 있는 일반식을 정리해 보면 다음과 같다.

$$V[\mathrm{m}^3/\mathrm{m}] = \frac{1}{2}(0.35+\mathrm{B}_2)\times\mathrm{C}_2+\mathrm{B}\times\mathrm{C}_1$$

기울기 1 : 0.02의 무과재 상태에서 높이가 2.0 m인 옹벽의 콘크리트량은,

$$V = 0.5\times(0.35+0.7)\times1.6+1.1\times0.4 = 1.28\,\mathrm{m}^3/\mathrm{m}$$

이다.

② 거푸집 [m당]

중력식 옹벽의 거푸집은 전면과 배면, 그리고 저판의 앞굽판(toe)과 뒷굽판(heel)에만 필요하고 상부로 노출된 콘크리트면은 거푸집이 필요하지 않다. 도면 2-1-2의 모든 변화 치수에 따른 수량을 산출하기 위한 일반식은 다음과 같다.

$$A\,[\mathrm{m^3/m}] = \sqrt{(\mathrm{C_2})^2+(\mathrm{N}\times\mathrm{C_2})^2}+\sqrt{(\mathrm{C_2})^2+(\mathrm{B_2}-\mathrm{N}\times\mathrm{C_2}-0.35)^2}+2\mathrm{C_1}$$

기울기 1 : 0.02의 무과재 상태에서 높이가 2.0 m인 옹벽의 거푸집 수량은

$$\begin{aligned}A &= \sqrt{(1.6)^2+(0.02\times1.6)^2}+\sqrt{(1.6)^2+(0.7-0.02\times1.6-0.35)^2}+2\times0.4\\ &= 4.032\,\mathrm{m^2/m}\end{aligned}$$

이다.

(2) 반중력식 옹벽

① 콘크리트 [m당]

도면 2-1-2에서 치수표의 기호에 따른 일반식을 정리하면 다음과 같다.

벽　　체 : $V_1 = \frac{1}{2}(0.35+\mathrm{B_2})\times\mathrm{C_2}$

저　　판 : $V_2 = \mathrm{C_1}\times\mathrm{B}$

활동방지벽 : $V_3 = \mathrm{K_1}\times\mathrm{K_2}$

∴ 옹벽전체 $V = \frac{1}{2}(0.35+\mathrm{B_2})\times\mathrm{C_2}+\mathrm{C_1}\times\mathrm{B}+\mathrm{K_1}\times\mathrm{K_2}$

여기서 기울기가 1 : 0.2이고 무과재 하중의 높이 2 m인 것을 계산해 보면

$$V = \frac{1}{2}(0.35+0.6)\times1.7+0.3\times1.2+0.4\times0.3 = 1.2875\,\mathrm{m^3/m}$$

이다.

또 기울기가 1 : 0.02이고 과재 하중의 높이 4 m인 것을 계산해 보면

$$V = \frac{1}{2}(0.35+1.0)\times3.5+0.5\times2.35+0.5\times0.3 = 3.6875\,\mathrm{m^3/m}$$

이다.

② 거푸집 [m당]

도면 2-1-2의 치수표 기호에 따른 일반식을 정리하면 다음과 같다.

전　　면 : $A_1 = \sqrt{(\mathrm{C_2})^2+(0.02\times\mathrm{C_2})^2}$

배　　면 : $A_2 = \sqrt{(\mathrm{C_2})^2+(\mathrm{B_2}-0.02\times\mathrm{C_2}-0.35)^2}$

저　　판 : $A_3 = 2\times\mathrm{C_1}$

활동방지벽 : $A_4 = 2\times\mathrm{K_2}$

$$\therefore \text{ 전체 거푸집 } A = A_1 + A_2 + A_3 + A_4$$

$$= \sqrt{(C_2)^2 + (0.02 \times C_2)^2} + \sqrt{(C_2)^2 + (B_2 - 0.02 \times C_2 - 0.35)^2}$$
$$+ 2 \times C_1 + 2 \times K_2$$

여기서, 기울기가 1 : 0.02이고 무과재 하중의 높이 2 m인 것을 계산해 보면

$$A = \sqrt{(1.7)^2 + (0.02 \times 1.7)^2} + \sqrt{(1.7)^2 + (0.6 - 0.02 \times 1.7 - 0.35)^2}$$
$$+ 2 \times 0.3 + 2 \times 0.3 = 4.614\,\text{m}^2/\text{m}$$

또 기울기가 1 : 0.02이고 과재 하중의 높이 4 m인 것을 계산해 보면

$$A = \sqrt{(3.5)^2 + (0.02 \times 3.5)^2} + \sqrt{(3.5)^2 + (1.0 - 0.02 \times 3.5 - 0.35)^2}$$
$$+ 2 \times 0.5 + 2 \times 0.3 = 8.648\,\text{m}^2/\text{m}$$

③ 철근 [m당]

도면 2-1-2의 철근 상세도에서 ⓦ2, ⓢ2는 D13으로 종방향 철근이고, ⓦ1, ⓢ1은 D13의 인장력을 받는 철근이라는 것을 알 수 있다. 먼저 철근량을 구하기 위해서는 상세도에서 각 철근 ⓦ1, ⓦ2, ⓢ1, ⓢ2의 길이(L)를 알아보고 이에 따른 철근 본수(개수) N을 산출하여 그 철근 직경에 맞는 단위중량을 곱하여 산출하는데 철근표를 이용하면 편리하다.

ⓦ2, ⓢ2 철근은 L=1,000 mm로 철근 간격(CTC)이 250 mm이므로 철근 본수 N은

ⓦ2 철근 : $N = b$(변화치수) ÷ 250 + 1

ⓢ2 철근 : $N = a$(변화치수) ÷ 250 + 1

ⓢ1은 $L = a$ mm로 철근 간격이 250 mm이므로 단위길이 1,000 mm당 4본이 된다(1,000/250=4).

ⓦ1도 마찬가지로 $L = b$, N=4가 된다.

여기서, 기울기가 1 : 0.02이고 무과재 하중의 높이 2 m인 것을 계산해 보면,

ⓦ2 D13 L=1,000 : N=(7,660/250)+1=4.04 → 4본

ⓢ2 D13 L=1,000 : N=(1,814/250)+1=8.256 → 8본

ⓢ1 D13 L=760 : N=1,000/250=4

ⓦ1 D13 L=1,814 : N=1,000/250=4

표 2-1-2 ● 철근표(1 : 0.02, 무과재, H= 2.000) [m당]

기호	지름	길이 [mm]	수량	총길이 [m]	단위중량 [kg/m]	총중량 [kg]	비고
W_2	D13	1,000	760/250+1=4 EA	4.000	0.995	3.980	4.975
S_2	D13	1,000	1,814/250+1=8 EA	8.000	0.995	7.960	8.995
S_1	D13	760	1,000/250=4 EA	3.040	0.995	3.025	3.025
W_1	D13	1,814	1,000/250=4 EA	7.256	0.995	7.220	7.220
					계	22.185	24.175

도면 2-1-2의 재료표에서는 철근량이 24.175 kg으로 나와 있어 차이가 난다. 이것은 W_2와 S_2의 철근 본수 계산에서 4.04본을 5본, 8.256본을 9본으로 계산한 경우인 것이다(비고란 참조). 이렇게 되면 양 끝의 철근 간격은 250 mm 보다 작게 된다.

또 W_2와 S_2의 철근 본수 계산에서는 1본을 더해주고 S_1과 W_1의 철근 본수 계산에는 1본을 더해 조지 않는 이유는, W_2와 S_2가 배근되는 길이를 철근 간격으로 나누면 맨 끝의 철근이 계산에서 빠지게 되기 때문에 1본을 더해주고, S_1과 W_1은 단위 길이에 배근되어 계속해서 옹벽의 연장이 있으므로 맨 끝의 철근 1본을 더해 주지 않는 것이다. 그리고 S_1과 W_1의 철근 간격(CTC)이 300 mm라면 철근 본수 N=1,000/300=3.33으로 3.33본이 되는데 이때 철근 본수는 반올림하지 않고 3.33본을 단위길이당 본수로 계산해야 한다(옹벽길이 100 m의 경우를 계산해 보면 이해가 빠름).

도면 2-1-2의 재료표와 비교해보기 위해서 표 2-1-3의 철근표를 만들어 보았다.

표 2-1-3 ● 반중력식 옹벽 철근표 [m당]

하중	S_1 D13 N=4EA		W_1 D13 N=4EA		S_2, W_2 D13, L=1,000 m			총길이 [m]	총중량 [kg]	비고 (반올림 한 경우)
	a [mm]	$a \times N$ [mm]	b [mm]	$b \times N$ [mm]	$N_1 = a/250+1$	$N_2 = b/250+1$	$(N_1+N_2) \times L$			
무과재	760	3,040	1,814	7,256	4.04	8.26	12,000	22,296	22.184	24.174
무과재	860	3,440	2,323	9,292	4.44	10.29	14,000	26,732	26.598	28.588
무과재	960	3,840	2,833	11,332	4.84	12.33	16,000	31,172	31.016	33.006
무과재	1,060	4,240	3,342	13,368	5.24	14.37	19,000	36,608	36.424	38.414
무과재	1,160	4,640	3,852	15,408	5.64	16.41	21,000	41,048	40.842	42.832
과재	910	3,640	1,814	7,256	4.64	8.26	12,000	22,896	22.781	24.771
과재	1,010	4,040	2,323	9,292	5.04	10.29	15,000	28,332	28.19	30.180
과재	1,210	4,840	2,833	11,332	5.84	12.33	17,000	33,172	33.006	34.996
과재	1,380	5,520	3,342	13,368	6.52	14.37	20,000	38,888	38.693	40.683
과재	1,580	6,320	3,852	15,408	7.32	16.41	23,000	44,728	44.504	46.494

3) L형 옹벽

(1) 콘크리트 [m당]

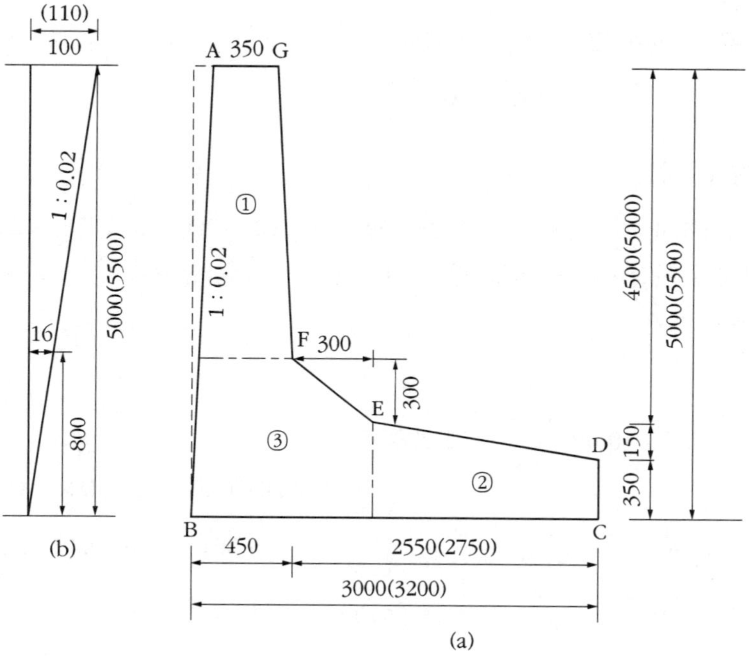

그림 2-1-4

그림 2-1-4는 도면 2-1-4의 단면도를 축척 없이 스케치한 것으로 (   )안의 수는 $H=$ 5.5 m 옹벽의 수치이다.

옹벽 전면의 점선부분 삼각형을 알아보기 쉽게 한 것이 그림 2-1-4(b)이다. 편의상 옹벽의 단면을 세 부분으로 나누어 계산하면,

$H=5$ m에서

① 벽체 $V_1 = \frac{1}{2}(0.35+0.45-0.016)\times 4.2 = 1.6464$

② 뒷저판 $V_2 = \frac{1}{2}(0.35+0.5)\times 2.25 = 0.9563$

③ 앞저판 $V_3 = \frac{1}{2}(0.45-0.016+0.3+0.45+0.3)\times 0.8 - \frac{1}{2}(0.3\times 0.3) = 0.5486$

$\therefore V = ①+②+③ = 2.1513\,\mathrm{m^3/m}$

또 $H=5.5$ m에서

① $V_1 = \frac{1}{2}(0.35+0.45-0.016)\times 4.7 = 1.8424$

② $V_2 = \frac{1}{2}(0.35+0.5)\times 2.45 = 1.0412$

③ V_3는 $H=5\,\text{m}$와 같음. $V_3 = 0.5486$

$\therefore V =$ ①+②+③ $= 3.432\,\text{m}^3/\text{m}$

(2) 거푸집 [m당]

그림 2-1-4(a)에서 거푸집이 소요되는 곳은 AB, GF, CD, EF, DE면으로 되어 있다. 거푸집을 정확이 산출하려면 이들 면의 길이를 정확히 산출해야 한다(※ DE는 계산하지 않는 경우도 있음).

$H=5\,\text{m}$에서

$$\left\{\begin{aligned} &\text{AB} = \sqrt{(5)^2+(0.02\times 5)^2} = 5.00099 \\ &\text{GF} = 4.2 \\ &\text{EF} = \sqrt{(0.3)^2+(0.3)^2} = 0.4242 \\ &※\ \text{DE} = \sqrt{(2.25)^2+(0.15)^2} = 2.25499 \\ &\text{CD} = 0.35 \end{aligned}\right\} \begin{aligned} &\text{AB}+\text{GF}+\text{EF}+\text{DE}+\text{CD} \\ &= 5.001+4.2+0.424+2.255+0.35 \\ &= 12.23\,\text{m}^3/\text{m} \end{aligned}$$

$H=5.5\,\text{m}$에서

$$\left\{\begin{aligned} &\text{AB} = \sqrt{(5.5)^2+(0.02\times 5.5)^2} = 5.5011 \\ &\text{GF} = 4.7 \\ &\text{EF} = \sqrt{(0.3)^2+(0.3)^2} = 0.4242 \\ &※\ \text{DE} = \sqrt{(2.45)^2+(0.15)^2} = 2.4546 \\ &\text{CD} = 0.35 \end{aligned}\right\} \begin{aligned} &\text{AB}+\text{GF}+\text{EF}+\text{DE}+\text{CD} \\ &= 5.501+4.7+0.424+2.455+0.35 \\ &= 13.43\,\text{m}^3/\text{m} \end{aligned}$$

(3) 철근 [m당]

도면 2-1-4의 철근 상세도에서 Ⓦ 철근들은 벽체(Wall), Ⓗ 철근들은 헌치(haunch), Ⓕ 철근들은 저판(기초, foundation, footing), Ⓢ 철근들은 스페이서(spacer)의 철근들이다.

$H=5\,\text{m}$에서

Ⓦ$_1$ D13, $L=210+\text{A}_1=210+4801=5011$, $N=1000/250=4$

Ⓦ2 D19, $L = A_2 + A_3 = 4800 + 305 = 5105$, $N = 1000/250 = 4$

Ⓦ3 D19, $L = A_4 + A_1 = 2550 + 305 = 2855$, $N = 1000/250 = 4$ (벽체 후면의 8@125는 Ⓦ2와 Ⓦ3가 번갈아 배근되기 때문임)

Ⓦ4 D13, $L = 1000$, $N = 18 + 18 = 36$ (전면에 18본, 후면에 18본)

Ⓗ D16, $L = 100 + F + 100 = 100 + 1301 + 100 = 1501$, $N = 1000/125 = 8$ (벽체 후면의 8@125는 Ⓦ2와 Ⓦ3에 전부 Ⓗ가 붙는다.)

Ⓕ1 D22, $L = B_1 + B_2 + 150 = 322 + 2848 + 150 = 3320$, $N = 1000/125 = 8$ (저판 상면)

Ⓕ2 D22, $L = B_3 = 2830$, $N = 1000/250 = 4$ (저판 하면)

Ⓕ3 D13, $L = 1000$, $N = 14 + 14$ (상면 14본, 하면 14본)

Ⓢ1 D13, $L = 100 + C_1 + 100 = 100 + \left(\dfrac{205 + 272}{2}\right) + 100 = 438.5 \rightarrow 439$

N은 벽체 전면의 스페이서를 세어서 8본

Ⓢ2 D13, $L = 100 + 2C_2 + C_3 + 100 + 2\left(\dfrac{144 + 239}{2}\right) + 285 + 100 = 868$

N은 저판 상면의 스페이서를 세어서 10본

이상과 같은 것을 철근표에 정리하면 도면 2-1-4의 철근표와 같이 된다.

철근 상세도에서 Ⓦ2, Ⓦ3, Ⓕ1, Ⓕ2에 철근 직경 D를 표시하지 않은 것은 $H = 5$ m와 $H = 5.5$ m에서 D가 다르기 때문이다.

4) 역 T형 옹벽

(1) 콘크리트 [m당]

도면 2-1-9에서 콘크리트량을 산출하기 위하여 그림 2-1-5를 다시 그려 보았다.

그림 2-1-5에는 JH의 길이를 계산하기 위해서 다시 빌게 삼각형을 그렸다. 그리고 옹벽 단면을 4개 부분으로 나누어 계산하면,

$H = 5$ m에서

① $V_1 = \dfrac{1}{2}(0.35 + 0.4 - 0.006) \times 4.2 = 1.5624$

② $V_2 = \dfrac{1}{2}(0.4 - 0.006 + 0.4 + 0.3) \times 0.3 = 0.1641$

③ $V_3 = \dfrac{1}{2}(0.4 + 0.3 + 2.8) \times 0.15 = 0.2625$

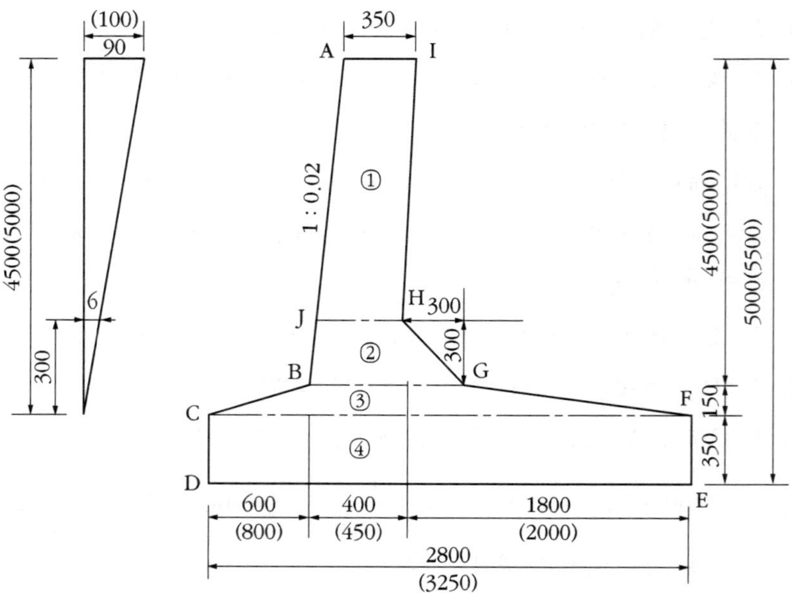

그림 2-1-5

④ $V_4 = 0.35 \times 2.8 = 0.98$

$\therefore V =$ ① + ② + ③ + ④ $= 1.5624 + 0.1641 + 0.2625 + 0.98 = 2.969\,\mathrm{m^3/m}$

$H = 5.5$ m에서

① $V_1 = \frac{1}{2}(0.35 + 045 - 0.006 \times 4.7) = 1.8659$

② $V_2 = \frac{1}{2}(0.45 - 0.006 + 0.45 + 0.3) \times 0.3 = 0.1791$

③ $V_3 = \frac{1}{2}(0.45 + 0.3 + 3.25) \times 0.15 = 0.3$

④ $V_4 = 0.35 \times 3.25 = 1.1375$

$\therefore V =$ ① + ② + ③ + ④ $= 1.8659 + 0.1791 + 0.3 + 1.1375 = 3.4825\,\mathrm{m^3/m}$

(2) 거푸집 [m당]

그림 2-1-5에서 거푸집이 소요되는 면은 AB, BC, CD, EF, FG, GH, HI이다(※ FG는 계산하지 않는 경우도 있음).

$H=5$ m에서

$$\left\{\begin{aligned} AB &= \sqrt{(4.5)^2+(0.02\times 4.5)^2} = 4.501 \\ BC &= \sqrt{(0.6)^2+(0.15)^2} = 0.618 \\ CD &= 0.35 \\ EF &= 0.35 \\ ※\ FG &= \sqrt{(1.5)^2+(0.15)^2} = 1.507 \\ GH &= \sqrt{2(0.3)^2} = 0.424 \\ HI &= \sqrt{(4.2)^2+(0.09+0.35-0.4)^2} = 4.2 \end{aligned}\right\} \begin{aligned} &AB+BC+CD+EF+FG \\ &\quad +GH+HI = 11.95\,\text{m}^2/\text{m} \end{aligned}$$

$H=5.5$ m에서

$$\left\{\begin{aligned} AB &= \sqrt{(5)^2+(0.02\times 5)^2} = 5.001 \\ BC &= \sqrt{(0.8)^2+(0.15)^2} = 0.814 \\ CD &= 0.35 \\ EF &= 0.35 \\ ※\ FG &= \sqrt{(1.7)^2+(0.15)^2} = 1.706 \\ GH &= \sqrt{2(0.3)^2} = 0.424 \\ HI &= \sqrt{(4.7)^2+(0.1+0.35-0.45)^2} = 4.7 \end{aligned}\right\} \begin{aligned} &AB+BC+CD+EF+FG \\ &\quad +GH+HI = 13.345\,\text{m}^2/\text{m} \end{aligned}$$

(3) 철근 [m당]

$H=5$ m에서

(W_1) D13, $L=210+A_1=210+4801=5011$, $N=1000/250(\text{CTC})=4$

(W_2) D19, $L=A_2+A_3=4800+304=5104$, $N=1000/250=4$

(W_3) D19, $L=A_4+A_5=2400+304=2704$, $N=1000/250=4$

(W_4) D13, $L=1000$, $N=22+22=44$ (벽체 전면 22, 후면 22)

(F_1) D16, $L=150+B_1+B_2=150+589+260=999$, $N=1000/250=4$ (앞저판 상면)

(F_2) D16, $L=B_3=B_4+B_5+150=70+260+1773+150=2253$, $N=1000/125=8$ (뒷저판 상면)

(F_3) D16, $L=B_6=2600$, $N=1000/250=4$ (뒷저판 하면)

Ⓕ4 D16, $L=B_7=1100$, $N=1000/250=4$ (앞저판 하면)

Ⓕ5 D13, $L=1000$, $N=12+12=24$ (저판 상면 12, 하면 12)

Ⓗ D16, $L=100+F+100=100+1135+100=1335$, $N=1000/125(CTC)=8$ (벽체 후면의 8@125는 Ⓦ2와 Ⓦ3가 번갈아 배근되며 Ⓦ2와 Ⓦ3에 Ⓗ 철근이 같이 배근된다.)

Ⓢ1 D13, $L = 100+C_1+100 = 100+\left(\frac{193+215}{2}\right)+100 = 404$, $N = 6$

(벽체 전면에서 스페이서가 위치하는 곳을 세어서 계산)

Ⓢ2 D13, $L = 100+C_1+100 = 100+2\left(\frac{171+254}{2}\right)+279+100 = 904$, $N = 6$

(저판 상면에서 스페이서가 위치하는 곳을 세어서 계산)

이상의 철근을 철근표로 정리하면 도면 2-1-9의 철근표가 된다.

5) 부벽식 옹벽(앞부벽식)

(1) 콘크리트 [격간당, 3.5 m당]

그림 2-1-6은 콘크리트량을 산출하기 위한 것으로 도면 2-1-13에 의한 것이다.

① $V_1 = 0.35\times8.1\times3.5 = 9.925$

② $V_1 = \frac{0.3}{2}(0.35+0.3+0.5+1.05)\times3.5 = 1.155$

③ $V_3 = 5.8\times0.6\times3.5 = 12.18$

④ $V_4 = 0.5\times1.2\times3.5 = 2.1$

⑤ $V_5 = \frac{1}{2}(4.4\times8.4-0.3\times0.3)\times0.5 = 9.2175$

$\therefore V = ①+②+③+④+⑤ = 34.575\,m^3/$격간

(2) 거푸집 [격간당]

그림 2-1-6에서 2중선으로 표시된 면이 거푸집이 소요되는 면이다.

㉠ $A_1 = 8.1\times3.5+8.1\times(3.5-0.5) = 52.65$

㉡ $A_2 = \sqrt{2(0.3)^2}\times(3.5-0.5) = 1.273$

㉢ $A_3 = 0.6\times2\times3.5 = 4.2$

㉣ $A_4 = 1.2\times2\times3.5 = 8.4$

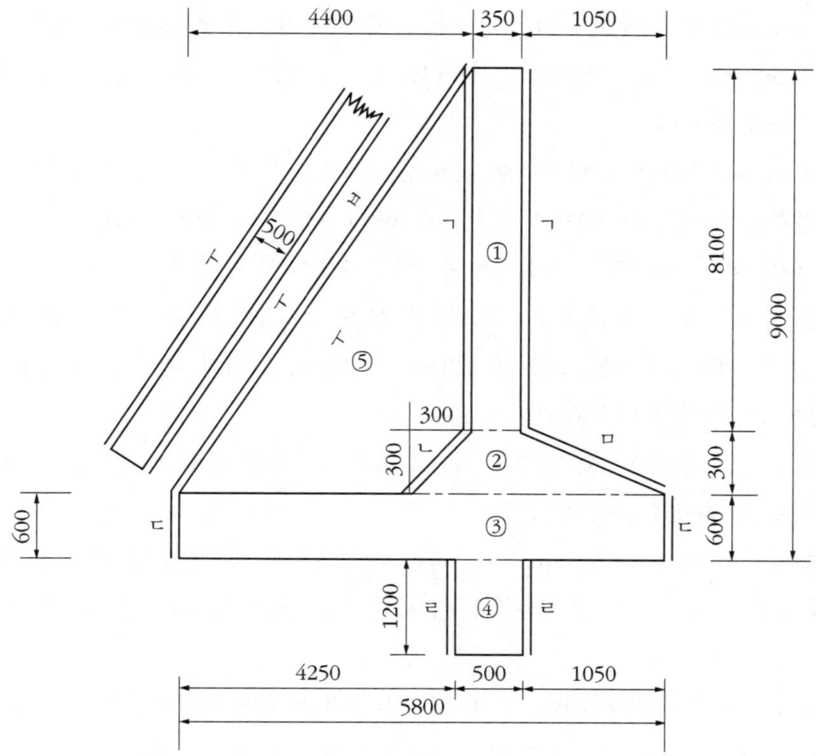

그림 2-1-6

ⓜ $A_5 = \sqrt{(1.05)^2+(0.3)^2} \times 3.5 = 3.822$

ⓑ $A_6 = \sqrt{(4.4)^2+(8.4)^2} \times 0.5 = 4.741$

ⓢ $A_7 = \frac{1}{2}(4.4 \times 8.4 - 0.3 \times 0.3) \times 2 = 36.87$

∴ 합계 ㉠ ~ ㉦ = 111.956 m^2/격간

(3) 철근 [격간당]

옹벽 구조 표준도 설계조건의 철근 정척(定尺)은 8 m이므로 도면 2-1-13의 철근 상세도에서 철근 길이 L이 8 m 이상인 Ⓦ1과 Ⓑ는 철근의 이음 계산을 해야만 한다. (콘크리트구조 설계기준 개정전 이음계산방법)

Ⓦ1 D16, $L = 8800 + 24 \times 15.9 = 9181 \rightarrow 9180$ ($24d$는 이음길이로서 d는 공칭지름을 말함), $N = 16 + 16 = 32$ (벽체에서 10@250의 10칸에 11본이 배근, 부벽 근처 양쪽에 175 mm 간격으로 2본씩 4본이나 배근, ℄ 에 1본이 배근, 합계 16본이 전면에 또 후면에 배근된다.)

Ⓦ₂ D19, $L=3500$, $N=21+21=42$ (벽체 배근도 전면의 8@300에서 8본, 4@400에서 4본, 7@500에서 7본, 끝단에서 1본, 549 mm 간격에서 상단에 1본, 합계 21본이 전면에 또 후면에 배근됨.)

Ⓦ₃ D19, $L=2\times750+2\times297+1580=3674$, $N=21$ (벽체 배근도 후면에서 위로부터 399 mm 간격에서 1본, 15@250의 7본, 8@200의 4본, 16@150의 8본, 그리고 176 mm 떨어져서 1본, 합계 21본의 절곡철근으로 전면·후면에서 부분적으로 표시된다.)

Ⓕ₁ D22, $L=3500$, $N=14+14=28$ (저판 상면 배근도에서 위로부터 100 mm에 1본, 3@350의 3본, 8@400의 8본, 그리고 120 mm, 210 mm 떨어져 각각 1본씩 2본, 합계 14본이 상면에 또 하면에 배근됨.)

Ⓕ₂ D22, $L=2\times750+2\times566+1200=3832$, $N=11$ (저판 상면 배근도에서 위로부터 3@350의 3본, 8@400의 8본, 계 11본)

Ⓕ₃ D13, $L=4650$, $N=16+16=32$ (저판 배근도에서 10@250의 10칸에 11번, 부벽 근처 양쪽에 175 mm 간격으로 2본씩 4본, ℄에 1본, 합계 16본이 상면에 또 하면에 배근됨.)

Ⓕ₄ D16, $L=1071+1279+406=2756$, $N=14$ (저판 상면 배근도에서 14@250의 14본)

Ⓕ₅ D16, $L=1350$, $N=7$ (저판 하면 배근도에서 7@500의 7본)

Ⓕ₆ D13, $L=3500$, $N=4+4=8$ (뒤 저판 상면, 하면의 각 4본씩 8본)

Ⓗ₁과 Ⓗ₂ 철근을 산출하기 위해서 도면 2-1-13의 부벽 배근도를 다시 그린 것이 그림 2-1-7이다.

도면 2-1-13의 철근 상세도에서 Ⓗ₁은 제일 작은 821 mm에서 제일 큰 4410 mm까지 20본이 있어, 821 ~ 4410 사이에 Ⓗ₁ 철근들의 정확한 치수를 알 수 없으므로 삼각형의 비례법으로 20본의 철근 길이를 각각 산출할 수 있다.

Ⓗ₂도 Ⓗ₁과 마찬가지로 계산하면 된다.

이렇게 산출된 Ⓗ₁ 철근 821 ~ 4410 사이에 있는 20본 철근 길이의 합은 55499 mm가 되며 평균길이는 2774 mm가 된다. 또 Ⓗ₂의 평균 길이도 같은 방법으로 산출하여 4433 mm가 된다. 이것을 간편한 방법으로 계산하려면, 그림 2-1-7에서 먼저 Ⓗ₁ 철근의 간격이 다른 3부분 경계에 해당되는 철근 길이만 비례로 산출하면 식 (1), (2), (3)이 된다.

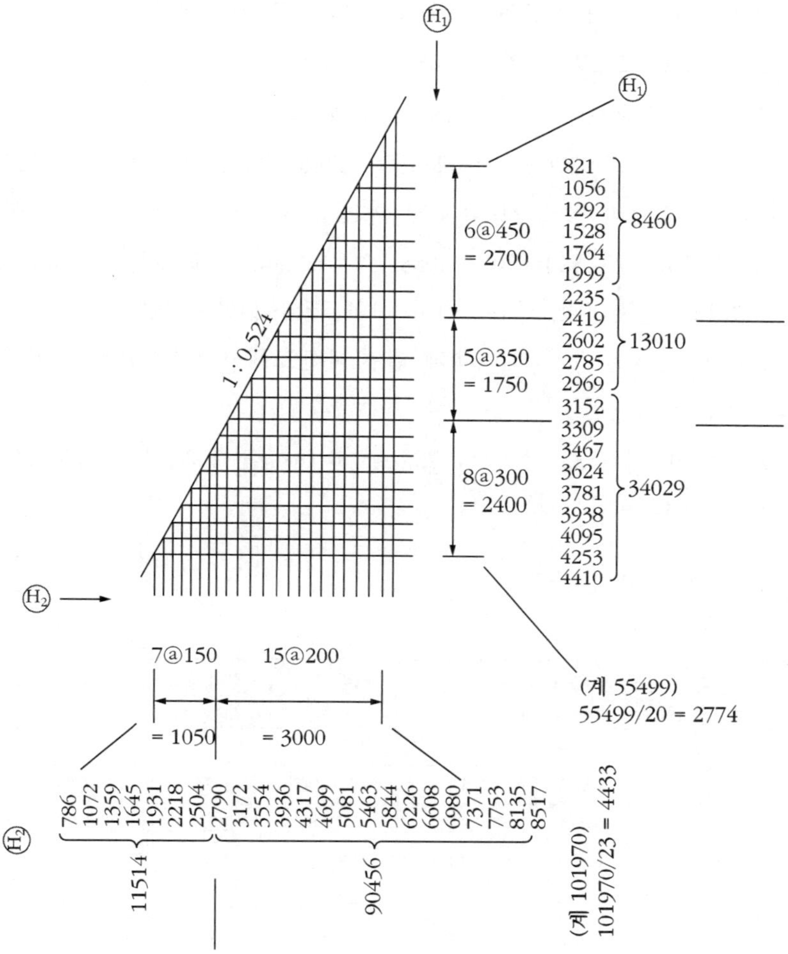

그림 2-1-7

821 ~ 1999 사이에 6본의 철근 길이 합 $= \dfrac{821+1999}{2} \times 6 = 8460$ (1)

2235 ~ 2969 사이에 5본의 철근 길이 합 $= \dfrac{2235+2969}{2} \times 5 = 13010$ (2)

3152 ~ 4450 사이에 9본의 철근 길이 합 $= \dfrac{3152+4410}{2} \times 9 = 34029$ (3)

∴ (1)+(2)+(3)=55499가 20본 철근 길이의 합이므로 H1 철근의 평균길이는 55499/20=2774 mm가 된다.

Ⓗ₂도 마찬가지로 계산할 수 있다.

그렇지만 철근 가공을 하기 위해서는 Ⓗ₁이나 Ⓗ₂의 모든 철근들의 정확한 길이와 치수, 형상이 표시되어 있거나 산출할 수 있도록 되어 있어야 한다.

ⓗ1 D16, $L=2\times100+2\times2774+332=6080$, $N=20$

ⓗ2 D16, $L=4433$(평균길이), $N=2\times(8+15)=46$

Ⓑ D16, $L=256+500+9370+219-24\times d=10345+24\times15.9=10726\rightarrow10725$ (철근 정척 8 m 이상이므로 철근의 이음 $24d$를 가산해 줌), $N=2$ (부벽의 사면에 2본 배근됨)

ⓚ1 D19, $L=2\times304+2\times1580+300=4068$, $N=20$ (ⓚ1은 활동방지벽(shear key)에 배근되어 있는 것으로 벽체 전면 배근도에서 20@175의 20본이 된다.)

ⓚ2 D13, $L=3500$, $N=5+5=10$ (벽체 전면 배근도에서 4@250의 5본이 단면도에서 돌출부 전면, 후면에 배근됨.)

ⓢ1 D13, $L=2\times100+2\times523+529=1775$, $N=4$ (뒷굽판에 배근된 스페이서로서 저판 상면 배근도에서 직접 세어서 계산함.)

표 2-1-4 ● 앞부벽식 옹벽의 철근표

STEEL-BAR LIST (PER 3.5M)

Mark	Dia [mm]	Length [mm]	Each	Total L. [mm]	Unit Wt. [kg/m]	Total Wt. [kg]	Remark
W_1	D16	9,180	32	293,760	1.56	458.266	
W_2	D19	3,500	42	147,000	2.25	330.750	
W_3	D19	3,674	21	77,154	2.25	173.597	
F_1	D22	3,500	28	98,000	3.04	297.920	
F_2	D22	3,832	11	42,152	3.04	128.142	
F_3	D13	4,650	32	148,800	0.995	148.056	
F_4	D16	2,756	14	38,584	1.56	60.191	
F_5	D16	1,350	7	9,450	1.56	14.742	
F_6	D13	3,500	8	28,000	0.995	27.860	
H_1	D16	6,080	20	121,600	1.56	189.696	Average L.
H_2	D16	4,433	46	203,918	1.56	318.112	Average L.
B	D16	10,725	2	21,450	1.56	33.462	
K_1	D19	4,068	20	81,360	2.25	183.060	
K_2	D13	3,500	10	35,000	0.995	34.825	
S_1	D13	1,775	4	7,100	0.995	7.065	
S_2	D13	539	39	21,021	0.995	20.916	
S_3	D13	346	35	12,110	0.995	12.049	
S_4	D13	471	31	14,601	0.995	14.528	
TOTAL						2453.236	(3%) 2526.833

Ⓢ₂ D13, $L=2\times100+339=539$, $N=6\times4+5\times3=39$ (앞굽판에 배근된 스페이서로서 저판 상면 배근도에서 직접 세어서 계산하는데 6본이 있는 줄이 4줄이 있고 5본이 있는 줄이 3줄)

Ⓢ₃ D13, $L=2\times100+146=346$, $N=5\times7=35$ (벽체에 배근된 스페이서로서 벽체 전면 배근도에서 직접 세어서 계산하는데 5본씩 있는 줄이 7줄)

Ⓢ₄ D13, $L=2\times100+271=471$, $N=31$ (부벽의 스페이서로 부벽 배근도에서 직접 세어서 계산)

이상의 철근 계산을 철근표로 정리하면 표 2-1-4가 된다.

이 때 철근의 구경(DIA)별로 구성하거나, 철근의 배근 종류별로 구성하여 정리하는 것이 편리하다. 철근표 정리를 하는데 먼저 본당 길이(Length)에 수량(Each)을 곱하여 총 길이(Total length)를 산출하고, 그 총길이에 단위중량(Unit weight)을 곱하여 총 중량(Total weight)을 산출하여 합계를 한 것이다. 여기서 철근의 할증을 나타내어 비고란(Remarks)에 표시하는 경우도 있다.

(4) 토공 [격간당]

부벽식 옹벽에서 토공량을 산출하기 위해서 공사현장을 측량하여 단면을 그린 것이 그림 2-1-8이라고 가정하여 보자.

그림 2-1-8에서 터파기 비탈면 기울기와 터파기 여유 폭(50 cm)을 근거로 토공 물량을 계산한다.

① 터파기

터파기량을 산출하기 편하게 옹벽 단면을 그림 2-1-8과 같이 4부분으로 나눈다.

(a) $V_1 = \dfrac{1.5+5.8}{2}\times1.2\times3.5 = 15.33$

(b) $V_2 = \dfrac{6.8+8}{2}\times1.2\times3.5 = 31.08$

(c) $V_3 = \dfrac{1}{2}(5.85\times7.8)\times3.5 = 79.853$

(d) $V_4 = \dfrac{2.15+6.05}{2}\times7.8\times3.5 = 111.93$

∴ 터파기 : $V=(a)+(b)+(c)+(d)=238.193\ m^3$/격간

② 되메우기

일반적으로 되메우기는 흙속에 있는(F.L) 이하 흙속에 묻히는 구조물 부분을 계산하

여 터파기량에서 빼면 되는 것이지만 그림 2-1-8의 옹벽과 같은 경우는 좀 다르다. 옹벽 전면의 부벽이 있는 쪽에 원지반선(G.L)이 옹벽이 완성된 후에는 없어지고 평평한 F.L로 바뀐다. 그러므로 흙속 부분만 계산하면 안 된다.

또 그림 2-1-8에서 되메우기 되는 부분만 단면 계산해도 된다.

먼저, 되메우기 되는 부분을 직접 계산하는 것으로 해보면, 옹벽 뒷부분 되메우기부터 시계방향으로 단면 계산해서

(a) $\dfrac{6.05+2.0}{2}\times 8.1\times 3.5 = 114.109$

(b) $\dfrac{2.0+0.8}{2}\times 0.3\times 3.5 = 1.47$

(c) $\dfrac{0.8+0.5}{2}\times 0.6\times 3.5 = 1.365$

(d) $\dfrac{1.05+0.5}{2}\times 1.2\times 3.5 = 3.255$

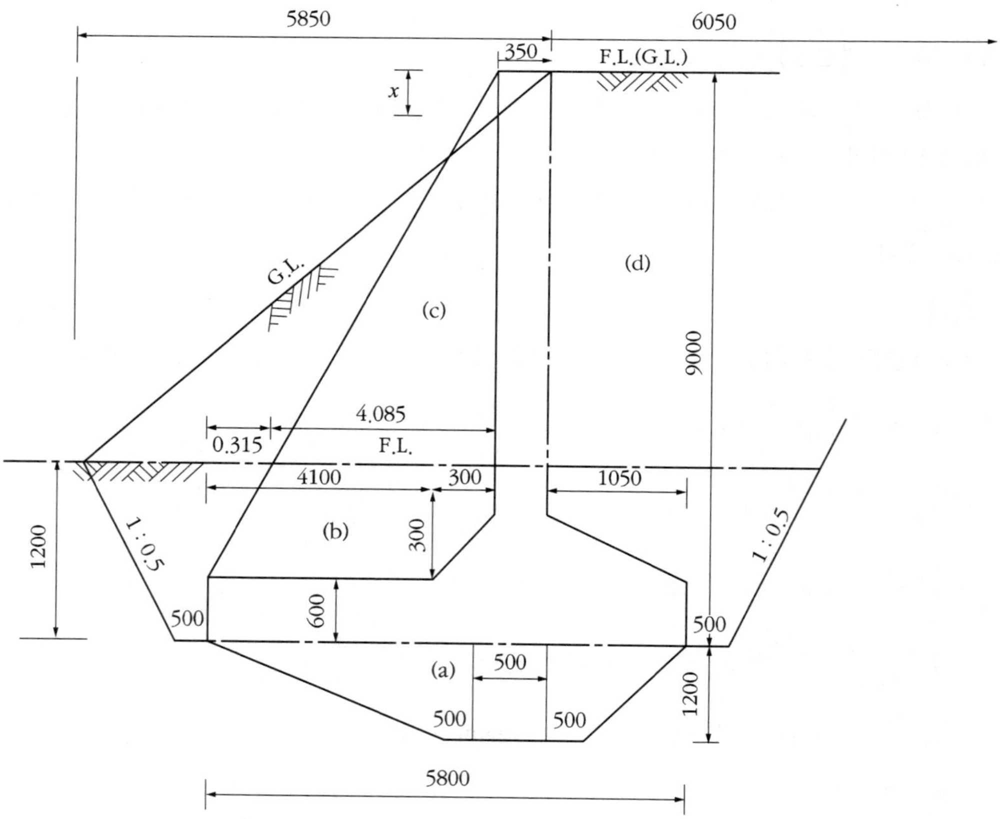

그림 2-1-8

(e) $\dfrac{4.25+0.5}{2} \times 1.2 \times 3.5 = 9.975$

(f) $\dfrac{0.8+0.5}{2} \times 0.6 \times 3.5 = 1.365$

(g) $\dfrac{0.8+1.415}{2} \times 0.6 \times 3.5 = 2.325$

(h) $\left(\dfrac{4.4+4.085}{2} \times 0.6 - \dfrac{0.3 \times 0.3}{2}\right) \times 3.0 = 7.501\,\text{m}^3$/격간

∴ 되메우기 $V=$(a)$+ \sim +$(h)$=141.365$

또, 구조물 부분과 터파기와 함께 관련시켜서 계산해 보면, 옹벽 윗부분(天端部分)이 원지반선(G.L)보다 높게 나타난 부분을 계산해서 콘크리트량에서 뺀 값 C와 옹벽 완성 후 없어질 부분인 옹벽 전면의 원지반선의 토량 S를 터파기 EX에서 빼면 되메우기량 RF가 된다. 즉 $RF = EX - C + S$인 것이다.

원지반선보다 높은 옹벽 윗부분을 계산하기 위해서 x를 계산해야 한다.

$$x : 350 = (7800 - x) : 5500$$

$$x = \frac{350 \times 7800}{5850} = 466.6 \fallingdotseq 467$$

G.L 윗부분의 콘크리트량

$$\frac{1}{2}(0.35 \times 0.467 \times 3.5 + 4.085 \times 7.8 \times 0.5) = 8.252$$

따라서

$C = 34.575$ < 전체 콘크리트량 > $- 8.252 = 26.323$

옹벽 앞부분의 토량(S)는

$$\frac{1}{2} \times 5.5 \times 7.333 \times 3.5 = 70.58$$

∴ 되메우기 $RF = 238.193$ < 전체 터파기량 > $- C - S$

$= 238.193 - 26.323 - 70.58 = 141.29\,\text{m}^3$/격간

이상과 같은 두 가지 방법 중 후자(後者)의 경우가 계산하기 편리하다.

③ 잔토처리

터파기량(EX) 238.193에서 되메우기량(RF) 141.29를 뺀 96.903이 잔토 처리되는 양이다.

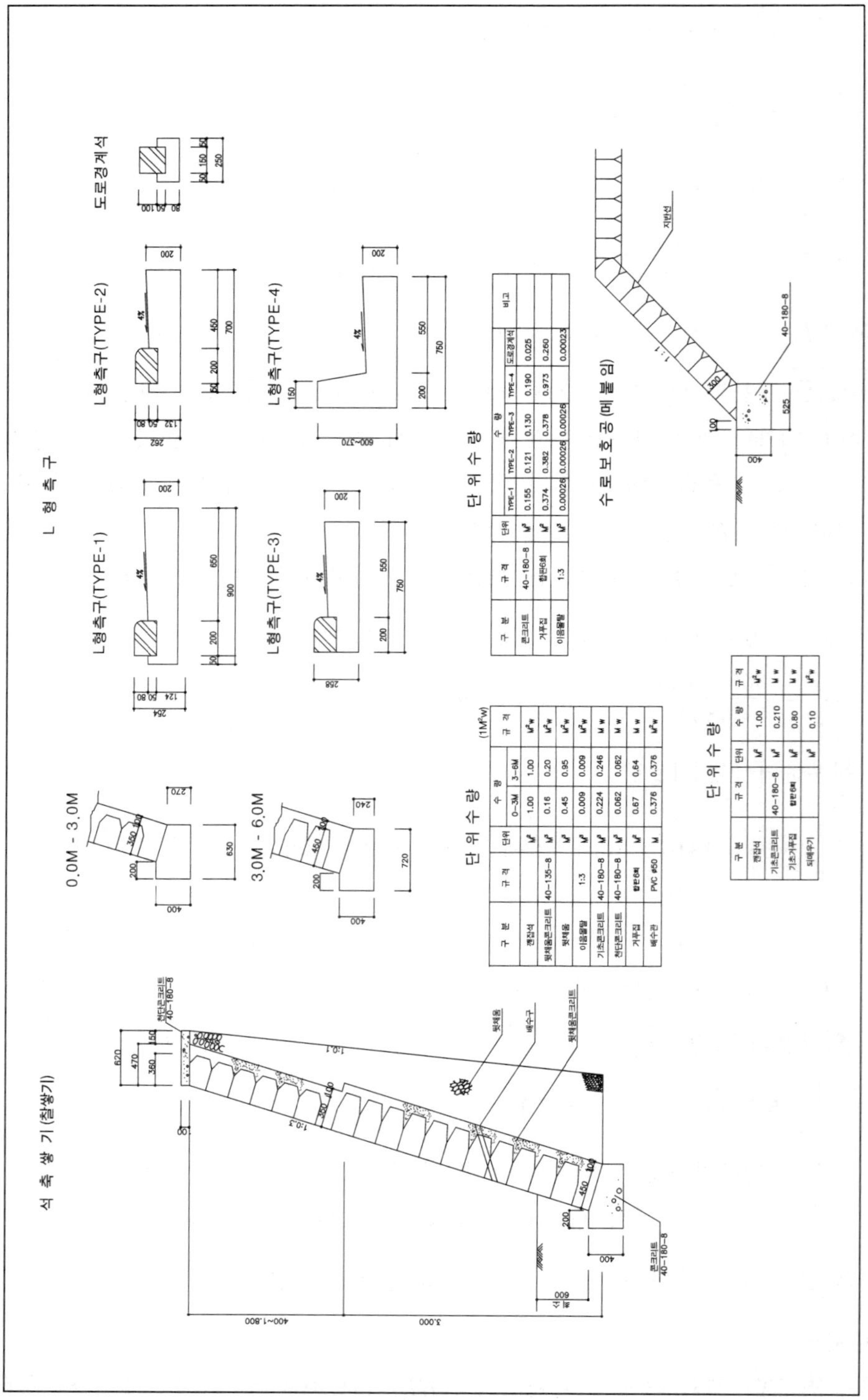

단 위 수 량 (1M²W)

구 분	규 격	단위	수 량 0~3M	수 량 3~6M	규 격
견칫석		M^2	1.00	1.00	M^2w
뒷채움콘크리트	40-135-8	M^3	0.16	0.20	M^2w
뒷채움		M^3	0.45	0.95	M^2w
이음몰탈	1:3	M^3	0.009	0.009	M^2w
기초콘크리트	40-180-8	M^3	0.224	0.246	M w
천단콘크리트	40-180-8	M^3	0.062	0.062	M w
거푸집	합판6회	M^2	0.67	0.64	M w
배수관	PVC ø50	M	0.376	0.376	M^2w

단 위 수 량

구 분	규 격	단위	수량 TYPE-1	수량 TYPE-2	수량 TYPE-3	수량 TYPE-4	수량 도로경계석	비고
콘크리트	40-180-8	M^3	0.155	0.121	0.130	0.190	0.025	
거푸집	합판6회	M^2	0.374	0.382	0.378	0.973	0.260	
이음몰탈	1:3	M^3	0.00026	0.00026	0.00026		0.00023	

단 위 수 량

구 분	규 격	단위	수 량	규 격
견칫석		M^2	1.00	M^2w
기초콘크리트	40-180-8	M^3	0.210	M w
기초거푸집	합판6회	M^2	0.80	M w
뒤채우기		M^3	0.10	M^2w

도면 2-1-1 석축 옹벽

중 력 식

SLOPE	하 중	H	C_1	C_2	B_1	B_2	B_3	B	Q_1	Q_2	콘크리트 (m^3)	거 푸 집 (m^2)	비 고
		치수표 (MM)							지반반력 (t/m^2)		재료표 (1. M당)		
0.02	무과재	2.000	400	1.600	200	700	200	1.100	7.120	0.634	1.280	4.032	
		2.500	400	2.100	250	850	200	1.300	9.026	0.329	1.780	5.050	
		3.000	400	2.600	300	1.100	200	1.600	10.277	0.765	2.525	6.093	
		3.500	500	3.000	350	1.250	200	1.800	12.221	0.471	3.300	7.116	
		4.000	500	3.500	400	1.450	200	2.050	13.794	0.528	4.175	8.049	
	과 재	2.000	400	1.600	200	1.000	200	1.400	8.376	1.060	1.640	4.116	
		2.500	400	2.100	250	1.150	200	1.600	10.560	0.585	2.215	5.113	
		3.000	400	2.600	300	1.350	200	1.850	11.714	1.285	3.120	6.204	
		3.500	500	3.000	350	1.550	200	2.100	13.483	1.294	4.100	7.247	
		4.000	500	3.500	400	1.750	200	2.350	15.187	1.282	5.075	8.282	
0.1	무과재	2.000	400	1.600	200	700	200	1.100	6.626	0.840	1.280	4.019	
		2.500	400	2.100	250	850	200	1.300	8.302	0.605	1.780	5.030	
		3.000	400	2.600	300	1.100	200	1.600	9.357	1.109	2.525	6.059	
		3.500	500	3.000	350	1.300	200	1.850	10.817	1.251	3.400	7.085	
		4.000	500	3.500	400	1.550	200	2.150	11.890	1.747	4.400	8.119	
	과 재	2.000	400	1.600	200	1.000	200	1.400	7.811	1.562	1.640	4.081	
		2.500	400	2.100	250	1.300	200	1.750	8.882	1.856	2.433	5.137	
		3.000	400	2.600	300	1.550	200	2.050	10.166	2.229	3.290	6.178	
		3.500	500	3.000	350	1.750	200	2.300	11.744	2.327	4.300	7.210	
		4.000	500	3.500	400	1.950	200	2.550	13.212	2.412	5.300	8.234	
0.2	무과재	2.000	400	1.600	200	750	200	1.150	5.859	1.308	1.340	4.034	
		2.500	400	2.100	250	900	200	1.350	7.267	1.162	1.853	5.046	
		3.000	400	2.600	300	1.200	200	1.700	7.908	2.010	2.695	6.072	
		3.500	500	3.000	350	1.400	200	1.950	9.194	2.206	3.600	7.093	
		4.000	500	3.500	400	1.700	200	2.300	9.885	3.024	4.738	8.129	
	과 재	2.000	400	1.600	200	1.100	200	1.500	6.740	1.835	1.760	4.088	
		2.500	400	2.100	250	1.400	200	1.850	7.650	2.531	2.578	5.134	
		3.000	400	2.600	300	1.650	200	2.150	8.724	2.955	3.460	6.166	
		3.500	500	3.000	350	1.900	200	2.450	9.902	3.412	4.600	7.206	
		4.000	500	3.500	400	2.150	200	2.750	10.926	3.861	5.750	8.238	
0.3	무과재	2.000	400	1.600	200	850	200	1.250	5.058	1.901	1.460	4.071	
		2.500	400	2.100	250	1.000	200	1.450	6.215	1.861	1.998	5.093	
		3.000	400	2.600	300	1.300	200	1.800	6.785	2.646	2.865	6.120	
		3.500	500	3.000	350	1.550	200	2.100	7.730	3.063	3.900	7.147	
		4.000	500	3.500	400	1.850	200	2.450	8.344	3.926	5.075	8.083	
	과 재	2.000	400	1.600	200	1.200	200	1.600	5.909	2.318	1.880	4.113	
		2.500	400	2.100	250	1.500	200	1.950	6.685	2.997	2.723	5.156	
		3.000	400	2.600	300	1.750	200	2.250	7.594	3.432	3.630	6.187	
		3.500	500	3.000	350	2.050	200	2.600	8.474	4.170	4.900	7.237	
		4.000	500	3.500	400	2.300	200	2.900	9.343	4.628	6.087	8.268	

반 중 력 식

SLOPE	하 중	H	C_1	C_2	B_1	B_2	B_3	B	K_1	K_2	K_3	a	b	Q_1	Q_2	콘크리트 (m^3)	거푸집 (m^2)	철 근 (kg)	비 고
		치수표 (mm)										철근치수표 (mm)		지반반력 (t/m^2)		재료표 (1. M당)			
0.02	무과재	2.000	300	1.700	400	600	200	1.200	400	300	400	760	1.814	5.490	1.508	1.288	4.614	24.175	
		2.500	350	2.150	500	700	200	1.400	400	300	500	860	2.323	6.825	1.410	1.739	5.622	28.588	
		3.000	400	2.600	600	800	200	1.600	500	300	550	960	2.833	8.219	1.205	2.285	6.631	23.006	
		3.500	450	3.050	700	900	200	1.800	500	300	650	1.060	3.342	9.660	0.920	2.866	7.640	38.415	
		4.000	500	3.500	800	1.000	200	2.000	500	300	750	1.160	3.852	11.136	0.578	3.513	8.648	45.479	
	과 재	2.000	300	1.700	550	600	200	1.350	400	300	475	910	1.814	6.870	0.589	1.333	4.614	24.772	
		2.500	350	2.150	650	700	200	1.550	500	300	525	1.010	2.323	8.512	[illegible]	1.821	5.622	30.180	
		3.000	400	2.600	850	800	200	1.850	500	300	675	1.210	2.813	9.013	0.523	2.385	6.631	37.730	
		3.500	450	3.050	950	900	200	2.050	[illegible]	300	775	1.380	3.342	10.578	0.085	2.979	7.640	57.355	
		4.000	500	3.500	1.150	1.000	200	2.350	500	300	925	1.580	3.852	11.012	0.438	3.688	8.648	57.775	

$(W_3)(S_2)$ D13 C.T.C 250 — 1.000

(S_1) C.T.C 250 — a

(W_1) C.T.C 250 — b

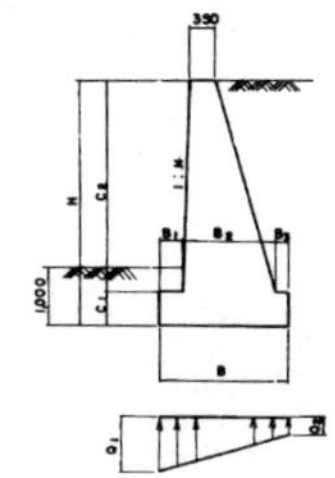

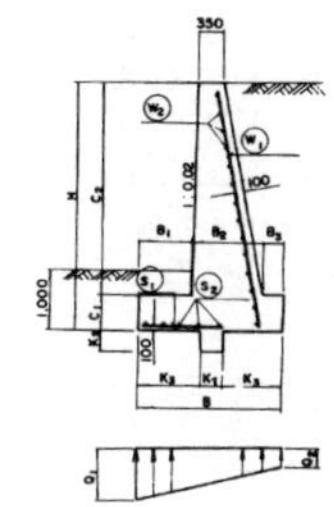

옹 벽 구 조 표 준 도	
형 식	중력식, 반중력식
높 이	2.0M ~ 4.0M
하 중	무과재, 과재
	도 면 번 호
	3—1

도면 2-1-2 중력식 및 반중력식 옹벽

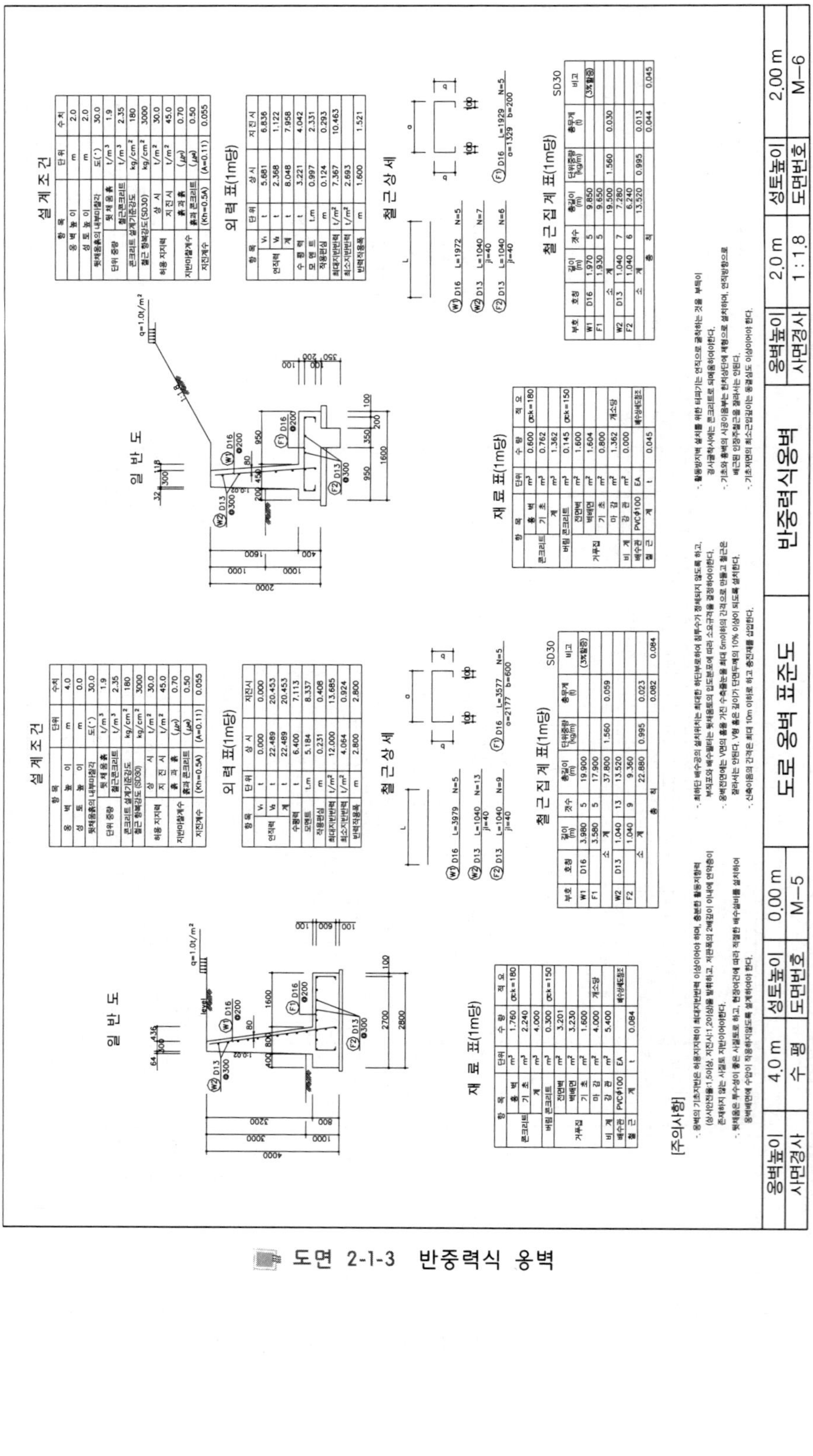

도면 2-1-3 반중력식 옹벽

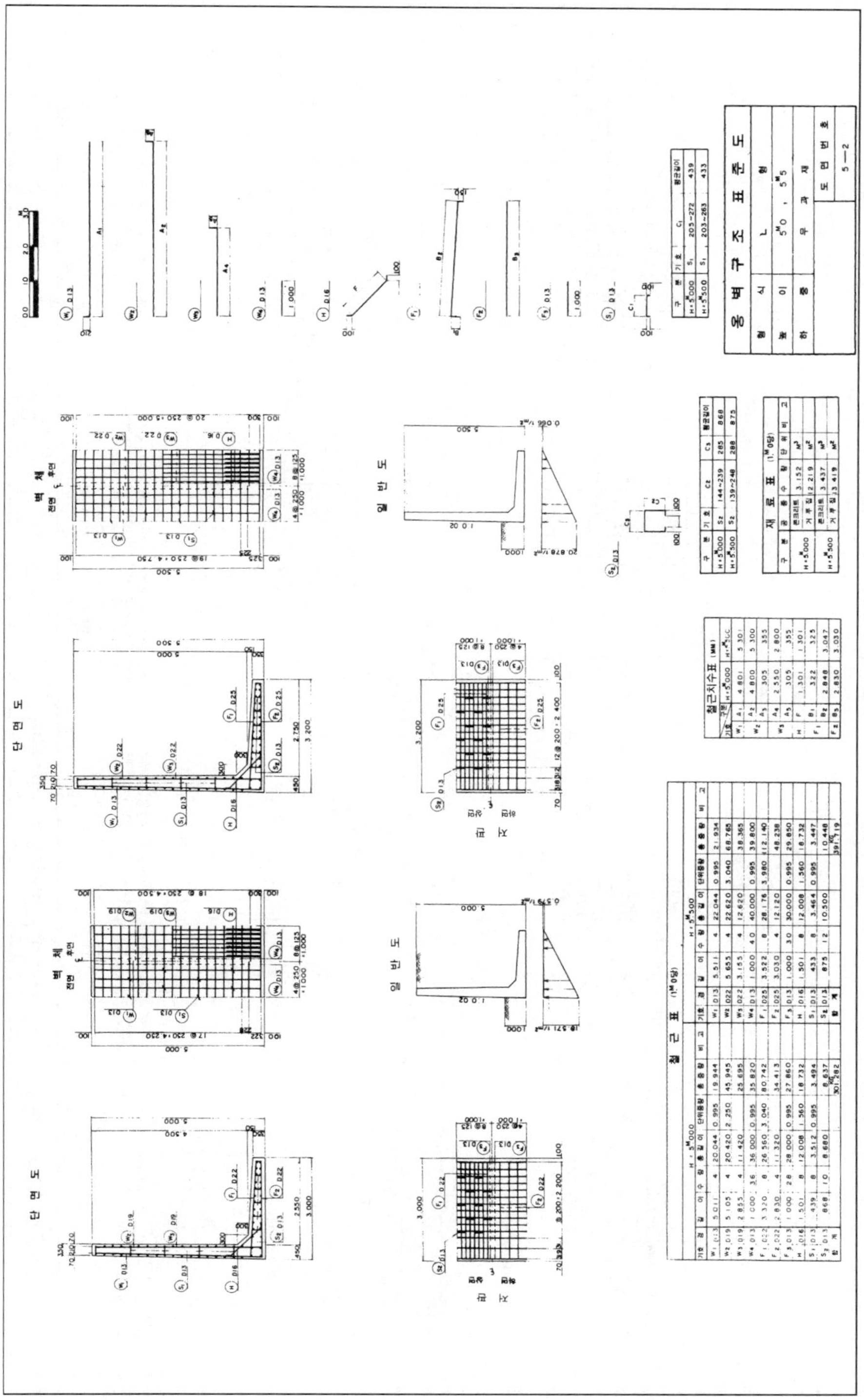

도면 2-1-4 L형 옹벽

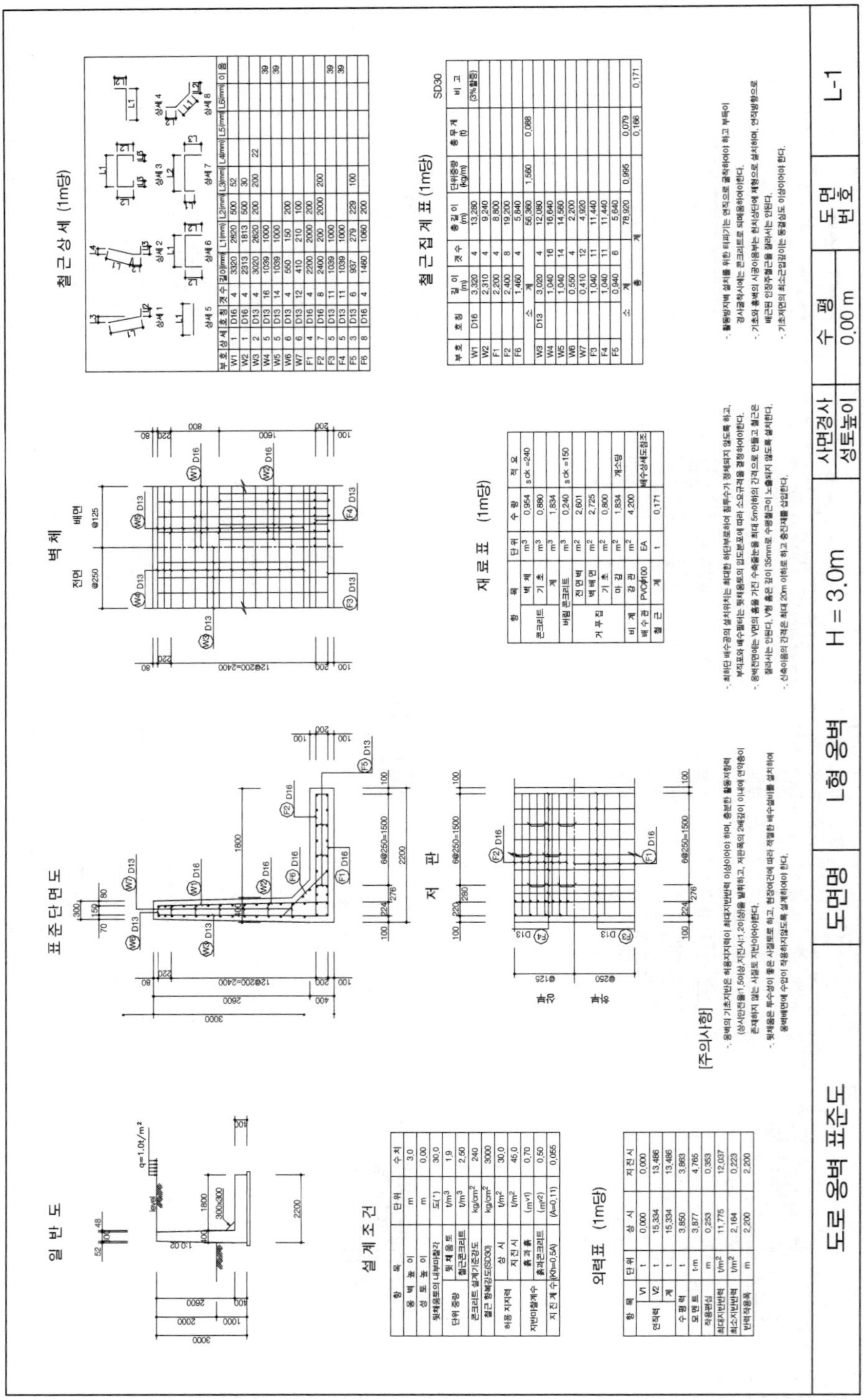

도면 2-1-5 L형 옹벽 H = 3.0 m

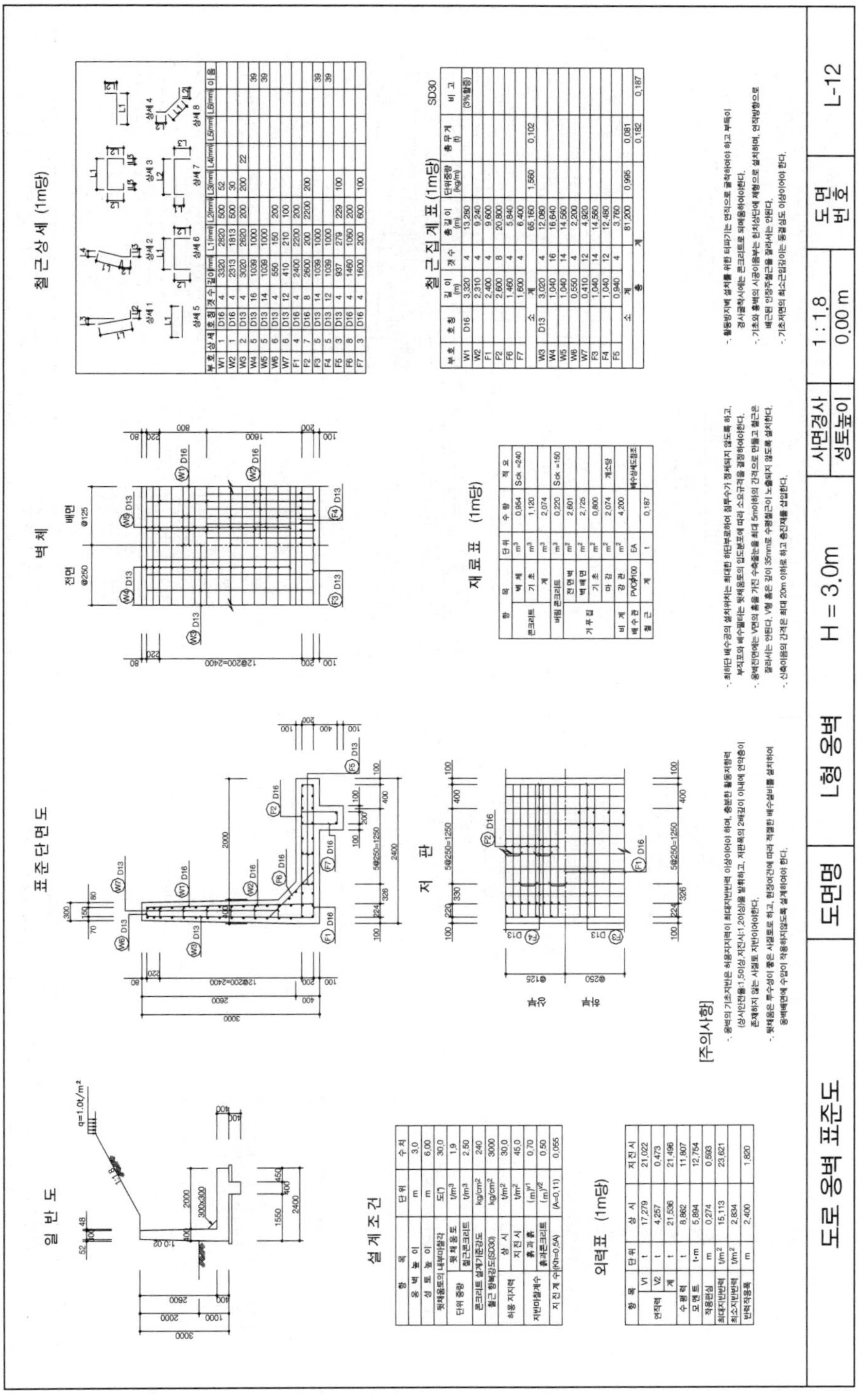

도면 2-1-6 L형 옹벽 H = 3.0 m

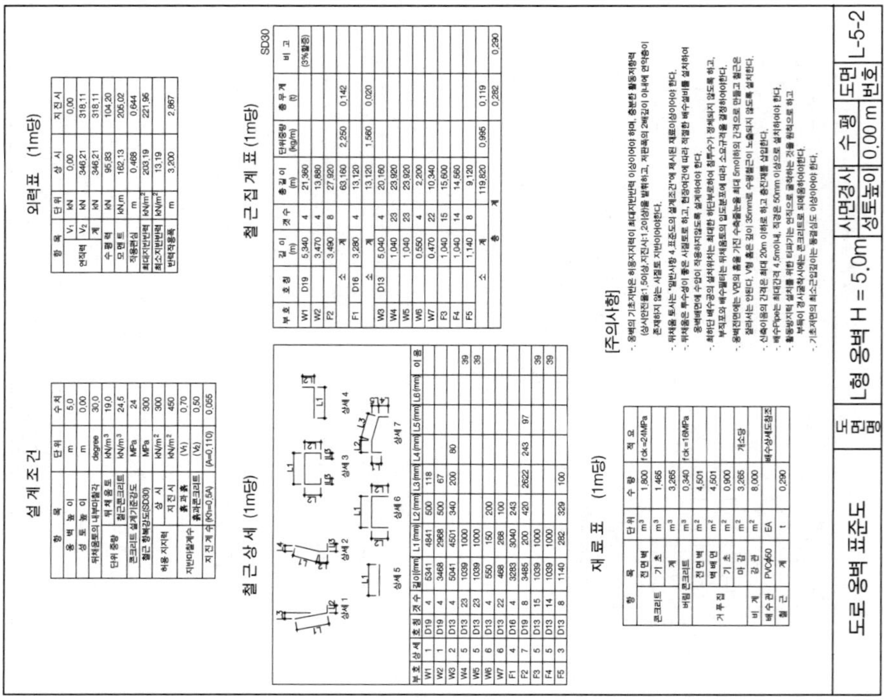

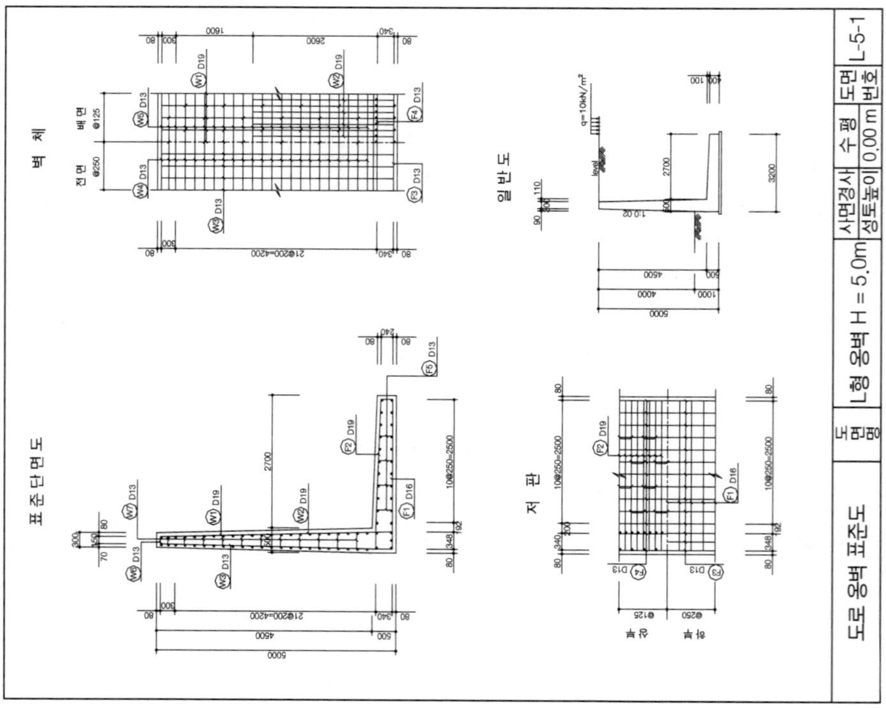

도면 2-1-7 L형 옹벽 H = 5.0 m

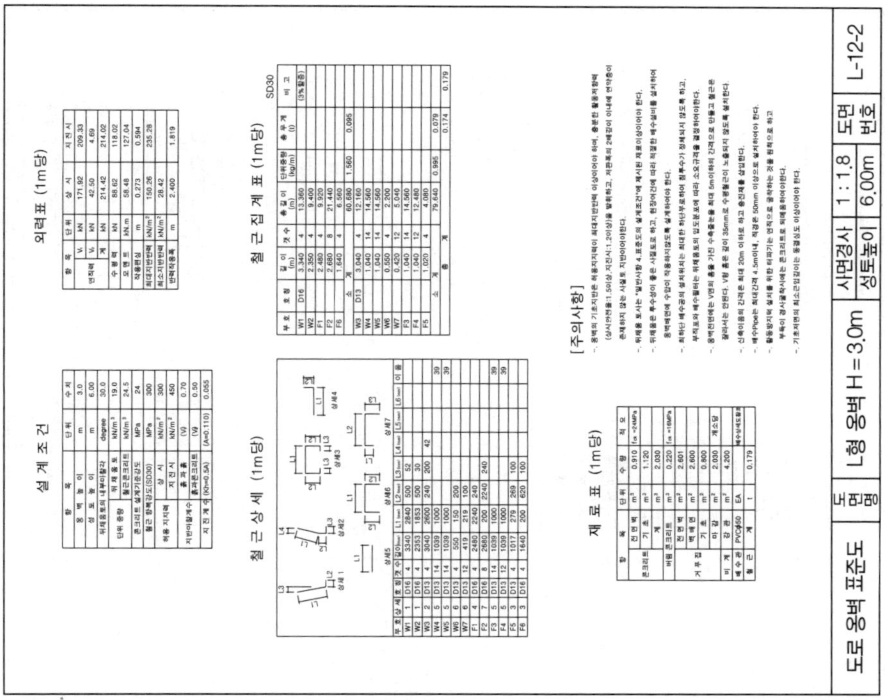

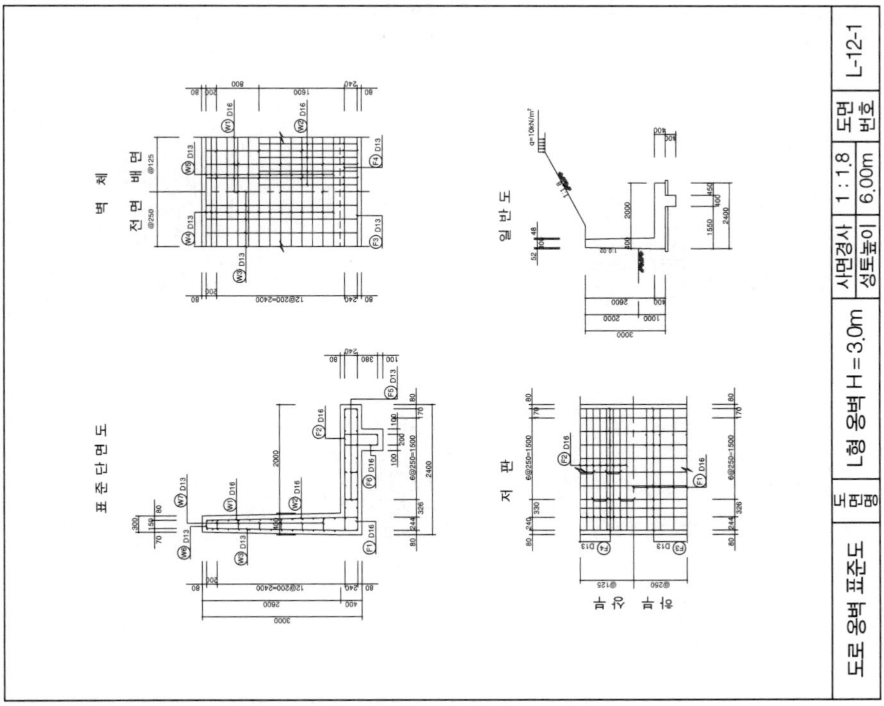

도면 2-1-8 L형 옹벽 H = 3.0 m

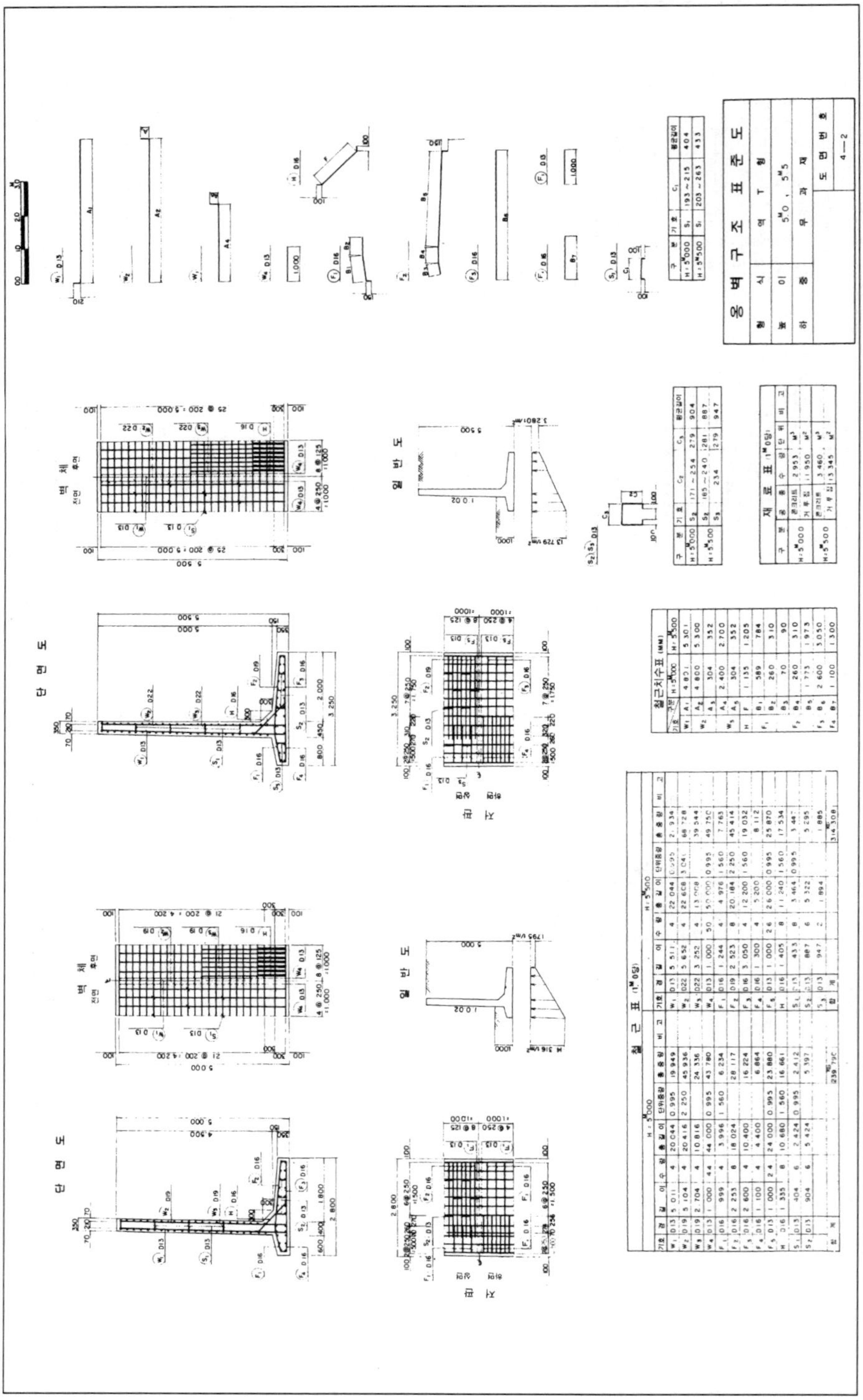

도면 2-1-9 역 T형 옹벽

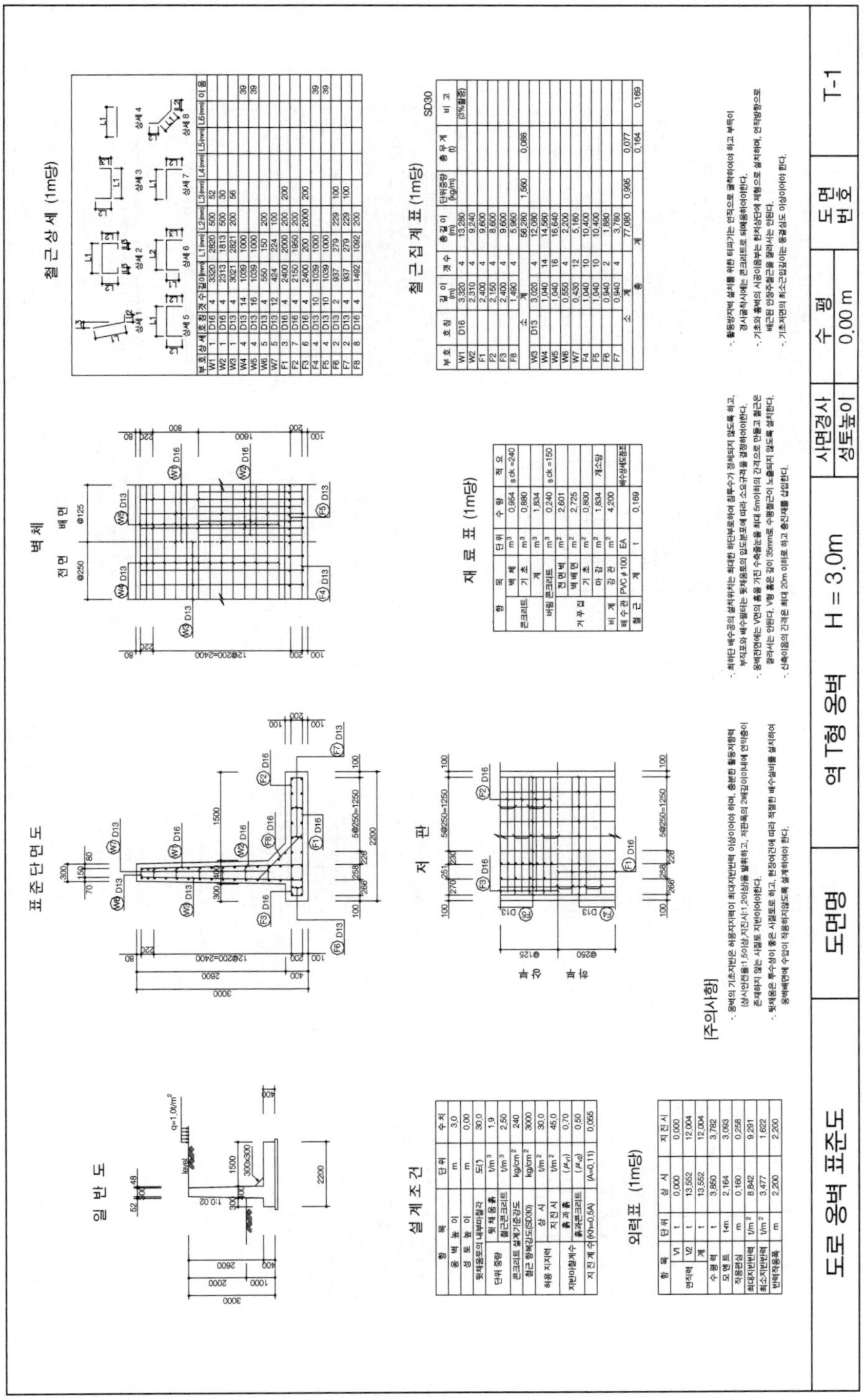

도면 2-1-10 역 T형 옹벽 H = 3.0 m

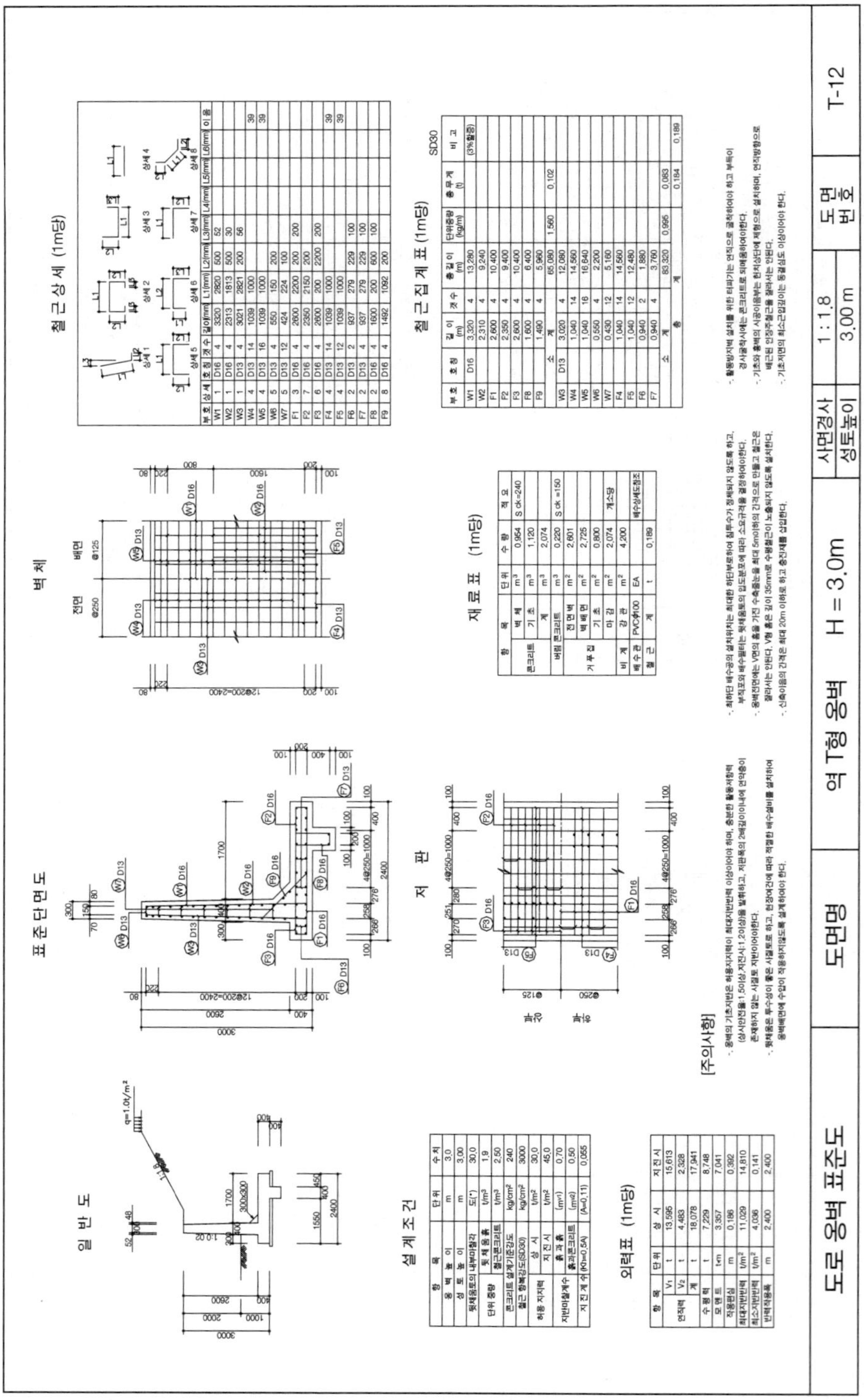

도면 2-1-11 역 T형 옹벽 H = 3.0 m

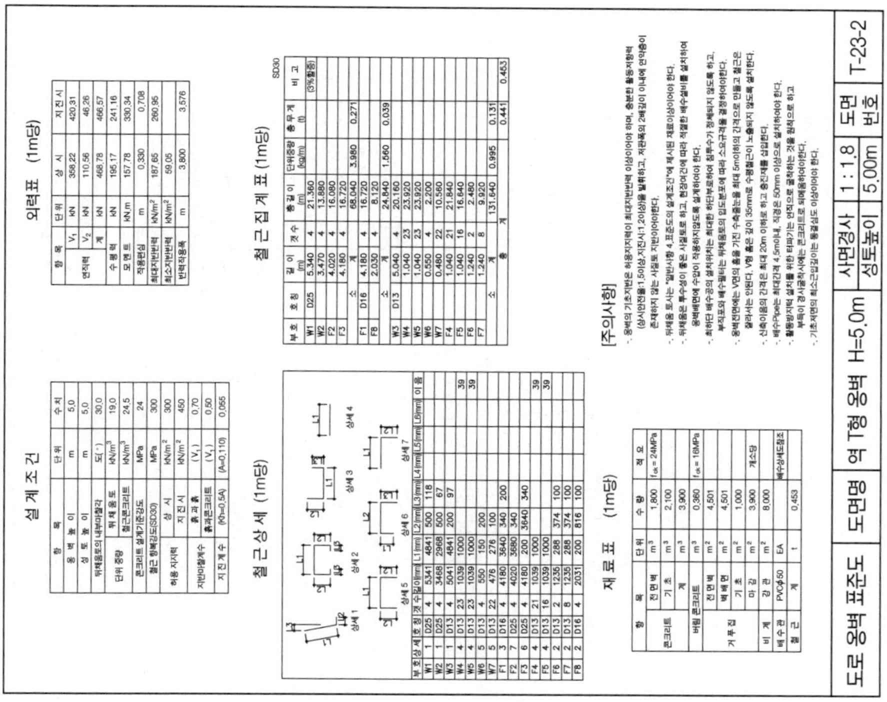

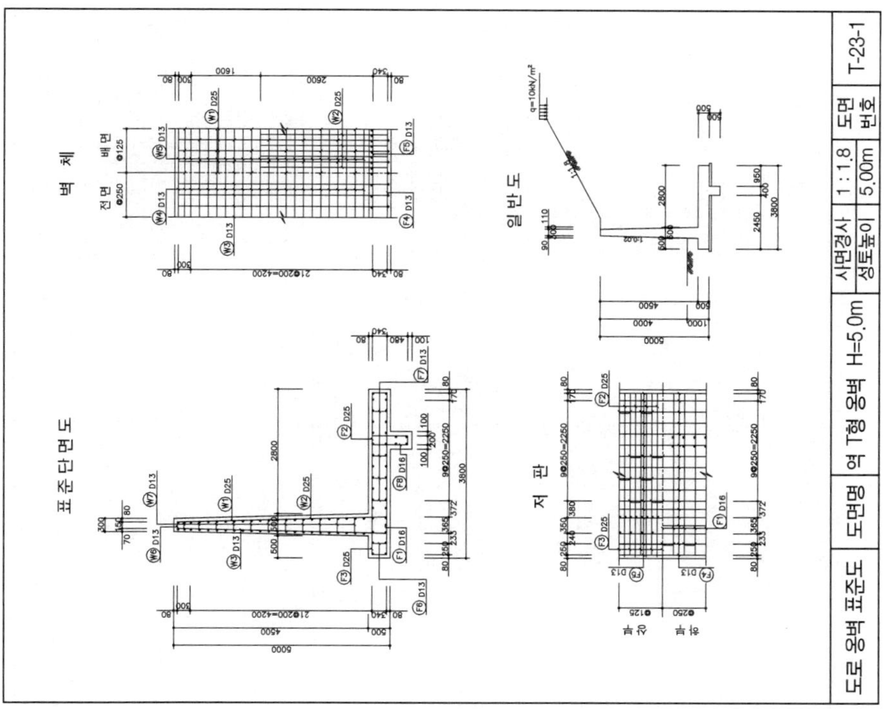

도면 2-1-12 역 T형 옹벽 H = 5.0 m

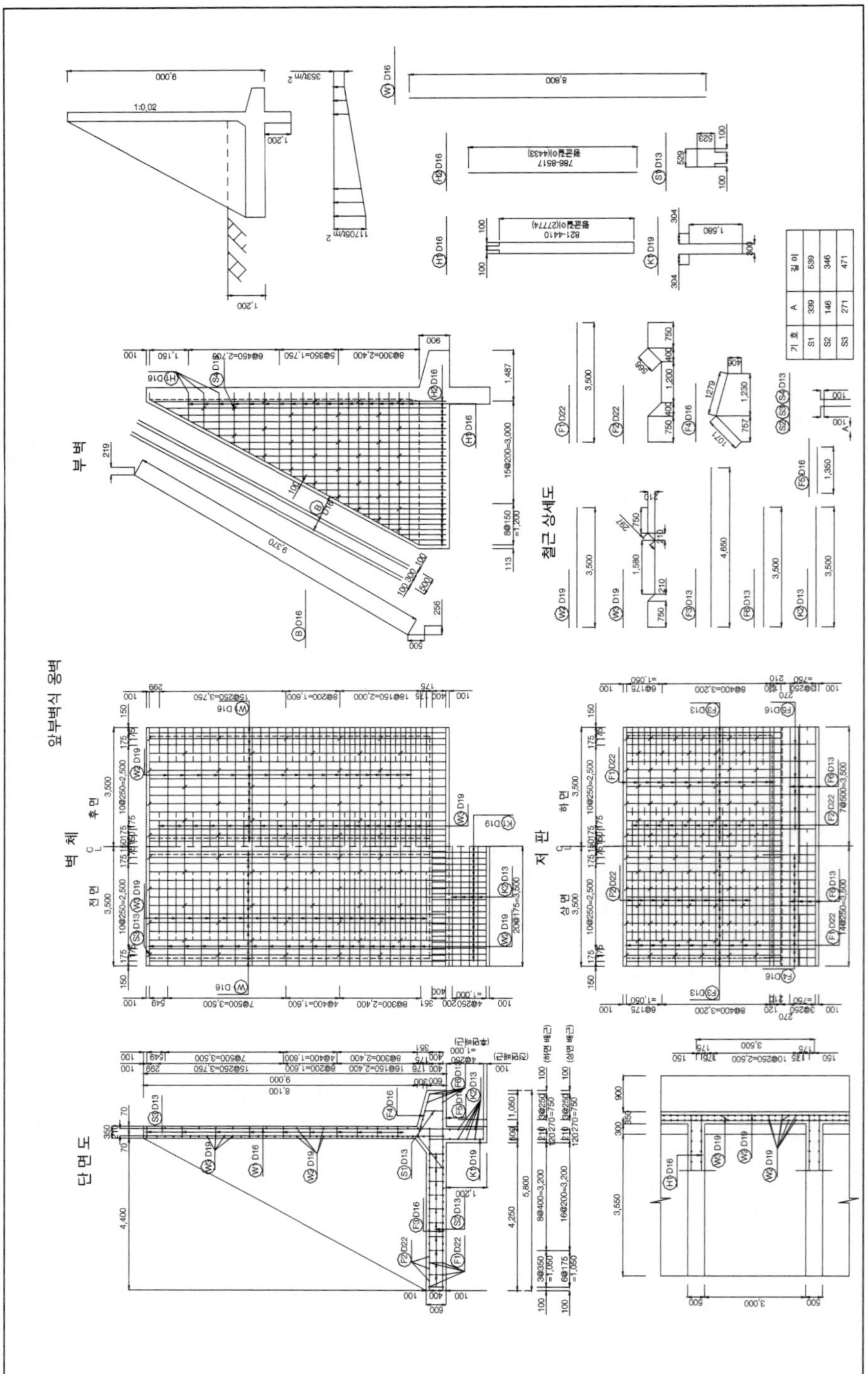

도면 2-1-13 앞부벽식 옹벽

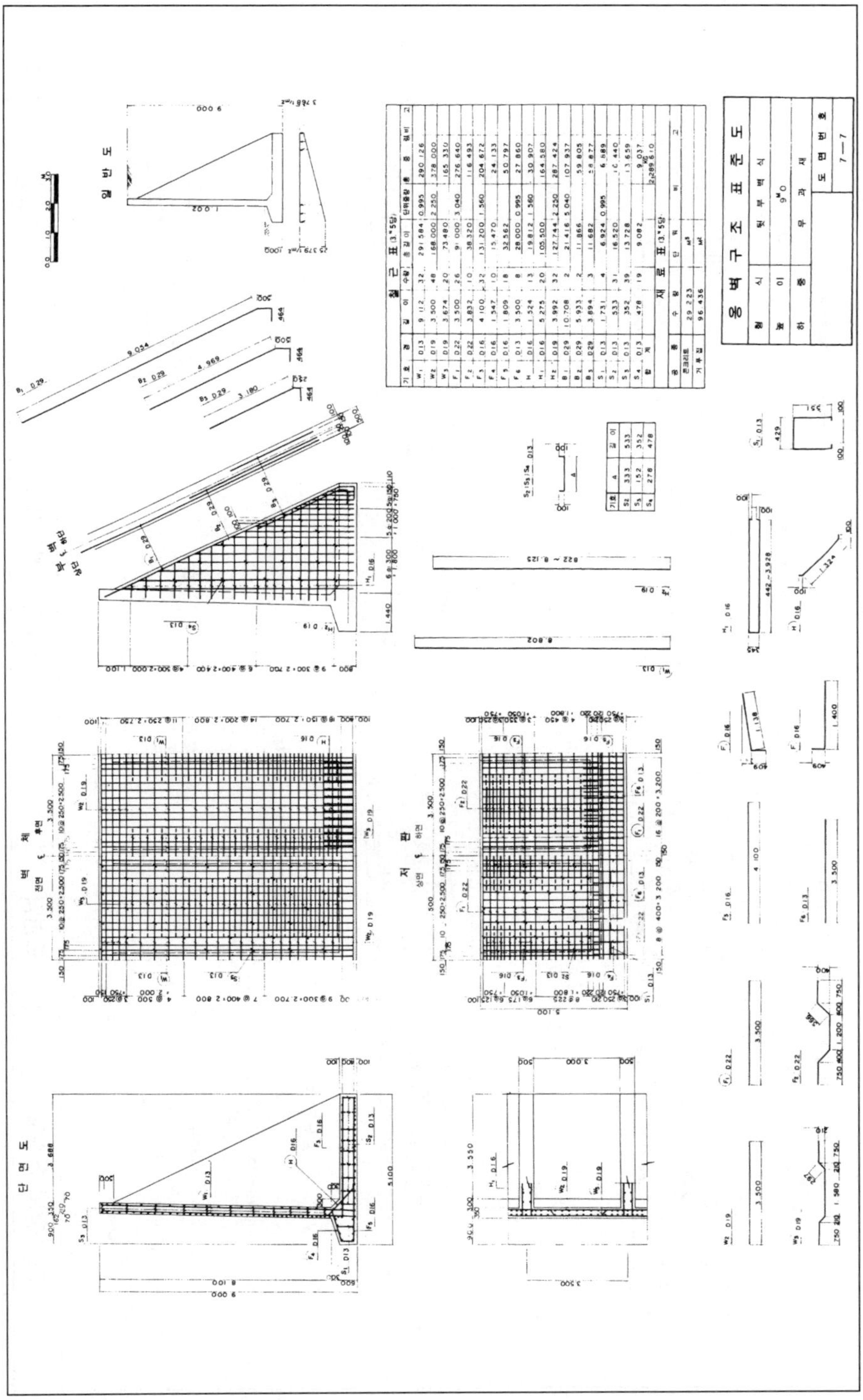

도면 2-1-14 뒷부벽식 옹벽

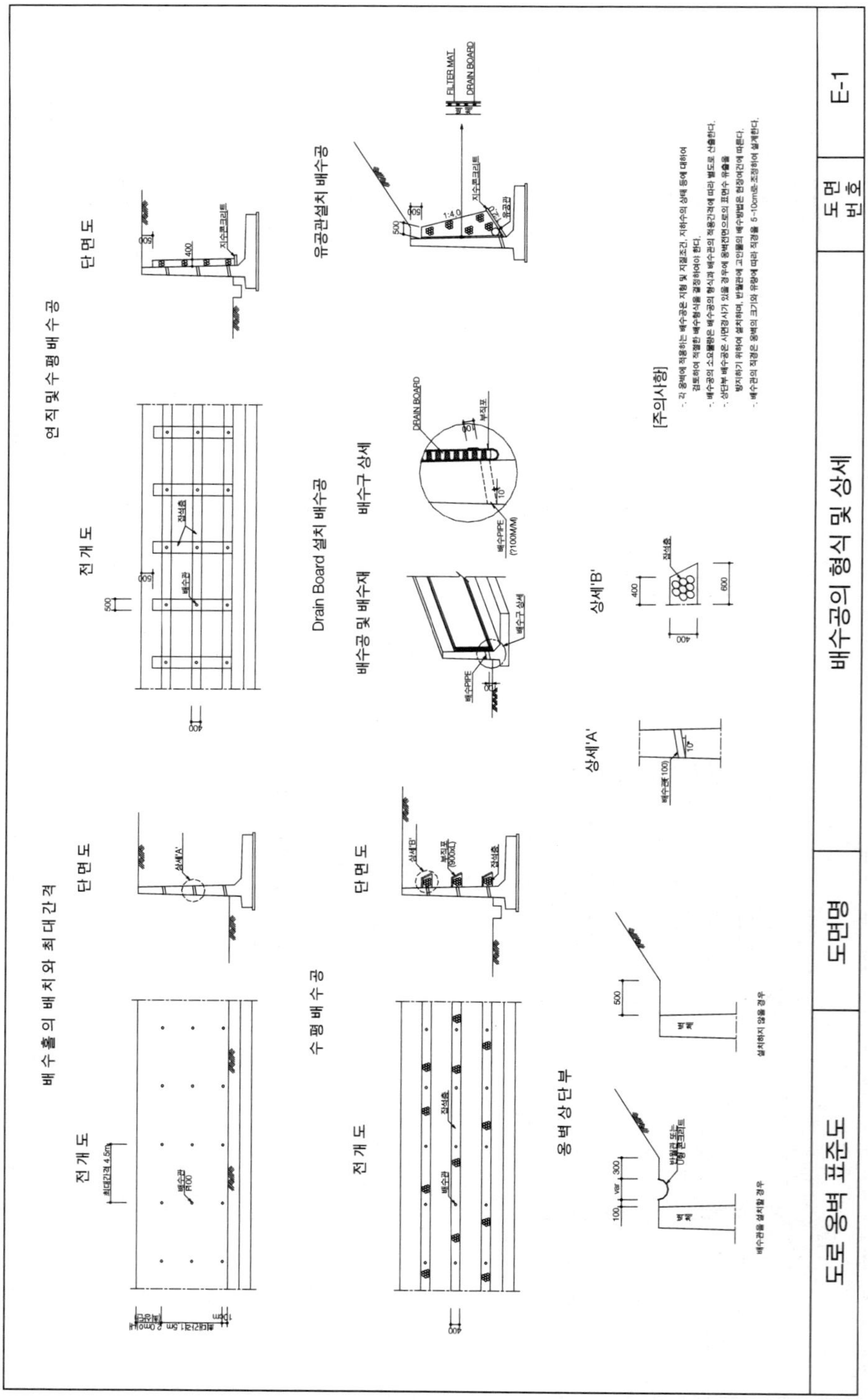

도면 2-1-15 배수공의 형식 및 상세

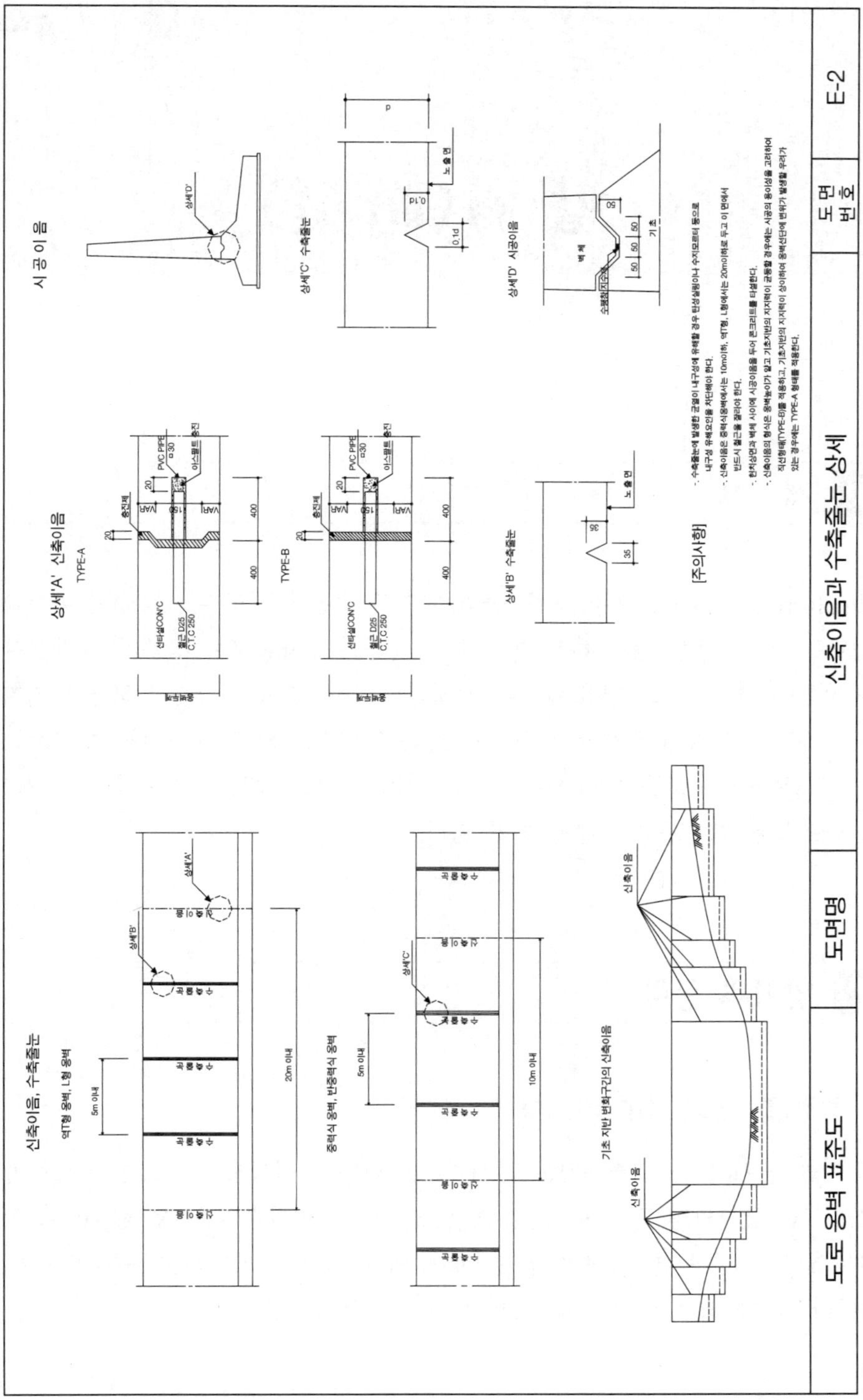

도면 2-1-16 신축이음과 수축줄눈 상세

Chapter 2

암거(暗渠)

2.1 개 요

암거(culvert)는 지하수, 우수, 하수 등의 배수나 생활용수 및 관개용수의 소통을 목적으로, 도로, 철도, 제방 등의 하부 지중에 매설하는 구조물로서 상부가 개방되지 않은 수로를 말한다. 철도, 도로 밑을 횡단하여 활하중 외에 흙이나 기타의 하중을 지지할 수 있도록 설계되어 교량의 일종으로 규모가 작은 것이라고도 할 수 있다. 즉, 교량으로서의 최소 경간(span : 보통 2 m)보다도 짧은 경간을 갖고 교량과 같은 목적에 사용되는 경우의 구조물을 암거라고도 말할 때가 있다.

2.2 암거의 종류

1) 관 암거(管 暗渠, Conduit)

관 암거는 관거 또는 원형거라고도 하며, 그 단면이 원형으로서 보통 pipe형의 암거를 말한다. 관 암거의 재료는 토관, 철관, 콘크리트관, 합성수지관(PVC관, PE관 등)등으로 되어 있다. 이러한 관 암거의 장점으로는 매설 방법이 간단하고 공사비가 싸고 관 내부표면이 매끄러워 다량의 물을 흐르게 할 수 있다는 것이다.

2) 박스 암거(函 暗渠, box culvert)

박스 암거는 함 암거 또는 함거라고도 하며, 그 단면이 상자(box) 모양의 구형(矩形)인 암거를 말한다.

박스 암거의 재료로는 목재, 석재, 벽돌 등이 사용되지만 주로 철근 콘크리트의 박스 암거가 널리 사용된다. 이 암거는 넓은 수로 단면을 갖고 흙덮기(피복토)의 두께가 상당히 클 때 사용한다.

3) 아치 암거(arch culvert)

아치 암거는 박스 암거의 상부상판 대신 아치(arch)형으로 된 것으로, 아치링(arch ring)의 축에 따른 압축력으로 저항하므로 철근 콘크리트 뿐만 아니라, 벽돌, 석재 등으로도 축조할 수 있다. 특히 아치 링의 용적은 박스 암거에 비해서 경제적일 수 있고 그 겉모양이 보기가 좋다.

4) 역 사이펀 암거(伏越渠, invert siphon culvert)

암거가 전후의 수로 바닥보다 아주 낮은 위치에 축조되는 경우의 암거를 말하며, 용수, 배수, 운하 등 성질이 서로 다른 수로가 교차(cross)하는데 서류 합류시킬 수 없을 경우, 지중 구조물의 장애물을 제거할 수 없는 경우 또는 수로교로서는 횡단하지 못할 경우에 사용되는 수로의 암거이다.

5) 기타

① 문형 암거(門形 暗渠, portal culvert)

아치 암거의 일종으로 수로 바닥이 없이 문(門) 모양의 암거로서, 아치 암거의 바닥(invert)이 없는 상태나 박스 암거의 바닥이 없는 경우의 암거를 문형 암거라고 한다.

② 맹암거(盲暗渠, mole drainage)

지하수위를 낮추고 침투수의 처리 및 지하수 유입을 막기 위한 지하배수시설로, 관, 도랑에 쇄석 또는 자갈 등을 채워서 돌과 돌 사이의 틈 사이로 배수하는 암거를 말하며 유공관이 사용되기도 한다.

2.3 도로 암거구조 표준도

1) 설계 조건

1964년 건설부에서 제정, 발간한 도로 암거 표준도를 관계 시방서의 개정에 맞게 일부 내용을 보완하여 1979년에 개정 정비한 것이 도로 암거구조 표준도인 것이다. 이 표준도에는 구조형식별(構造型式別), 설계하중별(設計荷重別) 및 피토고별(被土高別)로 작성되어 있다.

건설교통부 제정 도로 암거 표준도 종합보고서(2003)와 콘크리트 구조 설계기준(2007), 도로교 설계기준(2005)과 도로 설계기준(2005)을 참고로 2008년 국토해양부 제정 도로 암거 표준도를 개정 정비하였으며, 표준도 내용은 통로 암거 1연과 2연, 수로 암거 1, 2, 3연 그리고 부대도면으로 구성되어 있다.

(1) 설계조건

① 재료중량

(a) 철근 콘크리트 = 24.5 kN/m^3

(b) 무근 콘크리트 = 23.0 kN/m^3

(c) 포장 = 22.5 kN/m^3

② 사용재료의 강도

(a) 콘크리트 강도(f_{ck}) = 24 MPa

(b) 콘크리트 탄성계수(E_c) = 27,000 MPa

(c) 철근(SD400) (f_y) = 400 MPa

(d) 철근 탄성계수(E_s) = 200,000 MPa

③ 토사

(a) 흙의 단위중량(r_t) = 19.0 kN/m^3

(b) 내부마찰각(ϕ) = 30.0°

(c) 토압계수(정지토압계수) = $1 - \sin(\phi) = 0.5$

④ 지진계수

성능에 기초한 내진설계 개념을 도입하여 성능수준은 붕괴방지수준을 적용하였으며 내진등급 2등급, 지진구역 1구역, 지반종류 Sd을 채택하였다.

(a) 내진등급 : 2등급(위험도 계수 : 1.0)

(b) 지진구역 : 1구역(지진구역 계수 : 0.11)

(c) 지반종류 : Sd

(d) 붕괴 방지 수준

⑤ 노면활하중 : DB-24 적용

⑥ 수압 : 미고려

⑦ 하중조합 : 콘크리트 구조 설계기준(2007) 적용

⑧ 기초지반 : 표준도에서 제시한 지반반력이상의 지지력을 갖고 있는 지반에 적용

(2) 구조세목

① 기초공

(a) 기초시공시 기초지반 다짐을 시행하고 구조물 시공이 원활하도록 10 cm의 버림 콘크리트를 타설하도록 한다.

(b) 연약지반에 암거를 설치할 경우에는 암거 시공전에 선재하공법, 배수공법 등에 의해 지반 개량을 한다.

(c) 연약층의 두께가 얇을 때는 연약층을 양호한 지반면까지 제거하고 양질의 재료로 치환한다. 치환 재료는 뒷채움재 이상으로 하고, 지하수가 있는 경우는 알맞게 섞은 쇄석 등 양질의 재료를 사용한다.

② 신축이음

신축이음의 방향은 측변에 직각으로 하는 것을 원칙으로 하고 토피두께가 작을 때(암거의 상면이 노상에 위치할 경우)는 중앙분리대의 위치 또는 차선표시방향으로 하는 것이 좋다. 그러나 도로 성토 중앙부에 지반응력이 크므로 제반조건이 불량한 경우에 신축이음의 위치는 도로 중앙부를 피해야 한다. 신축이음부에는 충분한 방수처리를 하여야 한다. 신축이음의 간격은 15 ~ 20 m 이하로 하여야 한다.

③ 뒷채움공

뒷채움공은 암거에 접속한 부분의 노면 침하에 영향을 미칠 뿐 아니라 토압이 작용을 좌우한다. 그러므로 뒷채움 할 때는 편토압이 작용하지 않도록 양측의 진행 상태를 맞춰 성토재, 절토재의 혼입의 우려가 적게 시공하고, 충분한 배수처리가 필요하다. 뒷채움 재료는 토목공사 표준 일반시방서 토공사 흙재료 규정에 따르고, 한 층의 마무리 두께는 20 cm 이하로 충분히 다져야 한다.

(a) 사용할 재료는 활성이 없는 무기질의 흙이라야 하며, 유해한 물질이 없어야 하고, 살수해서 다졌을 때.간극이 최소가 되도록 충분히 다져질 수 있는 입도라야(무기질의 흙은 유기질의 함량이 무게로 2% 이하인 흙을 말한다) 한다.

(b) 흙의 처치는 200 mm를 넘지 않는 두께의 층으로 흙을 깔고, 굵은 돌과 돌부스러기가 없도록 가래질하는 것을 말한다. 최대치수가 100 mm를 넘는 돌덩어리와 유해한 재료는 현장에서 제거하고, 남는 재료의 처치에 관한 규정에 따라 처치하여야 한다.

④ 본체공의 타설이음

콘크리트 타설시 타설이음의 위치는 설계와 응력분포를 고려하여 결정하여야 한다.

⑤ 암거사각부(斜角部)

암거사각부는 경사지간방향으로 보강철근을 배치하여야 한다.

⑥ 매스콘크리트 타설

암거 슬래브의 두께가 80 cm 이상이거나 하단이 고정된 벽체의 두께가 50 cm 이상일 경우 타설시 수화열에 의한 온도균열 제어가 필요하다. 그러므로 이러한 매스콘크리트 타설시는 파이프 쿨링(pipe-cooling)이나 기타 온도 상승억제를 위한 조치를 취해야 한다. 또한 양생시는 콘크리트를 부어 넣은 후 표면에 급격한 온도변화 및 건조가 일어나지 않도록 해야 한다.

⑦ 적용 철근의 길이와 이음

철근의 길이는 8.0 m를 기준으로 하였으며, 10 m, 12 m 철근 사용시 동일 직경 주철근의 이음을 없애고 연속하여 배근하여도 좋으나, 철근의 이음 위치를 변경하여서는 안 된다. 종방향 철근의 이음은 분산하여 실시하여야 한다.

2) box 암거(1연 암거)

(1) 콘크리트

도면 2-2-1의 일반도에서 보면 변화 치수 A, B, C, D가 있다. 이것은 피토고 D에 따른 구조물의 변화 치수이다. 이 변화 치수에 의한 일반식을 정리해 보면,

구체 : $V_B = (2A + 2.5) \times (B + C) + 6A + 2 \times 0.2 \times 0.2$

기초 : $V_F = (2A + 2.5 + 0.2) \times 0.1$

피토고 D가 1 ~ 2 m인 “나”와 2"5 m인 “다”를 계산하면

① "나"의 경우

$V_B = (2 \times 0.25 + 2.5) \times (0.25 + 0.3) + 6 \times 0.25 + 0.08 = 3.23\,m^3/m$

$V_F = (2 \times 0.25 + 2.5 + 0.2) \times 0.1 = 0.32\,m^3/m$

② "다"의 경우

$$V_B = (2\times0.3+2.5)\times(0.3+0.35)+6\times0.3+0.08 = 3.895\,\mathrm{m^3/m}$$

$$V_F = (2\times0.3+2.5+0.2)\times0.1 = 0.33\,\mathrm{m^3/m}$$

(2) 거푸집

그림 2-2-1에서 2중선으로 표시된 부분이 거푸집이 소요되는 부분이다. 변화 치수에 따른 일반식을 정리해 보면 다음과 같다.

$$A = 2(B+C+3+2.6)+2.1+4\sqrt{2(0.2)^2} \tag{2.2.1}$$

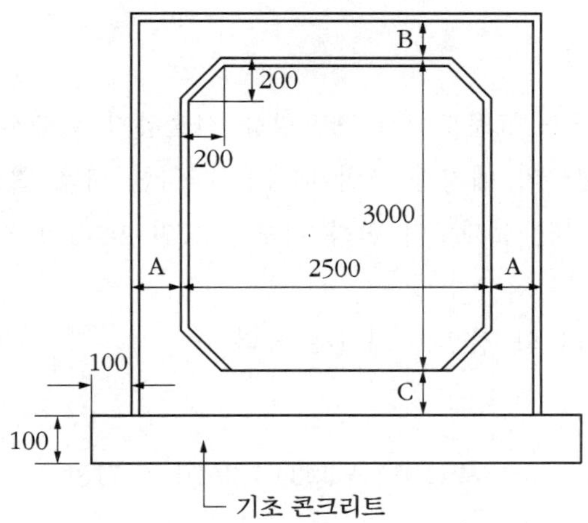

그림 2-2-1 1연 암거 일반도

거푸집도 "나"와 "다"의 경우를 계산해 보면,

① "나"의 경우

$$A = 2(0.25+0.3+3+2.6)+2.1+4\sqrt{2(0.2)^2} = 15.531\,\mathrm{m^2/m}$$

② "다의 경우

$$A = 2(0.3+0.35+3+2.6)+2.1+4\sqrt{2(0.2)^2} = 15.731\,\mathrm{m^2/m}$$

"나"와 "다"의 거푸집 계산에서 ①, ②의 값은 도면 2-2-2의 재료표 수량과 차이가 있다. 이것은 내부의 거푸집에서 헌치 부분의 계산을 간략하게 했기 때문이다. 도면 2-2-2의 재료표에서는 다음과 같은 일반식으로 정리했다.

$$A = 2(B+C+3+2.6)+2.1+4\times0.2 \tag{2.2.2}$$

식 (2)에 의한 계산을 하면,

①′ "나"의 경우

$$A = 2(0.25+0.3+3+2.6)+2.1+4\times 0.2 = 15.2\,\mathrm{m^2/m}$$

②′ "다"의 경우

$$A = 2(0.3+0.35+3+2.6)+2.1+4\times 0.2 = 15.4\,\mathrm{m^2/m}$$

이상의 계산에서 보는 바와 같이 식 (2.2.1)과 식 (2.2.2)의 차이는 내부 거푸집의 헌치(haunch) 부분을 식 (2.2.1)에서는 정확하게 사면으로 계산했고, 식 (2.2.2)에서는 직선거리 200 mm로 계산했던 것이다. 그러므로 식 (2.2.1)에 의한 계산이 정확한 값을 얻을 수 있다.

(3) 철근

도면 2-2-1의 암거 구조 표준도에서 철근량을 산출하기 위해서 먼저 주철근 조립도 ①, ②를 이해하여 주철근의 배치와 조립 내용을 파악한 다음 철근 상세도와 배근도를 보면 큰 도움이 된다. 철근 상세도의 변화 치수는 도면 2-2-2의 철근 치수표에 의한 값으로 계산한다.

철근량 계산에서의 "라"의 경우를 계산해 본다.

ⓈS1 D25

$$L = 2b_1+2c_1+a_1 = 2(1915+393)+2570 = 7186$$

$$N = (1000/300)\times 2 = 6.67$$

ⓈS1 철근은 box의 정판, 저판, 측벽에 걸쳐서 배근되는 주철근으로 정판 상면, 저판 하면, 벽체 외면에서 철근 간격(CTRS = CTC)이 300 mm이다.

그러므로 암거의 단위길이당 수량은 1000/300이 되고, 이때 철근 수량(本數)을 소수점 이하까지 계산하는 것은 단위길이당 수량 산출하는 것이므로 실제의 긴 길이에서 오차를 줄이기 위한 것이다.

ⓈS2 D22

$$L = 2(a_2+e_2+d_2+c_2)+1600 = 2(990+393+215+381)+1600 = 5558$$

$$N = (1000/300) = 3.33$$

ⓈS2는 정판과 배근되는 절곡철근으로 상면, 하면에 전부 표시되며 철근 간격은 300으로 ⓈS1과 번갈아 배근된다.

ⓢ₃ D22

$$L = 2(a_3 + e_3 + d_3 + c_3) + 1600 = 2(990 + 393 + 165 + 452) + 1600 = 5600$$

$$N = (1000/300) = 3.33$$

ⓢ₃는 저판에 배근되는 절곡철근으로 ⓢ₂와 같은 조건이다.

ⓢ₄ D19

$$L = 3070$$

$$N = 1000/300 = 3.33$$

ⓢ₄는 정판 하면에 배근되고 철근 간격은 300

ⓢ₅ D19

$$L = 3070$$

$$N = (1000/300) = 3.33$$

ⓢ₅는 저판 상면에 배근되고 철근 간격은 300

ⓢ₆ D25

$$L = 3720$$

$$N = (1000/300) \times 2 = 6.67$$

ⓢ₆는 양쪽 측벽 내면에 배근되므로 2를 곱하고 철근 간격은 300

ⓢ₇ D13

$$L = 200 + a_7 = 200 + 1030 = 1230$$

$$N = (1000/300) \times 2 = 6.67$$

ⓢ₇은 정판의 양쪽 헌치(haunch) 철근으로 측벽 내면에서 표시되고 철근 간격은 300

ⓢ₈ D13

$$L = 200 + a_8 = 200 + 1100 = 1300$$

$$N = (1000/300) \times 2 = 6.67$$

ⓢ₈은 저판의 양쪽 헌치 철근으로 측벽 내면에 표시되고 철근 간격은 300

ⓢ₉ D16

$$L = 1000(\text{단위길이})$$

$$N = 13 + 15 + 15 + 13 = 56$$

ⓈⓈ9은 정판과 저판의 상하면에 배근되는 배력철근으로 L은 단위길이이고 N은 정판의 상면에 13, 하면에 15, 또 저판의 상면에 15, 하면에 13을 세어서 계산한다.

Ⓢ10 D16

$L = 1000$(단위길이)

$N = 4 \times 9 = 36$

Ⓢ10은 측벽의 종방향 배력철근으로 L은 단위길이, N은 내면과 외면에 각각 9본씩 배근되고 양쪽 벽체이다.

Ⓕ1 D13

$L = 2 \times (100 + a_9) + 340 = 2(100 + 236) + 340 = 1012$

$N = 5$

Ⓕ1은 정판의 스페이서로서 하면에는 340 mm의 선 하나씩으로 나타내고 상면에서는 100 mm의 선 둘씩으로 나타난다. 이것은 정판 상면, 하면에서 세어서 계산하면 수량이 틀리게 된다. 그래서 그림 2-2-2와 같은 철근 배근의 이해를 돕는 그림을 그려서 수량을 산출해야만 한다.

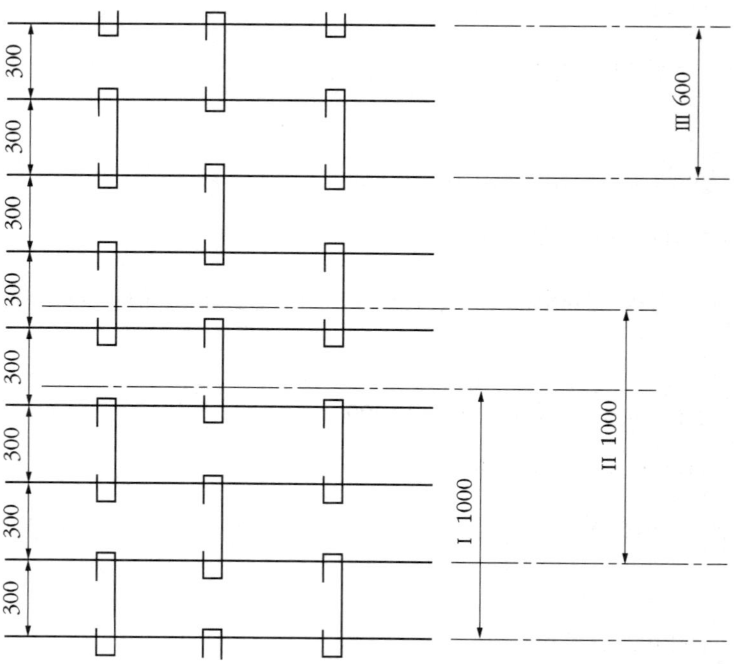

그림 2-2-2 간격철근 배치 이해도

그림 2-2-2에서 암거 종방향으로 단위길이를 임의로 Ⅰ과 Ⅱ로 자르면, 같은 단위길이지만 Ⅰ과 Ⅱ의 스페이서 철근 수량은 Ⅰ에서는 5본, Ⅱ에서는 4본이 된다.

그러므로 어떻게 자르든지 철근 본수에 변함이 없는 최소길이를 찾아 그 길이와 단위길이와의 비(比)로 계산하면 된다. 즉, 그림 2-2-2에서와 같이 Ⅲ의 600 mm는 어디서 자르든지 F_1 철근 수량 3본은 변함이 없다.

따라서 비례식 계산을 하면

$$600 : 3 = 1000 : X$$
$$\therefore X = 5$$

F_2 D13

$$L = 2(100 + a_{10}) + 340 = 2(100 + 285) + 340 = 1110$$
$$N = 5$$

F_2는 저판의 스페이서로서 상면에서 100 mm의 선 둘씩으로 나타나고, 하면에서는 340 mm의 선 하나씩으로 나타낸다. N은 F_1과 같은 방법으로 계산.

F_3 D13

$$L = 2 \times 100 + a_{11} = 200 + 182 = 382$$
$$N = 8.333 \times 2 = 16.67$$

F_3는 측벽의 스페이서로서 2본, 3본이 번갈아 가면서 배근되어 있으므로 F_1과 같은 방법으로 계산해야만 한다. 즉, 600 mm에서 5본이 변함없다.

$$600 : 5 = 1000 : X$$
$$\therefore X = 8.333$$

8.333본은 한쪽 벽체의 값이므로 2를 곱해서 16.67본이라는 값을 얻는다.

(4) 토공

암거 공사의 토공량을 산출해 보기 위해서 다음과 같은 조건으로 가정해 보자.

토질은 보통 토사로서 터파기 비탈면 기울기를 1 : 0.5로 하고, 기초 콘크리트에서 50 cm씩 여유폭을 둔다. 이 같은 조건에서 "나"의 경우를 계산해 보면,

① 터파기(*EX*)

피토고 D가 1 ~ 2 m인 경우를 평균 피토고 1.5 m로 계산해서 터파기 단면을 생각하

면, 높이 H=B+C+C+3.0+0.1+1.5=5.15 m이고 밑변이 2(A+0.5)+2.7=4.2 m인 그림 2-2-3과 같은 사다리꼴이 된다.

$$EX \;:\; V = \frac{9.35+4.2}{2} \times 5.15 = 34.89\,\mathrm{m^3/m}$$

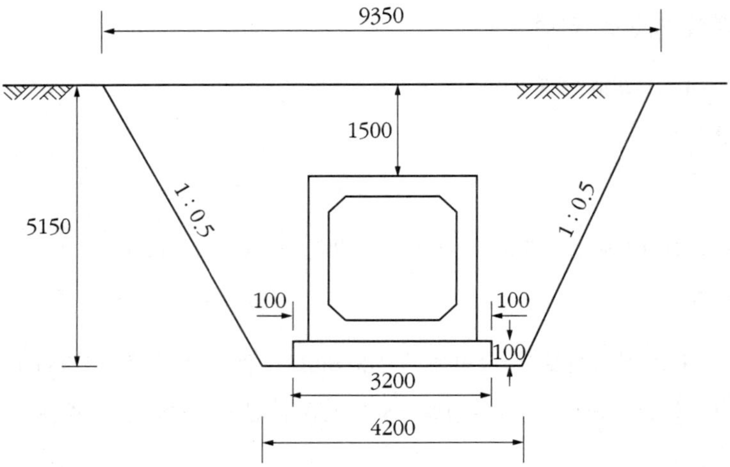

그림 2-2-3 암거터파기 단면도

② 되메우기와 잔토 처리(*SP* & *RF*)

(a) 잔토 처리

잔토 처리는 암거의 외형선에 의한 구체를 계산하면 된다.

$$SP \;:\; V = 3.65 \times 3.0 + 0.2 \times 0.1 = 10.97\,\mathrm{m^3/m}$$

(b) 되메우기

$$RF \;:\; V = EX - SP = 34.89 - 10.97 = 23.92\,\mathrm{m^3/m}$$

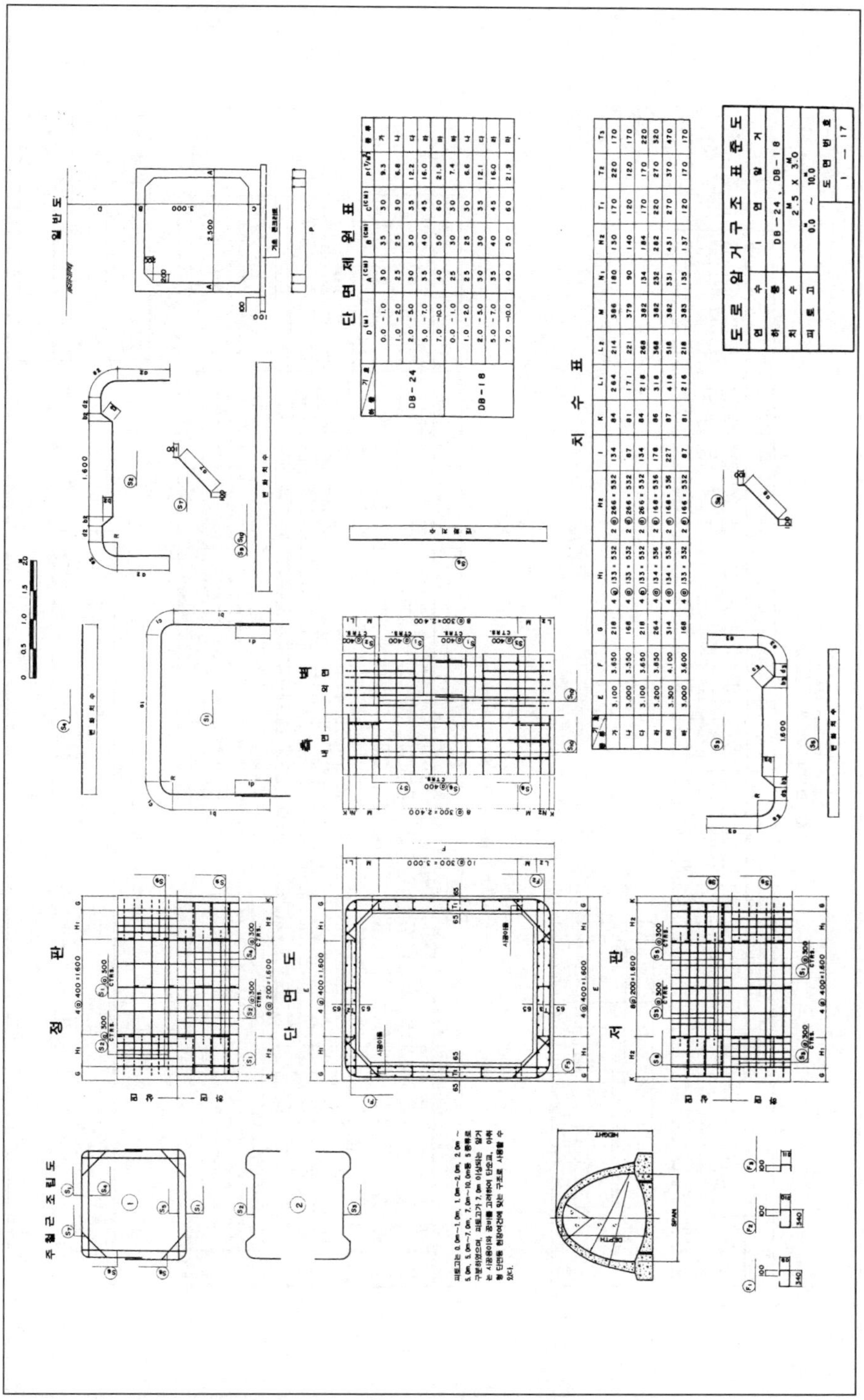

도면 2-2-1 1연 도로 암거

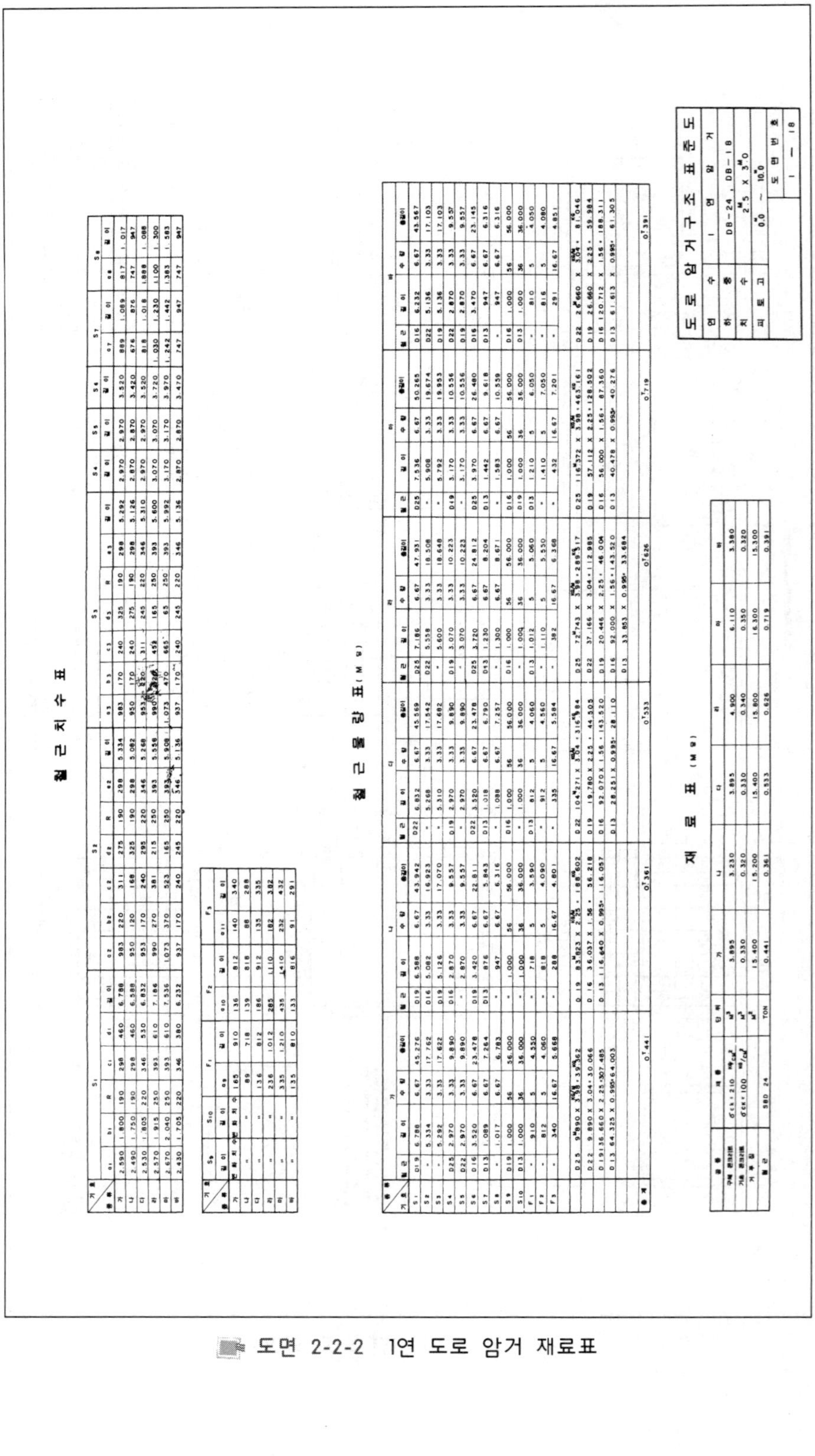

도면 2-2-2 1연 도로 암거 재료표

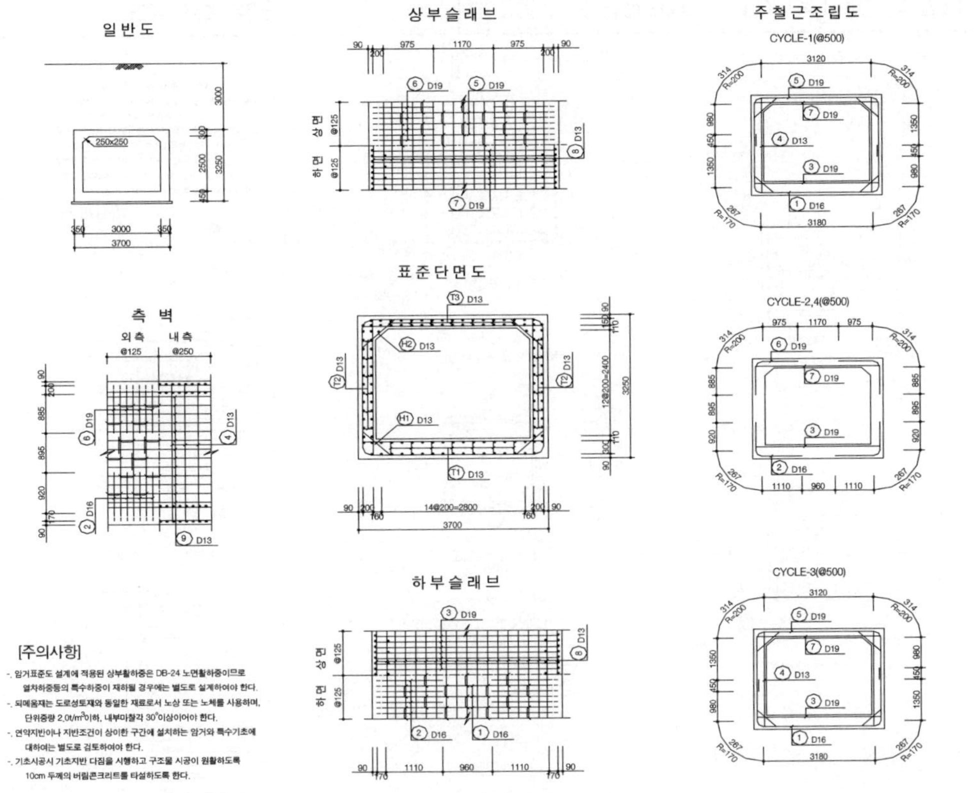

재료표 (1m당)

항	목	단위	수량	적요
콘크리트	상부슬래브	m^3	1,348	s ck =240
	벽 체	m^3	1,575	
	하부슬래브	m^3	1,665	
	계	m^3	4,587	
버림 콘크리트		m^3	0,390	s ck =150
거 푸 집		m^2	14,207	
철 근	계	t	0,536	SD30

철근상세

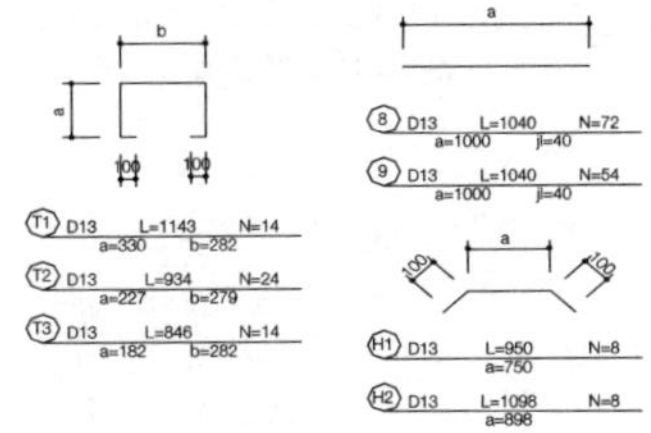

철근집계표 (1m당)

SD30

부호	호칭	길이 (m)	갯수	총길이 (m)	단위중량 (kg/m)	총무게 (t)	비고
3	D19	3,520	8	28,160			(3%할증)
5		6,900	4	27,600			
6		2,180	8	17,440			
7		3,520	8	28,160			
소 계				101,360	2,250	0,228	
1	D16	6,870	4	27,480			
2		2,300	8	18,400			
소 계				45,880	1,560	0,072	
4	D13	3,070	8	24,560			
8		1,040	72	74,880			
9		1,040	54	56,160			
T1		1,140	14	15,960			
T2		0,940	24	22,560			
T3		0,850	14	11,900			
H1		0,950	8	7,600			
H2		1,100	8	8,800			
소 계				222,420	0,995	0,221	
총 계						0,521	0,536

[주의사항]

-. 암거표준도 설계에 적용된 상부활하중은 DB-24 노면활하중이므로 열차하중등의 특수하중이 재하될 경우에는 별도로 설계하여야 한다.
-. 되메움재는 도로성토재와 동일한 재료로서 노상 또는 노체를 사용하며, 단위중량 2.0t/m^3이하, 내부마찰각 30°이상이어야 한다.
-. 연약지반이나 지반조건이 상이한 구간에 설치하는 암거와 특수기초에 대하여는 별도로 검토하여야 한다.
-. 기초시공시 기초지반 다짐을 시행하고 구조물 시공이 원활하도록 10cm 두께의 버림콘크리트를 타설하도록 한다.

도로 암거 표준도	도면명	통로암거1련 3.0m x 2.5m 토피 = 3.0m	도면번호	P1-1

도면 2-2-3 1연 통로 암거

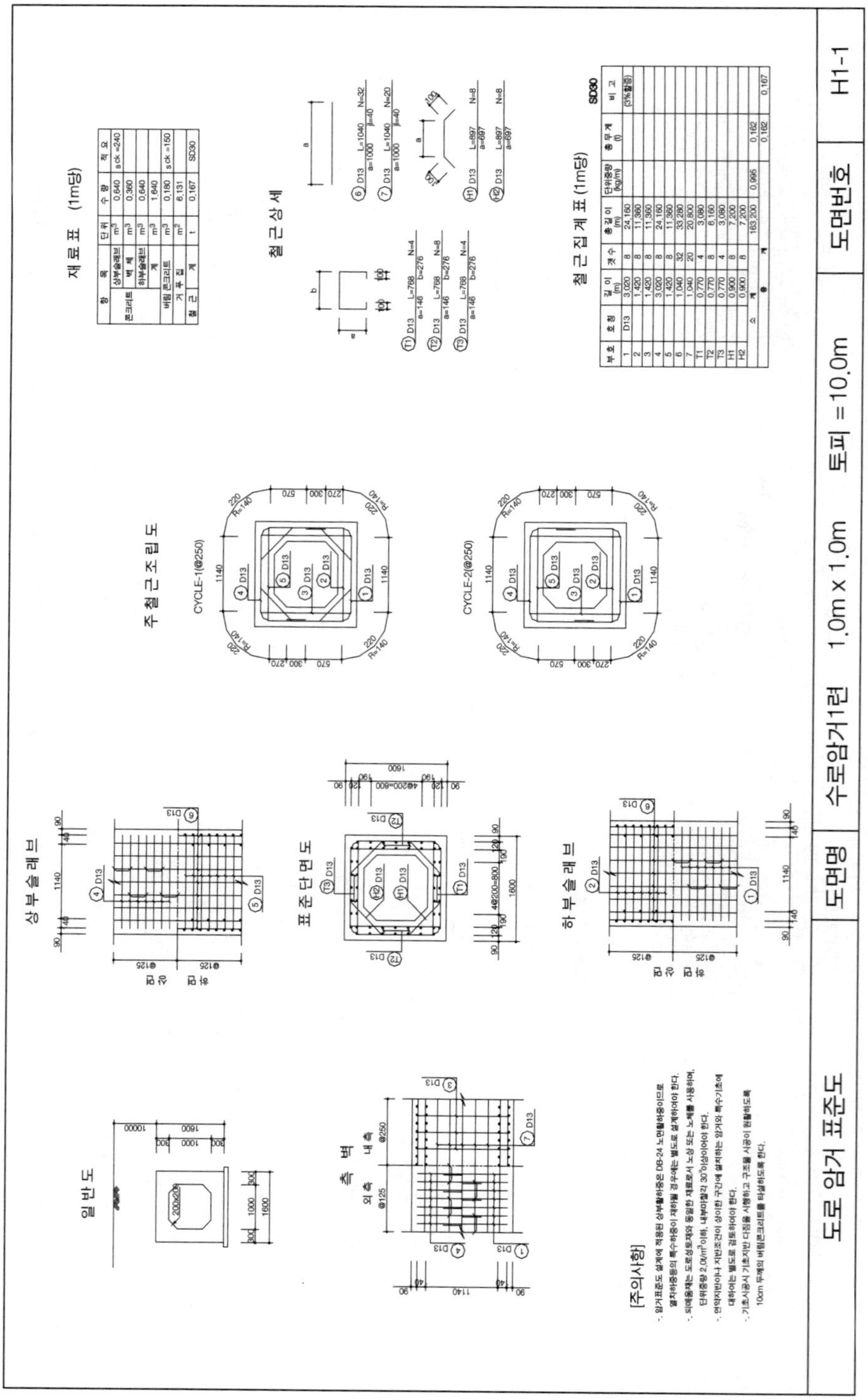

도면 2-2-4 1연 수로 암거

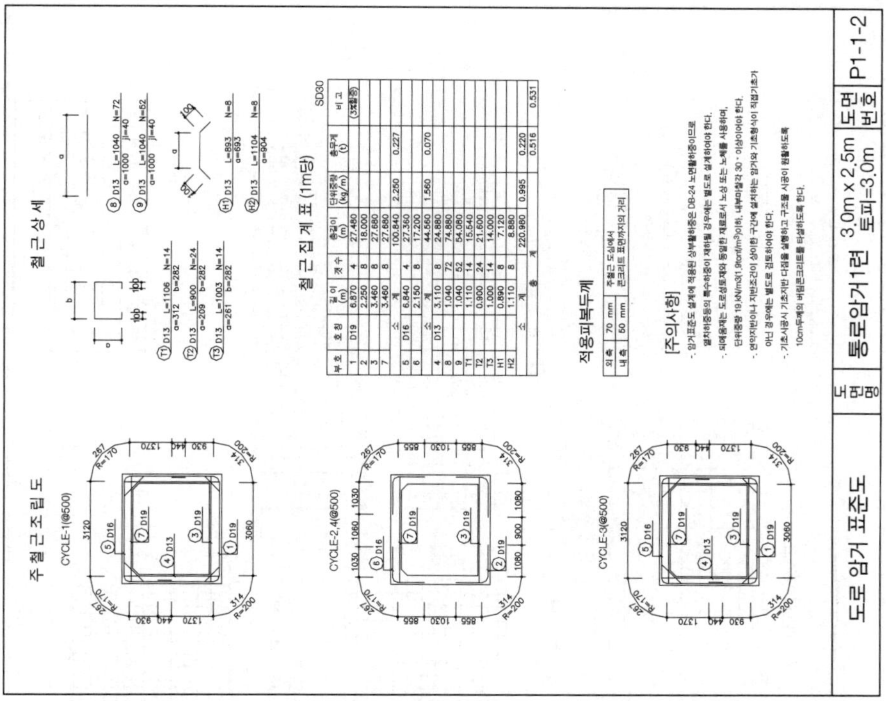

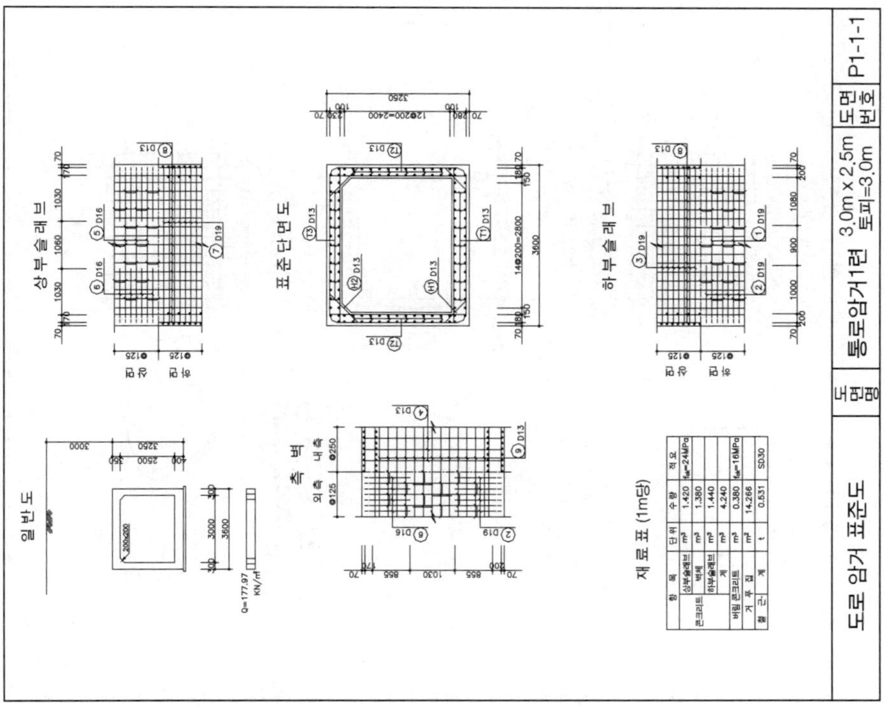

도면 2-2-5 1연 통로 암거

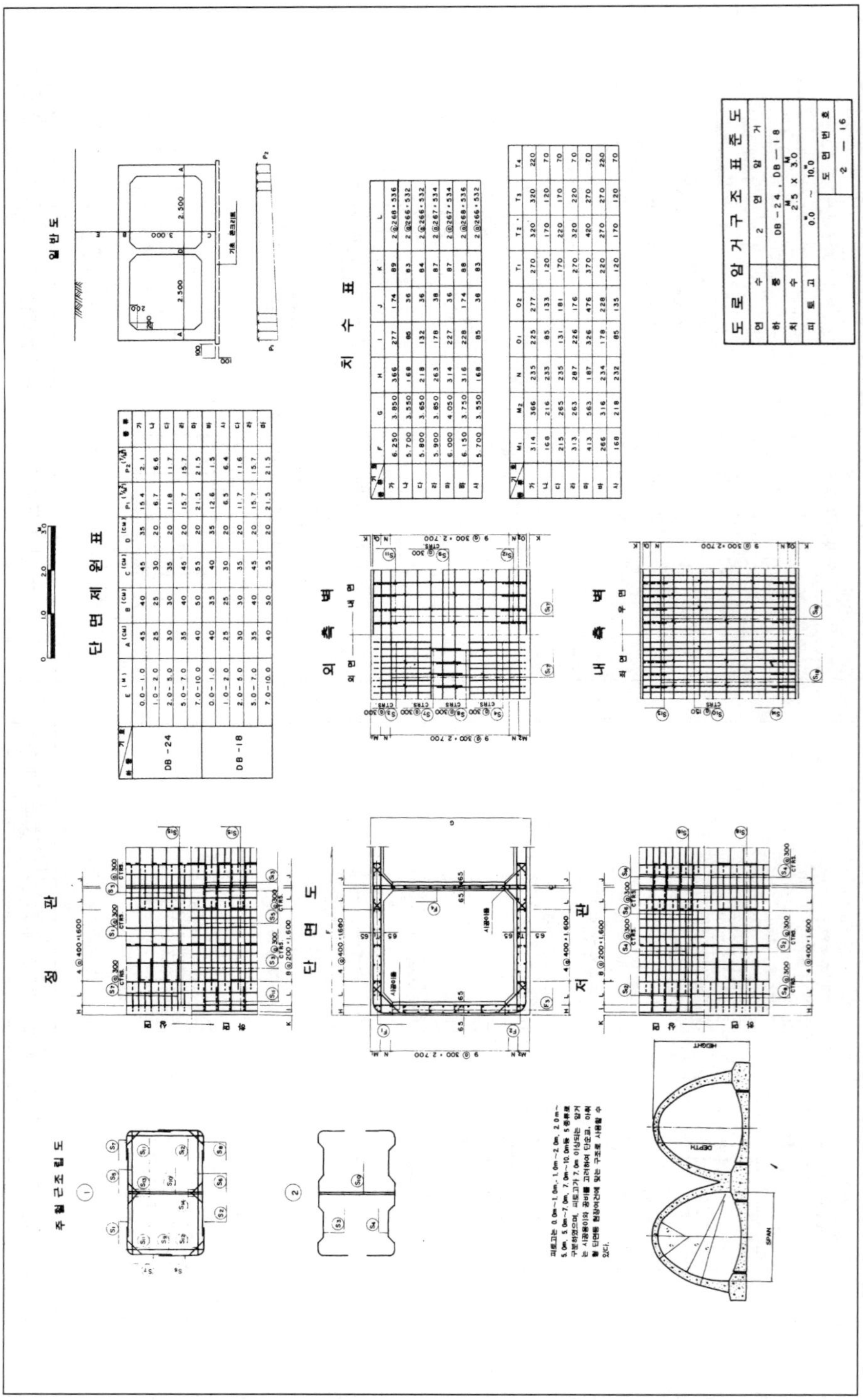

도면 2-2-6 2연 도로 암거

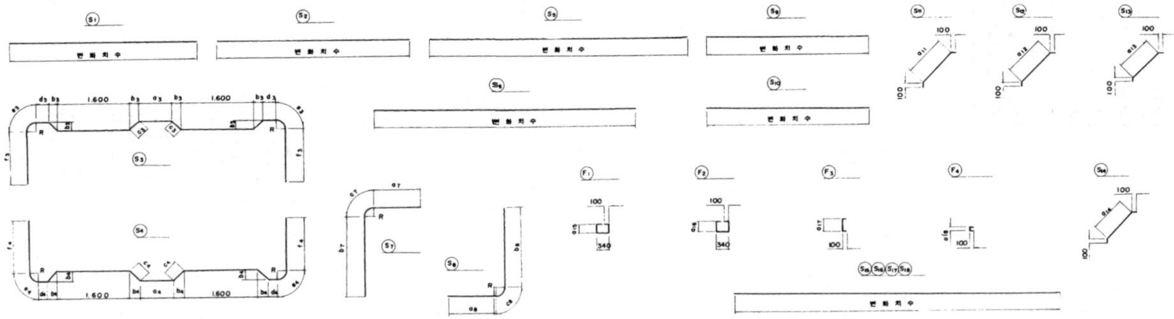

철 근 치 수 표

기호 / 종류	S1	S2	S3								S4							
	길이	길이	a3	b3	c3	d3	R	e3	f3	길이	a4	b14	c4	d4	R	e4	f4	길이
가	4.446	4.446	706	270	332	247	320	503	920	8.774	606	3220	453	197	320	503	920	8.858
나	4.300	4.300	860	120	170	325	190	298	950	7.886	760	1770	240	275	190	298	950	7.966
다	4.300	4.300	760	170	240	295	220	346	953	8.108	660	2220	311	245	220	346	953	8.192
라	4.306	4.306	566	270	382	212	250	393	990	8.484	466	3220	453	162	250	393	990	8.568
마	4.304	4.304	364	370	523	163	250	393	1.057	8.882	264	4220	594	113	250	393	1.057	8.966
바	4.446	4.446	806	220	311	277	290	456	917	8.550	706	2770	382	227	290	456	917	8.634
사	4.300	4.300	860	120	170	325	190	298	950	7.886	760	1770	240	275	190	298	950	7.966

기호 / 종류	S5	S6	S7					S8				
	길이	길이	a7	b7	R	c7	길이	a8	b8	R	c8	길이
가	6.120	6.120	1.127	1.925	320	503	3.555	1.287	1.925	320	503	3.715
나	5.570	5.570	905	1.750	190	298	2.953	905	1.750	190	298	2.953
다	5.670	5.670	1.075	1.805	220	346	3.226	995	1.805	220	346	3.146
라	5.770	5.770	1.092	1.915	250	393	3.400	1.092	1.915	250	393	3.400
마	5.870	5.870	1.143	2.015	250	393	3.551	1.143	2.015	250	393	3.551
바	6.020	6.020	1.027	1.865	290	456	3.348	1.187	1.865	290	456	3.508
사	5.570	5.570	905	1.750	190	298	2.953	905	1.750	190	298	2.953

기호 / 종류	S9	S10	S11		S12		S13		S14		S115	S16	S17	S18	F1		F2		F3		F4	
	길이	길이	a11	길이	a12	길이	a13	길이	a14	길이	길이	길이	길이	길이	a15	길이	a16	길이	a17	길이	a18	길이
가	3.720	3.720	1.171	1.371	1.242	1.442	1.030	1.230	1.100	1.300	변화치수	변화치수	변화치수	변화치수	232	1.004	280	1.100	248	448	153	353
나	3.420	3.420	676	876	747	947	605	805	676	876	〃	〃	〃	〃	88	716	138	816	56	256	99	299
다	3.520	3.520	817	1.017	888	1.088	676	876	747	947	〃	〃	〃	〃	132	804	185	910	103	303	99	299
라	3.720	3.720	1.030	1.230	1.100	1.300	817	1.017	888	1.088	〃	〃	〃	〃	232	1.004	285	1.110	145	345	99	299
마	3.920	3.920	1.242	1.442	1.312	1.512	959	1.159	1.030	1.230	〃	〃	〃	〃	332	1.204	382	1.304	194	394	99	299
바	3.620	3.620	1.030	1.230	1.100	1.300	959	1.159	1.030	1.230	〃	〃	〃	〃	185	910	131	1.002	149	349	153	353
사	3.420	3.420	676	876	747	947	605	805	676	876	〃	〃	〃	〃	88	716	138	816	56	256	99	299

도로 암거구조 표준도	
연수	2 연 암 거
하중	DB－24, DB－18
치수	2.5m X 3.0m
피토고	0.0m ～ 10.0m
	도면번호
	2 — 17

도면 2-2-7 2연 도로 암거 철근 치수표

철근물량표 (M 당)

가

기호	철근	길이	수량	총길이
S1	D25	4.446	3.33	14.805
S2	D19	4.446	3.33	14.805
S3	D22	9.304	3.33	30.982
S4	″	9.388	3.33	31.262
S5	D25	6.120	3.33	20.380
S6	D19	6.120	3.33	20.380
S7	D22	3.555	6.67	23.712
S8	D32	3.715	6.67	24.779
S9	D22	3.720	6.67	24.812
S10	″	3.720	13.33	49.588
S11	D13	1.371	6.67	9.145
S12	″	1.442	6.67	9.618
S13	″	1.230	6.67	8.204
S14	″	1.300	6.67	8.671
S15	D19	1.000	46	46.000
S16	D16	1.000	46	46.000
S17	″	1.000	40	40.000
S18	″	1.000	20	20.000
F1	D13	1.004	10	10.040
F2	″	1.100	10	11.000
F3	″	448	13.33	5.972
F4	″	353	6.67	2.355
	D32	24.779 M × 6.23 KG/M = 154.373 KG		
	D25	35.185 × 3.98 = 140.036		
	D22	160.356 × 3.04 = 487.482		
	D19	81.185 × 2.25 = 182.666		
	D16	106.800 × 1.56 = 165.360		
	D13	65.005 × 0.995 = 64.680		
총계				1.195 T

나

기호	철근	길이	수량	총길이
S1	D19	4.300	3.33	14.319
S2	″	4.300	3.33	14.319
S3	″	7.886	3.33	26.260
S4	″	7.966	3.33	26.527
S5	″	5.570	3.33	18.548
S6	″	5.570	3.33	18.548
S7	D16	2.953	6.67	19.697
S8	D19	2.953	6.67	19.697
S9	″	3.420	6.67	22.811
S10	D16	3.420	13.33	45.589
S11	D13	876	6.67	5.843
S12	″	947	6.67	6.316
S13	″	805	6.67	5.369
S14	″	876	6.67	5.843
S15	D16	1.000	46	46.000
S16	″	1.000	46	46.000
S17	″	1.000	40	40.000
S18	″	1.000	20	20.000
F1	D13	716	10	7.160
F2	″	816	10	8.160
F3	″	256	13.33	3.412
F4	″	299	6.67	1.994
	D19	161.029 M × 2.25 KG/M = 362.315 KG		
	D16	217.286 × 1.56 = 338.966		
	D13	44.097 × 0.995 = 43.877		
총계				0.745 T

다

기호	철근	길이	수량	총길이
S1	D25	4.300	3.33	14.319
S2	D22	4.300	3.33	14.319
S3	″	8.638	3.33	28.765
S4	″	8.722	3.33	29.044
S5	D25	5.670	3.33	18.881
S6	D22	5.670	3.33	18.881
S7	D19	3.226	6.67	21.517
S8	D22	3.146	6.67	20.984
S9	″	3.520	6.67	23.478
S10	D16	3.520	13.33	46.922
S11	D13	1.017	6.67	6.783
S12	″	1.088	6.67	7.257
S13	″	876	6.67	5.843
S14	″	947	6.67	6.316
S15	D19	1.000	46	46.000
S16	″	1.000	46	46.000
S17	D16	1.000	40	40.000
S18	″	1.000	20	20.000
F1	D13	804	10	8.040
F2	″	910	10	9.100
F3	″	303	13.33	4.039
F4	″	299	6.67	1.994
	D25	33.200 M × 3.98 KG/M = 132.136 KG		
	D22	135.471 × 3.04 = 411.832		
	D19	113.517 × 2.25 = 255.413		
	D16	106.922 × 1.56 = 166.798		
	D13	49.372 × 0.995 = 49.125		
총계				015 T

라

기호	철근	길이	수량	총길이
S1	D25	4.306	3.33	14.339
S2	D22	4.306	3.33	14.339
S3	″	9.014	3.33	30.017
S4	″	9.098	3.33	30.296
S5	D25	5.770	3.33	19.214
S6	D22	5.770	3.33	19.214
S7	″	3.400	6.67	22.678
S8	D25	3.400	6.67	22.678
S9	D22	3.720	6.67	24.812
S10	D16	3.720	13.33	49.588
S11	D13	1.230	6.67	8.204
S12	″	1.300	6.67	8.671
S13	″	1.017	6.67	6.783
S14	″	1.088	6.67	7.257
S15	D19	1.000	46	46.000
S16	″	1.000	46	46.000
S17	″	1.000	40	40.000
S18	D16	1.000	20	20.000
F1	D13	1.004	10	10.040
F2	″	1.110	10	11.100
F3	″	345	13.33	4.599
F4	″	299	6.67	1.994
	D25	56.231 M × 3.98 KG/M = 223.801 KG		
	D22	141.356 × 3.04 = 429.722		
	D19	132.000 × 2.25 = 297.000		
	D16	69.588 × 1.56 = 108.557		
	D13	58.648 × 0.995 = 58.355		
총계				1.117 T

마

기호	철근	길이	수량	총길이
S1	D25	4.304	3.33	14.332
S2	D22	4.304	3.33	14.332
S3	D25	9.492	3.33	31.608
S4	″	9.576	3.33	31.888
S5	″	5.870	3.33	10.547
S6	D22	5.870	3.33	19.547
S7	D25	3.551	6.67	23.685
S8	″	3.551	6.67	23.685
S9	″	3.920	6.67	26.146
S10	D16	3.920	13.33	52.254
S11	D13	1.442	6.67	9.618
S12	″	1.512	6.67	10.085
S13	″	1.159	6.67	7.731
S14	″	1.230	6.67	8.204
S15	D19	1.000	46	46.000
S16	″	1.000	46	46.000
S17	″	1.000	40	40.000
S18	D16	1.000	20	20.000
F1	D13	1.204	10	12.040
F2	″	1.304	10	13.040
F3	″	394	13.33	5.252
F4	″	299	6.67	1.994
	D25	170.891 M × 3.98 KG/M = 680.146 KG		
	D22	33.879 × 3.04 = 102.992		
	D19	132.000 × 2.25 = 297.000		
	D16	72.254 × 1.56 = 112.716		
	D13	67.964 × 0.995 = 67.624		
총계				1.260 T

바

기호	철근	길이	수량	총길이
S1	D22	4.446	3.33	14.805
S2	D19	4.446	3.33	14.805
S3	D22	9.080	3.33	30.236
S4	″	9.164	3.33	30.516
S5	″	6.020	3.33	20.047
S6	D19	6.020	3.33	20.047
S7	″	3.348	6.67	22.331
S8	D29	3.508	6.67	23.398
S9	D22	3.620	6.67	24.145
S10	″	3.620	13.33	48.255
S11	D13	1.230	6.67	8.204
S12	″	1.300	6.67	8.671
S13	″	1.159	6.67	7.731
S14	″	1.230	6.67	8.204
S15	D19	1.000	46	46.000
S16	D16	1.000	46	46.000
S17	″	1.000	40	40.000
S18	D22	1.000	20	20.000
F1	D13	910	10	9.100
F2	″	1.002	10	10.020
F3	″	349	13.33	4.652
F4	″	353	6.67	2.355
	D29	23.398 M × 5.04 KG/M = 117.926 KG		
	D22	168.004 × 3.04 = 510.732		
	D19	103.183 × 2.25 = 232.162		
	D16	86.000 × 1.56 = 134.160		
	D13	58.937 × 0.995 = 58.642		
총계				1.054 T

사

기호	철근	길이	수량	총길이
S1	D19	4.300	3.33	14.319
S2	D16	4.300	3.33	14.319
S3	D19	7.886	3.33	26.260
S4	″	7.966	3.33	26.527
S5	″	5.570	3.33	18.548
S6	D16	5.570	3.33	18.548
S7	D19	2.953	6.67	19.697
S8	″	2.953	6.67	19.697
S9	″	3.420	6.67	22.811
S10	D16	3.420	13.33	45.589
S11	D13	876	6.67	5.843
S12	″	947	6.67	6.316
S13	″	805	6.67	5.369
S14	″	876	6.67	5.843
S15	D16	1.000	46	46.000
S16	″	1.000	46	46.000
S17	″	1.000	40	40.000
S18	″	1.000	20	20.000
F1	D13	716	10	7.160
F2	″	816	10	8.160
F3	″	256	13.33	3.412
F4	″	299	6.67	1.994
	D19	147.859 M × 2.25 KG/M = 332.683 KG		
	D16	230.456 × 1.56 = 359.511		
	D13	44.097 × 0.995 = 43.877		
총계				0.736 T

재료표 (M 당)

공종	재종	단위	가	나	다	라	마	바	사
구체 콘크리트	σ_{ck} = 210 kg/cm^2	M^3	9.222	5.395	6.330	7.875	9.460	8.222	5.395
기초 콘크리트	σ_{ck} = 100 kg/cm^2	M^3	0.645	0.590	0.600	0.610	0.620	0.635	0.590
거푸집		M^2	23.900	23.300	23.500	23.900	24.300	23.700	23.300
철근	SBD 24	TON	1.195	0.745	1.015	1.117	1.260	1.054	0.736

도로 암거구조 표준도	
연수	2 연 암 거
하중	DB－24 , DB－18
치수	2.5 M × 3.0 M
피토고	0.0 M ～ 10.0 M
도면번호	2 — 18

도면 2-2-8 2연 도로 암거 재료표

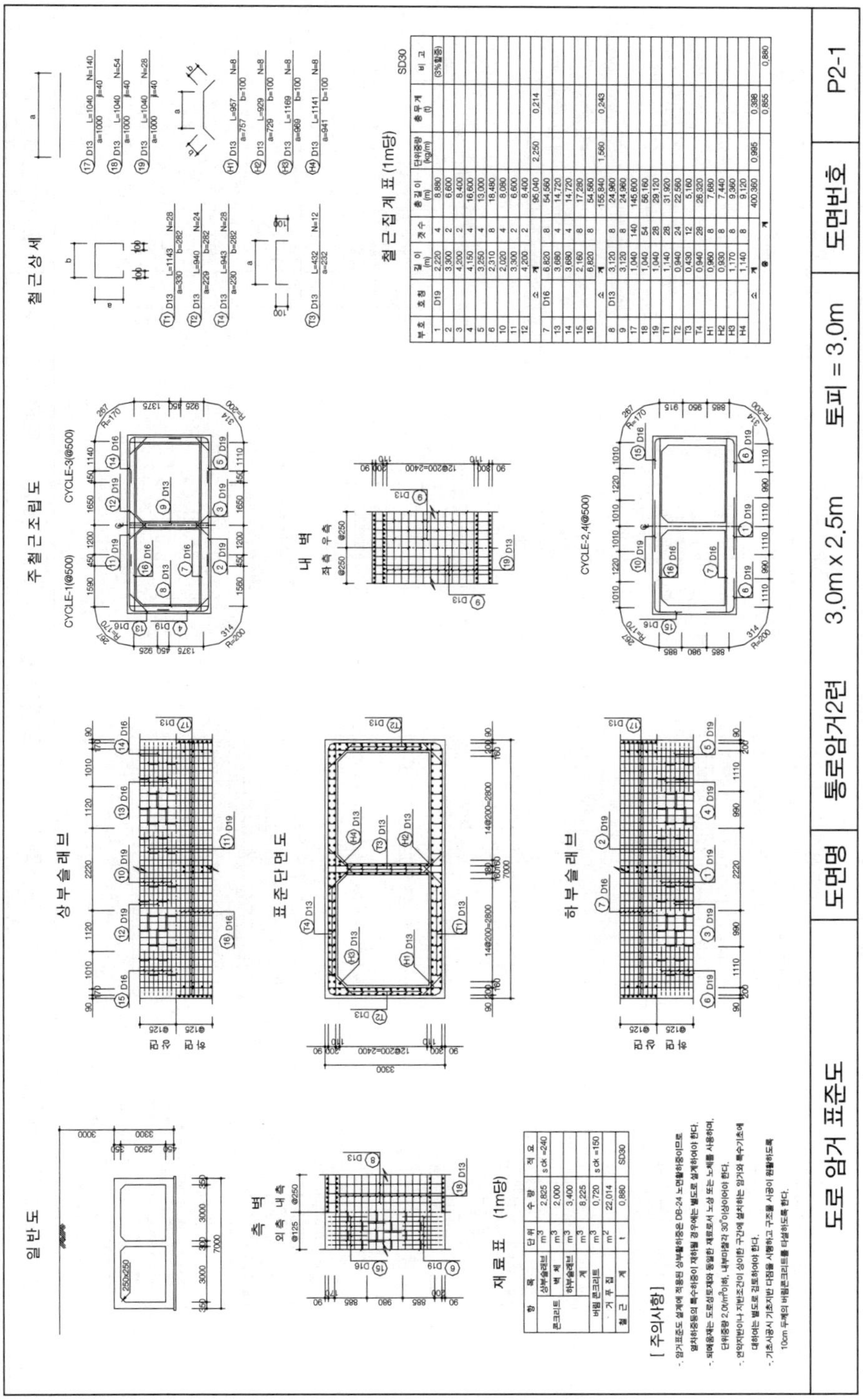

도면 2-2-9 2연 통로 암거

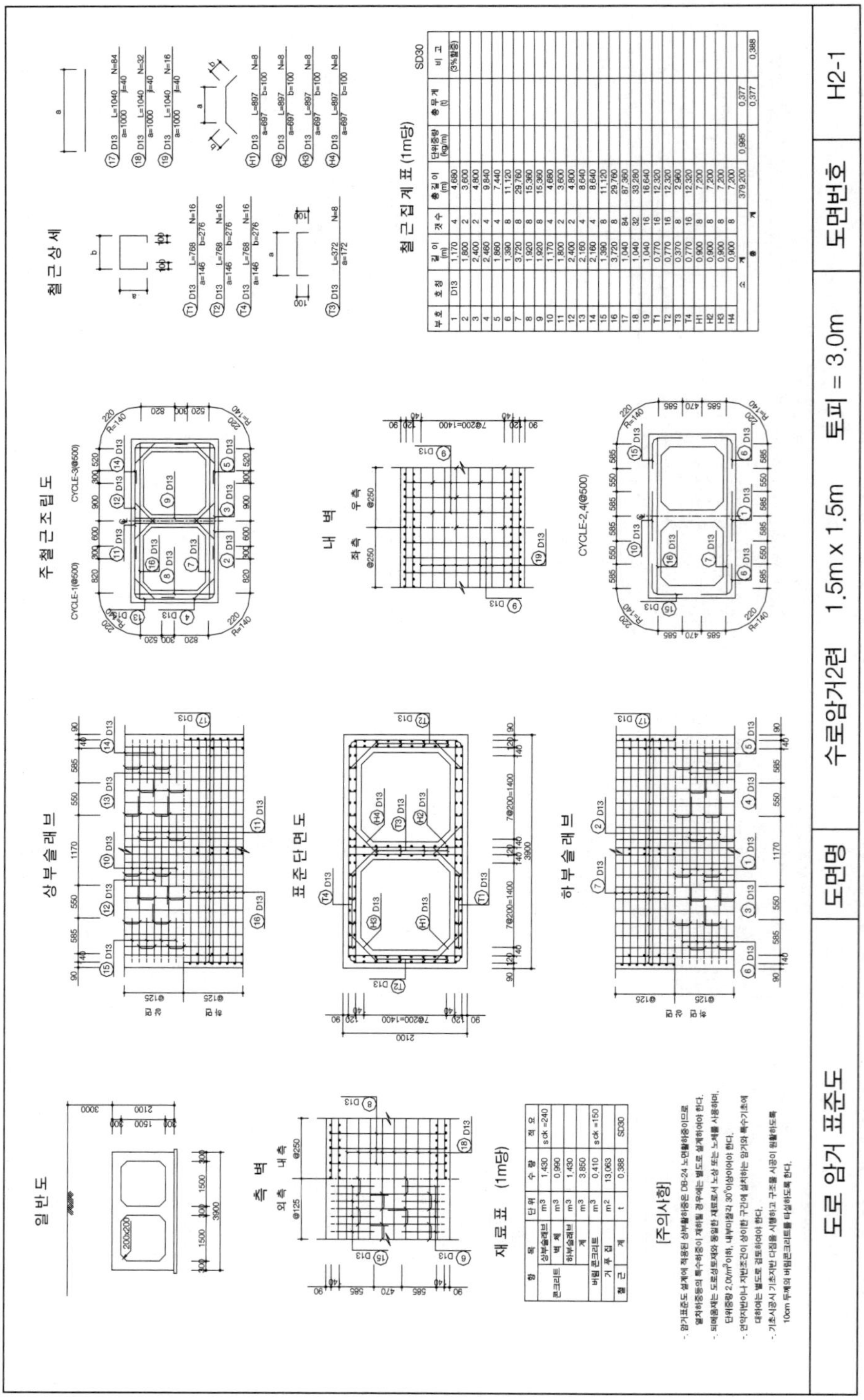

도면 2-2-10 2연 수로 암거

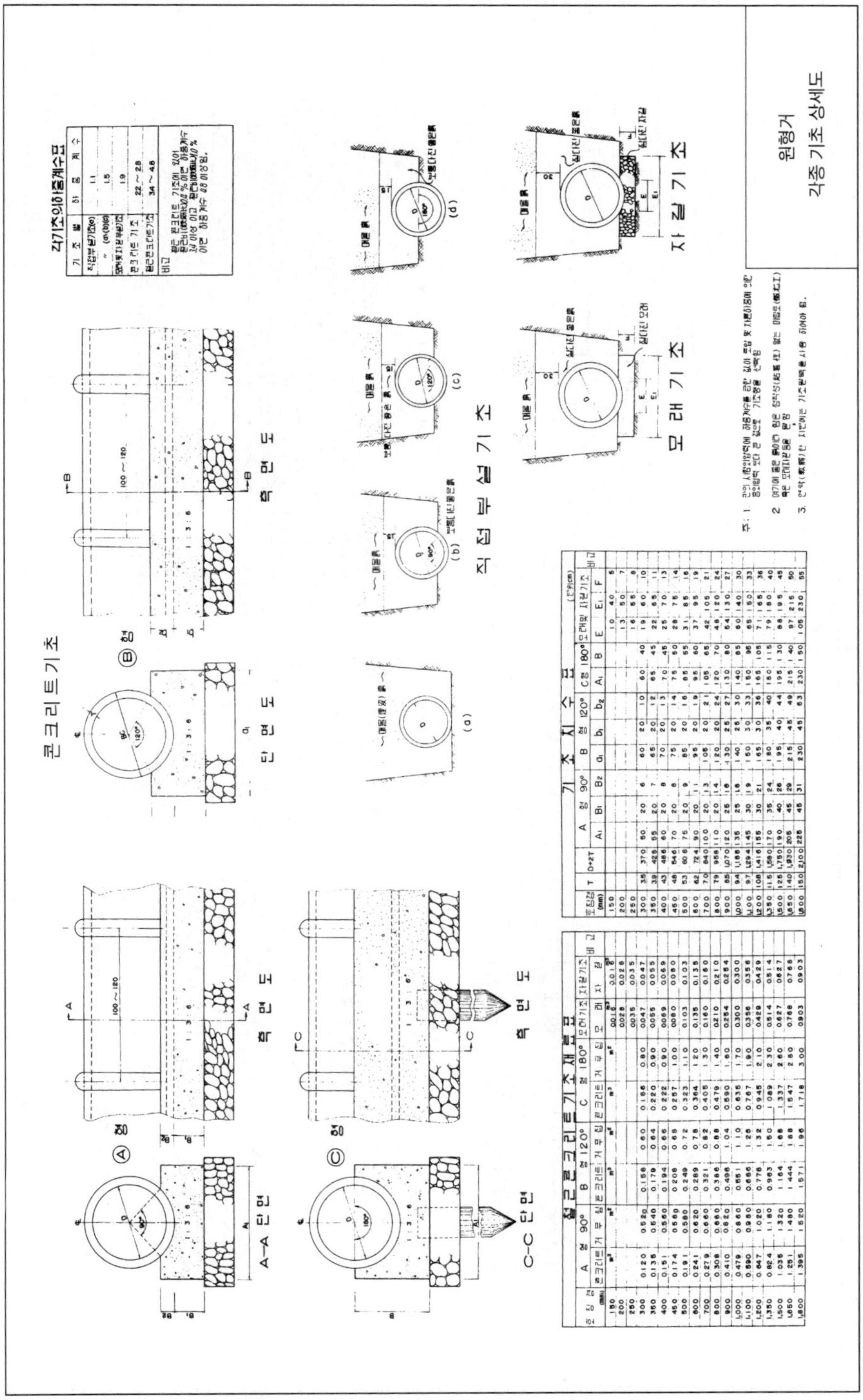

도면 2-2-11 원형 암거 각종 기초 상세도

하수(원형거) 1 - 5

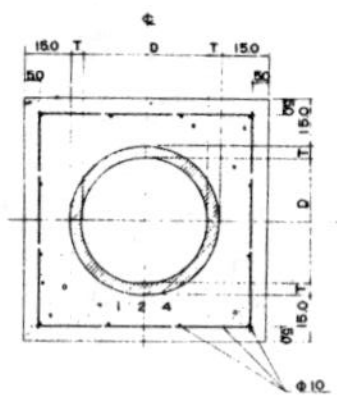

B-B 단면도

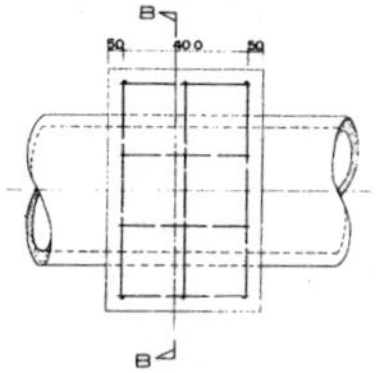

특수이음

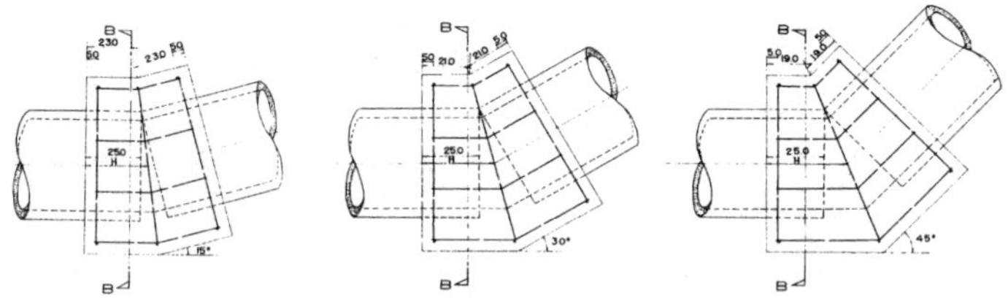

곡절부이음

카-라이음(흄보통관)

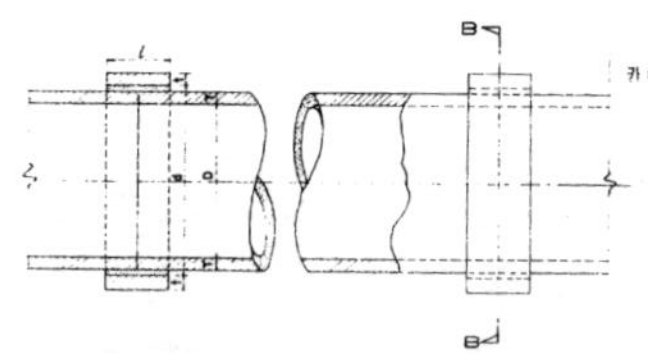

종단면및측면도

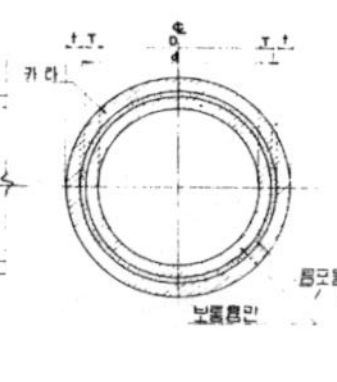

B-B 단면도

카-라이음

재료표 (1개소당)				
	T	d	L	몰탈량(m^3)
.0 mm	2.6 cm	22.6 cm	15.0 cm	0.0012
.0	2.7	27.8	15.0	0.0015
0	2.8	33.0	15.0	0.0017
0	3.0	39.0	15.0	0.0026
0	3.2	44.4	15.0	0.0030
0	3.5	50.0	15.0	0.0034
0	3.8	55.6	20.0	0.0050
0	4.2	61.4	20.0	0.0156
0	5.0	73.0	20.0	0.0167
0	5.8	84.6	20.0	0.0178
0	6.6	96.2	20.0	0.0189
0	7.5	108.0	20.0	0.0100
1.0	8.2	120.0	25.0	0.0167
1.0	8.8	131.2	25.0	0.0182
1.0	9.5	142.6	25.0	0.0198
1.0	10.3	159.2	25.0	0.0222
1.0	11.2	176.8	25.0	0.0301
1.0	12.0	193.4	25.0	0.0330
1.0	12.7	209.8	25.0	0.0358

주 보통 흄관은 KSF 4402 의 규격품을 말함.

특수및곡절부이음

재료표 (1개소당)

D mm	T cm	특수이음 콘크리트 m^3	특수이음 거푸집 m^2	특수이음 철근 kg	15° H cm	15° 콘크리트 m^3	15° 거푸집 m^2	15° 철근 kg	30° H cm	30° 콘크리트 m^3	30° 거푸집 m^2	30° 철근 kg	45° H cm	45° 콘크리트 m^3	45° 거푸집 m^2	45° 철근 kg
150	2.4	0.108	0.932	5.623	26.302	0.115	0.951	5.797	27.652	0.121	0.990	59.77	29.100	0.128	1.033	6.170
200	2.7	0.128	1.065	5.990	26.671	0.138	1.124	6.193	28.402	0.149	1.185	64.44	30.260	0.160	1.250	6.692
250	3.2	0.149	1.213	6.397	27.066	0.165	1.296	6.673	29.206	0.181	1.383	70.17	31.502	0.198	1.476	7.265
300	3.5	0.170	1.352	6.771	27.434	0.192	1.464	7.096	29.956	0.215	1.580	74.33	32.662	0.239	1.704	7.794
350	3.9	0.193	1.500	7.158	27.816	0.222	1.644	7.534	30.733	0.253	1.794	79.23	33.863	0.287	1.955	8.341
400	4.4	0.217	1.656	7.558	28.211	0.256	1.838	7.987	31.536	0.298	2.027	84.30	35.106	0.342	2.230	8.907
450	4.9	0.241	1.814	7.958	28.605	0.293	2.039	8.439	32.340	0.347	2.273	89.38	36.349	0.404	2.523	9.473
500	5.3	0.266	1.971	8.352	28.987	0.332	2.244	8.884	33.117	0.400	2.525	94.35	37.550	0.456	2.826	10.027
600	6.2	0.318	2.298	9.133	29.763	0.418	2.674	9.769	34.697	0.521	3.063	104.27	39.994	0.632	3.482	11.134
700	7.0	0.372	2.631	9.907	30.527	0.516	3.128	10.645	36.251	0.665	3.643	11.409	42.396	0.825	4.195	12.229
800	7.9	0.431	2.982	10.694	31.303	0.630	3.618	11.535	37.832	0.837	4.277	12.407	44.840	1.059	4.985	13.342
900	8.5	0.489	3.226	11.441	32.040	0.753	4.113	12.381	29.332	1.027	4.927	13.362	47.159	1.320	5.802	14.398
1,000	9.4	0.553	3.700	12.228	32.827	0.899	4.660	13.271	40.913	1.257	5.654	14.352	49.603	1.642	6.721	15.511
1,100	9.7	0.613	4.046	12.936	33.514	1.045	5.181	14.072	42.333	1.494	6.357	15.249	51.798	1.974	7.618	16.512
1,200	10.8	0.685	4.457	13.750	34.317	1.233	5.803	14.994	43.967	1.802	7.198	16.291	54.325	2.412	8.695	[illegible]7.663
1,350	11.5	0.787	5.029	14.844	35.396	1.522	6.698	16.232	46.164	2.403	8.426	176.68	57.721	3.100	10.281	[illegible]9.211
1,500	12.5	0.899	5.646	15.978	36.515	1.867	7.682	17.515	48.441	2.869	9.790	19.106	61.242	3.945	12.053	20.870
1,650	14.0	1.024	6.327	17.179	37.699	2.287	8.784	18.874	50.852	3.595	11.329	20.639	64.970	4.999	14.062	22.513
1,800	15.0	1.149	6.996	18.313	38.818	2.740	9.894	20.157	53.129	4.389	12.895	22.067	68.491	6.159	16.116	24.117

원형거 관접합
카라 및 곡절부 이음 상세도

도면 2-2-12 원형 암거 관접합 컬러 및 곡절부 이음 상세도

횡 단 배 수 관 (2)

원심력 철근 콘 크 리 트 관

구 체 상 세 도

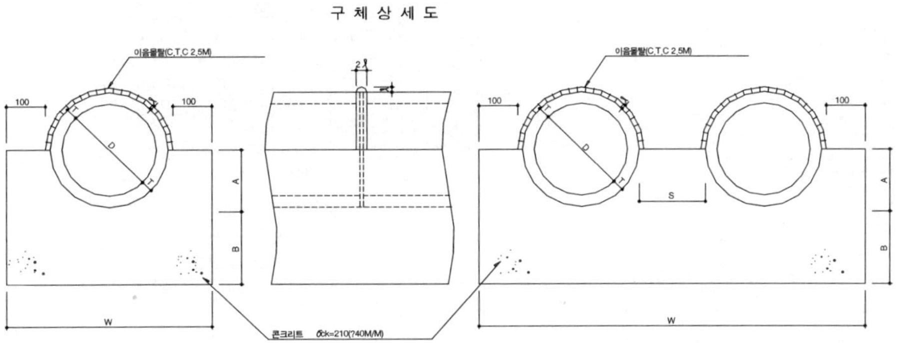

1련 배수관 재료표

(1M당)

치 수(M/M)						수 량(1당)		
D	T	A	B	W	ℓ	콘크리트 σck=210 (?40M/M) (M^3)	몰탈(1:3) (M^3)	거푸집(합판6회) (M^2)
300	30	180	160	560	30	0,140	0,00034	0,680xL+0,280
450	38	263	160	726	30	0,198	0,00049	0,846xL+0,396
600	50	350	250	900	30	0,348	0,00064	1,200xL+0,696
800	66	466	250	1,132	50	0,469	0,00240	1,432xL+0,938
1,000	82	582	280	1,364	50	0,644	0,00297	1,724xL+1,288
1,200	95	695	360	1,590	60	0,919	0,00512	2,110xL+1,838

2련 배수관 재료표

(1M당)

치 수(M/M)						수 량 (1당)		
D	T	A	B	W	ℓ	콘크리트 σck=210 (?40M/M) (M^3)	몰탈(1:3) (M^3)	거푸집(합판6회) (M^2)
300	30	180	160	0,210	30	0,310	0,00068	0,680xL+0,619
450	38	263	160	1,576	30	0,449	0,00098	0,846xL+0,899
600	50	350	250	1,900	30	0,755	0,00128	1,200xL+1,510
800	66	466	250	2,382	50	1,023	0,00480	1,432xL+2,047
1,000	82	582	280	2,814	50	1,362	0,00594	1,724xL+2,723
1,200	95	695	360	3,210	60	1,954	0,01024	2,110xL+3,907

출구부상세도

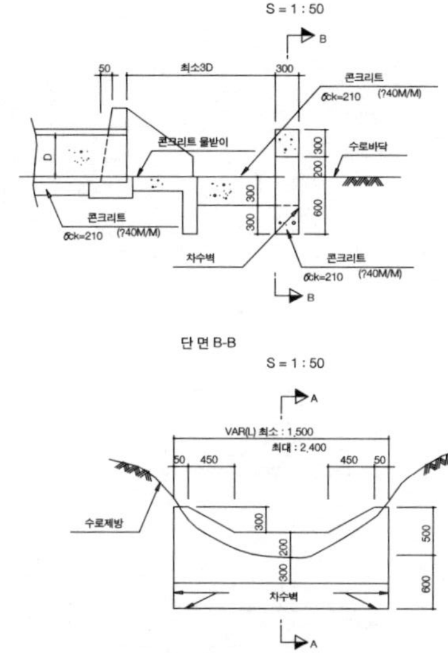

- 수로보호공은 유속 2,5M/SEC 이상일때 적용하고 물량은 별도로 구한다.
- 차수벽은 유속 6M/SEC 이상일때 설치하고 물량은 별도로 구한다.

출구부 재료표

콘크리트 σck=210 (?40M/M)	Lx0,24+0,050(M^3)
거 푸 집 (합판 4회)	Lx1,60+1,315(M^2)
터 파 기	Lx0,37+0,153(M^3)

도로 배수시설 표준도	REV. NO / 최종작성일	1997. 12	도면제목	횡 단 배 수 관 (2)	도면번호	1-3-3

도면 2-2-13 횡단배수관(2)

횡 단 배 수 관 (3)

흄 관 보 강 (Surrounding) 단 면 제 원

흄관보강(Surrounding)단면제원

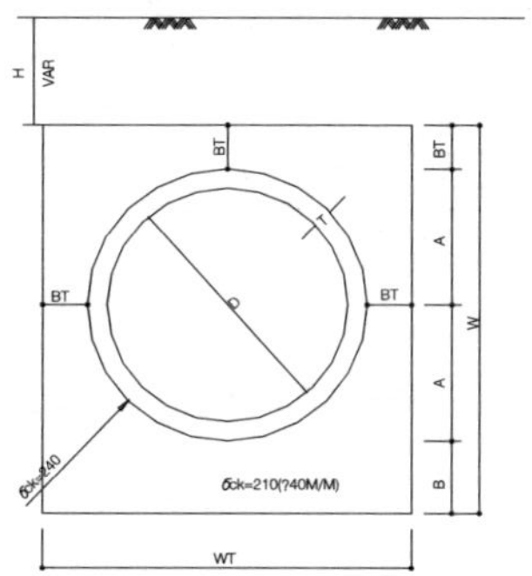

출 구 부 상 세 도

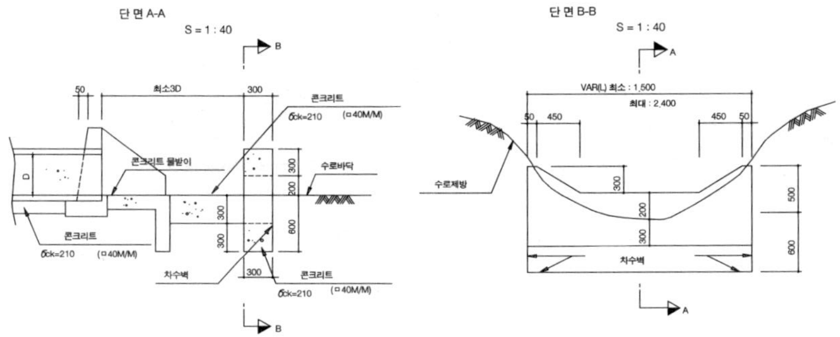

1련 배수관 재료표

(1M당)

구 분		치 수 (M/M)							수 량	
		D	T	BT	A	B	W	WT	콘크리트 σck=210 (□40M/M)M^3	거푸집 (합판6회) M^2
성 토 고	H=5m	800	66	150	466	250	1,332	1,232	0,959	2,664
	H=10m			150	466	250	1,332	1,232	0,959	2,664
	H=15m			150	466	250	1,332	1,232	0,959	2,664
	H=20m			170	466	250	1,352	1,272	1,038	2,704
	H=5m	1000	82	150	582	250	1,564	1,464	1,226	3,128
	H=10m			150	582	250	1,564	1,464	1,226	3,128
	H=15m			170	582	250	1,584	1,504	1,318	3,168
	H=20m			200	582	300	1,664	1,564	1,538	3,328
	H=5m	1200	95	170	695	300	1,860	1,730	1,700	3,270
	H=10m			170	695	300	1,860	1,730	1,700	3,270
	H=15m			200	695	300	1,890	1,790	1,866	3,780
	H=20m			250	695	300	1,940	1,890	2,149	3,880

- 수로보호공은 유속 2,5M/SEC 이상일때 적용하고 물량은 별도로 구한다.
- 차수벽은 유속 6M/SEC 이상일때 설치하고 물량은 별도로 구한다.

출구부 재료표

구분	수량
콘크리트 σck=210 (?40M/M)	Lx0,24+0,050M^3
거 푸 집 (합 판 4 회)	Lx1,60+1,315M^2
터 파 기	Lx0,37+0,153M^3

도로 배수시설 표준도	REV. NO		도면제목	횡 단 배 수 관 (3)	도면번호	1-3-4
	최종작성일	1997. 12				

도면 2-2-14 횡단배수관(3)

Chapter 3

슬래브

3.1 개 요

1) 정의 및 종류

슬래브(slab)란 일반적으로 콘크리트계의 판을 말하고 콘크리트 상판이라고도 하며, 역학적으로는 벽체나 보 혹은 직접 기둥에 의해서 지지되는 구조체로 슬래브 자체의 고정하중과 그 위의 적재하중을 휨강성으로 지지하여 슬래브를 받치는 벽체나 보 또는 기둥에 전달하는 휨재이다.

슬래브는 판이론(plate theory)을 사용하는 정확한 해석법에 의하여 설계하는 것을 원칙으로 하고 있다. 또 슬래브의 종류는 다음과 같다.

① 1방향 슬래브(one-way slab)

슬래브의 변장이 한 방향으로 길어서 장변방향길이와 단변방향길이의 비인 변장비가 2 이상인 경우의 슬래브를 말하며, 바닥하중이 1방향으로만 전달되어 단변방향으로 주근을 배근하고, 장변방향으로 온도철근을 배근한다.

1방향에만 정철근 또는 부철근을 갖는 슬래브이므로 일반적으로 슬래브의 단지간 방향 단위폭당 보(beam)로 보고 설계한다.

② 2방향 슬래브(two-way slab)

슬래브의 변장비가 2 이하인 경우의 슬래브를 말하며, 바닥하중이 장변방향과 단변방향으로 모두 전달되어 단변방향으로 주근을 배근하고, 장변방향으로 배력철근을 배근한다. 직각의 두 방향에 정철근 또는 부철근을 배근한 슬래브로서 슬래브 받침부의 연속성 및 고정성(fixity), 폭과 길이의 비, 그리고 두 방향 슬래브로서의 효과를 고려해서 설계한다.

③ 플랫 슬래브(flat slab)

슬래브가 보에 지지하지 않고 직접 기둥에 지지되는 구조를 플랫 플레이트(flat plate)라 하고, 기둥 주위에 지판(drop panel)이나 주두(column capital)를 설치한 것을 플랫 슬래브(flat slab) 또는 평슬래브라 한다. 또한, 슬래브판과 이것을 직접으로 지지하는 기둥이 강결된 철근 콘크리트 슬래브 구조물을 말하는 것으로, 특수한 형태의 2방향 슬래브인 것이다. 즉 플랫 슬래브는 통상적인 2방향 슬래브와 같이 주변 지지보로 선지지(線支持)되지 않고, 보가 없이 기둥에 직접 점지지(点支持, point supported)되는 슬래브를 일컫는 것이다.

④ 장선 슬래브(joist slab)

슬래브를 지지하는 작은 보구조 시스템인 장선구조(joist construction)를 이용한 슬래브를 이르는 말로 장선의 형태와 결합구조 등에 따라 리브 슬래브(ribbed slab)와 워플 슬래브(waffle slab) 등이 있다. 장선 슬래브는 좁은 간격의 장선과 얇은 슬래브를 일체화 시킨 바닥구조로 슬래브는 장선에 지지되고 장선은 보나 벽체에 지지되는 구조로 장경간이 가능하며 전체 중량이 적다는 것과 설비 시스템을 위한 공간확보와 소규모 관통이 용이하다.

⑤ 리브 슬래브(ribbed slab)

양단을 보 또는 벽체로 지지하며 등간격으로 분할된 장선과 바닥판이 일체로 된 구조의 슬래브.

⑥ 워플 슬래브(waffle slab)

장선을 직교하여 우물반자 형태로 구성된 2방향 장선바닥판 구조로 작은 돔형의 모양이 워플과 같다하여 붙인 이름이다.

⑦ 중공 슬래브(void slab)

페이퍼 튜브(paper tube)를 중립축 부근에 설치하여 빈 공간을 형성한 1방향 슬래브 구조 시스템

2) 용어

① 드롭 패널(지판, drop panel)

플랫 슬래브(flat slab) 구조에서 기둥머리(주두, column capital)에 있는 판(slab)의 응력도를 작게 하기 위한 목적으로 판(slab)의 두께를 다른 부분보다 더 두껍게 한 부분을 말하며 지판이라고도 한다. (그림 2-3-1 참조)

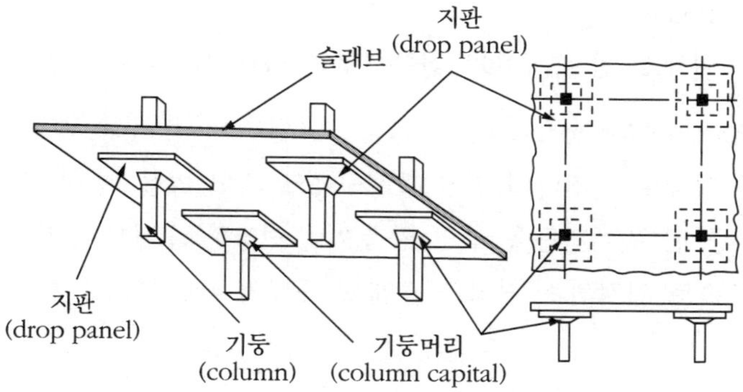

그림 2-3-1 슬래브구조 명칭

② 주열대(柱列帶, column strip)와 중간대(middle strip)

주열대와 중간대는 평판 슬래브의 구조설계를 위하여 구분되어진 설계대로서 주열대는 설계에서 보로 간주하는 주열을 포함한 슬래브의 일정폭을 말하는 것으로 플랫 슬래브의 설계 계산에 있어서 기둥 바로 위에 유한폭대를 가상하고 기둥을 포함하지 않는 주간대(柱間帶) 또는 중간대라고 하는 부분과 구분하여 응력계산을 하는 부분이고 중간대(中間帶)는 주열대 사이에 있는 설계대를 말한다.

③ 평판 슬래브(flat plate)

플랫 슬래브에서 변형된 것으로 기둥머리와 지판(drop panel)이 없는 슬래브

④ 개구부(開口部, opening)

슬래브판에 어떤 용도의 목적으로 구멍이나 큰 출입구를 내는 경우, 이 때 구멍이나 출입구를 개구부라 한다.

3.2 설계기준에 의한 슬래브

1) 정의

콘크리트구조 설계기준에 의한 슬래브 관련 용어 정리는 다음과 같다.

① 리프트 슬래브 구조(lift-slab construction)

슬래브 콘크리트가 굳은 후에 제자리에 들어 올려 조립하여 만드는 슬래브 구조

② 반 T형 단면(T-beam)

보와 슬래브가 일체로 친 슬래브가 한쪽으로만 플랜지를 이루는 보

③ 비틀림 단면(section for torsion)

보가 슬래브와 일체로 되거나 완전한 합성구조로 되어 있을 때, 슬래브의 위 또는 아래로 내민 깊이 중 큰 깊이만큼을 보의 양측으로 연장한 슬래브 부분을 포함한 단면으로서, 보의 한 측으로 연장되는 거리를 슬래브 두께의 4배 이하로 한 단면

④ 설계대(strip)

받침부를 잇는 중심선의 양측에 있는 슬래브판의 두 중심선에 의해 구획되는 부분

⑤ 슬래브판(slab plate)

모든 변에서 기둥, 보, 또는 벽체 중심선에 의해 구획되는 판으로서 설계시에 축력의 영향을 무시할 수 있는 부재

⑥ 2방향 슬래브(two-way slab)

직교하는 두 방향으로 주철근이 배치된 슬래브

⑦ 2방향 슬래브 시스템(two-way slab system)

기둥에 하중을 전달하는 보의 유무에 관계없이, 주철근이 두 방향으로 배치된 콘크리트 슬래브 시스템

⑧ 1방향 슬래브(one-way slab)

한 방향으로만 주철근이 배치된 슬래브

⑨ 장선구조(joist construction)

슬래브를 지지하는 작은 보구조 시스템으로서, 장선의 폭은 100 mm 이상, 깊이는 장선 최소 폭의 3.5배 이하, 장선사이의 순간격은 750 mm 이하 : 2방향으로 장선으로 배치된 경우를 2방향 장선구조 또는 와플(waffle)구조라고 함.

⑩ 전단머리(shear head)

보가 없는 2방향 슬래브 시스템에서 전단 보강을 위하여 기둥 상부의 슬래브 내에 배치하는 강재

⑪ 절판(folded plate)

얇은 평면 슬래브들을 사용하여 3차원 입체구조가 되도록 모서리를 접합한 형태의 쉘구조

⑫ 주열대(column strip)

기둥 중심선에서 양측으로 각각 $0.25l_1$과 $0.25l_2$ 중에서 작은 값과 같은 폭을 갖는 설계대 : 보가 있는 경우 주열대는 그 보를 포함한다.

⑬ 중간대(middle strip)

2개의 주열대 사이에 구획된 설계대

⑭ T형 단면(T-beam)

보와 슬래브가 일체로 친 슬래브가 양쪽 플랜지를 이루는 보

⑮ 휨부재(flexural member)

축력을 받지 않거나 축력의 영향을 무시할 수 있을 정도의 축력을 받는 부재로서 주로 휨모멘트와 전단력을 저항하는 부재

2) 1방향 슬래브의 구조 상세

(1) 1방향 슬래브의 두께는 표 2-3-1에 따라야 하며, 최소 100 mm 이상으로 하여야 한다.

표 2-3-1 ● 1방향 슬래브의 최소두께

부 재 (l : 부재의 길이)	최소두께 h [mm]			
	단순 지지	1단 연속	양단 연속	캔틸레버
	큰 처짐에 의해 손상되기 쉬운 칸막이 벽이나 기타 구조물을 지지 또는 부착하지 않은 부재			
• 1방향 슬래브	$l/20$	$l/24$	$l/28$	$l/10$
• 보 • 리브가 있는 1방향 슬래브	$l/16$	$l/18.5$	$l/21$	$l/8$

이 표의 값은 보통콘크리트($m_c=2{,}300$ kg/m^3)와 설계기준항복강도 400 MPa 철근을 사용한 부재에 대한 값이며 다른 조건에 대해서는 그 값을 다음과 같이 보정하여야 한다.

① 1,500 ~ 2,000 kg/m^3 범위의 단위질량을 갖는 구조용 경량콘크리트에 대해서는 계산된 h값에 $(1.65-0.00031m_c)$를 곱하여야 하나, 1.09보다 작지 않아야 한다.

② f_y가 400 MPa이외인 경우는 계산된 h값에 $(0.43+f_y/700)$를 곱하여야 한다.

※ m_c : 콘크리트의 단위체적질량, f_y : 설계기준항복강도 [MPa]

(2) 슬래브의 정모멘트 철근 및 부모멘트 철근의 중심 간격은 위험단면에서는 슬래브 두께의 2배 이하이어야 하고, 또한 300 mm 이하로 하여야 한다. 기타의 단면에서는 슬래브 두께의 3배 이하이어야 하고, 또한 450 mm 이하로 하여야 한다.

(3) 1방향 슬래브에서는 정모멘트 철근 및 부모멘트 철근에 직각방향으로 수축·온도철근을 배치하여야 하며 다음 조건에 따라야 한다.

① 수축·온도철근으로 배치되는 이형철근은 다음의 철근비 이상으로 하여야 하나, 어떤 경우에도 0.0014 이상이어야 한다. 여기서, 수축·온도철근비는 콘크리트 전체 단면적에 대한 수축·온도철근 단면적의 비로 한다.

(a) 설계기준항복강도가 400 MPa 이하인 이형철근을 사용한 슬래브 ···· 0.0020

(b) 0.0035의 항복변형률에서 측정한 철근의 설계기준항복강도가 400 MPa를 초과한 슬래브 ······ $0.0020 \times (400/f_y)$

② 다만, ①에서 요구되는 수축·온도철근비에 전체 콘크리트 단면적을 곱하여 계산한 수축·온도철근 단면적을 단위 m당 1,800 mm^{2}보다 크게 취할 필요는 없다.

③ 수축·온도철근의 간격은 슬래브 두께의 5배 이하, 또한 450 mm 이하로 하여야 한다.

④ 수축·온도철근은 설계기준항복강도 f_y를 발휘할 수 있도록 정착되어야 한다.

(4) 슬래브 끝의 단순받침부에서도 내민 슬래브에 의하여 부모멘트가 일어나는 경우에는 이에 상응하는 철근을 배치하여야 한다.

(5) 슬래브의 장변방향과 직교하는 보의 상부에 부모멘트로 인해 발생하는 균열을 방지하기 위하여 슬래브의 장변방향 상부에 철근을 배치하여야 한다. 배치방법은 다음 요구조건에 따라 보의 직각방향으로 슬래브 상부에 철근을 배치하여야 한다.

① 횡방향 철근은 T형 보의 내민 플랜지를 캔틸레버로 보고 그 플랜지에 작용하는 계수하중에 대하여 설계하여야 한다.

② 횡방향 철근의 간격은 슬래브 두께의 5배 이하로 하여야 하고, 또한 450 mm 이하로 하여야 한다.

3) 2방향 슬래브

(1) 2방향 구조의 최소두께

단변경간에 대한 장변경간의 비가 2를 초과하지 않는 슬래브(1방향 슬래브) 또는 기타 2방향 구조와 테두리보를 제외하고 슬래브 주변에 보가 없거나 보의 강성비 α_m이 0.2 이하일 경우, 슬래브의 최소 두께는 표 2-3-2의 규정을 따라야 한다.

표 2-3-2 ● 내부에 보가 없는 슬래브의 최소 두께 h [mm]

설계기준항복강도 f_y[MPa]	지판이 없는 경우			지판이 있는 경우		
	외부 슬래브		내부 슬래브	외부 슬래브		내부 슬래브
	테두리보가 없는 경우	테두리보가 있는 경우		테두리보가 없는 경우	테두리보가 있는 경우	
300	$l_n/32$	$l_n/35$	$l_n/35$	$l_n/35$	$l_n/39$	$l_n/39$
350	$l_n/31$	$l_n/34$	$l_n/34$	$l_n/34$	$l_n/37.5$	$l_n/37.5$
400	$l_n/30$	$l_n/33$	$l_n/33$	$l_n/33$	$l_n/36$	$l_n/36$
전체	모든 경우 최소 두께 120 mm 이상			모든 경우 최소 두께 100 mm 이상		

이 표의 f_y : 인장철근의 설계기준항복강도 [MPa], l_n : 슬래브의 순경간

(2) 플랫 슬래브의 지판(drop panel)

① 플랫 슬래브에서 기둥 상부의 부모멘트에 대한 철근을 줄이기 위하여 지판을 사용하는 경우 지판의 크기는 다음 ②~④의 규정에 따라야 한다.

② 지판은 받침부 중심선에서 각 방향 받침부 중심간 경간의 1/6 이상을 각 방향으로 연장시켜야 한다.

③ 지판의 슬래브 아래로 돌출한 두께는 돌출부를 제외한 슬래브 두께의 1/4 이상으로 하여야 한다.

④ 지판 부위의 슬래브 철근량 계산시 슬래브 아래로 돌출한 지판의 두께는 지판의 외단부에서 기둥이나 기둥머리면까지 거리의 1/4 이하로 취하여야 한다.

(3) 2방향 슬래브의 배근 상세

① 소요철근량과 간격

(a) 2방향 슬래브 시스템의 각 방향의 철근 단면적은 위험단면의 휨모멘트에 의해 결정되지만 수축·온도철근[2) (3) ①~④]에서 요구되는 최소 철근량 이상이어야 한다.

(b) 위험단면에서 철근 간격은 슬래브 두께의 2배 이하 또한 300 mm 이하로 하여야 한다. 다만 와플(waffle)구조나 리브(rib)구조로 된 부분은 예외로 한다. 와플구조 상부의 슬래브 철근은 수축·온도철근[2) (3) ①~④]의 요구사항에 따라야 한다.

② 철근의 정착

(a) 불연속 단부 모서리에 직교방향의 정모멘트에 대한 철근은 슬래브의 끝까지 연장하고 직선 또는 갈고리를 150 mm 이상 테두리보, 기둥 또는 벽체 속에 묻어야 한다.

(b) 불연속 단부 모서리에 직각방향의 부모멘트에 대한 철근은 콘크리트구조 설계기준의 철근의 정착 규정에 따라 받침면에 정착되도록 테두리보, 기둥 또는 벽체 속으로 구부리거나 갈고리로 하거나 그렇지 못하면 적절히 정착시켜야 한다.

(c) 불연속 단부에서 슬래브가 테두리보나 벽체로 지지되어 있지 않은 경우, 또는 슬래브가 받침부를 지나 캔틸레버로 되어 있는 경우에는 철근을 슬래브 내부에서 정착시킬 수 있다.

(4) 보가 없는 슬래브의 철근 상세

① 보가 없는 슬래브의 철근은 ②~⑤에서 규정된 모든 요구조건 외에 그림 2-3-2에 표시된 것과 같은 최소길이 규정을 지켜야 한다.

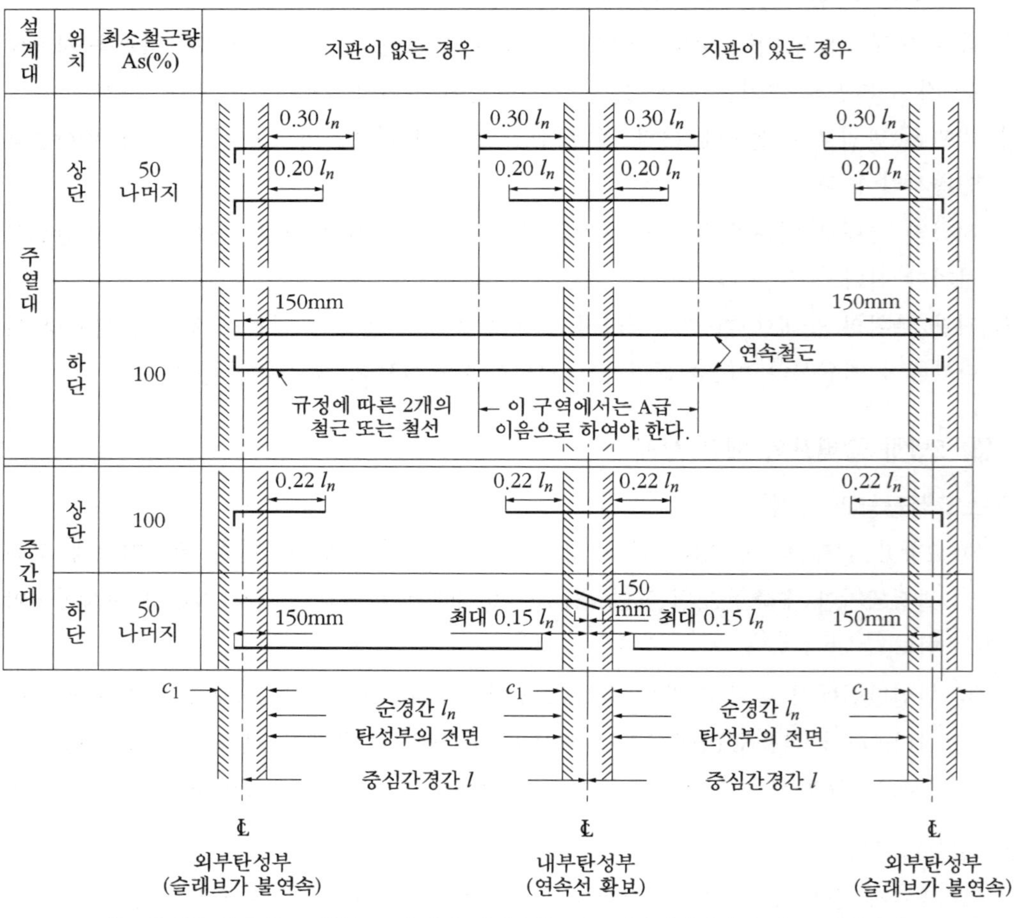

※ c_1 : 휨모멘트를 결정하는 방향으로 측정된 직사각형 또는 등가직사각형의 기둥, 기둥머리 또는 브래킷의 폭 [mm]

그림 2-3-2 슬래브 철근의 최소길이

② 인접한 경간의 길이가 다를 경우, 받침부에서부터 부모멘트에 대한 철근의 최소 연장은 그림 2-3-2에 보인 바와 같이 하되 그 기준은 긴 경간으로 하여야 한다.
③ 2방향 슬래브에서 굽힘철근은 슬래브 두께와 경간의 비가 굽힘철근의 굽힘각도가 45° 이하가 될 수 있는 경우에만 사용하여야 한다.
④ 횡력을 부담하여야 하는 골조의 슬래브에 대해서는 구조해석 결과에 의하여 철근의 길이를 결정하여야 하지만 그림 2-3-2에 규정된 길이 이상으로 하여야 한다.
⑤ 각 방향의 주열대 내의 모든 하부 철근이나 철선이 연속이거나 그림 2-3-2에 위치한 것과 같은 A급 겹침이음으로 이어야 한다. 각 방향으로 적어도 2개의 주열대 하부 철근이나 철선이 기둥 위를 지나야 하며 외부 받침부에 정착하여야 한다.

(5) 슬래브 시스템의 개구부

① 구조해석 결과 설계강도가 설계하중 및 하중조합(콘크리트구조 설계기준)의 규정을 고려한 소요강도 이상이고, 처짐 한계를 포함한 모든 사용성을 만족할 경우 어떤 크기의 개구부도 슬래브 시스템 내에 둘 수 있다.
② ①에서 요구된 특별한 해석을 하지 않고도 보가 없는 슬래브 시스템의 경우 다음 항에 따라 개구부를 둘 수 있다.
  (a) 개구부 크기가 300 mm 이하이거나 슬래브 두께의 2배 이하이고, 개구부가 주철근을 절단하지 않을 경우에는 양 방향의 중간대가 겹치는 부분에 개구부를 둘 수 있다.
  (b) 양 방향의 주열대가 겹치는 부분에서 어느 쪽의 경간에서나 주열대 폭의 1/8 이상이 개구부에 의해 차단되지 않아야 한다. 개구부에 의해 감소된 철근량은 개구부 주변에 추가 배치하여야 한다.
  (c) 한 개의 주열대와 한 개의 중간대가 겹치는 부분에서 어느 설계대에서도 그 설계대의 1/4 이상의 철근이 개구부에 의해 절단되지 않아야 한다. 개구부에 의해 감소된 철근량은 개구부 주변에 추가 배치하여야 한다.
  (d) 전단철근에 의한 전단강도의 전단에 대한 규정(콘크리트구조 설계기준)을 만족시켜야 한다.
③ 개구부 크기가 슬래브 판 크기에 비해 상대적으로 작은 경우 개구부에 의해 절단되는 철근과 같은 단면적의 철근을 개구부 양 쪽에 보강하여야 한다.
④ 개구부가 슬래브판 크기에 비해 상대적으로 큰 경우 각 모서리에서 캔틸레버 슬래브로 가정하여 설계할 수 있으며, 인접슬래브를 설계할 때는 개구부의 영향을 고려하여야 한다.

⑤ 개구부가 크고 한쪽으로 치우쳐서 위치한 경우 3변 연속이고 1변 자유인 슬래브로 취급할 수 있으며, 인접슬래브를 설계할 때는 개구부의 영향을 고려하여야 한다.

3.3 슬래브교(도로교 상부구조 표준도)

1) 슬래브교(slab bridge)

(1) 콘크리트 [지간당]

도면 2-3-1의 단면도(cross section)와 측면도(side elevation)에서 콘크리트 물량을 산출한다. 먼저 그림 2-3-3에서 콘크리트 물량 산출을 위해서 단면도를 4부분으로 나누어 계산하면,

① (1%의 기울기를 고려하지 않고 계산) $A_1 = 0.2 \times 0.7 = 0.14$

② $A_2 = \dfrac{0.15 + 0.75}{2} \times 0.6 = 0.27$

③ $A_3 = \dfrac{1}{2} \times 0.3 \times 0.05 = 0.0075$

④ $A_4 = 4.8 \times 0.65 = 3.12$

$\therefore A_S =$ ① ~ ④ $= 3.5375\,\mathrm{m}^2/\mathrm{side}$ → 양단면 계산 $A_T = 3.5375 \times 2 = 7.075\,\mathrm{m}^3/\mathrm{m}$.
슬래브 교량의 길이가 9.98이므로 콘크리트량 $V = A_T \times L = 7.075\,\mathrm{m}^3/\mathrm{m} \times 9.98\,\mathrm{m} = 70.609\,\mathrm{m}^3$.

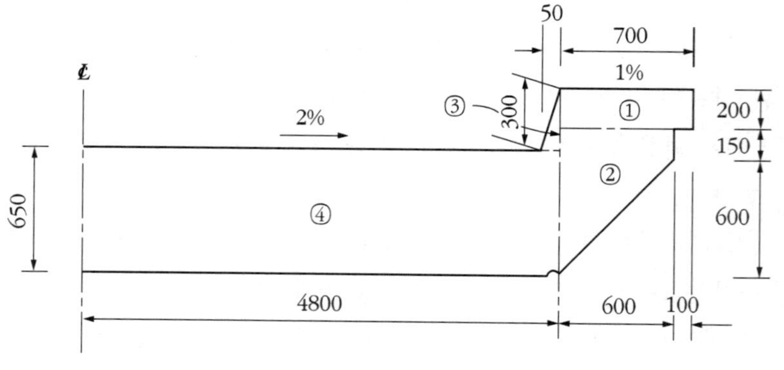

그림 2-3-3 계산을 위한 슬래브교량의 단면도(no scale)

(2) 아스팔트 포장(Asphalt paving area)

① 포장 면적은 2% 기울기를 고려하지 않고 교량 폭의 노선 폭(4.8−0.05)에 교량 지간 (span) 길이를 곱한 면적이다.

$A = 4.75 \times 2 \times 9.98 = 94.81\,\mathrm{m}^2$

② 아스팔트의 체적(Ascon)은 포장 면적에 포장 두께(t =0.05)만 고려하면 된다.

$V = 4.75 \times 2 \times 9.98 \times 0.05 = 4.74\,\mathrm{m}^3$

(3) 거푸집

$$A = [0.2+0.1+0.15+\sqrt{2(0.6)^2}+4.8+\sqrt{(0.3)^2+(0.05)^2}\,] \times 2 \times 9.98 + 3.5375 \times 4 = 141.944\,\mathrm{m}^2$$

도면 2-3-1의 거푸집량 127.764 m^2와의 차이는 span 양쪽 끝단의 거푸집량 3.5375 m^2/side×4를 계산하지 않았기 때문이다.

(4) 철근

철근량 산출을 위하여 단면도(cross section)의 bar arrangement에서 철근의 배열 순서를 살펴보면 슬래브 하면(Lower)에서 48@100의 48칸에는 첫 번째 철근이 Ⓢ1이고 100 mm 떨어져서 Ⓑ1, 또 100 mm 떨어져서 Ⓢ1, 또 100 mm 떨어져서 Ⓑ2가 배근된다. 즉, Ⓢ1 철근 사이에 Ⓑ1과 Ⓑ2가 번갈아 배근되는 것으로 Ⓢ1의 철근 간격은 200 mm이며 Ⓑ1의 철근 간격은 각각 400 mm씩이다.

Ⓢ1 D32

$L = 2(202+384)+9544+24 \times 31.8 = 11479$

$N = (4800 \times 2)/200+1+2 = 51$

슬래브교의 설계조건에서 철근의 정척(定尺)을 8 m로 하고 있으므로 철근의 겹이음을 계산해서 철근길이 L을 정한다.

철근수량 N은 단면의 한쪽 길이 4800에 2를 곱해서 Ⓢ1 철근 간격 200 mm로 나누면 교량 저폭의 Ⓢ1 철근의 칸 수가 정해지고 1본을 더해주면 저폭 전체에 있는 Ⓢ1의 수량이 되며 또 양쪽 사면에 있는 1본씩 2본을 더해준다.

Ⓑ1 D32

$L = (1000+693) \times 2+6820+24 \times 31.8 = 10206+763 = 10969$

$N = (4800 \times 2-100)/400+1 = 24$

Ⓢ₂ D16

$$L = 490 \times 2 + 9800 + 24 \times 15.9 = 10780 + 381 = 11161$$

$$N = (4800 \times 2)/200 + 1 + (2 \times 5) = 59$$

Ⓢ₂ 철근 수량은 교량의 노선 폭 4800×2에 200 mm 간격으로 배근되었고 단면 양쪽 끝단의 윗부분에 3본과 아래 부분에 2본으로 5본씩 양쪽에 배근되어 있다.

Ⓓ₁ D25

$$L = (300 + 766) \times 2 + 9600 + 24 \times 25.4 = 11732 + 609.6 = 12342$$

$$N = 64 + 1 + 2 = 67$$

Ⓓ₁은 슬래브 하면(Lower)에 배근되는 것을 측면도(side elevation)에서 64@1500의 64칸에 64+1의 수량이 배근되고 측면도 양쪽 끝단에 100 mm씩 떨어져서 1본씩 2본이 배근된다.

Ⓓ₂ D13

$$L = 10700 + 24 \times 12.7 = 11004$$

$$N = 26 + 1 + (2 \times 7) = 41$$

Ⓓ₂는 슬래브 상면(Upper)에 배근되는 것으로 측면도에서 26@300의 26칸에 26+1본의 수량이 배근되고 측면도 양쪽 끝단의 6@150에서 7본씩 2×7본이 배근된다.

Ⓒ₁ D13

$$L = 100 + 600 + 881 + 380 = 1961$$

$$N = (26 + 1 \pm 2 \times 7)2 = 82$$

Ⓒ₁은 Ⓓ₂와 같은 간격으로 배근되며 단면도의 중앙선 양쪽에 똑같은 수량으로 배근된다.

Ⓒ₂ D13

$$L = 100 \times 2 + 453 = 653$$

$$N = 11 \times 6 = 66$$

Ⓒ₂는 스페이서 철근으로 단면도에서 11줄, 측면도에서 6줄로 배근된다.

이상의 철근을 구경별로 정리하면 도면 2-3-1과 같은 재료표(material list)가 된다.

※ 2007 콘크리트구조 설계기준에 의한 철근 이음 계산

이상의 철근 겹이음 계산은 콘크리트 시방서(종전 시방서) 규정에 따른 계산이며, 콘

크리트 구조 설계기준의 철근의 정착 및 이음에 의한 철근이음 계산은 다음과 같이 할 수 있다<콘크리트 구조 설계기준(2007) 제8장 참조>.

Ⓢ1, Ⓑ1, Ⓑ2는 D32의 인장철근으로 철근의 겹이음 길이를 구할 수 있다(1편 6장 철근의 정착 및 이음 참조).

먼저 기본정착길이 l_{db}는 D35 이하이므로<식 (1.6.1) 참조>

$$l_{db} = \frac{0.6 d_b f_y}{\sqrt{f_{ck}}}$$

여기서, l_{db} : 기본정착길이(mm)

d_b : 철근, 철선 또는 프리스트레싱 강연선의 공칭지름(mm)

f_y : 인장철근의 설계기준항복강도(MPa)

f_{ck} : 콘크리트의 설계기준강도(MPa)

SD24 철근이므로, $f_y = 240\,\text{MPa}$이고, $f_{ck} = 21\,\text{MPa}$이 된다.

$$\therefore\ l_{db} = \frac{0.6 \times 32 \times 240}{\sqrt{21}} = 1{,}005\ \text{mm}$$

또, 기본정착길이 l_{db}는 300 mm 이상이어야 하므로 정착길이 l_d는 1,005 mm이면 충분하다.

인장(이형)철근 이음은 A, B급 이음 중에서 B급 이음으로 보면 겹이음 길이는

$$1.3 \times 1{,}005 = 1{,}306\ \text{mm}$$

종전 시방서와 비교하면 $1{,}306 - 763 = 543\ \text{mm}$가 더 길어진 것이다.

Ⓓ1 D25는 인장철근으로 Ⓢ1, Ⓑ1, Ⓑ2 철근과 마찬가지로 계산하면,

$$l_{db} = \frac{0.6 d_b f_y}{\sqrt{f_{ck}}} = \frac{0.6 \times 25 \times 240}{\sqrt{21}} = 785\ \text{mm}$$

따라서, 정착길이 l_d는 785 mm로서, B급 이음이면 겹이음 길이는,

$$1.3 \times 785 = 1{,}020\ \text{mm}$$

종전 시방서와 비교하면 $1{,}020 - 610 = 410\,\text{mm}$가 더 길어진다.

또한 Ⓢ2 D16은 압축철근으로 식 (1.6.3)에서 구할 수 있다.

기본정착길이 $l_{db} = \dfrac{0.25 d_b f_y}{\sqrt{f_{ck}}} = \dfrac{0.25 \times 240 \times 15.9}{\sqrt{21}} = 208\ \text{mm}$

또 $0.043d_bf_y$ 이상과 200 mm 이상의 검토를 하면

$$0.043d_bf_y = 0.043 \times 15.9 \times 240 = 164\ \text{mm}$$

따라서 정착길이 $l_d = 208\text{mm}$이면 충분하다.

시방서 7.16<6-7의 (8)>에 의한 압축(이형)철근 이음 길이를 계산하면

① 최소 겹이음 길이는 $l_d = 208\text{mm}$

② $f_y = 400\text{MPa}$ 이하일 때;

$$0.072f_yd_b = 0.072 \times 240 \times 15.9 = 274\ \text{mm}\ \text{이상}$$

③ 어느 경우에나 300 mm 이상

따라서 겹이음 길이는 300 mm가 되어 종전 시방서와 비교하면, $300 - 381 = -81$ mm(81 mm가 짧아진다.)

(D_2) D13은 압축철근으로 (S_2) 철근과 마찬가지로 계산하면

$$l_{db} = \frac{0.25d_bf_y}{\sqrt{f_{ck}}} = \frac{0.25 \times 240 \times 12.7}{\sqrt{21}} = 166\ \text{mm}$$

또 $0.043d_bf_y = 0.043 \times 12.7 \times 240 = 131\text{mm}$, 200 mm 이상이므로 정착길이 $l_d = 200\text{mm}$가 된다.

따라서 겹이음 길이는 300 mm가 된다.

이상과 같이 개정기준에 의한 철근량 산출로 철근표를 작성하면 다음과 같다.

표 2-3-3 ● 슬래브 교량의 철근표

Mark	Dia [mm]	Length [mm]	Each	Total L. [mm]	Unit Wt. [kg/m]	Total Wt. [kg]	Remark 3%
S_1	D32	12,022	51	613,122			
B_1	D32	11,512	24	276,288			
B_2	D32	11,512	24	276,288			
Sub Total				1,165,698	6.23	7,262	
D_1	D25	12,752	67	854,384			
Sub Total				854,384	3.98	3,400	
S_2	D16	11,080	59	653,720			
Sub Total				653,720	1.56	1,020	

Mark	Dia [mm]	Length [mm]	Each	Total L. [mm]	Unit Wt. [kg/m]	Total Wt. [kg]	Remark 3%
D_2	D13	11,000	41	451,000			
C_1	D13	1,961	82	160,802			
C_2	D13	653	66	43,098			
Sub Total				654,900	0.995	652	
Total						12,334	12,704

Ⓢ$_1$ D32

$$L = 2(202+384)+9544+1306 = 12022, \quad N = 51$$

Ⓑ$_1$ D32

$$L = (1000+693)\times 2+6820+1306 = 11512, \quad N = 24$$

Ⓑ$_2$ D32

$$L = (1000+693)\times 2+6820+1306 = 11512, \quad N = 24$$

Ⓢ$_2$ D16

$$L = 490\times 2+9800+300 = 11080, \quad N = 59$$

Ⓓ$_1$ D25

$$L = (300+766)\times 2+9600+1020 = 12752, \; N = 67$$

Ⓓ$_2$ D13

$$L = 10700+300 = 11000, \quad N = 41$$

Ⓒ$_1$ D13

$$L = 1961, \quad N = 82$$

Ⓒ$_2$ D13

$$L = 653, \; N = 66$$

2) 3연 콘크리트 슬래브교

(1) 콘크리트

도면 2-3-2의 단면도 우측에서 콘크리트 물량 계산을 위해서 1)의 경우와 같이 4부분으로 나누어 계산한다.

$$\left\{\begin{array}{l} A_1 = 0.2\times 0.7 = 0.14 \\ A_2 = \dfrac{0.15+0.5}{2}\times 0.6 = 0.195 \\ A_3 = \dfrac{0.4+0.7}{2}\times 0.05 = 0.0275 \\ A_4 = 0.4\times 4.25 = 1.7 \\ \therefore\ 2.0625\times 2 = 4.125\,\mathrm{m^3/m} \end{array}\right\}\quad 계\ \ 2.0625\,\mathrm{m^2/side}$$

전체 콘크리트량 $V = 4.125\,\mathrm{m^3/m}\times 23.94(슬래브\ 길이) = 98.753\,\mathrm{m^3}$

(2) 아스팔트 포장면적 및 아스콘 체적

① 아스팔트 포장

$A = 4.25\times 2\times 23.94 = 203.49\,\mathrm{m^2}$

② 아스콘 체적

$V = A\times T(asp) = 203.49\times 0.05 = 10.174\,\mathrm{m^3}$

(3) 거푸집

$$A = [0.2+0.1+0.15+\sqrt{(0.6)^2+(0.35)^2}+4.3+\sqrt{(0.05)^2+(0.3)^2}$$
$$\times 2\times 23.94 = 275.244\,\mathrm{m^2}$$

∴ 슬래브 양 끝단의 마구리를 계산하려면 콘크리트 단면 $2.0625\,\mathrm{m^2/side}\times 2$에 2를 곱한 값을 더하면 된다. 즉, $2.0625\times 2\times 2 = 8.25\,\mathrm{m^2}$를 가산해 주면 된다.

(4) 철근

도면 2-3-2에서 철근 수량 산출을 하려면 먼저 단면도 bar arrangement의 철근 배열 순서에서 철근 간격을 계산해야 한다. 슬래브 하면(Lower)의 B - B 단면에서 Ⓢ1 철근 간격은 200 mm, Ⓑ1과 Ⓑ2는 Ⓢ1 사이에 번갈아 배근되므로 400 mm의 철근 간격이 된다.

Ⓢ1 D25

$L = (100+236)\times 2+3\times 24\times 25.4+23650 = 26151$

$N = \dfrac{4200\times 2}{200}+1+2 = 45$

Ⓢ1의 철근 길이는 24322 mm이므로 설계 조건의 철근 정척 8 m로 계산하면 3

개소에 철근 겹이음이 있어야 한다.

철근 수량은 슬래브 하면(Lower)에 철근 간격이 200 mm이므로 $\frac{4200 \times 2}{200} + 1$이고 단면 양쪽 사면에 1본씩 2본이 배근된다.

Ⓢ₄ D25

$$L = 4560$$

$$N = \left(\frac{4200 \times 2}{200} + 1 + 2 + 5\right) \times 2 = 106$$

Ⓢ₂ 철근은 지점(bearing)의 슬래브 상면(upper)에 배근되는 것으로 A - A 단면이나, B - B 단면에서는 나타나지 않고 측면도(side elevation) 상면에서 나타나며, Ⓢ₃, Ⓢ₄와 같은 철근 간격 200 mm로 배근된다. 따라서 교량의 노선 폭 4200×2에 철근 간격 200 mm로 배근되어 철근 수량은 $\frac{4200 \times 2}{200} + 1$이 되며 단면도 양쪽 끝단에서 윗부분 3본, 아랫부분 2본의 5본씩 양쪽에 배근된다. 이러한 철근 수량이 또 다른 지점(bearing)에서도 똑같이 배근된다.

Ⓢ₃ D16

$$L = 290 + 5910 = 6200$$

$$N = \left(\frac{4200 \times 2}{200} + 1 + 2 \times 5\right) \times 2 = 106$$

Ⓢ₃ 철근은 A - A 단면에 나타나며 철근 간격은 200 mm로서 Ⓢ₂ 철근 수량과 같은 방법으로 계산한다.

Ⓢ₄ D16

$$L = 5280$$

$$N = \left(\frac{4200 \times 2}{200} + 1 + 2 \times 5\right) \times 2 = 106$$

Ⓢ₄ 철근은 B - B 단면에 나타나며 철근 간격은 200 mm로서 Ⓢ₂ 철근 수량과 같은 방법

Ⓑ₂ D25

$$L = (1440 + 3 \times 368 + 4200 + 2780 + 2700) \times 2 + 3 \times 24 \times 25.4 = 26277$$

$$N = \frac{4200 \times 2 - 300}{400} + 1 = 21$$

Ⓑ₂ 철근은 절촉철근으로 A - A 단면에서는 슬래브 상면에 B - B 단면에서는 슬래브

하면에 나타나며 철근 길이가 24448 mm이므로 3개소의 철근 겹이음이 생긴다. 또 철근 배열에서 Ⓢ1 사이에 Ⓑ1과 Ⓑ2가 번갈아 배근되므로 철근 간격은 400 mm가 된다.

Ⓑ1 D25

$$L = (990+3\times368+5100+1880+3150)\times2+3\times24\times25.4 = 26277$$

$$N = \frac{4200\times2-100}{400}+1 = 21$$

Ⓑ1 철근도 Ⓑ2 철근과 같은 내용으로 배근된다.

Ⓓ2 D22

$$L = 9700\times24\times22.2 = 10232$$

$$N = (13+19)\times2 = 64$$

Ⓓ2 철근은 1개소의 겹이음이 생기며 A - A 단면의 상면에서 나타나며 철근 간격을 측면도 상면 좌측에서부터 2@100, 10@150의 12칸에 13본과 지점(bearing)의 슬래브 상면에 18@150의 18칸에 19본이 배근된다.

Ⓓ2 D22

$$L = (715+260)\times2+8400+24\times22.2 = 10882$$

$$N = (33+20)\times2+1 = 107$$

Ⓓ1 철근은 측면도 슬래브 하면에 배근되는 것으로 철근 수량은 33@150의 33칸에 33본, 또 20@150의 20칸에 20본과 중앙선의 1본으로 되어 있다.

Ⓓ2 D13

$$L = (715+260)\times2+8400+24\times12.7 = 10654$$

$$N = (10+8)\times2 = 36$$

Ⓓ3 철근은 슬래브 하면에 배근되는 것으로 측면도 하면 좌측에서 2@100과 7@150의 9칸에 10본과 지점(bearing) 위의 하면에서 9@300의 9칸에 8본이 배근되어 있다.

Ⓓ4 D13

$$L = 9700+24\times12.7 = 10004$$

$$N = (14+9)\times2+1 = 47$$

Ⓓ4 철근은 슬래브 상면에 배근되는 것으로 측면도 상면에서 15@300의 15칸에 14본과 10@300의 10칸에 9본 또 중앙선에 1본이 있다.

Ⓒ1 D13

$$L = 100 + 600 + 625 + 380 = 1705$$

$$N = \frac{11970}{300} \times 2 \times 2 + 2 = 162$$

교량의 전체 길이의 반 11970에 350 mm 간격으로 40본이 교량 폭의 양끝에 배근되고 중앙선(℄)의 1본씩 단면 양끝에 배근된다.

Ⓒ2 D13

$$L = 100 \times 2 + 222 = 422$$

$$N = 15 \times 9 = 135$$

Ⓒ2 철근은 슬래브 상면 철근과 하면 철근의 스페이서 철근으로 단면도에서 9본씩 측면도에서 15줄로 배근된다.

이상의 철근을 구경별로 정리한 것이 도면 2-3-2의 철근표와 같다.

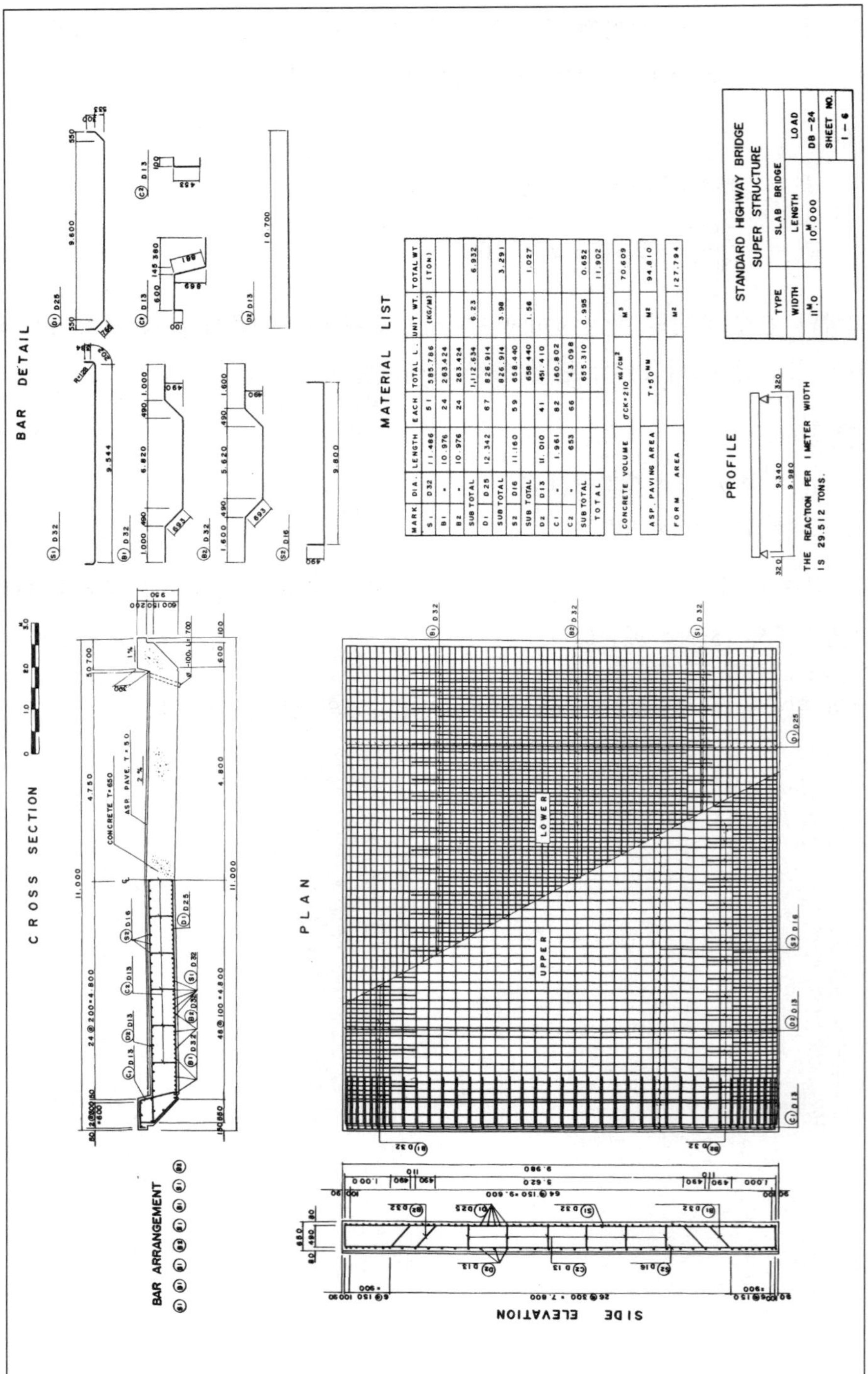

도면 2-3-1 콘크리트 슬래브교(L = 10 m)

도로교 상부구조 표준도(콘크리트 슬래브교)

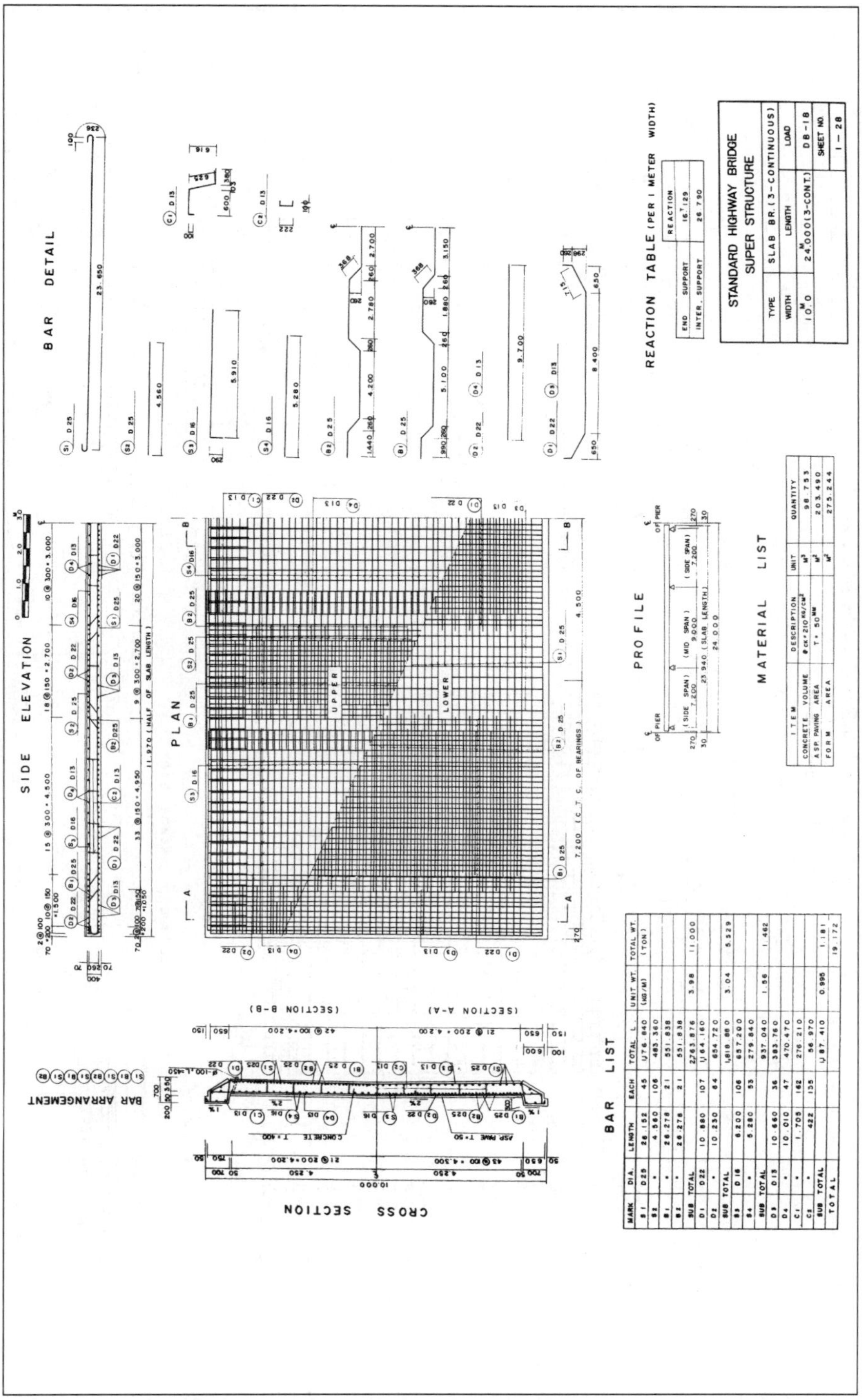

도면 2-3-2 콘크리트 슬래브교(3연)

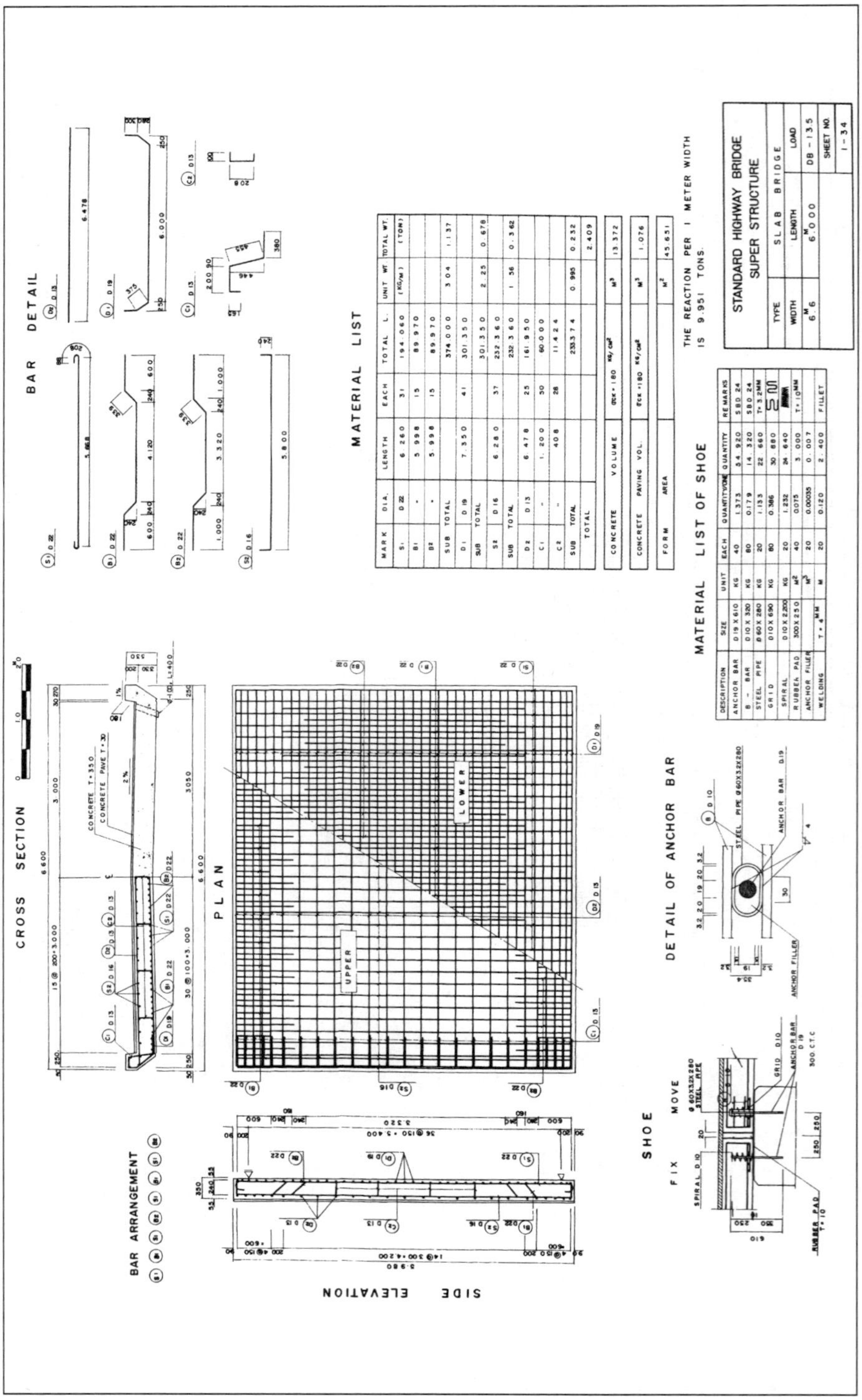

도면 2-3-3 콘크리트 슬래브교(L = 6 m)

도로교 상부구조 표준도(플레이트 거어더교)

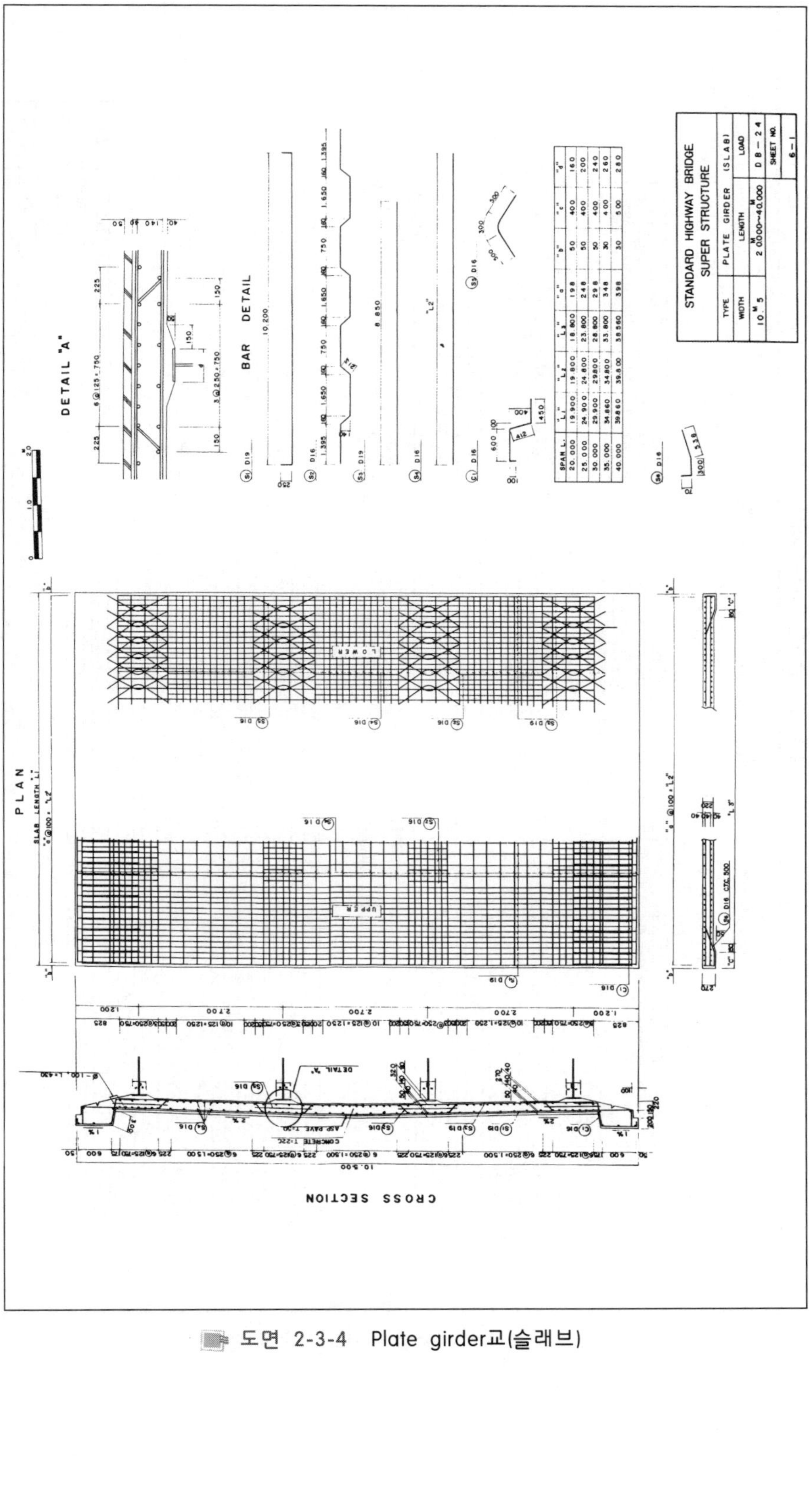

도면 2-3-4 Plate girder교(슬래브)

도로교 상부구조 표준도(플레이트 거어더교)

MATERIAL LIST (W=10.5 M)

20.000 M

MARK	DIA.	LENGTH	EACH	TOTAL L.	UNIT WT.	TOTAL WT.
S1	D19	11.160	114	1,272.240 M	(KG/M)	(TON)
S3	"	9.310	114	1,061.340		
SUB TOTAL				2,333.580	2.25	5.251
S2	D16	10.898	85	926.330		
S4	"	20.560	114	2,343.840		
S5	"	1.300	96	124.800		
S6	"	1.008	36	36.288		
SUB TOTAL				3,431.258	1.56	5.353
C1	D16	1.562	200	312.400		
SUB TOTAL				312.524	1.56	487
TOTAL						11.091

CONCRETE VOLUME	$\sigma ck=280^{KG/CM^2}$	M^3	40.455
ASP. PAVING AREA	$T=50^{MM}$	M^2	179.100
FORM AREA		M^2	199.740

25.000 M

MARK	DIA.	LENGTH	EACH	TOTAL L.	UNIT WT.	TOTAL WT.
S1	D19	11.160	139	1,551.240 M	(KG/M)	(TON)
S3	"	9.310	139	1,294.090		
SUB TOTAL				2,845.330	2.25	6.402
S2	D16	10.898	110	1,198.780		
S4	"	25.940	114	2,957.160		
S5	"	1.300	96	124.800		
S6	"	1.008	36	36.288		
SUB TOTAL				4,317.028	1.56	6.735
C1	D16	1.562	250	390.500		
SUB TOTAL				390.500	1.56	.609
TOTAL						13.746

CONCRETE VOLUME	$\sigma ck=280^{KG/CM^2}$	M^3	62.282
ASP. PAVING AREA	$T=50^{MM}$	M^2	24.100
FORM AREA		M^2	243.662

30.000 M

MARK	DIA.	LENGTH	EACH	TOTAL L.	UNIT WT.	TOTAL WT.
S1	D19	11.160	164	1,830.240 M	(KG/M)	(TON)
S3	"	9.310	164	1,526.840		
SUB TOTAL				3,357.080	2.25	7.553
S2	D16	10.898	135	1,471.230		
S4	"	30.940	114	3,527.160		
S5	"	1.300	96	124.800		
S6	"	1.008	36	36.288		
SUB TOTAL				5,159.478	1.56	8.049
C1	D16	1.562	300	468.600		
SUB TOTAL				468.600	1.56	731
TOTAL						16.333

CONCRETE VOLUME	$\sigma ck=280^{KG/CM^2}$	M^3	74.967
ASP. PAVING AREA	$T=50^{MM}$	M^2	269.100
FORM AREA		M^2	289.294

35.000 M

MARK	DIA.	LENGTH	EACH	TOTAL L.	UNIT WT.	TOTAL WT.
S1	D19	11.160	189	2,109.240 M	(KG/M)	(TON)
S3	"	9.310	189	1,759.590		
SUB TOTAL				3,868.830	2.25	8.705
S2	D16	10.898	160	1,743.680		
S4	"	36.320	114	4,140.480		
S5	"	1.300	96	124.800		
S6	"	1.008	36	36.288		
SUB TOTAL				6,045.248	1.56	9.431
C1	D16	1.562	350	546.700		
SUB TOTAL				546.700	1.56	853
TOTAL						18.989

CONCRETE VOLUME	$\sigma ck=280^{KG/CM^2}$	M^3	87.138
ASP. PAVING AREA	$T=50^{MM}$	M^2	313.740
FORM AREA		M^2	333.504

40.000 M

MARK	DIA.	LENGTH	EACH	TOTAL L.	UNIT WT.	TOTAL WT.
S1	D19	11.160	214	2,388.240 M	(KG/M)	(TON)
S3	"	9.310	214	1,992.340		
SUB TOTAL				4,380.580	2.25	9.856
S2	D16	10.898	185	2,016.130		
S4	"	41.700	114	4,753.800		
S5	"	1.300	96	124.800		
S6	"	1.008	36	36.288		
SUB TOTAL				6,931.018	1.56	10.812
C1	D16	1.562	400	624.800		
SUB TOTAL				624.800	1.56	975
TOTAL						21.643

CONCRETE VOLUME	$\sigma ck=280^{KG/CM^2}$	M^3	100.260
ASP. PAVING AREA	$T=50^{MM}$	M^2	358.740
FORM AREA		M^3	379.430

STANDARD HIGHWAY BRIDGE SUPER STRUCTURE		
TYPE	PLATE GIRDER (SLAB)	
WIDTH	LENGTH	LOAD
10.5 M	20.000 M ~ 40.000 M	DB-24
		SHEET NO.
		6-2

도면 2-3-5 Plate girder 재료표(슬래브)

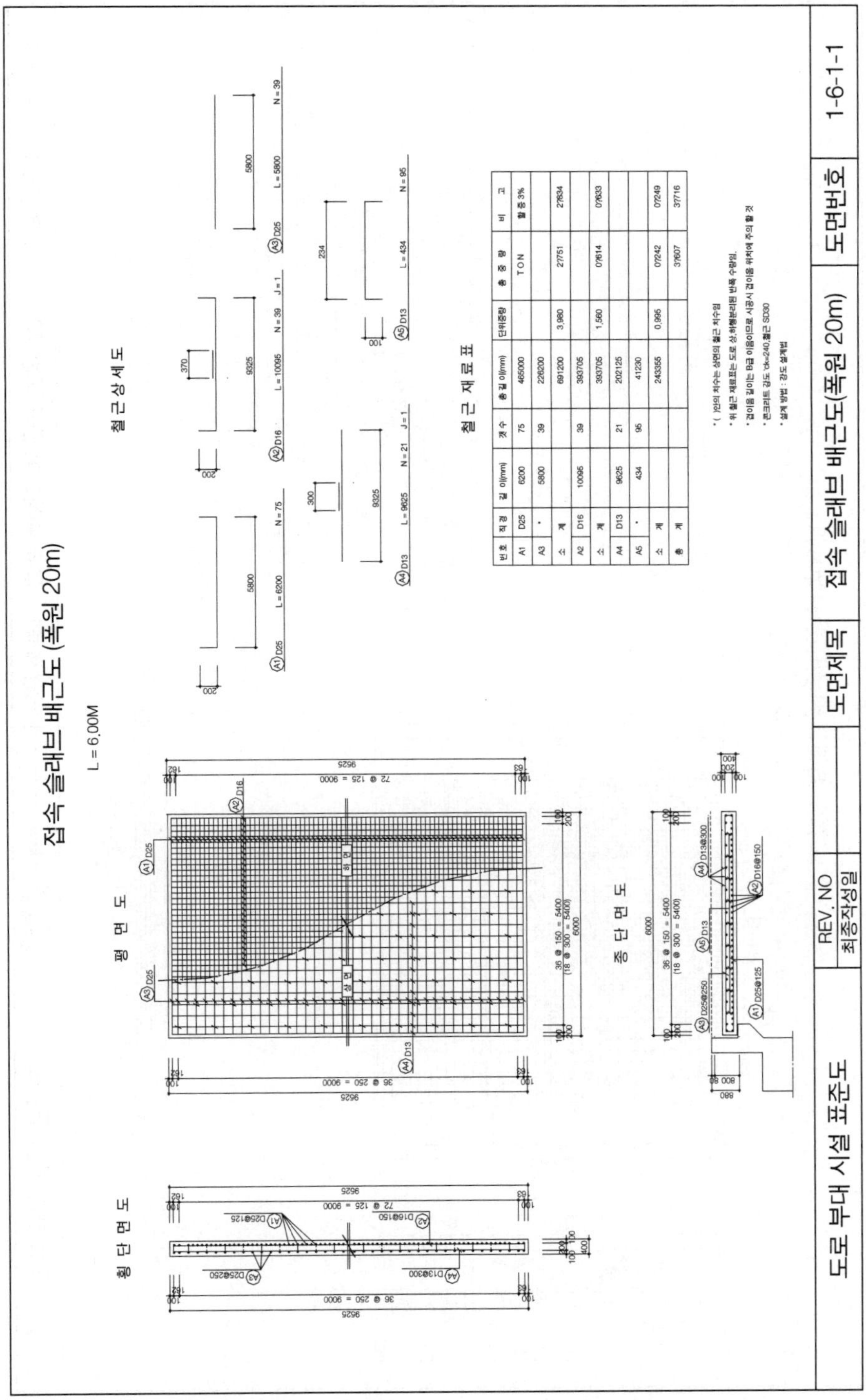

도면 2-3-6 접속 슬래브 배근도(L = 6 m)

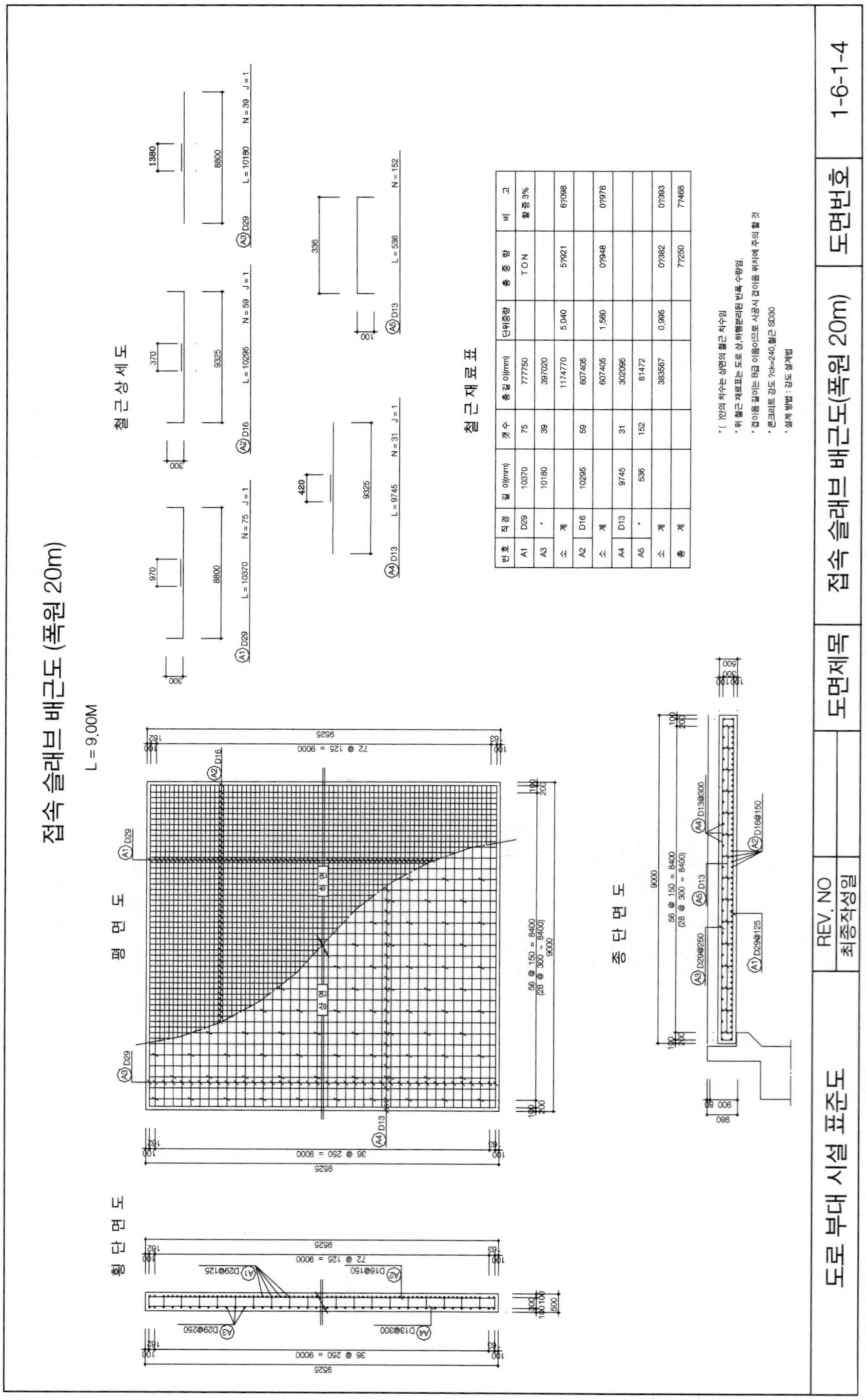

번호	직경	길이(mm)	갯수	총길이(mm)	단위중량	총 중 량	비 고
A1	D29	10370	75	777750		TON	할증 3%
A3	"	10180	39	397020			
소	계			1174770	5.040	5?921	6?098
A2	D16	10295	59	607405			
소	계			607405	1.560	0?948	0?976
A4	D13	9745	31	302095			
A5	"	536	152	81472			
소	계			383567	0.995	0?382	0?393
총	계					7?250	7?468

도면 2-3-7 접속 슬래브 배근도(L = 9 m)

Chapter 4 기초 및 교량 하부구조

4.1 개 요

기초(foundation)란 상부구조로부터 전달되어 내려오는 모든 하중을 지반에 전달하는 부분을 총칭하는 것으로, 본 구조물의 구체 밑에 까는 기초 부분(bed)도 해당된다. 즉 기초는 구조물의 제일 아래에 위치하여 그 구조물의 주요 부분을 지지하기 위하여 목재, 석재, 콘크리트 등을 사용하여 상부로부터 하중을 지반에 전달 분포하는 것이다. 이러한 기초는 각종 구조물의 가장 중요한 부분이며 상부 본구조물의 설계가 잘되었어도 이것이 불량 기초 위에 있다면 안전하지 못하다.

기초공(foundation works)이 부실하면 경사, 활동, 침하 등의 원인이 되어 파괴되는 경우가 있다. 기초공은 대부분의 경우 지하 또는 물속에 매설되어 잘 보이지 않는 경우가 많으므로 설계 시공에도 각별한 주의가 필요하다. 또한 기초공의 설계 시공에 앞서 반드시 지질 및 토질 조사를 실시하여 지반의 성질을 판단한 후에 거기에 적응되는 기초 구조물을 설계하여 시공하게 된다.

기초공은 축조하는 장소 또는 상부구조물의 종류에 따라 그 뜻이나 용어가 다르다. 또 각종 최신 기초 공법이 개발, 출현되어 새로이 구분되기도 한다.

4.2 기초의 종류

기초는 축조되는 장소 또는 하중의 전달 과정, 상부구조물의 종류 등에 따라 뜻이나 용어가 달라진다.

1) 축조되는 장소에 의한 분류

(1) 육상 기초공

기초를 축조하는 장소가 육상이고 소요 깊이까지 굴착해도 용수가 없는 경우이다. 즉 지하수위 이상에 기초공을 만드는 것이다.

(2) 물막이 기초공

기초를 축조하려고 하는 장소가 육상이지만 용수가 있는 경우에, 즉 지하수위 이하에 기초를 축조하는 경우 또는 축조 장소가 수중이라도 물막이공으로 물을 퍼내서 육상과 같은 조건으로 기초공을 시공할 경우이다. 이 기초공의 시공은 육상 기초공과 같지만 공사 준공 후의 상태는 수중 기초공과 같다.

(3) 수중 기초공

물막이 기초공의 공법에 의하지 않고 직접 수중에서 기초를 축조하는 것이다.

2) 하중의 전달방법에 의한 분류

(1) 얕은 기초(shallow foundation)

구조물을 지지하는데 적합한 토층이 비교적 얕은 깊이에 있을 경우, 그 구조물의 중량이 비교적 작다든가 양호한 지지층이 지표면에 있다든가 하는 경우에 하중을 직접 양호한 지지 지반에 전달하는 기초로서 기초 깊이 D_F와 기초 폭 B와의 비(D_F/B)가 1 이하인 경우이다. 이러한 기초는 말뚝(pile)이나 caisson을 쓰지 않고 구조물 저면에 의하여 직접 지반에 하중을 전달하기 때문에 직접 기초(direct foundation)라고도 하며 또 일반적으로 구조물 저면이 확대되는 까닭에 확대 기초(spread foundation)라고도 한다.

이것에는 하중을 지지하는 형식에 따라 푸팅 기초(footing foundation)와 전면 기초(mat foundation, raft foundation)가 있다.

① 푸팅 기초

기둥, 벽 등의 하부에 있는 직접 지반과 접하는 확대된 부분인 footing에 의하여 하중을 지반에 직접 전달하는 기초로, 독립 푸팅 기초(individual footing foundation)와 벽 확대 기초라고도 말하는 연속 푸팅 기초(continuous footing foundation)가 있다.

② 전면 기초

구조물의 전부 또는 대부분을 한 장의 slab로 지지시키는, 즉 상부구조의 전하중을 단일 기초판으로 지지하는 형식이며 구조물이 무겁고 지내력이 약할 때 사용한다.

(2) 깊은 기초(deep foundation)

구조물을 지지해야 할 지반의 상부가 연약하여 얕은 기초로서는 안전하지 못하기 때문에 깊은 지지층까지 도달시킨 기초로서 기초의 근입 깊이 D_F가 기초의 최소폭 B보다 큰 것, 즉 $D_F/B>1$인 경우를 말한다.

이것에는 말뚝 기초(pile foundation), 케이슨 기초(caisson foundation)등이 있다.

① 말뚝 기초

구조물의 기초 지반의 지지력이 부족할 때는 구조물의 하중을 지반으로 전달하기 위하여 연약지반에 말뚝(pile)을 박아 하중에 저항하는 기초로서 다짐 말뚝(compaction pile), 지지 말뚝(bearing pile), 마찰 말뚝(friction pile)이 있다. 또 재료로는 나무, RC, PC, 강 말뚝이 있다.

(a) 다짐 말뚝 : 사질토와 같은 연약 지반에 말뚝을 박고 토사를 다져서 압축하는 지반 지지력을 증대하는 말뚝

(b) 지지 말뚝 : 말뚝 자체가 하중을 지지하는 것으로서 연약한 지반을 관통하여 양호한 지반까지 도달한 말뚝으로 지지력의 대부분을 말뚝 선단의 양호한 지반의 저항에 의지한 것이며 마찰 말뚝보다 신뢰도가 높다.

(c) 마찰 말뚝 : 기초 지반이 연약하고 견고한 지층이 상당히 깊은 곳에 있을 때 말뚝을 박아 흙과 말뚝 표면 사이의 마찰력을 이용해서 하중을 지지하는 말뚝

② 케이슨 기초

수중 구조물 또는 기초 구축을 위하여 미리 지상에서 만들어 놓은 주로 철근 콘크리트제품의 구조물로 된 케이슨을 침하시켜 설치하는 기초로서 항만 공사인 방파제(防波堤, breakwater) 또는 안벽 공사에서는 철근 콘크리트 상자를 육상에서 만들어 현장까지 예인(曳引)하여 설치하고 직접 본 구조물의 주체로 하는 수도 있다. 이러한 케이슨 기초에는 개방 케이슨(open caisson)과 공기 케이슨(pneumatic caisson)이 있다.

(a) 개방 케이슨 : 구조물의 기초로서 설치되는 콘크리트제품의 구조물로 윗부분과 아랫부분, 즉 밑바닥과 뚜껑이 없는 통 모양의 구조물을 지반 위에 놓고 내부를 굴착하면서 그 굴착 작업에 의하여 소정의 지지층까지 도달하여 바닥 콘크리트 또는 속채움을 시공하는 것으로, 통 모양의 구조물은 그 전체를 미리 만드는 것

이 아니고 침하 진행됨에 따라 몇 단으로 이어가면서 구축되는 것이 보통이다. 또 이 개방 케이슨 기초를 우물통 기초 또는 정통(井筒) 기초(well foundation)라고도 한다.

(b) 공기 케이슨 : 밑바닥에 작업실을 갖는 철근 콘크리트제품(가끔 강제품도 있음)의 함(函) 같은 기초 작업실 내부에 압축 공기를 불어 넣어 건조 상태로 한 후(작업실 내부로 들어오려는 수압보다 큰 압축 공기) 인부가 들어가서 손으로 파거나 기계로 파서 저부를 굴착하여 그 자중에 의하여 구체가 소정의 깊이까지 침하하면 작업실 상판 상부를 콘크리트 또는 토사로 채워 기초로 사용한다. 이것을 잠함(潛函)이라고도 한다. 이 때 작업인부가 압축 공기로 인한 잠함병(caisson diseases)에 걸릴 수가 있다.

4.3 교량 하부구조

1) 교각

교각(pier, bridge pier, bent)은 교량의 하부구조의 하나로서 2경간(span) 이상의 경우 중앙부에 있는 것으로 교대(abutment) 또는 다른 교각과 함께 상부구조를 지지하는 구조물로서, 교량의 상부구조로부터 가해지는 하중뿐만 아니라 다른 외력에 대해서도 충분한 강도를 갖는 구조물이다. 다시 말해서 교형(橋桁, beam)을 지지할 목적으로 교대와 교대 사이에 1개 또는 몇 개의 기둥형 벽체나 지주로 만들어진 구조물이다.

(1) 교각의 종류

① 구조에 의한 분류

- 중력 교각(Gravity or Solid pier)
- 중공 교각(Hollow pier)
- 라멘 교각(Rahmen pier)
- 원통 교각(Cylinder pier)
- 철구 교각(Truss pier)

② 형식(形式)에 의한 분류(그림 2-4-1)

- 단체형 교각
- 문형 교각(ㅠ형 교각)
- 직주형 교각(直柱形 橋脚)
- 내민형 교각

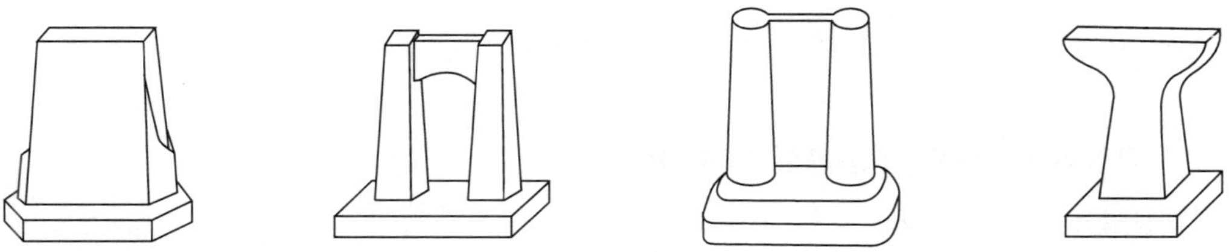

(a) 단체형 교각 (b) 문형 교각 (c) 직주형 교각 (d) 내민형 교각

그림 2-4-1

(2) 교각의 단면형상(그림 2-4-2)

① 타원형

유수(流水)에 대한 저항이 가장 적다.

② 첨원형(尖圓形)

수절(水切) 부분이 교각폭, 즉 구형(矩形)의 단변(短邊)을 반경 r로 하여 각점을 중심으로 하나의 원호가 만난 뾰족한 원형인 것.

③ 정3각형

수절 부분이 60°로 만나는 것.

④ 반원형

수절 부분이 반원인 것.

⑤ 다면형

수절 부분의 양면이 90°인 것.

⑥ 구형(矩形)

수절이 없는 것으로 유수(流水)의 저항이 크다.

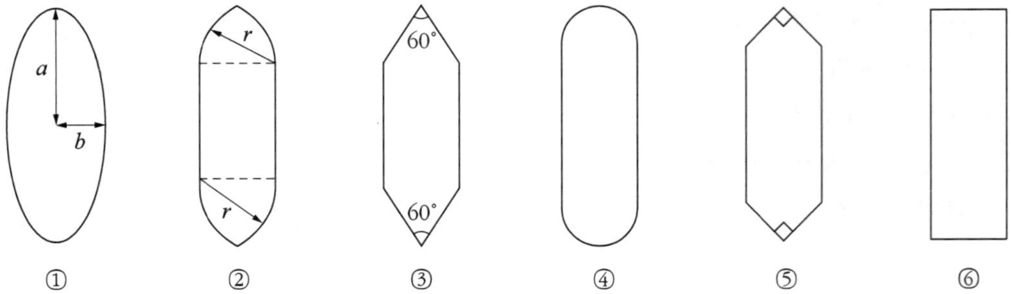

그림 2-4-2

(3) 교각의 각 부분 명칭(그림 2-4-3)

① 교좌(橋座, bridge seat)

교형(橋桁, beam)을 직접 지지하는 부분으로서 교각의 상면에 위치하는 돌 또는 콘크리트 블록

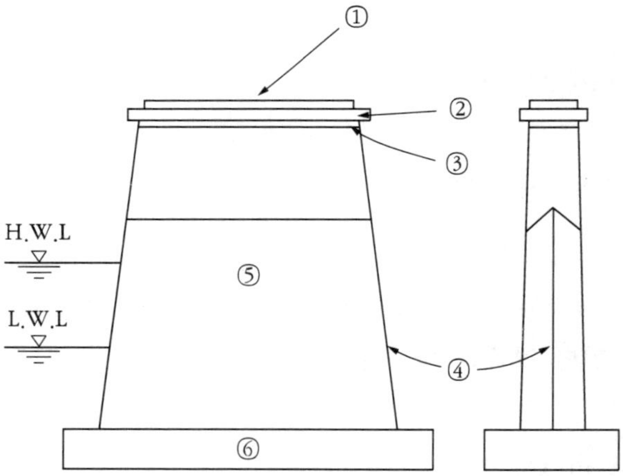

그림 2-4-3

② 갓돌(立石, capping stone)

교각의 상면층으로 교각 주체(body) 보다 약간(15 ~ 30 cm) 돌출하여 우수가 교각 측면에 흘러내리는 것을 방지하고 외관에도 보기 좋게 하기 위한 것.

③ 대층(帶層)

갓돌 바로 밑에 설치하는 층이며 갓돌을 보강하고 미관을 높이기 위한 것으로 반드시 필요하지는 않다.

④ 수절(水切)

교각의 상류부에서 수류의 저항을 작게 하기 위해서 끝을 뾰족하게 돌출시킨 부분을 말하며 홍수위 이하에 만든다.

⑤ 몸체(主體)

교각의 전체 부위를 말하며 세로구배를 1/10 ~ 1/20로 둔다.

⑥ 기초

(4) 교대

교대(abutment)는 교량의 하부구조의 하나로서 상부구조의 하중을 직접 지지하며 원칙적으로는 배면에서 토압을 받는 구조물이다. 즉 교량의 상부구조의 지지대로서 양안에 설치된 하부구조물인 것이다.

교대의 종류로는 옹벽의 종류와 같은 형태로 사용되며 내용도 옹벽과 같은 것으로 취급된다.

4.4 도로교 하부구조 표준도

1) T형 교각

도면 2-4-1에서 하중 $P=80$ ton, 교각 높이 $H=5$ m인 경우를 계산하면 다음과 같다.

(1) 콘크리트

① 상판

$$\left(8.6+0.8+\frac{8.6+D}{2}\times P\right)\times 1.5 = \left(8.6\times 0.8+\frac{8.6+2.4}{2}\times 0.8\right)\times 1.5$$

$$= 16.92\,\mathrm{m}^3$$

② 기둥

$$\frac{\pi\times 1.5\times 1.5}{4}+(D-1.5)\times 1.5 = \frac{\pi\times 1.5\times 1.5}{4}+(2.4-1.5)\times 1.5$$

$$= 3.117\,\mathrm{m}^3/\mathrm{m}$$

$$\therefore\ 3.117\,\mathrm{m}^3/\mathrm{m}\times \mathrm{H}_1 = 3.117\times 3.4 = 10.598\,\mathrm{m}^3$$

③ 기초

$$W\times L\times M+\frac{0.4}{6}\{(2\times D+L)\times 1.5+(2\times L+D)\times W\}$$
$$=4.5\times 6\times 0.9+\frac{0.4}{6}\{(2\times 2.4+6)\times 1.5+(2\times 6+2.4)\times 4.5\}$$
$$=29.7\,\mathrm{m}^3$$

$$V=\frac{h}{b}\{(2a+a')b+(2a'+a)b'\}\qquad\leftarrow \text{(prismoidal formula)}$$

(2) 거푸집

① 상판

$$\left[0.8\times 1.5+8.6\times 0.8+\frac{8.6+D}{2}\times 0.8+\sqrt{(0.8)^2+E^2}\times 1.5\right]\times 2$$
$$+(1.5\times D-\text{기둥면적})$$
$$=\left[0.8\times 1.5+8.6\times 0.8+\frac{8.6+2.4}{2}\times 0.8+\sqrt{(0.8)^2+(3.1)^2}\times 1.5\right]\times 2$$
$$+(1.5\times 2.4-3.117)$$
$$=35.048\,\mathrm{m}^2$$

② 기둥

$$(D-1.5)\times 2+\pi\times 1.5=(2.4-1.5)\times 2+\pi\times 1.5=6.512\,\mathrm{m}^2/\mathrm{m}$$
$$\therefore\ 6.512\,\mathrm{m}^2/\mathrm{m}\times H_1=6.512\times 3.4=22.14\,\mathrm{m}^2$$

③ 기초(기초 부분의 사면 부분은 거푸집이 계산되지 않음)

$$(W+L)2\times M=(4.5+6)\times 2\times 0.9=18.9\,\mathrm{m}^2$$

(3) 철근

Ⓑ₁ D29

$$L=8400+24\times 28.6=8400+686=9086$$
$$N=(9+1)\times 2=20$$

Ⓑ₁ 철근은 상판 윗부분에 배근되는 철근으로 철근 길이 L은 8,400 mm이므로 설계 조건의 철근 정척(定尺) 8 m를 넘어서 겹이음 $24d$를 더해주고, 철근 수량 N은 단면 5-5와 단면 6-6의 y@J=I에서 y는 9이므로 9칸에 10본의 철근이 상하로 각각 배근되었다.

Ⓑ₂ D29

$$L = 6400$$
$$N = 9+1 = 10$$

철근 수량 N은 단면 6-6의 y@J=I에서 y는 9이므로 10본이 배근된다.

Ⓙ D29

$$L = 2K+I+24\times d = 2\times 3105+2400+24\times 28.6 = 8610+686 = 9296$$
$$N = 9+1 = 10$$

Ⓙ 철근은 상판 아래 부분에 배근되는 철근으로 철근 길이 L은 8610이므로 겹이음 $24d$를 1개소 가산해 주고 철근 수량 N은 Ⓑ₂와 같다.

Ⓒ₁ D32

$$L = h+314+600 = 5798+314+600 = 6712$$
$$N = (N+q)\times 2 = (17+7)\times 2 = 48$$

Ⓒ₁ 철근은 기둥 철근으로 철근 수량 N은 기둥 단면도의 q와 N으로 계산한다.

Ⓒ₂ D13

$$L = 310+2114+u = 310+2114+900 = 3324$$
$$N = (2+6+8+1+1)\times 2 = 36$$

Ⓒ₂ 철근은 기둥의 띠철근(hoop)으로 철근 길이 L은 3324로 계산하면 기둥 둘레의 절반으로 계산하는 것이므로 철근 수량에서 2배로 계산해야 한다. 철근 수량 N은 측면도의 상부로부터 2@, 6@, B@, 8@에서 B는 0이고 또 8@ 아래 부분에 1본이 더 있다.

Ⓒ₃ D16

$$L = 100\times 2+1317 = 1517$$
$$N = \left(\frac{2500}{500}+\frac{S}{600}+\frac{2500}{500}+1\right)\times 2 = 22$$

Ⓒ₃ 철근은 기둥의 스페이서(spacer) 철근으로 철근 길이 L은 1517로 한 단면에 2본씩 배근된다. 철근 수량은 측면도 상부와 하부에서 500 mm 철근 간격으로 배근되고 중앙 부분에서는 600 mm 간격으로 배근되는데 교각 높이 H=5 m에서는 B가 0이 된다.

Ⓢ₁ D16

$$L = a + 2 \times 600 = 885 + 1200 = 2085$$

$$N = [(9+9+3) \times 2 + 1] \times 2 = 86$$

Ⓢ₁ 철근은 상판의 상부 띠철근으로 평면도의 단면 1-1에서 9@의 9본, 또 9@의 9본, 600 mm의 3본이 양쪽으로 배근되고 중앙선(℄)에 1본이 배근된다. 이러한 철근들이 또 2열로 배근된 것이다.

Ⓢ₂ D16

$$L = a + (1002) \times 2 = 885 + 2004 = 2889$$

$$N = [(9+9+3) \times 2 + 1] \times 2 = 86$$

Ⓢ₂ 철근은 상판의 하부 띠철근으로 Ⓢ₁ 철근과 같이 배근된다. 철근 길이 L은 상판 하부의 사면에 따른 변화 치수 $b \sim c$를 철근 수량과 결부시켜 평균치로 계산해야 한다. 먼저 $b = 471$, $c = 1245$인 비례삼각형(그림 2-4-4)을 그려서 평균 길이를 계산하면

$$x : 471 = x + 3000 : 1245 \text{에서}$$

$$x = 1825$$

$$y : 1825 + 2250 = 471 : 1825 \text{에서}$$

$$y = 1051$$

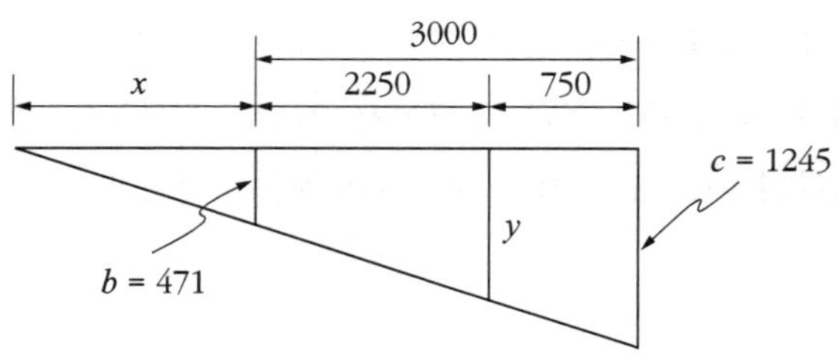

그림 2-4-4 철근계산용 비례삼각형

① $b \sim c$가 471 ~ 1051 사이에 10본의 철근이 있으므로 철근의 총 길이는

$$\frac{471 + 1051}{2} \times 10^{EA} = 7610$$

② $b \sim c$가 1051 ~ 1245 사이에 5본의 철근이 있으므로 철근의 총 길이는

$$\frac{1051 + 1245}{2} \times 5^{EA} = 5740$$

③ $b \sim c$가 1245 mm 철근 7본이 중앙선까지 배근되므로 철근의 총 길이는

$$1245 \times 7^{EA} = 8715$$

따라서 철근 길이 ①, ②, ③의 합이 22,065 mm이고 철근 수량은 22본이므로 $b \sim c$의 변화 치수 평균 길이는 22,065/22 = 1,002 mm이다.

Ⓔ D16

$$L = 1350$$

$$N = 13 + 11 = 24$$

Ⓔ 철근은 상판에 배근되는 철근으로 평면도 단면 2-2에서는 13본, 평면도 단면 3-3에서는 11본이 된다.

Ⓕ D29(확대기초에 배근되는 철근)

$$L = 5800$$

$$N = m + 1 = 28 + 1 = 29$$

Ⓖ D22(확대기초에 배근되는 철근)

$$L = 4200$$

$$N = n + 1 = 29 + 1 = 30$$

이상의 철근을 구경별로 정리하여 철근표를 작성한 것이 표 2-4-1이다.

표 2-4-1 ● 교량하부 및 기초 철근표

기호	직경	길이 [mm]	수량	총길이 [mm]	단위중량 [kg/m]	총중량 [kg]	비고 3% 할증
C_1	D32	6,712	48	322,176	6.23	2,007	
B_1	D29	9,086	20	181,720	5.04	916	
B_2	D29	6,400	10	64,000	5.04	323	
J	D29	9,296	10	92,960	5.04	469	
F	D29	5,800	29	168,200	5.04	848	
G	D22	4,200	30	126,000	3.04	383	
S_1	D16	2,085	86	179,310	1.56	280	
S_2	D16	2,889	86	248,454	1.56	388	
C_3	D16	1,517	22	33,374	1.56	52	
E	D16	1,350	24	32,400	1.56	51	
C_2	D13	3,324	36	119,664	0.995	119	
계						5,834	6,009

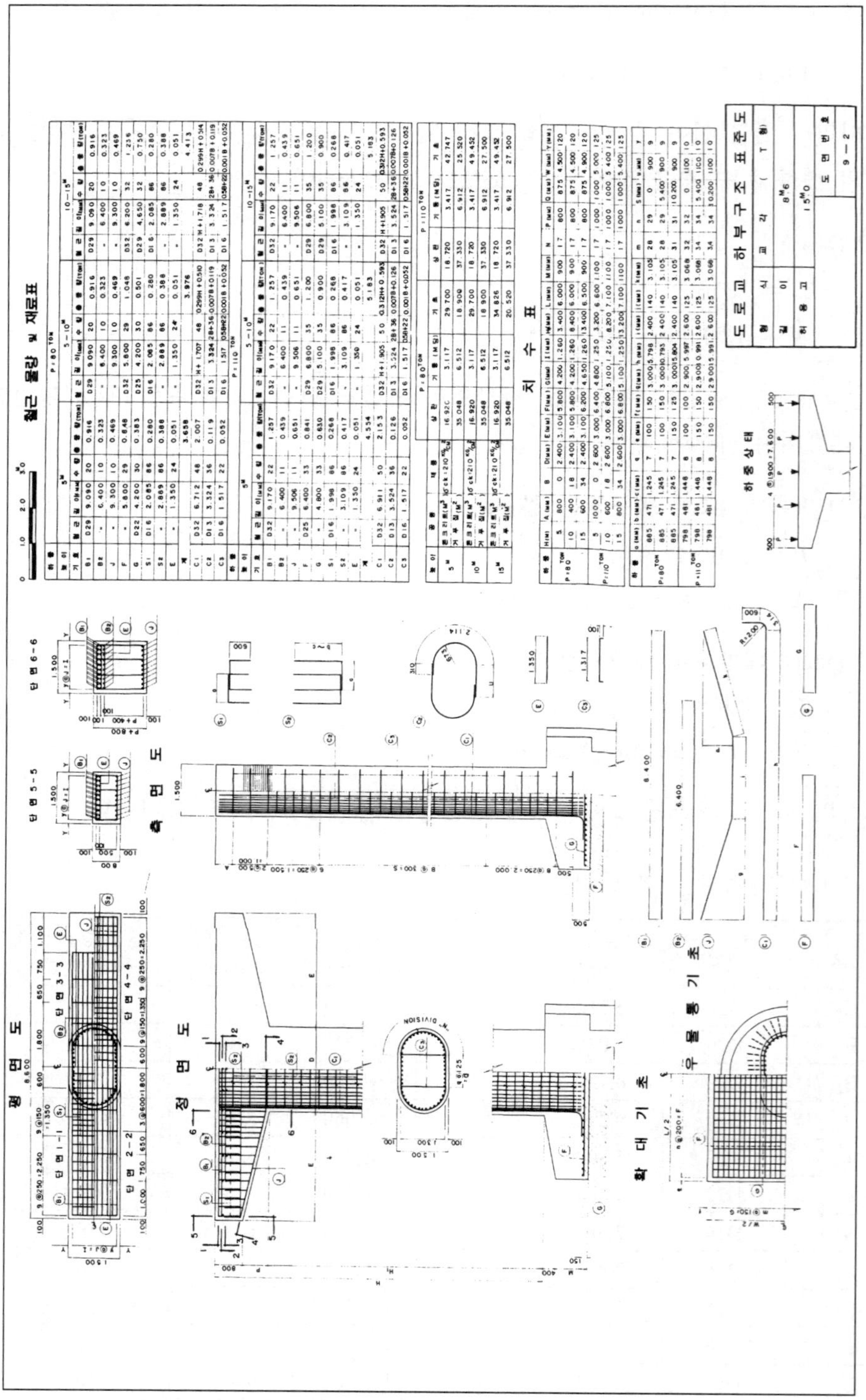

도면 2-4-1 T형 교각

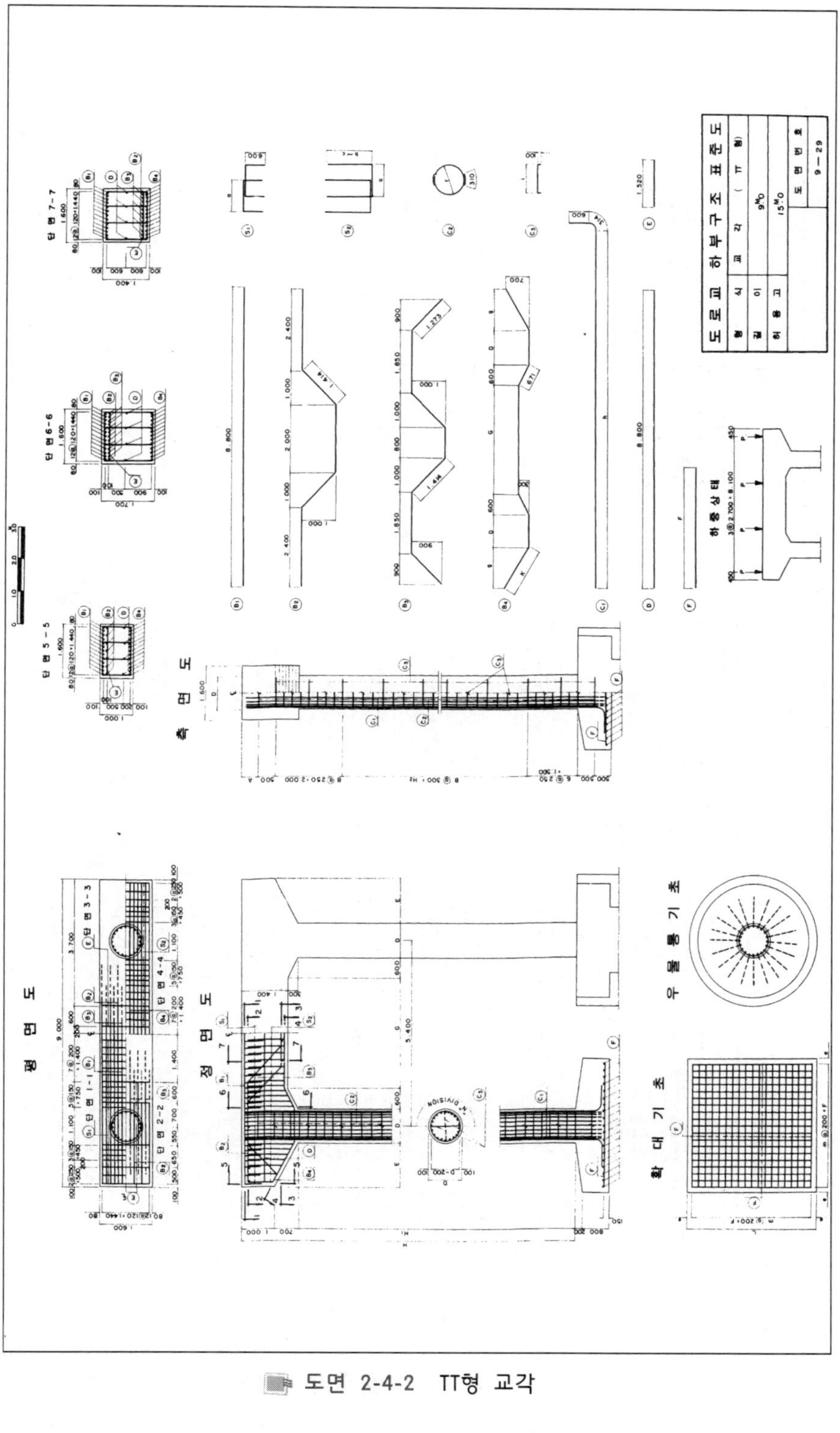

도면 2-4-2 TT형 교각

도로교 하부구조 표준도

철근물량표

하중	$P=150^{TON}$											
높이	5^{M}				$5-10^{M}$				$10-15^{M}$			
기호	철근	길이(MM)	수량	총중량(TON)	철근	길이(MM)	수량	총중량(TON)	철근	길이(MM)	수량	총중량(TON)
B1	D29	9.490	13	0.622	D29	9.490	13	0.622	D29	9.490	13	0.622
B2	D25	10.238	7	0.285	D25	10.238	7	0.285	D25	10.238	7	0.285
B3	"	10.484	6	0.250	"	10.484	6	0.250	"	10.484	6	0.250
B4	D22	9.850	13	0.389	D22	9.880	13	0.390	D22	9.914	13	0.392
F	D25	3.600	76	1.089	D25	3.800	80	1.210	D25	4.000	84	1.337
S1	D16	2.205	78	0.268	D16	2.205	78	0.268	D16	2.205	78	0.268
S2	"	3.158	78	0.384	"	3.177	78	0.387	"	3.180	78	0.387
D	"	9.180	4	0.057	"	9.180	4	0.057	"	9.180	4	0.057
E	"	1.520	16	0.038	"	1.520	16	0.038	"	1.520	16	0.038
계				3.382				3.507				3.636
C1	D25	6.414	40	1.021	D25	H+1.414	48	0.191H+0.270	D29	H+1.412	60	0.302H+0.427
C2	D13	1.62	76	0.123	D13	1.940	4B+68	0.008B+0.131	D13	2.261	4B+68	0.009B+0.153
C3	D16	1.009	22	0.035	D16	1.209	B+20	0.002B+0.038	D16	1.413	B+20	0.002B+0.044

하중	$P=180^{TON}$											
높이	5^{M}				$5-10^{M}$				$10-15^{M}$			
기호	철근	길이(MM)	수량	총중량(TON)	철근	길이(MM)	수량	총중량(TON)		길이(MM)	수량	총중량(TON)
B1	D32	9.570	13	0.775	D32	9.570	13	0.775	D32	9.570	13	0.775
B2	D22	10.158	7	0.216	D22	10.158	7	0.216	D22	10.158	7	0.216
B3	"	10.404	6	0.190	"	10.404	6	0.190	"	10.404	6	0.190
B4	"	9.880	13	0.390	"	9.914	13	0.392	"	9.952	13	0.393
F	D25	3.800	80	1.210	D25	4.000	84	1.337	D25	4.200	88	1.471
S1	D19	2.211	78	0.388	D19	2.211	78	0.388	D19	2.211	78	0.388
S2	"	3.391	78	0.595	"	3.393	78	0.595	"	3.396	78	0.596
D	D16	9.180	4	0.057	D16	9.180	4	0.057	D16	9.180	4	0.057
E	"	1.520	16	0.038	"	1.520	16	0.038	"	1.520	16	0.038
계				3.859				3.998				4.124
C1	D22	6.419	48	0.937	D32	H+1.411	60	0.374H+0.527	D35	H+1.409	60	0.451H+0.635
C2	D13	1.936	76	0.146	D13	2.266	4B+68	0.009B+0.153	D13	2.585	4B+68	0.010B+0.175
C3	D16	1.206	22	0.041	D16	1416	B+20	0.002B+0.044	D16	1.619	B+20	0.003B+0.051

재료표

높이	공종	재종	$P=150^{TON}$		
			상판	기둥(M당)	기초
5^{M}	콘크리트 (M^3)	$\sigma ck=210\,KG/CM^2$	21.200	1.571	27.017
	거푸집 (M^2)		43.320	6.283	24.960
10^{M}	콘크리트 (M^3)	$\sigma ck=210\,KG/CM^2$	21.408	2.262	29.985
	거푸집 (M^2)		42.930	7.540	26.240
15^{M}	콘크리트 (M^3)	$\sigma ck=210\,KG/CM^2$	21.616	3.079	33.113
	거푸집 (M^2)		42.420	8.796	27.520

높이	공종	재종	$P=180^{TON}$		
			상판	기둥(M당)	기초
5^{M}	콘크리트 (M^3)	$\sigma ck=210\,KG/CM^2$	21.408	2.262	29.985
	거푸집 (M^2)		42.930	7.546	26.240
10^{M}	콘크리트 (M^3)	$\sigma ck=210\,KG/CM^2$	21.616	3.079	33.113
	거푸집 (M^2)		42.420	8.796	27.520
15^{M}	콘크리트 (M^3)	$\sigma ck=210\,KG/CM^2$	21.824	4.021	36.401
	거푸집 (M^2)		41.792	10.033	28.801

치수표

하중	H (M)	A (MM)	B	D (MM)	E (MM)	F (MM)	G (MM)	H_1 (MM)	H_2 (MM)	L (MM)	N	a (MM)	b (MM)	c (MM)	e (MM)	g (MM)	h (MM)	i (MM)	k (MM)	m (MM)	r (MM)
$P=150^{TON}$	5	400	2	1.000	1.300	3.600	3.200	3.300	600	3.900	10	1.005	690	1.315	150	1.200	5.500	809	1.389	18	838
	10	600	18	1.200	1.200	3.800	3.000	8.300	5.400	4.100	12	1.005	700	1.342	150	1.100	10.500	1009	1.304	19	1.038
	15	800	34	1.400	1.100	4.000	2.800	13.300	10.200	4.300	15	1.005	706	1.342	150	1.000	15.498	1.213	1.221	20	1.242
$P=180^{TON}$	5	400	2	1.200	1.200	3.800	3.000	3.300	600	4.100	12	1.011	804	1.446	150	1.100	5.505	1.006	1.304	19	1.035
	10	600	18	1.400	1.100	4.000	2.800	8.300	5.400	4.300	15	1.011	810	1.446	150	1.000	10.497	1.216	1.221	20	1.245
	15	800	34	1.600	1.000	4.200	2.600	13.300	10.200	4.500	15	1.011	816	1.446	150	900	15.495	1.419	1.140	21	1.448

도로교 하부구조 표준도	
형식	교각 (TT형)
길이	$9^{M}0$
허용고	$15^{M}0$
	도면번호 9—30

도면 2-4-3 TT형 교각 재료표

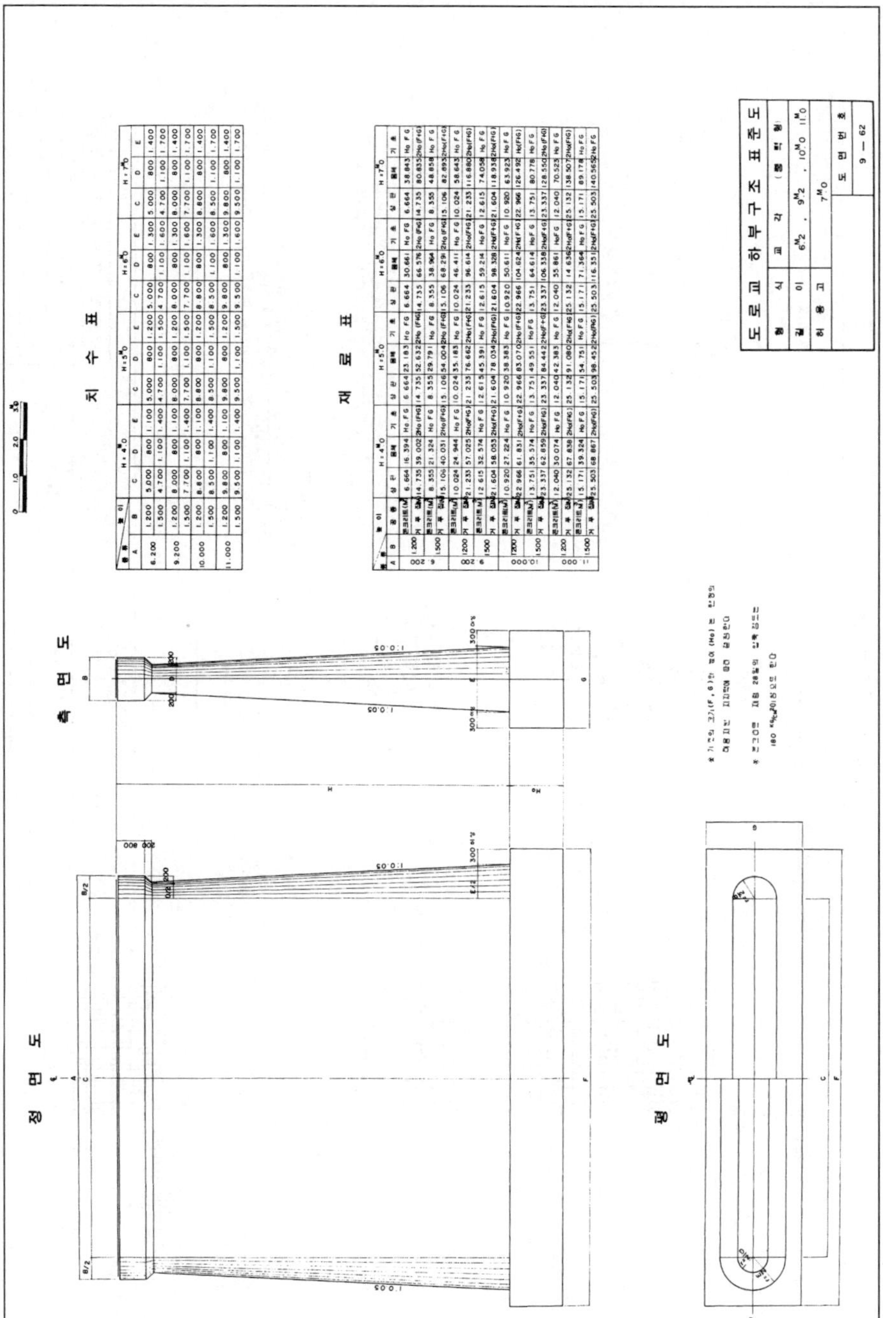

도면 2-4-4 중력식 교각

도로교 하부구조 표준도

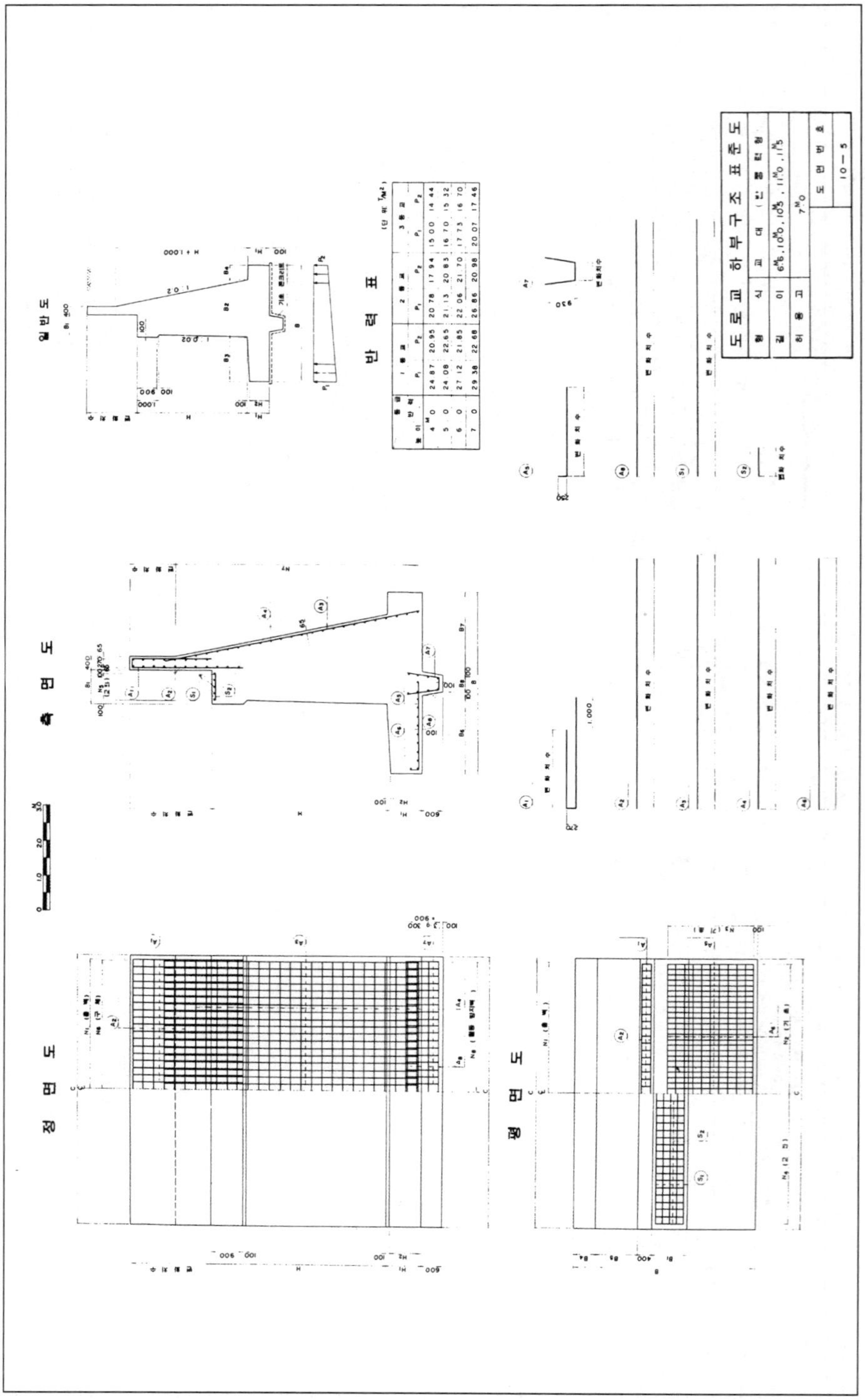

도면 2-4-5 반중력식 교대

도로교 하부구조 표준도

치 수 표

등급	1등교											
폭원	10.5m				11.0m				11.5m			
높이 / 기호	4.0m	5.0m	6.0m	7.0m	4.0m	5.0m	6.0m	7.0m	4.0m	5.0m	6.0m	7.0m
B	4.700	5.300	5.800	6.200	4.700	5.300	5.800	6.200	4.700	5.300	5.800	6.200
B1	1.000	1.000	1.000	1.000	1.000	1.000	1.000	1.000	1.000	1.000	1.000	1.000
B2	2.360	2.580	2.800	3.020	2.360	2.580	2.800	3.020	2.360	2.580	2.800	3.020
B3	1.800	2.100	2.300	2.400	1.800	2.100	2.300	2.400	1.800	2.100	2.300	2.400
B4	540	620	700	780	540	620	700	780	540	620	700	780
B5	1.000	1.200	1.400	1.600	1.000	1.200	1.400	1.600	1.000	1.200	1.400	1.600
B6	2.000	2.300	2.500	2.700	2.000	2.300	2.500	2.700	2.000	2.300	2.500	2.700
B7	2.000	2.300	2.500	2.700	2.000	2.300	2.500	2.700	2.000	2.300	2.500	2.700
B8	500	500	600	600	500	500	600	600	500	500	600	600
C	10.500	10.500	10.500	10.500	11.000	11.000	11.000	11.000	11.500	11.500	11.500	11.500
H	4.000	5.000	6.000	7.000	4.000	5.000	6.000	7.000	4.000	5.000	6.000	7.000
H1	1.000	1.100	1.200	1.300	1.000	1.100	1.200	1.300	1.000	1.100	1.200	1.300
H2	900	1.000	1.100	1.200	900	1.000	1.100	1.200	900	1.000	1.190	1.200
N1	26@200=5.200	26@200=5.200	26@200=5.200	26@200=5.200	27@200=5.400	27@200=5.400	27@200=5.400	27@200=5.400	28@200=5.600	28@200=5.600	28@200=5.600	28@200=5.600
N2	34@150=5.100	34@150=5.100	34@150=5.100	34@150=5.100	36@150=5.400	36@150=5.400	36@150=5.400	36@150=5.400	37@150=5.550	37@150=5.550	37@150=5.550	37@150=5.550
N3	11@200=2.200	13@200=2.600	14@200=2.800	15@200=3.000	11@200=2.200	13@200=2.600	14@200=2.800	15@200=3.000	11@200=2.200	13@200=2.600	14@200=2.800	15@200=3.000
N4	25@200=5.000	25@200=5.000	25@200=5.000	25@200=5.000	27@200=5.400	27@200=5.400	27@200=5.400	27@200=5.400	28@200=5.600	28@200=5.600	28@200=5.600	28@200=5.600
N5	4@200= 800	4@200= 800	4@200= 800	4@200= 800	4@200= 800	4@200= 800	4@200= 800	4@200= 800	4@200= 800	4@200= 800	4@200= 800	4@200= 800
N6	26@200=5.200	26@200=5.200	26@200=5.200	26@200=5.200	27@200=5.400	27@200=5.400	27@200=5.400	27@200=5.400	28@200=5.600	28@200=5.600	28@200=5.600	28@200=5.600
N7	19@300=5.700	23@300=6.900	27@300=8.100	30@300=9.000	19@300=5.700	23@300=6.900	27@300=8.100	30@300=9.000	19@300=5.700	23@300=6.900	27@300=8.100	30@300=9.000
N8	25@200=5.000	25@200=5.000	25@200=5.000	25@200=5.000	27@200=5.400	27@200=5.400	27@200=5.400	27@200=5.400	28@200=5.600	28@200=5.600	28@200=5.600	28@200=5.600

등급	2등교								3등교			
폭원	10.0m				10.5m				6.6m			
높이 / 기호	4.0m	5.0m	6.0m	7.0m	4.0m	5.0m	6.0m	7.0m	4.0m	5.0m	6.0m	7.0m
B	4.500	5.200	5.700	6.200	4.500	5.200	5.700	6.200	4.100	4.600	5.200	5.700
B1	1.000	1.000	1.000	1.000	1.000	1.000	1.000	1.000	800	800	800	800
B2	2.360	2.580	2.800	3.020	2.360	2.580	2.800	3.020	2.160	2.380	2.600	2.820
B3	1.700	2.000	2.200	2.400	1.700	2.000	2.200	2.400	1.500	1.700	2.000	2.200
B4	440	620	700	780	440	620	700	780	440	520	600	680
B5	1.000	1.200	1.400	1.600	1.000	1.200	1.400	1.600	1.000	1.200	1.400	1.600
B6	1.900	2.250	2.500	2.700	1.900	2.250	2.500	2.700	1.700	1.950	2.250	2.500
B7	1.900	2.250	2.500	2.700	1.900	2.250	2.500	2.700	1.700	1.950	2.250	2.500
B8	500	500	500	600	500	500	500	600	500	500	500	500
C	10.000	10.000	10.000	10.000	10.500	10.500	10.500	10.500	6.600	6.600	6.600	6.600
H	4.000	5.000	6.000	7.000	4.000	5.000	6.000	7.000	4.000	5.000	6.000	7.000
H1	900	1.000	1.100	1.300	900	1.000	1.100	1.300	850	900	1.000	1.100
H2	800	900	1.000	1.200	800	900	1.000	1.200	750	800	900	1.000
N1	24@200=4.800	24@200=4.800	24@200=4.800	24@200=4.800	26@200=5.200	26@200=5.200	26@200=5.200	26@200=5.200	11@300=3.300	11@300=3.300	11@300=3.300	11@300=3.300
N2	32@150=4.800	32@150=4.800	32@150=4.800	32@150=4.800	34@150=5.100	34@150=5.100	34@150=5.100	34@150=5.100	16@200=3.200	16@200=3.200	16@200=3.200	16@200=3.200
N3	11@200=2.200	13@200=2.600	14@200=2.800	15@200=3.000	11@200=2.200	13@200=2.600	14@200=2.800	15@200=3.000	7@300=2.100	8@300=2.400	9@300=2.700	9@300=2.700
N4	24@200=4.800	24@200=4.800	24@200=4.800	24@200=4.800	25@200=5.000	25@200=5.000	25@200=5.000	25@200=5.000	16@200=3.200	16@200=3.200	16@200=3.200	16@200=3.200
N5	4@200= 800	4@200= 800	4@200= 800	4@200= 800	4@200= 800	4@200= 800	4@200= 800	4@200= 800	3@200= 600	3@200= 600	3@200= 600	3@200= 600
N6	24@200=4.800	24@200=4.800	24@200=4.800	24@200=4.800	26@200=5.200	26@200=5.200	26@200=5.200	26@200=5.200	16@200=3.200	16@200=3.200	16@200=3.200	16@200=3.200
N7	19@300=5.700	23@300=6.900	26@300=7.800	30@300=9.000	19@300=5.700	23@300=6.900	26@300=7.800	30@300=9.000	19@300=5.700	22@300=6.600	26@300=7.800	30@300=9.000
N8	24@200=4.800	24@200=4.800	24@200=4.800	24@200=4.800	25@200=5.000	25@200=5.000	25@200=5.000	25@200=5.000	16@200=3.200	16@200=3.200	16@200=3.200	16@200=3.200

도로교 하부구조 표준도	
형식	교대 (반중력형)
길이	6.5m, 10.0m, 10.5m, 11.0m, 11.5m
허용고	7.0m
도면번호	10-6

도면 2-4-6 반중력식 교대 치수표

도로교 하부구조 표준도

철 근 물 량 표

등급		1 등교											
폭원		10.5				11.0				11.5			
높이	기호	철근	길이	수량	총길이	철근	길이	수량	총길이	철근	길이	수량	총길이
4.0	A1	D16	2.270	53	120.310	D16	2.270	55	124.850	D16	2.270	57	129.390
	A2	D13	10.710	M당6.7	71.757	D13	11.110	M당6.7	74.437	D13	11.510	M당6.7	77.117
	A3	D22	6.119	53	324.307	D22	6.119	55	336.545	D22	6.119	57	348.783
	A4	D19	10.860	20	217.200	D19	11.260	20	225.200	D19	11.660	20	233.200
	A5	D25	2.450	69	169.050	D25	2.450	73	178.850	D25	2.450	75	183.750
	A6	D22	10.730	13	139.490	D22	11.330	13	147.290	D22	11.630	13	151.190
	A7	D13	2.190	51	111.690	D13	2.190	55	120.450	D13	2.190	57	124.830
	A8	D13	10.310	8	82.480	D13	11.110	8	88.880	D13	11.510	8	92.080
	S1	D13	10.310	5	51.550	D13	11.110	5	55.550	D13	11.510	5	57.550
	S2	D13	800	51	40.800	D13	800	55	44.000	D13	800	57	45.600
5.0	A1	D16	2.270	53	120.310	D16	2.270	55	124.850	D16	2.270	57	129.390
	A2	D13	10.710	M당6.7	71.757	D13	11.110	M당6.7	74.437	D13	11.510	M당6.7	77.117
	A3	D25	7.343	53	389.179	D25	7.343	55	403.865	D25	7.343	57	418.551
	A4	D22	10.930	24	262.320	D22	11.330	24	271.920	D22	11.730	24	281.520
	A5	D29	2.850	69	196.650	D29	2.850	73	208.050	D29	2.850	75	213.750
	A6	D25	10.810	15	162.150	D25	11.410	15	171.150	D25	11.710	15	175.650
	A7	D13	2.190	51	111.690	D13	2.190	55	120.450	D13	2.190	57	124.830
	A8	D13	10.310	8	82.480	D13	11.110	8	88.880	D13	11.510	8	92.080
	S1	D13	10.310	5	51.550	D13	11.110	5	55.550	D13	11.510	[illegible]	57.550
	S2	D13	800	51	40.800	D13	800	55	44.000	D13	800	57	45.600
6.0	A1	D16	2.270	53	120.310	D16	2.270	55	124.850	D16	2.270	57	129.390
	A2	D13	10.710	M당6.7	71.757	D13	11.110	M당6.7	74.437	D13	11.510	M당6.7	[illegible]117
	A3	D29	9.256	53	490.568	D29	9.256	55	509.080	D29	9.256	57	527.592
	A4	D25	11.010	28	308.280	D25	11.410	28	319.480	D25	11.810	28	330.680
	A5	D32	3.050	69	210.450	D32	3.050	73	222.650	D32	3.050	75	228.750
	A6	D25	10.810	16	172.960	D25	11.410	16	182.560	D25	11.710	16	187.360
	A7	D13	2.290	51	116.790	D13	2.290	55	125.950	D13	2.290	57	130.530
	A8	D13	10.310	8	82.480	D13	11.110	8	88.880	D13	11.510	8	92.080
	S1	D13	10.310	5	51.550	D13	11.110	5	5[illegible]50	D13	11.510	5	57.550
	S2	D13	800	51	40.800	D13	800	55	44.000	D13	800	57	45.600
7.0	A1	D16	2.270	53	120.310	D16	2.270	55	124.850	D16	2.270	57	129.390
	A2	D13	10.710	M당6.7	71.757	D13	11.110	M당6.7	74.437	D13	11.510	M당6.7	77.117
	A3	D32	10.254	53	543.462	D32	10.254	55	563.970	D32	10.254	57	584.478
	A4	D25	11.010	31	341.310	D25	11.410	31	353.710	D25	11.810	31	366.110
	A5	D32	3.250	69	224.250	D32	3.250	73	237.250	D32	3.250	75	243.750
	A6	D25	10.810	17	183.770	D25	11.410	17	193.970	D25	11.710	17	199.070
	A7	D13	2.290	51	116.790	D13	2.290	55	125.950	D13	2.290	57	130.530
	A8	D13	10.310	8	82.480	D13	11.110	8	88.880	D13	11.510	8	92.080
	S1	D13	10.310	5	51.550	D13	11.110	5	55.550	D13	11.510	5	57.550
	S2	D13	800	51	40.800	D13	800	55	44.000	D13	800	57	45.600

등급		2 등교								3 등교			
폭원		10.0				10.5				6.6			
높이	기호	철근	길이	수량	총길이	철근	길이	수량	총길이	철근	길이	수량	총길이
4.0	A1	D13	2.270	49	111.230	D13	2.270	53	120.310	D13	2.270	23	52.210
	A2	D13	9.910	M당6.7	66.397	D13	10.710	M당6.7	71.757	D13	6.600	M당6.7	44.220
	A3	D19	6.119	49	299.831	D19	6.119	53	324.307	D16	6.119	33	201.927
	A4	D16	9.980	20	199.600	D16	10.780	20	215.600	D13	6.400	20	128.000
	A5	D25	2.450	65	159.250	D25	2.450	69	169.050	D22	2.350	33	77.550
	A6	D19	10.060	13	130.780	D19	10.660	13	138.580	D19	6.400	9	57.600
	A7	D13	2.190	49	107.310	D13	2.190	51	111.690	D13	2.190	33	72.270
	A8	D13	9.910	8	79.280	D13	10.310	8	82.480	D13	6.400	8	51.200
	S1	D13	9.910	5	49.550	D13	10.310	5	51.550	D13	6.400	4	25.600
	S2	D13	800	49	39.200	D13	800	51	40.800	D13	600	33	19.800
5.0	A1	D13	2.270	49	111.230	D13	2.270	53	120.310	D13	2.270	23	52.210
	A2	D13	9.910	M당6.7	66.397	D13	10.710	M당6.7	71.757	D13	6.600	M당6.7	44.220
	A3	D22	7.343	49	359.807	D22	7.343	53	389.179	D19	7.037	33	232.221
	A4	D19	10.060	24	241.440	D19	10.880	24	261.120	D16	6.400	23	147.200
	A5	D25	2.850	65	185.250	D25	2.850	69	196.650	D25	2.650	33	87.450
	A6	D22	10.130	15	151.950	D22	10.730	15	160.950	D22	6.400	10	64.000
	A7	D13	2.190	49	107.310	D13	2.190	51	111.690	D13	2.190	33	72.270
	A8	D13	9.910	8	79.280	D13	10.310	8	82.480	D13	6.400	8	51.200
	S1	D13	9.910	5	49.550	D13	10.310	5	51.550	D13	6.400	4	25.600
	S2	D13	800	49	39.200	D13	800	51	40.800	D13	600	33	19.800
6.0	A1	D13	2.270	49	111.230	D13	2.270	53	120.310	D13	2.270	23	52.210
	A2	D13	9.910	M당6.7	66.397	D13	10.710	M당6.7	71.757	D13	6.600	M당6.7	44.220
	A3	D25	8.870	49	434.630	D25	8.870	53	470.110	D22	8.790	33	290.070
	A4	D22	10.130	27	273.510	D22	10.930	27	295.110	D19	6.400	27	172.800
	A5	D29	3.050	65	198.250	D29	3.050	69	210.450	D29	2.950	33	97.350
	A6	D25	10.210	16	163.360	D25	10.810	16	172.960	D25	6.400	11	70.400
	A7	D13	2.190	49	107.310	D13	2.190	51	111.690	D13	2.190	33	72.270
	A8	D13	9.910	8	79.280	D13	10.310	8	82.480	D13	6.400	8	51.200
	S1	D13	9.910	5	49.550	D13	10.310	5	51.550	D13	6.400	4	25.600
	S2	D13	800	49	39.200	D13	800	51	40.800	D13	600	33	19.800
7.0	A1	D13	2.270	49	111.230	D13	2.270	53	120.310	D13	2.270	23	52.210
	A2	D13	9.910	M당6.7	66.397	D13	10.710	M당6.7	71.757	D13	6.600	M당6.7	44.220
	A3	D29	10.174	49	498.526	D29	10.174	53	539.222	D25	10.094	33	333.102
	A4	D25	10.210	31	316.510	D25	11.010	31	341.310	D22	6.400	31	198.400
	A5	D32	3.250	65	211.250	D32	3.250	69	224.250	D32	2.950	33	97.350
	A6	D25	10.210	17	173.570	D25	10.810	17	183.770	D25	6.400	11	70.400
	A7	D13	2.290	49	112.210	D13	2.290	51	116.790	D13	2.190	33	72.270
	A8	D13	9.910	8	79.280	D13	10.310	8	82.480	D13	6.400	8	51.200
	S1	D13	9.910	5	49.550	D13	10.310	5	51.550	D13	6.400	4	25.600
	S2	D13	800	49	39.200	D13	800	51	40.800	D13	600	33	19.800

도로교 하부구조 표준도	
형식	교대 (반중력형)
길이	6.6, 10.0, 10.5, 11.0, 11.5
허용고	7.0
	도면번호
	10—7

도면 2-4-7 반중력식 교대 철근표

도로교 하부구조 표준도

재 료 표

높이	공종		재종	1등교 $10^{M}5$		1등교 $11^{M}0$		1등교 $11^{M}5$		2등교 $10^{M}0$		2등교 $10^{M}5$		3등교 $6^{M}6$	
$4^{M}0$	콘크리트(M^3)	구체 CONC.	$\sigma_{ck}=180\ kg/cm^2$		135.03		141.46		147.890		123.150		129.308		71.676
		흉벽(M당)			4.2		4.4		4.6		4.0		4.2		2.64
		기초 CONC.	$\sigma_{ck}=100\ kg/cm^2$		6.331		6.627		6.922		5.831		6.117		3.615
	거푸집(M^2)	구체 CONC			143.957		149.56		155.163		135.879		141.221		93.994
		흉벽(M당)			21.8		22.8		23.8		20.8		21.8		14.
	철근(TON)	구체 CONC.	SBD 24	D25	0.673	D25	0.712	D25	0.731	D25	0.634	D25	0.673	D22	0.236
				D22	1.410	D22	1.471	D22	1.520	D19	0.969	D19	1.041	D19	0.130
				D19	0.489	D19	0.507	D19	0.525	D16	0.311	D16	0.336	D16	0.315
				D13	0.285	D13	0.307	D13	0.318	D13	0.274	D13	0.285	D13	0.295
				계	2.857	계	2.997	계	3.094	계	2.188	계	2.335	계	0.976
		흉벽(M당)	SBD 24	D16	0.188	D16	0.195	D16	0.202	D13	0.177	D13	0.191	D1	0.096
				D13	0.071	D13	0.074	D13	0.077	D					
				계	0.259	계	0.269	계	0.279	계	0.177	계	0.191	계	0.096
$5^{M}0$	콘크리트(M^3)	구체 CONC.	$\sigma_{ck}=180\ kg/cm^2$		171.57		179.74		187.910		158.200		166.11		90.915
		흉벽(M당)			4.2		4.4		4.6		4.0		4.2		2.64
		기초 CONC.	$\sigma_{ck}=100\ kg/cm^2$		6.973		7.299		7.624		6.545		6.866		3.955
	거푸집(M^2)	구체 CONC.			174.392		181.103		187.814		164.516		171.224		100.065
		흉벽(M당)			21.8		22.8		23.8		20.8		21.8		14.
	철근(TON)	구체 CONC.	SBD 24	D29	0.991	D29	1.049	D29	1.077	D25	0.737	D25	0.783	D25	0.348
				D25	2.194	D25	2.289	D25	2.365	D22	1.556	D22	1.672	D22	0.195
				D22	0.797	D22	0.827	D22	0.856	D19	0.543	D19	0.588	D19	0.522
				D13	0.285	D13	0.307	D13	0.318	D13	0.274	D13	0.285	D16	0.230
														D13	0.168
				계	4.267	계	4.472	계	4.616	계	3.110	계	3.328	계	1.463
		흉벽(M당)	SBD 24	D16	0.188	D16	0.195	D16	0.202	D13	0.177	D13	0.191	D13	0.096
				D13	0.071	D13	0.074	D13	0.077						
				계	0.259	계	0.269	계	0.279	계	0.177	계	0.191	계	0.096
$6^{M}0$	콘크리트(M^3)	구체 CONC.	$\sigma_{ck}=180\ kg/cm^2$		213.308		223.465		233.623		185.394		194.649		114.246
		흉벽(M당)			4.2		4.4		4.6		4.0		4.2		2.64
		기초 CONC.	$\sigma_{ck}=100\ kg/cm^2$		7.508		7.859		8.209		7.055		7.401		4.363
	거푸집(M^2)	구체 CONC.			205.623		213.444		221.264		192.393		200.109		135.777
		흉벽(M당)			21.8		22.8		23.8		20.8		21.8		14.
	철근(TON)	구체 CONC.	SBD 24	D32	1.311	D32	1.387	D32	1.425	D29	0.999	D29	1.061	D29	0.491
				D29	2.472	D29	2.566	D29	2.659	D25	2.380	D25	2.559	D25	0.280
				D25	1.915	D25	1.998	D25	2.062	D22	0.831	D22	0.897	D22	0.882
				D13	0.290	D13	0.313	D13	0.324	D13	0.274	D13	0.285	D19	0.389
														D13	0.168
				계	5.988	계	6.264	계	6.470	계	4.484	계	4.802	계	2.210
		흉벽(M당)	SBD 24	D16	0.188	D16	0.195	D16	0.202	D13	0.177	D13	0.191	D13	0.096
				D13	0.071	D13	0.074	D13	0.077						
				계	0.259	계	0.269	계	0.279	계	0.177	계	0.191	계	0.096
$7^{M}0$	콘크리트(M^3)	구체 CONC.	$\sigma_{ck}=180\ kg/cm^2$		255.36		267.52		279.680		243.200		255.36		139.128
		흉벽(M당)			4.2		4.4		4.6		4.0		4.2		2.64
		기초 CONC.	$\sigma_{ck}=100\ kg/cm^2$		7.936		8.307		8.677		7.565		7.936		4.703
	거푸집(M^2)	구체 CONC.			237.052		245.98		254.909		228.126		237.052		158.078
		흉벽(M당)			21.8		22.8		23.8		20.8		21.8		14.
	철근(TON)	구체 CONC.	SBD 24	D32	4.783	D32	4.992	D32	5.160	D32	1.316	D32	1.397	D32	0.606
				D25	2.090	D25	2.180	D25	2.249	D29	2.513	D29	2.718	D25	1.606
				D13	0.290	D13	0.313	D13	0.324	D25	1.951	D25	2.070	D22	0.603
										D13	0.279	D13	0.290	D13	0.168
				계	7.163	계	7.485	계	7.733	계	6.059	계	6.495	계	2.983
		흉벽(M당)	SBD 24	D16	0.188	D16	0.195	D16	0.202	D13	0.177	D13	0.191	D13	0.096
				D13	0.071	D13	0.074	D13	0.077						
				계	0.259	계	0.269	계	0.279	계	0.177	계	0.191	계	0.096

도로교 하부구조 표준도	
형식	교대 (반중력형)
길이	$6^{M}6$, $10^{M}0$, $10^{M}5$, $11^{M}0$, $11^{M}5$
허용고	$7^{M}0$
	도면번호
	10-8

도면 2-4-8 반중력식 교대 재료표

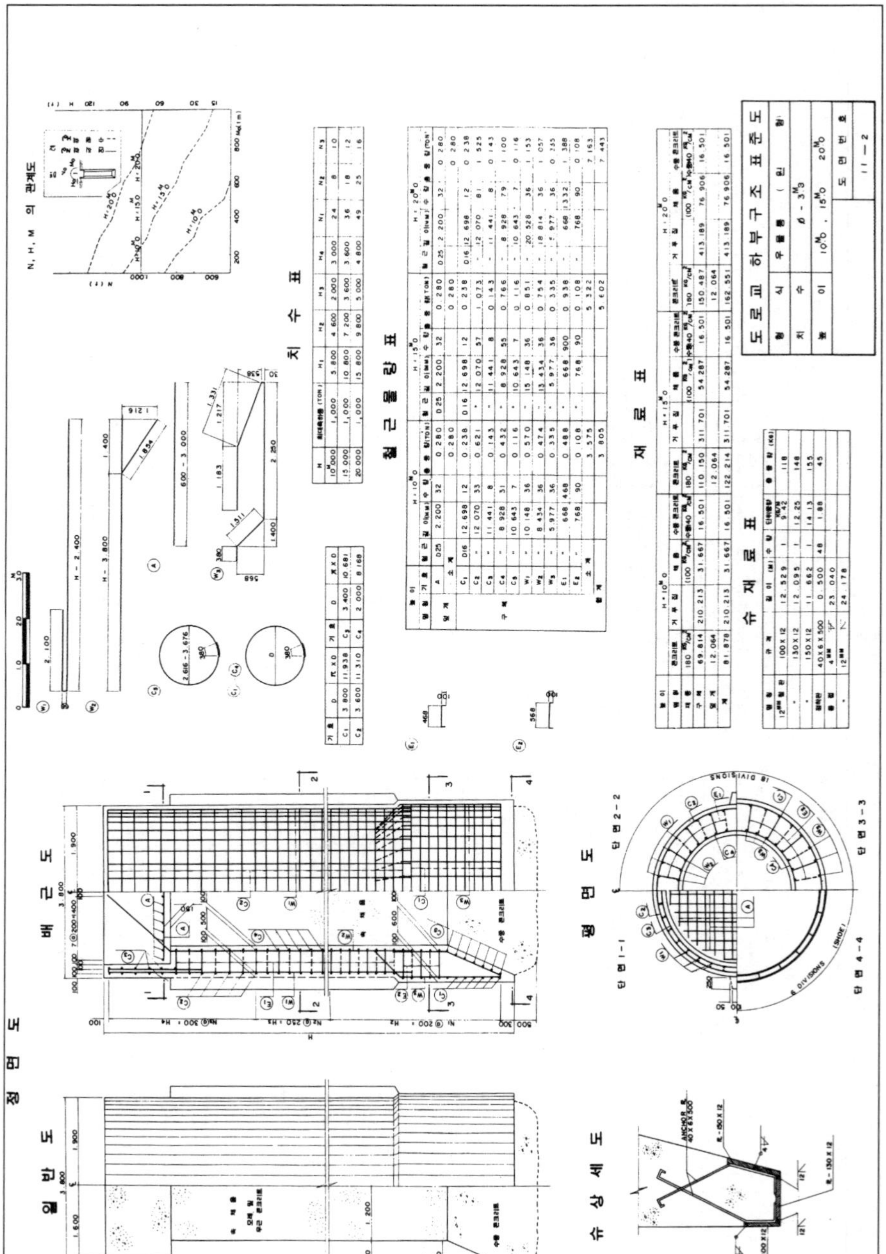

도면 2-4-9 우물통 기초(원형)

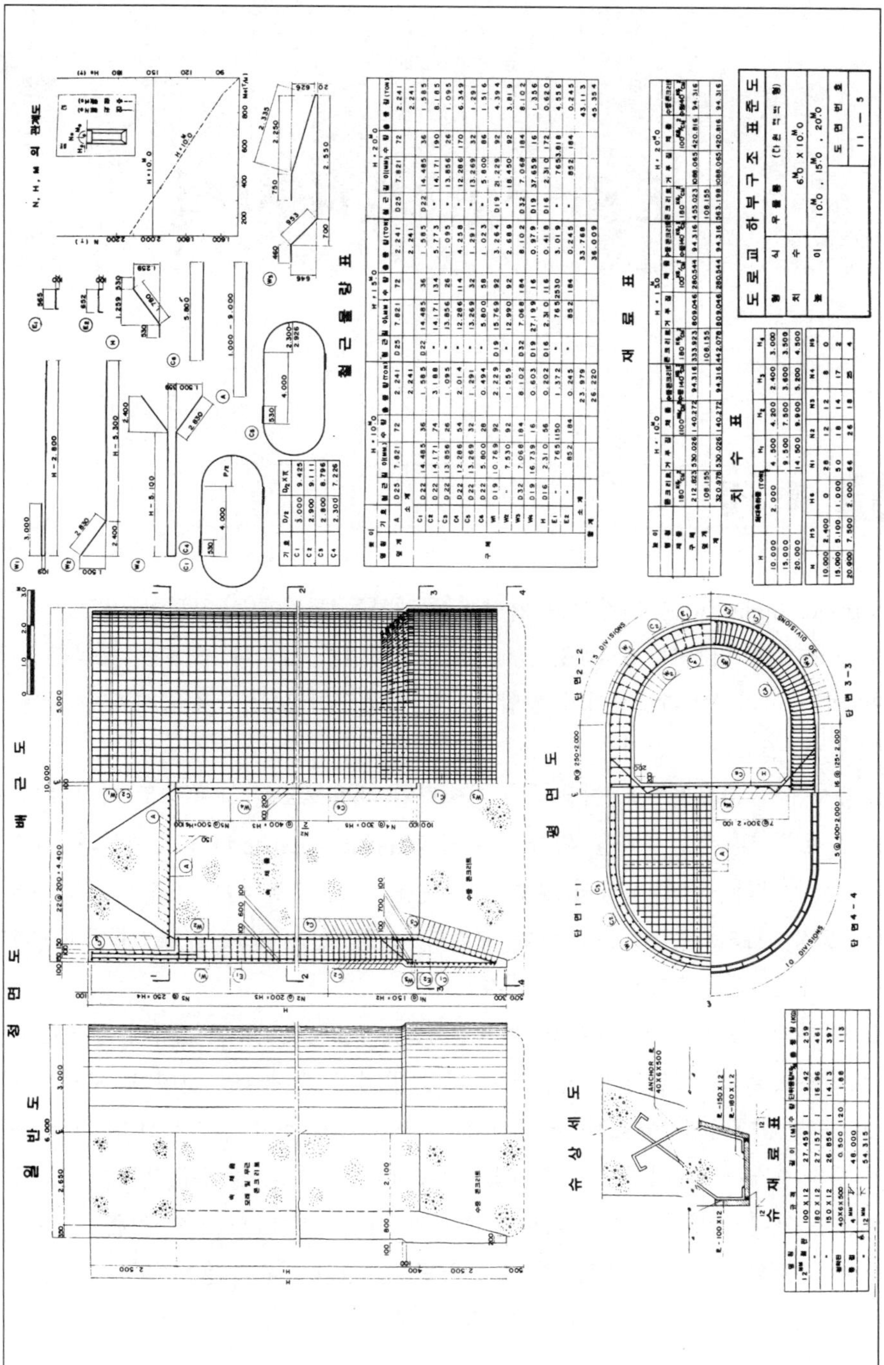

도면 2-4-10 우물통 기초(타원형)

Chapter 5

도로 및 부대시설

5.1 개 설

도로(road, highway)는 인간이나 차량이 통행하는 통로를 총칭하여 말하는 것으로, 육상교통을 철도와 더불어 분담하는 중요한 교통시설인 것이다. 도로는 토목환경공학에서 기본이 되는 여러 분야의 지식이 종합적으로 이용되며 모든 건설공사에는 작든 크든 도로공사가 꼭 필요하게 된다.

도로공사에서 직접적으로 이용되는 기술적인 내용으로는 교통량을 파악하고 이에 대응하는 도로폭 및 평면계획을 위한 교통공학(traffic engineering)의 지식과 도로의 선형을 다루는 측량학, 노반 노상의 표면처리 등을 위한 토질역학, 배수처리를 위한 수리·수문학, 포장재료와 콘크리트를 위한 재료학, 교량, 암거 등의 구조역학, 자연환경을 위한 환경공학 등이 총체적으로 필요하다.

도로의 부대시설은 도로 교통의 안전을 도모하고 도로를 유효하게 운영하고 유지관리를 효과적으로 하기 위하여 시설하는 여러 가지 부속시설인 것이다. 도로의 부대시설에는 보행자 횡단시설, 방호책, 조명시설, 시선유도표 등의 안전시설과 교통표지, 표시, 신호기 등의 관리시설 이외에도 주차장, 정류시설, 휴게실, 공동구(共同溝) 등이 있으며, 부대시설은 아니지만 가로수는 도로의 경관과 안전운행에 도움을 준다.

이러한 도로와 부대시설에서 평면도, 종단도, 횡단도를 이용한 도로 토공을 정리해 보고 도로 부대시설의 종류를 알아보기로 한다.

5.2 도로 및 부대시설의 분류

1) 도로의 분류

(1) 도로 부지 소유권에 의한 분류

① 공도(public road)

② 사도(private way)

(2) 도로법에 의한 분류

① 고속국도

고속국도는 자동차교통망의 중축부분을 이루는 중요한 도시를 연락하는 자동차전용 도로로서 대통령령 의하여 노선이 지정된 도로이며 도로법에 규정한 것 외에 그 노선의 지정, 구조관리, 보전 등에 관하여 필요한 사항을 따로 고속국도법으로 정하는 것을 말한다.

고속국도를 일반적으로 고속도로라 하며 도로는 고속도로와 일반도로로 구분하고 고속도로는 고속국도와 자동차전용도로 중 중앙분리대에 의하여 양방향이 분리되고 입체교차를 원칙으로 하며 설계속도가 80 km/h 이상인 도로를 말하며, 고속도로 중 도시지역에 소재하는 고속도로는 도시고속도로로 한다.

② 일반국도

일반국도는 중요도시·지정항만, 중요비행장, 국가산업단지 또는 관광지 등을 연결하며 고속국도와 함께 국가기간 도로망을 이루는 도로로서 대통령령으로 그 노선이 지정된 것으로 그 노선번호, 노선명, 기점, 종점, 중요 경과지, 그 밖에 필요한 사항을 정하고 있다.

③ 특별시도·광역시도

특별시도·광역시도는 특별시 또는 광역시 구역안에 있는 다음 중 하나 도로로서 특별시장 또는 광역시장이 그 노선을 인정한 것을 말한다.

(a) 자동차전용도로
(b) 간선 또는 보조간선기능 등을 수행하는 도로
(c) 도시의 주요지역간이나 인근 도시 및 주요지방간을 연결하는 도로
(d) (a)~(c)외에 도시기능유지를 위하여 특히 중요한 도로

④ 지방도

지방도는 지방의 간선도로망을 이루는 다음중 하나의 도로로서 관할 도지사 또는 특별자치도지사가 그 노선을 인정한 것을 말한다.

(a) 도청소재지로부터 시청 또는 군청소재지에 이르는 도로
(b) 시청 또는 군청소재지를 서로 연결하는 도로
(c) 도 또는 특별자치도에 있는 비행장, 항만, 역 또는 이와 밀접한 관계가 있는 비행장, 항만, 역을 서로 연결하는 도로
(d) 도 또는 특별자치도에 있는 비행장, 항만 또는 역에서 이들과 밀접한 관계가 있는 고속국도·국도 또는 지방도를 연결하는 도로
(e) (a)~(d)외의 도로로서 지방의 개발을 위하여 특히 중요한 도로

⑤ 시도

시도는 시 또는 행정시에 있는 도로로서 관할시장이 그 노선을 인정한 것을 말한다.

⑥ 군도

군도는 다음중 하나의 도로로서 관할 군수가 그 노선을 인정한 것을 말한다.

(a) 군청 소재지에서 읍사무소 또는 면사무소 소재지에 이르는 도로
(b) 읍사무소 또는 면사무소 소재지 상호간을 연결하는 도로
(c) (a) 및 (b)외의 도로로서 군의 개발을 위하여 특히 중요한 도로

⑦ 구도

구도는 특별시나 광역시 구역안에 있는 도로 중 특별시도와 광역시도를 제외한 구안에서 동 사이를 연결하는 도로로서 관할구청장이 그 노선을 인정한 것을 말한다.

(3) 도로설계기준(設計基準)에 의한 분류(구조규격에 의한 분류)

도로의 구조와 시설기준을 위하여 도로가 제공하는 또는 이용자가 기대하는 기능, 도로가 소재하는 지역 및 지형의 상황과 계획교통량에 따라 구분하고 있으며, 도로설계기준 적용을 위하여 도로의 기능별 분류는 시·종점을 얼마나 빨리 연계할 수 있느냐 하는 이동성(mobility)과 토지 이용 시설물에 접근할 수 있는 기능인 접근성(accessibility)에 따라 주간선도로, 보조간선도로, 집산도로, 국지도로로 구분하고 있으며 그 내용은 표 2-5-1과 같다.

도로의 접근성은 도로간의 간격을, 이동성은 속도를 그 측정지표로 하고 있으며, 도로 등급이 상위에 있는 도로는 이동성을 주 기능으로 하고, 하위의 도로는 접근성을 주 기능으로 하고 있다. 고속도로는 접근성 보다는 이동성을 주 기능으로 하는 도로로서

설계속도, 도로선형, 교통수요, 교통용량 등에 큰 영향을 받는다.

표 2-5-1 ● 도로의 기능별 분류

일반도로의 구분	내 용	도로의 종류
주 간선도로	시·군내 주요지역, 시·군 상호간, 주요 지방 상호간을 연결하여 대량통과교통을 처리하는 도로로서 시·군의 골격 형성 도로	일반국도, 특별시도·광역시도
보조 간선도로	주간선도로를 집산도로나 주요 교통발생원과 연결, 시·군교통의 집산기능을 하는 도로로서 근린생활권의 외곽을 형성하는 도로	일반국도, 특별시도·광역시도, 지방도, 시도
집산도로	근린생활권의 교통을 보조간선도로에 연결, 근린생활권내 교통의 집산기능을 하는 도로로서 근린생활권의 골격 형성 도로	지방도, 시도, 군도, 구도
국지도로	가구(街區, block)를 구획하는 도로	군도, 구도
특수도로	보행자전용도로· 자전거전용도로 등 자동차 외의 교통에 전용되는 도로	

※ 광로(40 m 이상), 대로(25 ~ 40 m), 중로(12 ~ 25 m), 소로(12 m 이하)

(4) 축조 재료에 의한 분류

도로 및 노면을 구성하는 축조 재료와 공법에 의하여 다음과 같이 분류한다.

① 토사도(土砂道, earthen road)

② 자갈도(gravel road)

③ 쇄석도(macadam road)

④ 아스팔트 콘크리트 포장도(asphalt concrete pavement)

⑤ 시멘트 콘크리트 포장(cement concrete pavement)

⑥ 블록 포장(block pavement)

(5) 도로의 사용 및 형태에 의한 분류

① 일반도로(traffic way)

② 자동차 전용도로(exclusive motor road)

③ 보행자 전용도로(pedestrian way)

④ 자전거 전용도로(exclusive cycletrack)

⑤ 고가도로(elevated road)

⑥ 지하도로(subway)

⑦ 산업도로(industrial road)

⑧ 유람도로(drive way)

⑨ 관광도로(sight-seeing road)

⑩ 농로(cultivated road)

⑪ 군사도로(military road)

⑫ 공원도로(parkway)

⑬ 산림도(forest road)

(6) 부지 장소에 의한 분류

① 가로(street)
② 지방도로(country road, rural road)
③ 산악도로(mountain road)
④ 공원도로(park way)
⑤ 강변도로(riverside road)
⑥ 해안도로(seaside road)

2) 도로 부속시설의 종류

(1) 교통관리 안전시설

① 도로표지(delineators)
　(a) 경계표지　(b) 이정표지　(c) 방향표지　(d) 노선표지　(e) 기타표지
② 노면표시(road marking)

(2) 시인성 증진 안전시설(visibility enhancers)

① 시선유도표지(snow pole, 태양열 시선유도기 등)
② 갈매기표지
③ 표지병(RPM : Raised Pavement Marking)
노면표지를 보완하여, 야간 또는 우천 시에 운전자의 시선을 유도하기 위해 도로 표면에 설치하는 시설
④ 기타 시인성 증진 안전시설
　(a) 장애물 표적표지　(b) 구조물 도색과 빗금표지
⑤ 도로조명시설
⑥ 국부조명시설
⑦ 터널조명시설

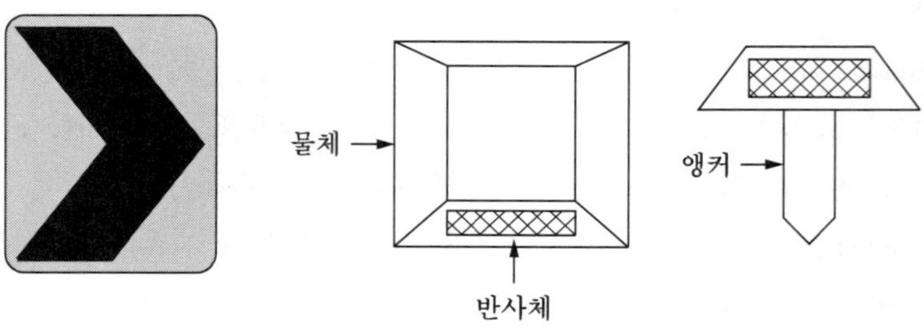

(a) 갈매기표지　(b) 표지병의 구성 요소

그림 2-5-1 갈매기표지 및 도로 표지병

(3) 차량방호 안전시설

차량방호 안전시설은 차량의 도로 이탈이나 정면충돌 등과 같은 치명적인 교통사고의 피해를 줄이기 위해 설치하는 노측용 방호울타리, 중앙분리대용 방호울타리, 교량용 방호울타리, 충격흡수시설 등의 시설이다.

① 방호울타리

주행 도로 이탈 방지와 부수적으로 운전자의 시선 유도, 보행자의 무단 횡단 억제 등의 기능을 갖는 시설로써 충격에너지를 흡수하는 가드레일(guard rail), 가드파이프(guard pipe), 가드케이블(guard cable), 박스형 보(box beam) 등과 콘크리트 구조물의 강성 방호울타리가 있다.

② 충격흡수시설(speed bumps)

주행 도로 이탈 차량이 도로 상의 구조물 등과 충돌하기 전에 충격에너지를 흡수하여 차량의 정지나, 주행차로로의 복귀 기능을 하는 시설로써 교통사고의 치명도를 낮추는 시설.

③ 현광방지시설

대향차도에서 다가오는 차량의 전조등으로 인한 운전자의 눈부심을 방지하기 위해 설치하는 시설로써 방현망, 차광망 등이 있다.

(4) 낙석방지시설

① 낙석방지망(Rockfall Protection Net)

② 낙석방지울타리
(Rockfall Protection Fence)

③ 피암터널(낙석복공, Rock Shed)

강재나 철근 콘크리트 등을 이용한 터널형태의 구조물로 절개면 상부에서 발생된 낙석을 도로 바깥쪽으로 이동하게 하여 낙석에 의한 피해를 방지하는 시설이다. (그림 2-5-2)

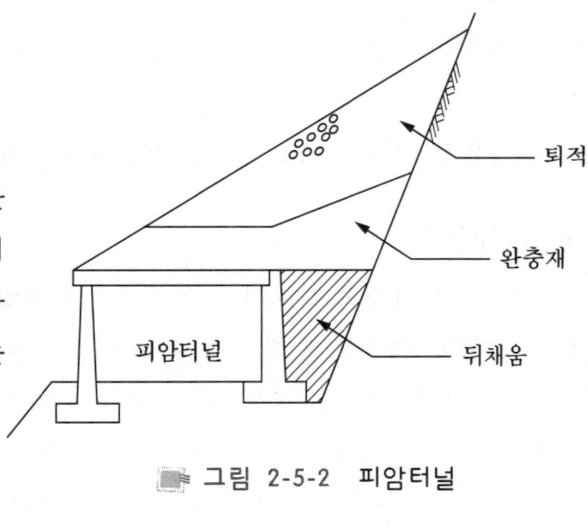

그림 2-5-2 피암터널

(5) 도로관리시설

① 긴급연락시설

긴급연락시설은 자동차 외의 진·출입이 제한되는 자동차 전용도로에 필요에 따라 적당한 간격으로 설치하는 시설물로써 대개의 경우 비상전화가 해당되며 터널 안에는 도로의 종별에 구분 없이 설치를 하고 있다.

② 도로교통정보 안내시설

③ 교통감시시설

터널 등에 화재, 교통사고 등이 발생할 경우, 당해 차량은 물론 후측차량도 위험하게 된다. 따라서 이러한 사고 등을 사전에 감지할 수 있도록 하기 위한 시설을 교통감시시설이라 한다.

④ 과적차량 검문소

(6) 비상주차대

비상주차대는 우측 길어깨의 폭이 협소한 장소에서 고장난 차량이 본선 차도에서 벗어나 대피할 수 있도록 제공하고 고장난 차량을 본선에서 벗어나게 함으로써 본선의 교통용량의 감소를 막을 수 있으며, 사고를 예방하는 기능을 가진 비상주차대 설치에 대하여 규정한 것이다.

(7) 버스정류시설

버스정류시설은 노선버스가 통행하는 고속국도 및 자동차 전용도로에서 노선버스가 승객의 승강을 위하여 전용으로 이용하는 시설물로서 이용자의 편의성과 버스가 무리 없이 진출입 할 수 있는 위치에 소정의 규격으로 설치되어야 한다.

버스정류시설은 통과 차로로부터 분리되어 버스의 감속, 대기 및 가속에 필요한 포장지역을 제공하는 것으로 승객대기소, 진입로, 계단, 난간, 신호 및 노면표시 등으로 구성된다.

① 버스정류장(BUS BAY) ② 버스정류소(BUS STOP) ③ 간이버스정류장

(8) 주차장

주차장은 그 기능으로 보아 주차구획과 차로로 나누어 생각할 수 있으며, 주차구획은 주차와 승객의 승강을 위한 장소이고 최소 단위인 주차 소구획으로 구성되며, 주차장 내의 주차구획과 차로는 설계기준 자동차에 따라 주차 및 통행이 용이하고 효과적인 주차운용을 할 수 있도록 그 치수와 배치를 정해야 한다.

주차시설의 기하구조는 대상 자동차의 치수와 주차방식에 좌우되며, 도로 본선에서 주차장에 이르는 접속도로의 설계에는 도로 본선의 도로규격 및 지역여건을 감안하여 인터체인지 또는 휴게시설의 연결로 및 평면교차부의 해당기준을 준용하면 된다.

(9) 휴게시설

휴게시설이란 출입이 제한된 도로에서 장시간의 연속주행으로 인한 운전자의 생리적 욕구 및 피로를 해소시키고 동시에 자동차의 주유, 정비, 기타서비스를 제공하는 장소
① 휴게소 ② 간이 휴게소

(10) 환경영향저감시설

환경영향저감시설은 환경친화적인 도로건설 지침을 따른다.

① 방음벽

표 2-5-2 ● 방음벽 형식과 산정기준

형 식	산정기준	비 고
반사형	방음벽에 의한 반사음의 악영향을 무시할 수 있는 일반지역	
흡음형	도로의 좌우에 방음벽을 설치해야 하는 지역	
투명형	일조권 침해 예상지역 및 방음벽 설치시 결빙 예상지역	
칼라형	대도시 주변 대단위 밀집지역 및 종합병원과 같은 요양시설이 위치한 지역 등의 미관이 중요시 되는 지역	녹색, 백색, 청색을 우선으로 주위경관을 고려해서 설치

② 생태통로
(a) 터널형 (b) 육교형 (c) 보조시설

③ 동물 침입방지시설
(a) 침입방지 울타리 (b) 도로 침임방지벽 (c) 야생동물 탈출구

④ 기타 환경영향저감시설
(a) 비탈면 안정시설
비탈면 안정대책시설은 땅깎기·흙쌓기 비탈면의 붕괴에 의한 사태, 강우에 따른 토사유출을 방지하기 위한 목적의 안정화 대책이다.
(b) 세륜·세차시설
(c) 가로등시설

⑤ 도로변 대체 서식지 조성

⑥ 교량 공사 시 수질오염저감시설
교량 공사 시 공사시기조정, 공사현장 및 하류하천 토사유출방지 등을 실시하고, 보전가치가 있는 지역에 설치되는 교량의 경우 초기우수의 배수 및 처리계획을 수립한다.

(11) 노면요철포장(rumble strips)

고속주행에 따른 운전자의 부주의, 지루함, 피로 및 졸음에 의한 차로이탈시 소음과 진동을 발생시켜 본 주행차로로 복귀시키기 위한 시설로써 사고가 우려되는 구간에 일반적으로 설치하며 절삭형(Milled Type)과 전압형(Rolled Type)의 방식이 있다.

(12) 공동구(共同溝; utility-pipe conduit)

상·하수도관, 가스관, 송유관, 전신, 전화, 전력선 등의 지하매설물을 정리하여 공동으로 한 곳에 매설할 수 있도록 설계된 지하구조물로서, 공동거(共同渠)라고도 한다. 이것의 설치로 노상 공작물이 제거되어 노면의 이용을 증대시킬 수 있고, 여러 차례의 노면굴착을 피할 수 있는 등 여러 가지로 도로 이용 관리면에서의 이점을 갖고 있다.

5.3 도로공사의 설계 및 설계도

1) 도로의 설계

(1) 용어 정리

① 교통섬(traffic island)

자동차의 안전하고 원활한 교통처리나 보행자 도로횡단의 안전을 확보하기 위하여 교차로 또는 차도의 분기점 등에 설치하는 섬 모양의 시설.

② 그루우빙(grooving)

주로 콘크리트포장 노면이 미끄럽게 되었을 때 콘크리트슬래브의 표면에 등간격으로 연속한 작은 홈을 파서 미끄럼저항성을 크게 하는 공법. 홈의 방향은 시공상으로는 세로방향이 적당하고 표면배수로 보아서는 가로방향이 바람직하다고 한다. 원판형의 다이아몬드 블레이드 등을 장착한 그루우빙머신에 의해 폭, 깊이 어느 것이나 3 ~ 6 mm, 간격 20 ~ 50 mm 정도의 홈을 판다.

③ 기·종점조사(origin-destination study)

사람과 차량의 이동에 관한 기점(출발점) 및 종점(도착점)에 관한 조사로 O·D조사라고도 한다.

④ 길어깨(shoulder)

도로를 보호하고 비상시에 이용하기 위하여 차도에 접속하여 설치하는 도로의 부분을 말한다.

⑤ 노상(subgrade)

포장 아래 두께 약 1 m의 흙 부분을 말하는 것으로 흙쌓기 상부나 땅깎기 상면에 특히 양질의 재료를 놓은 것도 노상이라 칭해도 좋다. 또한 국부적인 노상토의 직각부분, 땅깎기와 흙쌓기의 접속구간 등의 되메우기부분, 차단층 등도 노상에 포함된다. 노상의 상면을 노상면이라 한다.

⑥ 노상시설(street utilities)

보도·자전거도로·중앙분리대·길어깨 또는 환경시설대 등에 설치하는 표지판 및 방호울타리 등 도로의 부속물(공동구를 제외)을 말한다.

⑦ 노체(road bed filled up ground)

흙쌓기에 있어서 노체의 아래 부분에서부터 기초지반면까지의 흙의 부분.

⑧ 도로의 계획목표년도

도로를 계획하거나 설계하는 때에 예측된 교통량에 따라 도로를 건설하여 적절하게 유지·관리하는 경우, 적정한 수준 이상의 기능이 유지될 수 있을 것으로 보는 기간(도로의 계획 또는 설계시를 시점으로 한다)의 범위를 말한다.

⑨ 도로용량(road capacity)

주어진 도로 조건에서 15분 동안 무리없이 최대로 통과할 수 있는 승용차 교통량을 1시간 단위로 환산한 값

⑩ 버력(muck, road waste, mining/tunneling spoil)

터널 굴착과정에서 발생하는 암석덩어리, 암석조각, 토사 등의 총칭.

⑪ 병목현상(bottleneck flow)

폭이 넓은 도로에서 폭이 좁은 도로로 진입 시 연속된 흐름의 교통방해 및 혼잡현상이 발생한다.

⑫ 보도(sidewalk, walkway, footpath)

자동차의 통행과 분리하여 보행자(소아차, 신체장애자용 의자차를 포함한다)의 통행을 위하여 연석, 방호울타리, 노면표시 등, 기타 이와 유사한 시설물로 구별하여 설치하는 도로의 부분을 말한다.

⑬ 보호 길어깨(soft shoulder)

길어깨를 보호하고 노상시설 등을 설치하기 위하여 길어깨에 접속하여 설치하는 도로의 부분을 말하며 길어깨의 폭에 포함되지 않는다.

⑭ 부가차로(auxiliary lane)

차량의 원활한 통행을 위하여 본선에 덧붙여 설치한 차로로서 양보차로, 오르막차로, 앞지르기차로 등이 있다.

⑮ 분리대(separator)

차도를 통행의 방향에 따라 분리하거나, 성질이 다른 같은 방향의 교통을 분리하기 위하여 설치하는 도로의 부분이나 시설물.

⑯ 세미트레일러(semi-trailer)

앞차 축이 없는 피견인차와 견인차의 결합체로서 피견인차와 적재물 중량의 상당한 부분이 견인차에 의해 지지되도록 연결되어 있는 자동차.

⑰ 시공줄눈(construction joints)

콘크리트포장슬래브의 시공 중에 강우 등에 의해서 콘크리트타설을 중단할 경우 줄눈을 만들 예정이 아닌 개소에 부득이 설치하는 줄눈 또는 보충공사로 슬래브를 타설하여 나갈 때에 설치하는 줄눈 등을 말한다.

⑱ 실 코우트(seal coat)

아스팔트포장에 있어서 기설포장 위에 시공하는 얇은 표면처리의 일종이다. 역청재료를 살포한 위에 골재를 살포하여 한 층으로 마무리 하는 공법.

⑲ 설계기준 자동차(design criteria vehicle)

도로구조설계의 기준이 되는 자동차.

⑳ 연결로(ramp)

입체도로에서 서로 교차하는 도로를 연결하거나 서로 높이 차이가 있는 도로를 연결해주는 도로.

㉑ 완화곡선(transition curve)

직선부와 평면곡선 사이 또는 평면곡선과 평면곡선 사이에서 자동차의 원활한 주행을 위하여 설치하는 곡선으로서 곡선상의 위치에 따라 곡선반경이 변하는 곡선.

㉒ 접근관리 설계기법(접근통제, access control)

주도로와 부도로가 접속하는 지점에서 주행하는 모든 자동차의 안전성과 효율성을 확보하기 위하여 주도로에 접속하는 부도로의 접속 위치, 간격, 기하구조 설계, 교통제어방식 등을 합리적으로 관리하는 새로운 설계기법으로 접근통제 설계기법이라고도 함.

㉓ 종단경사(tangent grade)

도로 진행방향 중심선의 길이에 대한 높이의 변화비율.

㉔ 주정차대(stopping lane)

자동차의 주차 또는 정차에 이용하기 위하여 도로에 접속하여 설치하는 부분.

㉕ 줄눈(joint)

콘크리트 포장슬래브에는 콘크리트의 온도나 수분의 변화에 따라 수축, 팽창, 뒤틀림 등의 응력이 발생하게 되며 이 응력으로 인해 포장슬래브에 균열이 생기게 된다. 이러한 균열을 방지할 목적으로 사전에 콘크리트 포장슬래브를 잘라 놓은 것을 줄눈이라 한다.

㉖ 중앙분리대(median strip)

차도를 통행의 방향에 따라 분리하고 옆부분의 여유를 확보하기 위하여 도로의 중앙에 설치하는 분리대와 측대를 말한다.

㉗ 지반(ground)

건설행위의 대상이 되는 지표구성물질로서 토사 및 암반층을 총칭한다.

㉘ 측대(marginal stripe)

운전자의 시선을 유도하고, 옆부분의 여유를 확보하기 위하여 중앙분리대 또는 길어깨에 차도와 동일한 횡단경사와 구조로 차도에 접속하여 설치하는 부분.

㉙ 측도(frontage road)

본선 도로의 교통을 원활하게 하기 위하여 본선 차도와 접하여 설치하는 도로.

㉚ 콜드 조인트(cold joint) 및 핫 조인트(hot joint)

콜드조인트는 가열 아스팔트혼합물을 포설할 때 먼저 포설한 인접 혼합물이 이미 전압 되고 있어 새로이 포설한 혼합물과 동시에 전압 할 수가 없는 종방향 조인트.

핫 조인트는 아스팔트 포장의 시공 폭이 넓은 경우 피니셔가 2대 나란히 달려서 혼합물을 고르게 깔고, 세로로 이어지는 부분을 혼합물의 온도가 충분히 높은 동안에 전압하여 인접부와 일체가 되도록 하는 종방향 이음매.

㉛ 택 코우트(tack coat)

아스팔트포장의 표층이나 기층을 포설하는 경우 종래의 아스팔트 혼합물층이나 시멘트 안정처리층과의 부착을 좋게 하기 위하여 사전에 소량의 역청재료를 살포하는 것을 말한다.

㉜ 편경사(cant, superelevation)

평면곡선부에서 자동차가 원심력에 저항할 수 있도록 하기 위하여 설치하는 횡단경사.

㉝ 표층(surface course)

포장의 최상부에 있는 층으로 교통하중을 하부층에 전달하나 동시에 교통하중에 의한 마모, 전단에 저항하며 미끄러지지 않고 쾌적한 주행을 할 수 있는 노면을 유지하며 또한 우수가 하부로 침투하는 것을 방지하는 기능을 가지고 있다.

㉞ 프라임 코우트(prime coat)

프라임 코우트의 목적은 보조기층표면을 다져서 방수성을 높이고 시공 중의 작업차량에 의한 파손, 강우에 의한 세굴, 표면수의 침투 등을 방지하고 보조기층과 그 위에 포설하는 아스팔트 혼합물과의 융합을 좋게 하며 일체가 되도록 하고 보조기층에 모세관작용에 의한 물의 상승을 차단하는 것 등이다.

㉟ 환경시설대(roadside greenbelt)

간선도로 연변의 생활환경을 보전하기 위해 확보되는 도로의 일부분을 말하는 것으로 일정한 조건을 갖춘 도로구간에 대하여 차도끝(길어깨의 바깥쪽)으로부터 10 m 내지 20 m의 폭을 확보하는 것이 보통이다. 환경시설대는 식수대, 노견, 보도, 부도, 경사면 등의 조합으로 이루어진다.

2) 도로설계의 단계별 업무 내용

(1) 타당성 조사

타당성 조사는 장래 교통수요를 예측하여 대상 도로의 기능을 설정하고 기술적, 경제적 및 사회·환경적 타당성을 입증하며 타 사업과 비교하여 투자의 우선순위를 결정하기 위해 시행하는 것으로 다음과 같다.

① 최적 노선대와 노선의 설계속도, 출입시설이나 교차로의 설치 여부, 차로수, 표준 횡단면 등 도로의 기능을 개략적으로 결정하고 계획 노선의 경제적 타당성을 평가한다.

② 1/25,000 ~ 1/50,000 지형도를 이용하여 후보노선대를 설정하고 노선대별로 최적 노선대를 선정한다.

③ 자세한 토질 조사나 측량은 이 단계에서 실시하지 않는다. 타당성 조사와 실시설계의 시행시기의 차이 때문에 이 단계에서 결정한 노선은 지반조건이나 사회적 여건의 변동에 따라 기본설계나 실시설계 단계에서 좌우로 200 ~ 300 m 정도, 때로는 1 ~

2 km까지 조정되는 경우가 있을 수 있다.

④ 경제성 판단 위하여 편익/비용비, 순현재가치, 내부 수익률, 개통 초기년도 편익 또는 개통 초기년도 수익률 등 경제적 평가지표를 산출한다. 계획 노선 개통 시 관련 도로망에서의 총 주행비용과 건설하지 않을 경우 관련 도로망에서의 총 주행비용의 차이가 편익이다.

⑤ 장래 교통 수요 예측과 주행비 산정을 위한 교통량 조사 및 사회·경제지표 조사는 타당성 조사단계에서 가장 심도 있게 다루어야 한다.

(2) 기본설계

기본설계는 타당성 조사에서 제시된 도로 기능과 경제성 지표를 재검증하고 제안된 노선대에서 최적 노선을 결정하며, 교차로, 출입시설, 주요 교량, 터널 등 주요 시설의 위치 및 형식에 대해 일반적인 조사와 대안의 비교 분석을 통하여 최적안을 계획하는 것으로 다음과 같다.

① 실시설계에 필요한 설계기준, 공사기간, 건설비용 등의 기술 자료를 작성하고 1/5,000의 지형도상에 도로의 선형과 부대시설 등에 대한 기본 골격을 잠정적으로 결정한다.

② 주요 구조물 지점에는 개략 토질 조사를 실시하고 답사를 통해 도로의 기본선형과 교차로, 출입시설이나 주요 구조물의 위치 및 형식 등을 결정한다. 이 과정에서 직접 세부측량을 하지 않고 1/5,000 지형도를 이용하여 기본설계를 시행하는 것을 원칙으로 한다. 이 경우에는 각 시설의 평면상의 위치와 표고가 정확할 수는 없을 것이다. 그러나 이 경우 도로 기술자는 실시설계시에 시설물의 위치가 과다하게 변경되는 일이 없도록 주의해야 한다. 또한 기본설계에서 산출한 개략 공사비와 실시설계에서 산출한 공사비의 차이가 크지 않도록 충분한 현지답사와 필요하다면 보링 등 지반조사를 시행하는 등 정확도를 높이도록 한다.

③ 국립지리원의 1/5,000 지형도는 항공측량에 의해서 제작된 것이다. 거의 전 국토에 걸쳐서 지도가 제작되어 있으며, 지형정보를 3차원 수치정보로 디스켓이나 CD-ROM으로도 제공하고 있다. 따라서 국내에서 사용하고 있는 국내외의 도로 설계용 컴퓨터 소프트웨어를 사용하면 타당성조사나 기본설계를 수행할 때 아주 편리하다. 기본설계의 도면은 1/1,000 ~ 1/1,200을 원칙으로 하지만 필요시 1/5,000을 사용할 수도 있어 발주처에서 현황도를 제시할 경우에는 이를 따른다.

④ 도로 노선은 기본설계 단계에서 결정되고 실시설계 단계에서는 평면선형과 종단선형의 조정이 극히 제한되기 때문에 도로의 선형은 기본설계 단계에서 결정된다고 생각해야 한다. 따라서 기본설계 단계에서의 노선 결정 작업은 도로의 기능과 기본

설계 단계에서의 노선 결정 작업은 도로의 기능과 기본 골격을 결정하는 가장 중요한 것이 된다.

⑤ 지역 주민의 의견 수렴, 관계기관과의 국토 이용계획에 대한 협의, 환경영향 평가에 따른 환경영향 저감대책 수립 등도 중요하게 하여야 한다.

(3) 실시설계

실시설계는 기본설계에서 결정된 모든 시설물의 위치, 형식, 규격, 재료 등에 대한 상세한 설계를 시행하는 것으로 기본설계에서 제시된 최적노선에 대한 재검토와 교량, 터널, 교차로와 출입시설, 휴게소, 정류장, 포장, 배수시설 등 모든 시설에 대한 재검토를 실시한 후에 공사 시행에 필요한 모든 설계도서를 작성한다.

① 기본설계에서 선정한 최적 노선에 대하여 평면과 종단선형 조정작업을 실시한다.

② 노선 선형조정시 고려해야 할 사항은 기본설계의 경우와 거의 같다. 다만 이 과정에서는 기본설계에서 결정한 노선의 선형을 조정하기 때문에 극히 제한된 범위에서 이루어지는 것이 다르다.

③ 컴퓨터를 이용한 도로의 전산설계는 도로설계의 정밀도를 높이고 수작업에 의한 반복작업을 최소화하여 업무의 효율을 높일 수 있다.

일반적인 도로의 전산설계 과정은 다음과 같다.

【1단계】

① 과업의 준비과정인 과업대상지역의 지형을 전산 데이터화는 항공측량 외에 지도 스캐닝의 이미지화된 지도를 벡터화하는 방법과 기존의 수치지형도를 이용하는 방법이 경제적이며, 제작기간이 짧기 때문에 많이 활용된다. 이 기간동안 설계 담당기술자는 현장답사, 관련자료조사 등의 업무를 동시에 수행할 수 있다.

② 완성된 지형데이터는 사용할 도로 설계 전용 프로그램에서 요구하는 형태로 변형(삼각망 혹은 격자형 3차원 모델)되며 설계에 필요한 지반이고, 횡단모양을 추출하는데 활용된다.

【2단계】

준비된 지형의 범위내에서 측정이나 구조물의 일반적 자료를 입력하게 되면 계획평면, 좌표전개도, 종평면도, 횡단도, 토공 물량 및 유토곡선에 대한 도면을 바로 출력할 수 있다. 물론 다수의 평면 및 종단 비교선형을 동시에 처리할 수 있다.

【3단계】

① 세부설계 및 공사비 산출은 실측으로 조사된 지형을 기존의 지형모델에 통합함으로써 정밀성을 높일 수 있다.

② 각종 구조물의 해석이나 설치 등에는 많은 프로그램들이 활용되어지고 있으며, 특히 작업량이 많이 소요되는 도면 작성을 위해 CAD 프로그램이 널리 사용된다.

③ 설계도서는 모든 시설물에 대한 기하구조 도면, 공사 및 재료 시방서, 공정계획, 구조 및 수리계산서, 공사비 내역서와 실시설계 보고서 등이다. 실시설계 보고서에는 실시설계 과정, 비교노선 검토내용, 공법 선정 이유, 관련 기관 협의 내용, 주민 의견 수렴내용 등과 유지관리지침을 수록한다.

④ 기본설계 단계까지 조사된 환경영향 저감대책에 대한 상세 설계도 포함해야 하며 점용되는 용지에 대한 용지도와 지장물 조서도 작성한다. 설계당시 조사가 불충분하여 공사 도중에 공법이 변경되거나 민원제기에 따라 공사비와 공사기간이 증가되는 일이 없도록 철저한 지반 조사와 지장물 조사를 실시한다.

3) 설계성과물

(1) 설계보고서(요약보고서 포함)

① 지질 및 지반조사 보고서는 별도로 작성하고 본 보고서에서는 요약본을 수록하는 것을 원칙으로 하나 지반조사의 내용이 적을 경우에는 발주청과 협의 후 본 보고서의 한 항목으로 하고 시추주상도, 시험결과 등은 부록에 수록한다.

② 건설기술심의 내용 및 자문, 업무협의 사항에 대한 조치결과는 부록에 수록한다.

③ 설계 설명회를 위해 과업 참여 기술자 및 참여 범위를 기록한다.

④ 본 보고서를 요약한 요약보고서를 요구하는 경우에는 발주청의 지시에 따라 소요 부수, 수록 내용 등을 결정하여 제출한다.

표 2-5-3 ● 실시 설계보고서 내용

항 목	내 용
1. 표 지	
2. 제출문	• 용역업체의 대표이사 명의의 제출서
3. 참여기술자	• 참여자 명단 및 인적사항, 업무내용
4. 목 차	• 보고서 목차
5. 위치도	• 1/25,000 ~ 1/50,000

항 목	내 용	
6. 공사 개요	• 목적, 범위, 내용, 기간, 과업수행방법, 금액 등	
7. 조 사	• 현지조사 및 답사 • 측량 • 지질 및 지반조사 • 지장물 및 구조물조사 • 용지조사 • 토취장, 골재원, 사토장조사	• 기존도로 현황조사 • 수문조사 • 용수로 및 농로조사 • 지하매설물 조사 • 도시계획 현황조사 • 기타
8. 계 획	• 전 단계 성과 검토 • 노선계획 • 구조물계획	• 설계기준 및 기타 • 관계기관 협의 • 기타
9. 상세설계	• 설계기준/조건 • 선형 • 토공 • 용수로, 배수로 • 구조물공	• 포장공 • 출입시설 • 부대시설 • 안전시설 • 기타
10. 사업비 분석	• 공사개요 • 공사비 산출	• 사업비 분석 • 용지 및 지장물 보상비
11. 부 록	• 각종 조사 자료 • 선형 계산서 • 기술 심의 및 자문사항	• 업무협의 및 지시사항 • 관계기관 협의자료 • 민원 추진사항 등

(2) 지질 및 지반조사 보고서

① 지질 및 지반조사 보고서에는 조사개요, 조사항목, 조사위치, 조사방법, 조사내용, 각종 시험 내용 및 결과, 시추주상도가 수록(교량은 교량 기초 전체)되어야 하며, 시험 결과로 얻어지는 각종 지반의 물성치, 계획지역의 지반 구성 상태, 연약지반 현황 및 대책, 예상되는 구조물 기초의 종류에 따른 적합성 여부, 허용지지력 검토 등이 포함되어야 한다.

② 또한 대절토부 및 대성토부는 별도의 사면 안전 검토를 실시한 후 그 내용을 수록하고 적정 비탈경사를 제시해야 한다.

(3) 구조 및 수리계산서

① 구조계산서는 계산된 모든 것을 정확하게 수록하여 손쉽게 검토할 수 있도록 한다.

② 각종 계산에 사용한 전산 프로그램명과 이를 이용하여 설계한 사항을 기재한다.

③ 국제적으로 공인된 구조 계산용(SAP90, GTSTRUDL NASTRAN, ADINA 등) 또는 터널 해석용 범용프로그램이 아닌 경우에는 적정성이 확인된 프로그램을 사용한다.

④ 전산 프로그램을 사용하여 계산한 경우, 구조계산서에는 정확한 모든 입력자료가 정리되어야 한다. 또한 그에 대한 출력자료 역시 정리되어 있어야 한다.

⑤ 모든 전산 프로그램의 출력자료는 구조계산서의 부록으로 하고, 그 양이 과대한 경우에는 별책으로 작성하여 최소 소요 부수만 제출한다. 그러나 정리된 형태로 입출력 자료가 인쇄된 것은 본 구조계산서 해당 항목에 수록한다.

⑥ 구조계산서 각 부분의 첫 쪽마다 우측 상단에 작성자와 검토자가 적정 여부를 확인한 후 서명한다.

⑦ 구조 계산시 주요 설계변수가 가정 값인 경우에는 반드시 가정 값임을 명시하도록 한다.

⑧ 수리계산서는 계산된 모든 것을 정확하게 정리하여 수록하고 손쉽게 검토할 수 있도록 한다.

⑨ 수리계산서에서 설계자의 소견이 필요할 때에는 그 내용 및 대책을 명확히 하여 배수구조물 설계도면 및 사용상에 하자가 없도록 한다.

(4) 설계예산서

① 설계예산서는 설계설명서, 설계내역서, 단가산출서, 수량산출서로 구별하고 단가산출서, 수량산출서는 별책으로 작성한다.

② 설계예산서에는 총공사비와 공사개요를 기재하며, 총괄내역서에는 제 경비 및 시공상 세도면 작성, 추가 지반조사 비용이 포함되어야 한다.

③ 설계예산서 작성은 설계용역완료 ○○일전 해당 월을 기준으로 작성한다.

④ 노임기준은 당해년도 시중 공사 노임단가(대한건설협회)를 기준으로 한다.

⑤ 재료비는 '정부구매물자 가격정보'를 우선으로 하며 가격정보에 없는 재료는 2개 이상의 물가정보지를 참조하여 산출한다.

⑥ 품셈은 당해년도 '건설공사 표준품셈'에 준한다.

⑦ 중기손료 작성시의 외환환율은 당해년도 1월 3일 외환은행 전신환매도율을 기준으로 하나 외환환율의 변동이 클 경우는 발주청과 협의 후 결정한다.

⑧ 공사비 산출을 위한 견적서는 3개 업체 이상의 것을 기준으로 하되, 부득이한 경우에는 발주청과 협의하여 1개 또는 2개 업체의 견적서를 기준으로 한다.

⑨ 설계예산서는 회계예규 원가계산에 의한 예정가격 작성 준칙에 의거 작성한다.

⑩ 수량산출서 작성시 자재할증, 손율, 고재처리 등은 건설공사 표준품셈에 준한다.

(5) 설계도면

① 설계도면은 이해가 쉽도록 상세히 작성한다(특히 주요 상부구조물도는 시공 상세도 첨부).

② 실시설계의 구조물 도면에는 설계방법(허용응력 설계법 또는 강도설계법)에 대하여 표시해야 한다.

③ 모든 설계도면에는 도면작성자, 검토자, 책임기술자의 서면 또는 날인이 있어야 한다.

④ 설계도면에는 주석란을 만들어 구조물 설계방법, 재료의 종류, 강도 등과 같은 주요 설계조건과 시공시에 유의하여야 할 사항 등 해당 공사 내용에 대한 특기사항을 수록한다.

⑤ 설계도면에는 관련 도면란을 만들어 해당 도면의 내용과 밀접한 관계가 있어 도면의 번호를 수록한다.

⑥ 설계도면 개정란을 만들어 도면의 history를 기록한다.

⑦ 설계도면은 KS A 0005(제도 통칙)과 KS F 1001(토목 제도 통칙)에 따라 작성한다.

⑧ 도면 하단의 표제란의 형식은 발주청과 협의하여 결정한다.

⑨ 주요 설계계수가 가정 값인 경우 현장시공에 앞서 확인이 필요하면 도면 주석란에 이러한 사실을 명시해야 한다.

⑩ 모든 도면은 CAD 시스템을 이용하여 작성하는 것을 원칙으로 한다.

⑪ 설계도면에 작성되는 단위는 C.G.S를 원칙으로 하며, 특수 단위가 필요할 때는 발주청과 협의한 후 사용한다.

⑫ 도면의 맨 앞에는 전체 도면의 목록을 작성한다.

(6) 공사시방서

① 공사시방서, 해당공사일반시방서, 특별시방서, 단가설명서 등을 공사계약문서의 일부분으로 시설물 또는 구조물의 품질, 기준, 구조, 재료 등과 시공절차, 방법, 기타 시공 및 유지관리에 필요한 요구사항 등을 규정한 것으로, 해당 표준시방서 및 전문시방서 관련법규 등을 근간으로 발주청 및 설계자의 설계의도가 정확히 반영될 수 있도록 한다.

② 공사시방서는 다음과 같은 사항을 포함하며 국토해양부 발행 건설 공사시방서 작성기준을 참고하여 작성한다.

ⓐ 적용범위, 용어의 정의, 설계도서의 적용 우선순위, 설계도서 검사 의무 등에 관한 상세사항

(b) 해당 건설공사 표준시방서 및 전문시방서, 관련 법규 및 지침 제 기준의 명칭
(c) 계약문서의 계약조건 이외의 필요한 계약조건에 관한 사항
(d) 관련 법규에 따른 요구사항 및 조건에 관한 상세사상
(e) 수급인이 작성해야 할 시공 상세도 목록
(f) 수급인이 제출한 각종 보고서 및 서류 등에 관한 보고서 및 서류 등에 관한 방법, 시기 및 절차 등에 대한 세부사항
(g) 발주청과 수급인 사이의 책임범위 및 한계
(h) 공사관리, 공정관리, 품질관리, 안전거리, 환경관리 등에 대한 상세사항
(i) 주요 공종별 시공방법 및 절차, 시험방법, 허용오차, 사용자재, 사용장비, 소요인원 등에 대한 상세한 규정
(j) 공사전반에 관한 주의 사항 및 절차
(k) 기타 주요공사 사항

③ 공사시방서 작성시 유의 사항
(a) 공사시방서는 전문용어를 사용하고, 정확하고 완전하며 간단명료하게 작성하여 해석에 이견이 없도록 한다.
(b) 계약상 필요한 모든 사항이 포함되도록 작성한다.
(c) 표준 양식을 작성하도록 하고, 되도록 작성형식의 일관성을 유지한다.
(d) 공법 및 공종에 맞는 자재, 장비, 인원을 선정한다.
(e) 공종 전반에 대해 기술하며, 목차는 가능한 한 공사 순서대로 작성한다.
(f) 현실적으로 가능한 방법 및 내용으로 작성한다.
(g) 공사기성에 관련된 사항을 이해가 명확하도록 한다.
(h) 발주청의 의도를 정확히 파악하고, 발주청의 감독, 수급인, 감리자 등이 직면할 수 있는 어려움을 감안하여 신중히 작성한다.
(i) 정확한 문법을 준수하고 오자, 오기 등이 없도록 작성한다.

④ 단가설명서
단가 구성내역과 범위를 확정하고 완전하며 간단명료하게 작성하여 해석에 이견이 없도록 한다.

(7) 용지도 및 용지 조서의 작성

① 용지도는 지적기사 자격소지자가 용지도 작성 및 확인, 날인하여야 하며, 용지도상에는 도로부지경계선 및 중심선을 표시하고, 행정구역, 지번, 지목, 축척 등을 기입하고, 중요물건(가옥, 분묘, 전주, 지하매설물)을 표시한다.

② 용지조서에는 지번, 지적, 지목, 소유자의 주소, 성명이 표시되어야 하며, 지적에는 당초 지적과 계획도로의 분할된 지적을 구분하여 작성한다.
③ 소유권 이외의 권리(저당권, 지상권, 지역권 등)가 설정되어 있거나 예고등기, 가등기 등이 설정되어 있는 경우는 그 내용을 기입하고 공유물일 경우는 공유지분을 기입한다.
④ 지적도 상의 토지 중 등기가 되어 있지 않거나, 토지대장에도 미등록된 토지는 소유자란에 별도 기재한다.
⑤ 용지조서 작성에 사용한 지적도, 임야도, 토지대장, 등기부등본 등은 성과품 납품시에 함께 제출한다.

(8) 보상대상 및 지장물조서의 작성

과업용지내 보상대상 물건 및 지장물은 종류별로 상세하게 조사 기입한다.

4) 도로설계도면의 일반사항

(1) 평면도의 기재 사항

① 지형·지물·행정구역명
② 기준점의 번호, 위치 및 높이
③ 좌표선 또는 방위
④ 도로중심선 및 측점번호
⑤ 도로계획선형에 필요한 요소
⑥ 도로부대시설물(옹벽, 암거 배수 등)의 표시 등

(2) 측점번호(STAT. No.)와 도로계획선형 요소의 기입

① 측점번호(station No.)는 20 m, 50 m, 100 m 등 일정한 간격(chain)의 일련번호로 하고 특수한 지점에 +(plus) chain을 설치하고 또 계획선 변경 등에 의한 간격이 일정하지 않은 측점이 있는 broken chain의 측점번호로 표시하는 경우도 있다.
② 도로계획선의 평면 선형요소를 표시하는 기호를 사용해서 내용을 기재한다.
(a) B.C(beginning of curve) : 원곡선 시점
(b) E.C(end of curve) : 원곡선 종점
(c) I.P(intersection point) : 교회점(접선의 교점)
(d) R(radius of curve) : 곡선의 반경(곡률 반경)

(e) T.L(tangent length) : 접선의 길이(접선장), T로 표시하기도 함.
(f) E(external secant) : 곡선의 외선거리(외선장)
(g) C.L(curve length) : 곡선의 길이(곡선장)
(h) I(intersecting angle) : 교각, I.A로 표시하기도 함.
(i) B.T.C(beginning of transition curve) : 완화곡선 시점
(j) E.T.C(end of transition curve) : 완화곡선 종점
(k) V.C(vertical curve) : 종단곡선(구간)
(l) S.P(secant point) : 곡선 중점

(3) 종단면도 기재 사항

① 현지반선(G.L)과 도로계획선(F.L), 측점과 거리(추가 거리 포함) 등
② 기준 높이표(elevation)
③ 교차되는 하천, 도로, 철도, 하수도, 지하매설물 등
④ 도로 계획의 종단선형 요소 및 편경사
⑤ 신설되는 도로 구조물
⑥ 도로계획고의 구배 및 도로 토공에 따른 절토고 및 성토고

(4) 횡단면도 기재 사항

횡단면도는 각 측점에서 도로중심선에 직각인 단면을 측점 진행방향으로 본 단면을 표시하며, 같은 측점에서 전·후의 2개 단면이 있을 수도 있다.
① 측점번호, 계획선(F.L), 편구배 등
② 도로중심선과 지반고(G.L)
③ 도로 토공에 관한 요소(절토, 성토, 떼, 포장재료 등)
④ 토공 재료의 구분

5) 도로공사 물량 산출(도로 토공)

도면 2-5-1, 2-5-2, 2-5-3에서 도로 토공량을 산출하기 위해서 각 측점별로 횡단면도의 면적을 산출하여 절토, 성토 등으로 구분하고 토공으로 더 필요한 사항(줄떼, 평떼 또는 잔토 처리 등)을 산출하는 경우도 있다. 이 때 면적 산출은 구적기나 삼사법을 사용하면 편리하고, 체적 계산은 평균 거리법이나 평균 단면법을 이용한 토적표로 정리할 수 있다.

(1) 평균 거리법에 의한 토적표(표 2-5-4)

도면 2-5-3에서 토공 면적을 각 측점별로 구하고 또 성토부에는 줄떼를, 절토부에는 평떼를 길이로 계산하였다. 먼저 측점별로 성토, 절토, 줄떼, 평떼를 정리하고 각 측점간 의평균거리를 구한다. 그리고 성토, 절토에서는 각 단면적과 곱하여 체적을 계산하고, 줄떼, 평떼는 각 길이를 곱해서 면적을 산출한다.

표 2-5-4 ● 평균 거리법에 의한 토적표

측 정	거리 [m]	평균 거리	성 토		절 토		줄 떼		평 떼	
			단면적 [m²]	입적 [m³]	단면적 [m²]	입적 [m³]	길이 [m]	면적 [m²]	길이 [m]	면적 [m²]
No. 0	0.00	10.00	5.60	56.00			2.40	24.00		
No. 1	20.00	20.00	3.48	69.60			2.00	40.00		
No. 2	20.00	20.00	0.80	16.00			1.20	24.00		
No. 3	20.00	20.00	0.98	19.60	1.12	22.40	1.40	28.00	1.00	20.00
No. 4	20.00	17.75			5.70	101.18			2.00	35.50
No. 4+15.50	15.50	10.00			9.54	95.40			3.00	30.00
No. 5	4.50	12.25			13.13	160.84			3.00	36.75
No. 6	20.00	20.00			16.15	323.00			4.00	80.00
No. 7	20.00	20.00	4.75	95.00	0.80	16.00	2.00	40.00	0.40	8.00
No. 8	20.00	16.55	23.92	395.87			7.80	129.09		
No. 8+13.10	13.10	10.00	55.23	552.30			14.60	146.00		
No. 9	6.90	10.00	0.00	0.00						
No. 9+13.10	13.10	10.00	56.96	569.60			15.20	152.00		
No. 10	6.90	13.45	24.55	330.20			8.00	107.60		
No. 11	20.00	20.00			5.82	116.40			2.00	40.00
No. 12	20.00	15.45			13.65	210.89			4.00	61.80
No. 12+10.90	10.90	10.00			15.70	157.00			4.60	46.00
No. 13	9.10	14.55			14.03	204.14			4.40	64.02
No. 14	20.00	17.74			10.40	184.50			3.00	53.22
No. 14+15.48	15.48	10.00			8.06	80.60			2.00	20.00
No. 15	4.52	2.26			7.17	16.20			2.00	4.52
합 계	300.00	300.00	2,104.17 m³		1,688.55 m³		690.69 m²		499.81 m²	

(2) 평균 단면법에 의한 토적표(표 2-5-5)

횡단면도에서 구한 성토와 절토의 면적과 줄떼와 평떼의 길이를 각 측점별로 정리하고 성토의 각 단면간에 평균 단면적을 산출하여 측점간의 거리를 곱해서 체적을 계산한다. 절토도 마찬가지로 계산한다. 또 줄떼나 평떼도 각 측점간의 길이를 평균한 평균길이를 산출하여 측점간의 거리를 곱해서 면적을 산출한다.

이상과 같은 두 가지 방법이 똑같은 양을 보이고 있어, 이 두 가지 방법 중 편리한 것을 이용하면 된다.

표 2-5-5 ● 평균 단면법에 의한 토적표

측 정	거리 [m]	성 토			절 토			줄 떼			평 떼		
		단 면적	평균 단면적	입적 $[m^3]$	단 면적	평균 단면적	입적 $[m^3]$	길이	평균 길이	면적	길이	평균 길이	면적
No. 0	0.00	5.60	2.80	0.00				2.40	1.20	0.00			
No. 1	20.00	3.48	4.54	90.80				2.00	2.20	44.00			
No. 2	20.00	0.80	2.14	42.80				1.20	1.60	32.00			
No. 3	20.00	0.98	0.89	17.80	1.12	0.56	11.20	1.40	1.30	26.00	1.00	0.50	10.00
No. 4	20.00	0.00	0.49	9.80	5.70	3.41	68.20		0.70	14.00	2.00	1.50	30.00
No. 4+15.50	15.50				9.54	7.62	118.11				3.00	2.50	38.75
No. 5	4.50				13.13	11.34	51.01				3.00	3.00	13.50
No. 6	20.00				16.15	14.64	292.80				4.00	3.50	70.00
No. 7	20.00	4.75	2.38	47.50	0.80	8.48	169.50	2.00	1.00	20.00	0.40	2.20	44.00
No. 8	20.00	23.92	14.34	286.70	0.00	0.40	8.00	7.80	4.90	98.00		0.20	4.00
No. 8+13.10	13.10	55.23	39.58	518.43				14.60	11.20	146.72			
No. 9	6.90	0.00	27.62	190.54				0.00	7.30	50.37			
No. 9+13.10	13.10	56.96	28.48	373.09				15.20	7.60	99.56			
No. 10	6.90	24.55	40.76	281.21				8.00	11.60	80.04			
No. 11	20.00	0.00	12.28	245.50	5.82	2.91	58.20		4.00	80.00	2.00	1.00	20.00
No. 12	20.00				13.65	9.74	194.70				4.00	3.00	60.00
No. 12+10.90	10.90				15.70	14.68	159.96				4.60	4.30	46.87
No. 13	9.10				14.03	14.87	135.27				4.40	4.50	40.95
No. 14	20.00				10.40	12.22	244.30				3.00	3.70	74.00
No. 14+15.48	15.48				8.06	9.23	142.88				2.00	2.50	38.70
No. 15	4.52				7.17	7.62	34.42				2.00	2.00	9.04
합 계	300.00	2,104.17 m^3			1,688.55 m^3			690.69 m^2			499.81 m^2		

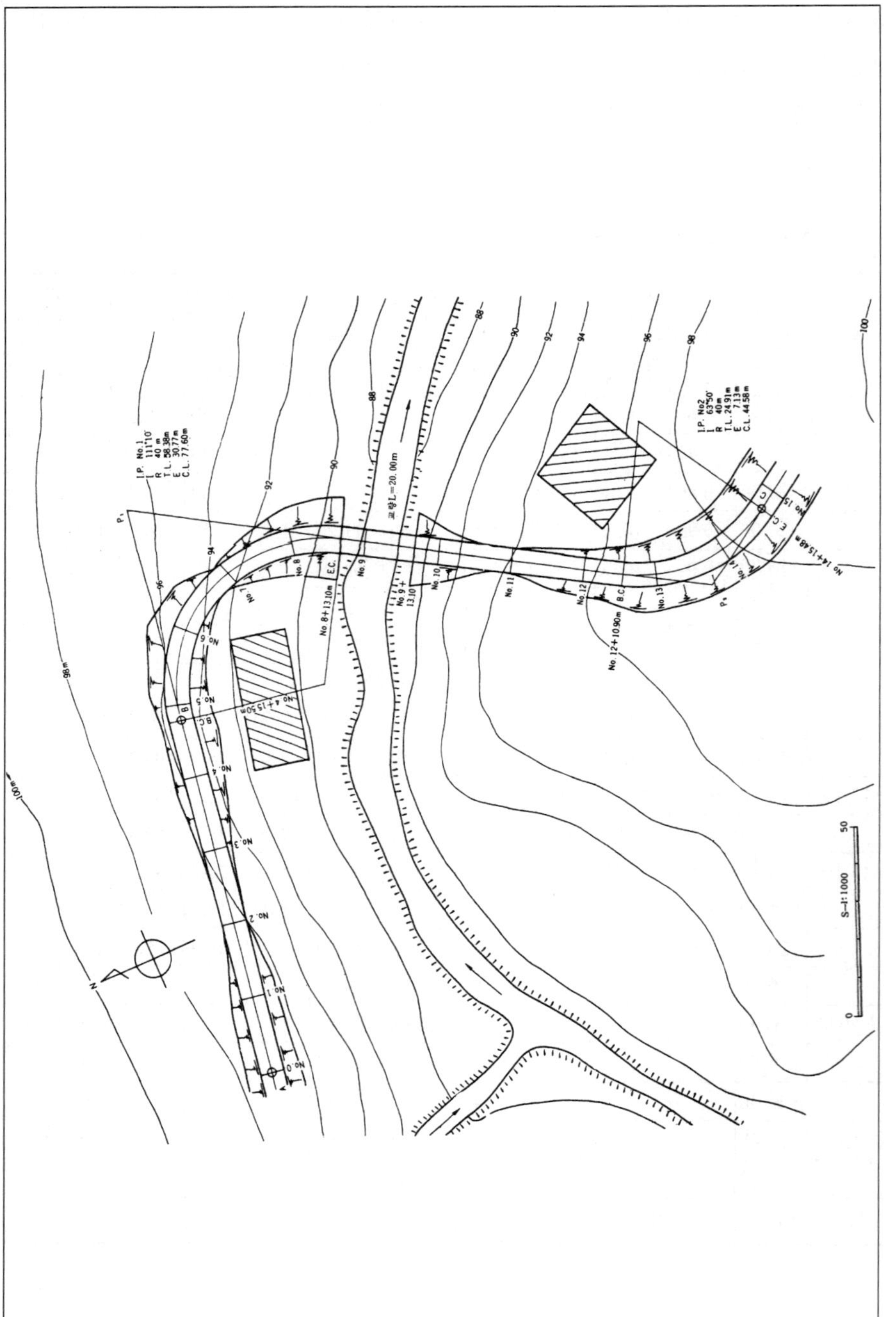

도면 2-5-1 도로 설계도-1(평면도)

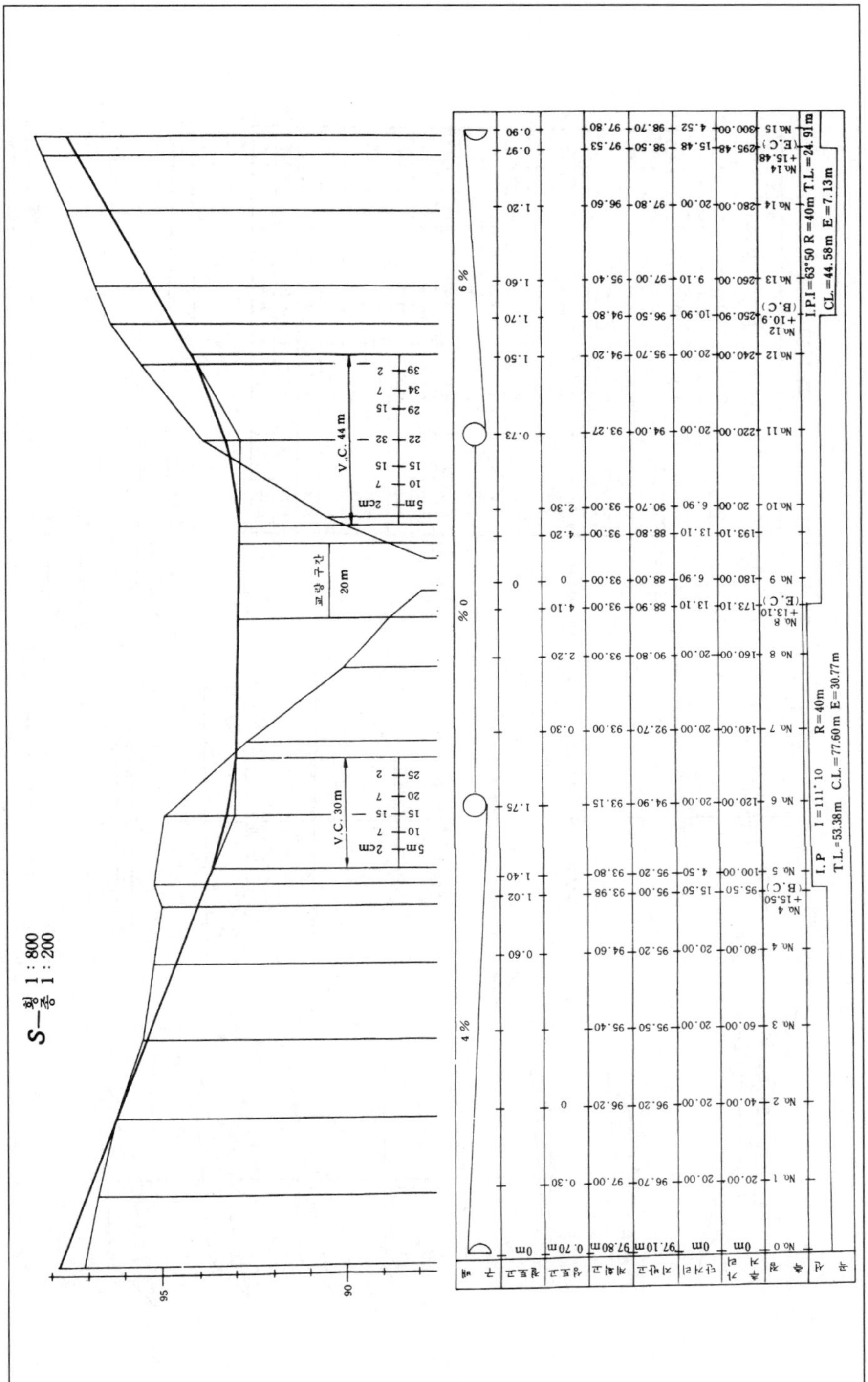

도면 2-5-2 도로 설계도-2(종단도)

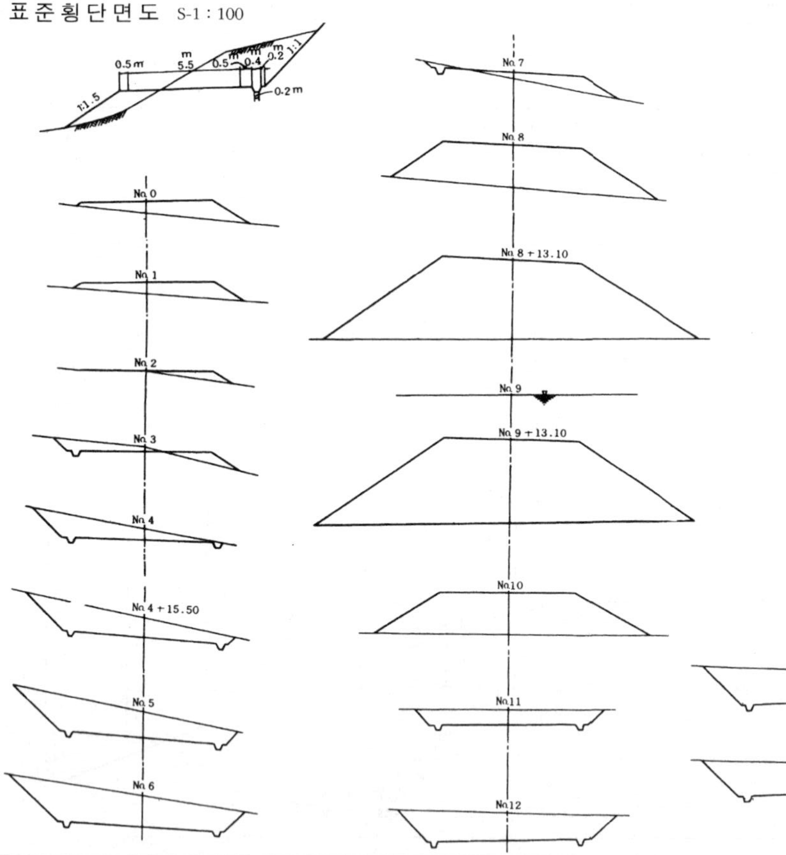

측점별 자료표

측 점	지반고(m)	계획고(m)	단면적 (m²)	
			성 토	절 토
No. 0	97.10	97.80	5.60	0
No. 1	96.70	97.00	3.48	0
No. 2	96.20	96.20	0.80	0
No. 3	95.50	95.40	0.98	1.12
No. 4	95.20	94.60	0	5.70
No. 4 + 15.50	95.00	93.98	0	9.54
No. 5	95.20	93.80	0	13.13
No. 6	94.90	93.15	0	16.15
No. 7	92.70	93.00	4.75	0.80
No. 8	90.80	93.00	23.92	0
No. 8 + 13.10	88.90	93.00	55.23	0
No. 9	88.00	93.00	0	0
No. 9 + 13.10	88.80	93.00	56.96	0
No.10	90.70	93.00	24.55	0
No.11	94.00	93.27	0	5.82
No.12	95.70	94.20	0	13.65
No.12+ 10.90	96.50	94.80	0	15.70
No.13	97.00	95.40	0	14.03
No.14	97.80	96.60	0	10.40
No.14+ 15.48	98.50	97.53	0	8.06
No.15	98.70	97.80	0	7.17

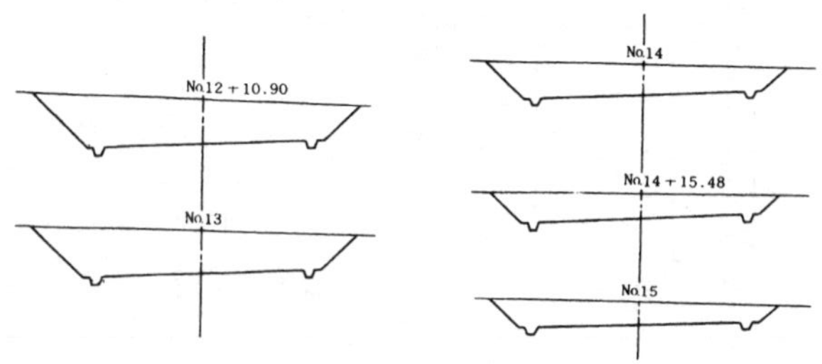

도면 2-5-3 도로 설계도-3(횡단도)

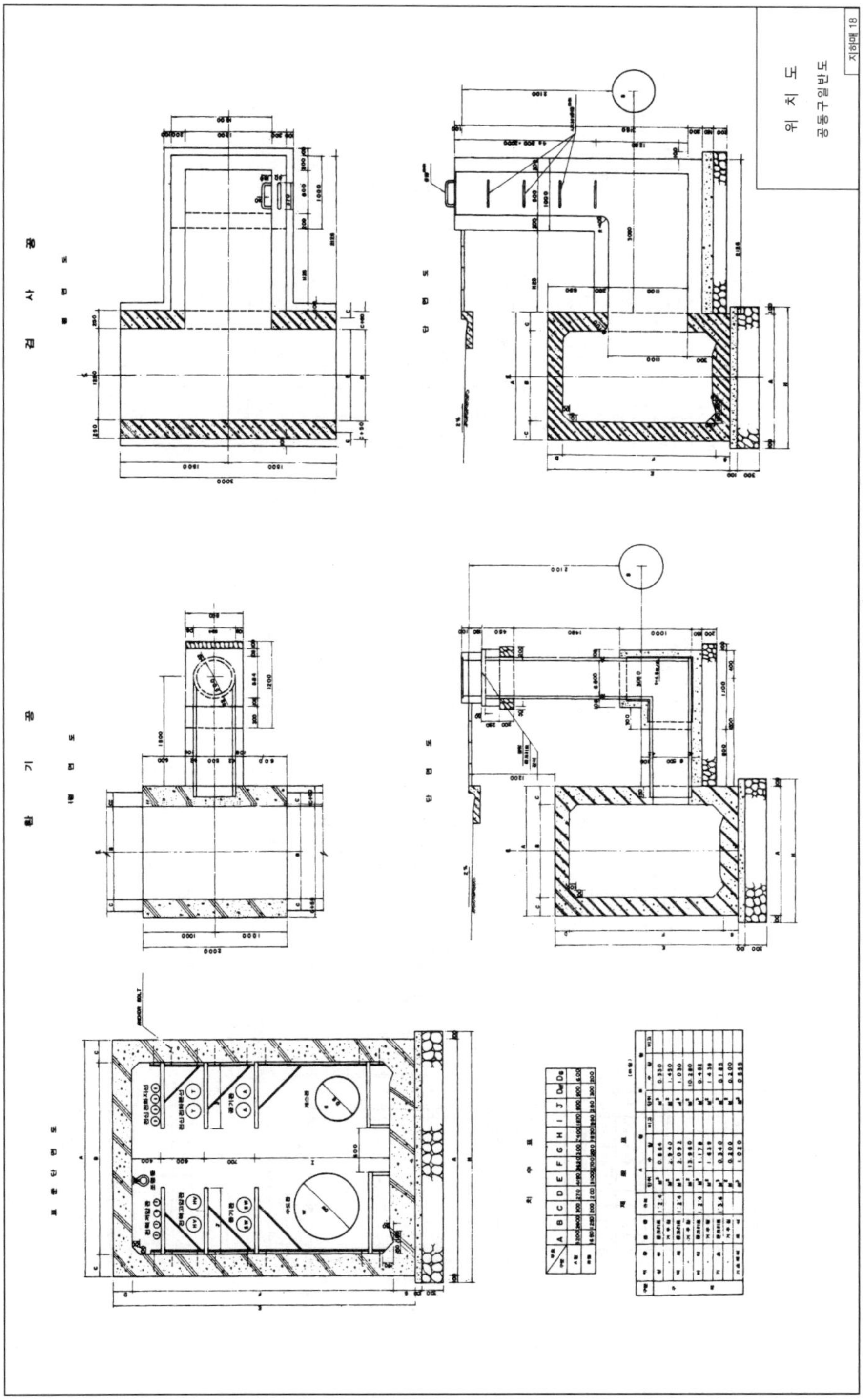

도면 2-5-4 공동구 일반도

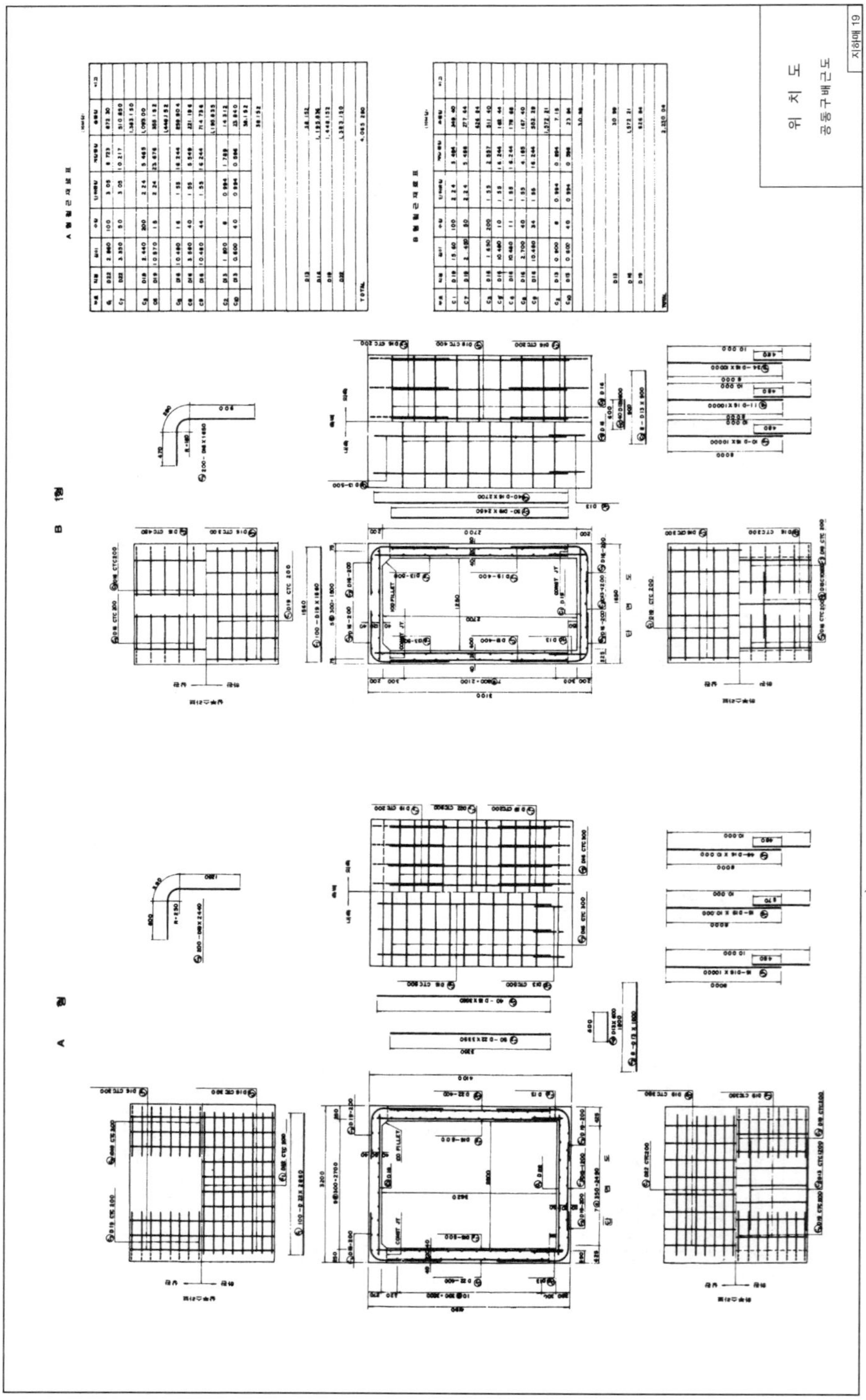

도면 2-5-5 공동구 배근도

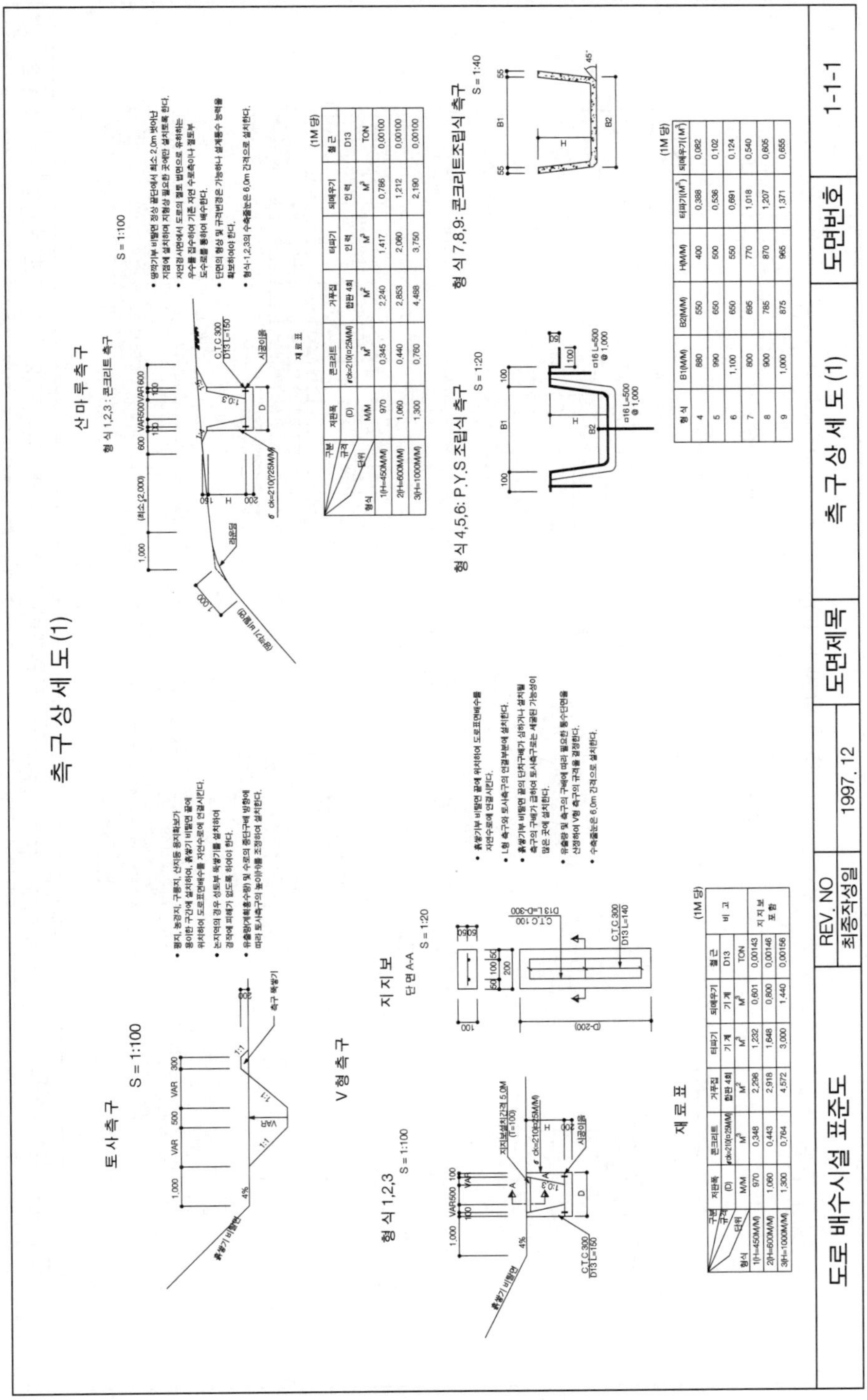

도면 2-5-6 측구상세도(1)

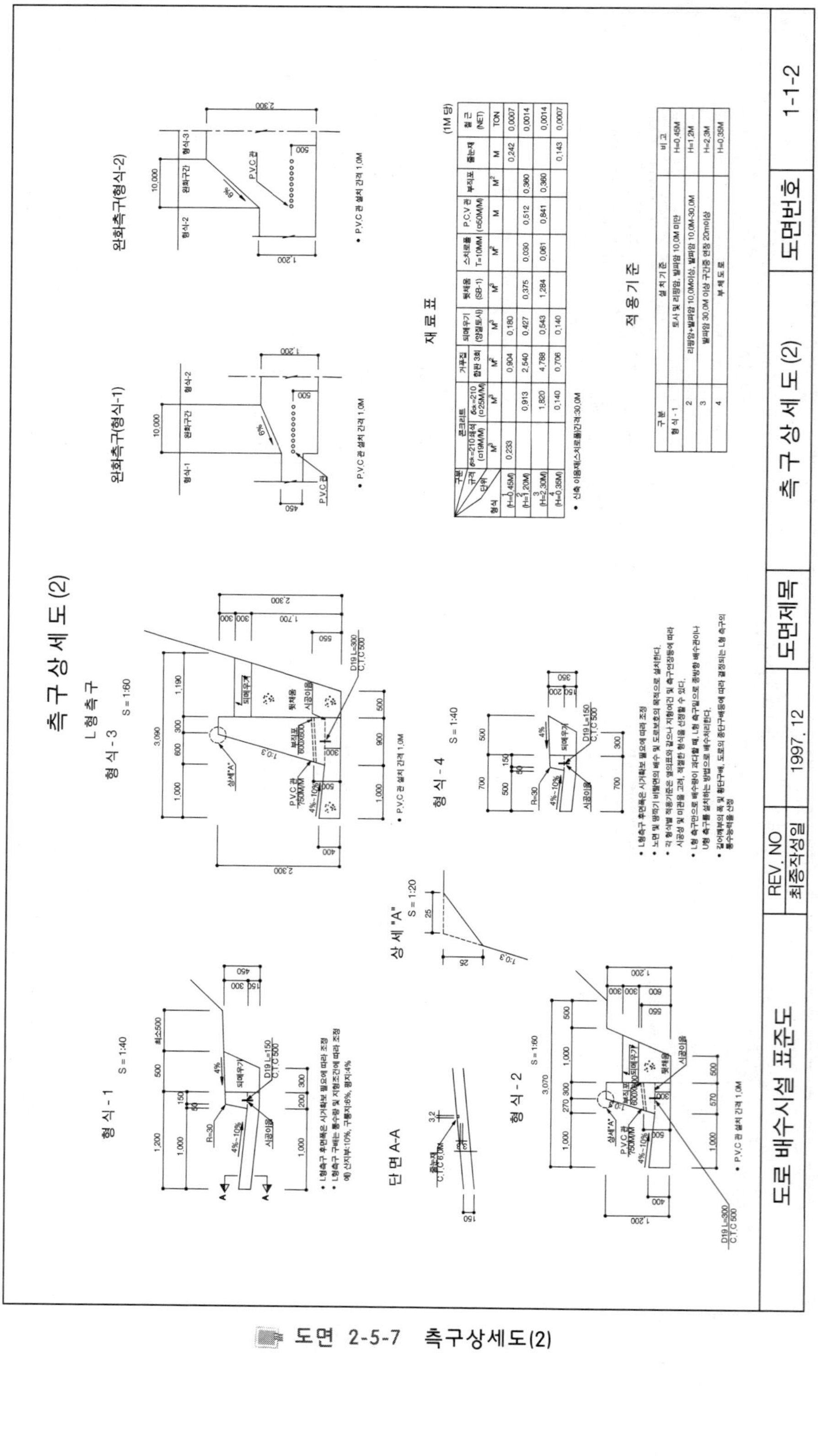

도면 2-5-7 측구상세도(2)

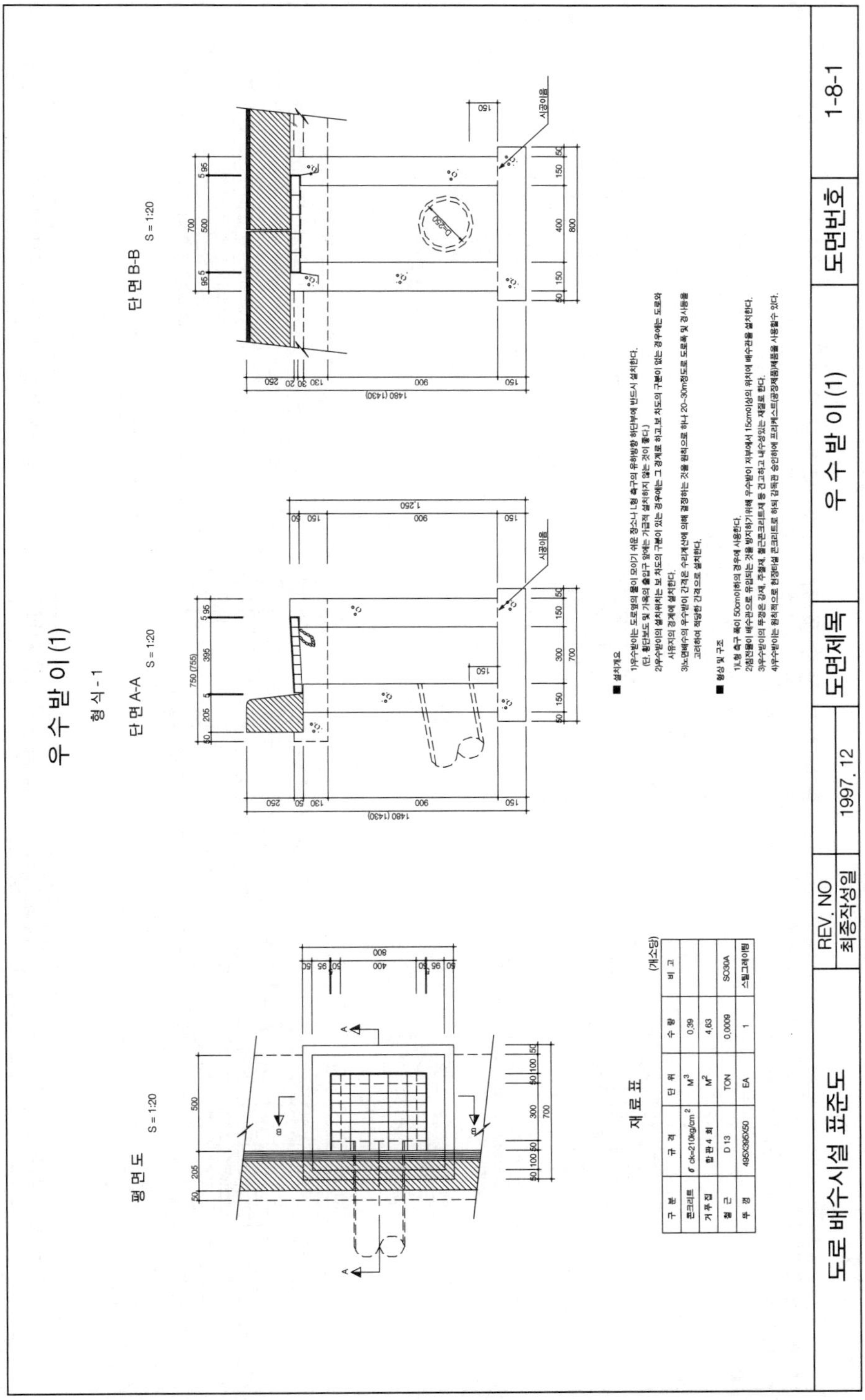

우 수 받 이 (1)
형 식 - 1
평 면 도 S = 1:20
단 면 A-A S = 1:20
단 면 B-B S = 1:20
시공이음
재 료 표
(개소당)
구 분 | 규 격 | 단 위 | 수 량 | 비 고
콘크리트 | σ ck=210kg/cm 2 | M3 | 0,39 |
거푸집 | 합판 4 회 | M2 | 4,63 |
철 근 | D 13 | TON | 0,0009 | SO30A
뚜 껑 | 495X395X50 | EA | 1 | 스틸그레이팅
■ 설치개요
1)우수받이는 도로옆의 물이 모이기 쉬운 장소나 L형 측구의 유하방향 하단부에 반드시 설치한다.
(단, 횡단보도 및 가옥의 출입구 앞에는 가급적 설치하지 않는 것이 좋다.)
2)우수받이의 설치위치는 보 차도의 구분이 있는 경우에는 그 경계로 하고,보 차도의 구분이 없는 경우에는 도로와 사유지의 경계에 설치한다.
3)노면배수의 우수받이 간격은 수리계산에 의해 결정하는 것을 원칙으로 하나 20~30m정도로 도로폭 및 경사등을 고려하여 적당한 간격으로 설치한다.
■ 형상 및 구조
1)L형 측구 폭이 50cm이하의 경우에 사용한다.
2)침전물이 배수관으로 유입되는 것을 방지하기위해 우수받이 저부에서 15cm이상의 위치에 배수관을 설치한다.
3)우수받이의 뚜껑은 강재, 주철재, 철근콘크리트재 등 견고하고 내수성있는 재질로 한다.
4)우수받이는 원칙적으로 현장타설 콘크리트로 하되 감독관 승인하에 프리케스트(공장제품)제품을 사용할수 있다.
도로 배수시설 표준도
REV. NO
최종작성일 1997. 12
도면제목 우 수 받 이 (1)
도면번호 1-8-1

도면 2-5-8 우수받이(1)

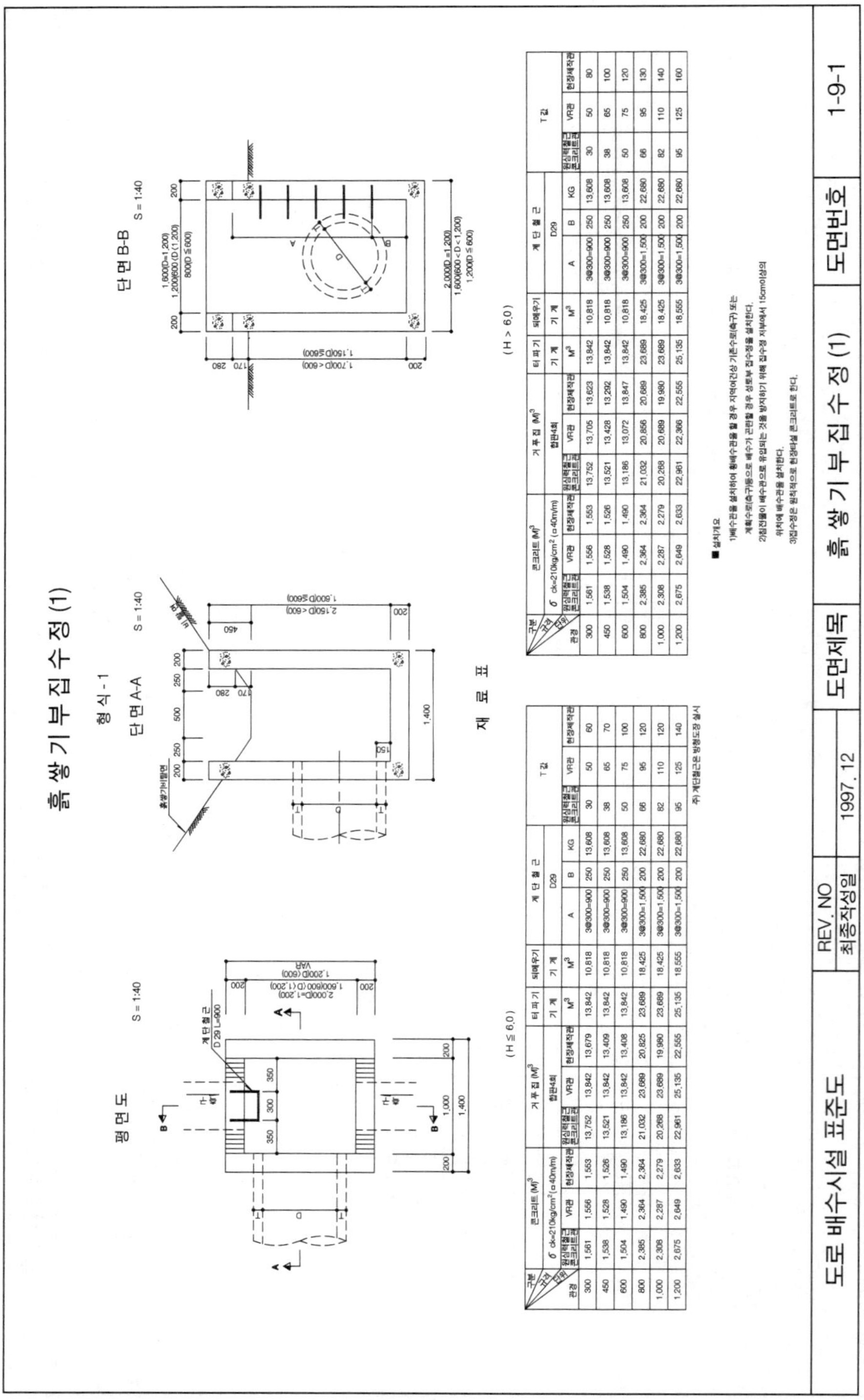

도면 2-5-9 흙쌓기부집수정(1)

땅 깎 기 부 집 수 정 (1)

형식 - 1

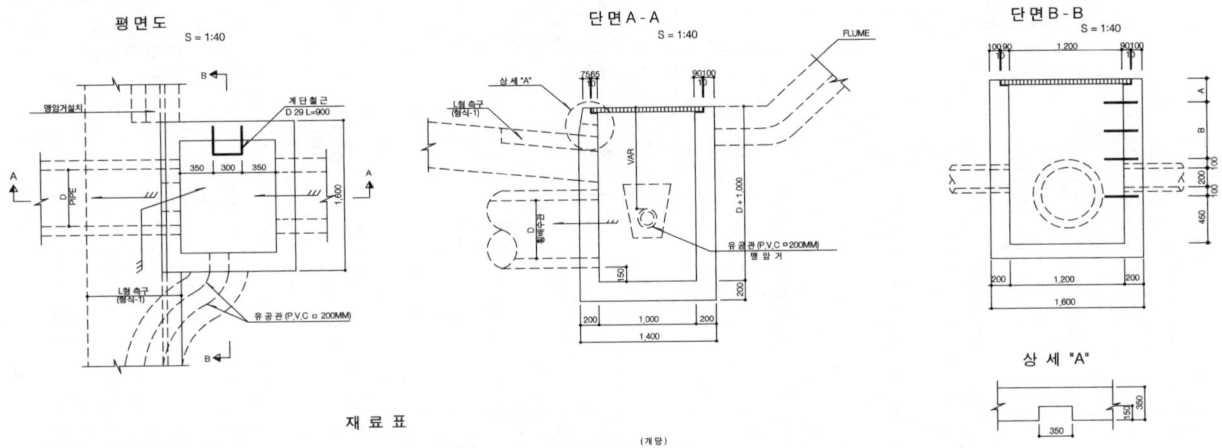

재 료 표

(개 당)

구 분			흄 관			VR 관			현장제작관		
공 종	규 격	단 위	ㅁ 800	ㅁ 1,000	ㅁ 1,200	ㅁ 800	ㅁ 1,000	ㅁ 1,200	ㅁ 800	ㅁ 1,000	ㅁ 1,200
콘크리트	σck=210kg/cm² (ㅁ40m/m)	M^3	2,182	2,528	2,891	2,165	2,507	2,864	2,162	2,499	2,937
거 푸 집	합판 4회	M^2	19,163	19,163	25,292	18,988	21,929	25,025	18,956	21,852	24,886
터 파 기	기 계	M^3	13,704	13,704	19,323	18,988	21,929	25,025	13,704	16,402	19,323
되메우기	기 계	M^3	4,140	4,140	6,156	4,140	5,100	6,156	4,140	5,100	6,156
GRATING COVER	1155X1380 X50	EA	1	1	1	1	1	1	1	1	1
계 단 철 근	D29=900	A	350	350	350	350	550	450	350	550	450
		B	3@300=900	3@300=900	4@300=1,200	3@300=900	3@300=900	4@300=1,200	3@300=900	3@300=900	4@300=1,200
		중량(KG)	22,680	22,680	27,216	22,680	22,680	27,216	22,680	22,680	27,216

▧설치개요

1) 절토부에 땅깍기부 도수로가 설치된 경우 L형측구 우측에 집수정을 설치하여 횡배수관을 통해 배수처리 한다.
2) 맹암거를 설치하여 배수를 할때 맹암거의 연장이 길경우 설치한다.
3) 설치 간격은 원칙적으로 수리계산에 의해 결정하나 일반적으로 청소등의 편의를 위해 50m간격으로 설치할수 있다.
4) 특히 종단부의 최(└┘)부에는 반드시 설치한다.
5) 침전물이 배수관으로 유입되는 것을 방지하기 위해 집수정 저부에는 15cm 이상의 위치에 배수관을 설치한다.

▧사용기준

1) 종단 기울기가 완만한 평지부 적용.
2) 맹암거 및 도수로를 통해 외부에서 유입되는물 배수시 적용.

도로 배수시설 표준도	REV. NO		도면제목	땅 깎 기 부 집 수 정 (1)	도면번호	1-10-1
	최종작성일	1997. 12				

도면 2-5-10 땅깎기부집수정(1)

암 거 집 수 정 (1)

형 식 - 1

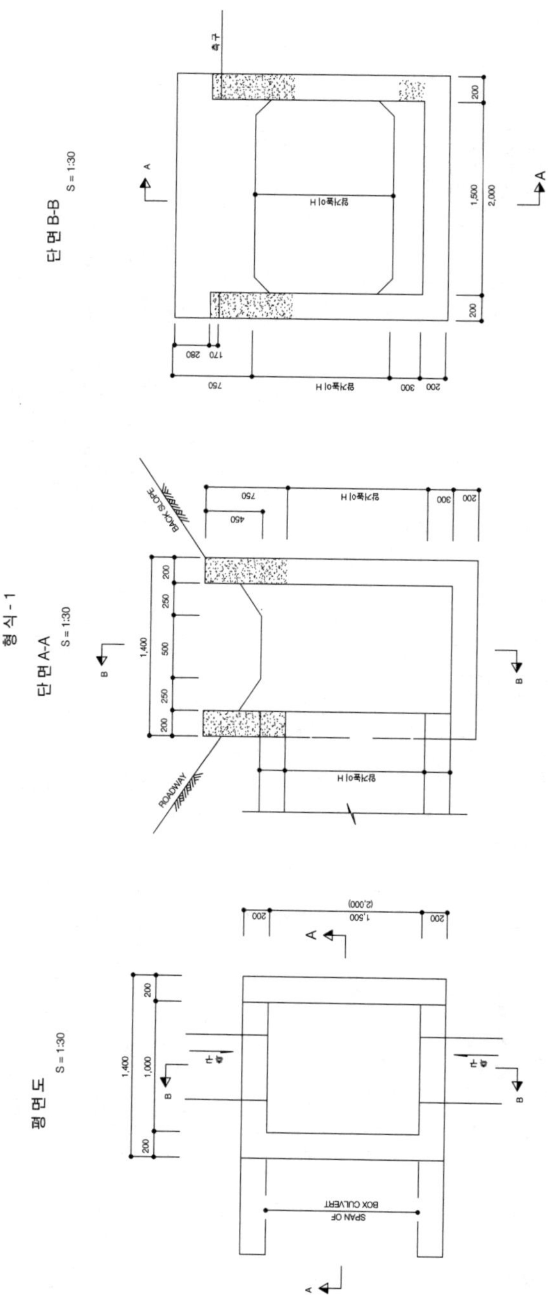

(암거 BOX 1.5　1.5와 연결시)

콘크리트(M³)	거푸집(M²)	터 파 기	되메우기	계 단 철 근		
ck=210/(40m/m)	합판4회	기 계	기 계	D29		
M³	M²	M³	M³	A	B	KG
2,886	25,911	21,107	7,315	6@300=1,800	470	27,216

(암거 BOX 2.0　2.0와 연결시)

콘크리트(M³)	거푸집(M²)	터 파 기	되메우기	계 단 철 근		
ck=210/(40m/m)	합판4회	기 계	기 계	D29		
M³	M²	M³	M³	A	B	KG
3,866	34,511	29,804	18,884	8@300=2,400	370	36,288

■ 설치개요

1) 수로BOX와 측구의 계획고단차가 발생한경우 외부유입물을 배수하기 위해 설치한다.

2) 집수정의 저부에는 침전물이 수로BOX로 유입되는것을 방지하기위해15cm이상의 이토실(침사지)를 반드시 둔다.

3) 집수정은 원칙적으로 현장타설 콘크리트로 한다.

도로 배수시설 표준도	REV. NO		도면제목	암 거 집 수 정 (1)	도면번호	1-14-1
	최종작성일	1997. 12				

도면 2-5-11 암거집수정(1)

PART

3

부 록

1 미국 표준 제도 약어표

American National Standard Abbreviations for Use on Drawings (From ANSI)

Term	Abbreviation
Absolute	ABS
Accelerate	ACCEL
Accessory	ACCESS.
Account	ACCT
Accumulate	ACCUM
Actual	ACT.
Adapter	ADPT
Addendum	ADD.
Addition	ADD.
Adjust	ADJ
Advance	ADV
After	AFT.
Aggregate	AGGR
Air Condition	AIR COND
Airplane	APL
Allowance	ALLOW
Alloy	ALY
Alteration	ALT
Alternate	ALT
Alternating Current	AC
Altitude	ALT
Aluminum	AL
American National Standard	AMER NATL STD
American Wire Gage	AWG
Amount	AMT
Ampere	AMP
Amplifier	AMPL
Anneal	ANL
Antenna	ANT.
Apartment	APT.
Apparatus	APP
Appendix	APPX
Approved	APPD
Approximate	APPROX
Arc Weld	ARC/W
Area	A
Armature	ARM.
Armor Plate	ARM-PL
Army Navy	AN
Arrange	ARR.
Artificial	ART.
Asbestos	ASB
Asphalt	ASPH
Assemble	ASSEM
Assembly	ASSY
Assistant	ASST
Associate	ASSOC
Association	ASSN
Atomic	AT
Audible	AUD
Audio Frequency	AF
Authorized	AUTH
Automatic	AUTO
Auto-Transformer	AUTO TR
Auxiliary	AUX
Avenue	AVE
Average	AVG
Aviation	AVI
Azimuth	AZ
Babbitt	BAB
Back Feed	BF
Back Pressure	BP
Back to Back	B to B
Backface	BF
Balance	BAL
Ball Bearing	BB
Barometer	BAR
Base Line	BL
Base Plate	BP
Bearing	BRG
Bench Mark	BM
Bending Moment	BM
Bent	BT
Bessemer	BESS
Between	BET.
Between Centers	BC
Between Perpendiculars	BP
Bevel	BEV
Bill of Material	B/M
Birmingham Wire Gage	BWG
Blank	BLK
Block	BLK
Blueprint	BP
Board	BD
Boiler	BLR
Boiler Feed	BF
Boiler Horsepower	BHP
Boiling Point	BP
Bolt Circle	BC
Both Faces	BF
Both Sides	BS
Both Ways	BW
Bottom	BOT
Bottom Chord	BC
Bottom Face	BF
Bracket	BRKT
Brake	BK

Brake Horsepower	BHP	Channel	CHAN	Counterdrill	CDRILL
Brass	BRS	Check	CHK	Counterpunch	CPUNCH
Brazing	BRZG	Check Valve	CV	Countersink	CSK
Break	BRK	Chord	CHD	Coupling	CPLG
Brinell Hardness	BH	Circle	CIR	Cover	COV
British Standard	BR STD	Circular	CIR	Cross Section	XSECT
British Thermal Units	BTU	Circular Pitch	CP	Cubic	CU
Broach	BRO	Circumference	CIRC	Cubic Foot	CU FT
Bronze	BRZ	Clear	CLR	Cubic Inch	CU IN.
Brown & Sharpe	B&S	Clearance	CL	Current	CUR
(Wire Gage, same as AWG)		Clockwise	CW	Customer	CUST
Building	BLDG	Coated	CTD	Cyanide	CYN
Bulkhead	BHD	Cold Drawn	CD		
Burnish	BNH	Cold Drawn Steel	CDS	Decimal	DEC
Bushing	BUSH.	Cold Finish	CF	Dedendum	DED
Button	BUT.	Cold Punched	CP	Deflect	DEFL
		Cold Rolled	CR	Degree	(°)DEG
Cabinet	CAB.	Cold Rolled Steel	CRS	Density	D
Calculate	CALC	Combination	COMB.	Department	DEPT
Calibrate	CAL	Combustion	COMB	Design	DSGN
Cap Screw	CAP SCR	Commercial	COML	Detail	DET
Capacity	CAP	Company	CC	Develop	DEV
Carburetor	CARB	Complete	COMPL	Diagonal	DIAG
Carburize	CARB	Compress	COMP	Diagram	DIAG
Carriage	CRG	Concentric	CONC	Diameter	DIA
Case Harden	CH	Concrete	CONC	Diametral Pitch	DP
Cast Iron	CI	Condition	COND	Dimension	DIM.
Cast Steel	CS	Connect	CONN	Discharge	DISCH
Casting	CSTG	Constant	CONST	Distance	DIST
Castle Nut	CAS NUT	Construction	CONST	Division	DIV
Catalogue	CAT.	Contact	CONT	Double	DBL
Cement	CEM	Continue	CONT	Dovetail	DVTL
Center	CTR	Corner	COR	Dowel	DWL
Center Line	CL	Corporation	CORP	Down	DN
Center of Gravity	CG	Correct	CORR	Dozen	DOZ
Center of Pressure	CP	Corrugate	CORR	Drafting	DFTG
Center to Center	C to C	Cotter	COT	Draftsman	DFTSMN
Centering	CTR	Counter	CTR	Drawing	DWG
Chamfer	CHAM	Counter Clockwise	CCW	Drill or Drill Rod	DR
Change	CHG	Counterbore	CBORE	Drive	DR

Drive Fit	DF	Fillister	FIL	Harden	HDN
Drop	D	Finish	FIN.	Hardware	HDW
Drop Forge	DF	Finish All Over	FAO	Head	HD
Duplicate	DUP	Flange	FLG	Headless	HDLS
		Flat	F	Heat	HT
Each	EA	Flat Head	FH	Heat Treat	HT TR
East	E	Floor	FL	Heavy	HVY
Eccentric	ECC	Fluid	FL	Hexagon	HEX
Effective	EFF	Focus	FOC	High-Pressure	HP
Elbow	ELL	Foot	(′)FT	High-Speed	HS
Electric	ELEC	Force	F	Horizontal	HOR
Elementary	ELEM	Forged Steel	FST	Horsepower	HP
Elevate	ELEV	Forging	FORG	Hot Rolled	HR
Elevation	EL	Forward	FWD	Hot Rolled Steel	HRS
Engine	ENG	Foundry	FDRY	Hour	HR
Engineer	ENGR	Frequency	FREQ	Housing	HSG
Engineering	ENGRG	Front	FR	Hydraulic	HYD
Entrance	ENT	Furnish	FURN		
Equal	EQ			Illustrate	ILLUS
Equation	EQ	Gage or Gauge	GA	Inboard	INBD
Equipment	EQUIP	Gallon	GAL	Inch	(")IN.
Equivalent	EQUIV	Galvanize	GALV	Inches Per Second	IPS
Estimate	EST	Galvanized Iron	GI	Inclosure	INCL
Exchange	EXCH	Galvanized Steel	GS	Include	INCL
Exhaust	EXH	Gasket	GSKT	Inside Diameter	ID
Existing	EXIST.	General	GEN	Instrument	INST
Exterior	EXT	Glass	GL	Interior	INT
Extra Heavy	X HVY	Government	GOVT	Internal	INT
Extra Strong	X STR	Governor	GOV	Intersect	INT
Extrude	EXTR	Grade	GR	Iron	I
		Graduation	GRAD	Irregular	IRREG
Fabricate	FAB	Graphite	GPH		
Face to Face	F to F	Grind	GRD	Joint	JT
Fahrenheit	F	Groove	GRV	Joint Army-Navy	JAN
Far Side	FS	Ground	GRD	Journal	JNL
Federal	FED.			Junction	JCT
Feed	FD	Half-Round	1/2RD		
Feet	(′)FT	Handle	HDL	Key	K
Figure	FIG.	Hanger	HGR	Keyseat	KST
Fillet	FIL	Hard	H	Keyway	KWY

Term	Abbreviation
Laboratory	LAB
Laminate	LAM
Lateral	LAT
Left	L
Left Hand	LH
Length	LG
Length Over All	LOA
Letter	LTR
Light	LT
Line	L
Locate	LOG
Logarithm	LOG.
Long	LG
Lubricate	LUB
Lumber	LBR
Machine	MACH
Machine Steel	MS
Maintenance	MAINT
Malleable	MALL
Malleable Iron	MI
Manual	MAN.
Manufacture	MFR
Manufactured	MFD
Manufacturing	MFG
Material	MATL
Maximum	MAX
Mechanical	MECH
Mechanism	MECH
Median	MED
Metal	MET.
Meter	M
Miles	MI
Miles Per Hour	MPH
Milimeter	MM
Minimum	MIN
Minute	(′)MIN
Miscellaneous	MISC
Month	MO
Morse Taper	MOR T
Motor	MOT
Mounted	MTD
Mounting	MTG
Multiple	MULT
Music Wire Gage	MWG
National	NATL
Natural	NAT
Near Face	NF
Near Side	NS
Negative	NEG
Neutral	NEUT
Nominal	NOM
Normal	NOR
North	N
Not To Scale	NTS
Number	NO.
Obsolete	OBS
Octagon	OCT
Office	OFF.
On Center	OC
Opposite	OPP
Optical	OPT
Original	ORIG
Outlet	OUT.
Outside Diameter	OD
Outside Face	OF
Outside Radius	OR
Overall	OA
Pack	PK
Packing	PKG
Page	P
Paragraph	PAR.
Part	PT
Patent	PAT.
Pattern	PATT
Permanent	PERM
Perpendicular	PERP
Piece	PC
Piece Mark	PC MK
Pint	PT
Pitch	P
Pitch Circle	PC
Pitch Diameter	PD
Plastic	PLSTC
Plate	PL
Plumbing	PLMB
Point	PT
Point of Curve	PC
Point of Intersection	PI
Point of Tangent	PT
Polish	POL
Position	POS
Potential	POT.
Pound	LB
Pounds per Square Inch	PSI
Power	PWR
Prefabricated	PREFAB
Preferred	PFD
Prepare	PREP
Pressure	PRESS.
Process	PROC
Production	PROD
Profile	PF
Propeller	PROP
Publication	PUB
Push Button	PB
Quadrant	QUAD
Quality	QUAL
Quarter	QTR
Radial	RAD
Radius	R
Railraod	RR
Ream	RM
Received	RECD
Record	REC

Rectangle	RECT
Reduce	RED.
Reference Line	REF L
Reinforce	REINF
Release	REL
Relief	REL
Remove	REM
Require	REQ
Required	REQD
Return	RET.
Reverse	REV
Revolution	REV
Revolutions Per Minute	RPM
Right	R
Right Hand	RH
Rivet	RIV
Rockwell Hardness	RH
Roller Bearing	RB
Room	RM
Root Diameter	RD
Root Mean Square	RMS
Rough	RGH
Round	RD
Schedule	SCH
Schematic	SCHEM
Scleroscope Hardness	SH
Screw	SCR
Second	SEC
Section	SECT
Semi-Steel	SS
Separate	SEP
Set Screw	SS
Shaft	SFT
Sheet	SH
Shoulder	SHLD
Side	S
Single	S
Sketch	SK
Sleeve	SLV
Slide	SL
Slotted	SLOT
Small	SM
Socket	SOC
Space	SP
Special	SPL
Specific	SP
Spot Faced	SF
Spring	SPG
Square	SQ
Standard	STD
Station	STA
Stationary	STA
Steel	STL
Stock	STK
Straight	STR
Street	ST
Structural	STR
Substitute	SUB
Summary	SUM.
Support	SUP.
Surface	SUR
Symbol	SYM
System	SYS
Tangent	TAN.
Taper	TPR
Technical	TECH
Template	TEMP
Tension	TENS.
Terminal	TERM.
Thick	THK
Thousand	T
Thread	THD
Threads Per Inch	TPI
Through	THRU
Time	T
Tolerance	TOL
Tongue & Groove	T & G
Tool Steel	TS
Tooth	T
Total	TOT
Transfer	TRANS
Typical	TYP
Ultimate	ULT
Unit	U
Universal	UNIV
Vacuum	VAC
Valve	V
Variable	VAR
Versus	VS
Vertical	VERT
Volt	V
Volume	VOL
Wall	W
Washer	WASH.
Watt	W
Week	WK
Weight	WT
West	W
Width	W
Wood	WD
Woodruff	WDF
Working Point	WP
Working Pressure	WP
Wrought	WRT
Wrought Iron	WI
Yard	YD
Year	YR

2 전자도면 작성편람 토목약어목록

약어	유사약어	원문영어	한글용어	비고
#	NO	number	번호, 순번	
%	PCT	percent	백분율(퍼센트)	
&	/	and, per	그리고, ~와 함께, ~위	
@		at (spacing)	간격, 단위 간격	
°	DEG	degree	도, 각도	
AB		anchor bolt	앵커 볼트	
ABV		above	위쪽, 상단, 상부	
AC	ASCON	asphaltic concrete	아스팔트콘크리트, 아스콘	
		asbestos cement	석면 시멘트	
ACST		acoustic, acoustical	흡음의, 발음의	
ADJ		adjustable	조정할 수 있는	
		adjacent	인접한, 직전의, 직후의	
ADMN		administration	관리, 운영	
AF		audio frequency	가청주파수	
AFG		above finished grade	마감 정지 위	
AFS		automatic fire shutter	자동 발화 셔터	
		above finished slab	마감슬래브 위	
AG		aluminum grill	알루미늄 그릴	
AGGR		aggregate	골재(骨材)	
AL	ALUM	aluminium	알루미늄	
ALT		altitude	표고, 해발, 고도	
ALTRN		alteration, alternate	대안	
AMP	AMPL	amplifier	증폭기, 앰프	
ANDZ		anodized	산차 처리된(금속)	
APP		appearance	외관	
	APPROX	approximate, approximately	근사치, 대략	
ASB		asbestos	석면(石綿)	
ASPH		asphalt	아스팔트	
ATT	ATTEN	attenuator, attenuation	감쇠기	
AUTO		automatic	자동, 자동의	
AUX		auxiliary	보조의	
AVG		average	평균의	
AW		acid waste	산성 폐(수)기물	
		actual weight	실중량	
B	BM	beam	보	
B/M		bill of materials, material list	재료표	
BAG		baggage	수화물	

약어	유사약어	원문영어	한글용어	비고
BC		beginning of curve	원곡선 시점	
		brick color	벽돌색	
		building code	건축법규	
		between centers	중심 간격	
	BCD	bolt circle	볼트 직경	
		bookcase	책장, 책꽂이	
BD		board	판자, 보드	
BH		boring hole	시추공	
BITM	BITUM	bituminous	역청질의	
BL		base line	기준선	
	BLK	block	블록(가구:街區)	
		building line	건축선(建築線)	
BLDG		building	빌딩, 건물	
BLT		bolts	볼트	
		built	조립된	
BM		bending moment	휨모멘트	
		bench mark	기준점, 도근점(삼각점, 수준점)	
BND	BNDG	bonding	본드 붙임	
BOC		bottom of concrete	콘크리트(구체)의 바닥	
BOD		bottom of ditch	배수구(도랑)의 바닥	
BOF		bottom of footing, bottom of foundation	기초 하단부	
BOP		bottom of pipe	관(파이프) 바닥	
		bottom of plate	플레이트 바닥	
BOT	BTM	bottom	바닥, 지반, ~의 하부로부터	
BP		building paper	빌딩 페이퍼 , 발수용 종이	
		beginning point	시점	
BR		blasting rock	발파암	
		bridge	교량, 육교	
BRE		bearing	방위(方位)각	
BTC		beginning of tangent curve	완화곡선 시점	
BVC		beginning of vertical curve	종단곡선 시점	
C		channel	ㄷ형강, 찬넬	
		clock	시계, 시간기록기	
	℃	celsius	섭씨의, 섭씨 온도	
		core	코어, 중심, (전선 등의) 심	
CTC	C To C	center to center	중심 간 간격(거리)	
CAB		cabinet	캐비닛	
CAP		capacity	용량, 용적(톤수)	
CB		catch basin	물고임통, 토사수집거	
		cement base	시멘트 베이스	
CEM		cement, cemetery	시멘트, 공동 묘지	
CF		catch flow	도수로, 집수거	
		cement floor	시멘트 바닥	
CG		canter of gravity	중심(重心)	
CH	CHI	chimney	굴뚝	
CHK'D		checked	무늬 있는	

약어	유사약어	원문영어	한글용어	비고
CI		cast iron	주철(鑄鐵)	
CIP		cast-in-place	현장타설	
CIRC		circular, circulation	원형의, 순환하는, 순환	
CJ	CONST JT	construction joint	시공줄눈, 시공이음	
		control joint	신축줄눈, 제어이음	
CL		curve length	곡선길이	
		class	등급, 종류	
		close	끝, 접합, 면밀한	
		center line	중심선	
CLASS		classification	분류	
CLDG	CLD	cladding	금속피복	
CLKG		caulking, calking	코킹	
CLR		color	색상	
		clear/clearance	안치수, 피복두께	
CM	cm	centimeter	센티미터	
CMH	m^3/hr	cubicmeter per hour	시간당 1입방미터	
CMM	m^3/min	cubicmeter per minute	분당 1입방미터	
CMS	m^3/s	cubicmeter per second	초당 1입방미터	
CNTR		counter	카운터, 계수장치, 계산대	
CO		carbon monoxide	대기 중 일산화탄소 농도	
		company	회사, 제작사	
COEFF	COEF	coefficient	계수(係數)	
COL		column	기둥	
COM		common	보통의, 공통의	
COMM		communication	통신	
CONC	CON'C	concrete	콘크리트	
		concentric	동심원, 중심이 같은	
COND		condition, conditioned	조건, 상태	
CONF		conference	회의, 협의	
CONN		connect, connection	연결(팔), 접합	
CONST		constant	상수(常數)의, 불변의	
	CONSTR	construction	건설, 공사(工事)	
CONT		continue	계속되는, 연속되는	
		controller	제어기	
CONV		convert	변환	
COORD	CO	coordinate	좌표의	
CORR		correct	옳은, 합당한	
COV		cover	덮개, 뚜껑	
CP		catch pit	집수정	
		control point	기준점, 대조지점	
		concrete pipe	콘크리트관	
CT		count	집계	
CTR		contour	등고선	
		center	중심, 중앙	
CU		cubic	입방의, 세제곱의	
CW		clockwise	시계방향	

약어	유사약어	원문영어	한글용어	비고
D		deep, depth	깊은, 깊이	
		drain/drainage	배(출)수	
DA		drainage area	배수지(구)역	
		disabled	사용할 수 없는	
dB		decibel	데시벨	
DB		dry bulb	건구(乾球)	
DBL		double	이중의, 배수의	
DEG F	°F	degrees Fahrenheit	화씨온도	
DEPT		department	부, 부서	
DET		detail	상세(도)	
DF		drinking fountain	음용수 샘물	
		diesel fuel	디젤 연료	
DIA	Φ, DIAG	diameter	지름, 직경	
DIAG		diagonal	대각선의	
		diagram	그림, 도표	
DIM		dimension	치수	
DIV		divide	분할, 나누기	
		division	구분, 과(科), 부(部)	
DL		designed level	계획고, 시공기면	
		dead load	사하중(死荷重)	
DN		down	내림, 내려감	
DO		ditto	위와 같음, 상동	
DR		drain	배수	
DRG		drainage	배수(공)	
DS	d/s	downstream	하류(下流)의	
DWG		drawing	그림, 도면	
DWLS		dowels	맞춤못, 다월	
DX		duplex	이중의, 이연식, 쌍방의	
E		earth	지반, 토사	
		east	동쪽	
		edge	모서리, 구석	
		end	끝, 종점부	
		modulus of elasticity	탄성계수(彈性係數)	
E TO E	ETE	end to end	종점간 간격	
EA		earth anchor	어스앵커	
		each	개, 개수, 개소	
EC		end of curve	원곡선 종점	
		exposed construction	노출구조	
		existing construction	기존시설 확장공사	
ECC		eccentric	편심(偏心)의	
EF		each face	각면	
EFF		effective	유효한, 효과적인	
		efficiency	효율	
EJ		expansion joint	신축(伸縮)이음, 신축줄눈	
EL		each layer	각 계층, 개별 레이어	
EL		elevation(height)	높이(표고), 레벨, 입면기준	
ELEV		elevation(view)	입면도	

약어	유사약어	원문영어	한글용어	비고
ENAM	E	enamel	에나멜	
ENGR		engineer, engineering	기술(자), 공학(자)	
ENGY		energy	에너지	
EP		edge of pavement(paving)	포장면 가장자리	
		ending point	끝점, 선형 종점	
EQ		equal	동등한, 균등한	
EQUIP	EQPT	equipment	설비, 시설	
EQUIV		equivalent	동등한, 균등한	
ERECT		erection	직립, 조립	
ES		edge of shoulder	길어깨(路肩) 가장자리	
ESP		especially	특별한	
EST		estimate	견적, 산출	
ETC		ending tangent curve	완화곡선 종점	
		et cetera	기타, 등등	
EVC		ending vertical curve	종단곡선 종점	
EW		each way	각(양) 방향	
EX		example	예, 보기, 사례	
EXC		excavation/excavate	굴착, 터파기	
EXH		exhaust	배출	
EXP		expansion, expand	확장, 팽창	
	EXPO	exposed	노출된	
EXP BT		expansion bolt	익스팬션 볼트	
EXP JT		expansion joint	신축(伸縮)이음, 팽창(膨脹)줄눈	
EXST	EXIST, E	existing	기존의, 원래의	
EXST GR	EG	existing grade	원지반	
EXT		exterior, external	외부, 외부의, 외장의	
		extension	외부, 연장, 확장	
F		female	여성, 여성용	
		fixture	고정	
		frame	프레임	
FA		fresh air	신선한 공기	
FB		flat bar	평철	
FDN		foundation	기초	
FF		finish face	마감면	
FH		finish height	계획고, 정지고	
		flat head(screws)	납작머리(나사), 접시머리(나사)	
FIG		figure	모양, 형상, 형태	
FIN		finish	마감	
FIX	FIX'D	fixed	고정	
FIXT		fixture	설비(물)	
FL		finish level	마감레벨, 계획고	
	FLR	floor	바닥/층	
		floorline	바닥선	
FLEX		flexible	유연한, 유연성 있는	
FLG		flange	플랜지	
FLR		filler	주입기, 충전재	
FLUOR		fluorescent	형광의, 발광의	

약어	유사약어	원문영어	한글용어	비고
FN		fence	울타리, 담장	
FO		finished opening	개구부 마감	
FOC		face of concrete	콘크리트 표면, 마감면	
FOF		face of finish	마감면	
FOS		face of slab	슬래브 표면, 마감면	
		face of stud	스터드면	
FP	FPRF	fireproof	내화의	
FS		full scale	실척(實尺)	
		full size	실물크기	
FT		foot or feet	피트	
FTG		footing	기초	
FUT		future	미래, 장래, 예정	
FWL		flood water level	홍수위	
G		girder	보	
		gas, natural gas	개스, 천연개스	
	g	gram	그램	
	GND	ground	마당, 지반, 운동장, 지표면	
GAL		gallon(s)	갤론	
GALV	GAL	galvanic, galvanized	아연도금	
GEN		general	일반의, 전체적인	
GF		guard fence	가드펜스	
GFRC		glassfiber reinforced concrete	유리섬유 보강 콘크리트	
GL		glass	유리	
		ground level(floor), ground line	지반표고, 지반고	
GOV		governor	관리자	
GPS		global(ground) positioning system	위성위치수신(추적)장치	
		gallons per second	초당 갤론	
GR		gross	총계	
		grade	등급	
		guard rail	가드레일	
GR BM	GB	grade beam	기준보	
GR LN	GL	grade line	지반선, 정지선	
GRTG		grating	격자의	
GT		gross ton	총톤수	
GUT		gutter	홈, 배수홈	
H		H-steel, H-beam	H형 강	
HA	ha	hectare	헥타르	
HC		handicap	신체장애	
HCP	HDCP	handicapped	신체장애자	
HD		head	머리	
HEX		hexagon, hexagonal	육각형, 육각형의	
hm		hectometer	헥토미터	
HMD		humidity	습도	
HORIZ	HOR	horizontal	수평	

약어	유사약어	원문영어	한글용어	비고
HP	hp	horsepower	마력	
		high pressure	고압력	
		high point	최고(지)점	
HPS		high pressure sodium	고압 나트륨	
HR	H, hr	hour	시간	
HS		high strength	고강도	
HSE		house	주택, 가옥	
HT	HGT, H	height	높이	
		high tension	고장력	
HW		hot water	온수, 열탕	
HWL		high water level	만조(滿潮) 수위	
HWS		high water surface	만조면(滿潮面)	
HWY		highway	고속국도, 간선도로	
HYDR		hydraulic	수력의, 수압의	
I		moment of inertia	관성모멘트	
IA		intersecting angle	교각, 교차각	
IC		interchange	교차로, 인터체인지	
ID		inside diameter	내경, 내측 직경	
IN		in	~안에, 입구	
		inch	인치	
INCL		include/including	~을 포함하여	
INFO		information	정보, 자료(data)	
INSP		inspect/inspection	검사, 조사, 점검	
INSUL		insulation	단열(재), 보온재	
INV		invert	도수로 관(거) 등 바닥	
INV EL	IE	invert elevation	도수로 관(거) 등 바닥표고	
IO	I/O	input/output	입출력	
IP	PI	intersection point	교차점, 교회점	
		iron pipe	강관	
IW		industrial waste	산업폐기물	
		irrigation water	관개용수	
JB		junction box	분기(分岐) / 합류(合流) 암거	
JC	JCT	junction	도로 분기점(分岐點)	
JT		joint	이음(매)	
K		kelvin	켈빈(절대온도의 단위)	
		kilo, thousand	킬로(km, kg 등의 생략형)	
		kip(1,000 lb)	킵(1,000파운드)	
KBPS		kilo-bits per second	분당 킬로비트	
KCAH		kilo calorie per hour	시간당 킬로칼로리	
KG	kg	kilogram	킬로그램(1,000 g)	
KM	km	kilometer	킬로미터(1,000 m)	
KPA	kPa	kilopascal	킬로파스칼	
L	LIT	liter	리터(1,000 cc)	
	LG	length	길이	
		angle(L-shape)	L형 강, 앵글	
L/s		liter per second	초당 리터	
LAD		ladder	사다리	

약어	유사약어	원문영어	한글용어	비고
LAM		laminate, laminated	얇은 판 코팅, 박층	
LAT		lattice	래티스, 복부재	
		latitude	위도	
		lateral	측면의, 가로의, 횡의	
LB		pound	파운드	
LC		length of curve	곡선장(曲線長)	
LG		long	길이방향, 긴	
		liquid gas	액화가스	
LH		left hand	왼손, 왼손잡이의	
LIM		limit	제한, 한계	
LL		live load	활하중(活荷重)	
		low level	저수위(低水位)	
		lower left	왼쪽 아래, 좌측하단	
LOC		location	장소, 위치	
LPM		liter per minute	분당 리터	
LR		long radius	장반경(長半徑)	
LT		light	가벼운(경량), 밝은	
		low tension	저인장(低引張), 저전압	
LWC		lightweight concrete	경량(輕量)콘크리트	
LWL		low water level	저수위(貯水位), 간조위	
LWS		low water surface	저수면(貯水面), 간조면	
M		moment	모멘트	
	m	meter	미터	
MATL		material	재료, 자재, 요소	
MAX		maximum	최대(치)	
MBtuF		thousand Btu per hour	시간당 1,000 Btu	
MC		moment connection	모멘트 접합(接合)	
		manhole cover	맨홀뚜껑	
		moisture content	수분(水分), 함수율(含水率)	
MEMB		membrane	얇은 막(膜)	
MFR		manufacturer	제조업자	
MH		manhole	맨홀, 점검구	
MIN		minimum	최소(값)	
		minute	분	
MIR	MIRR	mirror	거울	
MISC		miscellaneous	기타, 잡다한, 부대의	
MK		mark	표시, 표식	
ML		match line	접합선, 매치라인	
		metal lath	메탈 라스	
		materials list	재료표(材料表)	
		monolithic	일체식의, 단일체의, 모놀리식 집적회로	
MM	mm	millimeter	밀리미터	
MM2	mm^2	square millimeter	평방 밀리미터	
MO		masonry opening	구체 개구부	
MPM		mitre per minute	분당 미터	
MPS		mitre per second	초당 미터	
		medium pressure steam	중압(中壓)증기	

약어	유사약어	원문영어	한글용어	비고
MR		moisture resistant	내습성(耐濕性)의	
ms		millisecond	밀리세컨드(1/1,000초)	
MS		material separator	재료 분리기	
MSL		mean sea level	평균수준면(平均水準面)	
MTD		mean temperature difference	평균온도차(平均溫度差)	
MTL	MET	metal	금속의	
MW		microwave	마이크로파, 극초단파	
N		newton	뉴턴	
		north	북, 북쪽	
NA	N/A	not applicable	해당사항 없음	
NC		noise criteria	소음기준	
		normally closed	주로 닫혀있는	
		new construction	시설 신설공사	
NEG		negative	음수(陰數)의, 마이너스의	
NEUT	N	neutral	중성의, 중립의	
NIC		not in contract	별도공사	
NO		normally open	주로 열려있는	
NOM		nominal	공칭	
NRC		noise reduction coefficient	차음률(遮音率)	
NTS	NONE, NS	not to scale	축적 없음	
OA		overall	전체의, 종합적인	
		outside air	외기	
OBS		obscure	어두컴컴한, 어두운	
OC		on center	중심선 간격	
OD		outside diameter	외경(外徑)	
		outside dimension	외측 치수	
OF		outside face	갓둘레, 바깥면	
OFD		overflow drain	월류(越流) 배수	
OP		oil paint	유성페인트	
OPER		operation	가동, 작동	
OPNG	OPN'G	opening	개구부	
OPP		opposite	반대편	
OPR		operable	작동 가능한	
OUT		out	~밖으로, 출구	
		outlet	방수구(放水口), 콘센트	
OV		outlet velocity	방류유속	
OVHD		overhead	고가(高架)의, 가공(架空)의	
P		paint	페인트	
		pole	기둥, 지주	
Pa		pascal	파스칼	
PASS		passenger	승객	
PB		panelboard	판넬보드, 배전반	
PC	BC	point of curve	곡선 시점	
		portland cement	포틀랜드 시멘트	
		precast concrete	프리캐스트 콘크리트	
		polycarbonate	폴리카보네이트	
PE	POLY	polyethylene	폴리에틸렌	

약어	유사약어	원문영어	한글용어	비고
PEU		polyurethane	폴리우레탄	
PFS		prevention fence for falling stone	낙석방지책(落石防止柵)	
PG		profile grade	종단경사	
pH		acid/alkaline scale	페하(수소이온농도)	
PH		phase	단계	
PIV		pivoted	중추의	
PL		plate	철판, 플레이트	
		property line	대지경계선	
PLAS	PLS	plaster	회반죽(석고질)	
PNL		panel	판넬	
PR	P	pair	한 쌍의, 한 벌의	
PRCST		precast	프리캐스트	
PREFAB		prefabricate, prefabricated	조립구조(組立構造)의	
PRELIM		preliminary	시초의, 예비의	
PROJ		project	계획안(案), (건설)사업	
PS		pull station	연장 전체	
		polystyrene	폴리스타이렌	
PS CONC		prestressed concrete	프리스트레스트 콘크리트	
PT		post-tensioned	포스트텐션의	
		paint	도료, 페인트	
		point	지점	
PTD		printed	인쇄된	
PVC		polyvinyl chloride	염화비닐, PVC	
PWR	P	power	힘, 동력, 세기	
QTY	Q'TY	quantity	수량, 양	
QUAL		quality	품질	
R	RAD	radius	반경, 반지름	
		range	줄, 열, 범위	
		riser	단높이, 계단의 수직판	
RAD		radian	라디안	
RB		rubber base	고무기초	
RBM		reinforced brick masonry	보강벽돌	
RC		reinforced concrete	철근 콘크리트	
RD		rainwater drain	우배수(관)	
		load	하중	
REF	RE:	refer to, reference	참조	
REFR		refractory	내화(耐火)성의	
		refrigeration	냉장, 냉동, 냉각	
REINF		reinforce, reinforcement	보강재, 보강물	
REM		removable	이동, 제거가능한	
REQ		require	요구하다, 요청되다	
REQD	REQ'D	required	요구된, 요청된	
REV		revision	정정, 수정, 편집	
		revolutions	회전	
RH		right hand	오른손	
		relative humidity	상대습도	

약어	유사약어	원문영어	한글용어	비고
RLWY		railway	철도	
RND		round	둥근	
RO		rough opening	골조 개구부	
RPM		revolutions per minute	분당 회전수	
RR		ripping rock	리핑암	
RS		reverse of scale	도면 축척변수(분모)	
RT		right	우측	
RVT		rivet	리벳	
RW	RDWY	roadway	도로	
		retaining wall	옹벽(擁壁), 흙막이벽	
RWL		rain water leader	선홈통	
RWP		rainwater pipe	우수관	
S		south	남쪽	
		scale	축척	
SAT		saturate	포화	
SC		shading coefficient	음영계수, 차폐계수	
SCHED	SCH	schedule	일정, 일람표	
SCP		sand compaction pile	샌드 콤팩션파일	
SD		sand drain pipe(pile)	샌드 드레인파이프(파일)	
		storm drain	우수 관거	
		shop drawings	현장 제작도면	
SE		structural engineer	구조 기술(자)	
SEC	"	second	초	
SECT		section	단면	
SF		safety factor	안전율(安全率)	
		square foot(feet)	평방 피트	
SFL		structure finish level	구체바닥레벨	
SHR		sensible heat ratio	현열비	
SHT		sheet	종이, 박판	
		shaft	샤프트, 축(軸)	
SIM		similar	유사한	
SK		sketch	스케치, 개략	
SL		secant length	외선장, 외할	
		slab level	슬래브(구조체) 레벨	
		sea level	해수면	
		slope	경사	
SLM		self leveling mortar	자기 수평 몰탈	
SM		sand mat	샌드매트	
		silty sand	점토질 모래	
		small	작은, 소규모의	
		smooth	매끄러운, 평탄한	
		sheet metal	판금	
SP		standpipe	수직관	
		sump pit	섬피트	
SPCg		spacing	간격	
SPEC		specification(s)	시방서	
SQ		square	정방형, 정사각형	

약어	유사약어	원문영어	한글용어	비고
SRC	SRC.	steel reinforced concrete	철골합성 철근 콘크리트	
		steel reinforced column	철골보강기둥	
SS		sanitary sewer	오수거(汚水渠), 오수구	
		storm sewer	우수거(雨水渠)	
SSD		subsoil drain	하층토(下層土) 배수	
SST	STS	stainless steel	스테인리스 스틸	
ST		stair	계단	
STA		station	측점	
STD		standard	표준, 기준	
STIF	STIFF	stiffener	스티프너, 보강재(補剛材)	
STL	ST, ST'L	steel	철재, 강재	
STP		standard temperature and pressure	표준 온도 및 압력	
STR		stringers	세로 보	
		straight	스트레이트, 직선의	
		strike	주향	
STRUCT	STR	structural	구조, 구조의	
SUBSTR		substructure	하부구조, 하부기초	
SUPSTR		superstructure	상부구조	
SUSP		suspend	(매)달다, 걸다	
SVCE	SERV	service	공급, 설계	
SW		sidewalk	보도	
		switch	스위치	
		sanitary waste	위생폐기물, 위생폐수	
		sound-proof wall	방음벽(防音壁)	
SYM		symbol	심벌, 형상, 문양	
SYMM	SYM	symmetrical	대칭의, 균형잡힌	
SYN		synchronous	동시의, 동기의, 동위상의	
SYS		system	시스템	
T	t	ton	톤	
TBM		turning benchmark	수준점	
TEMP		temperature	온도	
		temporary	가(假), 임시의	
THK	T	thickness, thick	두께, 두꺼운	
TL		tangent length	접선장	
TO	T/	top of ~	~의 상단	
TOC		top of concrete	콘크리트 상단의	
		top of curb	(보도의) 연석 상단의	
		table of contents	표 내용	
TOG		top of girder	거더 상단의	
TOP	TP	top of pavement	포장면 상단의	
TOS		top of slab	슬래브 상단의	
		top of steel	강재 상단의	
TOW		top of wall	벽체 상단의	
TP		tangent point of curve	곡선의 접점	
TR	T	truss	트러스	
		towel rack	수건걸이	

약어	유사약어	원문영어	한글용어	비고
TRANSV		transverse	가로축의, 횡단의	
TWL		tailwater level	방수 레벨	
TYP		typical	표본, 공통	
UC		undercut	언더컷(용접결함)	
UGND	UG	underground	지하의, 매설된	
ULT		ultimate	최종의, 마지막의	
UNFIN	UNF	unfinish	끝나지 않는, 미완성된	
UNO		unless noted otherwise	주기에 표기되지 않는 한	
UP		up	~위에, 오름	
		utility pole	유틸리티 폴	
US	u/s	upstream	역류하는	
VAR		variation, varies, variable, various	변화하는, 변화치수, 다양한	
VERT	VER	vertical	수직의, 수직	
VIF		verify in field	현장검증	
VIP		vertical intersection point	종단곡선교차점	
VIS		visual	시각의, 시각정보	
VOL		volume	분량, 용량, 수량	
VS		versus	~대(對), ~와 대비하여	
W		waste	폐기물, 쓰레기	
		west	서쪽	
		wide/width	넓이, 폭	
W/		wall	벽	
		with	~와, ~위	
W/O		without	~이 없는, ~을 제외한	
WAIT'G		waiting	대기	
WARR		warranty	보증, 보증서	
WASH		washer, wash	세척	
WD	W	wood	나무	
WF		wall footing	줄기초	
WH		weep hole	배수공	
WL		wind load	풍압력	
		water line	수위(水位) 라인	
WM		wire mesh	와이어메쉬	
WP		waterproofing	방수	
		working point	시공(작업) 기준점	
WR		water resistant	방수성의, 내수성의	
		wire rope	와이어로프	
WT		watertight	방수의	
		weight	중량	
		water table	지하수면, 빗물막이, 물받이 돌림띠	
WW		warm white	흰색, 웜화이트	
		waste water	폐수	
WWF		welded wire fabric	용접철망	
WWM		welded wire mesh	용접와이어메쉬	
Z		modulus of section	단면계수	
		zone	영역, 구역	

3 설계서의 단위 및 소수위 표준(건설 표준품셈의 적용기준)

종 류	규 격		단위수량		비 고
	단 위	소 수	단 위	소 수	
공사연장	m	2위	m	단위한	
공사폭원			m	1위	
직공인부			인	2위	대가표에서는 2위까지
공사면적			m^2	1위	이하 버림
용지면적			m^2	단위한	
토적(높이, 나비)			m	2위	
토적(단면적)			m^2	1위	단면적
토적(체적)			m^3	2위	체적
토적(체적합계)			m^3	단위한	집계 체적
떼	cm	단위한	m^2	1위	
모래, 자갈	mm	단위한	m^3	2위	
조약돌	cm	단위한	m^3	2위	
견치돌, 깬돌	cm	단위한	m^2	1위	
견치돌, 깬돌	cm	단위한	개	단위한	
야면석(野面石)	cm	단위한	개	단위한	
야면석(野面石)	cm	단위한	m^3	1위	
야면석(野面石)	cm	단위한	m^2	1위	
돌쌓기 및 돌붙임	cm	단위한	m^3	1위	
돌쌓기 및 돌붙임	cm	단위한	m^2	1위	
사석(捨石)	cm	단위한	m^3	1위	
다듬돌(切石, 板石)	cm	단위한	개	2위	
벽돌	mm	단위한	개	단위한	
블록	mm	단위한	개	단위한	
시멘트			kg	단위한	
모르터			m^3	2위	대가표에서는 3위까지
콘크리트			m^3	2위	이하 버림
석분			kg	단위한	
석회			kg	단위한	
화산회			kg	단위한	
아스팔트			kg	단위한	
목재(판재)	길이 m	1위	m^2	2위	
목재(판재)	폭, 두께	1위	m^3	3위	
목재(각재)	cm	1위	m^3	3위	
합판	mm	단위한	장	1위	
말뚝	길이 m 지름 mm	1위	개	단위한	

종 류	규 격		단위수량		비 고
	단 위	소 수	단 위	소 수	
철강재	mm	단위한	kg	3위	총량표시는 ton으로 하고
용접봉	mm		kg	1위	단위는 3위까지,
구리판, 함석류			m^2	2위	이하 버림
철근	mm	단위한	kg	단위한	
볼트, 너트	mm	단위한	개	단위한	
꺾쇠	mm	단위한	개	단위한	
철선류	mm	1위	kg	2위	
PC강선			kg	2위	
돌망태	길이 m	1위	m	1위	
	지름 m 높이 m	단위한	개	단위한	망눈(網目) cm
로프류	mm		m	1위	
못	길이 cm	1위	kg	2위	
석유, 휘발유, 모빌유			L	2위	대가표에서는 3위까지
그리스			kg	2위	이하 버림
넝마			kg	2위	
화약류			kg	3위	
뇌관			개	단위한	대가표에서는 1위까지
도화선			m	1위	이하 버림
석탄, 목탄, 코크스			kg	2위	대가표에서는 2위까지
산소			L	단위한	이하 버림
카바이트			kg	1위	
도료(塗料)			L 또는 kg	2위	
도장(塗裝)			m^2	1위	
관류(管類)	길이 m	2위			
	지름 mm 두께 mm	단위한	개	단위한	
수로연장			m	1위	
옹벽			m^2	1위	
승강장 옹벽 및 울타리			m	1위	
궤도부설			km	3위	
시험하중			ton	단위한	
보오링(試錐)			m	1위	
방수면적			m^2	1위	
건물(면적)			m^2	2위	
건물(지붕, 벽부치기)			m^2	1위	
우물	깊이		m	1위	
가마니			장	단위한	

주) 1. 설계서 수량의 단위와 소수위 표시는 본 표에 따르고, 본 표에서 지정한 소수위 미만은 버리는 것으로 한다.
2. 1위 대가표 또는 설계기초 계산과정에서 표준품셈의 내용에 따른 것으로 한다.
3. 본 표에 없는 품종에 대하여는 C.G.S 단위로 하는 것을 원칙으로 하며 단위는 그 가격에 따라 의사(疑似) 품종의 소수위의 정도를 채용토록 한다.

4 도형의 공식(Geometric Formulas)

Rectangle of length *b* and width *a*

1. Area $= ab$
2. Perimeter $= 2a + 2b$

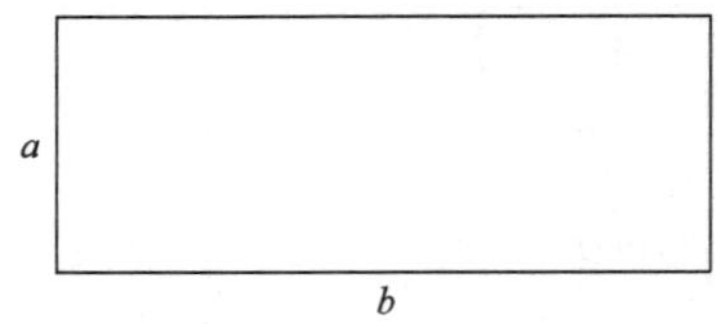

Parallelogram of altitude *h* and base *b*

3. Area $= bh = ab\sin\theta$
4. Perimeter $= 2a + 2b$

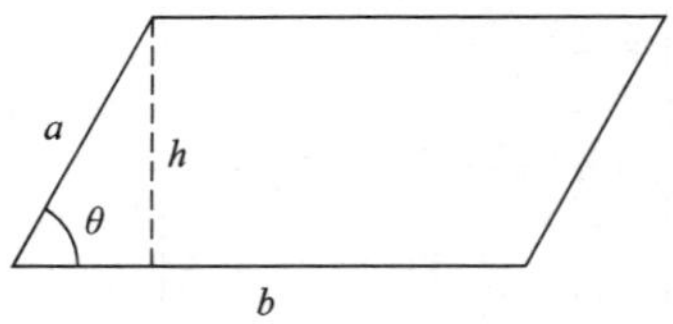

Triangle of altitude *h* and base *b*

5. Area $= \frac{1}{2}bh = \frac{1}{2}ab\sin\theta$

$$= \sqrt{s(s-a)(s-b)(s-c)}$$

where $s = \frac{1}{2}(a+b+c) =$ semiperimeter

6. Perimeter $= a + b + c$

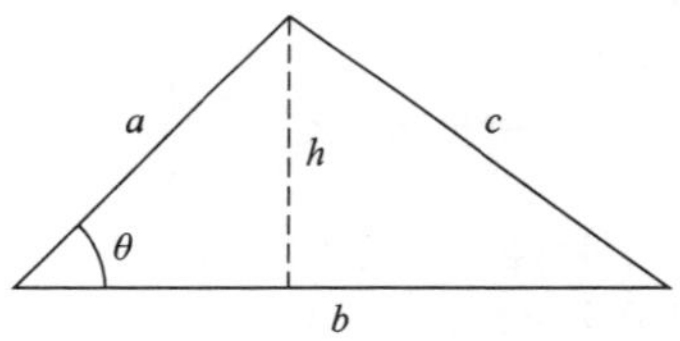

Trapezoid of altitude *h* and parallel sides *a* and *b*

7. Area $= \frac{1}{2}h(a+b)$
8. Perimeter $= a + b + h\left(\frac{1}{\sin\theta} + \frac{1}{\sin\phi}\right)$

$$= a + b + h(\csc\theta + \csc\phi)$$

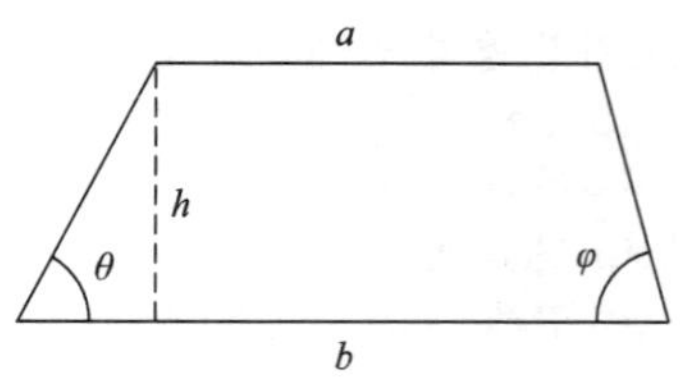

Regular polygon of *n* sides each of length *b*

9. Area $= \frac{1}{4}nb^2\cot\frac{\pi}{n} = \frac{1}{4}nb^2\frac{\cos(\pi/n)}{\sin(\pi/n)}$
10. Perimeter $= nb$

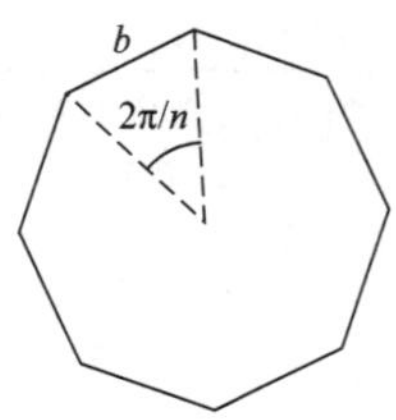

Circle of radius r

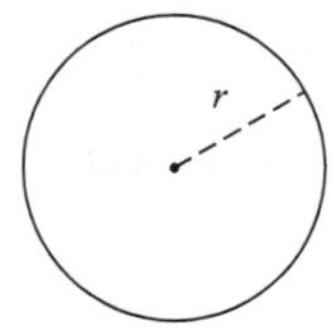

11. Area $= \pi r^2$

12. Perimeter $= 2\pi r$

Sector of circle of radius r

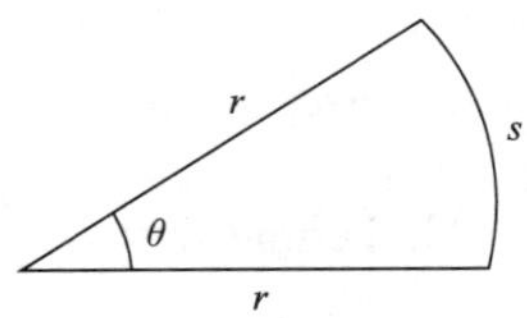

13. Area $= \dfrac{1}{2}r^2\theta$ [θ in radians]

14. Arc length $s = r\theta$

Radius of circle inscribed in a triangle of sides a, b, c

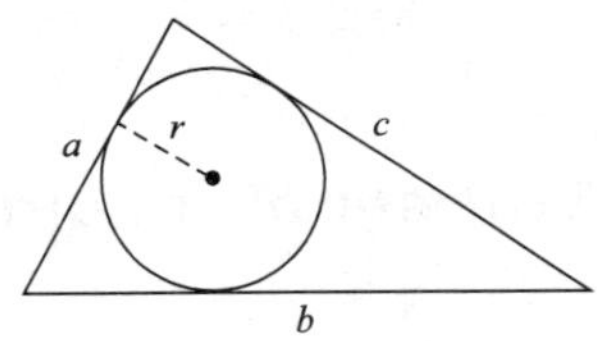

15. $r = \dfrac{\sqrt{s(s-a)(s-b)(s-c)}}{s}$

where $s = \dfrac{1}{2}(a+b+c) =$ semiperimeter

Radius of circle circumscribing a triangle of sides a, b, c

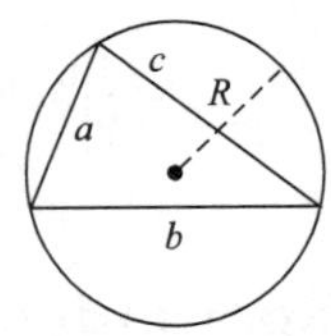

16. $R = \dfrac{abc}{4\sqrt{s(s-a)(s-b)(s-c)}}$

where $s = \dfrac{1}{2}(a+b+c) =$ semiperimeter

Regular polygon of n sides inscribed in circle of radius r

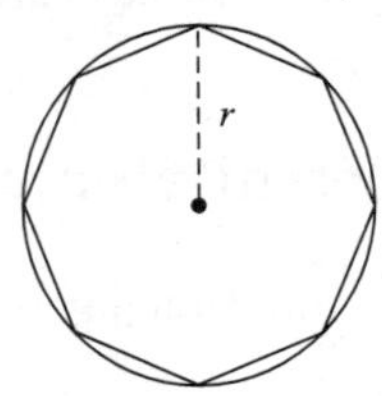

17. Area $= \dfrac{1}{2}nr^2\sin\dfrac{2\pi}{n} = \dfrac{1}{2}nr^2\sin\dfrac{360°}{n}$

18. Perimeter $= 2nr\sin\dfrac{\pi}{n} = 2nr\sin\dfrac{180°}{n}$

Regular polygon of n sides circumscribing a circle of radius r

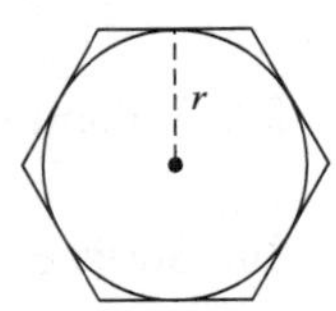

19. Area $= nr^2\tan\dfrac{\pi}{n} = nr^2\tan\dfrac{180°}{n}$

20. Perimeter $= 2nr\tan\dfrac{\pi}{n} = 2nr\tan\dfrac{180°}{n}$

Segment of circle of radius *r*

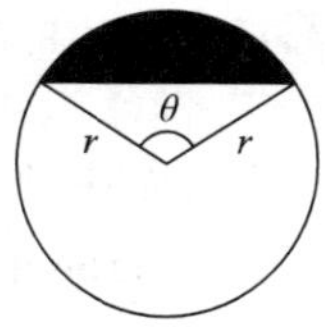

21. Area of shaded part $= \frac{1}{2}r^2(\theta - \sin\theta)$

Ellipse of semi-major axis *a* and semi-minor axis *b*

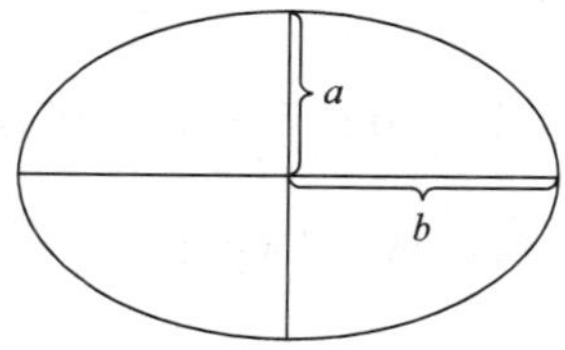

22. Area $= \pi ab$

23. Perimeter $= 4a\int_0^{\pi/2}\sqrt{1-k^2\sin^2\theta d\theta}$

$$= 2\pi\sqrt{\frac{1}{2}(a^2+b^2)} \text{ [approximately]}$$

where $k = \sqrt{a^2 - b^2/a}$

Segment of a parabola

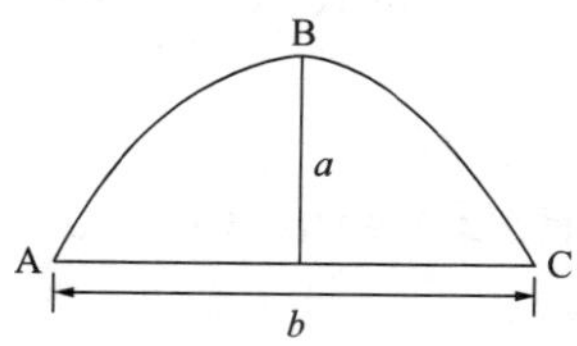

24. Area $= \frac{2}{3}ab$

25. Arc length ABC

$$= \frac{1}{2}\sqrt{b^2+16a^2} + \frac{b^2}{8a}\ln\left(\frac{4a+\sqrt{b^2+16a^2}}{b}\right)$$

Rectangular parallelepiped of length *a*, height *b*, width *c*

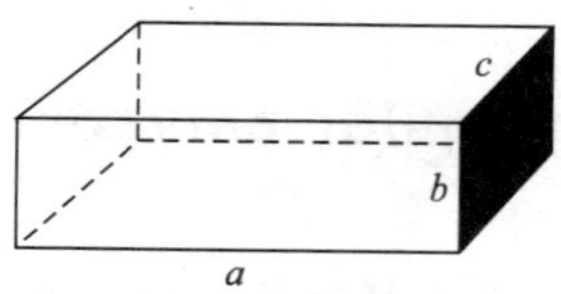

26. Volume $= abc$

27. Surface area $= 2(ab + ac + bc)$

Parallelepiped of cross-sectional area *A* and height *h*

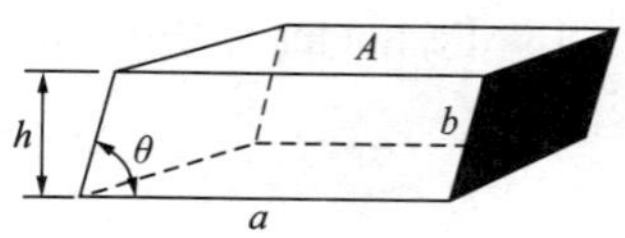

28. Volume $= Ah = abc\sin\theta$

Sphere of radius *r*

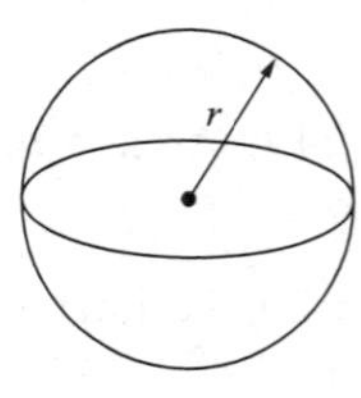

29. Volume $= \frac{4}{3}\pi r^3$

30. Surface area $= 4\pi r^2$

Right circular cylinder of radius r and height h

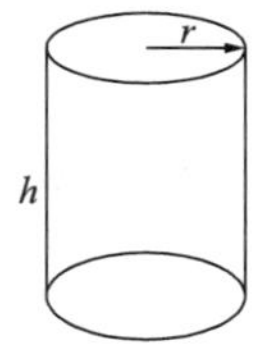

31. Volume $= \pi r^2 h$

32. Lateral surface area $= 2\pi rh$

Circular cylinder of radius r and slant height l

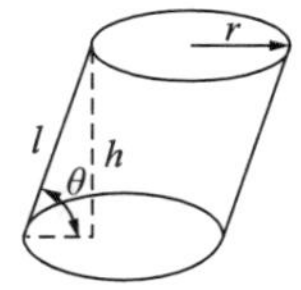

33. Volume $= \pi r^2 l = \dfrac{\pi r^2 h}{\sin\theta} = \pi r^2 h \csc\theta \sin\theta$

34. Lateral surface area $= 2\pi rl$

$$= \frac{2\pi rh}{\sin\theta} 2\pi rh \csc\theta$$

Cylinder of cross-sectional area A and slant height l

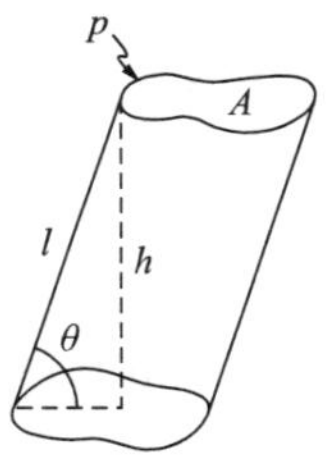

35. Volume $= Al = \dfrac{Ah}{\sin\theta} = Ah\csc\theta$

36. Lateral surface area $= pl = \dfrac{ph}{\sin\theta} = ph\csc\theta$

Note that formulas 31 to 34 are special cases.

Right circular cone of radius r and height h

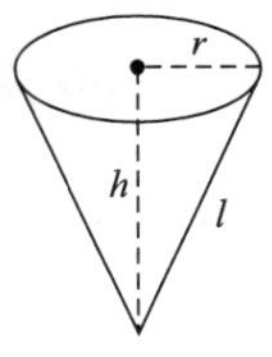

37. Volume $= \dfrac{1}{3}\pi r^2 h$

38. Lateral surface area $= \pi r\sqrt{r^2 + h^2} = \pi rl$

Pyramid of base area A and height h

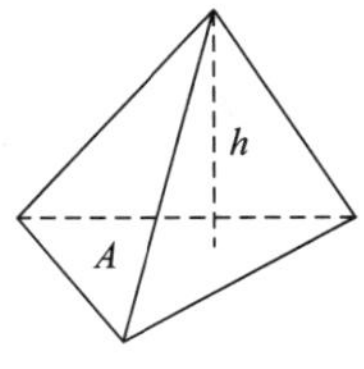

39. Volume $= \dfrac{1}{3}Ah$

Spherical cap of radius r and height h

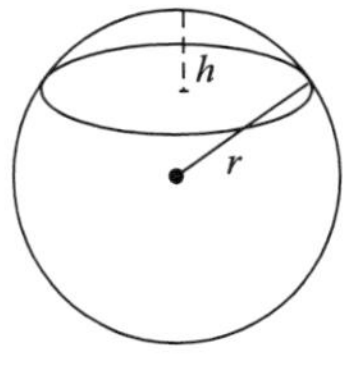

40. Volume(shaded in figure) $= \dfrac{1}{3}\pi h^2(3r - h)$

41. Surface area $= 2\pi rh$

Frustum of right circular cone radius *a*, *b* and height *h*

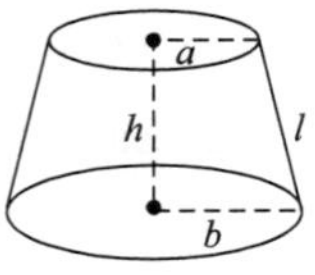

42. Volume $= \frac{1}{3}\pi h(a^2 + ab + b^2)$

43. Lateral surface area $= \pi(a+b)\sqrt{h^2 + (b-a)^2}$
$= \pi(a+b)l$

Spherical triangle of A, B, C on sphere of radius *r*

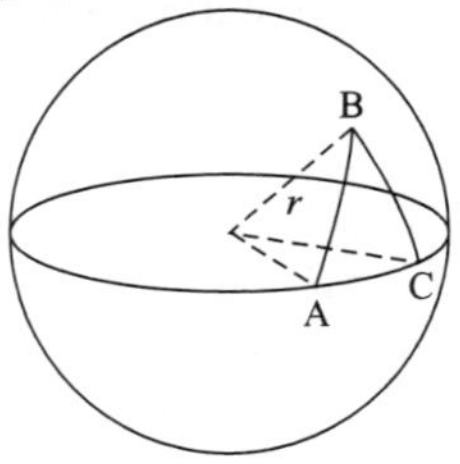

44. Area of triangle
$ABC = (A + B + C - \pi)r^2$

Torus of inner radius *a* and outer radius *b*

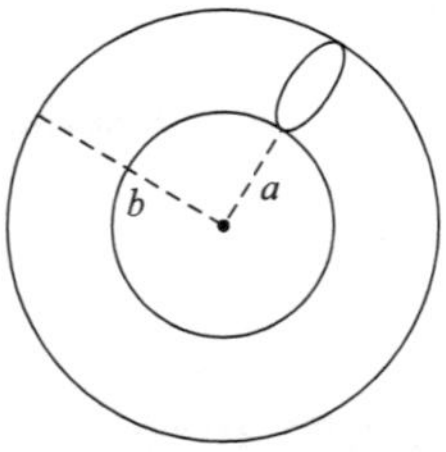

45. Volume $= \frac{1}{4}\pi^2(a+b)(b-a)^2$

46. Surface area $= \pi^2(b^2 - a^2)$

Ellipsoid of semi-axes *a*, *b*, *c*

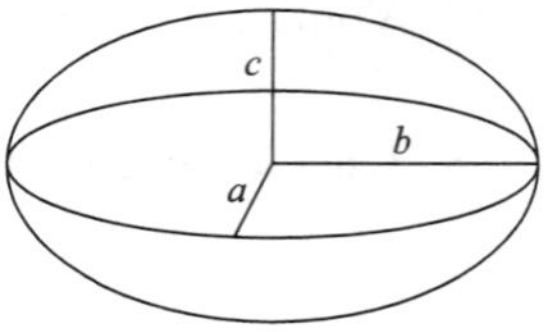

47. Volume $= \frac{4}{3}\pi abc$

Paraboloid of revolution

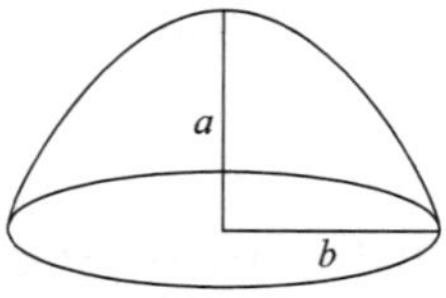

48. Volume $= \frac{1}{2}\pi b^2 a$

5 단위 환산표

Metric Equivalents

Length	
U.S. to Metric	*Metric to U.S.*
1 inch = 2.6540 centimeters	1 millimeter = 0.039 inch
1 foot = 0.304 meter	1 centimeter = 0.394 inch
1 yard = 0.914 meter	1 meter = 3.281 feet or 1.094 yards
1 mile = 1.609 kilometers	1 kilometer = 0.621 mile

Area	
1 $inch^2$ = 6.451 $centimeters^2$	1 $millimeter^2$ = 0.00155 $inch^2$
1 $foot^2$ = 0.093 $meter^2$	1 $centimeter^2$ = 0.155 $inch^2$
1 $yard^2$ = 0.836 $meter^2$	1 $meter^2$ = 10.764 $foot^2$ or 1.196 $yard^2$
1 $acre^2$ = 4,046.873 $kilometers^2$	1 $kilometer^2$ = 0.386 $mile^2$ or 247.04 $acre^2$

Volume	
1 $inch^3$ = 16.387 $centimeters^3$	1 $centimeters^3$ = 0.061 $inch^3$
1 $foot^3$ = 0.028 $meter^3$	1 $meter^3$ = 35.314 $foot^3$ or 1.308 $yard^3$
1 $yard^3$ = 0.764 $meter^3$	1 liter = 0.2642 gallons
1 quart = 0.946 liter	1 liter = 1.057 quarts
1 gallon = 0.003785 $meter^3$	1 $meter^3$ = 264.02 gallons

Weight	
1 ounce = 28.349 grams	1 gram = 0.035 ounce
1 pound = 0.454 kilogram	1 kilogram = 2.205 pounds
1 ton = 0.907 metric ton	1 metric ton = 1.102 tons

Velocity	
1 foot/second = 0.305 meter/second	1 meter/second = 3.282 feet/second
1 mile/hour = 0.447 meter/second	1 kilometer/hour = 0.621 mile/second

Acceleration	
1 $inch/second^2$ = 0.0254 $meter/second^2$	1 $meter/second^2$ = 3.278 $feet/second^2$
1 $foot/second^2$ = 0.305 $meter/second^2$	

1. 길이

mm	cm	m	km	in	ft	yd	mile	尺
1	0.1	0.001	-	0.039370	0.00328	0.001093	-	0.0033
10	1	0.01	0.00001	0.39370	0.032808	0.010936	-	0.033
1000	100	1	0.001	39.370	3.2808	1.09361	0.00062317	3.3
-	100000	1000	1	39370	3280.8	1093.6	0.62137	3300
25.40	2.5400	0.02540	0.0000254	1	0.08333	0.027778	0.04157828	0.083820
304.80	30.480	0.30480	0.00030480	12	1	0.33333	1.8939	1.00584
914.402	91.4402	0.914402	0.00091440	36	3	1	0.00056818	3.0175
-	169035	1609.35	1.60935	63360	5280	1760	1	5310.7
303.03	30.303	0.30303	0.000303	11.930	0.99419	0.33139	0.000188	1
1818.18	181.818	1.81818	0.001818	71.582	5.9652	1.9883	0.001129	6

2. 면적

m^2	a	km^2	in^2	ft^2	yd^2	ac	$mile^2$	坪
1	0.01	0.000001	1550.1	10.7639	1.1959	0.0_32471	0.0_438610	0.3025
100	1	0.0001	15501	1076.4	119.6	0.024710	0.0_438610	30.25
1000000	10000	1	-	10764000	1196000	247.1044	0.3861006	302500
0.00064516	0.000006	-	1	0.0069444	0.3771605	-	1000000	0.0000195
0.092903	0.00092903	-	144	1	0.11111	0.0_422957	0.0_735870	0.028102
0.83613	0.0083613	-	1296	9	1	0.0_320661	0.0_432283	0.25292
4046.849	40.46849	0.0040468	627264	43560	4840	1	0.0_215625	1224.2
2589998	25899.98	2.589998	-	27878400	3097600	640	1	78344
3.3058	0.033058	0.000003	5123,967	35.584	3.9538	0.000816	0.000001	1

3. 체적

m^3	L	in^3	ft^3	yd^3	U.S. gal	British gal
1	1000	61023	35.3147	1.30785	264.172	219.969
0.001000	1	61.025	0.0353147	0.0013078	0.264172	0.219969
0.0_416387	0.016387	1	0.0357870	0.0_421433	0.0043290	0.003605
0.0283168	28.3168	1728	1	0.37034	7.48053	6.22883
0.76456	764.56	46656	27	1	202.0	168.17
0.0037854	3.78541	231.00	0.133681	0.004951	1	0.832674
0.0045461	4.54609	277.420	0.160543	0.005946	1.20095	1
0.000568	0.56826	34.6775	0.020068	0.000743	0.15012	0.125
0.180391	180.391	11004.1	6.37045	0.23594	47.6543	39.6805

4. 무게

g	kg	metric ton	U.S. ton	British ton	lb	grain	貫	斤
1	0.001	0.000001	-	-	0.0022046	15.432	0.000267	0.001667
1000	1	0.001	$0.0_2 98421$	0.0011023	2.2046	15432.4	0.266666	1.667
1000000	1000	1	0.984207	1.10231	2204.6	-	266.666	1666.7
-	907.185	0.907185	1	0.892857	2000	-	241.916	1511.97
-	1016.05	1.01605	1.1200	1	2240	-	270.947	1693.4
28.3495	0.02835	$0.0_4 283495$	$0.0_4 3125$	$0.0_4 27902$	0.062369	437.5	0.007559	0.047249
453.592	0.453592	$0.0_4 45359243$	0.00005	$0.0_4 44643$	1	7000	0.120958	0.755987
0.064799	0.000065	-	-	-	$0.0_2 14286$	1	0.000017	0.000108
3750	3.75	0.00375	0.004134	0.0006078	8.26733	57871	1	6.25
600	0.6	0.0006	0.00066	0.00059	1.32277	9259.3	0.16	1

5. 밀도의 농도

g/cm^3	kg/m^3	lb/in^3	lb/ft^3	lb/U.S. gal	lb/British gal
1	1000	0.036127	62.427	8.3454	10.022
0.001	1	$0.0_4 36127$	0.06247	$0.0_2 83454$	0.01002
27.6799	27679.9	1	1728	231.00	277.39
0.0160185	16.0185	$0.0_2 57871$	1	0.133681	0.160544
0.119826	119.826	0.004329	7.48049	1	1.20095
0.099776	99.776	0.003605	6.2288	0.83267	1
$0.0_4 17118$	0.017118	$0.0_4 6184$	0.0010687	0.0001429	0.0001716
$0.0_4 14254$	0.014254	$0.0_4 5150$	$0.0_3 88986$	0.0001189	0.0001429

6. 압력

bar/cm^2	kg/cm^2	lb/in^2	atm	수은주(0℃)		수은주(15℃)	
				m	in	m	in
1	1.01972	14.5038	0.986923	0.750062	29.5300	10.2064	401.825
0.980665	1	14.2233	0.967841	0.735559	28.9590	10.0090	394.056
0.068948	0.070307	1	0.0680460	0.0517149	2.03602	0.703704	27.705
1.01325	1.03323	14.6959	1	0.760	29.9213	10.3416	407.149
1.33322	1.35951	19.3368	1.31579	1	39.3701	13.6074	535.723
0.033864	0.0345316	0.491154	0.0334211	0.02540	1	0.345627	13.6074
0.097978	0.09991	1.42105	0.096697	0.0734896	2.89329	1	39.3701
0.002489	0.0025377	0.03609	0.002456	0.0018666	0.0734895	0.0254	1

$1\ kg/cm^2 = 10000\ kg/m^2$, $1\ lb/in^2 = 144\ lb/ft^2$, 1 t(美)/ft = 0.94508 atm

7. 속도

m/s	m/min	m/h	km/h	ft/s	ft/min	mile/h
1	60	3600	3.6	3.2808	196.850	2.23693
0.016667	1	60	0.06	0.054681	3.2808	0.037282
0.0_32778	0.01667	1	0.001	0.0_39114	0.05468	0.0_36214
0.2778	16.667	1000	1	0.91134	54.6807	0.62137
0.30480	18.288	1097.28	1.09728	1	60	0.68182
0.005080	0.30480	18.287	0.018287	0.016667	1	0.011364
0.44704	26.8224	1609.34	1.60934	1.46667	88	1

8. 유량

L/s	m^3/h	m^3/s	U.S. gal/min	British gal/min	ft^3/h	ft^3/s
1	3.6	0.001	15.8503	13.1985	127.133	0.035315
0.27778	1	0.0_327778	4.4029	3.6663	35.315	0.0_29810
1000	3600	1	15850.3	13198.5	127133	35.3147
0.06309	0.2271	0.0_46309	1	0.8325	8.0208	0.0_22228
0.075766	0.27276	0.0_475775	1.2009	1	9.6323	0.0_22676
0.0_27866	0.02832	0.0_27866	0.11247	0.1038	1	0.0_32778
28.3153	101.941	0.02832	448.831	373.741	3600	1
0.0501	0.18039	0.0_4501	0.7942	0.66134	6.3705	0.00177

9. 동력

kW 또는 10^3 J/s	kg·m/s	ft·lb/s	PS 미터법	British HP	IT cal/s	B.T.U/s
1	101.971	737.562	1.35962	1.34102	0.238846	0.947831
$0.0_2980665$	1	7.23301	0.013333	0.013151	0.0_223423	0.0_292951
0.0_213558	0.13826	1	0.0_218434	0.0_218182	0.0_332383	0.0_212851
0.73550	75	542.476	1	0.986320	0.175671	0.697129
0.74570	76.0403	550	1.01387	1	0.178108	0.706798
4.1868	426.935	3088.02	5.69246	5.61459	1	3.96838
1.05504	107.584	778.157	1.43446	1.41483	0.251992	1

토목기초설계 정가 25,000원

인 쇄 2010년 2월 20일 초판 1쇄
발 행 2010년 2월 25일 초판 1쇄
저 자 민선홍·성준현·홍창우
발행인 정우용
발행처 도서출판 동화기술
경기도 파주시 교하읍 문발리 파주출판도시 500-13
Tel (031)955-4211~6 donghwae@kornet.net
Fax (031)955-4217 www.donghwapub.co.kr
(등록) 1977년 12월 19일/9-16호

ISBN 978-89-425-1532-5